网络空间安全系列丛书

网络空间安全概论

（第3版）

◆ 冯登国 编著

電子工業出版社
Publishing House of Electronics Industry
北京 · BEIJING

内 容 简 介

本书概括地介绍了主要的网络空间安全技术，包括密码算法、实体认证、密钥管理、访问控制、信息隐藏、隐私保护、安全审计、物理安全、信息系统安全工程、网络与系统攻击、恶意代码检测与防范、入侵检测与应急响应、互联网安全、移动通信网络安全、无线局域网安全、操作系统安全、数据库安全、可信计算、电子商务安全、内容安全、数据安全、区块链安全、安全测评、安全管理等。介绍的内容涉及这些安全技术的基本术语与概念、发展历史与发展趋势、面对的威胁与安全需求、采取的基本安全模型与策略、典型的安全体系结构与安全机制、基本实现方法等方面。

本书有助于读者全面了解网络空间安全的基本概念、原理方法，以及各项技术及其之间的关系，适合作为研究生和高年级本科生的教材，也适合希望宏观了解网络空间安全的科研人员和对网络空间安全感兴趣的读者阅读。

图书在版编目（CIP）数据

网络空间安全概论/冯登国编著. —3 版. —北京：电子工业出版社，2023.1
ISBN 978-7-121-43686-4

I. ①网… II. ①冯… III. ①网络安全－高等学校－教材 IV. ①TN915.08

中国版本图书馆 CIP 数据核字（2022）第 095458 号

责任编辑：戴晨辰
印　　刷：三河市鑫金马印装有限公司
装　　订：三河市鑫金马印装有限公司
出版发行：电子工业出版社
　　　　　北京市海淀区万寿路 173 信箱　邮编：100036
开　　本：787×1092　1/16　印张：30.5　字数：800 千字
版　　次：2009 年 4 月第 1 版
　　　　　2023 年 1 月第 3 版
印　　次：2023 年 1 月第 1 次印刷
定　　价：89.90 元

凡所购买电子工业出版社图书有缺损问题，请向购买书店调换。若书店售缺，请与本社发行部联系，联系及邮购电话：（010）88254888，88258888。

质量投诉请发邮件至 zlts@phei.com.cn，盗版侵权举报请发邮件至 dbqq@phei.com.cn。

本书咨询联系方式：dcc@phei.com.cn。

FOREWORD
丛书序

进入 21 世纪以来，信息技术的快速发展和深度应用使得虚拟世界与物理世界加速融合，网络资源与数据资源进一步集中，人与设备通过各种无线或有线手段接入整个网络，各种网络应用、设备、人逐渐融为一体，网络空间的概念逐渐形成。人们认为，网络空间是继海、陆、空、天之后的第五维空间，也可以理解为物理世界之外的虚拟世界，是人类生存的"第二类空间"。信息网络不仅渗透到人们日常生活的方方面面，同时也控制了国家的交通、能源、金融等各类基础设施，还是军事指挥的重要基础平台，承载了巨大的社会价值和国家利益。因此，无论是技术实力雄厚的黑客组织，还是技术发达的国家机构，都在试图通过对信息网络的渗透、控制和破坏，获取相应的价值。网络空间安全问题自然成为关乎百姓生命财产安全、关系战争输赢和国家安全的重大战略问题。

要解决网络空间安全问题，必须掌握其科学发展规律。但科学发展规律的掌握非一朝一夕之功，治水、训火、利用核能都曾经历了漫长的岁月。无数事实证明，人类是有能力发现规律和认识真理的。国内外学者已出版了大量网络空间安全方面的著作，当然，相关著作还在像雨后春笋一样不断涌现。我相信有了这些基础和积累，一定能够推出更高质量、更高水平的网络空间安全著作，以进一步推动网络空间安全创新发展和进步，促进网络空间安全高水平创新人才培养，展现网络空间安全最新创新研究成果。

"网络空间安全系列丛书"出版的目标是推出体系化的、独具特色的网络空间安全系列著作。丛书主要包括五大类：基础类、密码类、系统类、网络类、应用类。部署上可动态调整，坚持"宁缺毋滥，成熟一本，出版一本"的原则，希望每本书都能提升读者的认识水平，也希望每本书都能成为经典范本。

非常感谢电子工业出版社为我们搭建了这样一个高端平台，能够使英雄有用武之地，也特别感谢编委会和作者们的大力支持和鼎力相助。

限于作者的水平，本丛书难免存在不足之处，敬请读者批评指正。

冯登国

2022 年 5 月于北京

PREFACE
前言

网络空间安全已成为国家安全的重要组成部分，也是保障信息社会和信息技术可持续发展的核心基础。信息技术的迅猛发展和深度应用必将带来更多难以解决的安全问题，只有掌握了安全的科学发展规律，才有可能解决人类社会遇到的各种安全问题。但科学发展规律的掌握非一朝一夕之功，治水、训火、利用核能都曾经历了漫长的岁月。

安全是动态发展的，只有相对安全，没有绝对安全，任何人都不能宣称自己对安全有终极的认识，它是一个永恒的过程。安全是有层次的，不能不分层次一概而论、混为一谈，国家、组织/企业、个人的安全需求是不同的，重视程度和投入资源也是不同的，需要分清要保障哪个层次的安全。安全是有边界的，只有针对具体的保障对象才有可能实施安全保障，如某一系统或某一局域网中的信息或数据，一般将保障对象归并为信息或信息系统，因此，网络空间安全是指网络空间中的信息和信息系统的安全，不是别的什么安全。

网络空间安全主要包括两个层面的安全问题，即信息层面和物理层面。本书重点关注的是信息层面的安全问题或由信息层面导致的物理层面的安全问题，在这种意义下，网络空间安全实质上就是网络空间信息安全。

本书是在作者和赵险峰研究员于 2014 年出版的《信息安全技术概论》（第 2 版）的基础上整理而成的，可视为《信息安全技术概论》的第 3 版，考虑到当前网络空间安全这个大背景，将其命名为《网络空间安全概论》（第 3 版）。当然，在写作过程中也参考了作者参与编写的其他一些著作、报告和论文。本书是作者长期从事网络空间安全教学和科研实践的总结，也是作者对网络空间安全认识与思考的体现。与此同时，本书也吸收了国内外现有相关著作中的许多精华，这些著作大多已在参考文献中列出。

本书具有以下特点：

（1）**系统性强**。本书系统总结了网络空间安全的各个方面，将其归纳为密码学与安全基础、网络与通信安全、系统安全与可信计算、产品与应用安全、安全测评与管理五大部分，并分门别类地对这些内容进行了介绍。

（2）**内容新颖**。本书反映了网络空间安全领域的最新研究进展，不仅处处有小的综述，而且极力介绍一些新的思想、方法、技术和应用。新思想和新方法包括差分隐私保护、系列自主密码算法等，各种新技术和新应用包括 5G 安全、区块链安全等。

（3）**表述清晰**。本书在写作过程中以借鉴有代表性的重要文献为主，尽量采用原文献中的表述，把问题和原理讲清楚，不拘一格。每章前面都有内容提要和本章重点，这样做有利于读者理解和掌握这些内容。每章后面都有小结与注记，以及思考题和参考文献，对本章进行总结、注解和思考，这样做的目的是希望本书能够起到抛砖引玉的作用，给对相关内容感兴趣的读者提供一些线索，以便他们进一步阅读和研究。

由于前后的继承性，本书在写作过程中得到了很多专家学者的大力支持和帮助，尤其是赵险峰研究员、徐静研究员、苏璞睿研究员、张阳研究员、张敏研究员、连一峰研究员、张立武研究员、孙锐老师、秦宇研究员等，在此对他们表示衷心的感谢。

出版本书的主要目的有二：一是帮助读者全面了解网络空间安全的基本概念、原理方法，以及各项技术及其之间的关系；二是为有志于从事网络空间安全研究的科研工作者提供指导。本书适合作为高年级本科生和研究生的教材，也适合希望宏观了解网络空间安全的科研人员和对网络空间安全感兴趣的读者阅读。

在此要特别关照一下初学者，给他们提供一个学习路线图。当然，也可供讲授这门课程的老师参考。对于初学者来讲，可分成以下18讲来学习和掌握网络空间安全的主要内容。

第1讲：概述，内容主要包括1.2～1.3节、1.7～1.8节、2.1～2.4节。

第2讲：密码算法，内容主要包括3.1～3.5节。

第3讲：实体认证，内容主要包括4.1～4.5节。

第4讲：密钥管理，内容主要包括5.1～5.4节、5.6.1～5.6.2节。

第5讲：访问控制，内容主要包括6.1～6.4节。

第6讲：信息隐藏，内容主要包括7.2～7.4节。

第7讲：安全审计，内容主要包括9.1～9.4节。

第8讲：网络与系统攻击，内容主要包括12.1～12.6节。

第9讲：恶意代码检测与防范，内容主要包括13.1～13.5节。

第10讲：入侵检测与应急响应，内容主要包括14.1～14.3节。

第11讲：互联网安全，内容主要包括15.1～15.5节。

第12讲：移动通信网络安全，内容主要包括16.1～16.4节、17.3节。

第13讲：操作系统与数据库安全，内容主要包括18.1～18.2节、19.1～19.3节。

第14讲：可信计算，内容主要包括20.1～20.5节。

第15讲：主要安全产品，内容主要包括21.1～21.6节。

第16讲：内容安全，内容主要包括23.1～23.5节。

第17讲：区块链安全，内容主要包括25.1～25.4节。

第18讲：安全测评与管理，内容主要包括26.1～26.5节、27.2～27.5节、28.1～28.2节、28.4～28.6节。

本书包含配套教学资源，读者可登录华信教育资源网（www.hxedu.com.cn）后下载。

本书难免存在一些不足之处，敬请读者多提宝贵意见和建议。

2022年5月于北京

CONTENTS

目录

第1篇　绪论

第2篇　密码学与安全基础

第3篇 网络与通信安全

第4篇 系统安全与可信计算

第 5 篇 产品与应用安全

第 6 篇　安全测评与管理

附录　基础知识

第1篇 绪论

内容概要

网络空间已成为各种势力斗争的主战场之一，网络空间安全问题已成为关乎国家安全的战略问题。但是人们要真正理解和认识网络空间安全是一个漫长的过程。本篇重点就如何正确理解和认识网络空间安全概念进行详细阐述。与此同时，为了便于理解，本篇对网络空间安全中一些常用的基本概念进行介绍。

本篇关键词

网络空间，网络空间安全，网络空间安全事件，通信安全，计算机安全，信息安全，信息保障（IA，信息安全保障），+安全，安全属性，安全服务，安全威胁，攻击类型，安全策略，安全机制，安全模型，安全体系结构，安全保障，深度防御策略，信息保障框架域，网络与基础设施，区域边界与外部连接，计算环境，密钥管理基础设施/公钥基础设施（KMI/PKI），检测与响应基础设施。

网络空间

坐井而观天，曰天小者，非天小也。

——唐·韩愈《原道》

第1章 网络空间安全：理解与认识

内容提要

本章主要介绍网络空间和网络空间安全的基本概念，分析当前网络空间面临的主要安全威胁，提出“+安全”新理念并阐述其基本内涵，浅析网络空间安全体系框架，介绍网络空间安全技术体系及其主要内容，阐述网络空间安全发展历程。

本章重点

- 网络空间安全的基本内涵
- 网络空间安全基本属性
- 网络空间面临的主要安全威胁
- 网络空间安全技术体系
- 网络空间安全发展历程

1.1 网络空间安全战略概述

进入 21 世纪以来，信息网络与技术的快速发展和深度应用使得虚拟世界与物理世界加速融合，网络资源与数据资源进一步集中，人与设备通过各种无线或有线手段接入整个网络，各种网络应用、设备、人逐渐融为一体，形成网络空间（Cyberspace）。人们认为，网络空间是继海、陆、空、天之后的第五维空间，也可以理解为物理世界之外的虚拟世界，是人类生存的"第二类空间"。信息网络不仅渗透到人们日常生活的方方面面，同时也控制了国家的交通、能源、金融等各类基础设施，还是军事指挥的重要基础平台，承载了巨大的社会价值和国家利益。因此，无论是技术实力雄厚的黑客组织，还是技术发达的国家机构，都在试图通过对信息网络的渗透、控制和破坏，获取相应的价值。网络空间安全问题自然成为关乎百姓生命财产安全、关系战争输赢和国家安全的重大战略问题。

近十几年来，世界各国纷纷出台国家层面的网络空间安全战略，主要有以下战略：

（1）美国在 2003 年发布了《确保网络空间安全战略》，把网络空间安全提到国家安全的高度。2011 年，美国发布了《网络空间行动战略》，从作战概念、防御策略、国内协作、国际联盟以及人才培养和技术创新 5 个方面明确了美军网络空间行动的方向和准则。同年，美国白宫发布了《网络空间可信身份国家战略》，并发布了美国首份《网络空间国际战略》文件，阐述美国"在日益以网络相连的世界如何建立繁荣、增进安全和保护开放"，这份战略文件被视为美国在 21 世纪的"历史性政策文件"。2015 年，美国颁布《网络安全法》，并于 2016 年发布了《国家网络安全行动计划》，成立了"国家网络安全促进委员会"，为国家网络空间安全领域的政策与规划提供咨询与指导，使美国有能力更好地控制网络空间安全。

（2）欧盟在 2013 年发布了《网络安全战略》，其目的是建立开放、安全、可信的网络空间。

（3）俄罗斯在 2014 年发布了《网络安全战略构想》草案，其目的是通过确定国内外政策方面的重点、原则和措施保障公民、组织和国家的网络安全。

（4）德国在 2011 年发布了《网络安全战略》，其目的是大力推动网络空间安全建设，维持和促进经济与社会繁荣。

（5）英国在 2009 年发布了《网络安全战略》，列举了英国在网络安全方面的优势和面临的风险与挑战。2011 年，英国发布了新版《网络安全战略》，其目的是采取积极的态度应对网络威胁，更好地保护国家安全和公民权益。

（6）法国在 2011 年发布了《信息系统防御和安全战略》，其目的是确保同胞、企业和国家在网络空间中的安全。

（7）意大利在 2013 年发布了《网络空间安全战略框架》，该框架指出主要威胁包括网络犯罪、网络间谍、网络恐怖主义、网络战争等，强调要改善网络空间中每个"ICT（信息通信技术）节点"以及网络的安全性。

（8）日本在 2013 年发布了《网络安全战略》，试图塑造全球领先、高延展和有活力的网络空间。

（9）澳大利亚在 2009 年发布了《网络安全战略》，其目的是维护一个安全、可恢复、可信赖的电子运营环境，支持国家安全并将数字化经济的效益最大化。

（10）新西兰在 2011 年发布了《网络安全战略》，其目的是提高网络安全感知能力及个人与企业对此的理解，提升政府内部网络安全水平，建立战略合作关系，以促进国家关键基础设施和其他企业的网络安全。

（11）中国在 2016 年发布了《国家网络空间安全战略》，阐明了中国关于网络空间发展和安全的重大立场和主张，明确了战略方针和主要任务，目的是维护国家在网络空间的主权、安全和发展利益。

在这种大背景下，如何正确理解网络空间、网络空间安全等基本概念，如何把握网络空间当前面临的主要安全威胁，如何利用新理念、新观点解释网络空间安全的本质内涵，如何构建网络空间安全体系架构，如何确立网络空间安全技术体系及其主要内容等，都是我们必须深入理解、深刻认识和不断思考的问题。当然，从本质上讲，网络空间安全研究本身就是一个不断理解和认识网络空间安全的过程。

1.2 什么是网络空间

网络空间的英文单词是 Cyberspace。Cyberspace 一词是控制论（Cybernetics）和空间（Space）两个词的组合，是由居住在加拿大的科幻小说作家威廉·吉布森（William Gibson）在 1982 年发表于 *Omni* 杂志的短篇小说《融化的铬合金》（*Burning Chrome*）中首次创造出来的，并在后来的小说《神经漫游者》（*Neuromancer*）中被普及。故事描写了反叛者兼网络独行侠凯斯受雇于某跨国公司，被派往由计算机网络构成的空间执行一项极具冒险性的任务。进入这个巨大的空间，凯斯并不需要乘坐飞船或火箭，只需在大脑神经中植入插座，然后接通电极，计算机网络便被他感知。当网络与人的思想意识合二为一后，即可遨游其中。在这个广袤的空间里，看不到高山荒野，也看不到城镇乡村，只有庞大的三维信息库和各种信息在高速流动。威廉·吉布森把这个空间取名为 Cyberspace，直译就是“赛伯空间”，我国学者将其翻译成“网络空间”“网域空间”“控域”等。

究竟什么是网络空间？很难能给出一个确切的定义，由于其内涵和外延都不断在发展，不同的国家或机构和不同的人从不同的角度都有不同的理解，下面首先介绍一些已有的定义，然后结合这些已有定义给出一个新定义。

（1）2003 年，美国国家安全总统令中给出的定义：网络空间是一个相关联的信息技术基础设施的网络，包括互联网、电信网、计算机系统，以及关键产业中的嵌入式处理器和控制器。在使用该术语时，通常也包括信息虚拟环境以及人们之间的相互影响。

（2）2006 年，美军参联会出台的《网络空间国家军事战略》中给出的定义：网络空间是一个作战域，其特征是通过互联的互联网上的信息系统和相关的基础设施，应用电子技术和电磁频谱产生、存储、修改、交换和利用数据。通俗地说，网络空间与陆、海、空、天领域一样，是由电磁频谱、电子系统以及网络基础设施组成的一个作战领域。

（3）2014 年，俄罗斯发布的《网络安全战略构想》草案中给出的定义：信息空间是指与形成、创建、转换、传递、使用、保存信息活动相关的，能够对个人和社会认知、信息基础设施和信息本身产生影响的领域。网络空间是指信息空间中基于互联网和其他电子通信网络沟通渠道、保障其运行的技术基础设施，以及直接使用这些渠道和设施的任何形式人类（个人、组织、国家）活动的领域。

（4）2009 年，英国发布的《网络安全战略》中给出的定义：网络空间包括各种形式的网络化和数字化活动，其中包括数字化内容或通过数字网络进行的活动。网络空间的物理基础是计算机和通信系统，它是这样一个领域，以前在纯物理世界中不可以采取的行动，如今在这里都可能实现。

（5）2011 年，法国发布的《信息系统防御和安全战略》中给出的定义：网络空间是由数字资料自动化处理设备在全世界范围内相互连接构成的交流空间。网络空间是分享世界文化的新场所，是传播思想和实时资讯的光缆，是人与人之间交流的平台。

（6）2011 年，德国发布的《网络安全战略》中给出的定义：网络空间是指在全球范围内，在数据层面上链接的所有信息技术（IT）系统的虚拟空间。网络空间的基础是互联网，互联网是可公开访问的通用连接与传输网络，可以用其他数据网络补充及扩展，孤立的虚拟空间中的 IT 系统并非是网络空间的一部分。

（7）2011 年，新西兰发布的《网络安全战略》中给出的定义：网络空间是由相互依赖的信息技术基础设施、电信网络和计算机处理系统组成的即时在线通信的全球性网络。

通过上述这些定义，结合国内外学者对网络空间的理解和认识，给出如下网络空间的定义。

定义 1.1　网络空间是一个由相关联的基础设施、设备、系统、应用和人等组成的交互网络，利用电子方式生成、传输、存储、处理和利用数据，通过对数据的控制，实现对物理系统的操控并影响人的认知和社会活动。

网络空间实际上是一个屏幕后的特殊宇宙空间，在这个空间中，物联网使得虚拟世界与物理世界加速融合，云计算使得网络资源与数据资源进一步集中，泛在网保证人、设备和系统通过各种无线或有线手段接入整个网络，各种网络应用、设备、系统和人逐渐融为一体。

1.3　什么是网络空间安全

已有不少关于网络空间安全（Cybersecurity）的定义，典型的定义如下：

（1）美国国家标准技术研究所（NIST）2014 年发布的《增强关键基础设施网络安全框架》（1.0 版）中给出的定义：网络空间安全是通过预防、检测和响应攻击以保护信息的过程。该框架提出的网络安全风险管理生命周期五环论，期望用“最佳行为指南”为私营部门管理网络安全风险提供指引。由识别、保护、检测、响应、恢复 5 个环节组成的框架核心，包含 22 类活动，并进一步细分为 98 个子类。识别环节包括资产管理、商业环境、业务管理、风险评估、风险管理策略；保护环节包括访问控制、感知与训练、数据安全、信息保护流程与程序、运营维护、保护技术；检测环节包括异常与事件、持续安全监控、检测流程；响应环节包括响应规划、联络、分析、减轻后果、增强功能；恢复环节包括恢复规划、改进措施、联络。

（2）2014 年，俄罗斯发布的《网络安全战略构想》中给出的定义：网络空间安全是所有网络空间组成部分处在避免潜在威胁及其后果影响的各种条件的总和。

（3）2009 年，英国发布的《网络安全战略》中给出的定义：网络空间安全包括在网络空间对英国利益的保护和利用网络空间带来的机遇实现英国安全政策的广泛化。一个安全、可靠和富有活力的网络空间可以让所有人受益，无论是公民、企业还是政府，无论是国内还是海外，均应携手合作，理解和应对风险，打击犯罪和恐怖分子利益，并利用网络空间带来的机遇提高英国的总体安全和防御能力。

（4）2011 年，法国发布的《信息系统防御和安全战略》中给出的定义：网络空间安全是信息系统的理想模式，可以抵御任何来自网络空间并且可能对系统提供的或能够实现的存储、处理、传递的数据和相关服务的可用性、完整性或机密性造成损害的情况。

（5）2011 年，德国发布的《网络安全战略》中给出的定义：网络空间安全是大家所期待实现的 IT 安全目标，即将网络空间的风险降到最低限度。

（6）2011 年，新西兰发布的《网络安全战略》中给出的定义：网络空间安全是由网络构成的网络空间要尽可能保证其安全，防范入侵，保持信息的机密性、可用性和完整性，检测确实发生的入侵事件，并及时响应和恢复网络。

基于上述这些定义，结合国内外学者对网络空间安全的理解和认识，给出以下网络空间安全的定义。

定义 1.2 网络空间安全是通过识别、保护、检测、响应和恢复等环节保护信息、设备、系统或网络等的过程。

在这个过程中，其核心是基于风险管理理念，动态实施连续协作的五环论，即识别、保护、检测、响应、恢复。识别环节评估组织理解和管理网络空间安全风险的能力，包括系统、网络、数据等的风险；保护环节采取适当的防护技术和措施保护信息、设备、系统和网络等的安全，或者确保系统和网络服务正常；检测环节识别发生的网络空间安全事件；响应环节对检测到的网络空间安全事件采取行动或措施；恢复环节完善恢复规划、恢复由网络空间安全事件损坏的能力或服务。网络空间安全事件是指影响网络空间安全的不当行为，如加密勒索病毒 WannaCry 导致大量用户的计算机无法正常使用就是一起网络空间安全事件。

通常用信息代指数据、消息、代码等，用信息系统代指网络、系统、设备等。当然，也可能交叉使用这些术语。这样，我们就将保护的对象归并为信息和信息系统。因此，我们所讲的安全是指网络空间中的信息和信息系统的安全，不是别的什么安全。网络空间安全主要包括两个层面的安全问题，即信息层面和物理层面。本书重点关注的是信息层面的安全问题或由信息层面导致的物理层面的安全问题，在这种背景下，网络空间安全实质上就是网络空间信息安全。

1.4 网络空间面临的主要安全威胁

当前，网络空间面临的主要安全威胁可以归纳为以下 5 个方面。

1）国家主体成为网络空间安全威胁的新后盾

棱镜计划、乌克兰危机、索尼影业入侵等重大安全事件的背后，频频闪现国家主体主导的网络攻击行为。2014 年 11 月，美国索尼影业遭到黑客攻击，就有某一国家为幕后主谋的嫌疑。2015 年 4 月，法国电视台 TV5Monde 遭到黑客组织大规模网络攻击，攻击者入侵了电视台的广播传输渠道，劫持了 TV5Monde 官方网站和社交媒体账号。2019 年 3 月 7 日，委内瑞拉遭遇了该国史上最大规模的停电，23 个州中仅有 5 个未受波及，这一行为不是一般黑客组织能够做到的。

2）辐射效应成为网络空间安全威胁的新武器

软、硬件设备在工业化和信息化环境下具有高度的同构性，导致安全漏洞具有极强的辐射效应，突破了传统攻击性武器在地域和空间的限制，能够实现大规模破坏能力的瞬间扩散。2010 年，伊朗核电站遭遇“震网”病毒。“震网”病毒针对某国际知名厂商的工控设备，攻击成功后世界范围内采用该类工控设备的重要系统即刻面临严重的安全危机。发达国家的尖端网络攻击武器究竟掌握了全世界多少重要系统的命脉？会给人类带来什么样的灾难？值得我们思考和关注。

3）关键基础设施和重要信息系统成为网络空间安全威胁的新焦点

以金融、电信、电力、水利、公共交通等行业为代表的关键基础设施和重要信息系统是关系到国计民生的重要设施，被攻击后所造成的损失和社会影响巨大。2013 年，美国全国水坝数据库遭到黑客入侵，针对水坝数据库的攻击模式可能成为敌对国家和恐怖组织破坏电力网络或袭击水坝的网络攻击路线图。2013 年至 2014 年间，针对我国 CN 域名服务的攻击屡次发生，导致大规模网络服务中断或故障。安全设施本身也成为攻击者的重点目标，荷兰国家数字身份系统就曾因遭受分布式拒绝服务攻击（DDoS）而瘫痪，导致超过 1000 万荷兰公民无法使用。

4）新型媒体成为网络空间安全威胁的新途径

新型媒体（如社交网络）成为当前社会运行体系中数据交换链的薄弱环节和攻击的重灾区。攻击者构建虚假的用户信任链，大规模放大攻击资源，从而对网络本身乃至各类社会公众服务造成严重的威胁。2013 年 4 月，自称“叙利亚电子军”的黑客攻击入侵了美联社官方 Twitter 账号，通过该账号发布假消息，一度引发美国股市大幅震荡，损失约 2000 亿美元。历次发生的严重暴恐事件表明，越来越多的恐怖组织利用互联网传播暴恐思想，传授暴恐技术，筹集恐怖活动资金，策划恐怖袭击，对国家安全和社会稳定造成了严重的威胁。

5）复杂攻击成为网络空间安全威胁的新方式

以网络监听为例，传统监听主要采取旁路截获数据包的方式，缺乏目标指向性。为了提高监听效率和内容完整性，以便对目标实施更为精确的定位和数据收集，相关组织机构开始大范围采用主动式监听，通过渗透进入关键互联网设备，直接获取目标的重要数据。一些知名 IT 厂商以及网络服务商均曾遭受过此类攻击。这种通过主动渗透方式达到攻击目的的复杂攻击成为网络空间安全威胁的新方式。

1.5 “+安全”新理念及其基本内涵

由网络空间的定义可知，网络空间安全涉及基础设施安全、设备安全、系统安全、应用安全、数据安全以及个人信息安全等，安全无处不在、无时不有，安全的伴随性凸显。这就迫使我们用“+安全”理念理解和认识网络空间安全的本质内涵。

“+安全”将安全作为当前网络空间发展和生存的核心特征，只要出现新技术和新应用，就要同步考虑其相应的安全问题，每个行业和每个领域都要充分考虑其安全问题。通俗地讲，“+安全”就是“各种技术、应用、行业、领域+安全”，但这并不是简单的二者相加，而是利用信息技术和安全技术（平台）等，让各种应用、行业、领域与安全深度融合，创造安全的生态环境，促进网络空间的良性和持续发展。

“+安全”的基本内涵如下：

（1）重塑融合。“+”就是融合，就是变革，不过这里的融合是跨界融合、无缝融合、协同融合，这种融合必将带来创新机遇，也必将大大提升安全性。

（2）重塑结构。全球化和互联网、移动通信等技术的发展与应用打破了原有的社会结构、经济结构、地缘结构、文化结构；同时，权力、议事规则、话语权也在不断地发生变化，需要创新安全体系结构和安全理念适应社会治理、虚拟社会治理的现实需求。

（3）重塑生态。连接一切是一个势不可挡的发展趋势，需要营造连接一切的安全可信的支撑环境。威慑力是确保网络空间安全的根本，需要更加注重通过法律法规来保护网络空间的安全，提高全社会乃至全人类的安全意识，营造清朗的网络空间。

1.6 网络空间安全体系框架

安全是有层次的，主要包括国家、组织/企业、个人 3 个层次，不同层次的安全需求是不同的，投入资源也是不同的，需要分别去对待。下面的网络空间安全体系框架主要是针对国家层面来讲的。

网络空间安全体系框架主要包括威慑能力、基础理论与关键技术、高技术产业和高层次人才 4 个方面。

1）威慑能力

首先体现在军事上能够保卫网络空间安全的能力，是确保网络空间安全的立脚点。面向社会管理必须制定体系化的法律法规，制约组织、机构或人在网络空间中的行为，这是构建网络空间安全保障体系的基础。

2）基础理论与关键技术

网络空间对抗是一种高技术对抗，技术是影响胜负的核心要素，因此，基础理论与关键技术是构建网络空间安全保障体系的核心。

3）高技术产业

产品是技术的载体，是构建网络空间的基础，因此，高技术产业是构建网络空间安全保障体系的关键支撑。

4）高层次人才

在网络空间安全领域，由于其高技术特点，因此人才的价值更为突出，尤其是高层次人才是构建网络空间安全保障体系的基石。

1.7 网络空间安全技术体系及其主要内容

网络空间安全技术主要有两大类：一类不对应具体应用，可用于解决各种应用中的安全问题，属于共性安全技术；另一类与具体应用密切相关，伴随新技术或实际应用而产生，属于伴随安全技术或“+安全”技术。如图 1.1 所示。

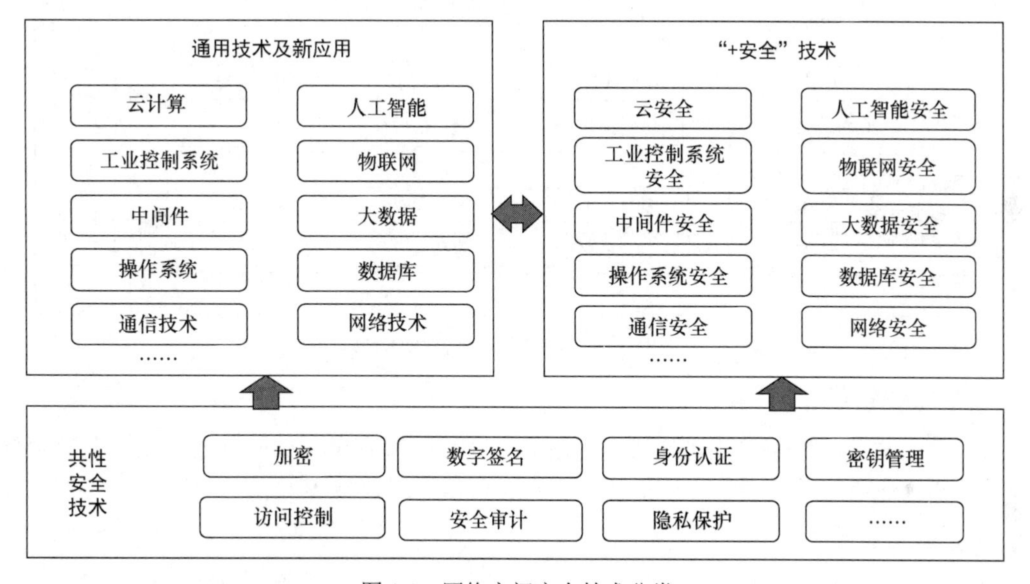

图 1.1　网络空间安全技术分类

共性安全技术主要包括加密、数字签名、数据完整性、身份认证、密钥管理、访问控制、安全审计、信息隐藏、隐私保护、物理安全等技术。

伴随安全技术（“+安全”技术）主要包括通信安全、网络安全、操作系统安全、数据库安全、中间件安全、数据安全、终端安全、内容安全、软件安全、硬件安全、计算安全、工业控制系统安全、重要行业信息系统安全、大数据安全、云安全、人工智能（AI）安全、物联网安全等技术。

共性安全技术可为“+安全”技术提供基础支撑，而“+安全”技术可以牵引和促进共性安全技术的发展和进步，有些“+安全”技术最终有可能会转化为共性安全技术。

从体系化角度来看，网络空间安全技术主要由如下五大部分组成：密码学与安全基础、网络与通信安全、系统安全与可信计算、产品与应用安全、安全测评与管理，如图 1.2 所示。

1）密码学与安全基础

密码学与安全基础主要包括密码算法、实体认证、密钥管理、访问控制、信息隐藏、隐私保护、安全审计、物理安全、信息系统安全工程等。

2）网络与通信安全

网络与通信安全主要包括互联网安全、电信网安全、广播电视网安全、物联网安全、移动通信安全、无线局域网安全、卫星通信安全等。

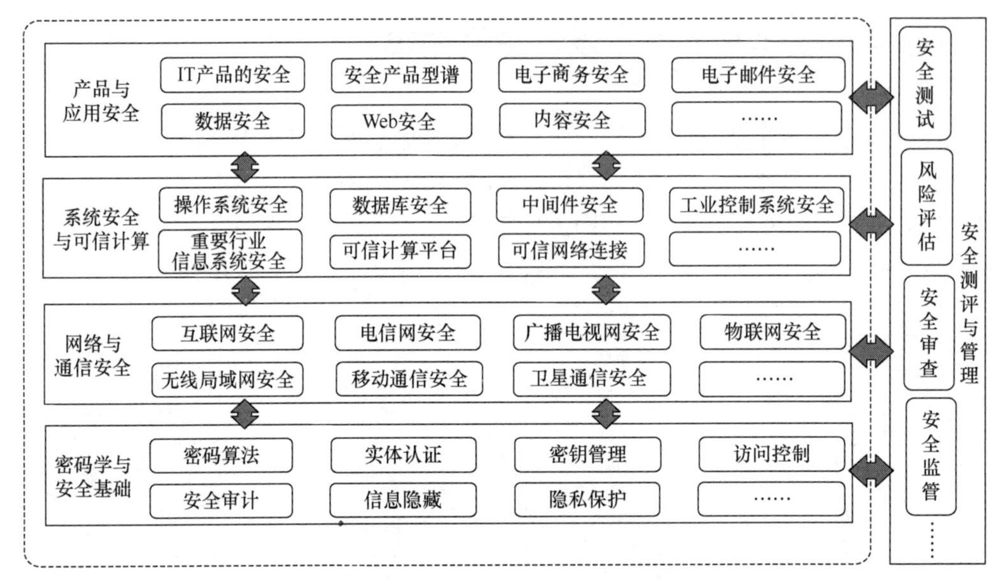

图 1.2　网络空间安全技术体系

3）系统安全与可信计算

系统安全与可信计算主要包括操作系统安全、数据库安全、中间件安全、工业控制系统安全、重要行业信息系统安全、可信计算平台、可信网络连接等。

4）产品与应用安全

产品与应用安全主要包括 IT 产品的安全、安全产品型谱、安全服务、电子邮件安全、电子商务安全、Web 安全、内容安全、数据安全、区块链安全等。

5）安全测评与管理

安全测评与管理主要包括安全标准、安全测试、风险评估、安全审查、安全监管等。

1.8　网络空间安全基本属性

理解网络空间安全也要注重理解其基本属性。对网络空间安全而言，至少要关注战略性、可用性、机密性、完整性、真实性（也称为可认证性）、不可否认性（也称为不可抵赖性、抗抵赖性或非否认性）、可控性和可信性 8 个属性，如图 1.3 所示。

（1）战略性是指能够形成国家级的网络空间安全威慑能力，也能够通过法律法规制约组织、机构或人在网络空间中的不法行为。

（2）可用性是指即使在突发事件下，依然能够保障数据和服务的正常使用，如网络攻击、计算机病毒感染、系统崩溃、战争破坏、自然灾害等。

（3）机密性是指能够确保敏感或机密数据的传输、存储或处理等不遭受未授权的浏览，甚至可以做到不暴露保密通信的事实。

（4）完整性是指能够保障被传输、接收或存储的数据是完整的和未被篡改的，在被篡改的情况下能够发现篡改的事实或篡改的位置。

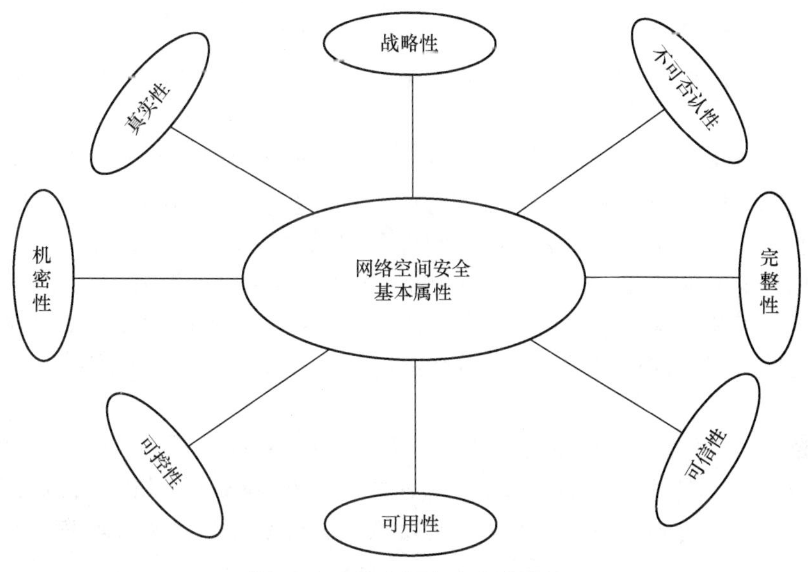

图 1.3 网络空间安全基本属性

（5）真实性是指能够确保实体（如人、进程或系统）身份、信息或信息来源等不是假冒的。

（6）不可否认性是指能够保证信息系统的操作者或信息的处理者不能否认其行为或处理结果，这可以防止参与某次操作或通信的一方事后否认该事件曾发生过。

（7）可控性是指能够保证掌握和控制信息与信息系统的基本情况，可对信息与信息系统的使用实施可靠的授权、审计、责任认定、传播源追踪和监管等控制。

（8）可信性是指实体的行为总是以预期的方式朝着预期的目标进行。

此外，还有公平性、匿名性、隐私性等属性，这里不再赘述。需要指出的是，有的文献将真实性和不可否认性都纳入完整性的范畴之中，其实分开来表述更加清晰、更加方便。

1.9 网络空间安全发展历程

从信息安全的角度来看，我们可以把网络空间安全理解为网络空间环境下信息安全发展的新阶段。从这种意义上来讲，网络空间安全发展历程就是信息安全发展历程。信息安全技术是伴随着通信技术的变革而发展起来的，信息安全技术是指保障信息安全的技术，具体来说，它包括对信息的伪装、验证以及对信息系统的保护等方面。由于对信息和信息系统的保护与攻击在技术上是紧密关联的，因此，对受保护信息或信息系统的攻击、分析和安全测评技术都是信息安全技术的有机组成部分。此外，为了达到信息安全目的，一般需要对人或物进行相应的组织和管理，其中也包含一些非技术的成分。

虽然信息安全技术由来已久，但仅在第二次世界大战以后它才获得了长足的发展，由主要依靠经验、技艺逐步转变为主要依靠科学，因此，信息安全技术是一个古老而又年轻的科学技术领域。综观它的发展历史，我们可以将其大致归纳为以下 5 个时期。

1．通信安全发展时期

通信安全发展时期大致从古代至 20 世纪 60 年代中期，这一时期人们最关心的是信息在传输中的机密性。

最初，人们仅以实物或特殊符号传递机密信息，后来出现了一些朴素的信息伪装方法。

在我国北宋年间，曾公亮（999—1078 年）与丁度（990—1053 年）合著的《武经总要》介绍了北宋军队对军令的伪装方法，按现在的观点来看，这种方法综合使用了基于密码本的加密和基于文本的信息隐藏：先将全部 40 条军令编号并汇成码本，以 40 字诗对应位置上的文字代表相应编号，在通信中，代表某编号的文字被隐藏在一个普通文件中，但接收方知道它的位置，这样可以通过查找该字在 40 字诗中的位置获得编号，再通过码本获得军令。

在古代欧洲，代换密码和隐写术得到了较多的研究和使用[6]。德国学者 Trithemius（1462—1516 年）于 1518 年出版的《多表加密》（*Polygraphia*）记载了当时欧洲的多表加密方法，该书被认为是密码学最早的专著，它反映了当时欧洲在代换密码的研究上已经从单表、单字符代换发展到了多表、多字符代换；Trithemius 于 1499 年还完成了世界上第 1 部信息隐藏方面的专著——《隐写术》（*Steganographia*），但该书于 1606 年才得以出版，它记载了古代欧洲人在文本中进行信息隐藏的方法。

自 19 世纪 40 年代电报发明后，安全通信主要面向保护电文的机密性，密码技术成为支撑机密性的核心技术。在两次世界大战中，各发达国家均研制了自己的密码算法和密码机，如德国的 ENIGMA 密码机、日本的 PURPLE 密码机、美国的 ECM 密码机，但当时的密码技术本身并未摆脱主要依靠经验的设计方法，并且由于在技术上没有安全的密钥或码本分发方法，因此在战争中有大量的密码通信被破解[7]。以上密码被普遍称为古典密码。

1949 年，Shannon[8]发表了论文《保密系统的通信理论》，提出了著名的 Shannon 保密通信系统模型，明确了密码设计者需要考虑的问题，并用信息论阐述了保密通信的原则，这为对称密码学建立了理论基础，从此密码学发展成为一门科学。

2．计算机安全发展时期

计算机安全发展时期大致为 20 世纪 60 年代中期至 80 年代中期。计算机的出现是 20 世纪的重大事件，它深刻改变了人类处理和使用信息的方法。这一时期人们不仅要关注通信安全，还要关注计算机和操作系统、数据库等的安全。

20 世纪 60 年代出现了多用户操作系统，由于需要解决安全共享问题，人们对信息安全的关注从机密性扩大到“机密性、访问控制与认证”，并逐渐意识到还需要保障可用性。1965 年至 1969 年间，美国军方和科研机构组织开展了有关操作系统安全的研究。

1972 年，Anderson[9]带领的小组完成了著名的 Anderson 报告，这个报告可以视为计算机安全发展的里程碑，提出了计算机安全的主要问题以及相关的范型，如访问监控机、入侵检测系统（Intrusion Detection System，IDS）。这一时期计算机主要用于军方与科研机构，在访问控制方面，提出了强制访问控制策略和自主访问控制策略，主要包括访问控制矩阵、BLP 模型、BIBA 模型、HRU 模型等；提出了安全模型领域中著名的 SAFTY 问题（授权传播的可判定性问题）。

进入 20 世纪 80 年代后，人们在计算机安全方面开始了标准化和商业应用的进程。1980 年，Anderson 做的题为《计算机安全威胁监控与监视》的技术报告首次详细地阐述了主机入侵检测的概念，并首次为入侵和入侵检测提出一个统一的架构，这标志着人们已经关注利用技术手段获得可用性。1985 年，美国国防部发布了可信计算机系统评估准则（Trusted Computer System Evaluation Criteria，TCSEC），推进了计算机安全的标准化和等级测评。之后，又陆续发表了 TNI、TDI 等 TCSEC 解释性评估标准。标准化工作带动了安全产品的大量出现。访问控制研究也不可避免地涉及商业安全策略，其典型代表是 Clark-wilson 和 Chinese wall 策略模型。

在密码学方面，Diffie 和 Hellman[10]于 1976 年发表了论文《密码编码学新方向》，指出在通信双方之间不直接传输加密密钥的保密通信是可能的，并提出了公钥加密的设想；美国国家标准技术研究所（National Institute of Standardization and Technology，NIST）于 1977 年首次通过公开征集的方法制定了当时应用上急需的“数据加密标准（Data Encryption Standard，DES）”，推动了分组密码的发展。这两个事件标志着现代密码学的诞生。1978 年，Rivest、Shamir 与 Adleman[11]设计了著名的 RSA 公钥密码算法，实现了 Diffie 和 Hellman 提出的公钥思想，使数字签名和基于公钥的认证成为可能。

3．信息安全发展时期

随着信息技术应用越来越广泛和网络的普及，20 世纪 80 年代中期至 90 年代中期，学术界、产业界和政府、军事等部门对信息和信息系统安全越来越重视，人们对信息安全的关注已扩大到可用性、机密性、完整性、非否认性、真实性和可控性等基本属性。在这一时期，密码学、安全协议、通信安全、计算机安全、安全评估和网络安全等得到了较大发展，尤其是互联网的应用和发展大大促进了信息安全技术的发展与应用，因此，这个时期也可以称之为网络安全发展时期。

这一时期，不但学术界提出了很多新观点和新方法，如椭圆曲线密码（Ellipse Curve Cryptography，ECC）、密钥托管和盲签名，标准化组织与产业界也制定了大量的算法标准和实用协议，如数字签名标准（Digital Signature Standard，DSS）、互联网安全协议（Internet Protocol Security，IPSec）、安全套接字层（Secure Socket Layer，SSL）协议，此外，安全多方计算、形式化分析、零知识证明、可证明安全性等均取得了良好的进展，一些理论成果也逐渐得到应用。

自美国国防部发布 TCSEC 起，世界各国根据自己的实际情况相继发布了一系列安全评估准则和标准：英国、法国、德国、荷兰 4 国于 20 世纪 90 年代初发布了信息技术安全评估准则（Information Technology Security Evaluation Criteria，ITSEC），加拿大于 1993 年发布了可信计算机产品评价准则（Canadian Trusted Computer Product Evaluation Criteria），加拿大、法国、德国、荷兰、英国、美国的 NIST 与国家安全局（National Security Agency，NSA）于 20 世纪 90 年代中期提出了信息技术安全通用评估准则（Common Criteria，CC）。

随着计算机网络的发展，这一时期的网络攻击事件逐渐增多，传统的安全保密措施难以抵御计算机黑客入侵及有组织的网络攻击，学术界和产业界先后提出了基于网络的 IDS、分布式 IDS、防火墙等网络系统防护技术；1989 年，美国国防部资助卡内基梅隆大学建立了世界上第 1 个计算机应急响应小组及协调中心（Computer Emergency Response Team/Coordination Center，CERT/CC），标志着信息安全从静态防护阶段过渡到主动防护阶段。

4．信息安全保障发展时期

20 世纪 90 年代中期以来，随着信息安全越来越受到各国的高度重视以及信息技术本身的发展，人们更加关注信息安全的整体发展以及在新型应用下的安全问题。人们也开始深刻认识到安全是建立在过程基础上的，这包括“预警、保护、检测、响应、恢复、反击”整个过程，信息安全的发展也越来越多地与国家战略结合在一起。

欧洲委员会从信息社会技术（Information Society Technology，IST）规划中出资 33 亿欧元，启动了“新欧洲签名、完整性与加密计划（New European Schemes for Signature, Integrity, and Encryption，NESSIE）”，对分组密码、序列密码、杂凑函数（Hash 函数）、消息认证码（MAC）、公钥密码、数字签名等进行了广泛征集。日本、韩国等国家也先后启动了类似的计划。美国的 NIST 先后组织制定、颁布了一系列的信息安全标准，并用高级加密标准（Advanced Encryption Standard，AES）取代 DES 成为新的分组密码标准。我国也先后颁布了一系列信息安全相关标准。

在电子商务和电子政务等应用的推动下，公钥基础设施（Public Key Infrastructure，PKI）逐渐成为国民经济的基础，它为需要密码技术的应用提供基础支撑。

在这一时期，新型网络、计算和应用环境下的算法和协议设计也逐渐成为热点问题，主要包括移动、传感器或 Ad-Hoc 网络下的算法和安全协议、量子密码及其协议、现代信息隐藏、数字版权保护和电子选举等。

为了保护日益庞大、重要的网络和信息系统，信息安全保障（也称为信息保障）的重要性被提到空前的高度。1995 年，美国国防部提出了“保护—监测—响应”的动态模型，即 PDR 模型，后来增加了恢复，成为 PDRR（Protection，Detection，Reaction，Restore）模型；1998 年 10 月，美国 NSA 颁布了信息保障技术框架（Information Assurance Technical Framework，IATF），以后又分别于 1999 年、2000 年和 2002 年颁布了改进的版本[12]；自 2001 年下半年发生“9·11”事件以来，美国政府以国土安全战略为指导，出台了一系列信息安全保障策略，将信息安全保障体系纳入国家战略；一些西方发达国家也高度重视信息安全战略，试图全面建立信息安全保障机制。在我国，国家信息化领导小组于 2003 年出台了《国家信息化领导小组关于加强信息安全保障工作的意见》（中办发〔2003〕27 号文），这是我国信息安全领域的指导性和纲领性文件。

5．网络空间安全发展时期

进入 21 世纪以来，尤其是自 2010 年以来，世界各国纷纷出台国家层面的网络空间安全战略。这些战略已在前面做了介绍。

我国于 2015 年在“工科”门类下增设了“网络空间安全”一级学科，随后多所高校增设了相关院系或专业。我国于 2016 年 11 月颁布了《中华人民共和国网络安全法》、2019 年 10 月颁布了《中华人民共和国密码法》、2021 年 6 月颁布了《中华人民共和国数据安全法》、2021 年 8 月颁布了《中华人民共和国个人信息保护法》，为保障我国网络安全，维护网络空间主权和国家安全、社会公共利益，保护公民、法人和其他组织的合法权益，促进经济社会信息化健康发展提供了直接的法律支撑。

在这种大背景下，信息安全技术近年来在攻防两方面都取得了大量的技术突破。攻击者不断利用技术、管理和人性的弱点实施渗透，而网络安全防御体系也在逐步完善；大数据、量子通信等新技术的发展，也带来了信息安全技术的新思路，正推动着信息安全技术的变革。网络攻击与对抗、大数据安全与隐私保护、量子通信与抗量子密码、工业控制系统安全和网络空间身份管理等成为信息安全领域关注的重点和焦点。虽然在这些领域取得了一些重要进展，但仍有众多问题需要研究和解决。以高级可持续威胁（APT）为代表的有组织攻击越来越普遍，攻击技术在不断发展，如何在不掌握攻击特征的情况下，检测、防御这些高水平攻击是当前防御的难点。量子通信为信息安全传输提供了新的手段，但量子计算却对现用的密码体系提出了新的挑战，在后量子时代，如何实现抗量子的密码保护是目前该领域的重要前沿问题之一。近年来，大规模信息泄露事件频发，在大数据时代，保护数据安全，保护个人隐私，是大数据应用繁荣的重要保障之一。工业控制系统的“以太”化带来了工业信息化的繁荣，但同时也为网络攻击提供了便利，如何保障工业控制系统的安全是关系国计民生的大问题。各类网络犯罪猖獗的重要原因之一就是打击网络犯罪难度大，建立网络空间可信身份管理体系是提高网络空间治理能力的关键，但构建一个良性的可信身份生态系统任重而道远。

我们这里把网络空间安全作为信息安全发展的新阶段，本质上可理解为网络空间牵引信息安全的发展，在网络空间这个大背景下，必将促进信息安全的发展和应用，也将催生新的信息安全问题和技术。

1.10 小结与注记

本章主要介绍了网络空间和网络空间安全这两个基本概念，剖析了网络空间当前面临的主要安全威胁，提出了“+安全”新理念并对其基本内涵进行了解释，浅析了网络空间安全基本属性，介绍了网络空间安全体系框架，梳理了网络空间安全技术体系及其主要内容，并从信息安全角度阐述了网络空间安全发展历程。

随着科学技术的不断进步和发展，这些内容都在不断地发生变化，不同专家有不同的理解和认识，甚至同一专家在不同时期都有着不同的理解和认识。网络空间安全研究本身就是一个对网络空间安全深入理解、深刻认识和不断思考的过程。本书作者一直在不断地努力理解、认识和思考信息安全乃至网络空间安全[1,3,5,13-24]，仅针对“网络空间安全：理解与思考”这个题目就做过多次报告。本章体现了作者在写作此书时对网络空间安全的一些理解和认识。

本章在写作过程中主要参考了文献[1]和[4]。文献[2]介绍了世界主要国家网络安全战略，并做了评述；文献[7]是一本小说题材的科普读物，通过阅读它可以轻松地了解密码学的很多常识和历史；文献[14]全面总结了当时国内外信息安全研究现状；文献[19-24]总结了不同时期的信息安全研究进展；文献[25-26]也对网络空间和网络空间安全进行了定义和阐释。

思 考 题

1．什么是网络空间安全？
2．网络空间安全基本属性有哪些？
3．网络空间面临的主要安全威胁有哪些？
4．简述网络空间安全技术体系的构成。
5．谈谈你对“+安全”理念的认识。
6．简述网络空间安全发展历程。

参 考 文 献

[1] 冯登国. 网络空间安全：理解与认识[J]. 网络安全技术与应用，2021，21(1)：1-4.

[2] 吴世忠. 世界主要国家网络安全战略述评与汇编[M]. 北京：时事出版社，2014.

[3] 冯登国. 警钟长鸣 奋力前行：加紧构筑国家网络空间防御体系[J]. 中国信息安全，2013(12)：46-48.

[4] 冯登国，赵险峰. 信息安全技术概论[M]. 2 版. 北京：电子工业出版社，2014.

[5] 冯登国，赵险峰. 国内外信息安全科学技术研究现状与发展趋势[C]//中国计算机学会. 中国计算机学科发展报告 2006. 北京：清华大学出版社，2007.

[6] BAUER F L. Decrepted secrete：method and maxims of cryptology [M]. 2nd ed. Heidelberg：Springer-Verlag，2000.

[7] KAHN D. The codebreakers：the story of secret writing [M]. New York：Macmillan，1967.

[8] SHANNON C E. Communication theory of secrecy system [J]. Bell System Technical Journal，1949，28(4)：656-715.

[9] ANDERSON J P. Computer security technology planning study：ESD-TR-73-51[R]. Bedford：Electronic Systems Division，Air Force Systems Command，1972.

[10] DIFFIE W，HELLMAN M E. New directions in cryptography [J]. IEEE Trans. on Information Theory，1976，22(6)：644-654.

[11] RIVEST R L，SHAMIR A，ADLEMAN L. A method for obtaining digital signatures and public-key cryptosystem [J]. Communications of the ACM，1978，21(2)：120-126.

[12] 美国国家安全局. 信息保障技术框架：3.0 版[M]. 国家 973 信息与网络安全体系研究课题组，组织翻译. 北京：北京中软电子出版社，2002. （Information Assurance Technical Framework (IATF) V3.0, NSA, September, 2000）

[13] FENG D G，WANG X Y. Progress and prospect of some fundamental research on information security in China [J]. Journal of Computer Science and Technology，2006，21(5)：740-755.

[14] 冯登国. 国内外信息安全研究现状及其发展趋势[J]. 网络安全技术与应用，2001，1(1)：8-13.

[15] 冯登国，蒋建春. 网络环境下的信息对抗理论与技术[J]. 世界科技研究与发展，2000，22(2)：27-30.

[16] 冯登国. 关于发展我国信息安全的几点建议[J]. 中国科学院院刊，2002(4)：289-291.

[17] 冯登国，苏璞睿. 虚拟社会管理面临的挑战与应对措施[J]. 中国科学院院刊，2012(1)：21-27.

[18] 冯登国. 从国家战略高度认识云计算[J]. 信息安全与通信保密，2012(11)：1.

[19] 冯登国. 国内外信息安全技术研究现状及发展趋势[C]//中国计算机学会. 中国计算机学科发展报告 2005. 北京：清华大学出版社，2006.

[20] 冯登国. 信息安全技术新进展[C]//中国科学院. 2008 高技术发展报告. 北京：科学出版社，2008.

[21] 冯登国，苏璞睿. 信息安全技术新进展[C]//中国科学院. 2012 高技术发展报告. 北京：科学出版社，2012.

[22] 冯登国，苏璞睿. 信息安全技术新进展[C]//中国科学院. 2016 高技术发展报告. 北京：科学出版社，2016.

[23] 苏璞睿，冯登国. 信息安全技术新进展[C]//中国科学院. 2020 高技术发展报告. 北京：科学出版社，2020.

[24] 冯登国，连一峰. 网络空间安全面临的挑战与对策[J]. 中国科学院院刊，2021(4)：289-291.

[25] 方滨兴. 定义网络空间安全[J]. 网络与信息安全学报，2018，4(1)：1-7.

[26] 徐伯权，王珩，周光霞. 理解和研究 Cyberspace[J]. 指挥信息系统与技术，2010 (1)：23-26.

网络空间安全

千里之行，始于足下。

——春秋·老子《老子》

第2章　常用的几个基本概念

内容提要

本章主要介绍安全领域常用的几个基本概念，包括安全属性、安全服务、安全威胁、安全策略、安全机制、安全模型、安全体系结构、安全保障、深度防御策略和信息保障框架域，阐述这些概念之间的相互关系。

本章重点

- 安全威胁及其分类
- 安全威胁、安全属性和安全服务之间的关系
- 安全策略、安全机制和安全模型之间的关系
- 安全体系结构及其作用
- 安全保障及其意义

2.1 安全属性与安全服务

1. 安全属性

要理解安全属性一词，首先来看看什么是属性：属性是指事物所具有的性质、特点。例如，运动是物质的属性。所谓安全属性就是指网络空间或网络空间中的信息、信息系统所具有的安全性质、安全特点。例如，本书 1.8 节介绍的战略性、可用性、机密性、完整性、真实性、不可否认性、可控性和可信性等就是网络空间所具有的安全属性。此外，还有隐私性、公平性、匿名性等安全属性。

隐私性是指个人或团体决定何时、在何种程度下、以何种方式把关于自己的信息传达给他人的权利。通俗地讲，所有用户不愿意公开的信息都属于隐私，不仅包括个人身份、地址、照片、消费记录、轨迹信息等，也包括商业文档、技术秘密等。

公平性也就是对等性，其目的是保证协议的参与者不能单方面中止协议或获得有别于其他参与者的额外优势，在合同签署协议中具有重要的意义。

匿名性是一种特殊的隐私性，其目的是保证消息发送者的身份不被泄露，也就是消息与消息发送者的身份不再绑定在一起，可用来实现不可追踪性、不可关联性等。

2. 安全服务

安全服务以安全技术和安全产品为支撑和依托。所谓安全技术就是对信息或信息系统进行防护和攻击的技术。讲安全服务时经常用到安全功能这一术语，所谓安全功能就是指对信息或信息系统提供安全防护的能力，如加密、认证、访问控制。所谓安全产品就是指使用安全技术实现安全功能的实体，如密码机、防火墙、入侵检测系统（IDS）。所谓安全服务就是指基于安全技术和安全产品实现安全功能的行为，如安全基础设施（如 PKI/KMI、IDS）服务、安全系统集成服务、安全系统运维服务。这里的安全服务也包括传统的安全服务，如国际标准化组织（ISO）定义的几种基本安全服务，即认证服务、访问控制服务、数据机密性服务、数据完整性服务、不可否认性服务。用现代观点看，安全服务也是一种安全产品。

2.2 安全威胁

安全威胁是指某人、物、事件、方法或概念等因素对某信息或信息系统的安全使用可能造成的危害。一般把可能威胁安全的行为称为攻击，行为的完成者或导致行为完成的人称为攻击者。

1. 安全威胁类型

人们将常见的安全威胁概括为 4 类[2]：暴露（Disclosure）、欺骗（Deception）、打扰（Disruption）和占用（Usurpation）。

（1）暴露是指对信息可以进行非授权访问，主要是来自信息泄露的威胁。

（2）欺骗是指使信息系统接受错误的数据或做出错误的判断，主要包括来自篡改、重放、假冒、否认等的威胁。

（3）打扰是指干扰或打断信息系统的执行，主要包括来自网络与系统攻击、灾害、故障与人为破坏的威胁。

（4）占用是指非授权使用信息或信息系统，主要包括来自非授权使用的威胁。

类似地，恶意代码依照其意图不同可以划归于上述不同的类别中去。

接下来，介绍几种现实中常见的主要安全威胁。

（1）信息泄露：指信息被泄露给未授权的实体（如人、进程或系统），泄露的形式主要包括窃听、截收、侧信道攻击和人员疏忽等。其中，截收泛指获取保密通信的电波、网络数据等，侧信道攻击是指攻击者不能直接获取这些信号或数据，但可以获得其部分信息或相关信息，这些信息有助于分析出保密通信或存储的内容。

（2）篡改：指攻击者可能改动原有的信息内容，但信息的使用者并不能识别出被篡改的事实。在传统的信息处理方式下，篡改者对纸质文件的修改可以通过一些鉴定技术识别修改的痕迹，但在数字环境下，对电子内容的修改不会留下这些痕迹。

（3）重放：指攻击者可能截获并存储合法的通信数据，以后出于非法的目的重新发送它们，而接收者可能仍然会进行正常的受理，从而被攻击者利用。

（4）假冒：指一个人或系统谎称是另一个人或系统，但信息系统或其管理者可能并不能识别，这可能使得谎称者获得不该获得的权限。

（5）否认：指参与某次通信或信息处理的一方事后可能否认这次通信或相关的信息处理曾经发生过，这可能使得这类通信或信息处理的参与者不承担应有的责任。

（6）非授权使用：指信息资源被某个未获授权的人或系统使用，也包括被越权使用的情况。

（7）网络与系统攻击：由于网络与主机系统不免存在设计或实现上的漏洞，攻击者可能利用它们进行恶意的侵入和破坏，或者攻击者仅通过对某一信息服务资源进行超负荷的使用或干扰，使系统不能正常工作，后面一类攻击一般被称为拒绝服务攻击。

（8）恶意代码：指有意破坏计算机系统、窃取机密或隐蔽地接受远程控制的程序，它们由怀有恶意的人开发和传播，隐蔽在受害方的计算机系统中，自身也可能进行复制和传播，主要包括木马、病毒、后门、蠕虫、僵尸网络等。

（9）灾害、故障与人为破坏：信息系统也可能因自然灾害、系统故障或人为破坏而遭到损坏。

以上威胁可能危及不同的安全属性。信息泄露危及机密性，篡改危及完整性和真实性，重放、假冒和非授权使用危及可控性和真实性，否认直接危及非否认性，网络与系统攻击、灾害、故障与人为破坏危及可用性，恶意代码依照其意图可能分别危及可用性、机密性和可控性等。

2. 攻击类型

常见的攻击主要有两大类：被动攻击和主动攻击。被动攻击一般指仅对安全通信、存储数据等的窃听、截收和分析，它并不篡改受到保护的数据，也不插入新的数据；而主动攻击试图篡改这些数据，或者插入新的数据。这种分类在大多数场景下是合理的，但在有些场景下（如信息基础设施）不能覆盖所有的攻击。因此，我们给出了一种攻击分类方法，如图 2.1 所示。首先将攻击分为外部攻击、内部攻击和初始攻击；其次，将外部攻击从物理位置上分为远程攻击和临近攻击，将内部攻击分为恶意攻击和无意攻击，初始攻击不再细分；最后，将远程攻击分为被动攻击和主动攻击，其他不再细分。这样，综合起来就可将攻击分为 5 类：被动攻击、主动攻击、临近攻击、内部攻击和初始攻击，与 IATF 的分类一致[1,9]，只不过这里将分发攻击称为初始攻击。表 2.1 给出了这 5 类攻击的详细描述。

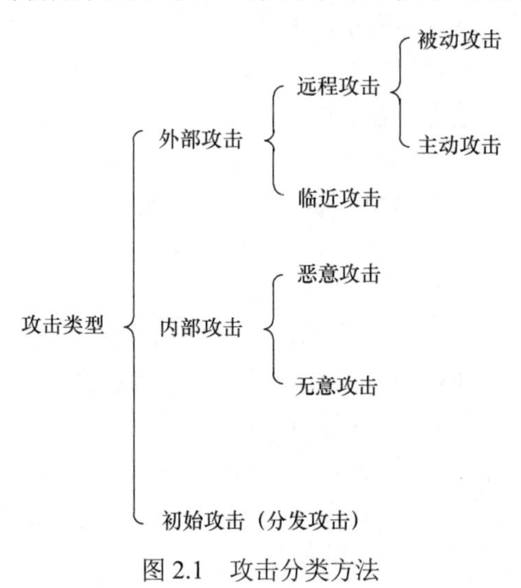

图 2.1 攻击分类方法

表 2.1 攻击类型的详细描述

攻击类型	详细描述
被动攻击	被动攻击一般指仅对安全通信、存储数据等的窃听、截收和分析，具体实现方式包括流量分析、监视未受保护的通信、解密弱加密的数据流、获得认证信息（如口令）等，会在未经用户同意和认可的情况下将信息或数据泄露给攻击者
主动攻击	主动攻击企图破坏或攻击原有的保护性能、引入恶意代码、偷窃或修改（包括篡改、插入、删除等）信息等，具体实现方式包括攻击网络枢纽、利用传输中的信息、电子渗透进入某个区域，或者攻击某个正在设法连接到一个合法网络的远程用户。主动攻击会致使数据被泄露或传播、拒绝服务、数据被更改
临近攻击	临近攻击是指未获授权的个人以更改、收集或拒绝访问信息为目的，在物理位置上接近网络、系统或设备等。临近攻击的具体实现方式包括偷偷进入或开放访问，这两种方式也经常被同时使用
内部攻击	内部攻击是指内部人员进行的攻击，分为恶意攻击和无意（也称为非恶意）攻击两种。恶意攻击通常采用有计划地窃听、偷窃或损坏信息的方式使用信息，或者拒绝其他授权用户访问这些信息。无意攻击则是由一些无意间避开了安全策略的行为所造成的，如粗心或缺乏技术知识的员工，以及某些想要“完成工作”的员工，都可能会在无意间规避安全策略，实施一种无意的内部攻击
初始攻击	初始攻击也称为分发攻击，是指在工厂内或在产品分发过程中恶意修改硬件或软件。这种攻击可能给一个产品引入后门程序等恶意代码，以便攻击者今后在未获授权的情况下访问信息或系统功能

2.3 安全策略与安全机制

1. 安全策略

安全策略是对允许做什么、禁止做什么的规定。也就是说，安全策略是一种声明，它将系统的状态分成两个集合：授权的集合和未授权的集合（也称为安全的状态集合和不安全的状态集合）。安全策略也可以理解为：用一般的术语对安全需求和安全属性进行描述，不涉及具体的实现过程。安全策略涉及的因素包括硬件、软件、访问、用户、连接、网络、电信及实施过程等。安全策略的作用是表现管理层的意志、指导体系结构的规划与设计、指导相关产品的选择和系统开发过程、保证应用系统安全的一致性和完整性、避免资源浪费，以及尽可能消减安全隐患。

例 2.1 某大学不允许作弊（作弊的含义包括抄袭他人的作业），这就是一条安全策略。假设有一门网络空间安全课程要求学生在学院或系里的计算机上完成作业，学生 B 发现自己的同学 A 没有对其作业文件进行读保护，抄袭了 A 的作业，那么 A 没有破坏安全策略，因为 A 尽管没有保护好自己的作业，但此安全策略没有要求使用任何办法来防止文件被读；而 B 破坏了安全策略，因为此安全策略不允许抄袭作业，而他这么做了。

2. 安全机制

安全机制是实施安全策略的方法、工具或规程，用来支撑安全服务。常用的安全机制主要有加密、数字签名、访问控制、完整性、认证交换、流量填充、路由控制、公证、可信、安全标签、入侵检测、应急响应、安全审计、安全恢复、病毒防范等。

例 2.2 实施例 2.1 中安全策略的一种安全机制就是文件访问控制。如果 A 设置权限，防止 B 读其作业文件，则 B 就不能复制 A 的作业文件。

2.4 安全模型

安全模型是表达特定安全策略或安全策略集合的模型，是安全策略的抽象描述。安全模型通常也可以认为是关于信息或信息系统在何种环境下遭受威胁并获得安全的一般性描述，因此，通常也被称为威胁模型或敌手模型。

目前已有很多安全模型。例如，Shannon 保密通信系统模型[3]、Simmons 无仲裁认证系统模型[4]、DY 模型[5]、Bell-LaPadula 模型、BIBA 模型。各类文献资料中对安全模型的称呼比较随意和零乱，这些安全模型的层次也不一样，有的是框架级的，有的是系统级的，有的是模块级的。本书将会介绍很多安全模型，这里先简要介绍几个常用的安全模型。

1. Shannon 保密通信系统模型

该模型是 Shannon 于 1949 年提出的，他用信息论的观点对信息保密问题进行全面阐述，宣告了科学密码学时代的到来。该模型描述了保密通信的收、发双方通过安全信道获得密钥、通过可被窃听的线路传递密文的场景，确定了收、发双方与密码分析者的基本关系和所处的技术环境，如图 2.2 所示。

其中，信源是产生消息的源，在离散情况下可以产生字母或符号，可以用简单的概率空间描述离散无记忆信源。密钥源是产生密钥序列的源，密钥通常是离散的。一般地，消息空间与密钥空间彼此独立。合法的接收者知道密钥 k 和密钥空间 K，窃听者不知道密钥 k，也不知道或不确定密钥空间 K。加密变换是将明文空间中的元素 m 在密钥控制下变为密文 c，通常密文字母集和明文字母集相同。密文空间的统计特性由明文和密钥的统计特性决定，也就是说，知道明文空间和密钥空间的概率分布的任何人都能确定出密文空间的概率分布和明文空间关于密文空间的条件概率分布[6]。假定信道是无干扰的，对于合法接收者，由于他知道解密变换和密钥，因此易于从密文得到原来的消息 m。

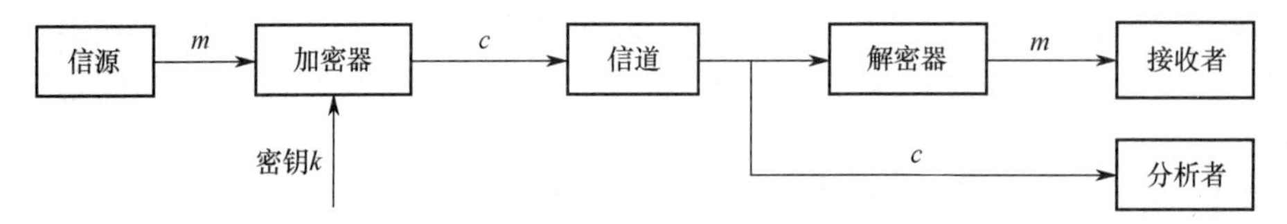

图 2.2　Shannon 保密通信系统模型

2．Simmons 无仲裁认证系统模型

该模型是由 Simmons 于 1984 年提出的，他首次系统地提出了认证系统的信息理论。该模型描述了认证和被认证方通过安全信道获得密钥、通过可被窃听的线路传递认证消息的场景。一个 Simmons 无仲裁认证系统模型如图 2.3 所示。在这个系统中，发送者和接收者之间相互信任，共同对付敌手。最终的目的是使发送者通过一个公开的无干扰的信道将消息发送给接收者，接收者不仅能收到消息本身，而且还能验证消息是否来自发送者及消息是否被敌手篡改过。敌手不仅可截收和分析信道中传送的消息，而且可伪造消息发送给接收者进行欺诈，他不再像保密系统中的分析者那样始终处于消极被动地位，而是可发起主动攻击。

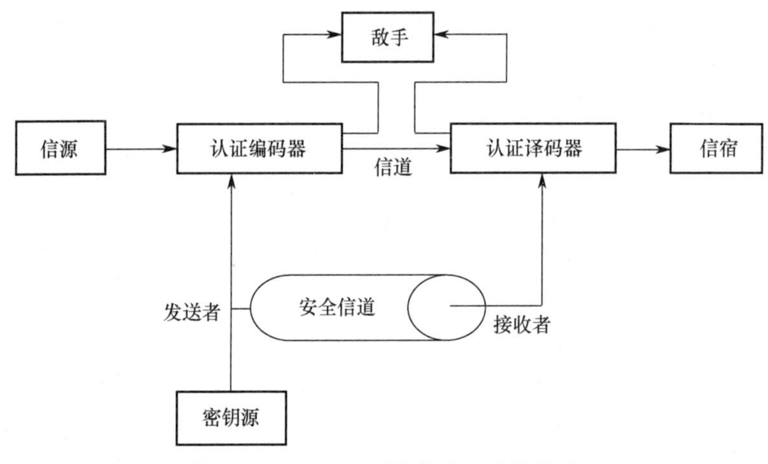

图 2.3　Simmons 无仲裁认证系统模型

3．DY 模型

无数事例表明，攻击者无须破解密码系统，而是直接依赖于协议本身所允许的行为就可攻击协议。这就为人们提供了一种分析协议的思路：对敌手环境进行抽象，假设敌手不能攻破密码系统，即密码系统是完善的，然后在这种情形下分析能否攻破协议。这种抽象的一个重要模型就是 Dolve 和 Yao 于 1981 年提出的 DY 模型。

DY 模型定义了攻击者在网络和系统中的攻击能力，被密码协议的设计者广泛采用。该模型主要包括 4 个方面的假设：①在一个完善的密码系统中，单向函数是不可破解的；公共目录不会被破坏；公钥是公开的，任何人都能得到；私钥是保密的，只有其拥有者才能得到。②在一个两方协议中，只有想通信的两个主体参与事务的处理；加解密无须任何第三方协助。③在一个统一格式的协议中，任意两个想通信的主体都遵守相同的格式规定。④主动敌手意味着敌手首先截获消息，然后尽力得到明文，即敌手可以获取任意通过网络的消息，是网络的一个合法用户并可向其他任何用户发起会话，有机会成为任何用户发送消息的接收者。

从上述描述可以看出，在 DY 模型中，任何发送到网络的消息均可被认为发送到了敌手那里，敌手可对该消息做其能力范围内的任何计算。同时，任何从网络收到的消息均可被认为是从敌手那里收到的经过敌手处理的消息。也就是说，敌手控制了整个网络。事实上，有不少文献直接将网络看成敌手。

在 DY 模型中，除对敌手的能力描述外，还有对密码系统的描述，即完善保密的假设。这从另一个方面揭示了敌手所不能做的事：敌手不能猜测出从足够大的空间中选择出的随机数，即密钥；对于完善的密码系统而言，没有正确的密钥，敌手就不能从密文中得到明文，也不能构造给定明文的有效密文；敌手不能找出与某给定公钥相匹配的私钥。

4．综合安全模型

在互联网时代，信息系统跨越了公用网络和组织内部网络，安全的内涵在扩展。保密通信和安全认证是解决机密性、真实性、不可否认性和完整性的主要手段，但可用性、可控性等要求不能完全依靠它们来解决。根据以上模型和本章 2.2 节介绍的安全威胁，我们认为，在当前的网络环境下实用的安全模型需要考虑以上全部场景并且增加对可用性、可控性等的考虑，因此可称这样的模型为综合安全模型。现在我们在这一模型下定义攻击者的能力。

1）攻击者能做的事

① 地点攻击。攻击者可能来自外部网络或系统，也可能处于组织内部网络或本身就是同一网络或系统的合法用户；攻击者有可能接近安全设备和管理这些设备的人，并在一定条件下控制这些设备和人。

② 数据截获。攻击者可以截获任何网络通信数据，这些数据可能被加密或未被加密，截获的地点可能是外部或内部网络。需指出，在安全系统中安全信道用于分发密钥等安全参数，它也可能仅是非技术的传统方式，如银行在柜台给客户包含密钥的智能卡，因此，这里被截获的通信一般不包括在安全信道中传输的数据。

③ 消息收发。任何实体发出的消息都可能先到达攻击者一方，即攻击者可能位于合法通信双方之间，攻击者可能篡改中介的消息；攻击者也可能冒充其他人和一个实体主动联络或重新发送截获的消息。

④ 利用漏洞和疏忽。攻击者可能掌握系统的设计和实现漏洞或发现系统在管理、使用中存在的问题，攻击者或恶意代码可能利用它们非授权地侵入系统，偷窃数据或进行潜伏、破坏。

⑤ 分析和计算。攻击者有很强的分析和计算能力。

2）攻击者有困难的事

① 数字猜测。攻击者难以从足够大范围的数值空间中猜测到一个生成规律不完全知道的数。

② 破解密码。攻击者难以破解好的密码算法，不能从密文得到明文，甚至也难以从得到的一些明文构造出正确的密文。

③ 推知私钥。攻击者难以从公钥加密或数字签名的公钥推知对应的私钥。

④ 越权访问。在不存在系统设计和实现漏洞的情况下，攻击者难以实施非授权的访问。

⑤ 截获安全信道。攻击者难以截获安全信道中传输的数据，也难以接近和控制管理安全信道的工作人员。

从以上模型可以看到，安全技术的主要目标可以归纳为：在不影响正常业务和通信等的情况下，用攻击者有困难的事去制约攻击者，使攻击者能够做到的事情不能构成安全威胁。

例 2.3 网络环境下的一个典型的安全模型。

当前，一个单位使用的网络一般包括内部网和外部网两个部分，图 2.4 描绘了这类网络环境下的一个典型的安全模型。图 2.4 中信息系统的基本组成包括网络连接设施、内部和外部主机系统、系统用户和管理者、主机内的安全构件、专设网络防护设施和安全机构。其中，主机内的安全构件主要指与安全相关的模块，网络防护设施主要包括防火墙、IDS 或病毒网关等保障可用性和可控性的设备，安全机构是专门负责实施安全措施的机构，它可以是由第三方或单位自行设立的，主要用于完成密钥生成、分发与管理等功能。在该模型下获得安全的一个重要前提是，用户和管理者与安全机构之间的信道不会被攻击者截收，但是，攻击者可以在内部或外部通信网中的任何一点上截获数据或进行消息收发，也可能从一台控制的计算机上发动网络攻击，也可以基于一个系统中的账号发动系统攻击等。安全的实施者主要通过以上安全构件组成的系统抵御攻击，当然，对管理者和用户需要建立工作制度以保障安全技术的实施。

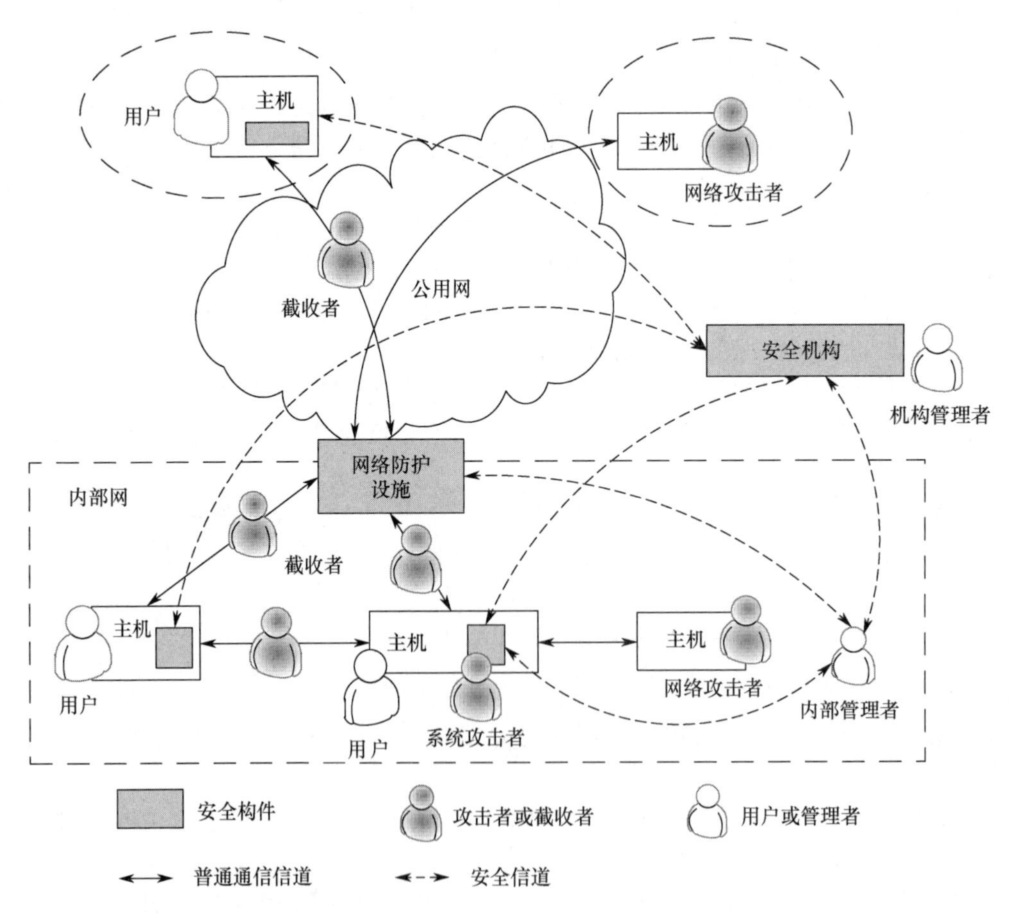

图 2.4 一个面向网络环境的安全模型

2.5 安全体系结构

什么是体系结构？体系结构的英文单词是 Architecture，在英文中最常用的解释是“建筑”。可见，与任何一个“建筑”相类似，一个体系结构应该包括一组组件以及组件之间的联系。从系统工程的观点来看，任何复杂的系统都是在当前分析的系统层次上由相对简单的、原始的基本元素组成的。这些基本元素彼此之间存在着复杂的相互作用，某些元素还可能具有非常复杂的内部结构。例如，ANSI/IEEE Std 1471-2000 将体系结构定义为：一个系统的基本组织，通过组件、组件之间和组件与环境之间的关系，以及管理其设计和演变的原则具体体现。这里，“组件”即前面所说的“元素”，“组件之间和组件与环境之间的关系”即前面强调的“关系”。

体系结构有很多不同的定义。例如，信息管理体系结构（TAFIM）将体系结构定义为一个技术体系结构，即组件、接口、服务及其相互作用的框架；开放组织体系结构框架（TOGAF）认为体系结构包括基础体系结构、标准信息库和体系结构开发方法（ADM），并在此基础上定义了体系结构描述标记语言（ADML）；IEEE 的体系结构计划研究组（APG）认为体系结构是“组件+连接关系+约束规则”。

与体系结构一样，安全体系结构也有很多不同定义，下面列出几个具体定义。

1996 年，美国国防部结合以往的工作经验和实际需求，将安全体系结构分为 4 类，其定义和特点如下。①抽象的安全体系结构：描述安全需求，定义安全策略，选择相应的安全服务/功能，在抽象定义的信息系统体系结构的组件之间分配安全功能。②通用的安全体系结构：基于抽象的安全体系结构，定义通用类型的安全组件和允许使用的标准，并为其应用确立必要的指导原则；在安全服务/功能分配的基础上，定义实现一定安全强度的安全服务类型和安全机制。③逻辑的安全体系结构：为某种真实、具体的安全需求而设计，是在具体环境中应用通用的安全体系结构的实例，同时必须分析实施代价。④具体的安全体系结构：关注组件、接口、标准、性能、代价，展示所有选择的组件、机制、规则等如何结合并满足特定系统的安全需求。

后来，美国国防部又提出“目标安全体系结构（DGSA）”，该体系结构在 OSI 安全框架的基础上，从物理组成的角度，分析信息系统各组件彼此间的安全功能分配问题。在该体系结构中，主要的物理组成实体是端系统、中继系统、传输网络、本地通信系统、本地用户环境，安全需求则是在美国国防部以前提出的信息系统安全需求基础上形成的一定层次上的抽象，具体包括支持多种安全策略、采用开放系统、实施充分的保护，以及实现共同的安全管理。美国的信息系统防卫局（DISA）提出的美国国防部信息系统安全计划（DISSP）认为安全体系结构应该是一个三维的矩阵结构框架，每一维分别代表了安全属性、OSI 协议层和系统组件。

国际标准化组织和国际电工委员会提出了所谓的“OSI 安全体系结构”，结合其著名的开放系统互连参考模型（OSI 参考模型），认为安全体系结构应该是安全服务与安全机制的一般性描述，说明怎样将安全服务映射到网络层次结构中，简单讨论了这些安全服务在其中的适当层次，应包括可信功能度量、安全标签、事件检测、安全审计跟踪、安全恢复等与安全管理相关的普适性机制。

X/Opengroup 提出了一种“分布式系统安全框架（XDSF）”，将安全功能元素分成了 3 个层次，即底层的密码支持硬件或软件，中间层的基本安全功能（包括认证、授权、审计等）和顶层的、域间交互的安全服务（包括特权属性服务、证书服务、密钥分发、可信第三方等)。在这样一个框架中，安全管理覆盖了对于上述 3 个层次中所有安全元素的管理。

人们也将安全体系结构定义为安全解决方案，即安全体系结构是由安全技术及其配置所构成的安全性集中解决方案。这样的一个定义表明，安全体系结构在设计、实施、应用的过程中，需要考虑众多相关问题，与具体应用需求的整个生命周期有关。例如，必须进行需求分析，制定和实施相关的安全策略；必须仔细考虑如何合理应用网络隔离、平台加固、VPN、IDS、PKI、恶意代码防范等众多安全技术和产品；必须全面衡量解决方案的具体实施过程所涉及的系统操作、运行与管理等方面的有关问题。

例 2.4 通用数据安全体系结构（CDSA）。

CDSA 是由 Intel 体系结构实验室（IAL）提出的，并得到了 Apple、Entrust、Hewlett-Packard、IBM、Motorola、Netscape、Sun、Trusted Information Systems 及 PKI Task Group 等许多成员组织的大力支持。它定义了一组分层的安全服务和应用程序接口，为互联网的数据与通信安全应用提供动态的、集成化的安全服务。CDSA 是一个开放的、可扩展的体系。由于各应用程序可自由选择、动态访问该体系中的服务，CDSA 可以为不同的用户提供多平台、多层次、多密级的安全服务。CDSA 有 3 个基本的层次：系统安全服务层、通用安全服务管理器（CSSM）层、安全模块层（包括密码服务、信任策略、证书库、数据存储、授权计算等模块)。其中，CSSM 是 CDSA 的核心，负责对各种安全服务进行管理，管理这些服务的实现模块。CSSM 定义了访问安全服务的应用编程接口，为安全服务模块规定了服务提供接口（SPI)，动态地为应用扩展所需的安全服务，控制着可信计算基的核心，监视着动态环境的完整性。CDSA 如图 2.5 所示。

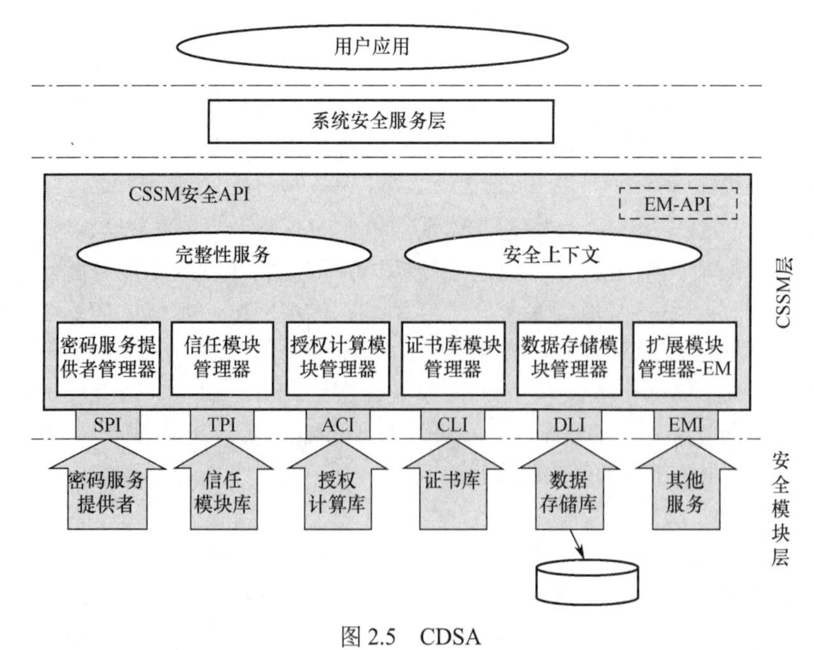

图 2.5　CDSA

2.6　安全保障

安全保障是对实体满足安全需求的信心。信心是建立在安全保障工具所提供的事实基础上的。保障的英文单词是 Assurance，在英文中解释为“确信、确保、信心、保证”等，因此，安全保障就是安全确信、安全确保、安全信心、安全保证，也就是说，确保安全落地，确保安全到位。

安全保障与信息保障（IA，也称为信息安全保障）[9]不同，信息保障是指访问信息和信息系统的能力，以及保证信息和信息系统的安全性，也就是指保护与防御信息和信息系统，确保其可用性、完整性、机密性、真实性、非否认性等属性，也包括在信息系统中融入保护、检测、反应功能，并提供信息系统的恢复功能。二者的主要区别在于：信息保障重点关注对信息和信息系统的威胁，以及保护信息和信息系统的技术，而安全保障重点关注需求的正确性、完整性和一致性，以及这些需求的实现机制。

安全保障技术包括开发过程中的技术、设计分析和测试中所用到的形式化方法等。安全测试、安全评估、安全审查、安全监管等技术都属于安全保障技术范畴，这些技术中有的是共性技术，有的是伴随技术。

安全保障是通过使用多种多样的安全保障技术而获得的，这些安全保障技术提供证据来说明系统的实现和运行能够满足安全策略中定义的安全需求。这个过程如图 2.6 所示，安全策略显式地定义对安全机制的需求，安全机制是为满足安全策略需求而设计和实现的实体，安全保障基于事实确保安全机制能够满足安全策略需求。

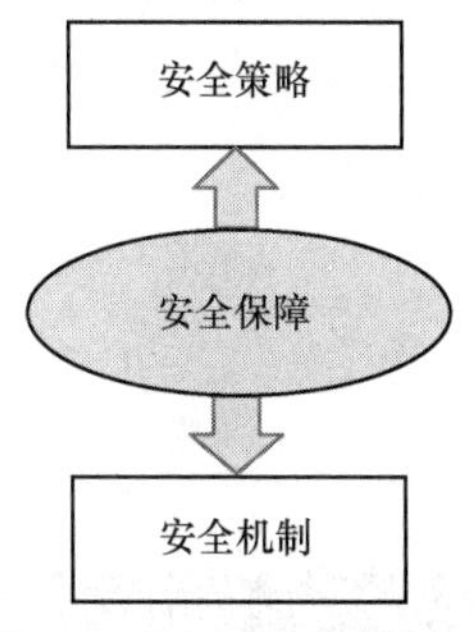

图 2.6　安全保障、安全策略和安全机制之间的关系

安全保障的目标是确保系统从实现到运行的整个生命周期中都满足其安全需求。由于高层次的安全需求和低层次的实现细节在层次上是不同的，所以，安全保障的目标也应在不同层次上来实现。系统开发的不同阶段使用了不同的安全保障技术，包括策略、设计、实现和运行等安全保障技术。策略安全保障技术确保策略中的安全需求是完整的、一致的，并在技术上是可行的；设计安全保障技术确保系统设计满足策略中的安全需求；实现安全保障技术确保系统实现与策略中的安全需求是一致的；运行安全保障技术确保系统安装、配置和日常运行的过程中仍然与策略中的安全需求是一致的。

尽管安全保障技术不能确保系统的正确性和安全性，但是这种技术为系统评估提供了牢固的基础。其价值就在于可以消除可能出现的、常见的错误源，迫使设计者精确地定义系统的功能行为。

2.7 深度防御策略与信息保障框架域

2.7.1 深度防御策略

深度防御策略（Defense-in-Depth Strategy）是美国国家安全局在其《信息保障技术框架》[9]中详细论述的信息安全保障策略。深度防御策略不是一个空泛的设想，而是有着较为持久的理论探索背景与技术实践根基，并随着 IATF 的发展而日渐成熟。

IATF 强调人员、技术和操作（也包括管理）这 3 个要素在共同实现组织机构正常运转方面具有协调性，即“信息基础设施中包含着处于处理、存储及传输状态的各类信息，这些信息及其状态对于一个组织机构的职能和业务正常运作来说异常关键。对这些信息的保护要通过‘信息保障’来完成，它提出了当今信息基础设施的全套安全需求。信息保障依赖于人员、技术和操作来实现一个组织的职能与业务运作，对技术和信息基础设施的管理也离不开这 3 个因素。稳健的信息保障状态意味着信息保障的政策、步骤、技术和机制在整个组织的信息基础设施的所有层面上都得到了实施”。

遵循这样一个思路，IATF 定义了对目标系统（可以是一套或简或繁的信息系统，有时也称为一个组织机构的信息基础设施，或者一个国家范围之内的重要信息基础设施）实施信息保障的过程，以及该系统中硬件和软件部件的安全需求。遵循这些原则，就可以对信息基础设施做到多层防护，即“深度防御策略”。该策略的基本原理可被应用于任何组织与机构的信息系统或网络的设计、建设、维护与管理过程中。这些组织与机构都需要在有关人员依靠技术进行操作和管理的情况下讨论信息保障问题需求。

图 2.7 描述了深度防御策略的 3 个要素：人员、技术和操作。

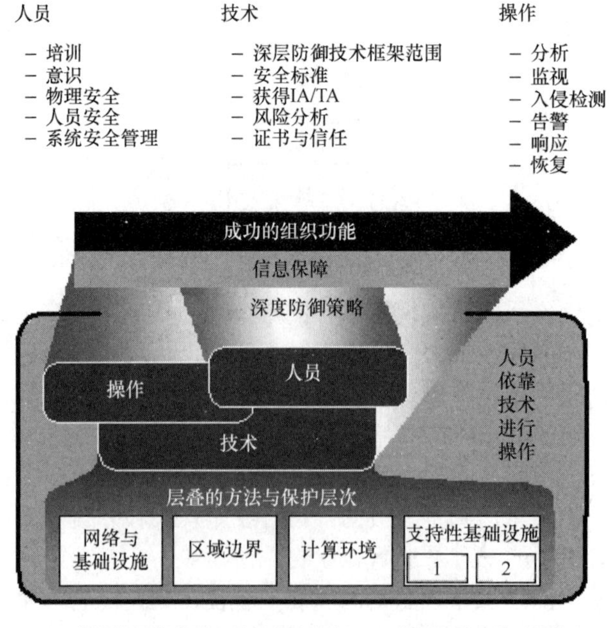

图 2.7 深度防御策略的 3 个要素

在这个策略的 3 个要素中，IATF 强调技术并提供一个框架进行多层保护，以此防范信息系统（包括信息基础设施）可能面临的各类计算机技术威胁与网络技术威胁。采用这种方法之后，很多可以攻破一层或一类保护的攻击行为将无法破坏整个信息基础设施或信息系统，从而确保适度的安全保障目标得以实现。

这 3 个要素表明，高层管理者必须切实理解面临的各种信息保障威胁，并承诺尽可能消除这些威胁，建立有效的策略和流程，分配角色和责任，落实资源，对关键人员（如用户、系统管理员）进行培训，对人员进行可追究性管理，以及建立物理安全和人员安全措施；真正有效的信息保障活动必须关注维护一个组织机构的日常安全态势所需的所有活动，包括分析、监视、入侵检测、告警、响应、恢复等；为确保能采购和部署正确的技术，一个组织机构应该建立有效的技术采办策略和过程，包括安全策略，信息保障原则，系统级的信息保障体系结构和标准，信息保障产品的准则，对由可信第三方认证的产品的采办、配置指南，以及对集成系统进行风险评估的过程。

在 3 个要素的基础之上，深度防御策略将安全需求划分为 4 个重点保障域，也称为信息保障框架域，它们分别是：网络与基础设施、区域边界和外部连接、计算环境（通常是指本地用户环境，即本地计算环境）以及支持性基础设施。它们与深度防御策略一起，构成了信息保障技术框架的核心内容，从技术层面体现了深度防御策略的思想。信息保障技术框架范围如图 2.8 所示。

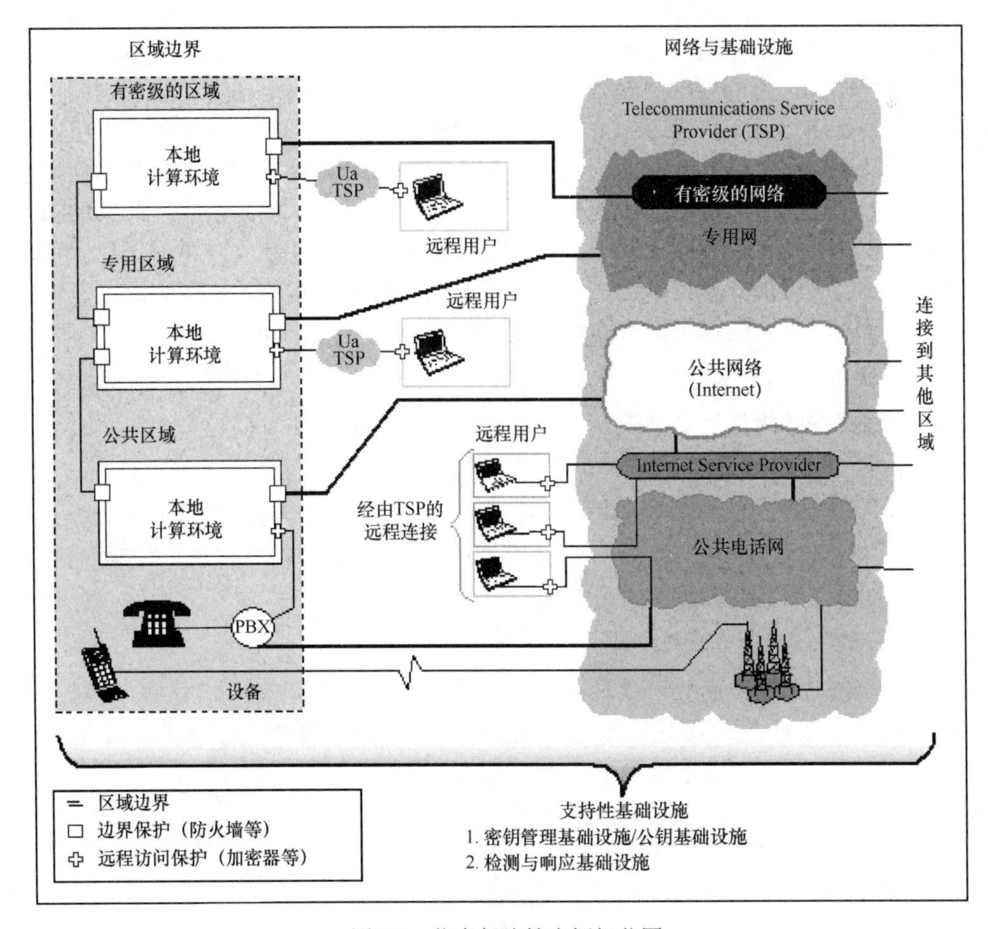

图 2.8　信息保障技术框架范围

对于任何一个采用了深度防御策略并期望获得持久有效信息保障能力的组织机构而言，它们必须深刻理解这个策略的内涵。首先，应该明确自身的信息保护有效性要求，在风险分析的基础上，以组织机构的任务运行目标为重点，明确各类信息的价值和这些信息被破坏或遭受损失将会产生的影响。其次，应该考虑自身的保护能力，以及这种能力与其成本、性能、运行效果之间的相对平衡关系，并在此基础上确定一个综合性、持续性的方法，依据当前和未来的运行情况与环境的变化，适当调整该方法的具体使用方式。此外，制订一套完善的人才培养计划，定期对信息基础设施的信息保障能力进行评估，坚持通用性、标准化，遵循程序和政策，遵守互操作性要求，利用多种防范技术和采用互有交叉的保护方法等内容，都是深度防御策略在具体实施中需要考虑的现实问题。

对于具体的应用，深度防御策略建议采用的信息保障原则如下。

1）在多个位置进行保护

攻击者可以从多个起点对目标实施攻击，为了抵御这些攻击，必须在多个位置部署防御机制。必须进行保护的内容应包括：网络与基础设施、区域边界（如部署防火墙和入侵检测机制，部署针对主动攻击的防御措施）和计算环境（如采用访问控制措施，抵御内部攻击、临近攻击及分发攻击）。

2）进行分层防御

鉴于目前的信息技术设计开发水平和应用维护管理水平，任何信息保障产品（如防火墙、安全路由器）都会在应用中表现出某种缺陷，所以，一般认为攻击者能够在几乎所有的网络与信息系统中找到可利用的脆弱性。为此，有效的对策是在攻击者和目标之间部署多层防御机制，而不是简单地将信息保障产品罗列在攻击者面前。这种多层次的防御机制要求其中的每一个或几个机制能够对攻击者形成一道屏障，并且具有针对每一个机制的保护措施和检测措施。例如，在网络边界的内部和外部各配置一个与入侵检测系统实现联动的防火墙。多道屏障确保了各种信息保障技术和产品的功能实现尽可能相互独立、不受干扰，保护和检测机制则使攻击者必须面对被发现的风险。这样，攻击者成功实施攻击行为的可能性就会降低，或者攻击者会因为实施攻击行为的代价显著增高而放弃攻击。

3）明确安全强健性要求

为每一个信息保障组件规定其安全强健性要求。安全强健性可以视为由这些组件所保护的信息的价值和它所保护的应用所遭受的威胁所组成的函数。

4）部署密钥管理基础设施/公钥基础设施

部署强健的密钥管理基础设施/公钥基础设施，对它们所采用的信息保障技术进行融合，使它们对攻击行为具有高度的防范功能。

5）部署检测与响应基础设施

部署检测与响应基础设施并对检测结果进行关联分析，以及在必要时做出响应。检测与响应基础设施应当能够帮助回答以下这些问题：“我是否正在遭受攻击？”“攻击源在哪里？”“攻击目标是谁？”“谁还遭受了攻击？”“该如何反应？”等。

2.7.2 信息保障框架域

深度防御策略可视为信息保障技术框架的指导思想。其真正的技术细节都落实在网络与基础设施、区域边界和外部连接、计算环境以及支持性基础设施这 4 个框架域中，这 4 个框架域的保障目标不同，有各自的技术侧重点。它们和深度防御策略一起，构成了信息保障技术框架的主体[9]。

1．框架域 1——网络与基础设施

网络与基础设施包括操作域网（OAN）、城市域网（MAN）、校园域网（CAN）和各类局域网（LAN），核心作用是提供区域互联。由于这种区域互联的客观存在，网络与基础设施涉及包括各行各业以及众多家庭用户在内的广泛的社会团体与本地用户。传输网络包括在网络节点（如路由器和网关）间传输信息的信息传输组件（如卫星、微波、其他广播频率频谱与光纤），网络基础设施则包含网络管理、域名服务器和目录服务等重要组件，这些组件经常以某种方式参与到各类本地环境设置中。网络与基础设施框架域如图 2.9 所示。

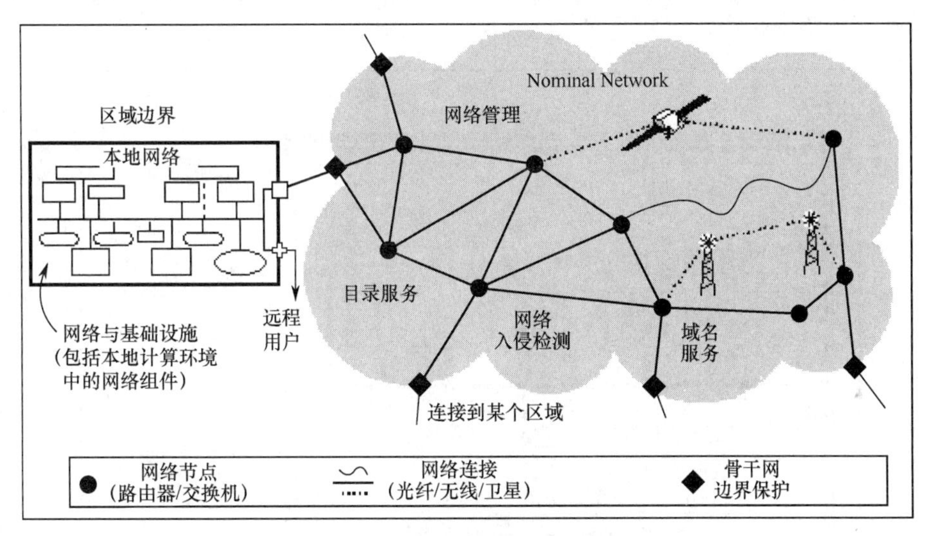

图 2.9　网络与基础设施框架域

一般地，人们习惯于将目前正在使用并且仍将继续使用的典型传输网络和服务在逻辑上分为 3 类：公共（或商业）网络与技术（如互联网）、专用网络服务（如某银行的业务专网）、自行建设并负责维护的网络与技术（如某校园网络）。

网络与基础设施的保障目的是维护信息服务，并对公共的、私人的或保密的信息进行保护，避免这些信息被无意泄露或有意更改。网络与基础设施的具体保障目标是：

（1）保证整个广域网上交换的数据不会被泄露给任何未获授权的网络访问者。

（2）保证广域网支持关键任务和数据任务的正常进行，防止它受到拒绝服务攻击。

（3）防止受保护的信息在传输过程中遭遇时延、误传或未发送。

（4）对数据流进行分析和保护，这些数据流包括用户数据流和网络基础设施控制信息。

（5）确信采用的保护机制不受其他授权策略或网络连接的干扰。

网络与基础设施为传输用户数据流和获得用户信息提供了传输机制，必须防止这种传输机制遭受拒绝服务攻击。这种保护依赖于密钥管理基础设施/公钥基础设施、检测与响应基础设施等技术和系统的部署，也包括其他能够对系统进行管理或支持网络正常运行的系统。

IATF 对网络与基础设施安全的讨论由以下内容组成：骨干网的可用性，涉及常规数据通信网络，即 IP 网和 ATM 网及其安全管理；无线网络的安全性，涉及蜂窝服务网、寻呼

机、卫星系统和无线局域网；VPN 网络，涉及通过骨干网在同样敏感度级别的系统之间建立安全连接；语音网络的安全性，涉及 PSTN 等。

2. 框架域 2——区域边界

区域指的是通过局域网相互连接、采用单一安全策略，并且不考虑物理位置的本地计算设备的集合，它通常包括多个带有用户平台、网络/应用程序/通信服务器、打印机与本地交换/路由设备等计算资源组件的局域网。安全策略与所处理信息的类型或级别保持相互独立，单一物理设备可能位于不同的区域之内。本地和远程组件在访问某个区域内的资源时必须满足该区域的安全策略要求。区域边界框架域如图 2.10 所示，单一区域可以跨越多个不同地理位置，并且通过 T-1、T-3、综合服务数字网（ISDN）等商用点到点通信线路或互联网等广域网方式实现相连。

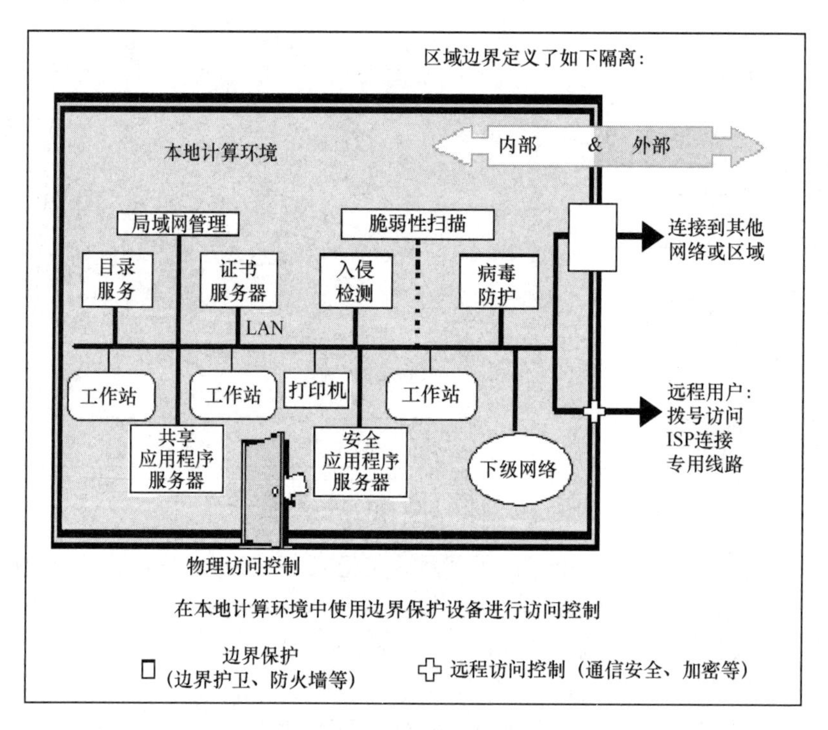

图 2.10 区域边界框架域

绝大多数区域具有与其他网络相连的外部连接。这些外部连接可以是单级连接，此时，该区域与连接的网络级别相同。此外，它们也可以是由高级别到低级别或由低级别到高级别的信息传输。此时，区域与连接的网络的级别不同。区域也可以通过远程访问与移动用户或远程用户相连。区域的网络设备层与其他网络设备的接入点被称为“区域边界”。

许多机构组织的内部网络都与其可控范围之外的某些网络存在连接关系。例如，与外部网络（最常见的是互联网）连接并交换信息或访问对方网络上的数据，通过一种便捷的方式（公共电话网拨号访问、电缆调制解调器等设备实现的直接连接、借助拨号访问方式连接到互联网服务提供者，或者借助专用线路连接到通信服务提供者）与远程用户实现连接，和不同运行级别的本地网络相连。

区域边界就是信息进入或离开这个可控区域的点，边界的存在能够帮助实现这种进入或离开的授权，从而形成一个保护层，确保进入或离开该区域的信息不会对机构组织带来负面影响，既能够满足操作要求，也能够符合信息保障需求。

区域边界和外部连接保障指的是对于那些通过将自身的信息基础设施与专用或公共网络相连以便获得信息和服务的机构，它们必须对自己的信息基础设施实施保护，从而确保这些信息基础设施符合一定的可用性、完整性或机密性要求。具体的保障目标是：

（1）确信对物理和逻辑区域进行了充分保护。

（2）针对不断变化的威胁，能够采用动态抑制服务。

（3）确信在被保护区域内的系统与网络保持机构可接受的可用性，并且能够完全防范拒绝服务攻击。

（4）对于在区域之间或通过远程访问方式交换的数据，确信这些数据受到保护，并且不会被不适宜地泄露。

（5）对于区域内由于技术或配置问题而无法自行实施保护的系统，能够提供边界保护。

（6）提供风险管理方法，有选择地允许某些重要信息在传输过程中跨越区域边界。

（7）对被保护区域内的系统和数据进行保护，避免这些系统和数据遭受外部系统或攻击的破坏。

（8）针对用户需要与区域之外进行信息传输（包括发送和接收）的情况，能够提供强认证和经认证的访问控制。

区域边界和外部连接保障关注的是如何对进出该区域的数据流进行有效的控制与监视。其中，有效的控制机制包括通过防火墙、虚拟专用网对远程用户进行标识和鉴别、访问控制等。有效的监视机制包括采用基于网络的入侵检测系统、脆弱性扫描器与局域网中的病毒检测器。这两类机制可以单独使用，也可以协同使用。必须协同使用的常见情况是，某些区域内部系统无法实施自我保护，或者在较低安全级别上（或非严格安全策略下）的系统操作失败给某个系统造成严重破坏的情况。

实施区域边界保护主要考虑保护区域内部不受来自区域外部的攻击，但边界也能够防止恶意的内部人员跨越边界实施攻击，还能够防止外部人员通过某个开放的或隐蔽的通道伪装成一个获得授权的内部用户。

对于任何一个网络与信息系统而言，在实际的安全防护工作中，它和外部连接的区域边界在什么地方、存在哪些内部与外部相连所需经过的接口，是具有挑战性的问题。事实上，“边界”可以视为划分具有不同权限的信息环境所有者的界限。这些信息环境所有者的利益、责任和使命不尽相同，体现在区域边界的划分上就会形成一种复杂的相互牵制的局面。厘清其中各方的责任，是实施信息保障的一个基本出发点。因此，许多安全机制都被部署在区域的物理边界和逻辑边界上，以此实现对于区域边界和外部连接的保护。

3. 框架域 3——计算环境

计算环境通常是本地用户环境，计算环境框架域如图 2.11 所示。它包括服务器、客户机以及其上安装的应用程序。这些应用程序能够提供包括（但不局限于）调度（或时间管理）、打印、字处理或目录在内的一些服务。

许多机构、组织都投入了大量资金使用全套的商业定制产品，或者那些满足其具体需要的客户版商业定制产品中的信息系统组件与产品。当后者能够直接满足机构的应用要求时，机构、组织将可能以更为灵活的方式来选用信息系统组件和产品。

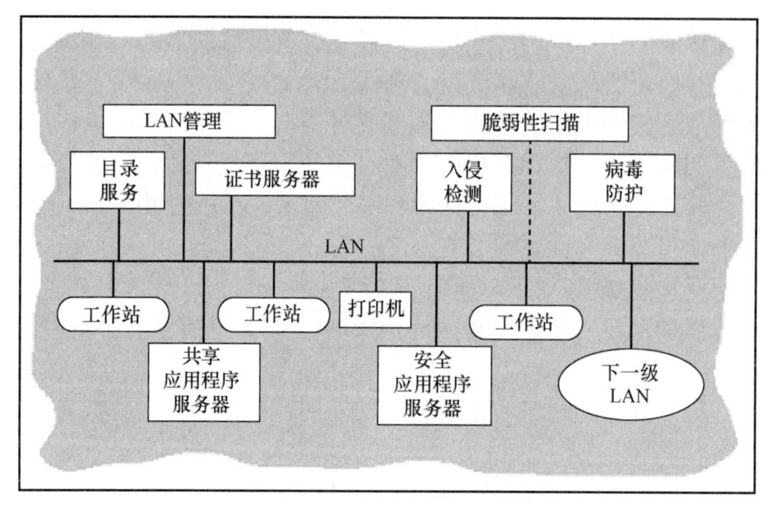

图 2.11　计算环境框架域

在这种涉及多个企业产品的计算环境中，安全需求强调服务器和客户机的安全，包括环境内安装的应用程序、操作系统和基于主机的监视器性能。在各类计算环境中，用户需要的都是一种能够被有效应用于该环境的信息保障解决方案，这些解决方案必须能够同时为该环境中的通信（如电子邮件）、操作系统、Web 浏览器、电子商务、无线访问、合作计算、数据库访问等组件或操作提供安全保护。

计算环境保障指的是用户需要保护内部系统应用和服务器，包括充分利用认证、访问控制、机密性、数据完整性和非否认性安全服务。为满足上述要求，计算环境应实现的保障目标包括：

（1）确保对客户机、服务器和应用实施充分保护，以此防止拒绝服务攻击、数据未授权泄露和数据更改。

（2）无论客户机、服务器或应用位于某区域之内或之外，都必须确保由其处理的数据具有机密性和完整性。

（3）防止未授权使用客户机、服务器或应用的情况。

（4）保障客户机和服务器遵守安全配置指南并安装了所有正确补丁。

（5）对所有的客户机与服务器的配制管理进行维护，跟踪补丁和系统配置更改信息。

（6）保证能够准备好本地环境中的各种应用，并且这些应用足够安全。

（7）具有足够的防范能力，能够防范内部和外部的受信任人员及系统在本地环境中从事违规和攻击活动。

通常会认为，计算环境是信息化应用服务得以实施的终端位置。计算环境保障关注的重点内容是如何采用信息保障技术来确保用户信息在进入、离开或驻留客户机与服务器时具有可用性、完整性和机密性。

一般地，客户机指的是以终端用户工作站方式存在的那些带外设的台式机与笔记本电脑，服务器则包括安装有应用程序、网络、Web 服务、文件与通信等服务功能的服务器。运行于客户机与服务器的应用程序包括安全邮件与 Web 浏览、文件传输、数据库、病毒扫描、审计以及基于主机的入侵检测等应用程序。对计算机硬件与软件实施保护是防止内部人员恶意攻击的首道防线，也是防止外部人员穿越系统保护边界进行攻击的最后防线。

对计算环境进行保护，提供了用于建立完善的信息保障环境的最为基础的保护层。其中，需要重点关注的是以下内容：

（1）安全使能（Security-Enabled）应用程序。这类应用程序是一些运行于主机并可能涉及部分操作系统功能的软件。目前已有多种安全使能应用程序的编写策略。其中，最具代表性的安全使能应用程序是应用程序编程接口（API）。它不仅简化并提高了各类解决方案之间的互操作性，还促使产生了大量可以被用于多类用户群体的整套标准。

（2）安全操作系统。信息保障策略的顺利实现必须依赖得到集中管理的、具有安全性并且可被安全配置的操作系统。由于系统生命周期的大部分阶段位于系统的初始化配置完成之后的各阶段中，因此必须确保对操作系统进行安全初始配置、仅允许使用必需的系统服务、支持制造商对其产品进行更新并修补漏洞、安全地改变系统配置及对系统进行定期检查。这些都依赖于安全操作系统。

（3）基于主机的监视技术。基于主机的监视技术包括检测并彻底消除病毒等恶意软件，检测系统配置是否发生了改变，进行审计、简化审计记录，以及生成审计报告。监视机制包括采用由用户自主运行的反病毒软件等工具，以及由系统管理员运行的工具（如要确认是否已经修补了系统漏洞、检测弱口令并监视用户访问权限的使用，管理员可以使用基于网络或主机的脆弱性扫描工具）。

4．框架域 4——支持性基础设施

深度防御策略的基本原理之一是提供对于计算机入侵与攻击的防范能力，对渗透防御措施的攻击进行有效处理，并且能够获得恢复。支持性基础设施是能够提供这类安全服务的一套相互关联的基础设施。

支持性基础设施为以下各方提供服务：网络，终端用户工作站，网络、应用和文件服务器，单独使用的基础设施机器（如高层域名服务器与高层目录服务器）。IATF 讨论的两类支持性基础设施分别是密钥管理基础设施/公钥基础设施（KMI/PKI）、检测与响应基础设施。

KMI/PKI 提供一种通用的联合处理方式，以便安全地创建、分发和管理公钥证书和传统的对称密钥，使它们能够为网络、区域和计算环境提供安全服务。这些服务能够以一种可靠的方式对发送者和接收者的完整性进行验证，并且可以避免这些网络、区域和计算环境中的任何实体（如程序代码、管理员、终端用户）在未获授权的情况下泄露和更改信息。KMI/PKI 必须支持受控制的互操作性，并与各用户团体建立的安全策略保持一致。

检测与响应基础设施能够迅速检测并响应入侵行为，它也提供便于结合其他相关事件观察某个事件的“汇总”性能。另外，它也允许分析员识别潜在的行为模式或新的发展趋势。在多数实现检测与响应能力的机构中，本地中心监视本地运行，并将结果输送到更大区域的监视中心或国家级别的监视中心。检测与响应基础设施需要有入侵检测与监视软件等技术解决方案以及训练有素的专业人员（通常指计算机应急响应小组）的支持。

上述两类支持性基础设施为深度防御策略提供密钥管理、检测和响应功能，其主要安全保障目标包括：

（1）提供支持密钥、优先权与证书管理的基础设施，积极识别使用网络服务的各个用户。

（2）对入侵和其他违规事件进行快速检测与响应，包括进行入侵检测、报告和分析检测结果、评估这些结果并对其做出恰当的响应。

（3）执行与两类支持性基础设施相关的计划，并提出持续性需求和重建需求。

现有的信息基础设施并不具备能够抵御各种威胁所必需的安全性，深度防御策略又要求它们具备全面的信息保障特色。在这种矛盾的现实背景之下，密钥管理基础设施/公钥基础设施成为许多信息保障技术的基础。同时，由于进行完善的防护必须同时具备相应的技术条件和经济条件，难以成为一个现实的选择，因此需要使用能够针对网络攻击进行检测、响应与恢复的信息保障技术，对这种不完善的防护进行补充，检测与响应基础设施能够提供与之相关的支持。

2.8 小结与注记

本章主要介绍了安全属性、安全服务、安全威胁、安全策略、安全机制、安全模型、安全体系结构、安全保障、深度防御策略和信息保障框架域等基本概念，这些基本概念对理解和认识网络空间安全十分重要，也十分必要。随着信息技术的发展和应用，这些基本概念的内涵和外延都在不断地发展和变化，需要不断地理解和认识，本书作者对这些基本概念的理解和认识也都融入了本章的内容。

本章有 3 个概念相对比较难理解：安全体系结构、安全保障和深度防御策略。安全体系结构有大有小，大到一个系统的总体解决方案，小到一个具体模块的简单结构，但无论大小，它都是有层次的，组件或元素之间是有关联的，而且是相互作用的。安全体系结构是解决安全问题的关键基础。安全保障就是安全确保，就是对实体满足安全需求的信心，有很多办法可以使安全措施和技术落实到位，如本书第 6 篇介绍的安全测评与管理。深度防御策略的出现，使人们清晰地意识到，实施信息安全保障的难度之所以在持续不断地增大，既源于技术革新带来的挑战，也源于操作和管理方式的调整需求，同时也在时刻接受处于不间断增强过程中人类智力的挑战，必须全面考虑人员、技术和操作（与管理）这 3 个要素。相对于信息安全保障的丰富内涵而言，深度防御策略只是一个思路，而由网络与基础设施、区域边界和外部连接、计算环境以及支持性基础设施这 4 个框架域共同组成的技术细节和渗透其中的众多操作与管理规则才是信息安全保障得以有效实施的基石。

本章在写作过程中主要参考了文献[1]、[2]、[7]和[9]。文献[2]对安全保障做了比较详细的介绍；文献[7]专门讲述了信息安全体系结构，而且这些内容作为中国科学院研究生院的研究生课程内容讲授过多次；文献[9]对信息保障做了比较系统的介绍，包括深度防御策略、信息保障框架域、信息系统安全工程等内容。

思 考 题

1．简述安全威胁的分类及其与安全属性和安全服务之间的关系。

2．简述安全策略、安全机制和安全模型之间的关系。

3．简述安全模型的作用和意义。

4．什么是安全体系结构？

5．什么是安全保障？

6．谈谈你对深度防御策略的认识与理解。

参 考 文 献

[1] 冯登国，赵险峰. 信息安全技术概论[M]. 2 版. 北京：电子工业出版社，2014.

[2] MATT B. Computer security art and science[M]. Boston：Addison-Wesley，2003.（MATT B. 计算机安全学：安全的艺术与科学[M]. 王立斌，黄征，译. 北京：电子工业出版社，2005.）

[3] SHANNON C E. Communication theory of secrecy system [J]. Bell System Technical Journal，1949，28(4)：656-715.

[4] SIMMONS G J. Authentication theory/coding theory[C]//Advances in Cryptology：Crypto'84. LNCS，1985(196)：411-431.

[5] DOLVE D，YAO A C. On the security of public key protocols[C]//Proc. IEEE 22nd Annual Symposim on Foundations of Computer Sciences，1981：350-357.

[6] 冯登国，裴定一. 密码学导引[M]. 北京：科学出版社，1999.

[7] 冯登国，孙锐，张阳. 信息安全体系结构[M]. 北京：清华大学出版社，2006.

[8] 冯登国. 安全协议：理论与实践[M]. 北京：清华大学出版社，2011.

[9] 美国国家安全局. 信息保障技术框架：3.0 版[M]. 国家 973 信息与网络安全体系研究课题组，组织翻译. 北京：北京中软电子出版社，2002.

第 2 篇　密码学与安全基础

内容概要

网络空间安全基础是学习和了解网络空间安全的必备知识。网络空间安全基础涉及面广、内容多，本篇选择一些重点内容进行介绍，包括密码算法、实体认证、密钥管理、访问控制、信息隐藏、隐私保护、安全审计、物理安全、信息系统安全工程等。密码学是网络空间安全的核心基础，从基础到技术、再到应用无处不在，已成为网络空间安全的DNA。同时，密码学的研究内容和覆盖范围也越来越广泛，本篇介绍的很多内容都与密码学有关或也可通过密码学来实现。鉴于此，将本篇命名为“密码学与安全基础”。我们知道，安全协议是解决网络空间安全问题最有效的手段之一，它可以有效地解决源认证、目标认证、消息的完整性、匿名通信、隐私保护、抗拒绝服务、抗抵赖、授权等一系列重要安全问题。但本篇没有专门介绍安全协议，这是因为它已渗透到各个部分之中，可以随处看到它的身影。

本篇关键词

密码算法，对称密码，古典密码，分组密码，序列密码，公钥密码，杂凑函数（Hash 函数），消息认证码，数字签名，实体认证，口令认证，基于对称密码的认证，基于公钥密码的认证，匿名认证，多因子认证，Kerberos 认证协议，X.509 认证协议，X.509 证书格式，密钥管理，密钥分配，密钥协商，秘密共享，入侵容忍，密钥托管，密钥管理基础设施/公钥基础设施，网络信任体系，零信任，自主访问控制，强制访问控制，基于角色的访问控制，基于属性的访问控制，数字水印，鲁棒水印，脆弱水印，隐写术，隐私保护，K-匿名，差分隐私，安全审计，数字取证，数字指纹，追踪码，物理安全，侧信道，计时攻击，能量分析，电磁辐射，信息保障（信息安全保障），通用系统工程，信息系统安全工程。

Claude E.Shannon

谋成于密而败于泄，三军之事莫重于密。

——清·揭暄《兵经百字》

第3章 密码算法

内容提要

密码算法是密码学的核心内容，已从最初仅能够提供机密性发展到提供机密性、完整性、真实性和不可否认性等属性。密码算法大体上可分为对称密码算法和公钥密码算法（也称为非对称密码算法）两类，前者加解密密钥相同或相互容易导出，后者加解密密钥相关但不同。对称密码算法简称为对称密码，主要用于提供机密性，包括分组密码、序列密码（也称为流密码）；公钥密码算法简称为公钥密码，其效率相较对称密码要低得多，因此，主要用于数字签名、密钥管理、认证等场景。

本章主要介绍密码学基本概念和一些典型的密码算法，包括古典密码、分组密码、序列密码、公钥密码、杂凑函数、消息认证码和数字签名等。

本章重点

- 密码学基本概念
- 分组密码和序列密码基本原理
- 公钥密码和数字签名基本原理
- 杂凑函数和消息认证码基本原理

3.1 密码学基本概念

早期的密码学[3]主要用于提供机密性，其基本目标是：A 和 B 两个人在不安全的信道上进行通信，而破译者 O 不能理解他们通信的内容。但当前，密码学的发展使得它还可用于提供完整性、真实性和不可否认性等属性。把敏感的数据转换为不能理解的乱码的过程，称为对数据加密。相反的过程，称为对数据解密。要对数据进行加解密，需要使用一个算法。算法是描述一个方法或一个循序渐进过程的科学术语，它是一系列特定顺序的指令。被保密的数据称为明文。明文可能是人们可理解的文本文件（如备忘录），也可能是一个对人来说看不懂，但对计算机程序来讲，其意义却非常明确的二进制文件。加密后的数据称为密文。为了将明文加密为密文，算法还需要一个参数——密钥。密钥与通常意义上的钥匙的作用是一样的。

密码学（Cryptology）主要包括密码编码学（Cryptography）和密码分析学（Cryptanalysis）两个分支，这两个分支既对立又统一，推动密码学不断向前发展。密码编码学主要寻求提供信息机密性、完整性、真实性和不可否认性等的方法[2]，密码分析学主要研究加密消息的破译或伪造等破坏安全性的方法[4]。

密码学中有很多术语，初学者要注意这些术语之间的关系。例如，密码系统或体制（Cryptosystem）通常也被称为密码方案（Scheme），它是指一个密码算法、相关参数及其使用方法的总和，其中，参数主要包括密钥、明文和密文。有时也将密码系统或体制、密码方案和密码算法视为一回事。

直觉上，如果密码算法也是保密的，则安全性会更高一些，但这往往不现实，因为研发密码算法的人一般不是使用密码的人。Kerckhoffs[5]早在 1883 年就指出，密码算法的安全性必须建立在密钥保密的基础上，即使敌手知道算法，若不掌握特定密钥也应难以破译密码算法，这就是著名的 Kerckhoffs 假设或准则（也称为 Kerckhoff 假设或准则）。在 Kerckhoffs 假设下，密码算法的安全性完全寓于密钥之中。按照密钥使用方法的不同，可将密码算法分为对称密码和公钥密码（也称为非对称密码）两类，在前者中，加密者和解密者使用相同密钥或密钥相互容易导出；而在后者中，它们相关但不同。以上两类密码算法均能提供机密性，但对称密码的效率更高，因此，它常用在数据量较大的保密通信中，而公钥密码常用在数字签名、密钥管理、认证等场景中。

评判密码算法安全性的重要方法是进行密码分析。在密码学中，“分析”和“攻击”意义相近，因此，密码分析也称为密码攻击。根据分析者具备的条件，人们通常将密码分析分为 4 类：①唯密文攻击，即分析者有一个或更多的用同一个密钥加密的密文；②已知明文攻击，即除了待破解的密文，分析者还有一些明文以及用同一密钥加密的对应密文；③选择明文攻击，即分析者可得到需要的任何明文对应的密文，这些密文和待破解的密文被同一密钥加密；④选择密文攻击，即分析者可得到需要的任何密文对应的明文，这些明文和待破解的密文被同一密钥加密。密码分析者的主要目的是获得密钥。

3.2 对称密码

对称密码主要包括分组密码和序列密码，前者将明文分组后逐组加密，后者将明文作为序列处理，用产生的密钥流加密明文序列。古典密码一般是指从有人类历史以来到第二次世界大战前后产生的密码。古典密码一般都是对称密码，虽然它们的安全性较弱，但反映了密码设计的一些基本原则和方法，为当代对称密码的设计提供了借鉴。

3.2.1 古典密码

可将古典密码概括为如下 3 类：单表代换密码、多表代换密码和多字符代换密码。

1. 单表代换密码

单表代换密码是对明文的所有字符都用一个固定的明文字符表到密文字符表的映射（也称为变换）表示，这里，字符指明文和密文编码的基本符号，它们可以是西文字母或数字。设以上映射为 $f:P\to C$，其中，P 与 C 分别为明文和密文字符集，令 $m=m_0m_1\cdots$ 为明文，则密文为 $c=c_0c_1\cdots=f(m_0)f(m_1)\cdots$。单表代换密码的显著特点之一是密文仅与对应明文有关，而与其所处的位置无关。特别地，当 f 是仿射变换和置换时，分别称为仿射密码和置换密码。

设 $P=C$，并用整数指代不同的明文和密文符号，即可认为 $P=C=Z_N=\{0, 1,\cdots, N-1\}$，则仿射密码对明文字符 i 的加密过程为

$$j=E_k(i)=f_k(i)=\left(k_1i+k_0\right)\bmod N$$

相应的解密过程为

$$i=D_k(j)=f_k^{-1}(j)=k_1^{-1}\left(j-k_0\right)\bmod N$$

其中，$k=(k_0,k_1)$ 为密钥，$k_0,k_1\in Z_N$，并且为了保证存在 k_1^{-1}，使 $k_1k_1^{-1}\bmod N=1$，则在数学上要求 k_1 与 N 互素，即 $\gcd(k_1,N)=1$。

例 3.1 当 $k_1=1$ 时，仿射密码一般被称为移位密码。若密文和明文都是英文字母，在计算中用 Z_{26} 分别指代它们，当 $k_0=11$，$k_1=1$ 时，则仿射密码将明文 we will meet at midnight 加密为 HPHTWWXPPELEXTOYTRSE，其中忽略了空格。当 $k_0=3$，$k_1=1$ 时，该移位密码称为 Caesar 密码。

2. 多表代换密码

单表代换密码对特定的明文字符采用相同的加密，密文没有改变明文的自然出现频度。由于不同明文字符存在出现频度不同的可区分特性，因此，攻击者较容易推知部分加密映射，并且在已知明文的攻击下，密钥容易被破解。多表代换密码在单表代换密码的基础上得到了发展，它依次用不同的代换表将明文字符映射为密文字符。由于代换表的数量有限，人们在应用中一般采用周期多表代换密码，加密过程可表示为

$$c_1\cdots c_dc_{d+1}\cdots c_{2d}\cdots=f_1(m_1)\cdots f_d(m_d)f_1(m_{d+1})\cdots f_d(m_{2d})\cdots$$

其中，d 为代换周期。多表代换密码主要有 Vigenère、Beaufort、Running-key、Vernam 和转轮机等密码。这里通过介绍 Vigenère 密码来说明这类密码的基本设计方法。

Vigenère 密码是法国密码学家 Vigenère 于 1858 年提出的，它以移位密码为基础。设仍使用整数指代明文和密文符号，Z_N^d 表示由 Z_N 中元素组成的 d 维向量集合，则 Vigenère 密码的 d 个代换表 $f=(f_1,\cdots,f_d)$ 由密钥 $k=(k_1,\cdots,k_d)\in Z_N^d$ 决定，加密过程可表示为

$$c_{td+i}=E_{k_i}(m_{td+i})=f_{td+i}(m_{td+i})=(m_{td+i}+k_i)\bmod N$$

其中，$t=0,1,\cdots$，$i=1, 2,\cdots,d$。

相应的解密过程可表示为

$$m_{td+i}=D_{k_i}(c_{td+i})=f_{td+i}^{-1}(c_{td+i})=E_{N-k_i}(c_{td+i})=(N-k_i+m_{td+i}+k_i)\ \mathrm{mod}\,N$$

3. 多字符代换密码

在上述多表代换加密过程中，每个明文字符被单独处理，字符之间没有相互影响，对于在周期d间隔上出现的明文、密文，它们的出现频度没有变化，这为密码分析提供了机会。当攻击者猜测一个周期 d 时，能通过词频统计规律验证这一猜测正确与否，因此，d 很可能被泄露，使多表加密退化为单表加密。多字符代换密码通过同时加密多个字符来隐蔽字符的自然出现频度。这里仍用整数指代明文和密文符号，即$P=C=Z_N$，令多字符代换加密每次代换 L 个字符，则加密过程可以表示为线性映射$f:Z_N^L\to Z_N^L$，可用$L\times L$可逆矩阵 $\boldsymbol{T}$ 表示f。将$\boldsymbol{T}$和$\boldsymbol{T}^{-1}$分别作为加密、解密密钥，加密明文$m=(m_1,m_2,\cdots,m_L)$可表示为

$$c=(c_1,c_2,\cdots,c_L)=m\cdot\boldsymbol{T}\,\mathrm{mod}\,N$$

相应的解密过程可表示为

$$m=c\cdot\boldsymbol{T}^{-1}\,\mathrm{mod}\,N$$

若f为仿射变换，则加密和解密可分别表示为$c=(m\cdot\boldsymbol{T}+b)\,\mathrm{mod}\,N$和$m=(c-b)\cdot\boldsymbol{T}^{-1}\,\mathrm{mod}\,N$。

多字符代换密码主要有 Hill、Playfair 等密码。当$P=C$且它们都是 26 个英文字母时，若$b=0$，则以上多字符代换密码被称为 Hill 密码，它是由 Hill 于 1929 年提出的。若用整数指代不同的明文、密文符号，则$P=C=Z_{26}$。

例 3.2 在 Hill 密码中，当$L=2$，加密和解密密钥分别为

$$\boldsymbol{T}=\begin{pmatrix}11 & 8\\ 3 & 7\end{pmatrix},\quad \boldsymbol{T}^{-1}=\begin{pmatrix}7 & 18\\ 23 & 11\end{pmatrix}$$

现在加密明文 july。当用整数指代明文符号时，按照排列顺序，ju 对应$(9,20)$，ly 对应$(11,24)$，计算$(9,20)\cdot\boldsymbol{T}\,\mathrm{mod}\,26=(3,4)$，$(11,24)\cdot\boldsymbol{T}\,\mathrm{mod}\,26=(11,22)$，设用大写字母代表密文字符，则加密结果为 DELW。解密通过计算$(3,4)\cdot\boldsymbol{T}^{-1}\,\mathrm{mod}\,26=(9,20)$和$(11,22)\cdot\boldsymbol{T}^{-1}\,\mathrm{mod}\,26=(11,24)$获得明文。

多字符代换密码容易受到已知明文攻击。若攻击者已知以上的 m 和 c，则 $\boldsymbol{T}$ 立即被泄露，即使将 b 作为部分密钥也无济于事，这是因为攻击者可以先采用所谓差分的方法得到$c_1-c_2=(m_1-m_2)\cdot\boldsymbol{T}$，计算出$\boldsymbol{T}$后，不难获得$b$。

3.2.2 分组密码

从以上介绍的古典密码可以看出，直到第二次世界大战，密码学的研究仍很初级。为寻求新的密码设计方法，Shannon[6]于 1949 年提出了设计对称密码的基本原则，指出密码设计必须遵循“扩散（Diffusion）”和“混淆（Confusion）”原则，前者是指将每位明文编码的影响尽可能地扩散到更多的密文中，后者是指将明文和密文之间的统计关系复杂化。随后出现的对称密码主要有分组密码和序列密码，它们的设计者用不同的方法贯彻了以上原则。分组密码有很多，如 DES、AES、IDEA、RC_5、SMS4。

分组密码将明文编码划分为长度为L比特的组，依次处理。分组$m=(m_1,m_2,\cdots,m_L)$一般为二进制数，即$m_i\in\{0,1\}(1\leqslant i\leqslant L)$，加密在密钥$k$的作用下将$m$变换为密文分组

$c=(c_1,c_2,\cdots,c_L)$，$c_i\in\{0,1\}(1\leqslant i\leqslant L)$，加密映射是非线性的。设 $GF(2)$ 表示由 0 和 1 组成的二元域，$GF(2)^L$ 表示 $GF(2)$ 中元素组成的 L 维向量空间，S_K 表示密钥空间，在 $k\in S_K$ 确定时，以上加密 $E(m,k)$ 和解密 $D(c,k)$ 一般都是 $GF(2)^L$ 上的置换（$GF(2)^L$ 到 $GF(2)^L$ 的一一映射）。分组密码的设计普遍采用了“代换–置换网络（SPN）”的结构，明文经过多轮的代换和置换处理，每轮处理结合了轮密钥（Round Key）的作用，轮密钥是指在一轮中起作用的密钥。由于不便于让用户保存轮密钥，分组密码的设计要提供通过密钥 k 生成轮密钥 $(k_1,k_2,\cdots,k_R)$ 的密钥编排算法或方案（也称为密钥扩展算法或方案），其中 R 为轮数。

下面介绍 3 个分组密码：DES、AES 和 SMS4。

1．DES

在 Shannon 提出的对称密码设计原则下，在 20 世纪 60 年代至 70 年代间，许多研究人员和机构都设计了新的对称密码，其中，由 Feistel 领导的 IBM 公司设计小组设计了 LUCIFFER 密码。1973 年，美国国家标准局（National Bureau of Standard，NBS）开始征集数据加密标准。NBS 是 NIST 的前身。IBM 将 LUCIFFER 的改进版本递交评审，并于 1977 年获得批准，此后，人们将这一密码算法称为数据加密标准（DES）。DES 是最早得到广泛应用并具有深远影响的分组密码。

DES 的分组长度 $L=64$ 比特，轮数 $R=16$，密钥长度 $|k|=64$ 比特，但密钥包含 8 比特校验位，因此，有效位为 56 比特；轮密钥长度 $|k_i|=48$ 比特，$i=1,\ 2,\cdots,R$。下面给出 DES 的总体描述。

1）DES 密钥编排

对给定的 64 比特 k，删除其中 8 个校验位，通过置换 PC_1 将剩下的 56 比特变换为 C_0D_0，其中 C_0 和 D_0 分别为前、后 28 个比特。对 $1\leqslant i\leqslant 16$，计算轮密钥 k_i 为

$$C_i=LS_i(C_{i-1}),\quad D_i=LS_i(D_{i-1}),\quad k_i=PC_2(C_iD_i)$$

其中，LS_i 表示按轮数不同左循环移 1 位或 2 位，在第 1、2、9、16 轮移 1 位，其他轮移 2 位；PC_2 是另一个置换。

2）DES 加密

① 计算 $m_0=IP(m)=L_0R_0$，即通过置换 IP 将一个明文分组 $m=(m_1,m_2,\cdots,m_L)$ 变换为 m_0，这里 L_0 和 R_0 分别表示 m_0 的前（左）、后（右）半部。

② 进行 16 轮迭代处理（如图 3.1 所示）。

$$L_i=R_{i-1},\quad R_i=L_{i-1}\oplus f(R_{i-1},k_i),\quad 1\leqslant i\leqslant 16$$

以上流程称为 Feistel 结构，其中 $\oplus$ 表示异或，Feistel 函数 f 先将 k_i 与 R_i 的扩展异或，接着用 8 个 6 比特输入、4 比特输出的 S 盒和一个置换 P 处理异或后的数据，其中，S 盒是实现非线性映射的常用手段，其输出一般根据输入查表确定。为使加密算法也可用于解密，在第 16 轮迭代后，前、后半部未交换，因此，输出实际为 $R_{16}L_{16}$ 而不是 $L_{16}R_{16}$。

③ 计算 $c=IP^{-1}(R_{16}L_{16})$，其中 IP^{-1} 为①中 IP 的逆。

3）DES 解密

上述③用的置换是①的逆置换；在 Feistel 结构下 f 无须可逆，Feistel 结构保证了②中各轮处理的可逆。

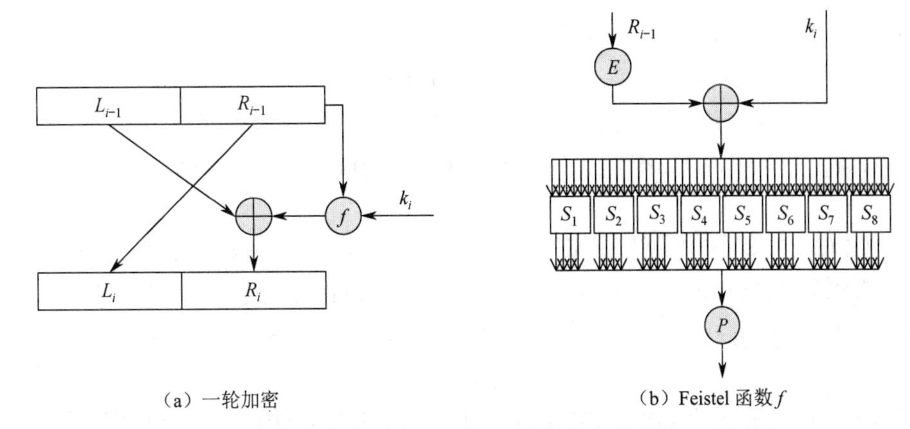

（a）一轮加密　　　　（b）Feistel 函数 f

图 3.1　DES 加密迭代过程（E 将 32 比特输入扩展为 48 比特）

$$R_{i-1} = L_i，\ L_{i-1} = R_i \oplus f(L_i, k_i)，\ 1 \leqslant i \leqslant 16$$

请读者验证以上加密也能用于解密。

以上加密使相同明文对应相同密文，并且攻击者易于进行分组的删除和添加。因此，一个分组密码除了密钥编排和加密、解密，还需提供可选择的“工作模式”。所谓分组密码工作模式是指以分组密码为基础，用不同的方式构建新的密码算法。当然，工作模式不仅可克服上述缺陷，还可满足处理变长的分组等需求。以上直接使用分组密码的方式称为电码本（ECB）模式，其他工作模式还有密码分组链接（CBC）、密码反馈（CFB）、输出反馈（OFB）、级联（CM）等[2,7]。

随着计算设备功能的增强和密码分析技术的发展，DES 的安全性日益受到威胁。关于 DES 的一个争论焦点就是它的密钥长度太短，仅为 56 比特，密钥量为 2^{56}，不能抵御密钥搜索攻击。密钥搜索攻击是指逐一枚举并验证可能的密钥。这一点在 20 世纪 90 年代开始就逐渐得到验证。1998 年，德国 Bochum 大学和 Kiel 大学的研究者用廉价的现场可编程门阵列（Field Programmable Gate Array，FPGA）研制了名为 COPACOBANA 的 DES 密钥搜索装置，它平均 6.5 天搜索到 DES 密钥，也使攻击的经济代价大为降低。为了弥补 DES 密钥长度太短这个缺陷，研究者们提出了 3 重 DES（也称为 3-DES），它用 DES 在 3 个密钥下连续加密一个分组 3 次，但这显然不是太好的方法。随着密码分析技术的发展，出现了一些在效率上优于搜索的攻击，主要包括差分分析[8]、线性分析[9]等，它们能帮助减小搜索空间。

2. AES

1997 年，美国国家标准技术研究所（NIST）开始征集 DES 的替代者，它被称为高级加密标准（AES）。征集要求 AES 能够支持 128、192 和 256 比特的密钥长度，分组长度为 128 比特，能够在各类软、硬件设备下方便实现，具有令人满意的效率和安全性。最终，由比利时研究人员 Daemen 和 Rijmen 提交的 Rijndael 算法被采纳为 AES。2001 年，NIST 将 Rijndael 算法作为联邦信息处理标准 FIPS PUB 197 对外公布[10]。

AES 中的有些运算是按字节定义的，一个字节可以看成有限域 $GF(2^8)$ 中的一个元素。AES 中还有一些运算是按 4 个字节定义的，一个 4 字节的字可以看成系数在 $GF(2^8)$ 上且次数小于 4 的多项式。

有限域 $GF(2^8)$ 中的所有元素为所有系数在 $GF(2)$ 上并且次数小于 8 的多项式。由

$b_7b_6b_5b_4b_3b_2b_1b_0$ 构成的一个字节可看成多项式

$$b_7x^7+b_6x^6+b_5x^5+b_4x^4+b_3x^3+b_2x^2+b_1x+b_0$$

其中，$b_1 \in \mathrm{GF}(2)$，$0 \leqslant i \leqslant 7$。因此，$\mathrm{GF}(2^8)$ 中的一个元素可以看成一个字节。例如，用十六进制数表示的一个字节 57（用二进制数表示为 01010111）对应多项式

$$x^6+x^4+x^2+x+1$$

有限域 $\mathrm{GF}(2^8)$ 中的两个元素相加，结果是一个多项式，其系数是两个元素对应系数的模 2 加。有限域 $\mathrm{GF}(2^8)$ 中的两个元素的乘法为模二元域 $\mathrm{GF}(2)$ 上的一个 8 次不可约多项式的多项式乘法，乘法用 $\cdot$ 表示。AES 选取的不可约多项式为

$$m(x)=x^8+x^4+x^3+x+1$$

$m(x)$ 用二进制数表示为 0000000100011011（两个字节），用十六进制数表示为 011b。

乘法 $\cdot$ 满足结合律，$0x01$ 是乘法单位元。对任何系数在二元域 $\mathrm{GF}(2)$ 上且次数小于 8 的多项式 $b(x)$，利用欧几里得算法可以计算 $a(x)$ 和 $c(x)$，使得

$$a(x)b(x)+c(x)m(x)=1$$

因此，$a(x)b(x) \bmod m(x)=1$，这说明 $b(x)$ 的逆元素为 $b^{-1}(x)=a(x) \bmod m(x)$。

多项式的系数可以定义为 $\mathrm{GF}(2^8)$ 中的元素。通过这一方法，一个 4 字节的字对应一个次数小于 4 的多项式。多项式的加法就是相应系数的简单相加。乘法比较复杂。假设

$$a(x)=a_3x^3+a_2x^2+a_1x+a_0$$

$$b(x)=b_3x^3+b_2x^2+b_1x+b_0$$

为 $\mathrm{GF}(2^8)$ 上的两个多项式，它们的乘积为

$$c(x)=c_6x^6+c_5x^5+c_4x^4+c_3x^3+c_2x^2+c_1x+c_0$$

其中

$$\begin{aligned}
c_0 &= a_0 \cdot b_0 \\
c_1 &= a_1 \cdot b_0 \oplus a_0 \cdot b_1 \\
c_2 &= a_2 \cdot b_0 \oplus a_1 \cdot b_1 \oplus a_0 \cdot b_2 \\
c_3 &= a_3 \cdot b_0 \oplus a_2 \cdot b_1 \oplus a_1 \cdot b_2 \oplus a_0 \cdot b_3 \\
c_4 &= a_3 \cdot b_1 \oplus a_2 \cdot b_2 \oplus a_1 \cdot b_3 \\
c_5 &= a_3 \cdot b_2 \oplus a_2 \cdot b_3 \\
c_6 &= a_3 \cdot b_3
\end{aligned}$$

显然，$c(x)$ 不再可以表示成一个 4 字节的字。通过对 $c(x)$ 模一个 4 次多项式求余可以得到一个次数小于 4 的多项式。AES 选取的模多项式为 $M(x)=x^4+1$。AES 中两个 $\mathrm{GF}(2^8)$ 上的多项式乘法定义为模 $M(x)$ 乘法，这种乘法用 $\otimes$ 表示。

设 $d(x)=a(x)\otimes b(x)=d_3x^3+d_2x^2+d_1x+d_0$，则由上面的讨论可知

$$\begin{aligned}
d_0 &= a_0 \cdot b_0 \oplus a_3 \cdot b_1 \oplus a_2 \cdot b_2 \oplus a_1 \cdot b_3 \\
d_1 &= a_1 \cdot b_0 \oplus a_0 \cdot b_1 \oplus a_3 \cdot b_2 \oplus a_2 \cdot b_3 \\
d_2 &= a_2 \cdot b_0 \oplus a_1 \cdot b_1 \oplus a_0 \cdot b_2 \oplus a_3 \cdot b_3 \\
d_3 &= a_3 \cdot b_0 \oplus a_2 \cdot b_1 \oplus a_1 \cdot b_2 \oplus a_0 \cdot b_3
\end{aligned}$$

不难看出，用一个固定多项式 $a(x)$ 与多项式 $b(x)$ 做 $\otimes$ 运算可以写成矩阵乘法，即

$$\begin{bmatrix} d_0 \\ d_1 \\ d_2 \\ d_3 \end{bmatrix} = \begin{bmatrix} a_0 & a_3 & a_2 & a_1 \\ a_1 & a_0 & a_3 & a_2 \\ a_2 & a_1 & a_0 & a_3 \\ a_3 & a_2 & a_1 & a_0 \end{bmatrix} = \begin{bmatrix} b_0 \\ b_1 \\ b_2 \\ b_3 \end{bmatrix}$$

其中的矩阵是一个循环矩阵。由于 x^4+1 不是 $GF(2^8)$ 上的不可约多项式，所以，被一个固定多项式相乘不一定是可逆的。AES 选择了一个有逆元的固定多项式，即

$$a(x) = \{03\}x^3 + \{01\}x^2 + \{01\}x + \{02\}$$
$$a^{-1}(x) = \{0b\}x^3 + \{0d\}x^2 + \{09\}x + \{0e\}$$

接下来，介绍 AES。

AES 也是迭代型分组密码，其迭代轮数 R 依赖于选取的密钥长度：当密钥长度为 128、192 和 256 比特时，R 分别为 10、12 和 14。在每轮中，AES 采用了如下基本操作。

1）代换字节（SB）

将 128 比特分组分成 16 个字节，按照每行 4 个字节排列成矩阵

$$\begin{pmatrix} a_{0,0} & a_{0,1} & a_{0,2} & a_{0,3} \\ a_{1,0} & a_{1,1} & a_{1,2} & a_{1,3} \\ a_{2,0} & a_{2,1} & a_{2,2} & a_{2,3} \\ a_{3,0} & a_{3,1} & a_{3,2} & a_{3,3} \end{pmatrix}$$

用 8 比特输入、8 比特输出的 S 盒分别代换以上每个字节，得到

$$\begin{pmatrix} b_{0,0} & b_{0,1} & b_{0,2} & b_{0,3} \\ b_{1,0} & b_{1,1} & b_{1,2} & b_{1,3} \\ b_{2,0} & b_{2,1} & b_{2,2} & b_{2,3} \\ b_{3,0} & b_{3,1} & b_{3,2} & b_{3,3} \end{pmatrix} \tag{3.1}$$

以上 S 盒利用求有限域 $GF(2^8)$ 上逆元素的操作实现非线性映射，它的构造方法是，先将输入作为 $GF(2^8)$ 上的元素，求得它的逆 r，再将 r 作为 $GF(2)^8$ 中的向量进行仿射变换

$$\begin{pmatrix} z_0 \\ z_1 \\ z_2 \\ z_3 \\ z_4 \\ z_5 \\ z_6 \\ z_7 \end{pmatrix} = \begin{pmatrix} 1&0&0&0&1&1&1&1 \\ 1&1&0&0&0&1&1&1 \\ 1&1&1&0&0&0&1&1 \\ 1&1&1&1&0&0&0&1 \\ 1&1&1&1&1&0&0&0 \\ 0&1&1&1&1&1&0&0 \\ 0&0&1&1&1&1&1&0 \\ 0&0&0&1&1&1&1&1 \end{pmatrix} \cdot \begin{pmatrix} r_0 \\ r_1 \\ r_2 \\ r_3 \\ r_4 \\ r_5 \\ r_6 \\ r_7 \end{pmatrix} + \begin{pmatrix} 1 \\ 1 \\ 0 \\ 0 \\ 0 \\ 1 \\ 1 \\ 0 \end{pmatrix} \tag{3.2}$$

其中 $(z_0, z_1, z_2, z_3, z_4, z_5, z_6, z_7)$ 就是根据输入在定义 S 盒的表中查到的输出 $b_{i,j}$。

2）移位行（SR）

对式（3.1）中矩阵的第 0～3 行左循环移位，移动的位数分别为 0～3，得到

$$\begin{pmatrix} c_{0,0} & c_{0,1} & c_{0,2} & c_{0,3} \\ c_{1,0} & c_{1,1} & c_{1,2} & c_{1,3} \\ c_{2,0} & c_{2,1} & c_{2,2} & c_{2,3} \\ c_{3,0} & c_{3,1} & c_{3,2} & c_{3,3} \end{pmatrix} = \begin{pmatrix} b_{0,0} & b_{0,1} & b_{0,2} & b_{0,3} \\ b_{1,1} & b_{1,2} & b_{1,3} & b_{1,0} \\ b_{2,2} & b_{2,3} & b_{2,0} & b_{2,1} \\ b_{3,3} & b_{3,0} & b_{3,1} & b_{3,2} \end{pmatrix} \tag{3.3}$$

3）混合列（MC）

若将以上矩阵元素视为有限域 $GF(2^8)$ 中的成员，加法和乘法均在 $GF(2^8)$ 中进行，则 MC 操作可以表示为

$$\begin{pmatrix} d_{0,0} & d_{0,1} & d_{0,2} & d_{0,3} \\ d_{1,0} & d_{1,1} & d_{1,2} & d_{1,3} \\ d_{2,0} & d_{2,1} & d_{2,2} & d_{2,3} \\ d_{3,0} & d_{3,1} & d_{3,2} & d_{3,3} \end{pmatrix}$$

$$= \begin{pmatrix} 00000010 & 00000011 & 00000001 & 00000001 \\ 00000001 & 00000010 & 00000011 & 00000001 \\ 00000001 & 00000001 & 00000010 & 00000011 \\ 00000011 & 00000001 & 00000001 & 00000010 \end{pmatrix} \cdot \begin{pmatrix} c_{0,0} & c_{0,1} & c_{0,2} & c_{0,3} \\ c_{1,0} & c_{1,1} & c_{1,2} & c_{1,3} \\ c_{2,0} & c_{2,1} & c_{2,2} & c_{2,3} \\ c_{3,0} & c_{3,1} & c_{3,2} & c_{3,3} \end{pmatrix}$$

4）加轮密钥（ARK）

将 128 比特的轮密钥也排列为以上 4×4 字节矩阵的形式，对相应位置上的字节执行异或操作，可表示为

$$\begin{pmatrix} e_{0,0} & e_{0,1} & e_{0,2} & e_{0,3} \\ e_{1,0} & e_{1,1} & e_{1,2} & e_{1,3} \\ e_{2,0} & e_{2,1} & e_{2,2} & e_{2,3} \\ e_{3,0} & e_{3,1} & e_{3,2} & e_{3,3} \end{pmatrix} = \begin{pmatrix} d_{0,0} & d_{0,1} & d_{0,2} & d_{0,3} \\ d_{1,0} & d_{1,1} & d_{1,2} & d_{1,3} \\ d_{2,0} & d_{2,1} & d_{2,2} & d_{2,3} \\ d_{3,0} & d_{3,1} & d_{3,2} & d_{3,3} \end{pmatrix} \oplus \begin{pmatrix} k_{0,0} & k_{0,1} & k_{0,2} & k_{0,3} \\ k_{1,0} & k_{1,1} & k_{1,2} & k_{1,3} \\ k_{2,0} & k_{2,1} & k_{2,2} & k_{2,3} \\ k_{3,0} & k_{3,1} & k_{3,2} & k_{3,3} \end{pmatrix}$$

设轮数为 R，密钥长度为 128 比特，下面给出 AES 的总体描述。

1）AES 密钥编排

将 128 比特密钥 k 类似地排列为 4×4 字节的矩阵，按以下方法扩展 $4R$ 列：分别记前 4 列为 $k(0)$、$k(1)$、$k(2)$ 和 $k(3)$，令 $i \geqslant 4$ 为整数，若 i 不是 4 的整数倍，则

$$k(i) = k(i-4) \oplus k(i-1)$$

若 i 是 4 的整数倍，则

$$k(i) = k(i-4) \oplus T(k(i-1))$$

其中，$T(\cdot)$ 的输入、输出均为 4 个字节，它先将 $k(i-1)$ 中的 4 个字节 (a,b,c,d) 变换为 (b,c,d,a)，将输出字节用以上 SB 操作中的 S 盒分别代换为 (e,f,g,h)，并在 $GF(2^8)$ 中计算 $s(i) = 00000010^{(i-4)/4}$，最后输出 $(e \oplus s(i), f, g, h)$。以上处理后的第 i 轮的轮密钥为

$$k(4i),\ k(4i+1),\ k(4i+2),\ k(4i+3),\quad 1 \leqslant i \leqslant R$$

2）AES 加密

对明文连续执行以下操作：

① ARK。

② 依次迭代执行 $R-1$ 轮 SB、SR、MC、ARK。

③ 第 R 轮中执行 SB、SR、ARK。

3）AES 解密

AES 加密中各操作均可逆：操作 ARK 的逆是其本身；由于式（3.2）和式（3.3）中的系数矩阵可逆，不难推知 SB 和 MC 的逆 ISB 和 IMC；SR 的逆 ISR 显然是向反方向移位。因此，解密过程如下：

① ARK。

② 依次迭代执行 $R-1$ 轮 ISB、ISR、IMC、ARK。

③ 第 R 轮中执行 ISB、ISR、ARK。

AES 也可以采用各种工作模式[7]，包括 ECB、CBC、CFB 等。

对当前已有的攻击而言，AES 是安全的，尚未发现有效的攻击。通过对 SB、MC 等的构造，AES 的设计考虑了对差分和线性攻击的抵御。当前，存在一些攻击能够削弱较少轮数 AES 的安全性，但它们对 10 轮 AES 的安全性尚未构成实质性的威胁。AES 已经取代了 DES，成为主流分组密码。

3. SMS4

SMS4[11-12]（后来称之为 SM4）是我国于 2006 年公布的建议应用于无线局域网产品中的一个分组密码，已成为我国国家商用密码标准，也已成为 ISO/IEC 国际标准。

SMS4 是一个迭代型分组密码，其分组长度和密钥长度均为 128 比特。加密、解密和密钥编排过程都采用 32 轮非线性迭代结构，加密、解密结构相同，只是轮密钥的使用顺序相反，解密轮密钥是加密轮密钥的逆序。下面只描述 SMS4 的密钥编排和加密过程，请读者自行写出解密过程并进行验证。

1）SMS4 密钥编排

对给定的 128 比特密钥 $\mathrm{MK}=(\mathrm{MK}_0,\mathrm{MK}_1,\mathrm{MK}_2,\mathrm{MK}_3)$，$\mathrm{MK}_i \in F_2^{32}\left(i=0,1,2,3\right)$；令 $K_i \in F_2^{32}(i=0,1,\cdots,35)$，轮密钥为 $\mathrm{rk}_i \in F_2^{32}\left(i=0,1,\cdots,31\right)$，则轮密钥的生成过程如下：

① 做初始变换，即

$$(K_0,K_1,K_2,K_3)=(\mathrm{MK}_0 \oplus \mathrm{FK}_0,\mathrm{MK}_1 \oplus \mathrm{FK}_1,\mathrm{MK}_2 \oplus \mathrm{FK}_2,\mathrm{MK}_3 \oplus \mathrm{FK}_3)$$

② 对 $i=0,1,\cdots,31$，完成下列运算

$$\mathrm{rk}_i = K_{i+4} = K_i \oplus T'(K_{i+1} \oplus K_{i+2} \oplus K_{i+3} \oplus \mathrm{CK}_i)$$

其中，T' 变换与轮函数中的 T 基本相同，只将其中的线性变换 L 修改为 L'，即

$$L'(B) = B \oplus (B <<< 13) \oplus (B <<< 23)$$

系统参数 $\mathrm{FK}=(\mathrm{FK}_0,\mathrm{FK}_1,\mathrm{FK}_2,\mathrm{FK}_3)$的取值采用十六进制表示为：$\mathrm{FK}_0$ =(A3B1BAC6)，FK_1 =(56AA3350)，FK_2 =(677D9197)，FK_3 =(B27022DC)。32 个固定参数 CK_i 的取值方法为：设 $\mathrm{ck}_{i,j}$ 为 CK_i 的第 j 字节($i=0,1,\cdots,31$; $j=0,1,2,3$)，即 $\mathrm{CK}_i=(\mathrm{ck}_{i,0},\mathrm{ck}_{i,1},\mathrm{ck}_{i,2},\mathrm{ck}_{i,3})$，则 $\mathrm{ck}_{i,j} = (4i+j)\times 7 \bmod 256$ 。

2）SMS4 加密

SMS4 的加密过程如图 3.2 所示。明文输入为$(X_0,X_1,X_2,X_3)\in(F_2^{32})^4$，密文输出为

$(Y_0,Y_1,Y_2,Y_3)\in(F_2^{32})^4$，轮密钥为 $\mathrm{rk}_i\in F_2^{32}\,(i{=}0,1,\cdots,31)$。加密变换为

$$
\begin{aligned}
X_{i+4} &= F(X_i,X_{i+1},X_{i+2},X_{i+3},\mathrm{rk}_i) \\
&= X_i \oplus T(X_{i+1}\oplus X_{i+2}\oplus X_{i+3}\oplus \mathrm{rk}_i)\text{，}\ i=0,1,\cdots,31
\end{aligned}
$$

$$(Y_0,Y_1,Y_2,Y_3)=R(X_{32},X_{33},X_{34},X_{35})=(X_{35},X_{34},X_{33},X_{32})$$

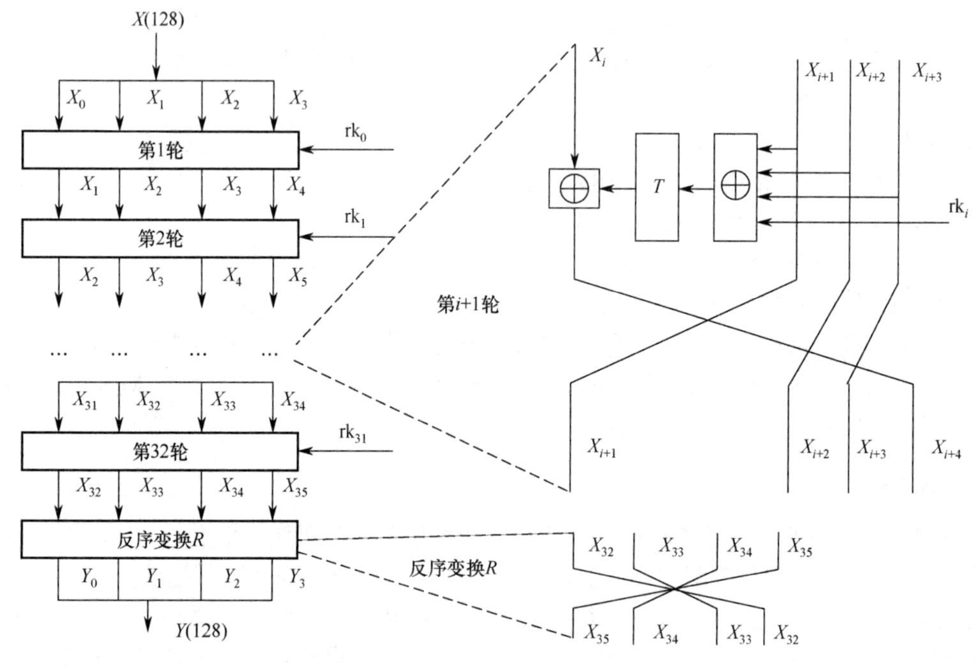

图 3.2　SMS4 加密

轮函数 F：SMS4 的轮函数 F 定义为

$F(X_i,X_{i+1},X_{i+2},X_{i+3},\mathrm{rk}_i)=X_i\oplus T(X_{i+1},X_{i+2},X_{i+3},\mathrm{rk}_i)$

合成置换 T：是一个由 F_2^{32} 到 F_2^{32} 的可逆变换，由非线性变换 τ 和线性变换 L 复合而成，即 $T(\cdot)=L(\tau(\cdot))$。

非线性变换 τ：由 4 个并行的 S 盒构成。设输入为 $A=(a_0+a_1+a_2+a_3)\in(F_2^{32})^4$，输出为 $B=(b_0,b_1,b_2,b_3)\in(F_2^{32})^4$，则

$$(b_0,b_1,b_2,b_3)=\tau(A)=(S(a_0),S(a_1),S(a_2),S(a_3))$$

S 盒如下：

	0	1	2	3	4	5	6	7	8	9	a	b	c	d	e	f
0	d6	90	e9	fe	cc	e1	3d	b7	16	b6	14	c2	28	fb	2c	05
1	2b	67	9a	76	2a	be	04	c3	aa	44	13	26	49	86	06	99
2	9c	42	50	f4	91	ef	98	7a	33	54	0b	43	ed	cf	ac	62
3	e4	b3	1c	a9	c9	08	e8	95	80	df	94	fa	75	8f	3f	a6
4	47	07	a7	fc	f3	73	17	ba	83	59	3c	19	e6	85	4f	a8
5	68	6b	81	b2	71	64	da	8b	f8	eb	0f	4b	70	56	9d	35
6	1e	24	0e	5e	63	58	d1	a2	25	22	7c	3b	01	21	78	87
7	d4	00	46	57	9f	d3	27	52	4c	36	02	e7	a0	c4	c8	9e
8	ea	bf	8a	d2	40	c7	38	b5	a3	f7	f2	ce	f9	61	15	a1

9	e0	ae	5d	a4	9b	34	1a	55	ad	93	32	30	f5	8c	b1	e3
a	1d	f6	e2	2e	82	66	ca	60	c0	29	23	ab	0d	53	4e	6f
b	d5	db	37	45	de	fd	8e	2f	03	ff	6a	72	6d	6c	5b	51
c	8d	1b	af	92	bb	dd	bc	7f	11	d9	5c	41	1f	10	5a	d8
d	0a	c1	31	88	a5	cd	7b	bd	2d	74	d0	12	b8	e5	b4	b0
e	89	69	97	4a	0c	96	77	7e	65	b9	f1	09	c5	6e	c6	84
f	18	f0	7d	ec	3a	dc	4d	20	79	ee	5f	3e	d7	cb	39	48

线性变换 L：以非线性变换τ的输出作为输入，设输入为$B\in(F_2^{32})^4$，输出为$C\in(F_2^{32})^4$，则

$$C = L(B) = B \oplus (B <<< 2) \oplus (B <<< 10) \oplus (B <<< 18) \oplus (B <<< 24)$$

反序变换 R：$R(A_0, A_1, A_2, A_3) = (A_3, A_2, A_1, A_0)$，$A_i \in F_2^{32}$，$i = 0,1,2,3$。

3.2.3 序列密码

序列密码与分组密码之间的主要区别在于其记忆性。在序列密码中，将消息当成连续的符号序列，即 $m_1m_2\cdots$；用密钥流 $k_1k_2\cdots$ 加密，即 $c_1c_2\cdots = E_{k_1}(m_1)E_{k_2}(m_2)\cdots$。因此，序列密码也称为流密码。常用的加密是将明文序列和密钥流逐位在有限域上相加。一般用数字元件或算法产生的密钥流是周期性重复的，前面介绍的 Vigenère 密码就具有序列密码的特征，但现代序列密码的密钥流周期更长。

由于常见的加密仅仅是将密钥流和明文逐位相加，因此，序列密码设计的核心是密钥流生成方法或算法。在密钥流生成方法中，线性反馈移位寄存器（Linear Feedback Shift Register，LFSR）通常是重要的部件之一，但它产生序列的线性性质使它不能直接作为密钥流使用，因此，常用非线性滤波和非线性组合两种方法将 LFSR 的输出转换为密钥流。其他密钥流生成方法还有使用钟控器、背包函数等[13]。

1．线性反馈移位寄存器

移位寄存器是基本的数字元件，它实现一段比特的位置移动，而 LFSR 一般是指一种利用移位寄存器和反馈输入的数字序列生成方法。LFSR 实现简单、效率高，并且可以借助代数等工具进行分析。这里只介绍 GF(2) 上 LFSR 的构造和性质，相关性质可推广到一般的有限域上。

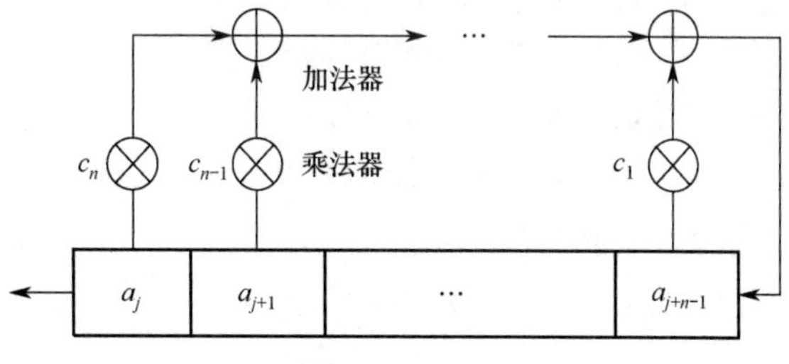

图 3.3　LFSR

GF(2) 上 n 级 LFSR 如图 3.3 所示，它由 n 个二元存储器与若干个乘法器和加法器连接而成。图中 c_i、a_i 都是 GF(2) 中的元素，非 0 即 1，每个方框表示一个存储单元，称为 LFSR 的一级。全部存储单元中的数值称为 LFSR 的状态，初态 $(a_0, a_1, \cdots, a_{n-1})$ 常作为密钥。在第 j 步移位中，状态由 $(a_j, a_{j+1}, \cdots, a_{j+n-1})$ 变为 $(a_{j+1}, a_{j+2}, \cdots, a_{j+n})$，其中

$$a_{j+n} = \sum_{i=1}^{n} c_i a_{j+n-i}，\quad j \geqslant 0 \tag{3.4}$$

而 LFSR 的输出就是 $a_0a_1a_2\cdots$。若用 D 表示延迟算子，即 $Da_k = a_{k-1}$，则 LFSR 的反馈功能

可以表示为

$$f(D)=1+c_1D+c_2D^2+\cdots+c_nD^n$$

显然，$f(D)a_{j+n}=0$ 等价于式（3.4）表示的方程。通常用 x 表示未定元，称

$$f(x)=1+c_1x+c_2x^2+\cdots+c_nx^n$$

为 LFSR 的联结多项式。

LFSR 输出序列的主要性质之一是周期性。由于 LSFR 的状态有限，当它出现重复时，产生的序列将出现周期性。LFSR 序列按周期性的不同又分为两种，当序列一开始就进入周期循环，即 $a_{j+T}=a_j$ 对任何整数 $j\geqslant 0$ 都成立时，其中 T 表示周期，则是周期序列，当 $a_{j+T}=a_j$ 仅对整数 $j>0$ 成立时，则是终归周期序列。由于非全零状态的数量为 2^n-1，因此，最大周期为 2^n-1，此时称该序列为最大周期 LFSR 序列，简称 m 序列。显然，从密码设计角度来看，m 序列是最希望获得的 LFSR 序列。研究者们已经证明，当以上联结多项式 $f(x)$ 是所谓的本原多项式时，LFSR 产生的序列都是 m 序列，因此，可以通过选取本原多项式来实现 LFSR 的周期达到最大。

LFSR 输出序列的另一个性质是统计特性，这里给出 m 序列的统计性质。设 $a=a_0a_1a_2\cdots$ 是 GF(2) 上周期为 $p(a)$ 的序列，称

$$C_a(\tau)=\frac{1}{p(a)}\sum_{k=0}^{p(a)-1}(-1)^{a_k+a_{k+\tau}}\text{，}\quad 0\leqslant\tau\leqslant p(a)-1$$

为 a 的自相关函数，其中 Σ 是按十进制求和。若 a 为 m 序列，则有以下性质。

1）符号频度

在 a 的一个周期段中，1 出现 2^{n-1} 次，0 出现 $2^{n-1}-1$ 次。

2）游程数量和长度

游程是指序列中同一符号连续出现的一段，如 $\cdots 10001\cdots$ 中的 000。将 a 的一个周期段首尾相连，其游程总数为 $N=2^{n-1}$，其中 0 游程与 1 游程的数目各占一半，当 $n>2$ 和 $1\leqslant i\leqslant n-2$ 时，游程分布是：

① 长为 i 的 0 游程有 $N/2^{i+1}$ 个。

② 长为 i 的 1 游程有 $N/2^{i+1}$ 个。

③ 长为 $n-1$ 的 0 游程有 1 个。

④ 长为 n 的 1 游程有 1 个。

3）自相关性

a 的自相关函数是二值的，即

$$C_a(\tau)=\begin{cases}1 & \tau=0\\ -\dfrac{1}{p(a)} & 0<\tau\leqslant p(a)-1\end{cases}$$

从前面的介绍可以看出，m 序列已经有较好的随机性。Golomb[14]曾提出 Golomb 随机性假设，约定伪随机（Pseudo Random）序列在符号频度、游程和自相关性上所需满足的性质。理论上已经证明，m 序列满足这些假设，因此，它们是伪随机序列。

但是，m 序列并不能直接作为序列密码的密钥流。Massey[15]提出的 B-M 算法可以通过

一段已知序列 a 构造一个尽可能短的 LFSR 来产生全部序列。由于序列密码常用的加密是将明文序列和密钥流逐位在有限域上相加，因此若直接将 LFSR 序列作为密钥流，则已知明文攻击可以通过实施减法获得 LFSR 序列，进而可以用 B-M 算法构造 LFSR。

2. 非线性滤波和非线性组合

使用非线性滤波和非线性组合生成密钥流是两种常用的序列密码构造方法，前者构造的序列密码也常称为前馈序列密码。非线性滤波生成器（如图 3.4 所示）采用非线性输出函数 f 对 LFSR 的状态进行非线性运算，它在每次新状态产生后抽取特定位置上的状态值作为输入，计算 f 的值，将这个值的序列作为密钥流；非线性组合生成器（如图 3.5 所示）也采用非线性函数 f 并将这个函数值的连续输出作为密钥流，但它的输入来自多个 LFSR 的同步输出。在以上密码算法中，一般将 LFSR 的初态作为密钥，但密钥也可包括非线性输出函数 f；在 GF(2) 上，通常由 $c_i = m_i \oplus k_i$ 得到密文，由 $m_i = c_i \oplus k_i$ 得到明文，$\oplus$ 是 GF(2) 上的加法。

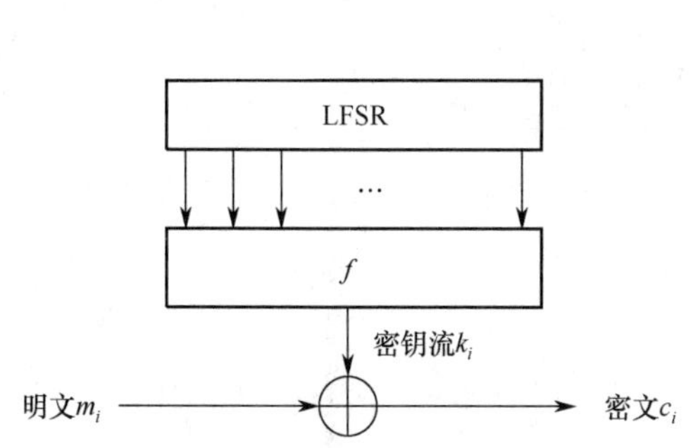

图 3.4 基于非线性滤波生成器的序列密码

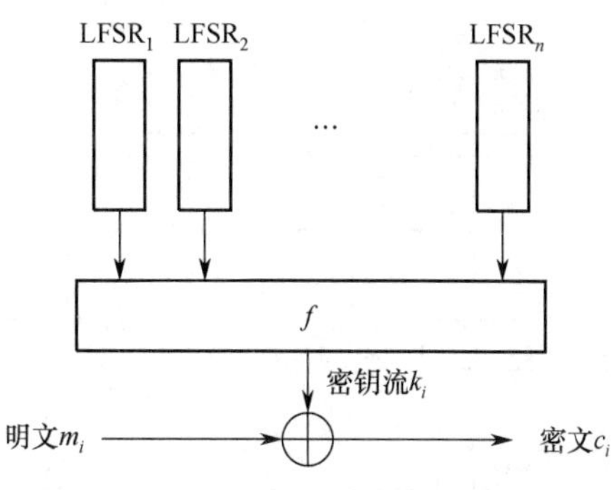

图 3.5 基于非线性组合生成器的序列密码

序列密码因密钥流生成方式的不同而面临不同的攻击。以上两类序列密码面临的攻击包括相关攻击[16]、快速相关攻击[17]、最佳仿射逼近攻击[13]、线性校验子攻击[18]、线性一致性测试攻击[19]、逆向攻击[20]、代数攻击[21]等，它们试图从不同角度获得密钥相关信息。文献[22]对序列密码分析方法做了比较系统的介绍。

3. 祖冲之（ZUC）算法

祖冲之算法[23]是由本书作者主持设计的一个序列密码，2011 年成为 3GPP 国际标准，2020 年成为 ISO/IEC 国际标准，也是我国国家商用密码标准。ZUC 算法逻辑上分为上、中、下 3 层（如图 3.6 所示），上层是 16 级 LFSR，中层是比特重组（BR），下层是非线性函数 F。

1）LFSR

LFSR 包括 16 个 31 比特寄存器单元变量 s_0, s_1, …, s_{15}。LFSR 的运行模式有两种：初始化模式和工作模式。

在初始化模式下，LFSR 接收一个 31 比特字 u。u 是由非线性函数 F 的 32 比特输出 W 通过舍弃最低位比特得到的，即 $u=W >> 1$。在初始化模式下，LFSR 计算过程如下：

LFSRWithInitialisationMode(u)

{

① $v = 2^{15} s_{15} + 2^{17} s_{13} + 2^{21} s_{10} + 2^{20} s_4 + (1 + 2^8)s_0 \bmod (2^{31}-1)$;

② $s_{16}=(v+u) \bmod (2^{31}-1)$;

③ 如果 $s_{16}=0$，则置 $s_{16}=2^{31}-1$；

④ $(s_1, s_2, \cdots, s_{15}, s_{16}) \to (s_0, s_1, \cdots, s_{14}, s_{15})$。

}

其中，“>>k”表示 32 比特字右移 k 位，“+”表示算术加法运算，“mod”表示整数取余运算，“$\boldsymbol{a} \to \boldsymbol{b}$ ”表示向量 $\boldsymbol{a}$ 赋值给向量 $\boldsymbol{b}$，即按分量逐个赋值。

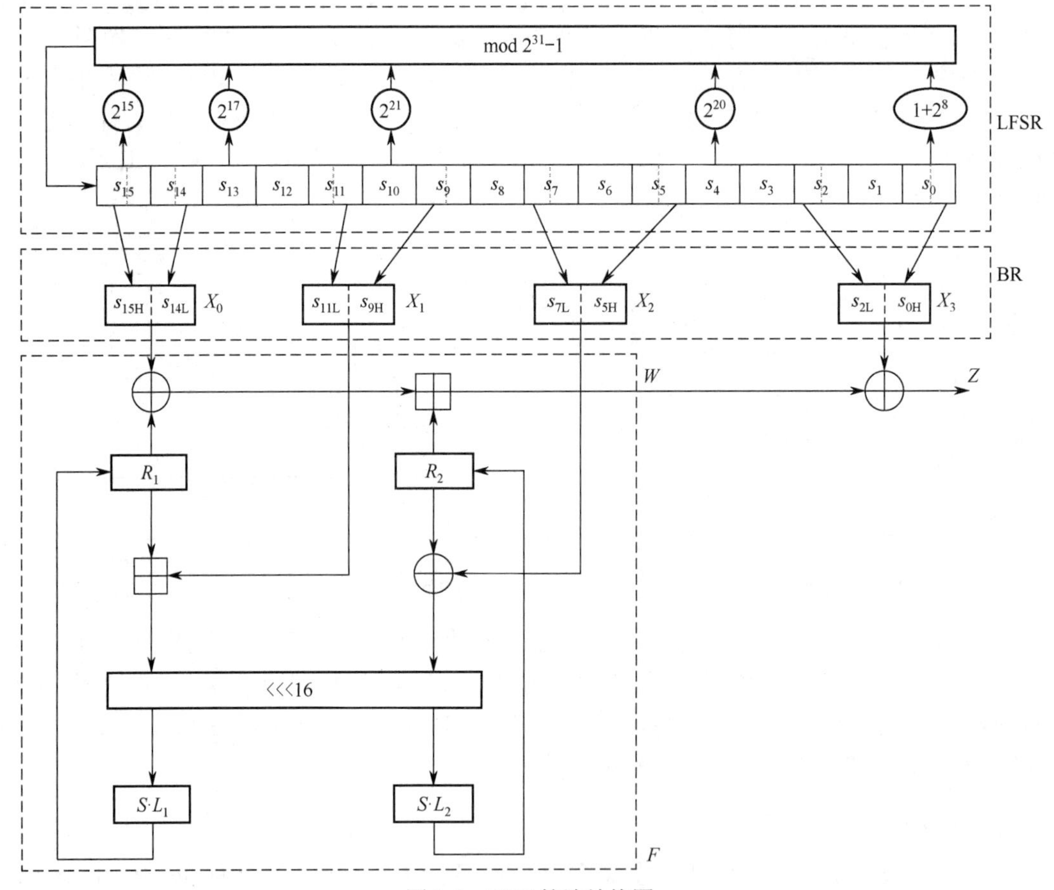

图 3.6 ZUC 算法结构图

在工作模式下，LFSR 不接收任何输入。其计算过程如下：

LFSRWithWorkMode()

{

① $s_{16} = 2^{15} s_{15} + 2^{17} s_{13} + 2^{21} s_{10} + 2^{20} s_4 + (1 + 2^8)s_0 \bmod (2^{31}-1)$;

② 如果 $s_{16}=0$，则置 $s_{16}=2^{31}-1$；

③ $(s_1, s_2, \cdots, s_{15}, s_{16}) \to (s_0, s_1, \cdots, s_{14}, s_{15})$。

}

2）BR

BR 是从 LFSR 的寄存器单元中抽取 128 比特组成 4 个 32 比特字 X_0、X_1、X_2、X_3。BR

的具体计算过程如下：

BitReconstruction()

{

① $X_0 = s_{15H} \| s_{14L}$；

② $X_1 = s_{11L} \| s_{9H}$；

③ $X_2 = s_{7L} \| s_{5H}$；

④ $X_3 = s_{2L} \| s_{0H}$。

}

其中，“$\cdot_H$”表示取字的最高 16 比特，“$\cdot_L$”表示取字的最低 16 比特，“$\|$”表示字符串连接符。

3）非线性函数 F

F 包含 2 个 32 比特记忆单元变量 R_1 和 R_2。F 的输入为 3 个 32 比特字 X_0、X_1、X_2，输出为一个 32 比特字 W。F 的计算过程如下：

$F(X_0, X_1, X_2)$

{

① $W = (X_0 \oplus R_1) \boxplus R_2$；

② $W_1 = R_1 \boxplus X_1$；

③ $W_2 = R_2 \oplus X_2$；

④ $R_1 = S(L_1(W_{1L} \| W_{2H}))$；

⑤ $R_2 = S(L_2(W_{2L} \| W_{1H}))$。

}

其中，“$\oplus$”表示按比特位逐位异或运算，“$\boxplus$”表示模 2^{32} 加法运算，S 为 32 比特的 S 盒变换，L_1 和 L_2 为 32 比特线性变换，定义为

$$L_1(X) = X \oplus (X <<< 2) \oplus (X <<< 10) \oplus (X <<< 18) \oplus (X <<< 24)$$
$$L_2(X) = X \oplus (X <<< 8) \oplus (X <<< 14) \oplus (X <<< 22) \oplus (X <<< 30)$$

其中，“$<<<k$”表示 32 比特字左循环移 k 位。

4）密钥装入

密钥装入过程中，将 128 比特的初始密钥 k 和 128 比特的初始向量 $\mathbf{iv}$ 扩展为 16 个 31 比特字，作为 LFSR 寄存器单元变量 $s_0, s_1, \cdots, s_{15}$ 的初始状态。设 k 和 $\mathbf{iv}$ 分别为

$$k_0 \| k_1 \| \cdots \| k_{15}$$

和

$$\mathbf{iv}_0 \| \mathbf{iv}_1 \| \cdots \| \mathbf{iv}_{15}$$

其中 k_i 和 $\mathbf{iv}_i$ 均为 8 比特字节，$0 \leqslant i \leqslant 15$。密钥装入过程如下。

① D 为 240 比特的常量，可按如下方式分成 16 个 15 比特的子串

$$D = d_0 \| d_1 \| \cdots \| d_{15}$$

其中

$$d_0 = 100010011010111$$
$$d_1 = 010011010111100$$
$$d_2 = 110001001101011$$

$$d_3 = 001001101011110$$
$$d_4 = 101011110001001$$
$$d_5 = 011010111100010$$
$$d_6 = 111000100110101$$
$$d_7 = 000100110101111$$
$$d_8 = 100110101111000$$
$$d_9 = 010111100010011$$
$$d_{10} = 110101111000100$$
$$d_{11} = 001101011110001$$
$$d_{12} = 101111000100110$$
$$d_{13} = 011110001001101$$
$$d_{14} = 111100010011010$$
$$d_{15} = 100011110101100$$

② 对 $0 \leqslant i \leqslant 15$，有 $s_i = k_i \parallel d_i \parallel \mathbf{iv}_i$。

5）算法运行

算法运行包括两个阶段：初始化阶段和工作阶段。在初始化阶段，首先把 128 比特的初始密钥 k 和 128 比特的初始向量 **iv** 按照上述密钥装入方法装入 LFSR 的寄存器单元变量 s_0, s_1, …, s_{15} 中，作为 LFSR 的初态，并置 32 比特记忆单元变量 R_1 和 R_2 为全 0。然后执行下述操作。

重复执行下述过程 32 次：

① BitReconstruction()。

② $W = F(X_0, X_1, X_2)$。

③ LFSRWithInitialisationMode ($W >> 1$)。

在工作阶段，首先执行下列过程一次，并将 F 的输出 W 舍弃：

① BitReconstruction()。

② $F(X_0, X_1, X_2)$。

③ LFSRWithWorkMode()。

然后进入密钥输出阶段。在密钥输出阶段，每运行一个节拍执行下列过程一次，并输出一个 32 比特的密钥字 Z：

① BitReconstruction()。

② $Z = F(X_0, X_1, X_2) \oplus X_3$。

③ LFSRWithWorkMode()。

通过大量的分析表明，ZUC 算法具有很强的抵抗代数攻击的能力，也可抵抗其他已有的各种攻击，包括相关攻击、快速相关攻击、最佳仿射逼近攻击、线性校验子攻击、线性一致性测试攻击、逆向攻击等。

3.3 公钥密码

在对称密码中，加密者使用的密钥 KE 和解密者使用的密钥 KD 是相同的或相互容易导出的，这就带来了一些安全和使用上的问题。对称密码要求加密者和解密者之间存在一个安全的密钥传输信道，但这个信道往往不安全；若要在很多人之间进行保密通信，使用对称密码需要每个人保管所有接收方的密钥，这不但不够安全，而且不够方便。

Diffie 和 Hellman[24]于 1976 年提出公钥密码思想，可以用陷门单向函数（Trapdoor One-Way Function）理解公钥密码的构造。在公钥密码中，加密者和解密者使用不同的密钥，即 $\mathrm{KE} \neq \mathrm{KD}$，KE 一般称为公钥，可以公开，但加密算法 E_{KE} 的逆函数不容易求得。当一个函数容易计算但难以求逆时，称为单向函数，然而在公钥密码中，解密者需要根据 KD 确定 E_{KE} 的逆，因此，需要单向函数 E_{KE} 在 KD 下存在所谓的陷门，使得可以确定 E_{KE} 的逆 D_{KD} 用于解密。基于上述思想，Rivest、Shamir 和 Adleman[25]于 1977 年提出 RSA 公钥密码，其安全性基于整数因子分解的困难问题；ElGamal[26]于 1984 年提出 ElGamal 公钥密码，其安全性基于计算离散对数的困难问题；Koblitz[27]和 Miller[28]于 1985 年分别独立地提出椭圆曲线密码（Elliptic Curve Cryptography，ECC），其安全性基于椭圆曲线群上计算离散对数的困难问题。椭圆曲线密码能用更短的密钥来获得更高的安全性，而且加密速度比 RSA 要快。因此，在许多资源受限的环境中 ECC 得到了广泛的应用。我国于 2010 年公布了 SM2 椭圆曲线公钥密码算法[12,29]，其中包括公钥加密算法、数字签名算法、密钥交换协议，现已成为我国国家商用密码标准，其中的数字签名算法也已成为 ISO/IEC 国际标准。随着计算技术，尤其是量子计算技术的发展，人们非常关注抗量子计算公钥密码的研究，并已提出多个抗量子计算公钥密码，世界各国政府和标准化组织都在积极推进这类公钥密码的标准化和实用化。这里值得一提的是，公钥密码有时是指公钥加密、数字签名、密钥交换等的统称，但有时专指公钥加密，这一点一般可通过上下文做出判断。

下面介绍两个公钥密码，即 RSA 公钥密码和 SM2 公钥加密算法。

1．RSA 公钥密码

RSA 在 Z_n 中计算，其中 n 称为模长。下面给出 RSA 的总体描述。

1）密钥生成

① 生成两个大的奇素数 p 和 q。

② $n \leftarrow pq$，且 $\varphi(n) \leftarrow (p-1)(q-1)$。

③ 任意选择 b，$1 < b < \varphi(n)$，使得 $\gcd(b,\varphi(n)) = 1$。

④ $a \leftarrow b^{-1} \bmod \varphi(n)$（利用欧几里得算法计算）。

⑤ 公钥为 (n,b)，私钥为 (p,q,a)。

2）加密和解密

① 加密：$y = E(x) = x^b \bmod n$。

② 解密：$x = D(y) = y^a \bmod n$。

以下验证 E 和 D 是逆运算。由 $ab \equiv 1(\bmod \varphi(n))$ 可得，存在整数 $t \geqslant 1$，使 $ab = t\varphi(n)+1$，对明文 $x \in Z_n^*$，我们有

$$(x^b)^a \equiv x^{t\varphi(n)+1}(\bmod n) \equiv (x^{\varphi(n)})^t x\ (\bmod n) \equiv 1^t x\ (\bmod n) \equiv x\ (\bmod n)$$

因此，解密是加密的逆运算。

RSA 的安全性主要依赖于大整数分解的困难性，即已知大整数 n，求素因子 p 和 q

（$n=pq$）在计算上是困难的。若攻击者能分解 n 得到 p 和 q，则可得到 $\varphi(n)$ 和 b，即 RSA 被破解。然而，虽然已有很多整数分解方法，包括 Pollard 法、二次筛选法、随机平方法等，但对长度大于 2048 比特的大整数分解仍是计算上的难题。到目前为止，其他攻击方法也未能实质性地破解 RSA，因此，人们认为 RSA 在取较大模长时仍是安全的。

当前学术界普遍认为，在公钥密码的设计中须考虑更多的安全因素，即假定攻击者处于更有利的位置，如可以实施选择明文攻击。在这一思想影响下出现了 RSA-OAEP 等 RSA 变体[30]，它们普遍采用了概率加密的思想，即每次加密结果和一个临时选取的随机数相关。当前，可证安全性理论和技术[31]能够证明 RSA-OAEP 的安全性提高了。

2. SM2 公钥加密算法

密码学中最常用的椭圆曲线是有限域 F_p（p 是素数）上的椭圆曲线 E。设 p 是一个大于 3 的素数，有限域 F_p 上的椭圆曲线 E 是定义在仿射平面上的 3 次方程：$y^2 = x^3 + ax + b(\bmod p)$ 的所有解与无穷远点 O 构成的点的集合，记作 $E(F_p) = \{(x,y) \mid y^2 = x^3 + ax + b$，$(x,y) \in F_p \times F_p\} \cup \{O\}$，其中 $a,b \in F_p$，且满足 $4a^3 + 27b^2 (\bmod p) \neq 0$。通过定义 $E(F_p)$ 上的加法运算规则，使它们构成一个交换群。

椭圆曲线群上计算离散对数的困难问题是：已知 $Q = kP$，Q、$P \in E(F_p)$，则由 Q、P 求 k 在计算上是困难的。这就是椭圆曲线公钥密码的安全性基础。设有限域上的椭圆曲线 $E(F_p)$，选择 $E(F_p)$ 中的基点 G，G 的阶是大素数 n。下面给出 SM2 公钥加密算法的总体描述。

1）密钥生成

随机选择整数 $d \in [1, n-1]$，计算 $Q = dG$。算法的公钥是 $\{G,Q\}$，私钥是 $\{d\}$。

2）加密

设需要加密的明文消息为比特串 M，klen 为 M 的比特长度。加密过程如下：

① 随机选择 $k \in [1, n-1]$，计算密文 $C_1 = kG = (x_1, y_1)$，$kQ = (x_2, y_2)$。

② 计算 $t = \mathrm{KDF}(x_2 \| y_2, \mathrm{klen})$，这里 KDF 是输出长度为 klen 的密钥派生函数。

③ 计算 $C_2 = M \oplus t$，$C_3 = \mathrm{Hash}(x_2 \| M \| y_2)$，这里 Hash 是杂凑函数。

最终的密文为：$C = C_1 \| C_2 \| C_3$。

3）解密

对密文 $C = C_1 \| C_2 \| C_3$ 进行解密，执行以下步骤：

① 从 C 中取出比特串 C_1，将 C_1 的数据类型转换为椭圆曲线上的点，验证 C_1 是否满足椭圆曲线方程，若不满足，则报错并退出。

② 计算 $dC_1 = (x_2, y_2)$，将 x_2、y_2 的数据类型转换为比特串。

③ 计算 $t = \mathrm{KDF}(x_2 \| y_2, \mathrm{klen})$，若 t 为全 0 比特串，则报错并退出。

④ 从 C 中取出比特串 C_2，计算 $M = C_2 \oplus t$，$u = \mathrm{Hash}(x_2 \| M \| y_2)$；从 C 中取出比特串 C_3，若 $u = C_3$，则 M 就是解密所得明文。

3.4 杂凑函数和消息认证码

1. 杂凑函数

杂凑（Hash）是用计算出的小尺寸数据代表更大尺寸数据的技术，它在数字签名和安全协议中得到了广泛应用。以上小尺寸数据称为杂凑值或 Hash 值，它是杂凑函数 $h(\cdot)$ 在大尺寸数据输入下的函数值。杂凑函数也称为 Hash 函数或哈希函数，或者杂凑算法、Hash 算法、哈希算法。虽然 $h(\cdot)$ 的输出是定长的，但输入数据的长度可以是任意的，因此，杂凑函数的计算效率很重要。在安全性上，理想的 $h(\cdot)$ 还必须具备以下性质。

（1）单向性。对任何给定的杂凑值 d，寻找到 x，使 $d = h(x)$ 在计算上是不可行的。

（2）抗碰撞性。抗碰撞性主要有两种：一种是弱抗碰撞性，是指对任何给定的 x，寻找到不等于 x 的 y，使 $h(y) = h(x)$ 在计算上是不可行的；另一种是强抗碰撞性，是指寻找任何的 (x, y) 对，$x \neq y$，使 $h(y) = h(x)$ 在计算上是不可行的。

这里进一步解释上述性质。单向性使杂凑值能安全地代表原数据，也阻碍了攻击者根据特定的杂凑值伪造期望的数据。碰撞性是指可以找到 x 和 y，$x \neq y$，使 $h(y) = h(x)$。抗碰撞性即弱抗碰撞性和强抗碰撞性在不同的前提下防止了 $(y, h(x))$ 或 $(x, h(y))$ 成为有效对。“生日攻击”问题可形象地阐述解决碰撞的重要性。“生日攻击”最初是指在 23 个人中，存在 2 个人生日相同的概率至少为 1/2，这类似于计算了 $q = 23$ 次 $h(\cdot)$ 的值，该值的范围是 1 到 $M = 365$，就获得了碰撞。已有如下分析结果[32]：

$$q \approx (2M \ln(1-\varepsilon)^{-1})^{\frac{1}{2}}$$

其中，ε表示在杂凑值上限为 M、通过计算 q 次杂凑函数得到一个碰撞的概率，当 $\varepsilon = 0.5$ 时，$q \approx 1.17\sqrt{M}$。“生日攻击”也说明，增大 M 能增强抗碰撞性，因此，杂凑值的长度不能太短，当前普遍在 256 比特以上。

杂凑函数一般采用迭代的构造方法。MD 结构和 Sponge 结构（也称为海绵结构）是目前构造迭代杂凑函数的两种代表性结构。输入数据可视为一个一个的 n 比特分组，由杂凑函数依次输入并迭代处理，处理一般采用了多种高效率的操作，如移位、压缩、异或、混合。在安全方面，杂凑函数还面临密码分析的威胁。密码分析者着重分析杂凑函数内部的某些构造，当这些构造的输入、输出能帮助判断碰撞的出现时，搜索碰撞的负担一般会减轻。关于杂凑函数分析方面的工作可参阅文献[33-35]等。

杂凑函数已有很多，如 MD4、MD5、SHA-0、SHA-1、SHA-2、SHA-3、SM3[2,36]。SM3[12,36]是我国于 2010 年公布的一个杂凑函数，已成为我国国家商用密码标准，也已成为 ISO/IEC 国际标准。NIST 于 2007 年 11 月 2 日正式向全球公开征集第 3 代杂凑算法标准 SHA-3。历经 5 年，NIST 于 2012 年 10 月 2 日宣布，选定 Keccak（官网为 http://keccak.noekeon.org）作为 SHA-3 杂凑算法标准。Keccak 是由来自比利时和意大利的密码学家 Guido Bertoni（意大利）、Joan Daemen（比利时）、Michael Peeters（比利时）和 Gilles Van Assche（比利时）共同设计的。Keccak 的设计采用了 Sponge 结构，这种结构代表了当前最先进的杂凑函数设计理念。

下面给出我国商用密码杂凑算法标准 SM3 的总体描述。

我们将用到以下符号：

Mod：模运算。

$\wedge$：32 比特与运算。

$\vee$：32 比特或运算。

$\oplus$：32 比特异或运算。

$\neg$：32 比特非运算。

$+$：$\bmod 2^{32}$ 算术加运算。

$\leftarrow$：左向赋值运算符。

$L^n(X)$：X 循环左移 n 比特。

对长度为 l（$l < 2^{64}$）比特的消息 m，SM3 经过填充和迭代压缩，生成杂凑值，其长度为 256 比特。

（1）常量与函数。

初始向量为

$$\mathbf{IV}_1=\text{7380166f} \quad \mathbf{IV}_2=\text{4914b2b9} \quad \mathbf{IV}_3=\text{172442d7} \quad \mathbf{IV}_4=\text{da8a0600}$$

$$\mathbf{IV}_5=\text{a96f30bc} \quad \mathbf{IV}_6=\text{163138aa} \quad \mathbf{IV}_7=\text{e38dee4d} \quad \mathbf{IV}_8=\text{b0fb0e4e}$$

SM3 使用常量为

$$T_j=\begin{cases}\text{79cc4519} & 0 \leqslant j \leqslant 15\\ \text{7a879d8a} & 16 \leqslant j \leqslant 63\end{cases}$$

SM3 使用布尔函数为

$$\mathrm{FF}_j(X,Y,Z)=\begin{cases}X \oplus Y \oplus Z & 0 \leqslant j \leqslant 15\\ (X \wedge Y) \vee (X \wedge Z) \vee (Y \wedge Z) & 16 \leqslant j \leqslant 63\end{cases}$$

$$\mathrm{GG}_j(X,Y,Z)=\begin{cases}X \oplus Y \oplus Z & 0 \leqslant j \leqslant 15\\ (X \wedge Y) \vee (\neg X \wedge Z) & 16 \leqslant j \leqslant 63\end{cases}$$

SM3 使用置换函数为

$$P_0(X)=X \oplus L^9(X) \oplus L^{17}(X)$$

$$P_1(X)=X \oplus L^{15}(X) \oplus L^{23}(X)$$

（2）消息填充与消息扩展。

消息填充算法与 SHA-256 的相同。假设消息 m 的长度为 l 比特。首先将比特“1”添加到消息 m 的末尾，再添加 k 个“0”，k 是满足 $l+1+k \equiv 448 \bmod 512$ 的最小非负整数。然后再添加一个 64 位比特串，该比特串是长度 l 的二进制数表示。填充后的消息 m' 的比特长度为 512 的倍数，即 $m'=m \| 1 \| 0^k \| f$，这里 f 是长度 l 的二进制数表示。

消息扩展算法描述如下：

填充后的消息 m' 有 n 个 512 比特的消息分组：$m'=B^{(0)}B^{(1)}\cdots B^{(n-1)}$。每个消息块或分组 $B^{(i)}=W_0W_1\cdots W_{15}$ 从 16 个 32 比特字通过消息扩展算法扩展为 132 个 32 比特字 $W_0,W_1,\cdots,W_{67},W_0',W_1',\cdots,W_{63}'$：

FOR $j=16$ to 67

$$W_j \leftarrow P_1(W_{j-16} \oplus W_{j-9} \oplus L^{15}(W_{j-3})) \oplus L^7(W_{j-13}) \oplus W_{j-6}$$

ENDFOR

FOR $j=0$ to 63

$$W'_j = W_j \oplus W_{j+4}$$

ENDFOR

（3）迭代压缩。

对于消息 $m'=B^{(0)}B^{(1)}\cdots B^{(n-1)}$，SM3 迭代压缩过程如下：

FOR $i=0$ to $n-1$

$$V^{(i+1)}=\mathrm{CF}(V^{(i)},B^{(i)})$$

ENDFOR

其中，CF 是压缩函数，$V^{(0)}$ 是 256 比特初始值，SM3 的输出结果为 $V^{(n)}$。

令 A、B、C、D、E、F、G、H 为字寄存器，SS1、SS2、TT1、TT2 为中间变量，压缩函数 $V^{(i+1)}=\mathrm{CF}(V^{(i)},B^{(i)})$，$0 \leqslant i \leqslant n-1$，具体计算过程如下：

① $ABCDEFGH \leftarrow V^{(i)}$

② FOR $j=0$ to 63

$$\mathrm{SS1} \leftarrow L^7(L^{12}(A)+E+L^j(T_j))$$

$$\mathrm{SS2} \leftarrow \mathrm{SS1} \oplus L^{12}(A)$$

$$\mathrm{TT1} \leftarrow \mathrm{FF}_j(A,B,C)+D+\mathrm{SS2}+W'_j$$

$$\mathrm{TT2} \leftarrow \mathrm{GG}_j(E,F,G)+H+\mathrm{SS1}+W_j$$

$$D \leftarrow C$$

$$C \leftarrow L^9(B)$$

$$B \leftarrow A$$

$$A \leftarrow \mathrm{TT1}$$

$$H \leftarrow G$$

$$G \leftarrow L^{19}(F)$$

$$F \leftarrow E$$

$$E \leftarrow P_0(\mathrm{TT2})$$

ENDFOR

③ $V^{(i+1)} \leftarrow ABCDEFGH \oplus V^{(i)}$

2．消息认证码

消息认证码（Message Authenticated Code，MAC）[2,32]是一种与杂凑方法类似的技术。消息认证码也是基于一个大尺寸数据生成一个小尺寸数据，在性能上也希望避免碰撞，但消息认证码有密钥参与，计算结果类似于一个加密的杂凑值，攻击者难以在篡改内容后伪造它。消息认证码就是满足某种安全属性的带密钥的杂凑函数。因此，消息认证码值可以单独使用，而杂凑值一般配合数字签名等使用。消息认证码主要基于分组密码或杂凑函数来构造。这里介绍一个常用的消息认证码，即 HMAC。

HMAC 是一种基于杂凑函数的消息认证码，这种方法已经成为国际标准（ISO/IEC 9797-2:2002）。HMAC 的基本观点是：使用杂凑函数 H、K_1 和 K_2（$K_1 \neq K_2$）计算 MAC = $H(K_1 \| H(K_2 \| m))$，其中，K_1 和 K_2 由同一个密钥 K 导出。

令 H 是一个杂凑函数，K 表示密钥，B 表示计算消息摘要时的块按字节的长度（对 SM3

是 64 字节），L 表示消息摘要按字节计算的长度，ipad 表示 0x36 重复 B 次，opad 表示 0x5c 重复 B 次。K 可以有不超过 B 字节的任意长度，但一般建议 K 的长度不小于 L。当使用长度大于 B 的密钥时，先用 H 对密钥进行杂凑，然后用得出的 L 字节作为 HMAC 的真正密钥。

计算一个数据 m 的 HMAC 的过程如下：

（1）在 K 的后面加上足够多的 0 以得到 B 字节的串。

（2）将上一步得到的 B 字节串与 ipad 异或。

（3）将数据流 m 接在第 2 步得到的 B 字节串后面。

（4）将 H 应用于上一步的比特串。

（5）将第 1 步所得的 B 字节串与 opad 异或。

（6）将第 4 步的消息摘要接在第 5 步的 B 字节串后面。

（7）应用 H 于上一步的比特串。

上面的描述可以表述为：$H((K\oplus \text{opad})\|H(K\oplus \text{ipad}\|m))$。

3.5 数字签名

数字签名（也称为数字签名方案或算法，或者简称为签名方案或算法）完成与手写签名类似的功能。手写签名签署在纸质文件上，签署者的字迹表示其签名，签署的文件和签字成了一个有效对。数字签名方案对电子数据 x 产生签名数据 y，并能验证它们是否为一个有效对

$$\text{ver}(x,y)=\begin{cases}\text{true} & y=\text{sig}(x)\\ \text{false} & y\neq \text{sig}(x)\end{cases}$$

其中，$\text{sig}(\cdot)$ 为签名算法，$\text{ver}(\cdot)$ 为验证算法。这类方案一般都是基于公钥密码构造的。

1．RSA 签名方案

RSA 公钥密码可以方便地改造为签名方案。与前面类似，验证密钥（公钥）为 (n,b)，签名密钥（私钥）为 (p,q,a)，签名过程为

$$y=\text{sig}(x)=x^a \bmod n$$

验证过程为

$$\text{ver}(x,y)=\text{true}\Leftrightarrow x\equiv y^b (\bmod n)$$

为了提高签名效率和安全性，一般用杂凑值 $h(x)$ 代替 x。上述签名方案采用了与 RSA 公钥密码类似的计算，而杂凑函数的效率一般比公钥密码要高，因此，用 $h(x)$ 代替 x 能够提高签名效率。杂凑函数的单向性也阻碍了攻击者根据公钥构造任意的有效对，攻击者由公钥计算得到的杂凑值难以和一个所需的内容相对应。

虽然签名方案的安全性也基于所改造公钥密码的安全性，但还需要考虑更多的因素。一般认为，具有所谓强安全性的签名方案需要抵制各种选择消息攻击。RSA 签名方案的提高版本是 RSA-PSS（RSA Probabilistic Signature Scheme）[30]，它的设计考虑了类似强安全性的更高要求，提高的部分也已被证明[37]。

2. SM2 签名方案

SM2 签名方案包含在我国于 2010 年公布的 SM2 椭圆曲线公钥密码算法[12,29]中，其安全性依赖于椭圆曲线群上计算离散对数的困难问题。设有限域上的椭圆曲线 $E(F_p)$，选择 $E(F_p)$ 中的基点 G，G 的阶是大素数 n。下面给出 SM2 签名方案的具体描述。

1）密钥生成

随机选择整数 $d \in [1, n-1]$，计算 $Q = dG$。方案的公钥是$\{G, Q\}$，私钥是$\{d\}$。

2）签名

假设待签名的消息为 m，完成如下运算：

① 置 $\overline{m} = Z \| m$，这里 Z 是签名者的身份标识、部分系统参数以及签名者公钥的杂凑值。

② 计算 $e = \text{hash}(\overline{m})$，这里 hash 是杂凑函数。

③ 随机选择 $k \in [1, n-1]$，计算 $kG = (x_1, y_1)$。

④ 计算 $r = (e + x_1) \bmod n$；如果 $r = 0$ 或 $r + k = n$，则返回到第③步。

⑤ 计算 $s = ((1+d)^{-1}(k - rd)) \bmod n$；如果 $s = 0$，则返回到第③步。

最终，对消息 m 的签名是 (r, s)。

3）签名验证

为了验证收到的消息 m' 及其数字签名 (r', s')，验证者执行如下运算：

① 检验 $r' \in [1, n-1]$ 且 $s' \in [1, n-1]$ 是否成立，如果不成立，则签名无效。

② 置 $\overline{m}' = Z \| m'$。

③ 计算 $e' = \text{hash}(\overline{m}')$。

④ 计算 $t = (r' + s') \bmod n$，如果 $t = 0$，则签名无效。

⑤ 计算 $(x_1', y_1') = s'G + tQ$，$v = (e' + x_1') \bmod n$。

如果 $v = r' \bmod n$，则签名验证通过。

3.6 小结与注记

本章主要介绍了密码学基本概念和一些典型的密码算法。古典密码主要包括单表代换密码、多表代换密码和多字符代换密码，它们直至第二次世界大战期间还被广泛使用，所采用的一些方法体现了密码设计的基本原则，但用现在的观点来看，它们在安全性上的设计都很不完备。Shannon 于 1949 年指出对称密码设计必须遵循“扩散”和“混淆”原则，这促进了 20 世纪后半叶分组密码的发展，DES 和 AES 都可以视为用“代换–置换网络”贯彻了这些原则。Diffie 和 Hellman 提出的公钥密码思想以及 Rivest、Shamir 和 Adleman 提出的 RSA 公钥密码是密码学发展中的重大事件，开创了公钥密码的新纪元，为密码学应用开辟了新天地。

密码学是一门深奥的学科，内容十分丰富。我们在本章中只把它作为一个基本的技术工具来介绍，但由于密码分析能力的提升、计算技术的进步以及新技术的发展和应用不断对密码学提出新挑战，因此，需要不断发展新的密码理论与技术。近年来，大数据、云计算、移动通信、物联网、量子计算等技术的发展和应用，就催生了一批新型密码算法设计理论和分析方法，包括全同态密码、属性密码、可搜索加密、轻量级密码、抗量子计算密码等。关于密码学的最新进展，感兴趣的读者可参阅中国密码学会每年出版的《中国密码学发展报告》、每 5 年出版的《密码学学科发展报告》[38]及其主办的《密码学报》（官网为 http://www.jcr.cacrnet.org.cn），以及欧密（Eurocrypt）、美密（Crypto）和亚密（Asiacrypt）等国际密码年会论文集。

本章在写作过程中主要参考了文献[1]以及相关的国际和国家密码算法标准文本。文献[39]是一本手册，收集了大量的密码理论、算法、协议和文献，便于查找 1996 年之前的一些研究成果；文献[2]是国内比较经典的一本密码学著作，该书系统地介绍了密码学的基本原理与方法；文献[40]是国际上比较经典的一本密码学著作，该书系统地介绍了密码学的基本原理和一些密码应用，这是第 4 版，该书的第 2 版（文献[32]）更合适初学者阅读；文献[41-44]可作为补充阅读内容。

思 考 题

1．古典密码为现代密码的设计提供了哪些借鉴？

2．说明 AES 是如何实现“扩散”和“混淆”原则的。

3．画出以 $f(x)=1+x+x^3$ 为联结多项式的 LFSR 的逻辑图，并给出所生成的 LFSR 序列的周期、符号频度、游程分布和自相关函数值。

4．简述 ZUC 算法的设计架构和特点。

5．杂凑函数在数字签名中起什么作用？这种函数应具备哪些特征？为什么？

6．简述公钥密码的基本思想。

7．简述欧几里得算法和欧拉定理，并说明它们在 RSA 中的作用。

8．验证 SM2 验证签名的有效性。

参 考 文 献

[1] 冯登国，赵险峰. 信息安全技术概论[M]. 2 版. 北京：电子工业出版社，2014.

[2] 冯登国，裴定一. 密码学导引[M]. 北京：科学出版社，1999.

[3] BAUER F L. Decrepted secrete：method and maxims of cryptology [M]. 2nd ed. Heidelberg：Springer-Verlag，2000.

[4] 冯登国. 密码分析学[M]. 北京：清华大学出版社，2000.

[5] KERCKHOFFS A. La cryptographie miletaire[J]. Journal des Sciences Militaires，1883，9(2)：161-191.

[6] SHANNON C E. Communication theory of secrecy system [J]. Bell System Technical Journal，1949，28(4)：656-715.

[7] 吴文玲，冯登国，张文涛. 分组密码的设计与分析[M]. 2 版. 北京：清华大学出版社，2009.

[8] BIHAM E，SHAMIR A. Differential cryptanalysis of the data encryption standard [M]. Heidelberg：Springer-Verlag，1993.

[9] MATSUI M. Linear cryptanalysis method for DES cipher[C]//Advances in Cryptology：Eurocrypt'93.

Heidelberg：Springer-Verlag，1994(756)：386-397.
[10] Department of Commerce/NIST. Advanced Encryption Standard：FIPS PUB 197[S]，2001.
[11] 国家密码管理局. 无线局域网产品使用的 SMS4 密码算法[EB/OL]. [2016-11-18]. https://sca.gov.cn/sca/c100061/201611/1002423/files/330480f731f64e1ea75138211ea0dc27.pdf.
[12] 冯登国，等. 可信计算：理论与实践[M]. 北京：清华大学出版社，2013.
[13] 丁存生，肖国镇. 流密码学及其应用[M]. 北京：国防工业出版社，1994.
[14] GOLOMB S W. Shift register sequences [M]. San Francisco：Holden-Day，1967.
[15] MASSEY J L. Shift-register synthesis and BCH decoding [J]. IEEE Trans. on Information Theory，1969，15(1)：122-127.
[16] SIEGENTHALER T. Decrypting a class of stream cipher using ciphertext only [J]. IEEE Trans. on Computer，1985，C-34(1)：81-85.
[17] MEIER W，STAFFELBACH O. Fast correlation attacks on certain stream ciphers [J]. Journal of Cryptology，1989，1(3)：159-176.
[18] ZENG K，YANG C H，RAO T R N. An improved linear syndrome algorithm in cryptanalysis with applications[C]//Advances in Cryptology：Eurocrypt'90. Heidelberg：Springer-Verlag，1991(537)：34-47.
[19]ZENG K，YANG C H，RAO T R N. On the linear consistency test (LCT) in cryptanalysis with applications[C]//Advances in Cryptology：Eurocrypt'89. Heidelberg：Springer-Verlag，1990(435)：164-174.
[20] GOLIC J D，CLARK A，DAWSON E. Generalized inversion attack on nonlinear filter generators [J]. IEEE Trans. on Computers，2000，49(10)：1100-1108.
[21] COURTOIS N T. Fast algebraic attacks on stream ciphers with linear feedback[C]//Advances in Cryptology：Crypto'03. Heidelberg：Springer-Verlag，2003(2729)：176-194.
[22] 冯登国. 序列密码分析方法[M]. 北京：清华大学出版社，2021.
[23] 3GPP. Specication of the 3GPP Condentiality and Integrity Algorithms 128-EEA3 and 128-EIA3，Document 4：Design and Evaluation Reprot [S/OL]. http://www.gsmworld.com/documents/EEA3_EIA3_Design_ Evaluation_v1_1. pdf.
[24] DIFFIE W，HELLMAN M E. New directions in cryptography [J]. IEEE Trans. on Information Theory，1976，22(6)：644-654.
[25] RIVEST R L，SHAMIR A，ADLEMAN L. A method for obtaining digital signatures and public-key cryptosystem [J]. Communications of the ACM，1978，21(2)：120-126.
[26] ELGAMAL. A public key cryptosystem and a signature scheme base on discrete logarithm [J]. IEEE Transactions on Information Theory，1985 (31)：469-472.
[27] KOBLITZ. Elliptic curve cryptosystems [J]. Mathematics of computation，1987(48)：203-209.
[28] MILLER. Advances in Cryptology：Crypto'85 [C]. Heidelberg：Springer-Verlag，1986：417-426.
[29] 国家密码管理局. SM2 椭圆曲线公钥密码算法：GM/T 0003.1-5[S]，2012.
[30] RSA LABORATORIES. RSA cryptography standard [R]. Redwood City：RSA Laboratories，2002.
[31] BELLARE M，ROGAWAY P. Optimal asymmetric encryption：how to encrypt with RSA[C]//Advances in Cryptology：Eurocrypt'94. Heidelberg：Springer-Verlag，1995，950：92-111.
[32] STINSON. Cryptography：theory and practice[M]. 2nd ed. New York：CRC Press，2002.（STINSON. 密码学原理与实践[M]. 2 版. 冯登国，等译. 北京：电子工业出版社，2003.）
[33] WANG X Y，FENG D G，LAI X J，et al. Collisions for hash functions MD4，MD5，HAVAL-128 and RIPEMD [R]. Cryptology ePrint Archive：Report 2004/199，2004.
[34] XIE T，LIU F B，FENG D G. Fast collision attack on MD5 [R]. IACR ePrint Archive：Report 2013/170，2013.

[35] STEVENS M，BURSZTEIN E，KARPMAN P, et al. The first collision for full SHA-1[J]. Lecture Notes in Computer Science，2017 (10401)：570-596.
[36] 国家密码管理局. SM3 密码杂凑算法：GM/T 0004 [S]，2012.
[37] BELLARE M，ROGAWAY P. The exact security of digital signatures：how to sign with RSA and Rabin[C]//Advances in Cryptology：Eurocrypt'96. Heidelberg：Springer-Verlag，1996，1070：399-416.
[38] 中国科学技术协会，中国密码学会. 密码学学科发展报告：2014—2015[M]. 北京：中国科学技术出版社，2016.
[39] MENEZES A J，VAN OORSCHOT P C，VANSTONE S A. Handbook of applied cryptography[M]. New York：CRC Press，1997.（MENEZES A J，VAN OORSCHOT P C，VANSTONE S A. 应用密码学手册[M]. 胡磊，王鹏，等译. 北京：电子工业出版社，2005.）
[40] STINSON D R，PATERSON M B. Cryptography theory and practice[M]. 4th ed. New York：CRC Press，2018.
[41] 冯登国. 国内外密码学研究现状及发展趋势[J]. 通信学报，2002，23(5)：18-26.
[42] 冯登国，陈成. 属性密码学研究[J]. 密码学报，2014，1(1)：1-12.
[43] 冯登国，等. 大数据安全与隐私保护[M]. 北京：清华大学出版社，2018.
[44] 吴文铃，冯登国. 分组密码工作模式的研究现状[J]. 计算机学报，2006，29(1)：21-36.

虎符

请令将帅各持破钱造牌，遇传令，合而为信。

——北宋·曾公亮和丁度《武经总要》

第4章　实体认证

内容提要

标识是信息系统中实体（如人、设备或进程）的数字化表示，标识体系的建立有助于安全体系的构建。实体认证（又称为实体鉴别）是确认实体声称的身份合法性的过程，用于对抗实体的假冒攻击，提供完整性、真实性和非否认性等功能。认证主要包括实体认证（也称为身份认证）和数据源认证，数据源认证可通过数字签名等技术来实现，本章主要介绍用于对抗身份假冒的实体认证技术。一般来说，可通过3种方式认证实体身份：①告知知道的某事，如口令；②证明掌握某物来鉴别身份，如UKey、IC卡；③展示具有的特性，如指纹、网络地址。本章主要介绍基于这几种方式的实体认证技术，包括口令认证、基于对称密码的认证、基于公钥密码的认证、匿名认证和生物认证等。

本章重点

- 标识与认证的概念
- 典型的口令与挑战–响应
- 在线认证服务的基本原理和典型实例
- 公钥认证的基本原理和典型实例
- 匿名认证的基本思想

4.1 标识

在计算机中，实体（Entity）一词往往用于抽象地指代一个程序、设备、系统或用户等。在信息系统中，标识（Identity）是指对实体的数字化指代。实体既可以是一个业务操作对象，也可以是业务操作的发起者，包括客体和主体。一个概念类似的实体往往存在静态和动态两种形式，如存在可执行程序和运行的程序、用户和登录的用户、文件和打开的文件等对应的静态和动态实体对。实体还可以对应相关的算法、安全属性或管理策略等概念。为了建立安全信息系统，不同性质、类别和形式的实体需要不同的标识。

对相关实体建立标识体系是构建安全信息系统的基础工作之一。身份认证、访问控制、安全审计、网络协议等都需要利用标识对程序、设备、网络、用户和资源等进行识别并实施相应的操作；在网络安全防护中，需要在过滤或防火墙系统中指明发现的恶意主机或网络，还有可能要阻断某类网络连接，因此，需要使用主机、网络和连接等标识。

1. 系统实体标识

1）系统资源标识

系统资源包括电子文件、数据库和程序等，它们在各种状态下有对应的标识。

在操作系统中，文件通常用文件名和存储路径作为标识，在操作系统内部，对文件还有对应的标识，如 UNIX 系统中的 i 节点包含了文件的访问控制和所有人等信息；在文件被打开后，操作系统生成文件描述符或句柄作为打开实例的标识，系统内部也将维护文件分配表项。在操作系统中，一般对文件系统的存储路径也按照管理文件的方式标识，如也有路径名以及相应的系统内部标识，相应的系统内部标识在 UNIX 系统中也由 i 节点组成。

数据库和其中的数据表可以分别用数据库名和表名作为标识，由数据库管理系统（Database Management System，DBMS）维护其内部标识，不同标识对应不同的访问控制和所有人等信息；对打开的数据库和表，系统也将产生特定的描述符或句柄作为标识。必须指出，数据库运行在操作系统中，其文件和进程标识由操作系统维护，但由 DBMS 负责数据库的内部标识。

在操作系统的文件系统中，可执行静态程序的标识方法和普通的数据文件类似，但当可执行程序运行时，系统对这个运行实例也会产生相应的内部标识。例如，在 UNIX 系统中它是进程号（PID）。

2）用户、组和角色标识

系统的用户一般以用户名或账户名作为标识，在用户登录后，系统一般分配相应的内部标识。例如，在 UNIX 系统中，用户登录后，系统将在内部动态分配用户号（UID）；在 Windows 系统中，用户登录后，系统将分配对应的访问令牌（Access Token）。这些内部标识记录或对应了登录用户的访问权限信息。

在很多情况下，系统管理者希望同时管理多个用户，因此，也可以用一个标识代表一组用户。例如，在 UNIX 系统中，用户和进程都具有相应的组属性。角色（Role）是特殊的分组，具有一个角色的用户或进程被授予特定的功能。例如，有些操作系统设置了协助超级管理员管理系统的特殊用户。

3）与数字证书相关的标识

数字证书（也称为公钥证书）用于绑定证书所有者的信息及其公钥，它在数字签名和认证中用于向签名验证者或身份认证者提供这些信息。显然，证书所有者的身份需要有唯一的标识，一般包括证书所有者的基本信息和辅助信息。例如，在 X.509 证书中，这被称为可区分名，包括国家、地区、组织、个人姓名等内容。其他与数字证书相关的标识包括证书序列号、签名算法标识、颁发机构标识和颁发策略标识等，它们记录了证书的基本属性。由于证书颁发者将对证书签名，因此，这些标识具有抵制篡改的功能。

2. 网络实体标识

1）主机和网络标识

主机标识用于在网络中定位特定的主机，一般在不同的网络层次上需要使用不同的标识。在数据链路层，通常用主机网络接口设备的物理地址标识该主机，对常见的以太网（Ethernet），这是一个 6 位十六进制的数字，如 00 AB 87 0C 90 23；在网络层，一般使用网络地址作为标识，对于 TCP/IP 网络，这就是 IP 地址，如 192.168.2.33；在更高的网络层，可以使用容易记忆的主机名作为标识，在 TCP/IP 网络中，这就是域名地址，如 myhost.mynet.com.cn，在 Windows 网络中，可以是 myhost，但前者需要由域名服务器（Domain Name Server，DNS）解析为 IP 地址，后者需要由域（Domain）服务器解析为 IP 地址或物理地址。

网络一般用网络层的广播地址作为标识。例如，192.168.2.0 表示 IP 地址为 192.168.2.xx 的网段，其中 xx 表示任意两位数字。网络也可以有高层的标识。例如，TCP/IP 网络中的 mynet.com.cn 或 Windows 网络中的 mynet，而 myhost.mynet.com.cn 和\\mynet\myhost 是这些网络中的主机，但这在使用中都需要进行解析。

2）网络资源标识

网络资源标识一般需要指明网络通信协议、主机地址和资源名称。在 TCP/IP 网络中，这类标识称为统一资源定位符（Uniform Resources Locator，URL），如 https://www.myweb.net/myfile.doc 表示在安全超文本传输协议（Secure HyperText Transfer Protocol，SHTTP）下，在主机 www.myweb.net 上发布的文件 myfile.doc。在 Windows 网络中，\\mynet\myhost\myfile.doc 表示在主机\\mynet\myhost\上发布的文件 myfile.doc，但这里的通信协议由系统自动选择。

3）连接及其状态标识

连接端口（Port）这个概念对于理解计算机网络中的通信连接具有重要作用，它用于标定主机提供的连接或一个交互中的连接。在主机提供网络服务时，需要公开其连接端口，这样使用该服务的用户可以向特定的主机和端口发起连接，因此，端口也常用于标识网络服务。例如，在 TCP/IP 网络中，FTP 服务的端口是 21，这类端口称为熟知端口。由于服务器也需要指明将数据发送到客户端的哪个连接上，因此，客户端也要产生一个端口，用于标识这个连接。

主机内部将记录通信连接的状态，在安全应用中，这些状态往往包含与安全相关的信息，有时也需要标识。在本书第 15 章介绍的安全套接字层（Secure Socket Layer，SSL）和互联网协议安全（Internet Protocol Security，IPSec）中，存在安全连接标识，它记录了连接的参数和当前状态。常用的 Web 浏览器使用 HTTP 协议，它允许客户端用所谓的

Cookies 记录浏览器与特定网络服务之间的交互，其中包括历史记录，甚至包括数字证书和输入过的口令等情况。

4.2 口令与挑战–响应

被认证者（也称为声称者）可以通过声称知道某事获得认证，其中，“某事”一般包括口令与对相关问题的回答，相应的身份确认技术称为口令或挑战–响应技术。口令一般由一串可输入的数字和字符或它们的混合组成，它可以由认证机构颁发给系统用户，也可以由系统用户自行编制。系统用户需要在登录时向验证者证明其掌握了相应的口令。挑战–响应技术是增强身份验证安全性的重要手段，验证者通过向声称者发出询问并验证回应的消息来增强口令的安全性。本节先介绍口令的安全威胁与对策，随后介绍 3 个具体的口令方案，最后介绍挑战–响应技术。

1. 安全威胁与对策

1）外部泄露

外部泄露是指由于用户或系统管理的疏忽，使口令直接泄露给了非授权者。在实际场景中，用户常将口令写（或存储）在不安全的地方，而口令的发放机构也可能将用户信息保存在不安全的文件或系统中。预防口令泄露的对策主要包括：增强用户的安全意识，要求用户定期更换口令；建立有效的口令管理系统，原则上在管理系统中不保存用户口令，甚至超级管理员也不知道用户口令，但仍然可以验证口令，这可通过使用单向函数实现这个功能，此时系统仅存储了口令的单向函数输出值。

2）口令猜测

在以下几种情况下，口令容易被猜测出：口令的字符组成规律性较强，如与用户的姓名、生日或电话号码等相关；口令长度较短，如不足 8 位字符；用户在安装操作系统时，系统帮助用户预设了一个口令，它是人人皆知的。防范口令猜测的对策主要包括：规劝或强制用户使用安全性好的口令，甚至提供软件或设备帮助生成安全性好的口令；限制从一个终端接入进行口令认证失败的次数；为阻止攻击者利用计算机自动进行猜测，系统应加入一些延迟环节，如请用户识别并输入一个在图像中显示的手写体文字；限制预设口令的使用。

3）线路窃听

攻击者可能在网络或通信线路上截获口令。因此，口令不能直接在网络或通信线路上传输。当前，互联网上的用户需要用口令登录大量的系统，系统一般采用单向公钥认证后建立加密连接的方法保护口令，即由服务器将公钥证书传递给登录用户，双方基于服务器公钥协商加密密钥，建立加密连接，最后再允许用户输入口令。具体实例见本章 4.4 节。

4）重放攻击

攻击者可以截获合法用户通信的全部数据，以后可能再次发送这些数据来冒充通信的一方与另一方联系，即重放攻击。为了防范重放攻击，验证者需要能够判断发来的数据以前是否收到过，这往往通过使用一个非重复值（Non-Repeated Value，NRV）来实现，它可以是时间戳或随机生成的数。

5）对验证者的攻击

口令验证者存储了口令的基本信息，攻击者可能通过侵入系统获得这些信息。若口令存储在验证者处，则口令直接被泄露。若验证者仅存储了口令的单向函数输出值，也会为攻击者猜测口令提供判断依据。这时常用的口令猜测方法称为搜索法或暴力破解法，它利用一些字库或词典生成并验证口令，生成的口令满足一般用户创建口令的习惯。上述情况说明，验证者必须妥善保管账户信息。

例 对 Windows 系统口令的攻击和保护。

Windows 系统将账户数据存储在安全账户数据管理器（Security Accounts Manager，SAM）中。Windows NT 最初将口令的杂凑值以明文形式存储在 SAM 中，但由于缺乏保护功能，因此出现了大量的口令攻击程序。口令攻击程序通过窃取操作系统权限或网络监视获得账户数据，利用词典进行暴力攻击，但 Windows 后期的版本使用加密的 SAM，并对加密密钥实施了妥善的保护，因此，仅利用暴力攻击已难以破解其口令。

2. 典型的口令方案

设口令为 p，ID 为账户名，声称的口令为 p'，(ID,p) 的单向函数输出值为 q，(ID,q) 的单向函数输出值为 r，(ID,p') 的单向函数输出值为 q'，(ID,q') 的单向函数输出值为 r'，g 和 h 都是单向函数，对 3 个典型的口令方案的描述如下。

1）口令方案 1

口令方案 1 如图 4.1 所示。验证者仅存储 $q=h(\mathrm{ID},p)$ 和 ID，因此，在验证者系统被侵入后，基于存储的 (ID,q) 不能直接登录系统。但是，该方案在网络上传输了口令，不能防范线路窃听，当然也不能抵御重放攻击。该方案的一种提高方法是：利用本章 4.4 节将要介绍的公钥认证技术，让服务器向登录者发放公钥（证书），登录者用服务器公钥与服务器商定一个加密密钥，建立加密连接，然后执行口令方案，则可以防范线路窃听，但改进后的口令方案本身不能抵御重放攻击。

2）口令方案 2

口令方案 2 如图 4.2 所示。验证者仅存储 $r=h(\mathrm{ID},g(\mathrm{ID},p))$ 和 ID，因此，在验证者系统被侵入后，基于存储的 (ID,r) 不能直接登录系统，该方案在网络上也未直接泄露口令。但是，该方案在网络上传输了 $(\mathrm{ID},g(\mathrm{ID},p))$，因此也不能抵御重放攻击。该方案说明，可以用单向函数保护口令信息的传输，而不一定使用加密连接。

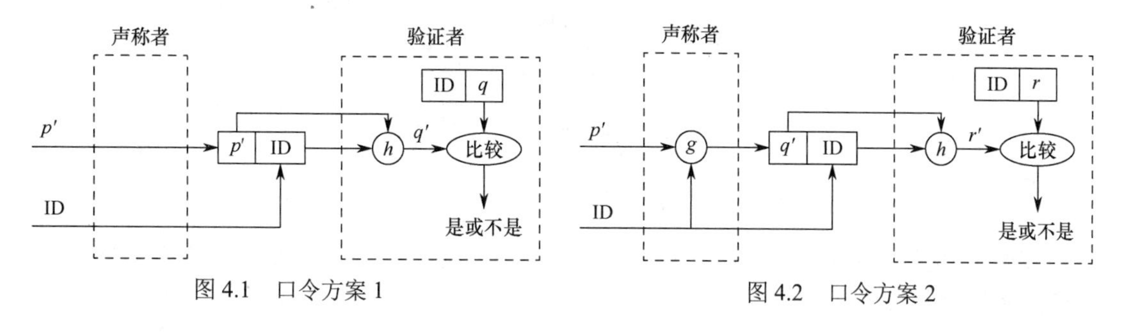

图 4.1 口令方案 1

图 4.2 口令方案 2

3）口令方案 3

口令方案 3 如图 4.3 所示，其特点是能够抵御重放攻击。声称者计算 $q' = g(\mathrm{ID}, p')$ 和 $r' = h(\mathrm{NRV}, q')$，将 r'、ID 和 NRV 传送给验证者。验证者首先确认所接收的 NRV 是从未使用过的，否则拒绝通过认证；在确认 NRV 的非重复性后，验证者计算 $r = h(\mathrm{NRV}, q)$，其中 $q = g(\mathrm{ID}, p)$ 是事先存储的，再比较 r 和 r' 是否相等。显然，重放攻击无法通过对 NRV 的非重复性检验。但是，由于系统难以记录已经使用的全部 NRV，登录者生成的 NRV 也可能互相冲突，因此该方案仍然存在 NRV 难以管理和验证的问题。

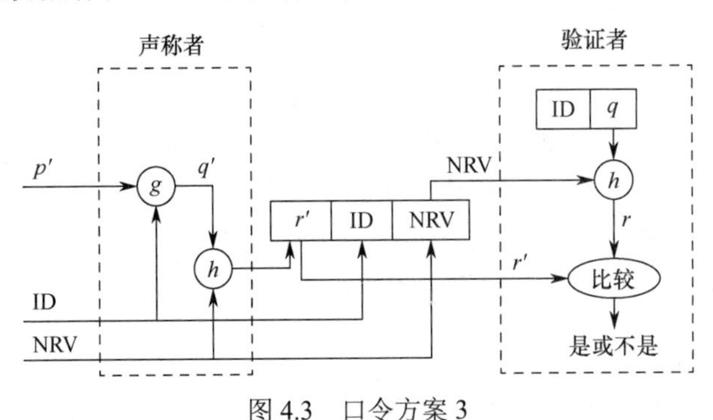

图 4.3　口令方案 3

3. 挑战–响应

为了解决上述难以管理 NRV 的问题，人们提出了一次口令技术，即验证者和声称者能够同步地各自生成一个临时有效的 NRV。由于它参与口令的认证，因此重放攻击会因不能生成当前的 NRV 而失效。例如，若双方主机进行了时间上的同步，则可以利用当前时间生成的数据（称为时间戳）作为这个 NRV。但是，维持双方的时间同步在很多情况下是困难的。

挑战–响应口令方案如图 4.4 所示。该方案由验证者向声称者发送一个类似 NRV 的询问消息，只有收到询问消息和掌握正确口令的一方才能通过认证。在图 4.4 中，声称者收到询问消息中的 NRV 后，需要将 NRV、ID 和口令 p' 按照确定的方式输入单向函数 g 和 h，得到输出 (r', ID)，验证者由于存储了 (ID, q)，因此可以验证 (r', ID) 的正确性。在重放攻击中，由于攻击者使用的 NRV 与验证者的不同，因此，攻击不能成功。

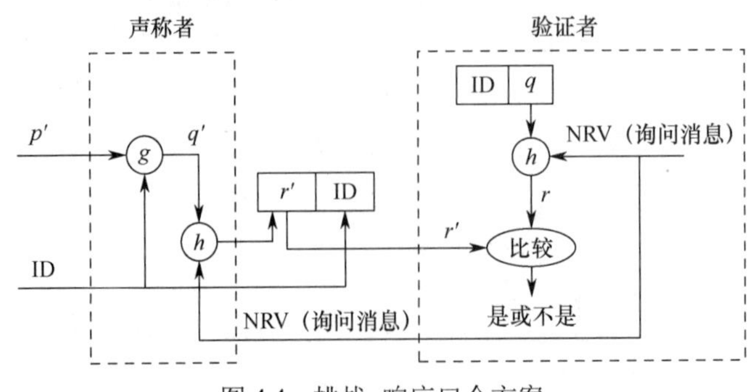

图 4.4　挑战–响应口令方案

挑战–响应以一种更安全的方式来验证另一方知道的某个数据，是在网络安全协议设计中经常使用的技术之一。

4.3　在线认证服务

在一个信息系统中，若验证者能够确认声称者持有与所声称的身份相对应的密钥，则一般可以达到认证的目的。本节将介绍使用对称密码和认证服务器的情况。必须注意，这里是指认证服务器帮助验证者验证声称者的身份，认证服务器本身不是验证者。

在最简单的情况下，在线认证服务系统可以使验证者和声称者之间共享一个对称密钥，并通过一些交互来验证密钥的存在。可以想象，验证者和声称者之间的交互包括：声称者可以使用密钥加密某一消息，其中包括用于抵御重放攻击的 NRV，验证者可以通过解密是否正确来确认声称者是否掌握了对应的密钥。类似地，挑战–响应技术也可应用于上述过程，这里不再赘述。

但是，在大型网络环境下使用对称密码认证，每个可能的验证者和声称者之间都需要共享一个密钥，因此，每个验证者需要保存大量的密钥，存在所谓“密钥爆炸”问题。比较实际的做法是，在在线认证服务系统中设置可信的认证服务器，验证者和声称者仅保存各自的密钥，但认证服务器有全部用户的密钥。下面列出两种基本认证方法。

1．由验证者联系认证服务器

声称者用自己的密钥加密一个消息，其中包括用于抵御重放攻击的 NRV，将加密结果发送给验证者。因为验证者没有声称者的密钥，因此，不能直接完成认证。但验证者可以请求认证服务器为他服务，认证服务器与验证者共享了一个密钥，可以建立安全通信，而认证服务器也存储了声称者的密钥，因此，可以进行验证。

2．由声称者联系认证服务器

利用共享的密钥，声称者首先安全地与认证服务器交互，获得一个类似证明的数据，一般称为许可证，并将该许可证发送给验证者，验证者可以通过与认证服务器共享的密钥来验证许可证的合法性。

在线认证服务系统的一个典型实例是 Kerberos 认证系统。Kerberos 认证系统最初由美国麻省理工学院（Massachusetts Institute of Technology，MIT）开发，使用了对称密码技术和认证服务器，该系统为网络计算机之间的认证提供了技术手段。Kerberos 认证系统已经发展到第 5 个版本。Kerberos 认证过程如图 4.5 所示。

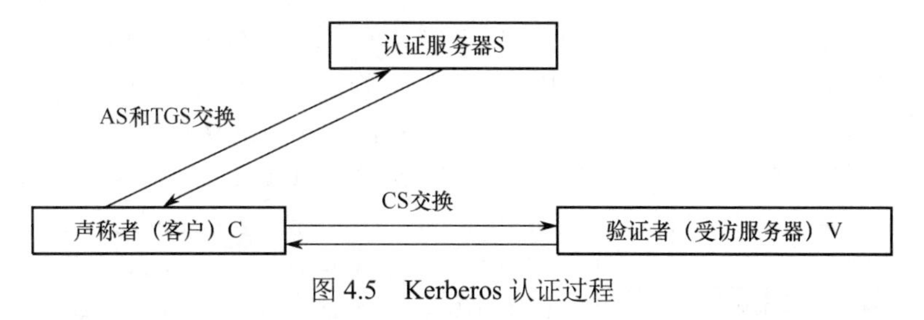

图 4.5　Kerberos 认证过程

Kerberos 利用票据（Ticket）进行安全协议所需的通信。在声称者（客户）C 和验证者（受访服务器）V 开始通信之前，C 和认证服务器 S 先执行一个协议，随后 V 才能验证 C。

在省去一些可选参数的情况下，可以用下面 3 个步骤描述这一过程。

（1）认证服务器（Authentication Server，AS）交换：C 向 S 发出认证服务请求，S 和 C 用共享的密钥 K_C 建立保密通信，S 向 C 发送

$$E_{K_C}(\mathrm{ID}_S, K_{SC}, T_{SC}, L_{SC})$$

其中，ID_S 是 S 的标识，E_{K_C} 表示用 E_C 加密，K_{SC} 表示 S 确定的会话密钥，T_{SC} 是一个票据，L_{SC} 是其有效期限，在线认证服务系统需要在有限时间内获得正确返回的 T_{SC}。

（2）票据颁发服务（Ticket Granting Server，TGS）交换：这里可以将 TGS 和以上 AS 视为一个服务系统，C 向 S 发送

$$\{\mathrm{ID}_V, T_{SC}, E_{K_{SC}}(\mathrm{ID}_C, t_{SC})\}$$

其中，ID_V 是 V 的标识，ID_C 是 C 的标识，这样 S 知道 C 想要访问 V，并通过验证 T_{SC}（一个票据）确认 C 掌握了 K_C；t_{SC} 表示当前的时间戳，用于防止重放攻击等，S 随后回答

$$E_{K_{SC}}(\mathrm{ID}_S, K_{CV}, T_{CV}, L_{CV})$$

其中，K_{CV} 是 S 为 C 和 V 选定的会话密钥，T_{CV} 是一个 C 用于出示给 V 的票据，L_{CV} 是其有效期限，T_{CV} 可表示为

$$T_{CV} = E_{K_V}(\mathrm{ID}_C, K_{CV}, t_{CV})$$

其中，K_V 是 V 与 S 共享的密钥，t_{CV} 表示当前的时间戳。

（3）客户/服务器（Client/Server，CS）交换：C 向 V 发送

$$\{T_{CV}, E_{K_{CV}}(\mathrm{ID}_C, t_{SC})\}$$

使得 V 可以通过解密获得 K_{CV} 并验证 C。

4.4 公钥认证

基于公钥密码的认证不需要在线的服务器，但为了让验证者确认声称者公钥的真实性，需要离线的服务器，离线的服务器也泛指相关的服务机构。公钥认证的基本原理是：由离线的服务器为声称者颁发一个数字证书和私钥，数字证书包含与声称者私钥对应的公钥和身份信息，以及服务器的数字签名，这样，数字证书的真实性和完整性得到保护；在验证中，验证者首先从公开渠道或声称者那里获得数字证书，随后通过验证离线服务器的签名验证该证书的真实性和完整性，再通过其中的声称者公钥验证声称者发来的或回答的数据的有效性。由于这些数据经过了声称者私钥的处理，因此，仅可用相应的公钥验证这些数据的有效性。若验证通过，则说明声称者拥有相应的私钥。

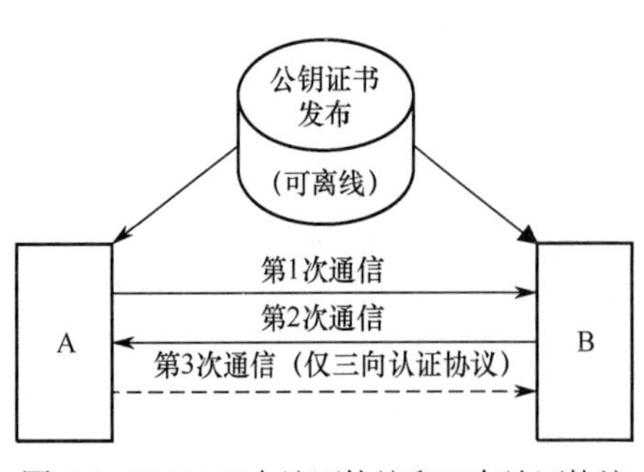

图 4.6　X.509 双向认证协议和三向认证协议

ITU-T X.509（ISO/IEC 9594-8）是国际电信联盟（International Telecommunication Union，ITU）于 1988 年制定的目录服务标准 X.500 的一部分，它涉及公钥认证的内容，定义了公钥证书、证书链、证书撤销列表等一系列数据结构。其中的双向认证协议和三向认证协议（如图 4.6 所示）是公钥认证的一个典型实

例。这里将相互认证的双方称为 A 和 B。为了执行双向认证或三向认证，双方需要对方的公钥证书，它们由离线的服务器签发，有效性可以通过验证签名证实。离线的服务器可以通过公开的渠道发布公钥证书，A 和 B 也可以直接交换各自的公钥证书。

双向认证仅包含 A 到 B 和 B 到 A 的两次通信。

（1）A 向 B 发送

$$\{\mathrm{ID_A}, S_\mathrm{A}(t_\mathrm{AB}, n_\mathrm{AB}, \mathrm{ID_B}, [E_\mathrm{B}(K_\mathrm{AB})])\}$$

其中，方括号[ ]中的数据项是可选的，$\mathrm{ID_A}$ 和 $\mathrm{ID_B}$ 分别为 A 和 B 的标识，$S_\mathrm{A}(\cdot)$ 表示不但传输圆括号中的数据，而且用 A 的私钥签名，t_AB 是时间戳，n_AB 是 NRV，$E_\mathrm{B}(\cdot)$ 表示用 B 的公钥加密，K_AB 是 A 选定的会话密钥，它也可以由以下 B 发来的消息确定。当 B 收到 A 发来的消息时，用 A 的公钥验证 A 的签名，检查时间戳，从而得到应答所需的 n_AB。

（2）B 向 A 发送

$$S_\mathrm{B}(t_\mathrm{BA}, n_\mathrm{BA}, \mathrm{ID_A}, n_\mathrm{AB}, [E_\mathrm{A}(K_\mathrm{BA})])$$

其中，符号的含义与（1）中的类似。当 A 收到 B 发来的消息时，验证 B 的签名，检查时间戳，验证 NRV。

上述过程结束后，A 和 B 都验证了对方掌握了相应私钥这一事实，这个事实使得 A 和 B 都可以认为对方是相关公钥证书中描述的那个主体。但是，B 发回了 A 发送的 n_AB，而 A 未发回 B 发来的 n_BA，这使得相互认证的程度有所不同，因此，X.509 还提供了三向认证协议，它的前两次通信与以上（1）和（2）基本相同，但还需再进行一次通信。

（3）A 向 B 发送

$$S_\mathrm{A}(\mathrm{ID_B}, n_\mathrm{BA})$$

本节最后简单介绍一下 X.509 证书格式，如表 4.1 所示。X.509 对每个用户选择的公钥提供所谓的“证书”，用户的证书由可信的证书机构（Certificate Authority，CA）产生，并存放于 X.500 目录中。表 4.2 对表 4.1 中的各字段含义进行了说明。

表 4.1　X.509 证书格式

版本	特定编号	算法标识符　参数(1)　颁布者	初始时间　截止时间	使用者　算法　参数(2)　公钥	数字签名

表 4.2　X.509 证书格式中的各字段说明

版本(V)	用来区分 X.509 不同年份的版本
特定编号(SN)	由 CA 给予每一个证书的一个特殊号码
算法标识符(AI)	用于产生证书所用的算法的标识符
参数(1)	CA 的算法规定的参数
颁布者(CA)	CA 的标识名
有效期($\mathrm{T_A}$)	包括两个日期，即初始时间和截止时间，在所指定的两个时间之内有效
使用者(A)	证书拥有者的标识名
算法	使用者签名用的公钥算法
参数(2)	使用者的算法的参数
公钥($\mathrm{A_P}$)	被证明的公钥值
数字签名	对这份格式中所有其他信息先用杂凑函数产生杂凑值，再用 CA 的私钥签署杂凑值

标准文件中使用 CA《A》=CA{V,SN,AI,CA,T_A,A,A_P}来表示 CA 对 A 签发的证书，CA{I}表示对 I 的签名。

4.5 匿名认证

传统的认证技术通常要确定用户具体的身份，这很不利于隐私保护。在这种情况下，匿名认证技术应运而生。在这种认证技术中，应用只确定用户是否具有合法的资格，而不确定具体身份，这对于需要保护个人隐私的很多应用来说是非常必要的。目前，用来实现匿名认证的一种基本工具就是匿名凭证系统（Anonymous Credential System）。

早在 1985 年，Chaum[3]就提出了一个匿名凭证系统，1987 年，Chaum 等人[4]给出了该系统的一个具体实现方案，但该系统实用性较差，之后匿名凭证系统发展较为缓慢。随着群签名（Group Signature）、环签名（Ring Signature）等技术的发展，2001 年，Camenisch 等人[5]基于强 RSA 假设的签名方案提出了一个完整的包含注册、凭证颁发、出示在内的匿名凭证协议，并于 2002 年给出了该协议的原型实现，即 Idemix 系统[6]。除匿名性外，该系统还基于零知识证明实现了属性的可选择泄露，即用户可根据场景选择对服务商证明的属性组合。此外，Camenisch 等人还实现了 Idemix 的一个简单版本——直接匿名证明（Direct Anonymous Attestation，DAA），该方案被可信计算组织（Trusted Computing Group，TCG）采纳为可信平台模块（TPM）的匿名证明标准。

另一类方案是 Brands[7]于 2000 年提出的证书颁发出示方案，该方案基于 PKI 证书，但同样可实现属性的可选择泄露与证书验证的不可关联性，因此，也可应用于匿名凭证系统中。此外，还有黑名单方式的匿名凭证系统[8]，以及用于特定应用场景的 K 次匿名凭证系统[9]。

在匿名凭证系统中，通常有 3 个参与方：凭证颁发方 Issuer、凭证验证方 Verifier 和用户 User。凭证颁发方负责向用户颁发凭证，用户向凭证验证方出示凭证。凭证颁发方与凭证验证方可以是同一个实体。

匿名凭证系统一般分为 3 个阶段：系统建立、凭证颁发和凭证出示。

（1）系统建立：确定系统参数，Issuer 选择其私钥，并生成对应的公钥。

（2）凭证颁发：Issuer 为 User 颁发凭证 Cred，对应的凭证内容为 M。Cred 是 Issuer 对 M 的签名。M 可以是一个值，也可以是一组值。在凭证颁发过程中，M 对 Issuer 可以是完全公开的、部分公开的或完全不公开的。如果不是完全公开的，则表示 Issuer 对经过承诺后的消息进行签名。

（3）凭证出示：User 向 Verifier 匿名出示 Cred。在这一过程中，User 能够使 Verifier 相信其确实拥有一个 Issuer 颁发的凭证，而不泄露其他不想公开的信息。

匿名凭证系统需要满足以下 3 个性质。

（1）不可伪造性（Unforgeability）：用户不能对任何消息伪造出合法的凭证。这是匿名凭证应该满足的最基本性质。

（2）用户匿名性（User Anonymity）：当用户向凭证验证方出示凭证时，任何人都无法辨识用户身份，即使与凭证颁发方合谋也不行。这里所谓的“身份”指的是凭证颁发方可识别的用户身份。

（3）多次出示的不可关联性（Unlinkability of Multi-Show）：一个凭证多次出示但不能被关联。换句话说，没有人可以区分两次不同的凭证出示过程是否关联到同一个凭证上。如果有人可以破坏用户匿名性，很显然他也可以将同一用户的多次凭证出示过程关联起来。

4.6 其他常用认证技术

还有其他一些认证技术也得到了广泛的使用，主要包括以下几种。

1．基于地址的认证

在网络通信中，通信数据中包括发送者的源地址，这为认证提供了一种机制或补充。例如，在 TCP/IP 网络中，通信数据包的包头中包含发送者的 IP 地址；在局域网中，包头中也包含发送者的网卡地址。一般来说，欺诈者要伪造这些数据是不便的。从应用的角度看，在很多情况下，一些系统的用户所处的网络地址范围基本代表了他们的身份，可以授予相关的访问权限。例如，网络服务器可能需要根据源地址确认请求者是否在单位的内网中，以此授予相应的访问权限；数字图书馆或文献数据库服务经常需要通过 IP 地址确认用户是否具有下载权限，因为通过地址范围可以确认请求是否来自订购单位，而在这些单位的人员都是数字图书馆或文献数据库的服务对象。当前，国内外的一些电子文献数据库均采用了基于 IP 地址的认证方法。

关于基于地址的认证技术更复杂一些的例子是，一些无线通信不仅能够使接收者获得身份认证信息，还能够使接收者识别发送者的方位，这使接收者不会被来自其他方位的信号欺骗。

2．生物认证

认证系统可以利用人的生物特征对人的身份进行认证。系统首先采集用户的生物特征，将它们数字化，分别与对应的身份绑定。在验证中，认证系统重新采集用户的生物特征，在特征匹配的情况下通过认证。主要的生物特征识别技术包括指纹识别、声音识别、掌纹识别、人眼虹膜识别、视网膜识别、行为模式识别、人脸识别等。可以认为，生物特征为与其对应的人提供了一个特殊的口令，只有这个人能够使用它，但是，这类认证需要为系统用户部署生物特征采集和识别设备，这在某些情况下是不方便的。指纹和虹膜的采集图像如图 4.7 所示。

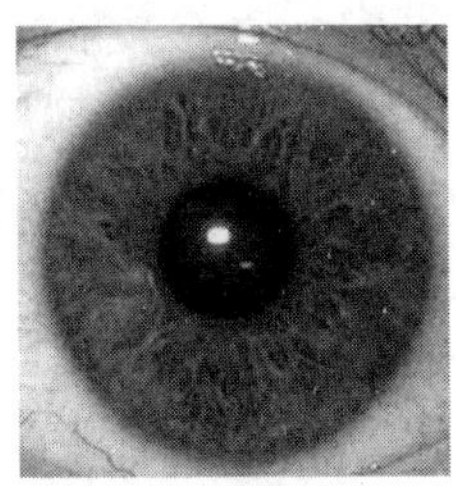

图 4.7　指纹和虹膜的采集图像

3．结合口令和密钥的个人认证

前面提到的认证技术主要是通过验证者确认声称者是否掌握相应的口令或密钥来进行认证的，在很多情况下，需要将它们结合起来使用。

在对个人身份的认证中，声称者所处的物理位置可能变动，在基于验证特定密钥的技术中，由于人难以记忆密钥，因此需要使用移动存储装置来存放它，如 IC 卡或使用 USB 接口的物理存储装置。但这带来的潜在威胁是，移动存储装置容易丢失或被盗用。因此，为了阻止非授权者使用盗用的密钥，往往需要为它绑定一个可由人记忆的口令，认证系统需要同时验证声称者的口令和掌握的密钥。以上口令一般称为个人识别码（Personal Identify Number，PIN）。对以上过程，持有银行卡的人都有亲身感受。

为了进一步保护用户的私钥，可能需要用口令对私钥的使用进行一定的控制。例如，在很多情况下需要利用计算机存储私钥，为了加强私钥存储的安全性，一般将其隐藏在系统中，而由一个客户端程序访问它，但这个客户端程序需要用户提供口令。

多种认证技术手段的融合认证方法也称为多因子认证（Multi-Factor Authentication）。

4.7 小结与注记

本章主要介绍了标识的概念和一些基本的标识，指出了它们在构建安全信息系统中的作用；并介绍了一些重要的认证技术，包括基于口令的认证、在线认证服务、公钥认证、匿名认证和生物认证等技术。在这些认证技术中，声称者利用不同的交互协议向验证者证明其具有相应的口令、密钥、私钥、特征等认证信息。相关协议的设计还考虑了相关的安全威胁，实现了不同程度的安全性。一些具体的口令方案、Kerberos 认证协议、X.509 双向认证和三向认证协议是这些认证技术的生动实例。

本章介绍的认证技术也反映了基本安全协议的设计原理，读者不但应通过本章掌握认证技术，也应体会其中一些应用广泛的协议设计技术，包括非重复值、时间戳、公钥证书、数字签名等在安全协议设计中的应用方法。同时，也应看到，认证与密钥分配密切相关，有些认证技术，也可用于建立通信双方的会话密钥，如 Kerberos 认证协议和 X.509 认证协议，这一点在本书第 5 章中还会提到。另外，本章没有介绍被人们认为当前最重要、最常用的认证技术——PKI，我们将其纳入密钥管理范畴，将在本书第 5 章中介绍。

本章在写作过程中主要参考了文献[1]。文献[2]对安全协议进行了全面而系统的介绍，其中包括了大量的安全认证协议；文献[14]全面总结了作者团队在安全认证协议方面的创新性工作，也反映了认证技术的最新研究进展和发展趋势。

思 考 题

1．简述口令方案存在的威胁及其对策。
2．简述挑战–响应技术的基本思想。
3．给出一个由验证者联系服务器进行在线认证的例子。
4．简述公钥认证的一般过程。
5．指出 NRV 和时间戳的区别，并说明它们在认证协议中所起的作用。
6．说明数字签名在认证协议中的作用。
7．举例说明什么是多因子认证。
8．阐述匿名认证与普通认证的区别与联系。

参考文献

[1] 冯登国，赵险峰. 信息安全技术概论[M]. 2 版. 北京：电子工业出版社，2014.
[2] 冯登国. 安全协议：理论与实践[M]. 北京：清华大学出版社，2011.
[3] DAVID C. Security without identification：transaction systems to make big brother obsolete [J]. Communications of the ACM，1985，28(10)：1030-1044.
[4] DAVID C，JAN H E. A secure and privacy protecting protocol for transmitting personal information between organizations[C]//Advances in Cryptology：CRYPTO'86. Heidelberg：Springer，1987：118-167.
[5] CAMENISCH J，LYSYANSKAYA A. Advance in cryptography-eUROCRYPT 2001[C]//Heidelberg：Springer Verlag，2001：93-118.
[6] CAMENISCH J，HERREWEGHEN E V. Design and implementation of the idemix anonymous credential system[C]//CCS'02. New York：ACM，2002.
[7] BRANDS S. Rethinking public key infrastructure and digital certificates-building in Privacy [J]. Cambridge：MIT Press，2000.
[8] TSANG P P，AU M H，KAPADIA A，et al. Smith blacklistable anonymous credentials：blocking misbehaving users without TTPs[C]//CCS'07. New York：ACM，2007.
[9] TERANISHI I，FURUKAWA J，SAKO K. K-times anonymous authentication (extended abstract)[C]//In ASIACRYPT. Heidelberg：Springer，2004：308-322.
[10] VIET D Q，YAMAMURA A，HIDEMA T. Anonymous password-based authenticated key exchange[C]//In INDOCRYPT 2005. Heidelberg：Springer，2005，3797：244-257.
[11] 冯登国. 可证明安全性理论与方法研究[J]. 软件学报，2005，16(10)：1743-1756.
[12] 冯登国，范红. 安全协议形式化分析理论与方法研究综述[J]. 中国科学院研究生院学报，2003，20(4)：389-406.
[13] 薛锐，冯登国. 安全协议的形式化分析技术与方法[J]. 计算机学报，2006，29(1)：1-20.
[14] 冯登国，邓燚，张振峰，等. 安全认证协议：基础理论与方法[M]. 北京：科学出版社，2022.

保密柜

一人之事，不泄于二人；明日所行，不泄于今日。

——清 · 揭暄《兵经百言》

第5章 密钥管理

内容提要

密钥是密码算法中的一个关键参数，它类似于钥匙。在 Kerckhoffs 假设下，一个密码算法的安全性取决于对密钥的保护，而不是对密码算法本身的保护。密码算法可以公开，密码设备可能丢失，同一型号的密码设备仍可继续使用。然而一旦密钥丢失或出错，不但合法用户不能提取信息，而且可能会使非法用户窃取信息。可见，密钥的保护和安全管理在实际应用中是极为重要的。

密钥管理包括密钥的生成、登记、装入、分配、存储、丢失、撤销、销毁、保护等内容。其中，分配和存储可能是最棘手的问题。当然，密钥管理过程中也不可能避免物理上、人事上、规程上的一些问题。但本章重点从理论和技术上讨论密钥管理的有关问题，主要介绍一些重要的密钥管理技术，包括密钥分级保护结构、密钥分配协议、密钥协商协议、秘密共享方案、密钥托管方案和密钥管理基础设施/公钥基础设施（KMI/PKI）等。

本章重点

- 密钥分级保护结构
- 典型的密钥分配协议和协商协议
- 秘密共享方案的基本原理
- 密钥托管的基本思想
- KMI/PKI 及其主要功能

5.1 密钥种类和密钥分级保护结构

5.1.1 密钥种类

从本书第 3 章的讨论可知，对称密码主要包括分组密码和序列密码，但有时也可将杂凑函数和消息认证码划为这一类，将它们的密钥称为对称密钥；公钥密码主要是指公钥加密算法，有时也包括基于公钥密码的数字签名和一些密钥交换算法，将它们的公钥和私钥称为非对称密钥。因此，从密码算法分类的角度来看，密钥主要有非对称密钥和对称密钥，即公钥、私钥和对称密钥。密钥保护不仅要确保这些密钥的完整性，而且还要确保私钥和对称密钥的机密性。从密钥的用途来看，密钥主要有以下几种[1]：

（1）基本密钥（Base Key），也称为初始密钥（Primary Key），用 k_p 表示，是由用户选定或由系统分配给用户的可在较长时间（相对于会话密钥）内由一对用户所专用的密钥，故又称为用户密钥（User Key）。它要求既安全，又便于更换，与会话密钥一起去启动和控制由某种算法构造的密钥生成器，来产生用于加密数据的密钥流，即数据加密密钥。这 3 种密钥之间的关系如图 5.1 所示。

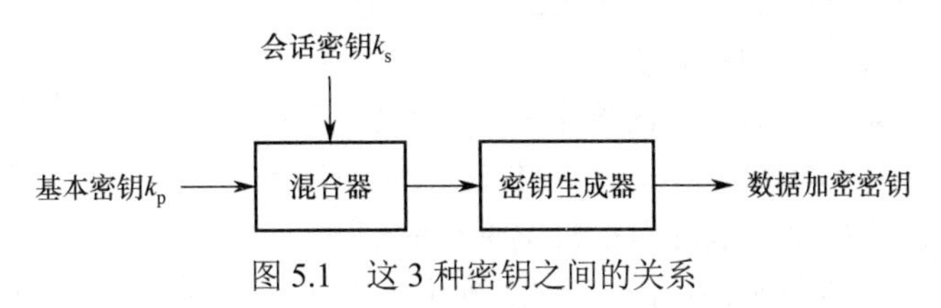

图 5.1　这 3 种密钥之间的关系

（2）会话密钥（Session Key），是两个通信终端用户在一次通话或交换数据时所用的密钥，用 k_s 表示。当用它对传输的数据进行保护时称为数据加密密钥（Data Encrypting Key），当用它保护文件时称为文件密钥（File Key）。会话密钥的作用是使用户可以不必太频繁地更换基本密钥，有利于密钥的安全和管理方便。这类密钥可由用户双方预先约定或动态生成，也可由系统动态生成并赋予通信双方，它由通信双方专用，故又称为专用密钥（Private Key）。

（3）密钥加密密钥（Key Encrypting Key），是在对传送的会话密钥进行加密时采用的密钥，也称为次主密钥（Submaster Key）或辅助（二级）密钥（Secondary Key），用 k_e 表示。通信网中每个节点都分配有一个这类密钥。为了安全，各节点的密钥加密密钥应互不相同。在主机和主机之间以及主机和各终端之间传送会话密钥时都需要有相应的密钥加密密钥。每台主机都必须存储其他各主机和本主机范围内各终端所用的密钥加密密钥，而各终端只需要一个与其主机交换会话密钥时所需的密钥加密密钥，称之为终端主密钥（Terminal Master Key）。在主机和一些密码设备中，存储各种密钥的装置应有断电保护和防窜扰、防欺诈等控制功能。

（4）主机主密钥（Host Master Key），是对密钥加密密钥进行加密的密钥，存储于主机处理器中，用 k_m 表示。

除上述几种密钥外，还有用户选择密钥（Custom Option Key），用来保证同一类密码机的不同用户可使用不同的密钥，以及族密钥（Family Key）和算法更换密钥（Algorithm Changing Key）等。这些密钥的主要作用是在不增加更换密钥工作量的条件下，扩大可使用的密钥量。

5.1.2 密钥分级保护结构

除了在密钥分配时需要保护密钥，在使用和存储中也需要保护密钥。可以想象，将密钥在物理上安全或环境可靠的地方保存和使用是最直接的保护方法。例如，可将密钥放在单位保密室或移动介质中使用，也可委托可信方管理密钥。如果难以得到安全可靠的环境，那么可采用密钥分级保护方法。下面介绍这一保护方法。

（1）终端密钥的保护。可用二级通信密钥（终端主密钥）对会话密钥进行加密保护。终端主密钥存储在主密钥寄存器中，并由主机对各终端主密钥进行管理。主机和终端之间可用共享的终端主密钥保护会话密钥的安全。

（2）主机主密钥的保护。主机在密钥管理上担负着更繁重的任务，因而，也是敌手攻击的主要目标。在任意一个给定时间内，主机中可能有几个终端主密钥在工作，因而，其密码装置需允许各应用程序共享。工作密钥存储器要由主机先施以优先级别再进行管理，并对未被密码装置调用的那些会话密钥加以保护。可采用一个主密钥对其他各种密钥进行加密，称此为主密钥原则。这种方法将对大量密钥的保护问题转化为仅对单个密钥的保护。在有多台主机的网络系统中，为了安全起见，各主机应选用不同的主密钥。有的主机采用多个主密钥对不同类的密钥进行保护。例如，用主密钥 0 对会话密钥进行保护，用主密钥 1 对终端主密钥进行保护，而网中传送会话密钥时所用的加密密钥为主密钥 2。3 个主密钥可存放于 3 个独立的存储器中，通过相应的密码操作进行调用，作为工作密钥对其所保护的密钥加密和解密。这 3 个主密钥也可由存储在密码器中的种子密钥（Seed Key）按照某种密码算法导出，以计算量来换取存储量的减少，但这种方法不如前一种方法安全。除了采用密码学方法，还必须和硬件、软件结合起来，以确保主机主密钥的安全。

密钥分级保护结构如图 5.2 所示。表 5.1 列出了密钥种类及其用途和保护对象。

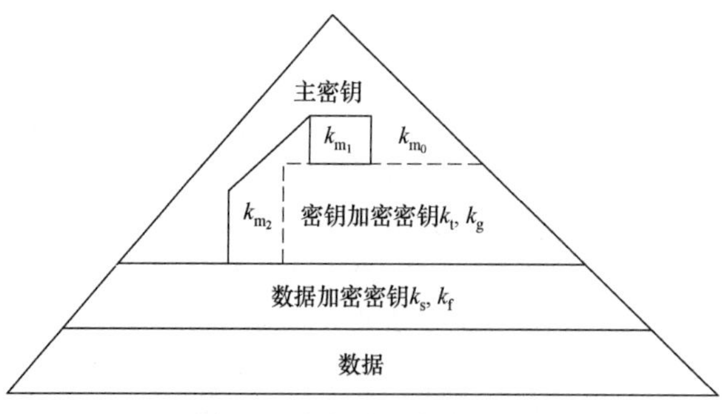

图 5.2 密钥分级保护结构

表 5.1 密钥种类及其用途和保护对象

密钥种类	密钥名	用途	保护对象
密钥加密密钥	主机主密钥 0，k_{m_0} 主机主密钥 1，k_{m_1} 主机主密钥 2，k_{m_2}	对现有密钥或存储在主机内的密钥加密	初级密钥 二级密钥 二级密钥
	终端主密钥（二级通信密钥）k_t 文件主密钥（二级文件密钥）k_g	对主机外的密钥加密	初级通信密钥 初级文件密钥
数据加密密钥	会话密钥（初级密钥）k_s 文件密钥（初级密钥）k_f	对数据加密	传送的数据 存储的数据

从上述结构可以看出，大量数据可以通过少量动态生成的数据加密密钥（初级密钥）进行保护，而数据加密密钥又可由更少量的、相对不变（使用期较长）的密钥加密密钥（二级密钥）或主机主密钥 0 来保护，而其他主机主密钥（1 和 2）用来保护二级密钥。这样只有极少数密钥以明文形式存储在有严密物理保护的主机密码器中，其他密钥则以加密后的密文形式存于密码器之外的存储器中，因而，大大地简化了密钥管理，并提高了密钥的安全性。为了保证密钥的安全，在密码设备中都有防窜扰装置，当密封的关键密码器被撬开时，其基本密钥和主密钥等会自动从存储器中清除，或者启动自动引爆装置。

5.2 密钥分配协议

我们已经知道，相对于对称密码而言，公钥密码的优势在于无须交换密钥就可以建立安全信道。但遗憾的是大多数公钥密码（如 RSA）加密和解密的速度都比对称密码（如 AES）慢。因此，在实际应用中对称密码通常用于加密“长”消息，这样仍需要解决密钥建立问题。密钥建立问题可通过密钥交换协议（也称为密钥建立协议）来解决，大致可分为以下两类[2]：

（1）密钥分配协议，是指协议的一个参与方可以建立或获得一个秘密值，并将此秘密值安全地分发给协议的其他参与方。

（2）密钥协商协议，是指协议的两个或多个参与方共同提供信息，推导出一个共享密钥，在多数情况下要求参与协议的任何一方不能预先确定这个共享密钥。

在密钥交换协议中，假定环境是一个拥有 n 个用户的不安全网络，这些用户的名称唯一，有时也称为参与者、参与方等，他们的目标是获得一个共享秘密。在某些协议中，有可能还需要一个可信权威（记为 TA），它负责诸如验证用户身份、颁发用户证书、为用户选择并传送密钥等事宜。根据不同情况，这个可信权威可称为可信第三方、认证服务器、密钥分发中心、密钥交换中心等。还有可能存在未授权的第三方，在不同的环境中可以有不同的名称，如敌手、入侵者、攻击者、窃听者、假冒者等。

密钥交换协议最终使得协议的参与者生成一个共享秘密，该秘密通常用来推导一个会话密钥。在理想状态下，会话密钥是一个临时秘密，即会话密钥的有效期将被限制在一小段时间内，如一次单独的通信连接或会话，当会话结束时就把该会话密钥丢弃。

本节主要介绍密钥分配协议，本章 5.3 节将介绍密钥协商协议。

密钥分配协议可以基于对称密码，也可以基于公钥密码来实现。这里将从两个方面介绍一些基本的、典型的密钥分配协议，其中，有些可能是不安全的。值得一提的是，我们可以基于量子物理实现密钥分配，最典型的量子密钥分配协议是 Bennett 和 Brassard[3]于 1984 年提出的量子密码方案，通常称为 BB84 方案。

5.2.1 基于对称密码的密钥分配协议

基于对称密码的密钥分配协议主要有两类：一类不存在认证服务器，即无可信权威的密钥分配协议；另一类存在认证服务器，即有可信权威的密钥分配协议。

在使用对称密码实现密钥分配协议时，如果系统中不存在认证服务器，那么可能需要协议的参与者一开始就共享一个长期秘密信息，称为长期密钥。这类协议的一个典型实例是 Andrew RPC 协议[4]，该协议有两个相互独立的组成部分。在前半部分中，两个用户通

过共享的密钥 K 完成一次握手；在后半部分中，一个用户选择会话密钥，并将其发送给另一个用户。

假定用户 A 和用户 B 预先共享一个长期密钥 K，并选定一个对称密码 E。Andrew RPC 协议的执行流程如下：

（1）A 选择一个随机数 r_A，将其用长期密钥 K 加密，即计算 $E_K(r_A)$并将其发送给 B。

（2）B 解密 $E_K(r_A)$得到 r_A，将其数值加 1 后，连同自己选择的随机数 r_B 一起用 K 加密，即计算 $E_K(r_A+1,r_B)$并将其发送给 A。

（3）A 解密 $E_K(r_A+1,r_B)$得到 r_B，将其数值加 1 后，用 K 加密，即计算 $E_K(r_B+1)$并将其发送给 B。

（4）B 选取一个会话密钥 k 和一个新的随机数 r'_B，将它们用 K 加密，即计算 $E_K(k,r'_B)$并将其发送给 A。

Andrew RPC 协议存在一个明显缺陷，即 A 并不能确认他得到的会话密钥是否是新鲜的。而且，协议的前 3 步与第 4 步相互独立，容易受到攻击。例如，攻击者可以将第 4 步中 B 发送给 A 的消息用前面的某个消息替换。

在使用对称密码实现密钥分配协议时，系统中也可以存在认证服务器。此时，协议包含两个通信参与方 A 和 B，以及一个可信服务器 TA，假定 A、B 与服务器 TA 分别共享一个预先设定的长期密钥 K_A、K_B。这类协议中使用比较广泛的是本书 4.3 节介绍的 Kerberos 协议，该协议以 Needham-Schroeder 公钥协议为基础，用时间戳替代了原协议中的挑战–响应部分。

5.2.2 基于公钥密码的密钥分配协议

基于公钥密码的密钥分配协议一般是使用公钥加密来实现的，其中一方选择一个会话密钥，然后使用另一方的公钥将其加密，并发送给另一方。基于公钥密码的协议一般都能提供认证功能。

只使用公钥加密的密钥分配协议也可以提供相互的实体认证和相互的密钥认证，一个典型实例就是 Needham-Schroeder 公钥协议[5]。

假定用户 A 拥有用户 B 的公钥的一个副本（拷贝），用户 B 拥有用户 A 的公钥的一个副本。Needham-Schroeder 公钥协议的执行流程如下：

（1）A 选取一个随机数 n_A，用 B 的公钥加密，即计算 $E_B(n_A, ID_A)$并将其发送给 B。

（2）B 用自己的私钥解密消息，得到随机数 n_A 和 A 的标识符。B 选取一个随机数 n_B，连同 n_A 一起用 A 的公钥加密，即计算 $E_A(n_A, n_B)$并将其发送给 A。

（3）A 用自己的私钥解密消息，得到两个随机数，并检查第 1 个随机数是否与自己发送的随机数一致。如果一致，那么 A 将第 2 个随机数用 B 的公钥加密，即计算 $E_B(n_B)$并将其发送给 B。

（4）B 用自己的私钥解密消息，得到一个随机数，并检查该随机数是否与自己发送的随机数一致。

使用 Needham-Schroeder 公钥协议，A 和 B 的会话密钥可以通过计算一个以 n_A 和 n_B 为变量的单向函数来实现。这个协议提出之后，研究者们对这个协议一直很感兴趣。1996 年，Lowe[6]提出了对这个协议的一个攻击方法：在 A 发起与 C 的 Needham-Schroeder 公钥协议时，C 可以冒充 A 与 B 完成 Needham-Schroeder 公钥协议。

在密钥分配协议中，除要保证密钥信息的机密性外，有时还需要认证信息源，此时一般要同时使用加密技术和签名技术，加密技术提供机密性，签名技术提供信息源认证。在现有的基于公钥密码的密钥分配协议中，大部分都同时使用加密技术和签名技术。例如，在本书 4.4 节介绍的 X.509 认证协议中，同时使用加密技术和签名技术来实现密钥分配协议。

5.3 密钥协商协议

密钥协商协议大部分都是基于公钥密码实现的，也有少量是基于对称密码实现的，一般需要一个密钥预分配协议。密钥预分配协议是提供共享密钥的一种方法，该方法在初始阶段由一个可信服务器为用户生成并分发秘密信息，以使任何一对用户可以随后计算其他所有人（服务器除外）不知道的共享密钥。严格讲，使用密钥预分配方法的协议并不能称为密钥协商协议，但是，这类协议与静态的 Diffie-Hellman 协议类似，一般情况下把这类协议也视为密钥协商协议。

1. Diffie-Hellman 密钥预分配协议

Diffie-Hellman 密钥预分配协议[7]是 Diffie-Hellman 密钥协商协议的一种改进。该协议在假定与离散对数问题相关的一个问题是难处理的情况下是计算上安全的。这里仅描述在 Z_p 上的一个协议，p 是一个素数。不过，该协议可在计算离散对数问题是难处理的任何有限群上实现。

假定α是 Z_p 的一个生成元（也称为本原元），网络中的任何用户都知道 p 和α的值。用 ID(U)表示网络中的用户 U 的某些标识信息，如姓名、E-mail 地址、电话号码或别的有关信息。任意一个用户 U 都有一个秘密指数 $a_{\mathrm{U}}(0 \leqslant a_{\mathrm{U}} \leqslant p-2)$ 和一个相应的公钥 $b_{\mathrm{U}} = \alpha^{a_{\mathrm{U}}} \bmod p$ 。

可信中心 TA 有一个签名算法，该签名算法的公开验证算法记为 $\mathrm{Ver}_{\mathrm{TA}}$，秘密签名算法记为 $\mathrm{Sig}_{\mathrm{TA}}$。根据该协议，在签名消息之前，总先将消息用一个公开的杂凑函数进行杂凑。但为了简单起见，这里将略去这一步。

当一个用户 U 入网时，可信中心 TA 需给他颁发一个证书（Certificate）。用户 U 的证书为 $C(\mathrm{U})=(\mathrm{ID}(\mathrm{U}),b_{\mathrm{U}},\mathrm{Sig}_{\mathrm{TA}}(\mathrm{ID}(\mathrm{U}),b_{\mathrm{U}}))$。可信中心无须知道 a_{U} 的值。证书可存储在一个公开的数据库中，也可由用户自己存储。网络中的任何人均能验证可信中心对证书的签名。Diffie-Hellman 密钥预分配协议的目的是使通信双方建立共同的密钥。

对于用户 U 和 V，Diffie-Hellman 密钥预分配协议的执行流程如下：

（1）U 将他的证书 $C(\mathrm{U})$发送给 V。

（2）V 验证 U 的证书并使用他自己的秘密值 a_{V} 及从 U 的证书中获得的公开值 b_{U}，计算 $b_{\mathrm{U}}^{a_{\mathrm{V}}} = \alpha^{a_{\mathrm{U}} b_{\mathrm{V}}} \bmod p$ ，从而得到 $k_{\mathrm{U,V}}$。

（3）V 将他的证书 $C(\mathrm{V})$发送给 U。

（4）U 验证 V 的证书并使用他自己的秘密值 a_{U} 及从 V 的证书中获得的公开值 b_{V}，计算 $b_{\mathrm{V}}^{a_{\mathrm{U}}} = \alpha^{a_{\mathrm{U}} b_{\mathrm{V}}} \bmod p$ ，从而得到 $k_{\mathrm{U,V}}$。

关于 Diffie-Hellman 密钥预分配协议的安全性，这里考虑对它的几种攻击。如果敌手发起的是主动攻击，企图篡改 U 的证书中的消息 b_{U}，那么他难以通过对 TA 签名的验证。如果敌手发起的是被动攻击，企图计算 $k_{\mathrm{U,V}}$，那么一种办法是求出 a_{U}，从而得到 $k_{\mathrm{U,V}} = b_{\mathrm{V}}^{a_{\mathrm{U}}} \bmod p$，但求 a_{U} 要计算离散对数问题，按假设这是难问题。实际上，$k_{\mathrm{U,V}}= b_{\mathrm{U}}^{\log_\alpha b_{\mathrm{V}}} \bmod p$，相当于已知

b_U、b_V、p 和α，求 $k_{U,V}$，这个问题被称为 Diffie-Hellman 问题，敌手被动攻击能否成功等价于 Diffie-Hellman 问题能否求解。人们猜测解 Diffie-Hellman 问题的任何算法也可用来解离散对数问题。但至今这个猜测还未得到证明。

2．Diffie-Hellman 密钥协商协议

第 1 个也是最著名的密钥协商协议是 Diffie-Hellman 密钥协商协议[8]，这个协议与 Diffie-Hellman 密钥预分配协议非常类似，差别仅在于每次协议运行时，用户 U 和 V 都会分别选取一个新的指数 a_U 和 a_V，并且在该协议中没有长期密钥。

假定公开群 $(G,\cdot)$ 和阶为 n 的元素 $\alpha \in G$。Diffie-Hellman 密钥协商协议的执行流程如下：

（1）U 选取一个随机数 a_U，$0 \leqslant a_U \leqslant n-1$，然后计算 $b_U = \alpha^{a_U}$，并将 b_U 发送给 V。

（2）V 选取一个随机数 a_V，$0 \leqslant a_V \leqslant n-1$，然后计算 $b_V = \alpha^{a_V}$，并将 b_V 发送给 U。

（3）U 计算得出 $K = (b_V)^{a_U}$，V 计算得出 $K = (b_U)^{a_V}$。

当 Diffie-Hellman 密钥协商协议的一个会话结束时，用户 U 和 V 将计算出同一个密钥，即

$$K = \alpha^{a_U a_V} = \mathrm{CDH}(\alpha, b_U, b_V)$$

这里，CDH 通常指的是计算 Diffie-Hellman 问题。因为假定计算 Diffie-Hellman 问题是困难的，所以，一个被动的敌手无法计算出关于 K 的任何信息。

由 Diffie-Hellman 密钥协商协议的流程可知，其基本模式如图 5.3 所示。

不幸的是，这种协议很容易遭受主动敌手发起的中间入侵攻击。其基本攻击模式如图 5.4 所示，W 对 Diffie-Hellman 密钥协商协议发起中间入侵攻击，W 将截取 U 和 V 之间的信息并替换成自己的信息。在会话结束时，U 与 W 确立了秘密密钥$\alpha^{a_U a'_V}$，V 与 W 确立了秘密密钥$\alpha^{a'_U a_V}$。当 U 要加密一条信息发送给 V 时，W 可以对它进行解密，而 V 却不可以。对于 V 发送信息给 U 的情况也是类似的。

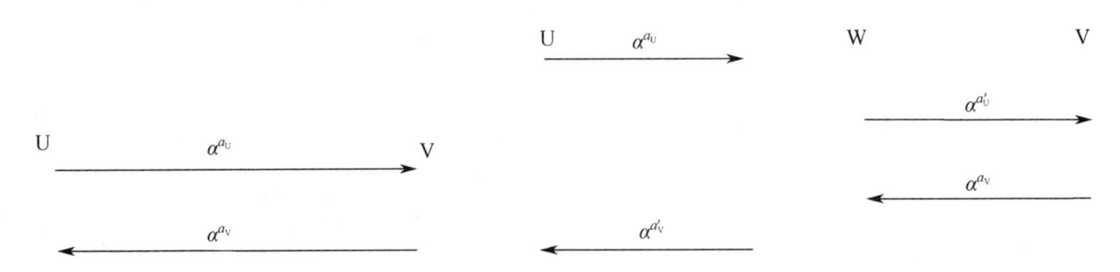

图 5.3　Diffie-Hellman 密钥协商协议的基本模式　　　　图 5.4　中间入侵攻击

显然，U 和 V 有必要保证是在与对方而不是与 W 交换信息（包括密钥）。在交换密钥之前，U 和 V 要执行一个单独的协议来确定彼此的身份，如可以使用一个安全的交互认证协议。但这仍不能抵抗中间入侵攻击。这是因为 W 可以等到 U 和 V 相互证明身份之后再进行中间入侵攻击。有一个更有效的方法用来设计密钥协商协议，即在密钥确定的同时就要认证参与者的身份。这种类型的密钥协商协议称为认证密钥协商协议。

一个认证密钥协商协议可以非正式地定义为满足以下性质的密钥协商协议：

（1）交互识别。是一个安全的交互识别协议，即在主动敌手进行任何流程后，没有一个诚实的参与者会“接受”它。

（2）密钥协商。如果不存在主动敌手，则双方参与者将计算出相同的新会话密钥 K。除

此之外，一个被动敌手将无法计算出关于 K 的任何信息。

现在，已设计出很多认证密钥协商协议，例如，端–端密钥协商协议（简称为 STS），它是由 Diffie、Van Oorschot 和 Wiener[9]提出的。其基本思想是将 Diffie-Hellman 密钥协商协议和一个安全的身份识别协议结合在一起，这里用 b_U 和 b_V 充当身份识别协议的随机因子。

3. SM2 密钥协商协议

SM2 密钥协商协议属于我国 2010 年公布的 SM2 椭圆曲线公钥密码算法[10]，其安全性依赖于在椭圆曲线群上计算离散对数的困难问题。SM2 密钥协商协议可满足通信双方经过两次或三次（可选）信息传递过程，计算获取一个由双方共同决定的会话密钥。

假定参与方为用户 A 和用户 B，希望协商共享的会话密钥为 K，长度为 klen 比特（bit）。设有有限域上的椭圆曲线 $E(F_p)$，选择 $E(F_p)$ 中的基点 G，G 的阶是大素数 n。用户 A 随机选取 $d_A \in [1, n-1]$ 作为 A 的私钥，计算 $P_A = d_A G$ 作为 A 的公钥。类似地，用户 B 随机选取 $d_B \in [1, n-1]$ 作为 B 的私钥，计算 $P_B = d_B G$ 作为 B 的公钥。在协议中，Z_A 和 Z_B 分别为用户 A 和用户 B 身份标识的杂凑值；h 是余因子，即 $h = \#E(F_p)/n$，其中 $\#E(F_p)$ 是椭圆曲线 $E(F_p)$ 的阶；$w = \lceil (\lceil \log_2(n) \rceil / 2 \rceil - 1$，其中 $\lceil x \rceil$ 表示大于或等于 x 的最小整数。

用户 A 和用户 B 为了获得相同的会话密钥，SM2 密钥协商协议执行以下流程。

（1）用户 A 实现以下运算：

① 产生随机数 $r_A \in [1, n-1]$，计算 $R_A = r_A G = (x_1, y_1)$，并将 R_A 发送给用户 B。

② 计算 $t_A = (d_A + \bar{x}_1 r_A) \bmod n$，这里 $\bar{x}_1 = 2^w + (x_1 \,\&\, (2^w - 1))$，&表示按位逻辑“与（and）”操作。

（2）用户 B 实现以下运算：

① 产生随机数 $r_B \in [1, n-1]$，计算 $R_B = r_B G = (x_2, y_2)$，并将 R_B 发送给用户 A。

② 计算 $t_B = (d_B + \bar{x}_2 r_B) \bmod n$，这里 $\bar{x}_2 = 2^w + (x_2 \,\&\, (2^w - 1))$。

③ 验证 R_A 是否满足椭圆曲线方程，若不满足，则协商失败，否则计算 $V = (h \cdot t_B)(P_A + \bar{x}_1 R_A) = (x_V, y_V)$；若 V 是无穷远点，则协商失败，否则，计算 $K_B = \mathrm{KDF}(x_V \| y_V \| Z_A \| Z_B, \mathrm{klen})$，这里 $\mathrm{KDF}(\cdot, \mathrm{klen})$ 是输出长度为 klen 的密钥派生函数。

④（选项）计算 $S_B = \mathrm{Hash}(0\mathrm{x}02 \| y_V \| \mathrm{Hash}(x_V \| Z_A \| Z_B \| x_1 \| y_1 \| x_2 \| y_2))$，这里 $\mathrm{Hash}(\cdot)$ 是杂凑函数。

⑤ 将 R_B、S_B（选项）发送给用户 A。

（3）用户 A 实现以下运算：

① 验证 R_B 是否满足椭圆曲线方程，若不满足，则协商失败，否则，计算 $U = (h \cdot t_A)(P_B + \bar{x}_2 R_B) = (x_U, y_U)$；若 U 是无穷远点，则协商失败，否则，计算 $K_A = \mathrm{KDF}(x_U \| y_U \| Z_A \| Z_B, \mathrm{klen})$。

②（选项）计算 $S_1 = \mathrm{Hash}(0\mathrm{x}02 \| y_U \| \mathrm{Hash}(x_U \| Z_A \| Z_B \| x_1 \| y_1 \| x_2 \| y_2))$，并检验 $S_1 = S_B$ 是否成立，若不成立，则从 B 到 A 的密钥确认失败。

③（选项）计算 $S_A = \mathrm{Hash}(0\mathrm{x}03 \| y_U \| \mathrm{Hash}(x_U \| Z_A \| Z_B \| x_1 \| y_1 \| x_2 \| y_2))$，并将 S_A 发送给用户 B。

（4）用户 B 实现以下运算：

（选项）计算 $S_2 = \mathrm{Hash}(0\mathrm{x}03 \| y_V \| \mathrm{Hash}(x_V \| Z_A \| Z_B \| x_1 \| y_1 \| x_2 \| y_2))$，并检验 $S_2 = S_A$ 是

否成立，若不成立，则从 A 到 B 的密钥确认失败。

5.4 秘密共享方案

存储在系统中的所有密钥的安全性（整个系统的安全性）可能最终取决于一个主密钥。这样做有两个缺陷：①若主密钥偶然地或蓄意地被暴露，则整个系统就易受攻击；②若主密钥丢失或毁坏，则系统中的所有信息就用不成了。后一个问题可通过将密钥的副本发给信得过的用户来解决。但这样做，系统又无法对付背叛行为。解决这两个问题的一个办法是使用秘密共享方案（Secret Sharing Scheme）。

秘密共享方案的基本观点是将密钥 k 按如下方式分成 n 个共享（Share）$k_1, k_2, \cdots, k_n$。

（1）若已知任意 t 个 k_i 值，则易于算出 k。

（2）若已知任意 $t-1$ 个或更少个 k_i，则由于信息短缺而不能算出 k。

将 n 个共享 k_1，$k_2, \cdots$，k_n 分给 n 个用户。由于重构密钥要求至少有 t 个共享，因此暴露 s（$s \leqslant t-1$）个共享不会危及密钥，且少于 t 个用户的组不可能共谋得到密钥。同时，若一个共享被丢失或毁坏，则仍可恢复密钥（只要至少有 t 个有效的共享）。这种方法也称为(t,n)门限（Threshold）法，可用于保护任何类型的数据。

下面介绍 Shamir 门限方案，该方案是 Shamir[11]于 1979 年基于拉格朗日插值多项式提出的一个门限方案。假定 p 是一个素数，共享的密钥 $k \in K=Z_p$。可信中心给 $n(n<p)$个共享者 $P_i(1 \leqslant i \leqslant n)$分配共享的过程如下：

（1）可信中心随机选择一个 $t-1$ 次多项式 $h(x)=a_{t-1}x^{t-1}+\cdots+a_1x+a_0 \in Z_p[x]$，常数 $a_0=k$。

（2）可信中心在 Z_p 中选择 n 个非零的、互不相同的元素 $x_1, x_2, \cdots, x_n$，计算 $y_i = h(x_i)$，$1 \leqslant i \leqslant n$。

（3）将$(x_i,y_i)(1 \leqslant i \leqslant n)$分配给共享者 $P_i(1 \leqslant i \leqslant n)$，值 $x_i(1 \leqslant i \leqslant n)$是公开的，$y_i(1 \leqslant i \leqslant n)$作为 $P_i(1 \leqslant i \leqslant n)$的秘密共享。

每对(x_i,y_i)就是“曲线”$h(x)$上的一个点。因为 t 个点唯一地确定 $t-1$ 次多项式 $h(x)$，所以，k 可以从 t 个共享中重构出来。但是从 t_1 $(t_1<t)$个共享无法确定 $h(x)$或 k。

给定 t 个共享 y_{i_s} $(1 \leqslant s \leqslant t)$，从拉格朗日插值多项式重构的 $h(x)$为

$$h(x) = \sum_{s=1}^{t} y_{i_s} \prod_{\substack{j=1 \\ j \neq s}}^{t} \frac{x - x_{i_j}}{x_{i_s} - x_{i_j}}$$

运算都是 Z_p 上的运算。

一旦知道 $h(x)$，通过 $k=h(0)$容易计算出密钥 k。因为 $k = h(0) = \sum_{s=1}^{t} y_{i_s} \prod_{\substack{j=1 \\ j \neq s}}^{t} \frac{-x_{i_j}}{x_{i_s} - x_{i_j}}$，若令 $b_s = \prod_{\substack{j=1 \\ j \neq s}}^{t} \frac{-x_{i_j}}{x_{i_s} - x_{i_j}}$，则 $k = h(0) = \sum_{s=1}^{t} b_s y_{i_s}$ 。因为 $x_i(1 \leqslant i \leqslant n)$的值是公开的，所以，我们可预计算 b_s $(1 \leqslant s \leqslant n)$，以加快重构时的运算速度。

秘密共享方案体现了一种入侵容忍思想。入侵容忍（Intrusion Tolerance）思想并不是阻

止入侵或在入侵发生后检测出来，而是尽可能把入侵所能造成的损失降到最低。其方法是确保一个攻击者即使能够攻破系统的某些部件或组件，但是也不能危及整个系统的安全性。要想危及整个系统的安全性，攻击者攻破的系统部件就必须达到足够的数量，而如此大规模的入侵通常要比单个入侵容易发现。这种思想可用于构建证书认证（CA）系统、在线资料库系统、分布式计算系统等。

5.5 密钥托管方案

1993 年，美国政府宣布了一项新的建议，该建议倡导联邦政府和工业界使用新的具有密钥托管功能的联邦加密标准[12]。该建议称为托管加密标准（Escrowed Encryption Standard，EES），又称为 Clipper 建议。其目的是为用户提供更好的安全通信方式，同时允许政府为了国家安全监听某些通信。该建议的核心是一个新的称为 Clipper 的防窜扰芯片，它是由 NSA 主持开发的硬件实现的密码设备，采用了 Skipjack 分组密码，芯片的单元密钥（UK）由两个称为 Escrow 的机构联合提供。1994 年，美国政府宣布采用 EES[13]。下面介绍这一标准的基本内容。

1．Clipper 芯片的构成

Clipper 芯片采用 Skipjack 算法。Skipjack 算法是一个分组密码，密钥长度为 80 比特，分组长度为 64 比特，轮数为 32，可采用 ECB、CBC、OFB 和 CFB 等工作模式。算法不公开，以便保护 Escrow 系统的安全。该算法于 1985 年由 NSA 开始设计，并于 1990 年完成评价工作，为机密级算法（目前该算法已公开）。E 表示 Skipjack 算法，$E(K,M)$表示用一个 80 比特长的会话密钥 K 加密明文 M 所得的密文。

每个芯片都有一个唯一的芯片标识符（ID）、一个 80 比特长的单元密钥（UK）和一个 80 比特长的族密钥（FK）。各芯片的单元密钥互不相同，但所有芯片的族密钥均相同。用 Chip_i 表示用户 i 的 Clipper 芯片，其唯一的芯片标识符用 ID_i 表示。

因为 Clipper 芯片是防窜扰的，所以，没有人（包括芯片的拥有者）能访问它的内容。因此，Skipjack 算法可得到很好的保护。

2．Clipper 芯片的编程

所有 Clipper 芯片均采用安全密封信息设备（Secure Compartmented Information Facility，SCIF）进行编程，由两个 Escrow 协助完成。SCIF 中有一台袖珍计算机和对芯片写入程序的设备。在一次会话中可对 300 个芯片进行编程。将芯片标识符 ID、单元密钥 UK、族密钥 FK 及特殊控制软件写入芯片的 VROM 或 VIA-Link 存储器中。芯片的编程过程如图 5.5 所示。

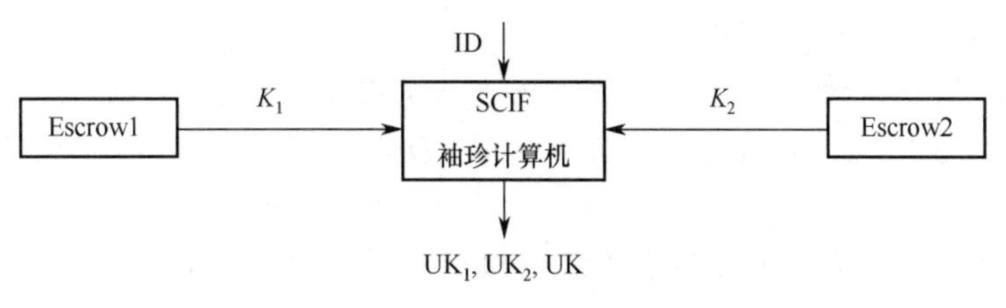

图 5.5　芯片的编程过程

K_1 和 K_2 分别是 Escrow1 和 Escrow2 独立产生的两个 80 比特长的秘密随机串，ID 是芯片标识符。UK_1、UK_2 和 UK 分别是系统产生的单元密钥的两个分量和单元密钥。具体编程过程如下：

（1）每次会话时，Escrow1 和 Escrow2 分别向 SCIF 送入 80 比特长的秘密随机串 K_1 和 K_2 作为各芯片单元密钥的种子。单元密钥 UK 是 K_1 和 K_2 的函数，每个 Escrow 只掌握其中的一半。

（2）芯片标识符 ID 一般取 32 比特长，将其填充成 64 比特长，用 ID_1 表示，计算 $R_1=E(K_1, D(K_2, E(K_1, ID_1)))$；类似地，可对同一 ID 填充不同的比特串，获得 64 比特长的串 ID_2 和 ID_3，相应地有 $R_2=E(K_1, D(K_2, E(K_1, ID_2)))$，$R_3=E(K_1, D(K_2, E(K_1, ID_3)))$。

（3）将 R_1、R_2 和 R_3 级联成 64×3=192 比特长的串，取前 80 比特作为 UK_1，次 80 比特作为 UK_2，其余的弃之不用，单元密钥 $UK=UK_1 \oplus UK_2$。

对每个赋予 ID 的芯片都产生相应的 UK_1、UK_2 和 UK，分别存入 3 张盘中。第 1 张盘存入 ID 及 UK_1，发给 Escrow1 保存。第 2 张盘存入 ID 及 UK_2，发给 Escrow2 保存。各个 Escrow 只知道自己送出的 80 比特的种子和 80 比特的组成单元密钥的分量。第 3 张盘存入 ID 及 UK，用于对相应芯片编程。编程后，所有有关信息将从 SCIF 中消失。各个 Escrow 将带自己的盘离去。为了确保没有关键信息留下，可将袖珍计算机捣毁。

3. LEAF 和 Clipper 芯片的加解密过程

LEAF（Law Enforcement Access Field，法律强制访问域）是 EES 的一个主要特征。每当使用一个 Clipper 芯片时，为了监视它的使用，必须产生一个 LEAF。

假定用户 A 想使用他的 Clipper 芯片 $Chip_A$ 给另一个用户 B 发送一个消息 M。A 将首先和 B 用任意一个密钥交换方法（如 Diffie-Hellman 密钥交换方法）商定一个 80 比特长的秘密随机串作为会话密钥 K。然后 A 将 M 和 K 送入 $Chip_A$，经计算给出密文 $C=E(K,M)$和 LEAF(A, K)。LEAF 是一个 128 比特长的结构，它包括 32 比特长的芯片标识符，80 比特长的加密会话密钥和一个 16 比特长的校验和。针对 Clipper 芯片 $Chip_A$，当一个会话密钥 K 被用来加解密时，它的 LEAF 具有下列形式：$LEAF(A, K)=E(FK, D(A, K))$，其中 $D(A, K)=(ID_A, E(UK_A, K), f(A, K, \mathbf{IV}))$，$f(A, K, \mathbf{IV})$是由某一秘密函数 f 产生的一个 16 比特长的校验和，**IV** 是一个初始向量。A 将 $C=E(K, M)$和 LEAF(A, K)发送给接收者 B。

Diffie 称 LEAF 是在芯片上为政府机构开的“后门”。政府有关机构为了法律和国家安全的需要，可以进入此“后门”，对 Clipper 芯片中加密的数据进行解密。

当 B 收到 $C=E(K, M)$和 LEAF(A, K)时，他用他的芯片 $Chip_B$ 和会话密钥 K 对 $C=E(K, M)$ 进行解密。因为 Skipjack 算法是一个保密算法，所以，即使 B 知道 K 和 $C=E(K, M)$，不使用 $Chip_B$ 也不能解密 $E(K, M)$。

用户 B 利用 $Chip_B$ 的解密过程如下：

（1）用户 B 将会话密钥 K、密文 C 和 LEAF(A, K)送入 $Chip_B$。

（2）$Chip_B$ 使用 FK 解密 $LEAF(A, K)=E(FK, D(A, K))$，得 $D(A, K)=(ID_A, E(UK_A, K), f(A, K, \mathbf{IV}))$。

（3）$Chip_B$ 计算 $f(A, K, \mathbf{IV})$并与收到的校验和进行比较，如果不匹配，则停止；否则，进行下一步。

（4）$Chip_B$ 使用会话密钥 K 解密 $E(K,M)$获得明文 M。

由上述可知，在一个 Clipper 芯片内，校验和验证对 EES 的应用是关键的。因为 EES 被封装在一个防窜扰硬件中，没有人能跳过芯片内预先拟定好的某些步骤来使用一个 Clipper 芯片。特别地，校验和验证不能被绕过。只有在这个验证成功通过后，解密操作才能执行。换句话说，如果 A 想让他的消息被接收并可由一个接收者解密，那么他必须提供一个合法的 LEAF。

4．授权机构的监听

假定一个政府机构想监听用户 A 给用户 B 发送的消息 M，该机构首先必须获得法庭的许可，然后，他向两个密钥托管机构提交法庭给他的监听用户 A 的委托书（Warrant）和用户 A 的芯片标识符 ID_A（因为政府机构可拿到该密钥 FK，所以机构可以先使用 FK 对 LEAF(A, K)解密，获得用户 A 的芯片标识符 ID_A）。在两个密钥托管机构验证了委托书后，他们给政府机构分别提供用户 A 的密钥分量 UK_1 和 UK_2，则 $UK_A=UK_1 \oplus UK_2$。此时，政府机构使用 FK 和 UK_A 解密 LEAF(A,K)，获得会话密钥 K，这样他就能解密 $E(K, M)$获得 M。

没有法庭的许可，任何人（除了两个密钥托管机构合伙）不能获得任何 Clipper 芯片的单元密钥，因此，没有人能找到任何特定的通信双方的会话密钥。这样，所有用户的秘密性就得到了保证。

EES 出台以后受到民间的强烈反对，除 EES 侵犯公民的隐私权外，众多密码学者也纷纷指出了 EES 的弱点[1]，并提出了大量适合硬件或软件实现的密钥托管方案[14]，这些方案大多可逃避监管部门的监听[15]，不能达到密钥托管的真正目的。针对 EES 的 LEAF 反馈（LEAF Feedback）攻击[1]就可逃避政府机构的监听。

5.6　密钥管理基础设施/公钥基础设施

普适性基础就是一个大环境（如公司组织）的基本框架，一个基础设施可视为一个普适性基础。电力供应基础设施就是我们熟悉的例子。电源插座可以让各种电力设备获得运行所需要的电压和电流。基础设施遵循的原理是：只要遵循需要的原则，不同的实体就可以方便地使用基础设施提供的服务。

用于安全的基础设施必须遵循同样的原理，并且同样要提供基础服务。安全基础设施就是为整个组织（“组织”是可以被定义的）提供安全的基本框架，可以被组织中任何需要安全的应用和对象使用。安全基础设施的“接入点”必须是统一的，便于使用（就像墙上的电源插座一样）。只有这样，那些需要使用这种基础设施的对象在使用安全服务时，才不会遇到太多的麻烦。

安全基础设施的主要目标就是实现“应用支撑”的功能。从某种意义上说，电力系统就是一个应用支撑，它可以让“应用”（如烤面包机、电灯）正常工作。进一步讲，由于电力基础设施具有通用性和实用性的特点，因此它能支持新的“应用”（如吹风机），而这些“应用”在电力基础设施设计时还没有出现。

安全基础设施能够让应用增强自身数据和资源的安全，以及与其他数据和资源交换中的安全。使安全功能的增加变得简单、易于实现是十分重要的。甚至可以说，使用安全基础设施应当像将电器设备插入墙上的插座一样简单，安全基础设施的特点如下：

（1）具有易于使用、众所周知的界面。

（2）提供的服务可预测且有效。

（3）应用设备无须了解基础设施如何提供服务。

以烤面包机为例，对烤面包机来说，电能怎样从发电站传送到房间，或者传送到房间墙上各种各样的插座是没有区别的。可是，一旦烤面包机连接任何一个墙上的电源插座，它就可从众所周知的界面（电源插座）得到指定的电压和电流，从中获取能量，并正常工作。

安全基础设施必须具有同样友好的接入点，为应用设备提供安全服务。应用设备无须知道基础设施如何实现安全服务，但基础设施能够一致有效地提供安全服务，这才是最重要的。

目前主要有两类安全基础设施：一类是密钥管理基础设施（Key Management Infrastructure，KMI）/公钥基础设施（Public Key Infrastructure，PKI），概念上，KMI 应包括 PKI，但当前 KMI 一般专指对称密钥管理基础设施，如在 IATF[26]中就是这么处理的；另一类是检测与响应基础设施。KMI/PKI 主要用于生成、发布和管理密钥与证书等安全凭证；检测与响应基础设施主要用于预警、检测、识别可能的网络攻击，并做出有效响应，以及对攻击行为进行调查分析。本节主要介绍 KMI/PKI 的基本内容。

5.6.1 密钥管理基础设施/公钥基础设施简介

简单地讲，KMI/PKI 是一种实施和提供密钥、证书等安全服务的安全基础设施，主要用于生成、发布和管理密钥与证书等安全凭证。密码算法或设备的可信任依赖于 KMI/PKI。KMI/PKI 关注的重点是用于管理公钥证书和对称密钥的技术、服务与过程。

KMI/PKI 支持的服务主要有以下 4 种：

（1）对称密钥的生成和分发。尽管许多应用正在使用 PKI 代替对称密钥管理，但在诸多领域（如政府、军事）对称密钥管理仍然有用武之地。

（2）公钥密码的使用及其相关的证书管理。通过数字证书（X.509 证书）将公/私钥中的公钥与其拥有者的身份绑定在一起，并使用数字签名技术保证这种绑定关系的安全性。

（3）目录服务。通过目录服务，用户可以获得 PKI 提供的公开信息，如公钥证书、相关基础设施的证书、受损的密钥信息。

（4）基础设施自身的管理。KMI/PKI 是为用户提供安全服务的，其自身的安全性和管理也十分重要。

5.6.2 公钥基础设施基本内容

PKI 是一种用公钥概念和技术实施、提供安全服务的具有普适性的安全基础设施。为了给各种基于公钥密码的应用提供服务，PKI 的组成包括一系列软件、硬件、协议和消息格式。下面主要介绍 PKI 的主要组成、核心服务和信任模型。

1. PKI 的主要组成

PKI 主要由认证机构、注册机构、证书库等部分组成。PKI 管理的对象主要有密钥、证书、证书撤销列表（CRL）等。下面简要介绍这些组件。

（1）认证机构（Certificate Authority，CA）。也称为证书机构，尽管 CA 不是每个 PKI 的

必要组成部分（特别是在范围有限并且相对封闭的环境中，用户可以作为自己的认证机构），但 CA 是很多大规模 PKI 的关键组成部分。

（2）注册机构（Registration Authority，RA）。尽管注册的功能可以直接由 CA 来实现，但专门用一个单独的机构（注册机构）来实现注册功能是很有意义的。例如，随着在某个 PKI 区域里的终端实体用户的数目的增加或终端实体在地理上很广泛的分布，集中登记注册的想法就会遇到麻烦。多个 RA（也称为局部注册机构或 LRA）的明智实施将有助于解决这一问题。RA 的主要目的就是分担 CA 的一定功能，以增强可扩展性并且降低运营成本。但值得注意的是，不允许 RA 颁发证书或 CRL，这些功能只能由 CA 来完成。

（3）证书库。必须存在某种鲁棒的、规模可扩充的在线资料库系统，以便用户能够找到进行安全通信所需要的证书，所以，证书库也是扩展的 PKI 的一个组成部分，因为一个大规模的 PKI 没有证书库是无法使用的。

（4）证书撤销。除非证书具有很短的生命周期，只能有效地使用一次，否则需要有一种撤销方式来宣布证书不再有效。因为多种原因，所以在很多 PKI 环境中使用一次性有效的证书是不现实的，这会极大地增加 CA 的负担。

（5）密钥备份和恢复。在很多环境下，用户不能接受因丢失密钥而造成被保护数据的丢失。在某项业务中的重要文件被对称密钥加密，而对称密钥又被某个用户的公钥加密。假如相应的私钥丢失，则这些文件将无法恢复，可能会对这次业务造成严重伤害甚至使业务停止。一个可行的、通用的方法是备份并能恢复私钥。

（6）自动密钥更新。绝大多数 PKI 用户发现用手工操作的方式定期更新自身证书是一件很复杂的事情。用户常常会忘记自身证书过期的时间，他们往往在认证失败时才发现问题，此时就太晚了。因此需要由 PKI 自动完成密钥或证书的更新，无须用户的干预。

（7）密钥历史档案。密钥更新（无论是人为的还是自动的）意味着经过一段时间，每个用户都会拥有多个旧证书和至少一个当前证书。这一系列证书和相应的私钥组成用户的密钥及证书历史档案，简称密钥历史档案。密钥历史档案非常重要，其管理也应由 PKI 自动完成。

（8）交叉认证。建立一个管理全世界所有用户的单一的全球性 PKI 是不太可能成为现实的。更可能的现实模型是：多个 PKI 独立地运行和操作，为不同的环境和不同的用户团体服务。在一系列独立开发的 PKI 中，存在部分互相连接的情况是不可避免的。为了在以前没有联系的 PKI 之间建立信任关系，因此出现了“交叉认证”的概念。交叉认证是一个可接受的机制，能够保证由一个 PKI 团体的用户验证另一个 PKI 团体的用户证书。

（9）时间戳。支持不可否认服务、防御重放攻击等都需要使用安全时间戳（指时间源是可信的，时间值必须被安全传送）。PKI 中必须存在用户可信任的权威时间源（事实上，权威时间源提供的时间并不需要正确，其仅需要作为一个“参照”时间来完成基于 PKI 的事务处理，如事件 B 发生在事件 A 的后面）。

（10）客户端软件。PKI 的服务器为用户完成以下工作：CA 提供认证服务，资料库保存证书和撤销信息，备份和恢复服务器能正确管理密钥历史档案，时间戳服务器能为文档提供权威时间信息。因此，为了使 PKI 有效地提供服务，客户端软件是 PKI 的必要组成部分。

2．PKI 的核心服务

一般认为 PKI 主要提供以下 3 种核心服务，即认证服务、完整性服务和机密性服务。

1）认证服务

PKI 认证服务采用数字签名技术，签名产生于以下三方面数据的杂凑值：被认证的数据、用户希望发送到远程设备的请求和远程设备生成的随机挑战信息。第 1 项支持 PKI 的数据起源认证服务，后两项支持 PKI 的实体认证服务。

2）完整性服务

PKI 完整性服务可以采用两种技术之一。第 1 种技术是数字签名，既可以提供认证（就是实体认证），又可以保证被签名数据的完整性。如果签名通过了验证，那么接收者就认为是收到了原始数据。第 2 种技术是消息认证码，这种技术通常采用对称分组密码（如 AES-CBC-MAC）或杂凑函数（如 HMAC-SHA-3）。尽管它们都是对称密码解决方案（相对于公钥密码解决方案），但重要的是都采用了密钥机制，特别是在完整性保护的数据的发送者和接收者之间共享密钥。在一些环境中，共享密钥可以从 PKI 获得。

3）机密性服务

PKI 机密性服务采用类似于完整性服务的机制，其处理过程如下：

（1）A 生成一个对称密钥（也许是使用 A 自身的私钥和 B 的公钥）。

（2）用对称密钥加密数据。

（3）将加密后的数据，以及 A 的公钥或用 B 的公钥加密后的对称密钥发送给 B。

为了在实体（A 和 B）之间建立对称密钥，可使用本书 5.2 节和 5.3 节介绍的密钥交换机制。

一个 PKI 在提供认证、完整性和机密性等核心服务时，需多加考虑操作内容，包括性能、在线和离线操作、基础算法的通用性、实体命名等。

3. PKI 的信任模型

"信任"有很多定义。在 ITU-T 推荐标准 X.509 规范中给出的定义是：如果实体 A 认为实体 B 严格地按 A 所期望的那样行动，则 A 信任 B。因此，信任涉及假设、预期和行为。这意味着信任是不可能被定量测量的，信任是与风险相联系的，而且信任的建立不可能总是全自动的。

然而，信任模型的概念是有用的，因为它显示了在 PKI 中信任最初是怎样被建立的，它允许对基础结构的安全性以及被这种结构所强加的限制进行更详尽的推理。特别是在 PKI 中，前面的定义能够应用如下：如果一个终端实体假设 CA 能够建立并维持一个准确的对公钥属性的绑定，如准确地指出获得证书的实体的身份，则该实体信任该 CA。

在单个 CA 下，A 信任 B 基于可以用 B 的公钥证书来验证 B 的操作，从而推知 B 是否掌握私钥。在多 CA 系统的情况下，A 也需要判断是否能信任 B，为了解决这个问题，多个 CA 需要在特定的信任模型下协同工作。当前，主要的 PKI 信任模型包括严格层次结构模型和分布式结构模型。

CA 的严格层次结构可以表示为一棵树（如图 5.6 所示），根节点代表根 CA，它是信任根或源头。在根 CA 之下的中间节点代表直接或间接服务于不同用户群的不同 CA，叶子节点代表 PKI 用户，它们直接归属其父节点代表的 CA 管理。这个层次结构的产生过程是：

（1）根 CA 为直接在其下的 CA 创建和签发证书。

（2）中间节点代表的 CA 为其下的子节点 CA 创建和签发证书。

（3）倒数第 2 层节点代表的 CA 为其下的子节点用户创建和签发证书。

在以上层次结构中，每个实体都拥有根 CA 的公钥，这样用户 A 可以通过逐步获得下行路径上 CA 公钥的方法验证用户 B 的证书。方法是，根据用户 B 所在的管理范围，确定倒叉树上的下行路径，用根 CA 的密钥验证其下一级 CA 的公钥证书，通过后则得到后者 CA 的公钥，继续向下验证，直到验证用户 B 的公钥证书为止。

图 5.6 中用户 A 验证用户 B 的公钥证书的过程如下：用户 B 的公钥证书由 CA_2 签发，CA_2 的公钥证书由 CA_1 签发，CA_1 的公钥证书由根 CA 签发。则用户 A 可以先用根 CA 的公钥验证 CA_1 的公钥证书，若通过，则提取 CA_1 的公钥，用它验证 CA_2 的公钥证书，若再通过，则得到 CA_2 的公钥，可以验证 B 的公钥证书。

在 CA 的分布式结构模型中（如图 5.7 所示），存在多个严格层次的结构模型，因此，存在多个根 CA，但在这些根 CA 之间存在相互的认证关系，因此，不同严格层次结构模型下的用户仍然可以相互验证对方的公钥证书。

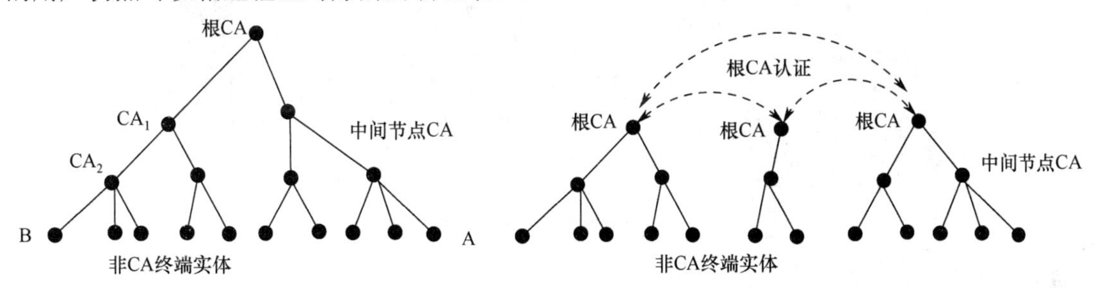

图 5.6　CA 的严格层次结构模型示意图　　图 5.7　CA 的分布式结构模型示意图

5.6.3　网络信任体系

1. 网络信任体系概念

网络信任体系是以密码技术为基础，以法律法规、技术标准和基础设施为主要内容，以解决网络应用中身份认证、授权管理和责任认定等为目的的完整体系。身份认证是确认主体真实身份的过程方法；授权管理是综合利用身份认证、访问控制、权限管理等技术措施解决访问者合法使用网络信息资源的过程方法；责任认定是应用数据保留、证据保全、行为审计、取证分析等技术，确定网络行为主体责任的过程方法。可信环境是网络信任体系的必要支撑。用户、设备、组织、应用等的数字身份是网络空间业务安全与管控的源头。网络信任服务为每个用户及设备提供身份管理、认证授权、责任认定等安全服务，使移动办公、移动商务、数字医疗等各种网络应用的发展具有安全基础，可以解决网络空间中的鉴权、可管控、责任可追踪、隐私保护等基本安全问题。

网络信任体系可以比作一个生态系统，如图 5.8 所示。可信环境可比作无机环境，提供可信终端、可信存储、可信计算、可信网络接入环境等。身份凭证颁发服务（如 PKI）、属性颁发服务（如 PMI）可比作生产者。身份凭证撤销和属性撤销服务可比作分解者。业务用户可比作消费者，其使用数字身份凭证完成诸如身份认证、访问控制、审计、责任认定等功能。网络空间信任生态系统中也有两个循环，一个是数字身份的循环（产生、使用、撤销等生命周期），类比于物质循环，另一个是信任循环，类比于能量循环。

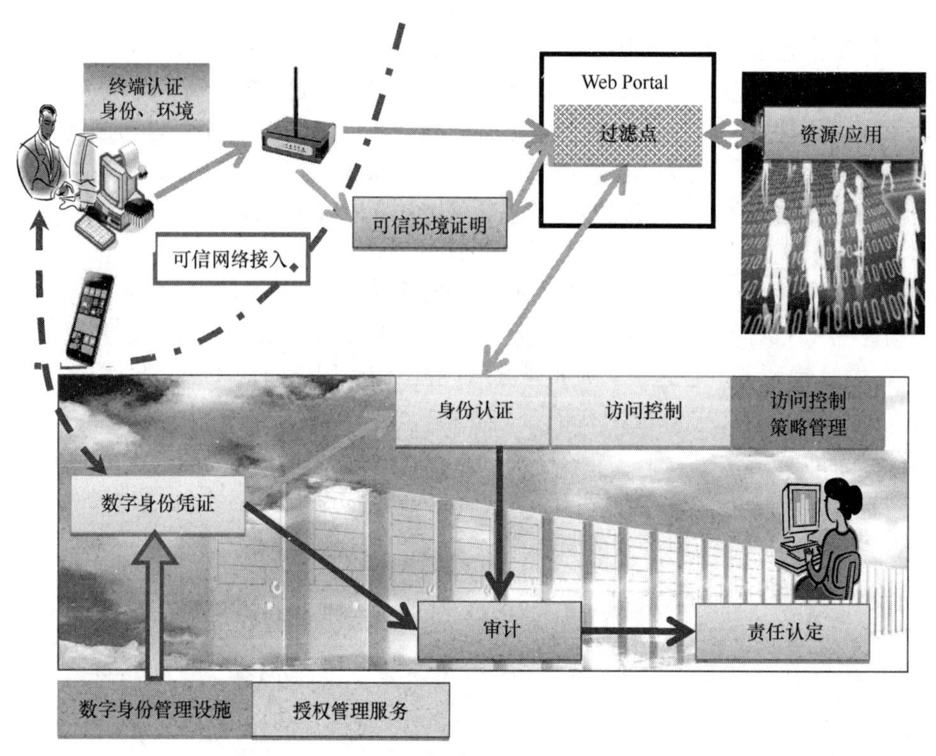

图 5.8　网络信任体系

2. 可信身份生态系统

美国白宫于 2010 年 6 月公布了《网络空间可信身份国家战略（National Strategy for Trusted Identities in Cyberspace，NSTIC）》草案，于 2011 年 4 月公布了 NSTIC 最终草案。该战略以提升信任、隐私、选择和创新的方式，推动个人和组织使用安全、高效、易用和可互操作的身份标识解决方案来访问在线服务。NSTIC 需要一个身份生态系统：一个在线的环境，那里的个人、组织、服务和设备都能信任彼此，因为其都能按照约定的标准来获取和鉴别数字身份。可信身份生态系统确立了以下目标：①建立一个综合可信身份生态系统框架；②建立和实现一个可互操作的可信身份生态系统基础设施；③增强民众参与可信身份生态系统的意愿；④确保可信身份生态系统的长期运行。

3. 零信任

零信任（Zero Trust，ZT）最早是由 John Kindervag 于 2010 年正式提出的[27]。零信任的核心思想是：从来不信任，始终在验证（Never Trust，Always Verify）。传统的网络安全架构基于网络边界防护，企业在构建网络安全体系时，把网络划分为外网、内网和隔离区（Demilitarized Zone，DMZ）等不同的区域，在网络边界上部署防火墙、Web 应用防火墙（Web Application Firewall，WAF）和入侵防御系统（Intrusion Prevention System，IPS）等进行防护，这种防护在某种程度上预设了对内网的人、设备、系统和应用的信任，从而忽视了内网安全防护。因此，攻击者一旦突破企业的网络安全边界进入内网，就会造成严重危害。基于这样的认知，提出了零信任安全架构思路：不应信任网络内部和外部的任何人、设备、系统和应用，而应基于认证和授权重构访问控制的信任基础，并且这种信任不是静态的，它需要基于访问主体的风险度量进行动态调整。

美国 NIST SP 800-207[28]提出了一种零信任体系结构（Zero Trust Architecture，ZTA），也称为零信任架构。在该架构中，零信任是一种以资源保护为核心的网络空间安全范式，其前提是信任不是隐式授予的，而是必须进行持续评估。零信任将网络防御从静态的、基于网络边界的防护转移到关注用户、资产和资源的防护上。

零信任体系结构使用零信任原则来规划企业基础设施和工作流。零信任假定不存在仅仅基于物理或网络位置（局域网与互联网）授予资产、用户账号的隐式信任。认证和授权（用户和设备）是在建立与企业资源的会话之前执行的独立功能。

零信任体系结构适用于在一个组织内部或与一个、多个合作伙伴组织协作完成的工作，不适用于面向公众或客户的业务流程。组织不能将内部的安全策略强加给外部参与者（如客户或普通互联网用户）。

5.7 小结与注记

本章主要介绍了密钥的种类和一些重要的密钥管理技术，包括密钥分级保护结构、密钥分配协议、密钥协商协议、秘密共享方案、密钥托管方案和密钥管理基础设施/公钥基础设施等。安全基础设施可能是一个比较难以理解的概念，读者可结合电力基础设施来理解。PKI 是利用公钥密码技术构建的安全基础设施，它可以视为相关软/硬件、人和策略的集合，以通用的方法支撑安全机制和措施的实施，提供所需的密钥与证书的生成、发布和管理等功能。国际电信联盟在 1988 年制定的 X.509 标准是在目录服务框架下实现 PKI 的基础。

本章涉及内容非常丰富，也非常实用，已形成大量国际标准或事实上的标准，主要有国际标准化组织推出的 ISO/IEC 11770、ISO 9594-8/ITU X.509 等标准，国际电信联盟推出的 ITU X.509、ITU X.1035 和 ITU X.1151 等标准，互联网工程任务组发布的 RFC 2412（1998）、RFC 2631（1999）、RFC 4120（2005）、RFC 4306（2005）等系列文档，电子和电气工程师协会推出的 IEEE P1363-2000 标准（2000）。

PKI 是构建网络空间信任体系的基石，可用于解决网络环境下人员、设备等实体的身份认证和行为不可抵赖性等问题。高安全等级 PKI 主要用于国家级认证根等重要部位，面临的安全威胁更多、防护难度更大。基于已有理论构建的高安全等级 PKI 在抗攻击性、可扩充性和可管理性等方面均存在缺陷，导致实际应用困难，因此如何构建高安全等级 PKI 是一个难题。作者团队在 PKI 领域做了大量研究和标准化工作，提出双层式入侵容忍证书认证结构模型和构造机理，设计并实现了结构简洁、安全性可证明的双层式入侵容忍证书认证协议，有效克服了基于已有理论构建的 PKI 存在的缺陷，为解决高安全等级 PKI 构建问题提供了全新的技术途径[2,18-21]。

针对不同的应用场景，人们还提出了很多其他密钥管理协议，如可否认密钥协商协议、密钥更新协议[22]，尤其是近几年提出的棘轮密钥交换[29-30]是一个值得进一步研究的问题。

本章在写作过程中主要参考了文献[1]和[2]。文献[18]是一本专门介绍 PKI 技术的著作，包括 PKI 结构、PKI 组件、PKI 工程与应用等；文献[2]和[22]介绍了大量的密钥管理协议，文献[2]还介绍了入侵容忍 PKI 和 ID-PKI 协议；文献[26]比较系统地阐述了 KMI/PKI 的基础性支撑作用。

思　考　题

1．简述密钥种类和密钥分级保护结构。
2．分析 Andrew RPC 密钥分配协议的缺陷。
3．分析 Diffie-Hellman 密钥协商协议的缺陷。
4．简述秘密共享的基本原理。
5．简述密钥托管的基本思想。
6．简述认证与密钥交换之间的关系。
7．简述 KMI/PKI 的主要功能。
8．了解 X.509 标准的基本内容并论述其与 PKI 之间的关系。

参 考 文 献

[1] 冯登国，裴定一. 密码学导引[M]. 北京：科学出版社，1999.

[2] 冯登国. 安全协议：理论与实践[M]. 北京：清华大学出版社，2011.

[3] BENNETT C H，BRASSARD G. Quantum cryptography：public-key distribution and coin tossing[C]//In Proceedings of IEEE International Conference on Computers，Systems and Signal Processing. New York：IEEE，1984.

[4] SATYANARAYANAN M. Integrating security in a large distributed system [J]. ACM Transactions on Computer Systems，1989，7(3)：247-280.

[5] NEEDHAM R，SCHROEDER M D. Using encryption for authentication in large network of computers [J]. Communications of the ACM，1978，21(12)：993-999.

[6] LOWE G. Breaking and fixing the needham-schroeder public key protocol using FDR [J]. Tools and Algorithms for the Construction and Analysis of Systems，1996：147-166.

[7] DIFFIE W，VAN OORSCHOT P C，WIENER M J. Authentication and authenticated key exchanges [J]. Designs，Codes and Cryptography，1992，2：1-125.

[8] DIFFIE W，HELLMAN M E. New directions in cryptography[J]. IEEE Transaction on Information Theory，1976，22(6)：644-654.

[9] DIFFIE W，VAN O P C，WIENER M J. Authentication and authenticated key exchanges [J]. Designs，Codes and Cryptography，1992，2：107-125.

[10] 国家密码管理局. SM2 椭圆曲线公钥密码算法：GM/T 0003.1-5[S]，2012.

[11] SHAMIR A. How to share a secret [J]. Communications of the ACM，1979，22(11)：612-613.

[12] White House Press Release. The clipper chip initiative [J]. IEEE Information Society Newsletter，1993，43(2)：21-23.

[13] U S Dept of Commerce/NIST. Escrowed encryption standard [S]. Federal Information Processing Standards Publication 185，1994.

[14] DENNING D E. A taxonomy for key escrow encryption systems [J]. Communications of the ACM，1996，39(3).

[15]冯登国，陈伟东. 对“两类强壮的门限密钥托管方案”的分析[J]. 计算机学报，2004，27(9)：1170-1176.

[16] 荆继武，冯登国. 理解 PKI [J]. 网络安全技术与应用，2002(3)：10-15.
[17] 冯登国，李丹. 我国 PKI/PMI 标准的制定与应用[J]. 信息技术与标准化，2003(8)：12-13.
[18] 荆继武，林璟锵，冯登国. PKI 技术[M]. 北京：科学出版社，2008.
[19] FENG D G，XIANG J. Experiences on intrusion tolerance distributed systems[C]//29th Annual International Computer Software and Applications Conference，Edinburgh. New York：IEEE，2005.
[20] 荆继武，冯登国. 一种入侵容忍的 CA 方案[J]. 软件学报，2002，13(8)：1417-1422.
[21] JING J W，LIU P，FENG D G，et al. ARECA：a highly attack resilient certification authority[C]//Proceedings of the ACM Workshop on Survivable and Self-Regenerative Systems，Proceedings of the ACM Workshop on Survivable and Self-Regenerative Systems (In Association with 10th ACM Conference on Computer Communications Security)，2003：53-63.
[22] STINSON D R，PATERSON M B. Cryptography theory and practice[M]. 4th ed. New York：CRC Press，2018.
[23] MENEZES A J，VAN O P C，VANSTONE S A. Handbook of applied cryptography[M]. New York：CRC Press，1997.（MENEZES A J，VAN O P C，VANSTONE S A. 应用密码学手册[M]. 胡磊，王鹏，等译. 北京：电子工业出版社，2005.）
[24] 冯登国，赵险峰. 信息安全技术概论[M]. 2 版. 北京：电子工业出版社，2014.
[25] CARLISLE A，STEVE L. Understanding publickey infrastructure：concepts，standars，and deployment consideratiods[M]. London：Mac Millan Technical Publishing，1999.（CARLISLE A，STEVE L. 公开密钥基础设施：概念、标准和实施[M]. 冯登国，等译. 北京：人民邮电出版社，2001.）
[26] 美国国家安全局.信息保障技术框架：3.0 版[M]. 国家 973 信息与网络安全体系研究课题组，组织翻译. 北京：北京中软电子出版社，2002.
[27] EVAN G，DOUG B. 零信任网络[M]. 奇安信身份安全实验室，译. 北京：人民邮电出版社，2019.
[28] NIST. Zero trust architecture(2nd draft)：SP 800-207 [S]，2020.
[29] BELLARE M，SINGH A C，JAEGER J，et al. Ratcheted encryption and key exchange：the security of messaging [J]. Springer，2017，10403：619-650.
[30] 冯登国. 一种新的密码本原：棘轮密钥交换的定义、模型及构造[J]. 计算机科学，2022，49(1)：1-6.

嘉峪关

我本当过营把母探，怎奈我无令箭不能过关。

——京剧《四郎探母》

第6章　访问控制

内容提要

大部分信息系统都需要采取授权措施，所谓授权是指资源的所有者或控制者按照安全策略准许别的主体访问或使用某种资源。访问控制是实施授权的基础，它控制资源只能按照授予的权限被访问。在策略制定和实施中需要考虑的主要因素包括：主体和客体属性、属性关联方法、应用对决策方法的需求等。当前主要的访问控制策略按照实施方式可划分为自主访问控制策略和强制访问控制策略。20 世纪 90 年代出现了基于角色的访问控制策略，后来又出现了基于属性的访问控制策略等，它们在表达上采用不同的访问控制模型，在资源的所有者和系统各自参与授权的程度、不同应用下的适应性、模型的策略表达能力等方面存在一些差异。本章主要基于相应的访问控制模型来介绍上述内容。

本章重点

- 授权和访问控制策略的概念
- 访问控制策略的主要类型
- 在不同类型策略下有代表性的访问控制模型
- 访问控制的实现机制

6.1 授权和访问控制策略的概念

为了使合法用户正常使用信息系统，需要给已通过认证的用户授予相应的操作权限，这个过程称为授权（Authorization）。在信息系统中，可授予的权限包括读/写文件、运行程序和网络访问等，实施和管理这些权限的技术称为授权技术。目前，授权技术主要有两类：访问控制（Access Control）技术和特权管理基础设施（Privilege Management Infrastructure，PMI）技术。PMI[1,21]通过证书（属性证书）方式支撑权限管理。PMI 使用属性证书表示和容纳权限信息，通过管理证书的生命周期实现对权限生命周期的管理。属性证书的申请、签发、注销、验证流程对应着权限的申请、发放、撤销、使用和验证的过程。PMI 是一个由属性证书、属性权威机构、属性证书库等部件构成的综合系统，用来实现权限和证书的产生、管理、存储、分发和撤销等功能。本章只介绍访问控制技术。

在信息系统中，资源主要指信息数据、计算处理能力和网络通信资源等，在访问控制中，通常将它们称为客体。而“访问”一词可以概括为系统或用户对这些资源的使用，如读取数据、执行程序、占用通信带宽。这些“访问者”通常称为主体，而有的实体既可以作为主体，也可以作为客体，如计算机程序，因此，也常用实体统一指代客体和主体。此时，授权是指资源的所有者或控制者准许别的主体以一定的方式访问某种资源。访问控制是实施授权的基础，它控制资源只能按照授予的权限被访问。从另一个角度来看，对资源的访问进行了控制，才使权限和授权得以存在，但是，在特定的访问控制基础上，可能存在不同的授权方式。

访问控制策略是在系统安全的较高层次上对访问控制和相关授权的描述，它的表达模型常称为访问控制模型，是一种访问控制方法的高层抽象和独立于软件、硬件实现的概念模型。由于访问控制涉及为主体授予针对客体的权限问题，因此，本质上任何访问控制策略都可以用矩阵直观表示，如图 6.1 所示。行对应于主体，列对应于客体，矩阵元素对应于授权。但信息系统的资源量和用户数较多，访问矩阵一般庞大而稀疏，在实际中很少用它直接描述访问控制策略或实现访问控制，因此，存在如何更好地制定访问控制策略的问题。在一般情况下，制定策略需要考虑以下因素。

		客 体		
		客体 O_1	客体 O_2	客体 O_3
主 体	主体 S_1	读取、修改、执行	读取、执行	读取
	主体 S_2	读取	读取	
	主体 S_3	读取、执行		执行

图 6.1　一个简单的访问控制矩阵

1. 主体、客体的属性

主体、客体的属性主要应根据应用需求设置，但在相同的需求下，不同的访问控制策略可以根据自身的情况设置不同的属性。

1）主体属性

用户的级别或种类是主要的主体属性，操作系统一般将用户分为多种普通用户和管理员用户，用户还可以分成组，因此，具有组别属性；在其他系统中，用户被授予各种角色属性，如局长或科员。主体属性还可能包括相关执行程序的性质、所处的网络或物理地址等，它们也可能是授权的依据。例如，很多单位约定，在家中不能访问办公室的资源。在安全性要求更高的情况下，主体的属性可能还包括其安全状态。例如，在本书 20.5 节中将要介绍的可信网络连接（Trusted Network Connection，TNC）应用中，访问控制系统在允许某计算机接入前，可以首先评估它的漏洞补丁版本，若版本不是最新的，则表明计算机已经遭到攻击或感染病毒的概率较大，因此，不予授权连接。

2）客体属性

客体的主要属性指其所允许的操作及其信息级别。操作系统一般将资源分为是否可读、是否可写、是否可执行、是否可连接等属性。在普通信息系统中，这些属性还可能包括密级、是否可查询、是否可删除、是否可增加等。在安全性要求更高的情况下，客体的属性也可能包括其安全状态。例如，系统可能认为某些客体已经感染计算机病毒或来源不可信，因而不允许用户访问；有些计算机系统可能被评估为较低的安全等级，管理者不允许高安全等级的计算机访问它们。

2. 属性关联方法

为了做出授权决策，需要将主体和客体属性关联起来。属性关联的方法不但要考虑对授权决策的支持，还要考虑是否能减少存储的数据、加快操作的处理速度，以及是否支持一些安全性质的验证等因素，一个好的访问控制模型往往能令人满意地解决这些问题。

3. 应用对决策方法的需求

在一定的技术支撑下，访问控制策略的制定有其自主性，设计人员可以根据不同的应用需求制定相应的访问控制策略。这里需要考虑的主要因素如下。

1）授权者组成

在系统中，可能的授权者包括资源的属主（一般是创建资源的用户）和系统管理者，因此，策略的制定需要考虑资源所有者和系统分别在多大程度上参与授权的问题。

2）决策层次

在应用系统中存在不同级别的安全问题，例如，在操作系统中存在低层的磁盘读/写和高层的文件读/写指令，在计算机网络中包括不同层次的通信协议。对制定访问控制策略来说，需要确定在系统的哪个层次上实施策略，即确定决策层次。

3）访问控制粒度

访问控制粒度是指将访问控制中的主体和客体分为不同大小的实体进行管理，例如，用户组的使用可以方便对用户的管理，而在数据库系统中存在数据库、数据库表、数据记录和数据项等不同粒度的数据。

4）策略交互

在实际的访问控制中，可以允许对一个客体实施多个策略，因此，有必要建立关于这些策略之间如何协调的规则，解决所谓的策略交互问题。

5）策略扩展

访问控制策略应该可以提供一定的扩展性，这里，扩展性主要是指所扩展的功能能够由已有的系统部件自动实施，其规则也可以由已有的规则描述。

4. 其他因素

一些策略需要基于系统主体和客体主要属性之外的性质来制定。下面介绍这些性质。

1）主体、客体状态

主体、客体状态包括它们所处的地点、当前时间和当前受访状态等。例如，一些系统不但不允许单位员工从外部网络访问内部数据，而且对访问的时间也有限制，当一个客体正在被多个连接访问时，系统会阻止其他连接请求。

2）数据内容

可以对数据内容做多种分类并分类实施访问控制。例如，可以按照数值大小或内容性质分类，访问控制策略可能仅允许部分用户查看符合条件的某项数值的相关记录，这个数值可能是雇员工资，也可能是合同金额等。

3）历史记录和上下文环境

历史记录是指主体曾经访问的客体，上下文环境泛指数据访问的历史记录、当前状况和访问的数据及它们之间的关系。基于历史记录和上下文环境实施的策略是一种动态访问控制技术，它认为主体的权限可以根据其历史记录和上下文环境发生变化，改进了基于静态描述进行授权的传统做法。例如，一个系统希望只有在主体没有访问员工姓名的情况下，才允许访问雇员工资数据。

4）其他性能要求

多数访问控制系统主要面向保护系统的机密性，而人们也逐渐开始关注能够支持信息完整性、可记账性和可用性等性能的访问控制方法，因此就需要我们相应地改变访问控制策略。

当前已有多种不同类型的访问控制策略，主要包括自主访问控制（Discretionary Access Control，DAC）策略、强制访问控制（Mandatory Access Control，MAC）策略、基于角色的访问控制（Role Based Access Control，RBAC）策略和基于属性的访问控制（Attribute Based Access Control，ABAC）策略，它们以及相关的安全模型代表了主要的访问控制技术。在自主访问控制策略下，系统允许信息的所有者（也称为属主）按照自己的意愿指定可以访问该信息客体的主体以及访问的方式，因此，在这一点上是“自主的”。但是，若让众多属主都参与授权管理，则往往会造成安全缺陷，使自主访问控制不适合一些安全要求高的环境，因此，在强制访问控制策略下，系统对授权进行了更集中的管理，它根据分配给主体和客体的安全属性统一进行授权管理。20 世纪 90 年代，传统的访问控制策略在应用特性上受到了挑战，研究者们提出了一些能综合它们优势的所谓中立型的策略，如 RBAC 策略，在该策略下，用户对客体的访问授权决策取决于用户在组织中的角色，拥有相应角色的用户可自动获得相关的权限，这样，授权过程可分为为角色授权、将用户指派为某角色和角色管理几个部分，这在很多场合下更能满足应用需求。

6.2 自主访问控制

在自主访问控制策略下，每个客体有且仅有一个属主，由客体属主决定该客体的保护策略，系统决定某主体是否能以某种方式访问某客体的依据是系统中是否存在相应属主的授权。根据属主管理客体权限的程度，这类访问控制策略可以进一步分为 3 种：第 1 种是严格的自主访问控制（Strict DAC）策略，客体属主不能让其他用户代理客体的权限管理；第 2 种是自由的自主访问控制（Liberal DAC）策略，客体属主能让其他用户代理客体的权限管理，也可以进行多次客体权限管理的转交；第 3 种是属主权可以转让的自主访问控制策略，属主能将作为属主的权利转交给其他用户。

最早的自主访问控制模型是访问矩阵模型，它将整个系统可能出现的客体访问情况表示成一个矩阵，主体、客体及授权的任何变化都将造成客体访问情况的变化，系统将检查这些变化是否符合已经定义好的安全特性要求，并进行相应的控制。在访问矩阵模型以后出现的自主访问控制模型在权限传播、控制与管理方面扩展了访问矩阵模型。

1. HRU 模型

HRU（Harrison Ruzzo Ullman）模型是由 Harrison、Ruzzo 和 Unman[5]提出的一种基于访问控制矩阵的模型，它是一种基本的自主访问控制模型，它使用的访问控制矩阵可以用图 6.1 表示，由系统定义的标准操作读/写这个矩阵。

可以用 $Q=(S,O,\boldsymbol{M})$ 表示 HRU 模型的当前授权状态，其中，S 和 O 分别是主体和客体的集合，$\boldsymbol{M}$ 是访问控制矩阵。在实际运行中，每当系统接收到涉及访问资源的指令时，它将根据指令中给出的主体 s_i 和客体 o_j 查找 $\boldsymbol{M}$，得到 $\boldsymbol{M}(s_i,o_j)$，根据它记载的内容判断操作是否可以进行。

在 HRU 模型中，系统的授权、状态变化和授权管理都可以用对访问控制矩阵 $\boldsymbol{M}$ 的操作表示。该模型定义了 6 种基本操作："授予权限"操作将相应的权限描述加入 $\boldsymbol{M}(s_i,o_j)$；"删除权限"操作将相应的权限描述移出 $\boldsymbol{M}(s_i,o_j)$；"创建主体"和"创建客体"操作分别在 $\boldsymbol{M}$ 中插入相应的行和列；"删除主体"和"删除客体"操作分别在 $\boldsymbol{M}$ 中删除相应的行和列。HRU 模型还通过矩阵 $\boldsymbol{M}$ 表达了对授权的管理，即描述了何人可以授权和如何授权。具体方法是，客体 o_j 的所有者 s_i 可以对访问客体的权限 m 进行授权，在 $\boldsymbol{M}(s_i,o_j)$ 中，m 的描述后面加上了授权标志"*"，系统根据它允许 s_i 授权；s_i 也可以将权限 m 的授予权移交给其他主体，此时，在 $\boldsymbol{M}(s_i,o_j)$ 中，m 的描述后面加上了授权标志"+"。

由于在系统中存在大量的主体和客体，因此访问控制矩阵在实际中很少直接使用，但 HRU 模型表达的访问控制策略可以通过常用的能力列表（Capability List，CL）和访问控制列表（Access Control List，ACL）实现。能力列表中的每个主体被分配了一个描述其权限的文件、记录或数据结构，它注明了绑定的主体能够以何种方式对何种客体进行访问。在面向客体的关联方法中，每个客体绑定一个访问控制列表，它记录了系统中哪些主体能够以何种方式访问它。

2. 取予模型和动作实体模型

不难想象，授权也会出现传递的情况。例如，A 将某权限授予 B，后者又可以将它授予 C，但 A 可能并没有把权限授予 C 的初衷，甚至 C 又会将 A 授予出去的权限回授给 A。因此，必须要对权限传递进行适当的管理。显然，上述介绍的访问控制矩阵并没有自然地表达传递关系，因此，有些模型采用了图结构，这主要包括取予（Take-Grant）模型和动作实体（Action-Entity）模型。由于它们都是基于图结构关联实体之间的属性并进行授权管理的，因此这里将它们放在一起介绍。图结构能够更好地帮助我们发现并处理授权和授权管理的传递现象。

取予模型是由 Jones 等人[6]提出的一种自主访问控制模型，它的主要特点是使用图结构表示系统授权。系统的访问控制状态可用(S,O,G)表示，其中，S 和 O 的意义同前，G 表示系统授权状态图。系统定义了读（Read）、写（Write）、取（Take）和予（Grant）4 种权限，它们的状态图如图 6.2 所示，其中，“取”表示主体 A 可以获取主体或客体 B 拥有的对其他主体或客体的权限，“予”表示主体 A 可以把拥有的对其他主体或客体的权限赋予 B。在这个模型中，下面 4 种操作可以改变 G（如图 6.3 所示）。

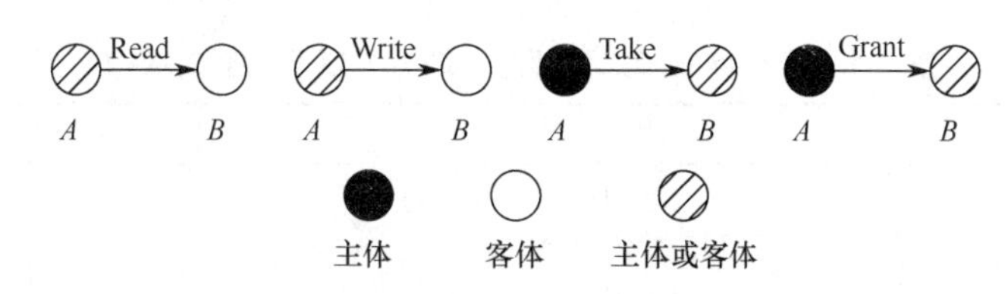

图 6.2　读、写、取、予的状态图

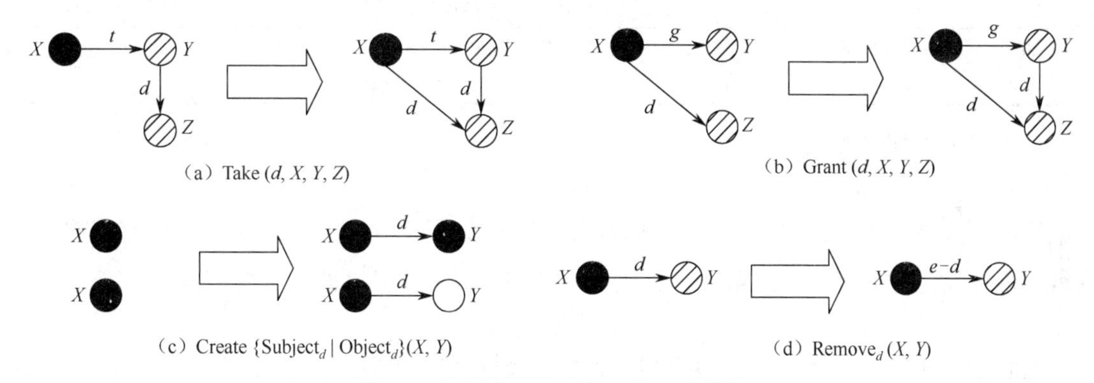

图 6.3　取予模型中改变 G 的 4 种操作

1）“取”操作

“取”操作可以表示为$\text{Take}(d,X,Y,Z)$，其中，X 为主体，Y 和 Z 为主体或客体，d 代表取得的权限。此操作的前提是 X 对 Y 有“取”权限，Y 对 Z 有 d 权限，操作结果是 X 获得了 Y 对 Z 的 d 权限，引起的状态图变化如图 6.3（a）所示。

2）“予”操作

“予”操作可以表示为$\text{Grant}(d,X,Y,Z)$，此操作的前提是 X 对 Y 有“予”权限，即 g 权限，X 对 Z 有 d 权限，操作结果是 Y 获得了 X 对 Z 的 d 权限，引起的状态图变化如图 6.3（b）所示。

3）实体创建

X 创建 Y 的操作可以分别表示为$\text{Create Subject}_d(X,Y)$和$\text{Create Object}_d(X,Y)$，$d$ 代表创建后 X 获得的对 Y 的权限。此操作引起的状态图变化如图 6.3（c）所示。

4）撤销权限

撤销 X 对 Y 的权限 d 的操作可以表示为$\text{Remove}_d(X,Y)$，它引起的状态图变化如图 6.3（d）所示。

取予模型说明基于图结构进行访问控制是可行的，但它使用一个图同时表达访问控制和授权的状态，不便于策略的执行和扩展。Bussolati 和 Fugini 等人[7,8]提出的动作实体模型扩展了取予模型的描述能力，它的最大特点是用两个图——静态图和动态图分别表示系统的访问权限状况和授权权限状况，并将权限分级，方便了对访问权限的授予与回收等操作，增强了对授权权限传输流的控制。

在动作实体模型中，访问权限和授权权限分别称为“静态存取”方式和“动态存取”方式，相应的操作称为“静态动作”和“动态动作”，前者不改变当前已存在的授权权限状况，后者则会改变它。静态存取方式和动态存取方式分别被分为 4 个和 2 个级别，见表 6.1。

表 6.1　静态存取方式和动态存取方式以及它们的级别

类　别	名　称	级　别	说　明
静态存取方式	Create/Delete	1	添加/删除新的实体
	Update	2	更新实体
	Read	3	获得实体内容
	Use	4	使用实体，包括执行和打开
动态存取方式	Delegate/Abrogate	1	委托/废除其他实体对另一个实体的权限
	Grant/Revoke	2	赋予/撤销其他实体对另一个实体的权限

静态存取方式可以表示为

$$A_{ij} = a \sim \{p_{ij}\}$$

它表示在条件 p_{ij} 满足时，实体 E_i 拥有对实体 E_j 的权限 a，p_{ij} 可以是有关所存取的数据内容、操作发生时间等的约束条件。类似地，动态存取方式可以被表示为

$$A_{ij/k} = b \sim \{p_{ij}\}$$

它表示在条件 p_{ij} 满足时，E_i 可以将管理 E_k 授权状态的权限 b 赋予 E_j，或者撤销 E_j 的该权限；这里 b 也涉及相关的静态存取方式，如它可以是 Grant Read 或 Delegate Update。需要指出的是，设置各类 p_{ij} 是实施策略的基本手段之一。

若实体 E_i 拥有对实体 E_j 的“Create/Delete”和“Delegate/Abrogate”权限，则其是 E_j 的属主。实体 E_j 的属主在系统中是唯一的，属主 E_i 可以改变 E_j 的授权状况，这也是自主访问控制的基本特征之一。

若实体 E_i 拥有对实体 E_j 级别为 L 的权限，则自动拥有级别更低的权限；若 E_i 拥有的对 E_j 级别为 L 的权限被收回，则级别更高的权限也自动被收回。上述分级处理满足日常的管理需求。例如，当 E_i 已经有 E_j 的 Update 权限时，它显然应该有低一级的 Read 权限，但当 E_i 的 Read 权限被收回后，显然，它不应具有高一级的 Update 权限。上述分级也简化了对图的表示，在静态图或动态图中，有关联的两个实体之间仅需一个连接，并且只需标注一个权限。图 6.4 和图 6.5 分别给出了静态图和动态图的实例，其中用箭头表示拥有的权限，若对权限设置条件限制等说明，则可用一个叉号（×）表示将另行对条件进行说明。在动态图中，在一个有向线上有 3 个实体，第 1 个圆表示授权实体，中间用垂直线段表示实体获得的权限，最后一个圆表示的实体是被动态权限管理的实体。例如，在图 6.5 中，E_4 和 E_3 之间的有向线表示前者能授予后者对于 E_5 的 Use 权限的 Grant 权限。

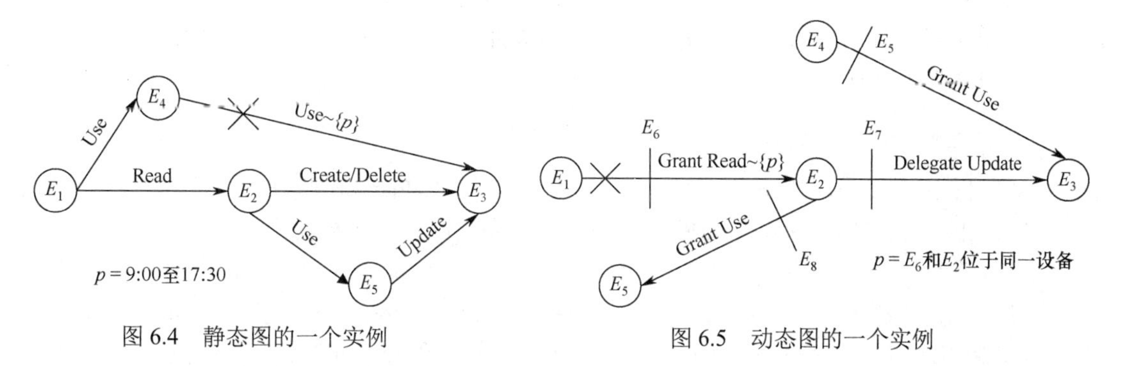

图 6.4　静态图的一个实例　　　　图 6.5　动态图的一个实例

在上述表达方式下，系统不但可以基于简单的有向图操作进行实体创建与删除、权限的授予与回收等操作，还可以实施或检查更多的策略规则。主要规则如下。

1）一致性规则

一致性规则要求静态图和动态图与受保护系统的结构、特性和安全关系保持一致。对于静态图，要求实体可执行或可以被执行的访问权限需要和实体的类型以及在系统中的角色相符合，如文本文件不应该被执行、只读设备不应该更新；对于动态图，要求保障动态授权与系统安全策略相一致，如有的策略可能要求只有实体的所有者才掌握它的 Grant/Revoke 权限。

2）传递规则

在静态图中，虽然未明确标出 E_i 对 E_z 的权限，但是，如果在 E_i 和 E_j 之间存在权限 A_{ij}，在 E_j 和 E_z 之间存在权限 A_{jz}，则可能隐含着权限 A_{iz}；在动态图中，类似地也存在这样隐含的权限。显然，系统往往不希望这种隐含的权限被任意传递，传递规则就是约束上述隐含权限的策略。例如，系统可以约定只有一些级别低的权限允许被传递。

3）互一致性规则

互一致性规则要求静态图和动态图在权限的表示上保持一致，同时满足既定的策略。例如，E_j 的属主 E_i 应该在静态图中有对实体 E_j 的“Create/Delete”权限，同时在动态图中有对实体 E_j 的“Delegate/Abrogate”权限。

6.3　强制访问控制

自主访问控制策略允许属主管理下属客体的授权，满足了很多信息系统的业务要求，但在一些安全性要求更高的环境中，存在属主易被利用的弱点。当某个属主的身份被盗用后，攻击者可以冒充属主为攻击者的程序授权。例如，攻击者可以利用本书 13.1 节介绍的“特洛伊木马”程序欺骗属主，通过用自制的程序替换属主经常使用的程序，获得属主的身份并进行上述攻击。与自主访问控制策略不同，强制访问控制策略不再让众多的普通用户完全管理授权，而是将授权归于或部分归于系统管理，保证授权状态的相应变化始终处于系统的控制之下，这显然更适合军队、政府等重要机构的信息系统。

在强制访问控制策略下，每个实体均有相应的安全属性，它们是系统进行授权的基础。典型地，系统内的每个主体有一个访问标签（Access Label），表示对各类客体访问的许可级别，而系统内的客体也绑定了一个敏感性标签（Sensitivity Label），反映它的机密级别，系统通过比较主体、客体的标签决定是否授权及如何授权。

1．Bell-LaPadula 模型

Bell-LaPadula 模型简称 BLP 模型，它是由 Bell 和 LaPadula[9]提出的一个强制访问控制模型。BLP 模型主要用于解决面向机密性的访问控制问题，它通过使用实体安全级别属性加强访问授权管理。系统中的主体和客体均被赋予相应的安全级别 $L=(C,S)$，它由等级 C 和类别集 S 组成。等级分为从高到低的 4 级——绝密（Top Secret, TS）、机密（Secret, S）、秘密（Confidential, C）和无级别（Unclassified, U），这里记它们的关系为 $\mathrm{TS}>\mathrm{S}>\mathrm{C}>\mathrm{U}$ 。类别集依赖于应用环境，例如，它可由不同部门的标识组成。对两个安全级别 $L_1=(C_1,S_1)$ 与 $L_2=(C_2,S_2)$，定义为

$$L_1 \geqslant L_2，当且仅当 C_1 \geqslant C_2， S_1 \supseteq S_2$$
$$L_1 > L_2，当且仅当 C_1 > C_2， S_1 \supset S_2$$
$$L_1 < L_2，当且仅当 C_1 < C_2， S_1 \subset S_2$$
$$L_1 \leqslant L_2，当且仅当 C_1 \leqslant C_2， S_1 \subseteq S_2$$

也存在 L_1 与 L_2 不可比较的情况。BLP 模型对每个客体分配一个安全级别，它反映了客体内容或功能的敏感性。模型对每个主体分配一个被称为可信度（Clearance）的安全属性，下面将看到，它实际反映了主体的最高安全级别。主体安全级别是可以改变的，因此，主体存在当前安全级别，但模型规定，它不会高于可信度的级别。

在 BLP 模型中，主体对客体存在只读（Read Only）、添加（Append）、执行（Execute）和读/写（Read-Write）4 种存取权限，下面在表示上用 Read 代替 Read Only、用 Write 代替 Read-Write。

BLP 模型的状态由 4 元组 $(b,\boldsymbol{M},f,H)$ 表示。其中，b 是当前存取情况集合，它由类似 (s,o,m) 的三元组构成，表示主体 s 正以权限 m 访问客体 o；$\boldsymbol{M}$ 是存取矩阵，$\boldsymbol{M}(s,o)$ 表示授权 s 以权限 m 访问客体 o；f 是主体或客体到安全级别的映射，它的定义为

$$f: S \cup O \rightarrow L$$

其中，S 和 O 分别为主体、客体的集合，L 为安全级别的集合，f 实际反映了实体安全级别的情况；H 是客体的树状层次关系，一个节点与一个客体对应，这是计算机系统组织资源的常用形式，但在 BLP 模型中，要求节点的安全级别必须不小于其父节点的，下面可看出这将影响系统的授权策略。上述模型状态可以通过以下操作改变。

1）Get/Release

系统通过 Get 操作准予一个主体以特定的权限访问一个客体，或通过 Release 操作终止该访问。这两个操作将分别在 b 中添加和删除相应的三元组。

2）Give/Rescind

在 BLP 模型中也存在部分与自主访问控制策略类似的地方，客体的创建者是其属主，客体的创建者可以通过 Give 操作将对客体的访问权限授予别的主体，也可以通过 Rescind 回收权限，这些操作均改变了 $\boldsymbol{M}$。但与自主访问控制不同的是，系统需要检查这些操作是否满足策略约定的规则，这涉及主体、客体的安全级别，仅仅在满足策略约定的规则时，系统才允许执行这些操作。

3）Create/Delete

在 BLP 模型中，客体存在两种状态——激活状态和未激活状态。只有客体处于激活状态时才允许被主体访问。Create 操作激活一个客体，将其加入 H 中，Delete 将一个客体从激活状态变为未激活状态，将该客体及其全部后续节点全部从 H 中删除。

4）改变主/客体安全级别

通过改变 f，可改变主体或客体的安全级别。对于主体，新的安全级别应不大于其可信度；对于客体，新的安全级别应不小于原有的级别，并且执行该操作的主体安全级别应大于客体的新安全级别。

虽然 BLP 模型也采用了类似于访问控制矩阵的存取矩阵（Access Matrix），也允许客体的属主参与管理授权，但在访问授权和授权管理中，BLP 模型主要通过执行以下策略来加强系统的控制。

1）简单安全策略

如果主体 s 对客体 o 有读/写权限，则前者的信任度一定不低于后者的安全级别。这一规则保证主体不能访问比其安全级别高的客体，可以形式化地表示为

$$\text{Read or Write} \in \boldsymbol{M}(s,o) \ \Rightarrow \ f(s) \geqslant f(o)$$

这常被称为“下读”原则。

2）星（Star）策略

如果一个主体 s 对客体 o 有 Append 权限，则后者的安全级别一定不低于前者；如果 s 对 o 有 Write 权限，则它们的安全级别一定相等；如果 s 对 o 有 Read 权限，则后者的安全级别一定不大于前者。这个规则可以形式化地表示为

$$\text{Append} \in \boldsymbol{M}(s,o) \ \Rightarrow \ f(s) \leqslant f(o)$$

$$\text{Write} \in \boldsymbol{M}(s,o) \ \Rightarrow \ f(s) = f(o)$$

$$\text{Read} \in \boldsymbol{M}(s,o) \ \Rightarrow \ f(s) \geqslant f(o)$$

这常被称为“上写”原则。

3）自主安全策略

自主安全策略规则要求，当前正在执行的访问权限必须同时存在于存取矩阵 $\boldsymbol{M}$ 中。这个规则保证，主体对客体的权限也需要以自主授权为条件，它可以被形式化地表示为

$$(s,o,m) \in b \ \Rightarrow \ m \in \boldsymbol{M}(s,o)$$

2. BIBA 模型

BIBA 模型是 BLP 模型的一个变体，由 Biba 等人[10]提出，它的功能是保护数据的完整性，这里，保护数据完整性的努力体现为对数据读/写实施了专门的策略。该模型在定义主体、客体安全级别的基础上，更明确地将访问策略划分为非自主策略和自主策略两类，对每类给出了多个策略，目前它已经被其他一些模型借鉴。

在 BIBA 模型中，每个主体和客体都被分配一个完整性级别（Integrity Level）$L=(C,S)$。类似于 BLP 模型，它由等级 C 和类别集 S 组成，但这里等级分为从高到低的 3 级——关键（Critical, C）、非常重要（Very Important, VI）和重要（Important, I），这里记它们的关系为 $\mathrm{C}>\mathrm{VI}>\mathrm{I}$。类别集的概念与 BLP 模型中的类似，如它也可由不同部门的标识组成。对两个级别 $L_1=(C_1,S_1)$ 与 $L_2=(C_2,S_2)$，$L_1 \geqslant L_2$、$L_1 > L_2$、$L_1 < L_2$ 和 $L_1 \leqslant L_2$ 的定义类似

于 BLP 模型。

在 BIBA 模型中，主体对客体存在修改（Modify）、调用（Invoke）、观察（Observe）和执行（Execute）4 种存取权限。其中，Invoke 是指主体之间的通信，Observe 类似于前面的 Read。

BIBA 模型并未约定具体采用的策略，而是将策略分为非自主策略和自主策略两类，在每类下给出了一些具体的策略，以适应不同的需求，以下简单介绍它们。

1）非自主策略

非自主策略是指主体是否具有对客体的访问权限取决于主体和客体的完整性级别，这也是系统实施强制访问控制的基础。这类策略主要包含主体低水印（Low-Watermark）策略、客体低水印策略、低水印完整性审计策略、环（Ring）策略和严格完整性策略，它们具体约定如何根据主体和客体的完整性级别确定可授予的权限。这里不一一介绍，感兴趣的读者可查阅相关文献。下面仅列出严格完整性策略：

① 只要主体的级别不低于客体的，就可以拥有对客体的 Modify 权限。

② 只要主体 s_1 的级别不低于主体 s_2 的，s_1 就可以拥有对 s_2 的 Invoke 权限。

③ 只要客体的级别不低于主体的，主体就可以拥有该客体的 Observe 权限。

上述原则和 BLP 模型的“下读、上写”相反，因此，常被称为“上读、下写”。

2）自主策略

类似于 BLP 模型，BIBA 模型也结合使用了一定的自主策略，这主要包括存取控制列表（ACL）和环的使用。每个客体有一个 ACL，它指明了被授权访问它的主体和对应的访问方式，它由相应的主体修改；环是分配给主体的一种特殊权限，它表示主体在一定的客体范围内有相应的权限。

通过上述的介绍，我们自然会想到一个问题，有没有同时面向保护机密性和完整性的模型，答案是肯定的。例如，Dion 模型[11]就是这样一个模型，它结合了 BLP 模型和 BIBA 模型，但只提供强制性策略。

6.4 基于角色的访问控制

在 20 世纪 90 年代，出现了有关基于角色的访问控制（RBAC）策略的研究。RBAC 的概念和基本方法最早是由 Ferraiolo 和 Kuhn[12]于 1992 年提出的，包括下面将要介绍的角色激活、角色继承、角色分配以及相关的约束等。Sandhu 等人[13]于 1996 年提出了一个比较完整的 RBAC 框架——RBAC96，它包括 RBAC0、RBAC1 和 RBAC2 模型，RBAC0 包含 RBAC 的核心部分，RBAC1 在 RBAC0 的基础上增加了角色继承的概念，RBAC2 在 RBAC0 的基础上增加了角色之间的约束，RBAC3 综合了 RBAC1 和 RBAC2。由于 RBAC 采用的很多方法在概念上接近于人们社会生活中的管理方式，所以，相关的研究和应用发展很快。当前，RBAC 在 Web 系统和电子文档的管理中已经得到应用。与自主访问控制和强制访问控制相比，可以认为 RBAC 是中立型的。有学者通过引入特定的 RBAC 使用方法，证明了 RBAC 也可以实现自主访问控制和强制访问控制。

美国国家标准技术研究所已经基于 RBAC96 制定了 RBAC 标准，它主要将 RBAC 分为核心 RBAC（Core RBAC）、有角色继承的 RBAC（Hierarchical RBAC）和有约束的 RBAC（Constraint RBAC）3 类，下面通过介绍它们来阐述 RBAC 的基本方法。

1．核心 RBAC 模型

核心 RBAC 模型包括以下几个基本集合：用户集（USERS）、对象集（OBJECTS）、操作集（OPERATORS）、权限集（PERMISSIONS）、角色集（ROLES）和会话集（SESSIONS），如图 6.6 所示。USERS 中的用户可以执行操作，是主体；OBJECTS 中的对象是系统中被动的实体，主要包括被保护的信息资源；OPERATORS 是具体的操作行为集合；对象上的操作构成了权限，因此，PERMISSIONS 中的每个元素涉及分别来自 OBJECTS 和 OPERATIONS 的元素；ROLES 是核心 RBAC 模型的中心，通过它将 USERS 与 PERMISSIONS 联系起来；SESSIONS 包括系统登录或通信进程和系统之间的会话。下面具体给出将上述集合关联在一起的操作，通过这些操作，用户可被赋予相应的权限或获得相应的状态。

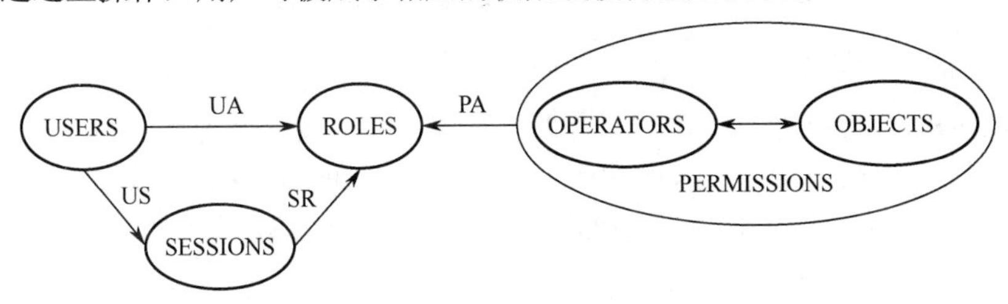

图 6.6　核心 RBAC 模型中集合及其关系

1）*用户分配（User Assignment，UA）*

$UA \subseteq USERS \times ROLES$ 中的元素确定了用户和角色之间多对多的关系，记录了系统为用户分配的角色。若给用户 u 分配角色 r，则 $UA = UA \cup (u,r)$。

2）*权限分配（Permission Assignment，PA）*

$PA \subseteq PERMISSIONS \times ROLES$ 中的元素确定了权限和角色之间多对多的关系，记录了系统为角色分配的权限。若把权限 p 分配角色 r，则 $PA = PA \cup (p,r)$。

3）*用户会话*

$US \subseteq USERS \times SESSIONS$ 中的元素确定了用户和会话之间的对应关系，由于一个用户可能同时进行多个登录或建立多个通信连接，因此这个关系是一对多的。

4）*激活/去活角色*

若用户属于某个角色，则与之对应的会话可以激活该角色，$SR \subseteq SESSIONS \times ROLES$ 中的元素确定了会话与角色之间的对应关系，此时，该用户拥有该角色对应的权限。用户会话也可以通过去活操作终止一个处于激活状态的角色。

总之，在核心 RBAC 模型中，系统将权限分配给角色，用户需要通过获得角色来得到权限。

2．有角色继承的 RBAC 模型

有角色继承的 RBAC 模型是建立在上述核心 RBAC 模型基础上的，它包含核心 RBAC 模型全部的组件，但增加了角色继承（Role Hierarchies，RH）操作，如图 6.7 所示。如果一个角色 r_1 继承自另一个角色 r_2，则 r_1 也有 r_2 的所有权限，并且有角色 r_1 的用户也有角色 r_2。

有角色继承的 RBAC 模型标准包括两种方式的继承操作：一种是受限继承，即一个角

色只能继承某一个角色，不支持继承多个角色；另一种是多重继承，即一个角色可以继承多个角色，也可以被多个角色继承。这样，角色的权限集不仅包括系统管理员授予该角色的权限，还包括其通过角色继承获得的权限，而对应一个角色的用户集不仅包括系统管理员分配的用户，还包括所有直接或间接继承该角色的其他角色分配的用户。

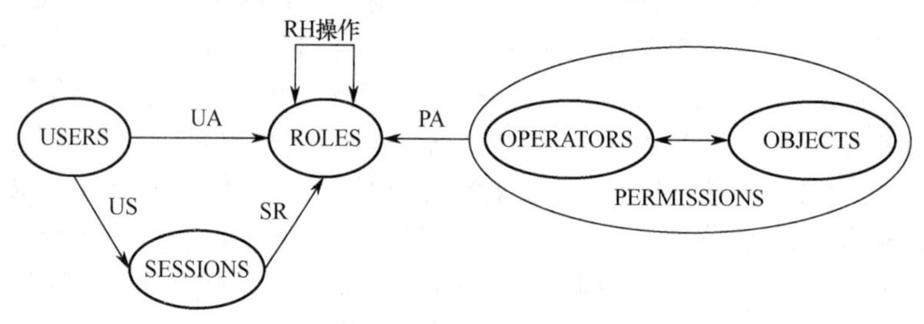

图 6.7 有角色继承的 RBAC 模型中集合及其关系

3. 有约束的 RBAC 模型

有约束的 RBAC 模型通过提供职责分离机制进一步扩展了上述有角色继承的 RBAC 模型，如图 6.8 所示。职责分离是有约束的 RBAC 模型引入的一种权限控制方法，其目的是防止用户超越正常的职责范围，它主要包括静态和动态两种职责分离机制。

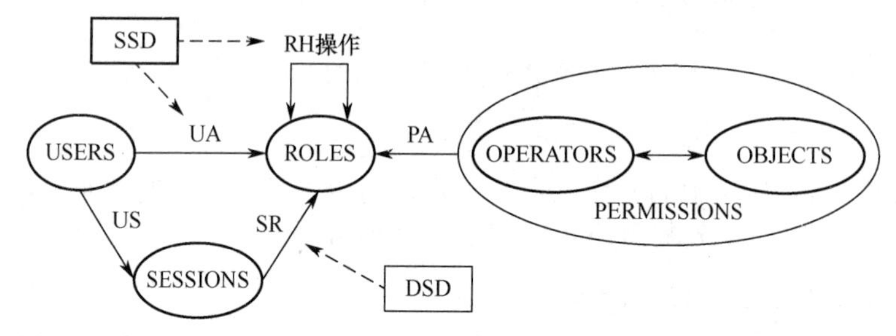

图 6.8 有约束的 RBAC 模型中集合及其关系（虚线指向被约束的操作）

1）静态职责分离

静态职责分离（Statistic Separation of Duty，SSD）对用户分配和角色继承引入了约束。如果两个角色之间存在 SSD 约束，那么当一个用户被分配了其中一个角色后，将不能再获得另一个角色，即存在排他性。如果一个角色被继承，那么它将拥有继承它的其他角色的全部用户。如果在 SSD 之间的角色存在继承关系，则将会违反前述的排他性原则，因此，不能在已经有 SSD 约束关系的两个角色之间定义继承关系。

2）动态职责分离

动态职责分离（Dynamic Separation of Duty，DSD）引入的权限约束作用于用户会话激活角色的阶段，如果两个角色之间存在 DSD 约束关系，则系统可以将这两个角色都分配给一个用户，但是，该用户不能在一个会话中同时激活它们。

6.5 基于属性的访问控制

随着客体分发后的访问控制、协作系统访问控制等新需求的出现，当访问控制的执行机构进行访问控制决策时，不能完全依赖于本地的和访问申请者提供的数据，还需要动态考虑主体所处的环境和系统整体的负载与安全情况。为此，Park 等人[14-15]提出了新的访问控制架构 $UCON_{abc}$（也称为使用控制）。这是一种基于属性的访问控制（ABAC）模型。由于 $UCON_{abc}$ 模型采用非形式化方式描述，因此可能存在歧义，也不便于进行形式化的分析和验证。Zhang 等人[16]采用时序逻辑方法对使用控制进行了详细描述，这些描述可以视为 $UCON_{abc}$ 模型的逻辑描述版本。

$UCON_{abc}$ 模型因其在判定因素和控制的连续性、动态性等方面的开拓性扩展而被称为下一代安全访问控制模型。由于 $UCON_{abc}$ 只是一个通用的技术框架模型，因此如何实施与应用它仍然是一个无法回避的重要问题。

如图 6.9 所示，$UCON_{abc}$ 模型的描述能力远远超过了访问控制矩阵模型，这种模型几乎囊括了所有访问控制机制，包括传统访问控制（如 DAC、MAC、RBAC)、数字版权管理、信任管理等。例如，RBAC 通过引入角色中间元素，先将权限分配给角色，然后再将角色分配给主体，通过这种方式可以简化授权。在 ABAC 中可将角色信息视为一种属性，这样，RBAC 就成为 ABAC 的一种单属性特例。

$UCON_{abc}$ 除了包括主体（Subject)、客体（Object）和权限（Right）3 个等同于传统访问控制的组件，还扩展了附加组件，包括授权（Authorization)、义务（Obligation）和条件（Condition)，如图 6.10 所示。

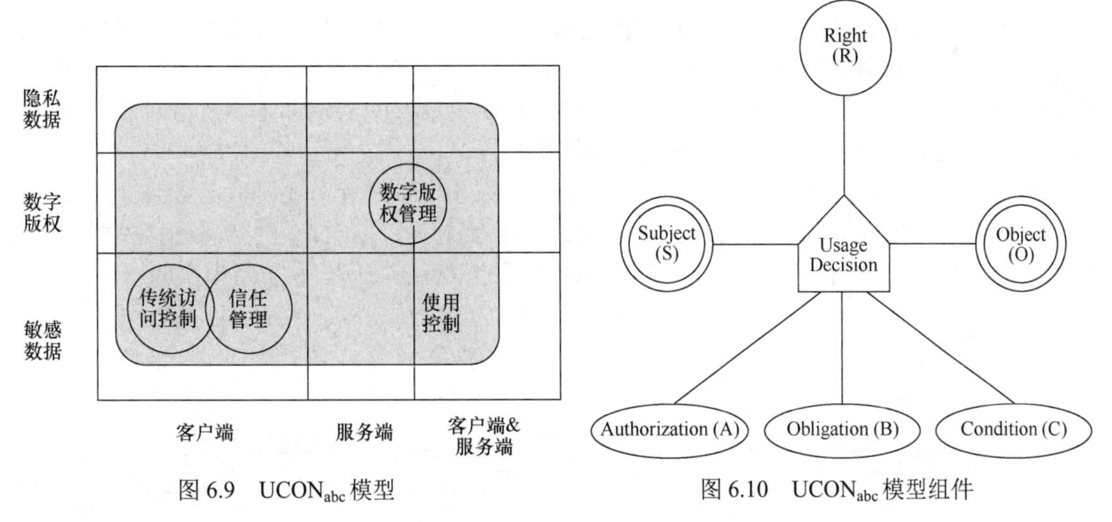

图 6.9　$UCON_{abc}$ 模型　　图 6.10　$UCON_{abc}$ 模型组件

主体（S）：指拥有和在对象上执行某种权利的实体。主体还具有主体属性。属性是主体能够用于授权过程的一些特定的性质，如身份标识、角色、信用卡账号。一个主体可以是一个用户、一个组、一个角色或一个进程。一个用户是在系统中注册并且准备访问系统的实体。一个组是多个拥有相同权限的用户集。一个角色是用户和相关权限的集合体。组和角色也可以具有客体。

客体（O）：指主体的操作对象，是主体对其拥有权利的实体。因此，主体可以访问或使用客体。客体也具有客体属性，这种属性可以是自身的属性，如安全标签、从属关系、客体类别，也可以是与访问权限相关联的属性，如允许访问的角色。与主体相对应的是，这些属性也可以应用于授权过程中。

权限（R）：指一个主体能够对客体进行操作的功能的集合。权限的授权过程同主体和客体密切相关。权限之间也可以具有层次关系。类似于主体和客体，权限也可以分为各种不同的类型，不但包括对客体的使用和访问权，还包括权限的委托。

授权（A）：指在授予一个主体访问或使用对象权限之前必须满足的一系列安全需求的集合。授权又分为两类，即与义务 B 相关的授权和与权限 R 相关的授权。与义务相关的授权用来检测某个主体是否同意执行义务，该义务是主体获得和执行对某个对象的权限以后不得不履行的义务，例如，主体在执行权限以前必须付款、汇报使用日志信息等。与权限相关的授权用来检查一个主体是否具有对某个对象执行特定权限的有效授权，典型的例子包括身份标识和角色验证、主体能力和安全属性检查、是否有付款的证明等。

义务（B）：指主体在获得或执行对某个对象的权限之后，必须履行的强制性的安全要求。不过在现实应用中，义务经常在主体获得权限和进行基于义务的授权实施之前完成。例如，在下载并播放一首 MP3 之前需要同意向供应商提交有关的使用日志文件。

条件（C）：指系统在授权过程中应当检验的一系列决定性的因素，该过程是指根据一定的授权规则在允许主体访问之前必须满足的条件约束。条件可以分为动态条件和静态条件。动态条件是指在每次访问请求允许之前都必须检查和更新的信息，如允许访问的次数、账户余额，静态条件是指在每次访问请求允许之前不需要检查和更新的信息。动态条件是有状态的，而静态条件是无状态的。

综上所述，$UCON_{abc}$ 在 3 个方面对传统模型进行了扩展。

（1）决策元素。决策涉及的元素不再是简单的基于主体和客体属性的访问控制规则，而是包括主体和客体属性（Attr）、授权（A）、义务（B）和条件（C）等多种元素，其中，A 代表只与主体或客体属性相关的断言，用于访问控制决策；B 指明了主体在访问前或访问中所需要执行的额外行为；C 是仅基于环境属性的断言。

（2）连续性。访问控制决策不但能在访问行为发生之前进行，还可以在访问行为发生过程中甚至之后周期性地发生，或者由事件诱发。图 6.11 是 $UCON_{abc}$ 的状态迁移模型，所有状态分为访问前、访问中和访问后三类，访问控制决策可在访问前和访问中实施。

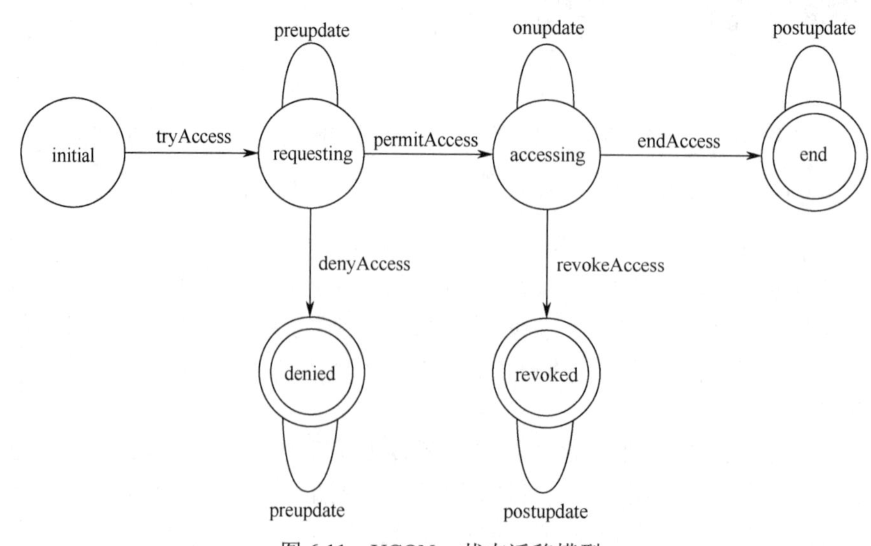

图 6.11　$UCON_{abc}$ 状态迁移模型

（3）易变性。主体和客体的属性能够因为访问行为的变化而发生变化和更新。如图 6.11 所示，每个状态与一个属性更新行为关联，如 accessing 与 onupdate 关联，表明访问中可进行属性更新。属性更新可在访问前、访问中和访问后实施，若成功，则返回 true，若失败，则返回 false。

与传统的基于身份的访问控制（Identity Based Access Control，IBAC）不同，在基于属性的访问控制中，访问决策基于请求者、资源、环境具有的属性。由于所有实体都统一采用属性来进行描述，因此访问控制系统在决策时能对决策依据统一处理。同时，基于属性的策略描述也摆脱了基于身份的策略描述的限制，能够利用请求者具有的一些属性来决定其访问权限。在开放的环境下，访问控制系统并不用关心访问者是谁。在系统运行过程中，属性是一个易变量，而访问控制策略比较稳定，这种描述方式可以很好地将属性管理和访问决策相分离。这使得 ABAC 具有很好的灵活性和可扩展性，同时让安全的匿名访问成为可能，这在网络空间环境下十分重要。

6.6 小结与注记

本章主要概述了授权和访问控制策略的概念，以及制定访问控制策略需要考虑的主要因素；介绍了访问控制策略的主要类型，包括自主访问控制策略、强制访问控制策略、基于角色的访问控制策略和基于属性的访问控制策略 4 类；结合所采用的访问控制模型描述了这 4 类访问控制策略的基本原理和实现机制。可以发现，在不同的访问控制模型下，授权和访问控制系统在资源的所有者和系统各自参与授权的程度、不同应用下的适应性、模型的策略表达能力等方面存在一些差异，因此，实际选取的策略需要和应用需求紧密结合。基于密码学方法也可以实现访问控制，如基于属性加密的访问控制和基于密钥的访问控制[2,19]。实际上，特权管理基础设施技术[1,21]也是一种基于密码学方法的授权技术，它需要 PKI 的支撑才能实施。

随着计算机网络的普及与应用，单一的策略逐渐难以满足多样化的安全需求，尤其是网络管理域的互通需要支持多个访问控制策略，这使得逐渐出现了多策略的访问控制模型，它能在一个系统中使用多个策略。为了更加方便地实施授权，基于属性的访问控制策略[14-17]将不同属性集合赋予不同类的实体，依据不同属性集实施访问控制，这给出了通用而灵活的方法。数字版权管理[18]的应用环境比较特殊，它必须要在松散的分布式环境下实施对数字内容的版权保护，控制对数字内容的越权使用，如复制、散布或多次播放，这使得数字版权管理一般要在客户端根据系统对客户权限的描述实施访问控制。

经典的访问控制模型属于“自顶向下”的访问控制模式，而大数据场景下的访问需求无法明确预知：访问控制策略依赖于环境上下文；大量实际数据访问控制策略的制定需要专业领域知识，无法为其预先生成；容易导致授权不足或过度授权。这就需要“自底向上”的访问控制模式，通过学习生成最佳访问控制策略，实现自适应访问控制。基于风险分析的访问控制对访问行为进行实时风险评估，并通过访问过程中动态地权衡风险与收益来实现访问控制，具有较强的自适应性[19,23-25]。

本章在写作过程中主要参考了文献[1]。在计算机安全、操作系统安全、数据库安全、信息系统安全等方面的著作中一般都会介绍访问控制的有关内容，如文献[2]、[20]和[22]。

思　考　题

1．简述授权与访问控制之间的关系。

2．访问控制策略主要有哪些类型？

3．不同的访问控制模型对策略的描述能力不同，试分别比较自主访问控制策略和强制访问控制策略下不同模型的描述能力。

4．简述基于 BLP 模型和 BIBA 模型的强制访问控制的基本规则。

5．强制访问控制是否能够防止特洛伊木马？为什么？

6．论述基于属性的访问控制与基于角色的访问控制之间的异同点。

参 考 文 献

[1] 冯登国，赵险峰. 信息安全技术概论[M]. 2 版. 北京：电子工业出版社，2014.

[2] MATT B. Computer security art and science[M]. Boston：Addison-Wesley，2003.（MATT B. 计算机安全学：安全的艺术与科学[M]. 王立斌，黄征，译. 北京：电子工业出版社，2005.）

[3] FORD W. Computer communications security[M]. Englewood Cliffs：PTR Prentice Hall，1994.

[4] 冯登国. 计算机通信网络安全[M]. 北京：清华大学出版社，2001.

[5] HARRISON M A，RUZZO W L，UNMAN J D. Protection in operation systems [J]. Communications of the ACM，1976，19(8)：461-471.

[6] JONES A，LIPTON R，SNYDER L. A linear time algorithm for deciding security[C]//Proc. 17th Annual Symposium on Foundation of Computer Science，1976：33-41.

[7] BUSSOLATI U，FUGINI M G，MARTELLA G. A conceptual framework for security systems：the action-entity model[C]//Proc. of 9th IFIP World Conference，1983：127-132.

[8] CASTANO S，FUGINI M G，MARTELLA G，et al. Database security [M]. New York：ACM Press，1995.

[9] BELL D E，LAPADULA L J. Secure computer systems：mathematical foundations [R]. Bedford：MITRE Corporation，1973.

[10] BIBA K J. Integrity considerations for secure computer systems：ESD-TR-76-372[R]. Bedford：Electronic Systems Division，Air Force Systems Command，1977.

[11] DION L C. A complete protection model[C]//Proc. of the IEEE Symposium on Security and Privacy，1981：49-55.

[12] FERRAIOLO D，KUHN R. Role based access controls[C]//Proc. of the 15th National Computer Security Conference，1992：554-563.

[13] SANDHU R，COYNE E J，FEINSTEIN H L，et al. Role based access control models [J]. IEEE Computer，1996，29(2)：38-47.

[14] PARK J，SANDHU R. Towards usage control models：beyond traditional access control[C]//Proc. of the 7th ACM Symposium on Access Control Models and Technologies，2002.

[15] PARK J，SANDHU R. The UCONabc usage control model[C]//ACM Transactions on Information and System Security (TISSEC)，2004.

[16] ZHANG X W，PARK J，PARISI-PRESICCE F，et al. A logical specification for usage control[C]//ACM

Symposium on Access Control Models and Technologies (SACMAT). New York：ACM Press，2004：1-10.
[17] WANG L，WIJESEKERA D，JAJODIA S. A logic based framework for attribute based access control[C]//Proc. of the 2004 ACM Workshop on Formal Methods in Security Engineering，2004：45-55.
[18] JONKER W，LINNARTZ J P. Digital rights management in consumer electronics products [J]. IEEE Signal Processing Magazine，2004，21(2)：82-91.
[19] 冯登国，等. 大数据安全与隐私保护[M]. 北京：清华大学出版社，2018.
[20] DENNING D E R. Cryptography and data security[M]. Boston：Addison-Wesley，1982.
[21] 荆继武，林璟锵，冯登国. PKI 技术[M]. 北京：科学出版社，2008.
[22] 石文昌，梁朝晖. 信息系统安全概论[M]. 北京：科学出版社，2009.
[23] WANG Q，JIN H. Quantified risk-adaptive access control for patient privacy protection in health information systems[C]//Proceedings of the 6th ACM Symposium on Information，Computer and Communications Security(ASIACCS). Hong Kong，2011：406-410.
[24] 惠榛，李昊，张敏，等. 面向医疗大数据的风险自适应的访问控制模型[J]. 通信学报，2015，36(12)：190-199.
[25] 李昊，张敏，冯登国，等. 大数据访问控制研究[J]. 计算机学报，2017，40(1)：72-91.

JPEG 压缩图像

以旧诗四十字，不得令字重，每字依次配一条，与大将各收一本。如有报覆事，据字于寻常书状或文牒中书之。

——北宋·曾公亮和丁度《武经总要》

第7章　信息隐藏

内容提要

信息隐藏是指将特定用途的信息隐藏在其他载体中，使得它们难以被消除或发现。信息隐藏历史悠久，但现代信息隐藏起源于20世纪90年代。由于人类感知对数字媒体一些成分的变化不敏感，且现代信息隐藏的一个重要特征是隐藏信息的载体多为数字媒体，因此，本章主要介绍在多媒体数据中的信息隐藏。

信息隐藏主要包括数字水印（Watermarking）和隐写（Steganography）两个方面，前者又分为鲁棒水印和脆弱水印。鲁棒水印是指将版权、购买者等信息嵌入数字内容，使得其难以被消除，以后可以通过取证验证这些信息。脆弱水印将验证信息隐藏在数字内容中，目的是以后通过检测发现篡改，甚至发现篡改位置。由于防伪信息和被保护数据融合，因此方便地支持了流动内容的认证。隐写（也称为隐写术）是指利用可公开的内容隐藏保密的信息，通过隐蔽保密通信或存储的事实获得新的安全性。

本章重点

- ◆ 信息隐藏基本概念
- ◆ 隐藏和提取信息的基本方法
- ◆ 典型的鲁棒水印和脆弱水印及其性能
- ◆ 典型的隐写方法及其性能

7.1 信息隐藏基本概念

信息隐藏（Information Hiding）又称为数据隐藏（Data Hiding），起源于古代就出现的隐写（Steganography）技术。与密码技术不同，隐写通过将保密数据存储在其他可公开的载体中，从而使对手难以知道保密通信或保密存储的存在，也很难找到破解对象，可以实现更安全的保密通信。可以说，密码隐藏保密的内容，隐写隐藏保密的事实。

隐写技术历史悠久，曾出现在许多古代东西方的文字记载中[2,3]。Trithemius（1462—1516 年）的 *Steganographia* 是隐写领域最早的专著，其中记载了在拉丁文、德文、意大利文和法文中隐藏文本的一些方法；Schott（1608—1666 年）在 *Schola Steganographia* 一书中阐述了如何在音乐乐谱中隐藏消息，即用音符表示字符的方法，如图 7.1 所示。曾公亮（999—1078 年）和丁度（990—1053 年）合著的《武经总要》反映了北宋军队对军令信息的隐藏方法：先将全部 40 条军令编号并汇成码本，以 40 字诗对应位置上的文字代表相应编号，在通信中，代表某编号的文字被隐藏在普通文件中，但接收方知道它的位置，这样可以通过查找该字在 40 字诗中的位置获得编号，再通过码本获得军令。《武经总要》中的这部分描述实际上给出了一个文本隐藏算法。隐写技术在近代也经常使用[3]：在 20 世纪的两次世界大战和间谍活动中，隐形墨水得到了广泛应用，而利用伪装的文件传递信息更是惯用的手法；在造币技术中，特殊材料被用于纸币中，并写入隐藏的信息，在纸币接受检测时，检测设备可以通过返回的信号鉴别纸币真伪。

图 7.1　通过把字母表中的字母映射到音符以隐藏信息

20 世纪末期，随着社会对数字媒体版权保护、内容防伪等问题的关注，信息隐藏开始受到学术界和企业界的广泛关注[2]。在互联网环境下，图像、音乐、影视作品和书籍等逐渐以数字内容的形式出现，这使复制品（非正规）易于获得和传播，造成了娱乐业和出版业巨大的经济损失。鲁棒水印（Robust Watermarking）是重要的版权保护技术之一，它是指将与数字媒体版权或购买者有关的信息嵌入数字媒体本身中。在载体不遭到显著破坏的情况下，攻击者难以消除水印，从而实现鲁棒性（Robustness）。而授权者可以通过检测水印实现对版权所有者或内容购买者的认定，这种认定有助于界定版权权益或侵权责任。随着信息技术的发展，数字媒体的处理工具日益先进，这为内容造假提供了便利。为保证数据内容的真实性和完整性，许多来自政府、司法、军事和商业等部门的重要数据需要进行防伪处理。这显然可以通过前面介绍的数字签名技术实现，但是，数字签名产生了单独的签名数据，需要在应用中专门进行管理，而脆弱水印（Fragile Watermarking）技术将防伪信息隐藏在数字内容本身中，以后可通过水印检测发现篡改，甚至发现篡改的位置，从而方便地支持了被保护内容的安全流动。

21 世纪初期以来，一些重要的新闻媒体多次报道，隐写工具已经被犯罪组织、恐怖组织以及特工人员使用[2]，并且部分恶意程序已经采用隐写技术隐藏其自身的代码或进行隐蔽通信，这使得对隐写及其识别的研究变得越来越重要。识别隐写的技术被称为隐写分析（Steganalysis），它一般通过检测媒体统计特征的变化判定隐写的存在。

当前，人们普遍用“信息隐藏”一词作为隐写、数字水印等类似技术和方法的总称，它泛指将特定用途的信息嵌入可公开内容或其他载体中进行保存、传输的方法。各类信息隐藏技术的目的不同，但在方法上存在很多共同点，可以用图 7.2 中的模型对它们进行基本描述。首先，嵌入算法在可以公开的载体数据中嵌入信息，这种嵌入不改变载体的内容，一般难以察觉，实现了感知透明性；在载体内容（发布数据）公开后，假设它遭到了相应的攻击，如针对破坏水印的水印攻击以及针对发现隐写的隐写分析；以后提取者需要验证这些嵌入信息的存在（如验证是否隐含了版权或购买者标识）、判断水印的损坏情况（如判断脆弱水印是否完整）或使用被隐藏的信息（如获得通过隐写传输的机密信息）。但是，不同信息隐藏技术要实现的主要性质不同。例如，鲁棒水印要求隐藏的信息难以被去除，即必须具备鲁棒性，脆弱水印要求隐藏的信息能够帮助确定篡改，隐写要求嵌入特征难以被发现。从攻击角度看，由于数字水印攻击的主要目的是消除水印或伪造合法的内容，因此，属于主动攻击（改动被攻击的数据）；而由于攻击者一般不能从一开始就察觉隐写的存在，因此，针对隐写的攻击主要是被动攻击（隐写分析，它不改动被攻击内容的数据）。

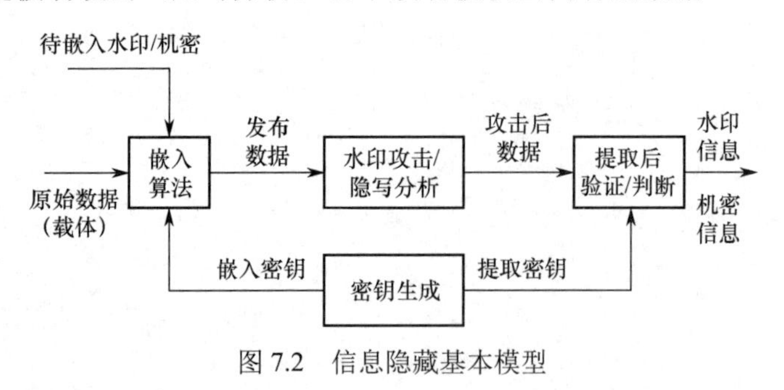

图 7.2　信息隐藏基本模型

7.2　信息隐藏的基本方法

信息隐藏需要在一个可以公开的载体数据中嵌入并提取信息，并且嵌入不能改变或显著改变载体内容。有些嵌入方法适用于多种信息隐藏应用场合，但也有的仅适用于特定场合。嵌入的信息一般是一个密文串，它们可以直接被嵌入，或者经过信号调制后再嵌入。需指出，所嵌入的信号可以仅作为一个标识而存在。例如，一个由用户私钥参与生成的随机序列或矩阵，可以作为其唯一身份标识并作为水印嵌入购买的载体内容，提取端不关心如何提取标识中每一个样点值，而仅需要验证标识是否存在，即收发双方只需要完成 1 比特消息的传输。

由于人类感知对数字媒体（主要包括数字图像、音频和视频）一些成分的变化不敏感，且现代信息隐藏的一个重要特征是隐藏信息的载体多为数字媒体，因此，下面主要介绍在多媒体数据中的信息隐藏和提取技术。需指出，多媒体载体信号可以是空间域的像素或样点，也可以是由信号变换或编码得到的变换系数或系数编码，常用的变换有 Fourier 变换、离散余弦变换（Discrete Cosine Transform，DCT）和小波变换（Wavelet Transform）等。

1．低位比特替换与修改

一般可以将用有限字长存储的数字信号采样值视为一个个的二进制整数，它们低位比特的变化对信号的感知效果影响很小。一类简单的信息隐藏方法是将部分样点的最低意义比特（Least Significant Bit，LSB）替换为被隐藏的数据[4]，这类方法被称为 LSB-R（LSB-Replacement）。若 $x=(b_n,\cdots,b_1)$ 表示一个采样值，其中 b_1 为它的 LSB，记 $\mathrm{LSB}(x)=b_1$；若 w 表示待隐藏信息的一个比特，LSB-R 嵌入一个比特的操作可以用二进制运算表示为 $b_1'=w$，也可以用整数运算表示为

$$x'=\begin{cases}x+w & x\equiv 0\ (\mathrm{mod}\,2)\\ x+w-1 & x\equiv 1\ (\mathrm{mod}\,2)\end{cases}$$

也可以不去替换 LSB，而通过修改它实现信息的嵌入。LSB 匹配（LSB-M，LSB-Match）是典型的基于低位比特替换与修改的信息隐藏方法[5]，它对要改动数值的 LSB（从 1 改为 0，或者反之）采用随机（也可依照策略选择）加 1 或减 1 的方法实现，即

$$x'=\begin{cases}x\pm 1 & x\equiv 0\ (\mathrm{mod}\,2) & w=1\\ x\pm 1 & x\equiv 1\ (\mathrm{mod}\,2) & w=0\\ x & x\equiv 0\ (\mathrm{mod}\,2) & w=0\\ x & x\equiv 1\ (\mathrm{mod}\,2) & w=1\end{cases}$$

读者将从本章随后的介绍中发现，LSB-M 及其提高方法的出现不是偶然的，它是针对 LSB-R 隐写的不足而提出的，目的是减少隐写对信号直方图统计特征的影响，从而增加隐写的隐蔽性。

虽然有的隐藏算法使用了稍高位的比特操作，但是，通过这类低位比特替换与修改方法嵌入的信息容易被低代价消除，因此，这类隐藏方法没有鲁棒性，主要用于脆弱水印和隐写。对隐写来说，一个统一的要求是，无论如何改动，都需要尽量减少对各种统计特征的影响，这可以通过本章将要介绍的一系列隐写隐蔽性提高技术来实现，我们将发现，这些技术的出现极大地发展了基于低位比特操作的隐藏方法。

2．扩频调制

扩频通信是一类将消息信号调制到各个频率上进行通信的方法。在军事通信中，扩频通信有反电波截获的能力，这说明它本身有保护信息的特性；在移动通信中，扩频通信能实现码分复用（Code Division Multiple Access，CDMA）的功能，扩频信号可以从叠加传输的众多信号中被提取出来，这说明扩频信号可以被其他信号叠加。上述特性促使 Cox 等人[6]和 Barni 等人[7]提出了扩频调制信息隐藏方法。

扩频通信分为直接序列扩频（Direct Sequence Spread Spectrum，DSSS）和跳频扩频两类，信息隐藏中使用的扩频调制一般是基于前者的（如图 7.3 所示），它将信息编码调制成伪随机序列。若当前状态需隐藏和传输的信源编码信息为一个消息比特 m，典型的扩频调制

嵌入和扩频调制提取过程如下所述。

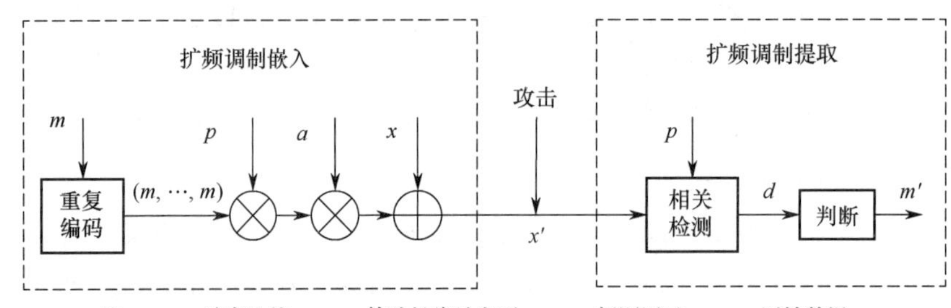

注：m——消息比特；p——伪随机信号序列；a——幅调因子；x——原始数据；x'——发布数据；d——相关值；m'——提取消息

图 7.3　扩频调制嵌入和扩频调制提取流程

1）扩频调制嵌入

① 编码扩展：$m \leftarrow (m, m, \cdots, m)_{1\times L}$，其中，常数 L 被称为片率（Chip Rate），它表示重复编码的码长，“$\leftarrow$”表示赋值。

② 扩频调制：$c \leftarrow m \otimes p = (m \cdot p_1, \cdots, m \cdot p_L)$，其中，$p$ 为伪随机信号序列，它可以是实数序列，$\otimes$ 在这里表示逐点相乘；从信号处理的角度来看，随机序列包含从低频到高频的各种成分，因此，以上操作的效果是将 m 调制到各个频率成分上去。

③ 幅度调制：用调幅因子 $a \leftarrow (a_1, a_2, \cdots, a_L)$ 调节待嵌入调制信号 c 的强度，得到 $s \leftarrow a \otimes c = (a_1 \cdot m \cdot p_1, \cdots, a_L \cdot m \cdot p_L)$，其中，$a_i$ 是小数，它们可以是常数，也可以根据载体自适应生成，以实现更好的感知透明性。

④ 嵌入：计算 $x' \leftarrow x + s$。

以上扩频调制嵌入可以综合地表示为

$$x' = x + s = x + a \otimes m \otimes p$$

2）扩频调制提取

通过计算 p 与 x' 之间的相关性可以提取消息 m'。若相关性评价指标大于选定的阈值 T，则认为嵌入的是 1，否则是 0。常用的相关性计算方法是

$$C(x', p) = \frac{< x' - \mu_{x'}, p - \mu_p >}{\sqrt{< x' - \mu_{x'}, x' - \mu_{x'} >}\sqrt{< p - \mu_p, p - \mu_p >}}$$

其中，μ_v 表示 v 中元素的均值。上述相关性指标被称为归一化相关系数，其中 $< a, b > = \sum_i a_i b_i$。当然，衡量相关性有多种指标，它们都可以被采用。由于嵌入和提取中都用到了 p，并且无此参数的人不能进行嵌入和提取，因此，它起到了对称密钥的作用。

虽然扩频调制方法也曾被用于隐写，但由于这种方法的信息传输率较低，因此，当前主要用于数字水印。信号的相关性具备一定的稳定性，这使得这种方法适用于构造鲁棒水印，本章 7.3 节将给出一个 DCT 变换域中扩频水印的实例。

3. 量化索引调制

结合信号量化技术，Chen 和 Wornell[8-9]提出了基于量化索引调制（Quantization Index Modulation，QIM）的信息隐藏方法。基于 QIM 的信息隐藏能够消除载体信号对提取算法的干扰，在一定尺寸的载体信号中能嵌入较多数据，因此，是一类重要的信息隐藏方法，它已

经被用于构造水印和隐写方案。

下面先基于标量量化说明这类信息隐藏的基本方法。在图 7.4 中，数轴上分布着最小间隔（同色点）为Δ的黑点和白点，它们均匀交错，最接近的黑点和白点间隔$\Delta/2$。若此时需要嵌入的消息比特是$m=1$，则将当前的载体数据 x 调整到与最近的黑点值相等，反之，则调整到与最近的白点值相等。消息提取者根据嵌入后载体 x' 靠近黑点还是白点来选择提取出$m'=1$还是$m'=0$。若攻击者需要破坏以上解码，则需要强行将x'从靠近黑点变为靠近白点，或者执行相反的过程，这可能会破坏原载体的感知质量，因此，以上简单的嵌入方法有一定的鲁棒性。

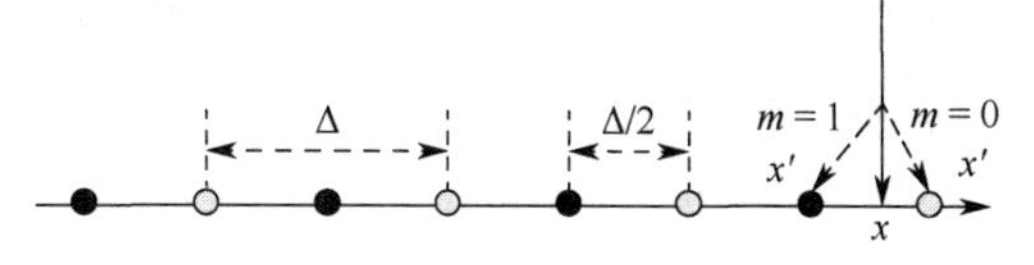

图 7.4　基于标量量化的 QIM 示意图

为了获得更好的鲁棒性，QIM 一般是基于矢量量化的，实现用一个向量隐藏一个消息符号。矢量量化涉及代数中格（Lattice）和陪集（Coset）的概念。格是有鲜明几何意义的加群，格的元素称为格点，它们均匀分布在欧氏空间中。例如，在图 7.5（a）中，所有黑点构成了二维矩形格；在图 7.5（b）中，所有黑点构成了二维六边形格，这种基本形状称为 Voronoi 单元。在矢量量化中，对一个信号向量，选择一个最近的格点作为它的量化值即可，但是，为了能够通过量化实现消息嵌入，需要利用子格的陪集。在图 7.5 中，各种点的全体也构成了一种格，由于点更加稠密，因此，称为细格（Fine Lattice），原先黑点构成的格称为粗格（Coarse Lattice）。设粗格为 Λ，细格为Γ，由于 Λ 是Γ 的子格，因此任选不同的$\boldsymbol{v}\in\Gamma$，可以构造它的陪集$\boldsymbol{v}+\Lambda$（构造的陪集可能相同），直到全部不同陪集正好是Γ 的一个划分，即它们的全体组成Γ，但彼此不相交。这样的陪集具有等距交错的几何效果。例如，图 7.5（a）中的两个陪集是$\Lambda_0=\Lambda$和$\Lambda_1=\Lambda+\boldsymbol{v}$，分别对应黑点和空心圆点；图 7.5（b）中的 3 个陪集是$\Lambda_0=\Lambda$、$\Lambda_1=\Lambda+\boldsymbol{v}_1$和$\Lambda_2=\Lambda+\boldsymbol{v}_2$，分别对应黑点、空心方点和空心圆点。

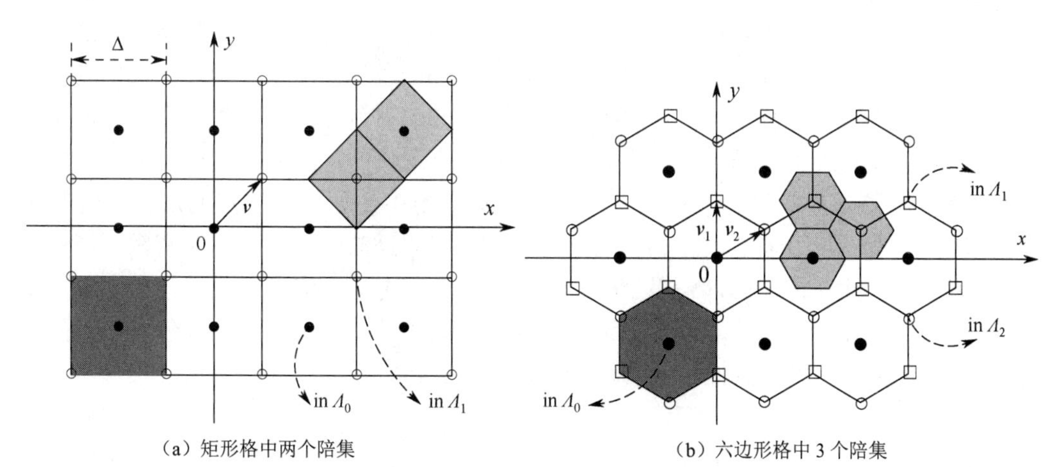

（a）矩形格中两个陪集　　（b）六边形格中 3 个陪集

注：深色和浅色形状分别表示粗格和细格的 Voronoi 单元，不同陪集的点用不同形状表示。

图 7.5　二维矢量量化采用的两种格以及其中的陪集

基于子格陪集的概念容易描述和理解 QIM。假设消息采用 M 元编码，消息符号集为 Ω（如二元编码时$\Omega=\{0,1\}$，三元编码时$\Omega=\{0,1,2\}$），构造一个细格，使得可以用 M 个陪集划分，这样，可以得到 M 个量化方法，它们分别对应隐藏 M 个消息符号。例如，在二元编码下，当需要在一个原始向量中隐藏 0，则参考图 7.5（a）中的 Λ_0 进行量化，即将向量调整到最近的黑点；若隐藏 1，则参考图 7.5（a）中的 Λ_1 进行量化。设原始向量为 $\boldsymbol{x}$，当前需要隐藏的消息符号为 m，QIM 可以表示为

$$\boldsymbol{x}' = Q_m(\boldsymbol{x}),\quad m \in \Omega = \{0,1,\cdots M-1\}$$

其中，$Q_m(\cdot)$ 表示按照 Λ_m 量化。QIM 的提取操作可以描述为

$$m' = \arg_{m\in\Omega} \min \operatorname{dist}(\boldsymbol{x}', \Lambda_m)$$

这里，$\operatorname{dist}(\boldsymbol{x}', \Lambda_m)$ 表示 $\boldsymbol{x}'$ 与 Λ_m 的最近距离，显然，上式的含义是确定距离 $\boldsymbol{x}'$ 最近的 Λ_m，之后选择 m 作为提出的消息符号。

例 7.1　基于二维矩形格的矢量 QIM 嵌入和提取。

在图 7.5（a）中，设 $\Delta = 4$，则 $\Lambda_0 = \{(i\Delta, j\Delta) | i, j \in Z\}$，$\Lambda_1 = \{((i+1/2)\Delta, (j+1/2)\Delta) | i, j \in Z\}$，其中 Z 表示整数集合。当原始载体向量 $\boldsymbol{x} = (11.6, 16.5)$ 时，待隐藏的信息 $m = 0$。由于在 Λ_0 中 $(12,16)$ 距离 $\boldsymbol{x}$ 最近，因此，嵌入 0 后的数据为 $\boldsymbol{x}' = (12,16)$。假设在提取前，$\boldsymbol{x}'$ 遭受噪声攻击，变为 $\boldsymbol{x}' = (12.2, 16.4)$，在提取中，提取算法发现它更加靠近 Λ_0，因此，将 0 作为提取的信息。

Chen 和 Wornell[9]还提出了使用抖动调制（Dithering Modulation，DM）和失真补偿（Distortion Compensation，DC）的提高方案。这些方案在一定程度上加强了 QIM 的隐蔽性和安全性，DM 将在本章 7.4 节介绍。

4. 其他方法

通过使信号统计量发生变化来传递信息也是一类常用的信息隐藏方法。上述介绍的扩频调制信息隐藏方法实际上是基于调制相关系数值的。类似的方法还有很多，如与均值、能量等相关的统计量都可用于信息隐藏。调制统计特征量的特点在于，一些统计特性比较稳定，在主动攻击下，仍然能够正确检测出嵌入信息，因此，比较适用于构造鲁棒水印方案。

在文本和软件代码中也可以进行信息隐藏。文本隐藏方法是古代信息隐藏常用的方法，它通过适当改动一段可公开的文本内容隐蔽地传输另外一段机密文本。当前，文本隐藏获得了新的发展，出现了一些基于同义词替换的方法[10]，它们普遍运用了自然语言学科的发展成果，从而增强了安全性。当前，一些场合下的用户是不可信的，因此，需要对客户端软件的安全参数进行隐藏保护。例如，在数字版权保护的应用中，往往用加密的形式传输数字媒体，但内容的消费者也可能是盗版者，因此，运营者希望播放器使用的解密密钥不能被消费者掌握。为进行上述保护，可以采用一些方法在软件代码中进行信息隐藏[11]，嵌入方法主要包括在代码中引入冗余、功能等价地打乱正常操作的流程等。也有一些软件信息隐藏的目的是希望验证软件的版权和完整性，辅助相关的管理与控制。

7.3　数字水印

1. 鲁棒水印

在数字版权保护中，对解密后的数字内容如何实施进一步的控制一直是一个难题。鲁棒水印技术（以下简称鲁棒水印）是一种主要面向数字内容版权保护的信息隐藏技术，它在原

始内容中隐蔽地嵌入有关版权的信息，主要包括版权所有者或购买者的信息，隐藏的数据或它经调制后的信号称为数字水印，数字水印可以在以后被检测，实现版权所有权验证或侵权追踪。鲁棒水印需要实现感知透明性、鲁棒性、安全性和盲性等性质。感知透明性是指人应难以感知水印的存在，水印不影响数字内容的正常使用；鲁棒性是指水印难以被攻击者去除，或者能够损害水印检测的操作也会造成数字内容质量的较大损失；安全性一般是指水印检测需要使用可靠的密钥和安全参数，水印算法没有容易被利用的地方，非授权者不能检测水印并且难以估计安全参数，水印验证难以被低感知代价的攻击所威胁；盲性要求水印检测不需要原始载体内容，但为了实现高的鲁棒性，有的水印算法允许检测者获得原始版本，这在一定应用下是合理的，但不是主流的方法。

虽然我们一般也希望水印能够承载更多的信息量，即嵌入码率较高，但为了提高鲁棒性，让水印传输 1 比特的信息也是可以的，此时仅表示某个版权所有者或内容购买者的标识是否存在于数字内容中，这种标识往往是一个伪随机信号序列。

鲁棒水印可按照嵌入位置分为时空域水印和变换域水印两类。这里通过介绍 DCT 域扩频水印说明鲁棒水印的具体实现方法。DCT 域扩频水印最早由 Cox 等人[6]提出，后来由 Barni 等人[7]进一步完善，是一种非常典型的变换域水印，它主要分为水印嵌入和水印检测两部分，以下以灰度图像作为原始信号进行介绍。

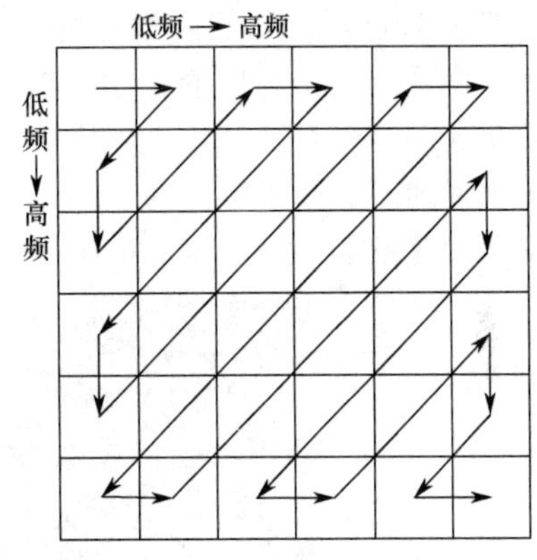

图 7.6　6×6 二维变换系数矩阵元素的 zigzag 顺序（每个方格代表一个元素）

1）水印嵌入

① 水印生成：生成长度为 M 的并且接近正态分布的实数序列 $p=(p_1,p_2,\cdots,p_M)$ 作为水印，用它作为数字内容版权所有者或购买者的标识。

② DCT 变换：对 $N\times N$ 的原图像 I 进行二维 DCT 变换，并将变换系数二维矩阵按照 zigzag 顺序排列为一维向量 $\boldsymbol{T}$，其中，zigzag 顺序可以用图 7.6 表示，它的排列特点是将两个维度上的元素按照频率从低到高做一维排列，经常在多媒体编码中采用。

③ 水印嵌入：为了在获得鲁棒性的同时保持更好的感知透明性，算法将水印嵌入中频区域，因此，取出向量 $\boldsymbol{T}$ 的第 $(L+1)$ 至 $(L+M)$ 个元素 $t_{L+1},t_{L+2},\cdots,t_{L+M}$ 作为嵌入位置，计算向量 $\boldsymbol{T}'=(t'_{L+1},t'_{L+2},\cdots,t'_{L+M})$，其中

$$t'_{L+i}=t_{L+i}+\alpha\cdot|t_{L+i}|\cdot p_i,\quad i=1,\ \cdots,\ M$$

常数 α 用于调节嵌入强度；随后用 $\boldsymbol{T}'$ 替换 $\boldsymbol{T}$ 中相应位置上的系数，再进行反 zigzag 排序，得到新的二维系数矩阵，最后进行 DCT 反变换，得到嵌入水印后的图像 I'。对比本章 7.2 节介绍的扩频方法，可以认为这里片率为 M，采用了自适应的调幅因子 $a_i=\alpha\cdot|t_{L+i}|$，仅传输了一个比特 $m=1$，表示有无标识，因此，实际上 $m\otimes p=p$。

2）水印检测

对待测图像 I^* 进行 DCT 变换和 zigzag 排序，取第 $(L+1)$ 至 $(L+M)$ 个 DCT 系数构成向量 $\boldsymbol{T}^*=(t^*_{L+1},t^*_{L+2},\cdots,t^*_{L+M})$，按以下指标计算向量 $\boldsymbol{T}^*$ 与 p 的相关值

$$z=\frac{<p,\ \boldsymbol{T}^*>}{M}=\frac{1}{M}\sum_{i=1}^{M}p_i t^*_{L+i}$$

若 $\lg(z)$ 不小于阈值 T_z，则认为 I^* 中含有水印 p，反之则没有。

图 7.7 给出了水印嵌入和检测的例子，其中水印相关检测值 z 取对数后显示。可以看出，嵌入水印后的图像与原始图像相比，在视觉上几乎没有差别，体现了算法的感知透明性；图 7.7（d）还说明，仅当用正确的水印序列检测时，检测值最大。

（a）原始图像　（b）DCT 变换系数　（c）嵌入后（PSNR=48 dB）　（d）水印检测值

图 7.7　DCT 域扩频水印嵌入与检测情况（用正确水印序列检测时检测值最大）

对图像水印常见的攻击包括图像有损压缩、添加噪声、尺度缩放等。图 7.8 给出了经过这 3 种攻击后水印的检测情况，其中在检测前对缩放攻击后的图像进行了尺寸还原。可以看出，在经过一定程度的上述攻击后，水印的存在性仍能够正确地被识别，体现了 DCT 域扩频水印的鲁棒性。从原理上看，以上攻击并没有较大程度地改动图像的 DCT 域信息，而若攻击者为了去除水印，盲目地直接修改 DCT 系数，则将引入较大的感知质量损失，这种情况下即使不能检测水印，也应该认为水印起到了作用，可以视为鲁棒性的一种体现。

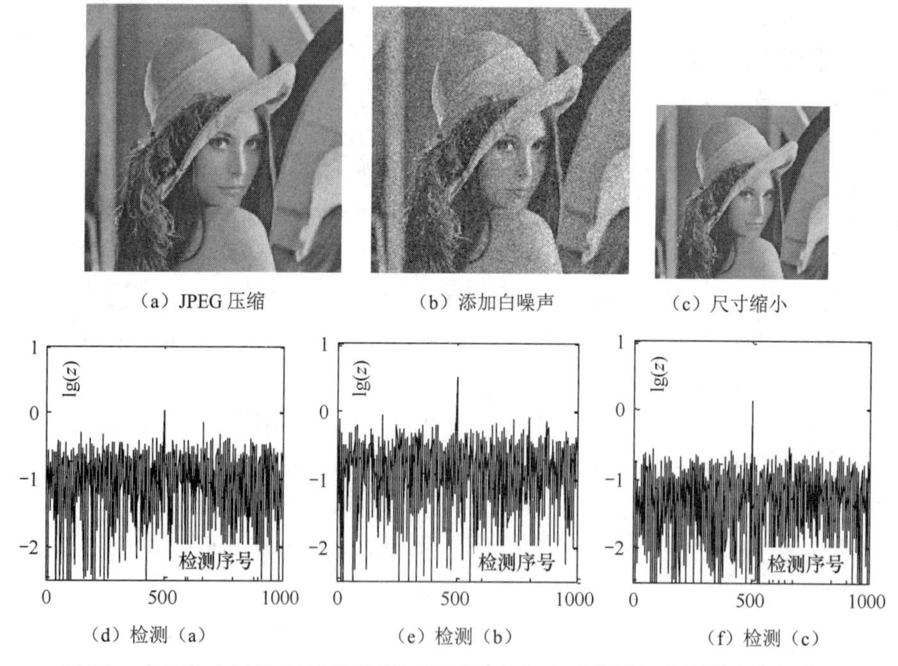

（a）JPEG 压缩　（b）添加白噪声　（c）尺寸缩小

（d）检测（a）　（e）检测（b）　（f）检测（c）

图 7.8　水印攻击后的 1000 次检测（用正确水印序列检测仍获得最大检测值）

类似于假设检验的情况，上述扩频水印存在误报（在没有水印时检测到水印的存在）和漏报的可能。这可以建立相关的统计模型进行分析。假设在 I^* 中不含水印的情况下，$\lg(z)$ 近似服从正态分布 $N(\mu_f,\sigma_f^2)$，在含水印的情况下近似服从正态分布 $N(\mu_m,\sigma_m^2)$，则误报率

P_f 和漏报率 P_m 分别为

$$P_f = \frac{1}{\sqrt{2\pi\sigma_f^2}}\int_{T_z}^{\infty} \mathrm{e}^{-\frac{(x-\mu_f)^2}{2\sigma_f^2}} \mathrm{d}x\text{，} \quad P_m = \frac{1}{\sqrt{2\pi\sigma_m^2}}\int_{-\infty}^{T_z} \mathrm{e}^{-\frac{(x-\mu_m)^2}{2\sigma_m^2}} \mathrm{d}x$$

P_f 和 P_m 之和为水印检测错误率。Barni 等人经过估算发现，当 $M = 16000$、$\alpha = 0.01$、$T_z = 0.034$ 时，以上算法的 P_f 约在 10^{-6} 量级，按上述模型类推，当 $\sigma_f \approx \sigma_m$ 时，P_m 也在近似的量级上。

2．脆弱水印

脆弱水印技术（以下简称脆弱水印）是一种保护内容完整性和真实性的技术。它在感知上隐蔽地将可验证的水印嵌入被保护的数字内容，被授权者可以通过验证水印从而判断内容的真实性和完整性。脆弱水印需要实现的主要性能包括篡改敏感性、可定位性、感知透明性、半脆弱性（Semi-Fragile）、可逆性（Reversibility）等，而实现前面提到的盲性是前提。篡改敏感性是指验证算法应能尽量准确地检测对发布内容的篡改，发现篡改的概率要足够高，错误概率要足够低。可定位性是指算法能够识别发布数据的篡改位置，对篡改有比较精确的定位能力。半脆弱性是指水印检测对针对内容的正常操作（如编码转换）不敏感，而对针对内容的篡改敏感。在保护重要数据（如具有法律效力的证据图像、需要进行深入病理分析的医疗影像）完整性的应用中，人们逐渐希望水印的加入不破坏原始数据的任何信息，这要求在水印验证中能够还原原始数据，实现所谓的可逆性。

与数字签名相比，脆弱水印的特点是：首先，它将完整性验证信息存储在被保护内容本身中，无须单独存储和管理验证信息（如签名数据），也无须要求文件编码格式是否有签名字段，简化了应用条件和模式；其次，支持篡改定位，显然，该功能有助于发现篡改者的意图，有利于支持调查取证；最后，数字签名对数据的改变高度敏感，有些应用允许内容的编码格式转换，以支持不同的处理和显示设备，此时的完整性保护可通过半脆弱水印实现。

针对不同的应用要求，脆弱水印可采用密码或信号处理或二者综合的方法来实现。脆弱水印常使用杂凑、认证码和数字签名生成水印信号，使得算法具有好的篡改敏感性，它实际为签名提供了一种存储方式，可以认为是一种数字签名或认证码的应用方式，但是，签名数据需要基于数据分块计算得到，这样的水印往往篡改定位精度不高。基于信号处理的方法可生成类似伪随机序列的水印进行嵌入，通过对比提取水印与原水印，往往对篡改具有更准确的定位能力，并且能够实现半脆弱性。可逆水印往往综合采用密码和信号处理方法。对基于信号处理的脆弱和半脆弱水印，它的嵌入和提取与鲁棒水印比较类似，因此，下面仅介绍一个主要基于密码方法的脆弱水印方案[12]和一个基于差值扩展（Difference Expansion，DE）的可逆脆弱水印方案[13]。

Wong 等人[12]提出的脆弱水印方案较典型地采用了分块数字签名的构造方法，如图 7.9 所示。算法先对原图像像素分块，原图像的分块 u_i 又进一步被划分为 LSB 区域和非 LSB 区域，这里分别用 $\mathrm{LSB}(u_i)$ 和 $\mathrm{NLSB}(u_i)$ 表示，其中，前者用于承载嵌入水印，而嵌入的数据是 $\mathrm{NLSB}(u_i)$ 的杂凑值与水印分块 w_i 的异或值经过 RSA 加密的结果；在水印验证中，发布数据分块 $\tilde{u}_i$ 的 LSB 区域 $\mathrm{LSB}(\tilde{u}_i)$ 先被解密，随后计算发布数据分块的非 LSB 区域 $\mathrm{NOLSB}(\tilde{u}_i)$ 的杂凑值，以上两者的异或结果作为提取的水印分块 $\hat{w}_i$。这可以表示为

$$\begin{cases} \tilde{u}_i = \begin{cases} \text{LSB}(\tilde{u}_i) = E_{\text{SK}}(h\ (\text{NLSB}(u_i)) \oplus w_i) \\ \text{NLSB}(\tilde{u}_i) = \text{NLSB}(u_i) \end{cases} \\ \hat{w}_i = h\ (\text{NLSB}(\tilde{u}_i)) \oplus D_{\text{PK}}(\text{LSB}(\tilde{u}_i)) \end{cases}$$

其中，$h(\cdot)$表示杂凑函数，$E_{\text{SK}}(\cdot)$表示 RSA 算法私钥加密，$D_{\text{PK}}(\cdot)$表示 RSA 算法公钥解密，$\oplus$表示异或操作，$\hat{w}_i$一般是一个图案，它对水印提取效果和破损情况可以起到可视化的作用，但若它不存在，也不影响算法的签名验证，因为这等价于$\hat{w}_i = 0$。以上验证的有效性在于它等价于验证数字签名。由于一般认为 RSA 算法的安全模长应该不低于 1024 比特，因此，实际分块大小至少为 32×32 像素，该尺寸是这种算法最高的篡改定位精度，这说明采用短签名有助于提高可定位性。

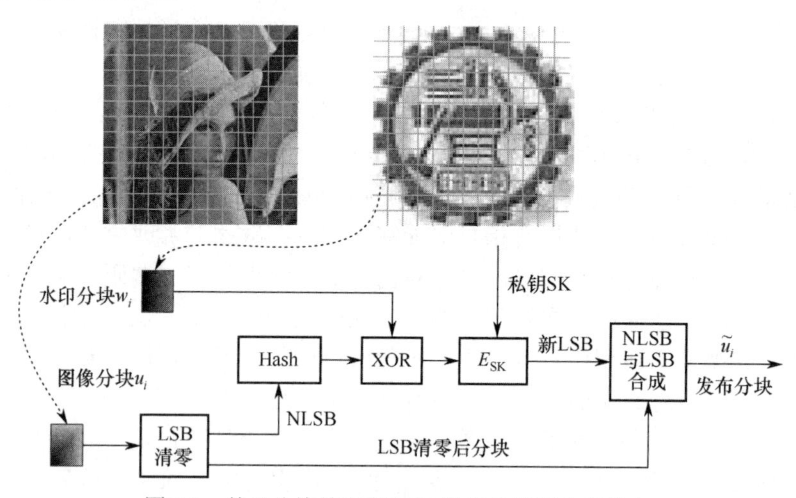

图 7.9　基于分块签名和 LSB 操作的脆弱水印嵌入

下面介绍一种可逆脆弱水印的构造原理。最简单的可逆隐藏可以是：对载体嵌入位置上的数据（如 LSB）先做无损压缩，将压缩后的数据和验证信息一并嵌入，压缩出的空间承载有效载荷，而嵌入的其他信息只是为了使提取算法可以恢复原始数据。但是，由于载体可嵌入位置上的数据一般都是媒体内容中较冗余的部分，随机性较强，因此，压缩效果不好，获得的空间较小。Tian[13]提出的基于 DE 的数据嵌入（以下简称为 DE）是一种可逆隐藏方法，它将信息比特嵌入一对信号样点值差值的 LSB，避免了直接压缩嵌入位置上的数据，适用于在多媒体时空域中实现可逆脆弱水印。设(x, y)是载体信号时空域中的一个样点对，它一般是一个整数对，并且一般是相邻的，因此，在数值上比较接近；DE 为了嵌入验证消息比特 b，先计算它们的均值和差值

$$l = \left\lfloor \frac{x+y}{2} \right\rfloor,\ \ h = x - y$$

再通过如下方法将 b 嵌入 h

$$h' = 2h + b$$

这等价于将 h 在二进制下左移 1 位，并用 b 替换，扩展出 LSB。最后通过

$$x' = l + \left\lfloor \frac{h'+1}{2} \right\rfloor,\ \ y' = l - \left\lfloor \frac{h'}{2} \right\rfloor$$

得到嵌入后的载体数据对(x', y')。在提取中，可以通过(x', y')得到 l 和h'，此时可提取出

$b = \mathrm{LSB}(h')$，并且将 h' 在二进制下右移一位得到 h，进而通过 h 和 l 还原出 (x, y)。可认为以上处理基于一种可逆整数变换，DE 仅修改了扩展后变换系数的 LSB，扩展的作用是保护了原有信息不被损坏。

例 7.2 DE 可逆信息隐藏计算实例。

设需要在 $(x, y) = (206, 201)$ 中嵌入 $b = 1$，则计算

$$l = \left\lfloor \frac{206 + 201}{2} \right\rfloor = 203，h = 206 - 201 = 5，h' = 2h + b = 11$$

$$x' = 203 + \left\lfloor \frac{11 + 1}{2} \right\rfloor = 209，y' = 203 - \left\lfloor \frac{11}{2} \right\rfloor = 198$$

为了在 $(x', y') = (209, 198)$ 中提取 b，则计算

$$l' = \left\lfloor \frac{209 + 198}{2} \right\rfloor = 203，h' = 209 - 198 = 11，b' = \mathrm{LSB}(h') = 1，h'' = \left\lfloor \frac{h'}{2} \right\rfloor = 5$$

$$x'' = 203 + \left\lfloor \frac{5 + 1}{2} \right\rfloor = 206，y'' = 203 - \left\lfloor \frac{5}{2} \right\rfloor = 201$$

在实际应用中，DE 得到的样点值可能会溢出图像或音频采样点所允许的范围，因此，需要一些额外的开销，主要包括标注、嵌入选择的嵌入位置等，但这些处理并未影响用 DE 构造可逆水印的有效性。

7.4 隐写

隐写是信息隐藏的重要分支，它将机密信息隐蔽地嵌入可公开的载体内容，之后通过载体的传输或存储来掩盖保密通信或保密存储的事实。隐写也需要实现感知透明性、盲性、一定的消息容量等性质，但隐写的隐蔽性是最重要的性质。隐蔽性是评价隐写是否安全的关键因素，它要求不能让第三方检测出隐写事实的存在。因此，对隐写的要求主要是，信息嵌入不引起容易被察觉、被检测的特征变化。由于一般会假设敌手尚未察觉隐写的存在，因此，认为他不会干扰公开内容的传输，所以，通常不要求隐写实现类似水印的鲁棒性。对隐写的盲性要求与水印类似，即要求提取隐写消息时不使用原载体。隐写消息容量一般按照每单位尺寸载体传输多少消息比特来衡量，称为嵌入率，单位是比特/像素（bit per pixel，bpp）或比特/非零系数（bit per non-zero coefficient，bpnc）。显然，当嵌入率较低时，隐写更安全，但是传输的信息量较小。

隐写按照信息嵌入域的不同可以分为时空域方法和变换域方法两类，也可以按照本章 7.2 节的嵌入方法分类。除了早期的隐写，隐写算法的特点是，在基本嵌入方法的基础上包含了特征隐蔽性的处理，这种处理主要包括以下几类：设计或选择特征扰动小的嵌入方法、采用隐写码（Stego-Codes）提高嵌入效率以及加强对载体特性的利用等[1,15-16]。本节将先介绍几个简单的隐写方法，主要目的是用示例说明如何通过调整嵌入方法来减小对载体统计特征的影响；随后简要介绍隐写分析的基本方法。

1. 几个简单的隐写方法

这里通过介绍几个简单的隐写方法来描述不同嵌入方法对载体直方图统计特征的影响，

增加读者对隐写隐蔽性的认识。

1）LSB-R 隐写

最简单的隐写是本章 7.2 节中介绍的 LSB 替换（LSB-R），它用密文二进制序列直接替换载体样点的 LSB。例如，JSteg 是互联网上广泛流传的 JPEG 图像隐写工具，它直接替换 JPEG 编码中 DCT 量化系数的 LSB。可是，LSB-R 的操作特性使得它作为隐写存在较明显的问题[14]：若一个载体样点的 LSB 是 0，则它在 LSB-R 后只加不减，若载体样点的 LSB 是 1，则它在 LSB-R 后只减不加；对一对相邻载体样点数值 $(k,k+1)$，$\mathrm{LSB}(k)=0$，$\mathrm{LSB}(k+1)=1$，则 LSB-R 有使得 k 变化到 $k+1$ 以及使得 $k+1$ 变化到 k 的趋势，即邻值对应的样点数更接近。样点直方图反映了信号中每个出现的样点值（横坐标）对应存在的样点数（纵坐标），因此，上述现象在柱状图表示的样点直方图上看，就是相邻的柱子比正常样点的更加接近，图 7.10（a）和图 7.10（b）展示了这种差异，这使得 LSB-R 的隐蔽性不强。用于发现隐写的特征通常称为隐写分析特征，显然，直方图的上述变化是一种隐写分析特征，研究者们已经利用卡方统计量来定量衡量这种变化。

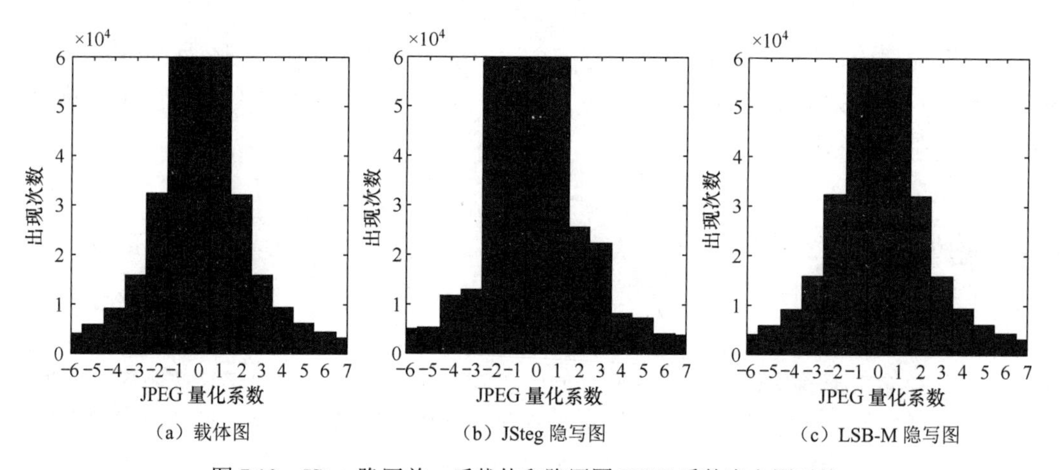

图 7.10　JSteg 隐写前、后载体和隐写图 JPEG 系数直方图对比

2）LSB-M 隐写

本章 7.2 节曾提到，LSB 匹配（LSB-M）嵌入方法的出现不是偶然的。显然，若采用 LSB-M 代替 LSB-R，由于对一个载体样点，需要改变它时是随机加或减 1 的，因此，一个数值下样点数量的增加、减少和保持都是随机的，则不会出现图 7.10（b）的情况。可以通过控制加或减 1 使得直方图（如图 7.10（c）所示）与载体的直方图非常接近。因此，从防止直方图特征异常变化的角度看，LSB-M 优于 LSB-R。

3）QIM 隐写

前面介绍的简单隐写都基于操作整数的低位平面，若希望在实数域隐写，人们可能容易想到直接采用本章 7.2 节介绍的 QIM。例如，图 7.11 给出了在小波变换域低频子带中进行一维 QIM 隐写使用的载体图和得到的隐写图。对 QIM 隐写最典型的攻击仍是直方图分析。由于所有样点均调制为量化值的倍数，QIM 隐写会减少嵌入域样点的数值个数，这种变化会反映在样点直方图上，使得直方图会由相对连续的变为相对离散的。图 7.12（a）和图 7.12（b）分别为上述 QIM 隐写的载体图和隐写图在嵌入域的直方图，可以看出，载体图在嵌入域的直方图更连续，而隐写图在嵌入域的直方图更离散，并且峰值为载体图直方图的数倍，即存在量化特性。显然，直接采用 QIM 进行隐写缺乏隐蔽性。对于采用矢量量化的多维 QIM，也存在类似的情况。

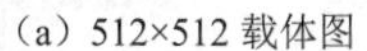

（a）512×512 载体图

（b）小波分解系数

（c）隐写图

图 7.11　小波域 QIM 隐写中的载体图和隐写图

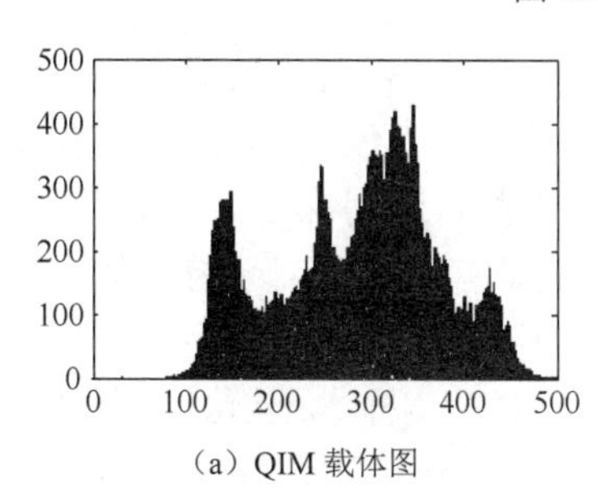

（a）QIM 载体图

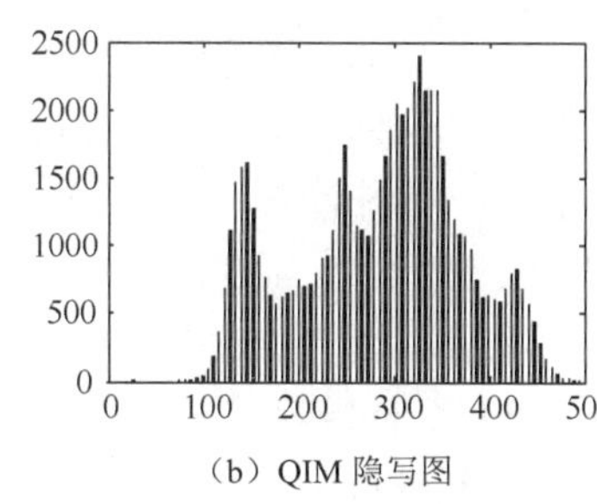

（b）QIM 隐写图

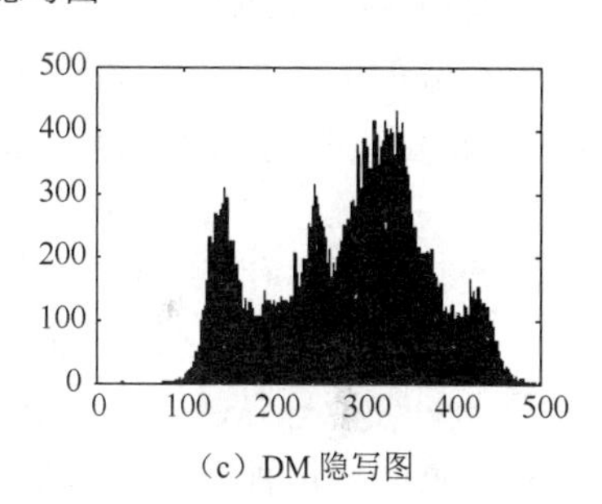

（c）DM 隐写图

图 7.12　载体、QIM 隐写图和 DM 隐写图嵌入域直方图

4）DM 隐写

为了提高上述隐写的性能，可以将 QIM 替换为 DM 的 QIM。该方法一般简称为 DM 隐写。设 $\boldsymbol{x}$ 表示原始数据向量，$\boldsymbol{x}'$ 为隐藏消息符号 m 后的向量，它通过在嵌入过程中引入抖动向量 $\boldsymbol{d}_m$ 消除量化特征

$$\boldsymbol{x}' = Q_m(\boldsymbol{x}) = Q(\boldsymbol{x} - \boldsymbol{d}_m) + \boldsymbol{d}_m,\ m \in \Omega$$

其中，$Q(\boldsymbol{x} - \boldsymbol{d}_m)$ 表示将坐标移动 $\boldsymbol{d}_m$ 后再参照粗格量化，而量化结果加 $\boldsymbol{d}_m$ 使得 $\boldsymbol{x}'$ 在原坐标系中正好在移动的粗格点上。$\boldsymbol{d}_m$ 可以针对每个向量 $\boldsymbol{x}$ 变化，但针对一个原始向量的一组抖动向量 $(\boldsymbol{d}_m, m \in \Omega)$ 的数量与消息符号的数量相同，上述处理等价于将本章 7.2 节中构建的子格陪集同步移动后再进行量化，接着在量化结果上加相应的 $\boldsymbol{d}_m$，不同的 $\boldsymbol{d}_m$ 也存在依赖关系。下面给出一个数值例子。

例 7.3　DM 二元编码嵌入和提取。

用图 7.5（a）的矩形格进行基于 DM 的二元编码，实际上是将坐标移动 $\boldsymbol{d}_0$ 后再进行量化，由于两个陪集是同步移动的，因此此时保证了 $\boldsymbol{d}_0 - \boldsymbol{d}_1 = \boldsymbol{v}$ 的关系。假设矩形格 Voronoi 单元的边长 $\Delta = 4$，由密钥产生 $\boldsymbol{d}_0 = \left(\frac{3}{4}\Delta, -\frac{1}{8}\Delta\right)$，由于 $\boldsymbol{v} = \left(\frac{1}{2}\Delta, \frac{1}{2}\Delta\right)$，$\boldsymbol{d}_1 = \left(\frac{1}{4}\Delta, \frac{5}{8}\Delta\right)$，设原粗格为 Λ，则 DM 的输出结果在原坐标系中是 $\Lambda_0 = \Lambda + \boldsymbol{d}_0$ 或 $\Lambda_1 = \Lambda + \boldsymbol{d}_1$ 中的点，分别表示嵌入 0 和

1；设 $\boldsymbol{x}=(15.5,15.1)$，$m=0$，则 $Q(\boldsymbol{x}-\boldsymbol{d}_0)=Q\left(6\cdot\frac{\Delta}{2}+0.5,8\cdot\frac{\Delta}{2}-0.4\right)=\left(6\cdot\frac{\Delta}{2},8\cdot\frac{\Delta}{2}\right)\in\Lambda$，$\boldsymbol{x}'=\left(6\cdot\frac{\Delta}{2},8\cdot\frac{\Delta}{2}\right)+\boldsymbol{d}_0=(15,15.5)\in\Lambda_0$。在提取中，提取算法若发现 $\boldsymbol{x}'$ 更靠近 Λ_0，则认为提取出的消息比特是 0。

由于 DM 的抖动序列 $\{\boldsymbol{d}_m,m\in\Omega\}$ 可以是分布比较连续的实数伪随机序列，因此，DM 的输出值不存在 QIM 的量化特征。从图 7.12（c）可以看出，DM 隐写图的直方图与原图接近，没有显著的量化特征，因此，从抵御直方图分析的角度看，DM 隐写的隐蔽性比 QIM 隐写的隐蔽性更高。

2. 隐写分析的基本方法

与隐写相对，隐写分析的目的是对载体中是否有隐蔽消息进行判断[18]。隐写分析一般基于载体统计特性的变化来发现隐蔽消息的存在，主要分为专用隐写分析（Specific Steganalysis）和通用隐写分析（Universal Steganalysis）两大类，前者用于分析特定的隐写，后者可用于分析多类或多种隐写。

从流程上看，多数隐写分析类似于一种特殊的模式识别。第一，分析者需要研究有待分析的隐写方法或类似的方法，确定能够反映隐写的隐写分析特征，一般还需要实现或获得相关的隐写工具，以此生成隐写样本（在特殊情况下，也可能直接获得隐写样本）；第二，通过原始载体样本和隐写样本训练隐写分析系统，这样的系统一般是有监督学习系统，如支持向量机（Support Vector Machine，SVM）经常被使用；第三，通过训练得到系统运行所需的配置，此时隐写分析系统可以开始对获得的样本进行隐写分析，即对该样本是否是隐写样本进行分类。在这种模式分类中，为了提高准确性，常采用特征融合和决策融合技术。

确定能够反映隐写的隐写分析特征是隐写分析的重要环节，这一般需要对隐写算法进行全面的分析和实验。当前研究者们已经提出了大量的隐写分析特征，如各种 Markov 特征、小波变换域特征、灰度共生矩阵特征、校准特征和空间邻域像素关联特征等，这些特征能够反映隐写的原因是，隐写破坏了自然数字内容的一些性质，如邻域相关性，因此，在这些特征上表现出了差异，模式分类系统能够利用这些差异实施分类。图 7.13 和图 7.14 给出了两个高维特征在图像隐写前、后的情况。

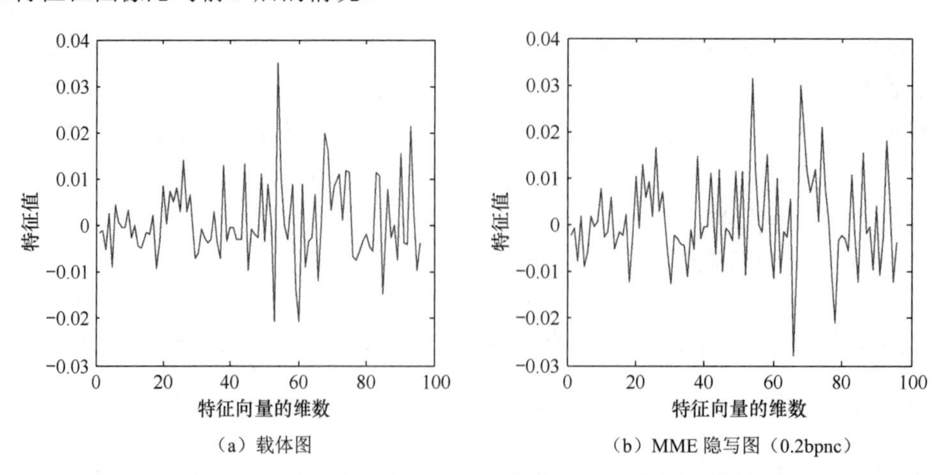

图 7.13　隐写前、后 96 维 POMM（偏序 Markov 模型）特征对比

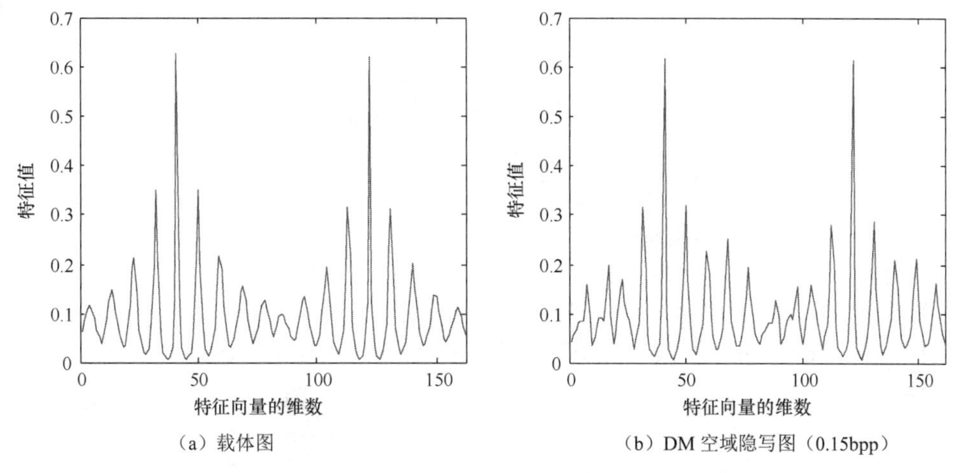

图 7.14　隐写前、后 162 维一阶 SPAM（差分像素邻接矩阵）特征对比

由于隐写分析系统一般也是一个模式分类系统，因此与水印检测类似，隐写分析在性能上也存在虚警率和漏检率，二者之和是错误率。另外，人们一般希望隐写分析系统具备盲性，进行所谓盲隐写分析（Blind Steganalysis），不过这里提到的盲性是指用一个隐写分析系统能够识别更多的隐写，甚至是未知的隐写，即希望假设隐写分析者的先验知识比较少。为了提高盲性，有的研究者采用了无监督学习系统构造隐写分析系统，这样不需要基于训练。但也有研究者认为，隐写分析者往往来自重要的机关，可以假设他们是更强大的敌手，或者认为概率不是可忽略的事情且都应关注，因此，应该允许分析者具有更多的先验知识（如了解一些隐写参数），这似乎更接近密码学的观点。

7.5　小结与注记

本章主要概述了信息隐藏的基本概念和基本模型；描述了隐藏信息的基本方法，包括基于低位比特替换与修改、扩频调制、量化索引调制等，以及相应的信息提取方法；介绍了鲁棒水印、脆弱水印和隐写 3 类技术，以及这 3 类信息隐藏的目的、应用场合、性能要求、典型的设计和攻击方法。

信息隐藏为保障信息和信息系统安全提供了丰富的解决方案和应用方式。在松散的网络应用环境下要管理解密后的数字媒体内容是困难的，鲁棒水印为数字版权侵权调查取证提供了比较简便的手段。尽管数字水印在抵抗攻击（尤其是改变内容尺寸的几何攻击）方面还存在一些不足，但显然这种功能是非常重要的。在数字内容的商业发行中，合法的用户可能也是盗版者，因此，可能需要通过信息隐藏保护某些安全参数，在不影响用户正常消费（如播放器能解密、加密视频）的前提下实现对用户的适当控制。当在应用中不便于存储和传输多媒体内容的认证信息时，可以将它以脆弱水印的形式嵌入被认证内容，二者一同存储和传输，显然这样会使得应用更加简便，尤其是可逆水印的出现使得水印嵌入不会损害载体内容的任何信息。当不希望暴露保密通信的事实时，可以采用隐写技术获得这种附加的安全性，当然，也可能需要采用隐写分析技术防范敌手采用隐写。可以发现，信息隐藏往往和一些独特的安全需求有内在联系，这也说明信息隐藏的独特优势和作用。

本书在写作过程中主要参考了文献[1]。

思　考　题

1．现代信息隐藏产生的主要原因及其区别于古代信息隐藏的特点是什么？

2．隐藏信息的基本方法有哪些？

3．鲁棒数字水印的设计性能一般有哪些？

4．对比脆弱数字水印和数字签名技术。

5．作为保密通信的一种方式，隐写与密码技术有什么异同？隐写的安全性应该如何来衡量和提高？

参考文献

[1] 冯登国，赵险峰. 信息安全技术概论[M]. 2 版. 北京：电子工业出版社，2014.

[2] COX I J，MILLER M L，BLOOM J A. Digital watermarking [M]. Burlington：Morgan Kaufmann Publishers，2002.

[3] PETITCOLAS F A P，ANDERSON R J，KUHN M G. Information hiding：a survey [J]. Proc. of IEEE，1999，87(7)：1062-1078.

[4] BENDER W，GRUHL D，MORIMOTO N，et al. Techniques for data hiding [J]. IBM Systems Journal，1996，35(3)：313-336.

[5] MIELIKAINEN J. LSB matching revisited [J]. IEEE Signal Processing Letters，2006，13(5)：285-287.

[6] COX I J，KILIAN J，LEIGHTON F T，et al. Secure spread spectrum watermarking for multimedia [J]. IEEE Transactions on Image Processing，1997，6(12)：1673-1687.

[7] BARNI M，BARTOLINI F，CAPELLINI V，et al. A DCT-domain system for robust image watermarking [J]. Signal Processing，1998，66(3)：357-372.

[8] CHEN B，WORNELL G W. An information-theoretic approach to the design of robust digital watermarking systems[C]//Proc. IEEE Int. Conf. Acoustics，Speech，and Signal Processing，1999：2061-2064.

[9] CHEN B，WORNELL G W. Quantization index modulation：a class of provably good methods for digital watermarking and information embedding [J]. IEEE Trans. on Information Theory，2001，47(4)：1423-1443.

[10] CHAPMAN M，DAVIDA G，RENNHARD M. A practical and effective approach to large-scale automated linguistic steganography[C]//Proc. of ISC'01. Heidelberg：Springer-Verlag，2001，2200：156-165.

[11] COLLBERG C S，THOMBORSON C. Watermarking，tamper-proofing，and obfuscation：tools for software protection [J]. IEEE Trans. on Software Engineering，2002，28(8)：735-754.

[12] WONG P W. A public key watermarking for image verification and authentication[C]//Proc. ICIP. Chicago，1998：455-459.

[13] TIAN J. Reversible data embedding using a difference expansion [J]. IEEE Trans. Circuit and Systems for Video Technology，2003，13(8)：890-896.

[14] WESTFELD A，PFITZMANN A. Attacks on steganographic systems：breaking the steganographic utilities EzStego，Jsteg，Steganos，and S-Tools：and some lessons learned[C]//Proc. IH'99. Heidelberg：Springer-Verlag，2000，1768：61-75.

[15] FRIDRICH J，SOUKAL D. Matrix embedding for large payload [J]. IEEE Trans. Information Forensics and

Security，2006，1(3)：390-395.

[16] FRIDRICH J，GOLJAN M，SOUKAL D. Perturbed quantization steganography with wet paper codes[C]//Proc. MM & Sec'04，2004：4-15.

[17] PEVNY T，FILLER T，PATRICK B. Using high-dimensional image models to perform highly undetectable steganography[C]//Heidelberg：Springer-Verlag，2010，6387：161-177.

[18] 刘粉林，刘九芬，罗向阳. 数字图像隐写分析[M]. 北京：机械工业出版社，2010.

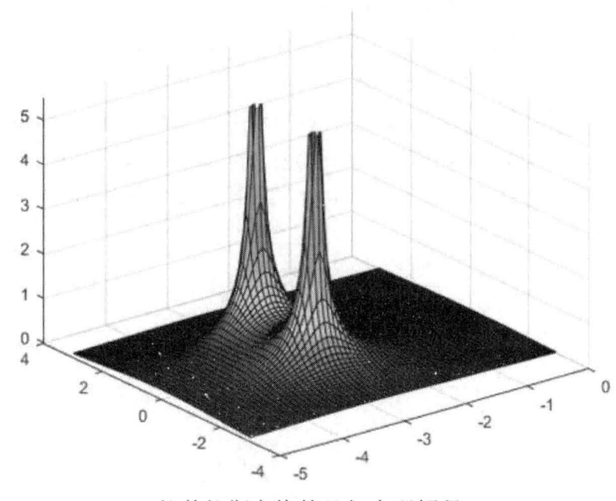

拉普拉斯变换的几何直观解释

隔墙须有耳，窗外岂无人。

——元·孟德耀《举案齐眉》第二折

第8章 隐私保护

内容提要

随着信息技术的发展和应用，用户的电子医疗档案、互联网搜索历史、社交网络记录、GPS 设备记录等信息的收集、发布等过程中涉及的用户隐私泄露问题越来越引起人们的重视。尤其是在大数据场景下，多个不同来源的数据基于数据相似性和一致性进行链接，产生新的更丰富的数据内容，也给用户隐私保护带来更严峻的挑战。本章主要介绍隐私保护需求和模型，关系型数据隐私保护、社交图谱隐私保护、位置轨迹隐私保护、差分隐私保护等技术和方法，以及一些相关的典型攻击方法。

本章重点

- 隐私保护需求和模型
- K-匿名模型及其变体
- 位置轨迹隐私保护基本方法
- 差分隐私保护的基本原理

8.1 隐私保护基本概念

通俗地讲，所有用户不愿意公开的信息都属于隐私，不仅包括个人身份、地址、照片、消费记录、轨迹信息等，也包括商业文档、技术秘密等。随着移动通信、物联网、大数据、云计算、人工智能、区块链等技术的发展和应用，人们面临的隐私保护挑战会越来越大。隐私保护问题的解决离不开配套法规、政策的支持与严格的管理手段，但更需要有可信赖的技术手段支持。

隐私保护不仅要能确保公开发布的数据不泄露任何用户敏感信息，而且还要能确保公开发布的数据的可用性。隐私保护的关键是实现隐私性和可用性之间的良好平衡。

1. 隐私保护应用场景

通常，一个隐私保护方案会涉及以下 4 个参与方：

（1）个人用户：被收集数据的用户。

（2）数据采集/发布者：数据采集者与用户签署一定的数据收集、使用协议，获得用户的相关数据。数据采集者通常也是数据发布者（用户本地隐私保护情形除外）。

（3）数据使用者：可获取该公开数据的机构或个人。

（4）攻击者：可获取该公开数据的恶意使用者。

攻击者具备的知识主要有两类：一类是背景知识（Background Knowledge）；另一类是领域知识（Domain Knowledge）。背景知识是指关于特定用户或数据集的相关信息。例如，攻击者可能知道用户 A 的职位、用户 B 的生日。背景知识的获得完全基于攻击者对具体攻击目标的了解，攻击者可以利用掌握的背景知识，从公开数据中识别出某个特定用户。领域知识是指关于某个领域内部的基本常识，具有一定的专业性。例如，医学专家可能了解不同区域人群中某种疾病的发病比例。当攻击者将目标范围缩小到有限的记录集时，攻击目标可能患有的疾病也仅限于记录集中的几种。具有医学知识的攻击者可以根据攻击目标的地域推断出其可能患有的疾病。

在实际场景中，隐私保护方案可选择在线模式（也称为“查询–问答”模式）或离线模式服务。在线模式对用户访问数据提供实时隐私保护处理。在在线模式（如图 8.1（a）所示）下，通过数据发布者的调控，被收集数据的用户和期望获得真实数据的使用者之间，应能够就数据的使用目的、范围、限制情况等达成一致。但在线模式对算法性能要求较高。离线模式对所有数据统一进行隐私保护处理后批量发布。在离线模式（如图 8.1（b）所示）下，数据一旦公开发布，数据发布者和被收集数据的用户就失去了对数据的监管能力。任意获得该公开数据的第三方，包括恶意攻击者在内，都可以利用和分析这些数据。因此，在离线模式下，数据发布者应力求提前预测攻击者的所有可能攻击行为，并采取针对性防范措施。本章主要讨论离线模式数据发布场景。

2. 隐私保护需求

早期的用户隐私保护需求主要是身份隐私，目前已拓展到包括身份隐私在内的属性隐私、社交关系隐私、位置轨迹隐私等多个方面。

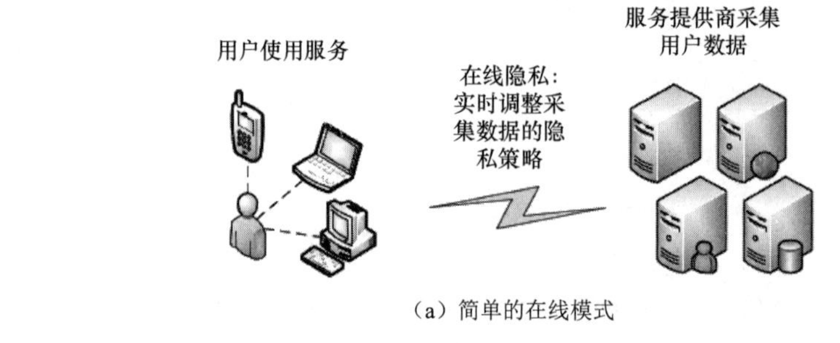

(a) 简单的在线模式

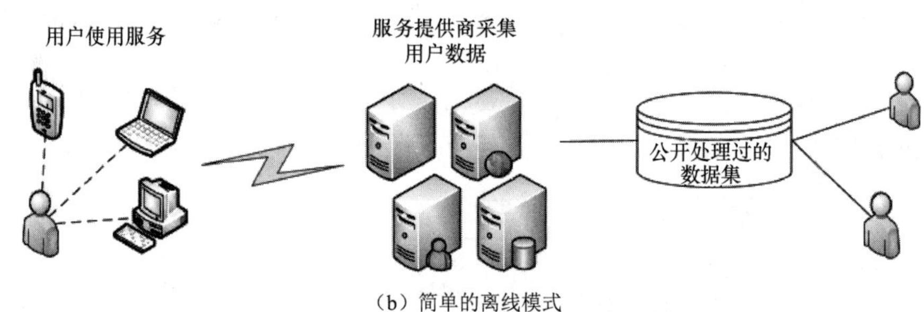

(b) 简单的离线模式

图 8.1　隐私保护应用场景示意图

1）身份隐私

身份是指数据记录中的用户 ID 或社交网络中的虚拟节点对应的真实用户身份信息。通常情况下，政府公开部门或服务提供商对外提供匿名处理后的信息。但一旦分析者将虚拟用户 ID 或节点与真实的用户身份相关联，就造成用户身份信息泄露（也称为去匿名化）。身份隐私保护的目标是降低攻击者从数据集中识别出某特定用户的可能性。

2）属性隐私

属性数据用来描述个人用户的属性特征。例如，结构化数据表中的字段，年龄、性别等描述用户的人口统计学特征。一般来说，用户购物历史，社交网络上用户主动提供的喜欢的书、音乐等个性化信息，都可作为用户的属性信息。这些属性信息具有丰富的信息量和较高的个性化程度，能够帮助系统建立完整的用户轮廓，提高推荐系统的准确性等。然而，用户往往不希望所有属性信息都对外公开，尤其是敏感程度较高的属性信息。属性隐私保护的目标是对用户相关属性信息进行有针对性的处理，防止用户敏感属性特征泄露。

3）社交关系隐私

用户和用户之间形成的社交关系也是隐私的一种。通常在社交网络图谱中，用户社交关系表示为其中的边。服务提供商基于社交结构可分析出用户的交友倾向并对其进行朋友推荐，以保持社交群体的活跃和黏性。但与此同时，分析者也可以挖掘出用户不愿公开的社交关系、交友群体特征等，导致用户的社交关系隐私甚至属性隐私暴露。社交关系隐私保护要求节点对应的社交关系保持匿名，使得攻击者无法确认特定用户拥有哪些社交关系。

4）位置轨迹隐私

用户位置轨迹数据来源广泛，包括来自城市交通系统、GPS 导航、行程规划系统、无线接入点，以及各类基于位置服务 App 的数据等。用户的实时位置泄露可能对其带来极大危害，如被锁定实施定位攻击。而用户的历史位置轨迹分析也可能暴露用户隐私属性、私密关系、出行规律甚至用户真实身份，为用户带来意想不到的损失。位置轨迹隐私保护要求对用户的真实位置进行隐藏或处理，以避免用户的敏感位置和行动规律泄露给恶意攻击者。

3. 隐私保护模型

目前隐私保护模型主要有两大类：K-匿名类模型和差分隐私模型。

（1）K-匿名类模型。这类模型基于等价类，以 K-匿名为代表，假设攻击者能力有限，仅能将攻击目标缩小到一定的等价类范围内，而无法唯一地准确识别攻击目标。在攻击者能力不超过假设的前提下，能够以较小的代价保证同一等价类内记录的不可区分性。如果攻击者能力超过了预先的假设，那么攻击者就能够进一步区分等价类内的不同记录，从而实现去匿名化。

（2）差分隐私模型。这类模型能够严格证明其安全性，假设可能存在两个相邻数据集，分别包含或不包含攻击目标，但攻击者无法通过已知内容推出两个数据集的差异，因此，也无法判断攻击目标是否在真实数据集中。攻击者不可能具有超过假设的攻击能力，因而，不可能突破差分隐私方法提供的匿名保护。但是，由于数据集的差异性，差分隐私保护方法可能会对原始数据造成较大扰动，过度破坏数据可用性。

隐私保护中常用的基本手段主要有抑制（Suppression）、泛化（Generalization）、置换（Permutation）、扰动（Perturbation）和裁剪（Anatomy）等。

（1）抑制是最常见的数据匿名措施，通过将数据置空的方式限制数据发布。

（2）泛化是指通过降低数据精度来提供匿名。属性泛化即通过制定属性泛化路径，将一个或多个属性的不同取值按照既定泛化路径进行不同深度的泛化，使得多个元组的属性值相同。最深的属性泛化效果通常等同于抑制。社交关系数据的泛化则是将某些节点以及这些节点间的连接进行泛化。位置轨迹数据可进行时间、空间泛化。

（3）置换是改变数据的属主，而不对数据内容进行更改。例如，将不同用户的属性值互相交换，将用户 A 与用户 B 之间的边置换为用户 A 与用户 C 的边。

（4）扰动是在数据发布时添加一定的噪声，包括数据增删、变换等，使攻击者无法区分真实数据和噪声数据，从而对攻击者造成干扰。

（5）裁剪是将数据分开发布。例如，对于表结构数据，首先将用户划分为不同的组，赋予同一组的记录相同的组标识符（Group ID），对应记录的敏感数据也赋予相同的组标识符，然后将准标识符和敏感数据分别添加组标识符，并作为两张新表发布。恶意攻击者即使可以确定攻击目标的组标识符，也无法有效地从具有相同组标识符的敏感数据中判定攻击目标对应的敏感数据。

8.2 关系型数据隐私保护

Sweeny[1-2]于 2002 年提出了第 1 个真正意义上完整的隐私保护模型，称为 K-匿名（K-Anonymity）模型。针对这种模型设计的方案称为 K-匿名方案或算法，也将 K-匿名模型、K-匿名方案或算法统称为 K-匿名。这种方案能够杜绝攻击者唯一地识别出数据集中的某个特定用户，使其无法进一步获得该用户的准确信息，能够提供一定程度的用户身份隐私保护。此外，研究者们还关注表结构数据中的用户敏感属性的隐私保护需求。根据敏感属性的分布情况，提出了 L-多样化、T-贴近、M-不变等模型和算法。这些模型和算法为后续社交网络隐私保护和位置轨迹隐私保护奠定了良好的基础。

本节主要介绍早期的针对表结构数据的身份匿名和属性匿名方法，并穿插介绍一些常见的攻击方法。

8.2.1 身份匿名

简单标识符匿名化方法仅去除了表中的身份 ID 等标志性信息，攻击者仍可凭借背景知识，如地域、性别等准标识符信息，迅速确定攻击目标对应的记录。这类攻击称为记录链接（Record Linkage）攻击，简称为链接攻击。

为了对抗链接攻击，研究者们提出了适用于关系型数据表的 K-匿名模型。该模型的基本思想是：按照准标识符将数据记录分成不同的组，且每一分组中至少包含 k 条记录。这样，每个具有某准标识符的记录都至少与 $k-1$ 个其他记录不可区分，从而实现用户身份匿名保护。

定义 8.1（K-匿名） 设 $T(A_1,\cdots,A_n)$ 是一张具有有限行的表，属性集合为 $\{A_1,\cdots,A_n\}$。QI_T 为表中的准标识符，即 $\mathrm{QI}_T=\{A_i,\cdots,A_j\}$。表 T 满足 K-匿名，当且仅当每一组准标识符的取值序列在 $T[\mathrm{QI}_T]$ 中出现至少 k 次。

属性 A 的泛化函数可表示为 $F:A\to B$。属性 A 的持续泛化过程可表示为域泛化层次结构（Domain Generalization Hierarchy）DGH_A，通过一组函数 $f_h(h=0,\cdots,n-1)$ 的作用，实现从属性 A 的所有取值泛化到“任意”或“*”的完整泛化路径：$A_0\xrightarrow{f_0}A_1\xrightarrow{f_1}\cdots\xrightarrow{f_{n-1}}A_n$。其中 $A_0=A$，$|A_n|=1$。

例如，ZIP 编码可由具体的 02138 逐步或直接泛化为不具体的 0213*、021**、02***、0****、*****；出生年份可由精确的 1965 泛化为 1960～1970、1950～1970。泛化路径的属性值之间存在偏序关系。对于属性 A 的两个泛化值 v_i 和 v_j，若 $i\leqslant j$ 且 $f_{j-1}(\cdots f_i(v_i)\cdots)=v_j$，那么 v_i 和 v_j 存在偏序关系，表示为 $v_i\leqslant v_j$。

显然，在泛化层次结构中，离根节点越近的节点泛化程度越高，对数据的破坏越大。为了在数据处理过程中尽可能保持数据可用性，同时，尽快满足 k 个相同记录的需求，Sweeny 等人提出了 K-匿名最小泛化的概念。

定义 8.2（K-匿名最小泛化） 设 $T_1(A_1,\cdots,A_n)$ 和 $T_m(A_1,\cdots,A_n)$ 是准标识符均为 $\mathrm{QI}_T=\{A_i,\cdots,A_j\}$ 的两张表，且 $T_1[\mathrm{QI}_T]\leqslant T_m[\mathrm{QI}_T]$。称 T_m 为 T_1 的 K-匿名最小泛化，当且仅当满足以下两个条件：

（1）T_m 在准标识符 QI_T 上符合 K-匿名模型。

（2）$\forall T_z:T_1\leqslant T_z,\ T_z\leqslant T_m$，如果 T_z 也满足 K-匿名模型，则必然有 $T_z[\mathrm{QI}_T]=T_m[\mathrm{QI}_T]$。

在存在多种符合 K-匿名模型的最小泛化的场景中，需要进一步比较泛化过程中的数据扰动来选取最优的泛化方案。为此，Sweeny 等人定义了数据准确度来衡量泛化过程中的信息变化，并基于此提出了最小扰动的概念。

定义 8.3（数据准确度） 设 PT 为原始数据表，其准标识符由 N_a 个属性 $\{A_1,A_2,\cdots,A_{N_a}\}$ 组成，共包含 N 条记录，tp_j 是表 PT 中的第 j 条记录。RT 为 PT 的一个泛化表，tr_j 是与表 PT 中 tp_j 对应的泛化后记录。h_{ji} 为 tr_j 中属性 A_i 的泛化结果 $\mathrm{tr}_j[A_i]$ 处于该属性的泛化层次结构的路径深度。DGH_{A_i} 为属性 A_i 的泛化层次结构，将其高度记为 $\mathrm{DGH}_{A_i}|$。RT 的数据准确度定

义为

$$\text{Prec}(\text{RT}) = 1 - \frac{\sum_{i=1}^{N_a}\sum_{j=1}^{N}\frac{h_{ji}}{|\text{DGH}_{A_i}|}}{N \cdot N_a}$$

定义 8.4（最小扰动） 设 $T_1(A_1,\cdots,A_n)$ 和 $T_m(A_1,\cdots,A_n)$ 是准标识符均为 $\text{QI}_T=\{A_i,\cdots,A_j\}$ 的两张表，且 $T_1[\text{QI}_T] \leqslant T_m[\text{QI}_T]$。$\forall x=i,\cdots,j$，$\text{DGH}_{A_x}$ 是准标识符 QI_T 的域泛化层次结构。称 T_m 为 T_1 符合 K-匿名模型的最小扰动，当且仅当满足以下两个条件：

（1）T_m 在准标识符 QI_T 上符合 K-匿名模型。

（2）$\forall T_z:\text{Prec}(T_1) \geqslant \text{Prec}(T_z)$, $\text{Prec}(T_z) \geqslant \text{Prec}(T_m)$，如果 T_z 也满足 K-匿名模型，则必然有 $T_z[\text{QI}_T]=T_m[\text{QI}_T]$。

根据定义，若 PT 中的记录未经过泛化，则任意记录的准标识符属性 h=0，$\text{Prec}(\text{PT})=1$；若 RT 中的准标识符属性均泛化到层次结构的根节点，则 h=|DGH|，Prec(RT)=0。在实际数据隐私处理的过程中，数据发布者希望获得较高的数据准确度，就必须尽可能少地进行数据泛化，也就是说，使得数据泛化的位置尽可能离泛化层次结构的根节点更近，以实现最小扰动。

Sweeny 等人设计了一种最小扰动的 K-匿名泛化算法。该算法包括以下步骤：

（1）判断 PT 是否符合 K-匿名模型，如果是，则输出 PT；否则，进入第（2）步。

（2）执行以下操作：

（2.1）生成 PT 的所有可能的泛化表集合，记为 allgens。

（2.2）检测 allgens 中符合 K-匿名模型的泛化表，将该集合记为 protected。

（2.3）将 protected 中符合最小扰动的泛化表保存，记为 MGT。

（2.4）根据用户定义的偏好，从 MGT 中输出唯一的符合用户偏好的最小扰动。

在基本 K-匿名算法的基础上，研究者们通过完善和优化提出了多个改进方案[3-4]，如基于贪婪算法（也称为贪心算法）的改进方案、基于数据拆分发布和元组抑制的优化方案。

K-匿名模型也有其局限性，它仅适用于存在明确准标识符的数据，而不适用于当前大数据时代规模庞大的非表结构数据，其使用范围有限。2006 年，Netflix 的用户隐私泄露事件就是由于公开的用户观影记录匿名程度不足，导致部分用户的身份泄露。Narayanan 等人[5]在 2008 年公开了他们利用 IMDB 数据库对 Netflix 数据进行链接攻击的方法，直观地展示了 K-匿名模型的不足。

除了需要解决 K-匿名模型本身的缺陷导致匿名不足的问题，当前的隐私保护方案还需要抗衡各种去匿名化攻击。尤其是在大数据场景下，为了实现用户数据融合，首先需要进行多源数据中的用户重识别，实际上就是根据异源数据的额外信息确定用户身份的去匿名化攻击过程。

8.2.2 属性匿名

上述讨论的 K-匿名模型可用来防止链接攻击，避免攻击者唯一地识别出攻击目标。那么，在发布的匿名数据满足 K-匿名模型的情况下，是不是攻击者就不能从中推测出用户的其他隐私信息？在经过 K-匿名处理后的数据集中，攻击目标至少对应于 k 个可能的记录。但这些记录只满足准标识符信息一致的要求，而非准标识符数据和敏感数据保持不变。正如在分析 Netflix 隐私泄露事件中所指出的那样，如果 k 个用户的观影记录相同或非常接近，那么攻击者也能够获得用户的所有观影历史，分析用户的隐私属性。例如，这 k 个用户都喜欢看海洋纪录片，分析的结果是攻击目标可能是环保主义者。在 K-匿名的数据记录中，如果记录的敏感数据接近一致或集中于某个属性，攻击者也可以唯一或以极大概率确定数据持有者的属性。这类攻击称为同质攻击。

1．K-匿名模型的改进

为了抵抗同质攻击，研究者们首先在 K-匿名模型的基础上进行了一系列改进。

（1）(k,e)-匿名模型[6]。该模型主要处理数值型敏感属性数据，其基本思想是：要求每个等价类中元组个数至少是 k，同时等价类中敏感属性取值范围不能小于给定的阈值 e，即要求等价类中敏感属性的最大值与最小值的差至少是 e。

（2）(X,Y)-匿名模型[7]。这里 X 和 Y 是不相交的属性集。该模型主要处理数据库表中多条记录代表同一个数据持有者的情况。在这种情况下，多条记录的准标识符值相同或基本相同，很有可能被划分到同一等价类中，简单的 K-匿名模型难以实现对用户隐私的保护。(X,Y)-匿名模型能够提供比 K-匿名模型更好的隐私保护，其基本思想是：在属性组 X 中的属性均相同的情况下，每一组 X 均需对应至少 k 个不同的敏感属性组 Y 中的值，也就是在普通 K-匿名的基础上增加对敏感数据的限制条件。

（3）基于 K-匿名聚类的改进模型[8-9]。该类模型主要用于避免用户敏感属性被推测。例如，P-Sensitive K-Anonymity 模型要求聚类中节点数至少为 k，并且不同敏感值属性个数至少为 p；P+Sensitive K-Anonymity 模型在 P-Sensitive K-Anonymity 模型的基础上采用敏感属性值的类别概念，要求敏感属性值的类别至少出现 p 类。

2．L-多样化模型

L-多样化（L-Diversity）模型是由 Machanavajjhala 等人[10]提出的，要求在准标识符相同的等价类中，敏感数据要满足一定的多样化要求。他们通过熵来定义数据的多样化程度，提出了熵 L-多样化（Entropy L-Diversity）概念。

定义 8.5（熵 L-多样化） 如果对每个泛化的 q^*条记录组（简记为 q^*记录组），满足 $-\sum_{s\in S} p_{(q^*,s)}\log(p_{(q^*,s)})\geqslant \log(l)$，则称该表满足熵 L-多样化。

其中，$p_{(q^*,s)}=\dfrac{n_{(q^*,s)}}{\sum_{s'\in S} n_{(q^*,s')}}$ 为 q^*记录组中敏感值等于 s 的记录所占的比例，S 表示敏感属性值集。

3．T-贴近模型

L-多样化模型仅能保证敏感属性值的多样性，未考虑敏感属性值的分布情况。如果匿名后的敏感属性分布明显不符合整体分布特征，如相较于人群平均值，该等价类的用户有更高的概率患某种疾病，那么这种情况也会对用户隐私造成侵害。这类攻击称为近似攻击。因此，研究者们进一步提出 T-贴近（T-Closeness）模型[11]。T-贴近模型要求等价类中敏感属性值的分布与整个表中的数据分布近似。一个等价类是 T-贴近的，是指该等价类中的敏感属性的分布与整表的敏感属性分布的距离不超过阈值 T。一个表是 T-贴近的，是指其中所有的等价类都是 T-贴近的。

8.3 社交图谱隐私保护

社会学中将社交网络（Social Network，SN）定义为许多节点构成的一种社会结构，节点通常是指个人或组织，网络代表各种社会关系，个人和组织通过网络发生联系。用图结构将这一社会结构表现出来，就形成了社交图谱（Social Graph）。最简单的社交图谱为无向图，图中的点代表个人用户，无向边代表两个用户间的关系是相互的。像微博、Twitter 这类包含关注和被关注两种关系的社交网络中，其社交图谱是更复杂的有向图。

属性–社交网络模型进一步结合了用户属性数据和社交关系数据，包含用户和属性两类节点。每个属性节点代表一个可能的属性，如年龄和性别为两个属性节点。每个用户可以有多个不同的属性。若用户具有某种属性，则在对应的用户节点和属性节点间建立一条边，称为属性连接。用户和用户间的朋友关系，以对应的用户节点间的边表示，称为社交连接。在图 8.2（a）中的用户社交关系的基础上添加一定的属性信息，可生成图 8.2（b）的属性–社交关系，其中方形代表一种属性值，圆形代表一个虚拟用户，虚线代表用户具有某属性，实线代表用户间具有社交关系。

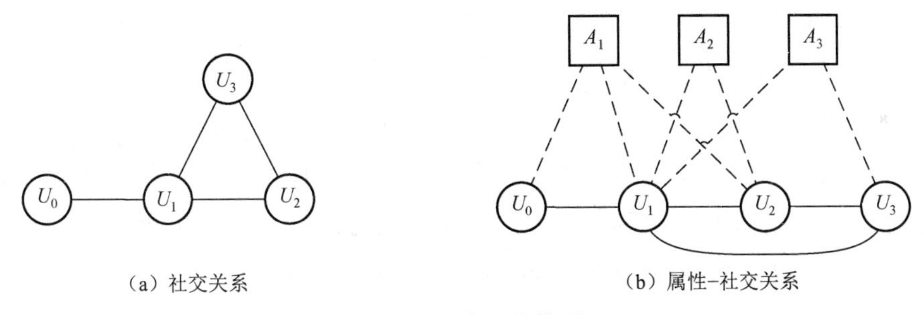

（a）社交关系　　（b）属性–社交关系

图 8.2　社交网络模型

显然，社交图谱中包含用户身份、属性、社交关系等大量与用户隐私相关的信息。由于社交网络分析的强大能力，因此通过简单去标识化、删除敏感属性、删除敏感社交关系等手段无法达到预期目标，所要保护的内容往往仍能通过分析被推测还原。

K-匿名模型可为社交图谱隐私保护提供可量化的匿名标准，L-多样化、T-贴近等模型也依然适用。但由于社交图谱中的核心是图结构，其数据处理变换的手段是改变图结构及属性。例如，节点的删除、分裂、合并，以及边的删除、添加等。因此，本节重点介绍针对社交图谱这种图结构特征的匿名方案。

8.3.1 节点匿名

在社交图谱隐私保护中，可以通过 3 种问答来刻画攻击者能力（也称为攻击者的背景知识），即分别描述攻击者对于目标节点的节点度数、节点附近的子图形状、子图范围内节点的连通程度等的了解程度。将攻击者的攻击方式划分为主动、半主动和被动攻击 3 种。其中，主动攻击是指攻击者有能力修改与影响所发布的社交图谱。例如，攻击者可以在匿名图发布之前主动生成一系列账号，生成可识别的结构，通过识别该结构而进一步识别出与之相连的攻击目标。而被动攻击是指攻击者不采取任何行为，仅通过分析已发布的图谱信息从而识别出目标节点。这类攻击更为隐蔽，对背景知识的要求更高。半主动攻击介于两者之间，攻击者可生成一系列账号，视攻击目标的可识别程度决定是否主动添加与攻击目标的关联。

针对上述攻击，节点匿名的目标是通过添加一定程度的抑制、置换或扰动，降低精确匹配的成功率。研究者们已经提出了很多边匿名方案[12-16]，主要有基于节点度数的 K-匿名方案、基于自同构的 K-匿名方案和基于同构的 K-匿名方案等。这里只介绍基于节点度数的 K-匿名方案。

直观来看，如果一个图满足 K-匿名，则表明图中任意一个节点至少与其他 k–1 个节点具有相同的度数，利用节点度数作为背景知识的攻击者能够识别目标个体的概率不超过 1/k。

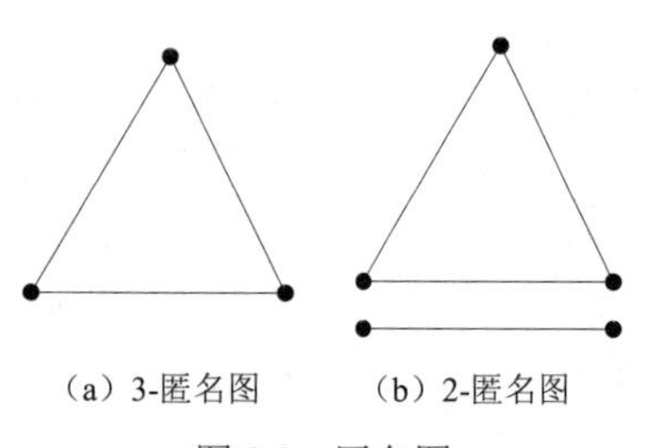

图 8.3　匿名图

定义 8.6（向量的 K-匿名） 如果向量 $\boldsymbol{v}$ 中每个值都出现至少 k 次，则称向量 $\boldsymbol{v}$ 是 K-匿名的。例如，向量 $\boldsymbol{v}$=[5,5,3,3,2,2,2]是 2-匿名的。

定义 8.7（图的 K-匿名） 如果图 G 的度数序列 d_G 是 K-匿名的，则称图 $G(V,E)$是 K-匿名的。如图 8.3 所示，分别为 3-匿名图和 2-匿名图。

显然，可以通过增加、删除边来实现节点度数的调整。调整后的图记为 $\hat{G}$，对应的边和度数分别记为 $\hat{E}$ 和 $\hat{d}$。以单纯增加边，不增加节点，也不删除边的策略为例，希望选择增加最少度数的方案来实现 K-匿名，即实现 $L_1(\hat{d}-d)=\sum_i|\hat{d}(i)-d(i)|$ 的最小化，以保持数据可用性。显然，只要找到最优的图度数 K-匿名向量，就可以根据该向量在原图基础上增补出新的 K-匿名图。

将图中节点按度数序列倒序排列并编号，那么有 $d(1)\geqslant\cdots\geqslant d(n)$，并且对于 $i<j$ 且 $\hat{d}(i)=\hat{d}(j)$ 的情况，有 $\hat{d}(i)=\hat{d}(i+1)=\cdots=\hat{d}(j-1)=\hat{d}(j)$。对于节点 1 到 n 的度数序列 $d[1,n]$，将其匿名代价记为 $\mathrm{DA}(d[1,n])$。如果其中的节点 i 到节点 j 形成同一个匿名组，那么将该组的匿名代价记为 $I(d[i,j])$。显然，$I(d[i,j])=\sum_{l=i}^{j}(d(i)-d(l))$。根据贪婪算法的思路，可得到以下线索：

（1）若图中节点数 $n<2k$，则必然有 $\mathrm{DA}(d[1,n])=I(d[1,n])$。

（2）若 $n\geqslant 2k$，则 $\mathrm{DA}(d[1,n])=\min\{\min_{k\leqslant t\leqslant n-k}\{\mathrm{DA}(d[1,t])+I(d[t+1,n])\},I(d[1,n])\}$。

而且，任意最优匿名组的大小应不大于 2k–1，否则，该匿名组可以进一步分割为两个匿名组。因此，可进一步优化递归匿名的范围为 $\max\{k,\ n-2k+1\}\leqslant t\leqslant n-k$，（2）中的递归部分改写为 $\mathrm{DA}(d[1,n])=\min\{\min_{\max\{k,n-2k+1\}\leqslant t\leqslant n-k}\{\mathrm{DA}(d[1,t])+I(d[t+1,n])\},I(d[1,n])\}$。为选择合适的 t，贪婪算法需要在分组时衡量当前节点需要并入上一分组还是作为下一分组的起始节点。以 k+1 节点为例，前 k 个节点已形成上一分组，当前节点并入上一分组的代价为 $C_{\mathrm{merge}}=(d(1)-d(k+1))+I(d[k+2,2k+1])$ 时，作为新分组起始点的代价为 $C_{\mathrm{new}}=I(d[k+1,2k])$。如果 $C_{\mathrm{merge}}>C_{\mathrm{new}}$，那么 k+1 节点作为新分组的起点，并继续处理新分组的节点。否则，k+1 节点并入上一分组，算法继续考虑 k+2 节点是否需要并入上一分组。

基于以上贪婪算法，可以构建调整后的图：

（1）根据贪婪算法，计算调整后的度数序列。

（2）根据调整后的度数序列为 G 增加新的边：

（2.1）更新每个节点需增加的度数 $a(v)$。

（2.2）随机选择度数 $a(v')$非零的节点 v'，在不增加重复边的前提下，将其与具有最大 $a(v)$值的节点 v 连一条边，更新两个节点的 $a(v)$值。

（2.3）重复第 2.2 步，直到所有节点的 $a(v)$值为 0。

（3）如果第（1）步中调整后的度数序列无法形成图，则随机调整原图的节点度数 d，重新执行第（1）步和第（2）步。

8.3.2 边匿名

用户的社交关系隐私是指用户某些特定的秘密连接不希望披露给公众，也不希望与此连接无关的公众可以推测这些秘密连接的存在。数据发布者需要有能力保证这些私密社交关系的匿名性。

为了杜绝秘密连接关系的泄露，最直接的方法就是在数据发布时将对应的边删除。但这样做并不能降低此边连接被推测得出的概率。研究表明[17-20]，基于用户的基本社区结构（Community）可预测和恢复用户社交结构中缺失的连接。例如，Newman 通过研究论文合作者网络发现，如果两者各自的合作者重合数目越多，两者越倾向于相互合作，亦即建立连接。这类方案的一个基本假设是：如果用户间的社交距离越近，则越可能建立社交关系。也就是说，用户更可能和熟人的熟人建立新的连接。

社交关系匿名保护主要有两个技术思路：一是通过节点匿名保护节点代表的真实用户身份，从而达到保护用户间社交关系的目的；二是在节点身份已知的前提下，通过对图中其他边数据的扰动，降低某个隐藏社交关系被推测出来的可能性。代表这两个技术思路的方案可分别参见文献[21]和[22]。

8.3.3 属性匿名

用户的社交网络记录已经成为其隐私泄露的主要来源。Mislove 等人[23]通过研究 Facebook 的用户数据发现，用户部分属性与其社交结构具有较高的相关性。具有相同属性的用户更容易成为朋友，形成关系紧密的社区。结合其社交结构以及朋友关系，可以推断出用户未标注的属性。本章 8.2.2 节讨论的属性匿名保护方法（如 L-多样性），并未考虑到社交图谱中朋友关系对属性的影响，因此，无法满足社交图谱中用户的隐私保护需求。

在属性–社交网络中，为实现属性匿名，需要从节点、边和属性 3 个方面联合匿名。为此，下面给出属性–社交网络中的相关概念。

给定社交网络 SN（Social Network），为其生成一个满足 K-匿名的伪装社交网络 MSN（Masked Social Network）。MSN 表示为三元组 MG(MV,ME,MA)，其中，$\mathrm{MV}=\{\mathrm{cl}_1,\mathrm{cl}_2,\cdots,\mathrm{cl}_m\}$ 是 SN 节点形成的划分，其中包含 m 个聚类，每个聚类包含至少 k 个节点，且 $\mathrm{cl}_i \cap \mathrm{cl}_j=\phi(i\neq j)$，$\bigcup_{i=1}^{m}\mathrm{cl}_i=V$；ME 为聚类间边的集合，$(\mathrm{cl}_i,\mathrm{cl}_j)\in \mathrm{ME}(i\neq j)$，当且仅当 $\exists v_p\in \mathrm{cl}_i$，$v_q\in \mathrm{cl}_j$，使得 $(v_p,v_q)\in E$；MA 为泛化后的节点属性信息表，包含泛化后的准标识符信息和敏感属性信息。

在 MSN 的基础上，定义更进一步的伪装社交网络 FMSN（Further Masked Social Network），对应的三元组 FMG(FMV,FME,FMA)中 FMV 和 FME 保持不变，要求 FMA 满足同一聚类的敏感属性值的种类不少于 1。显然，相对于 MSN，FMSN 能够提供更好的属性匿名保护。可利用 SaNGreeA 算法[24]来优化实现。

8.4 位置轨迹隐私保护

用户的位置轨迹中可能隐含用户的身份信息、社交关系信息、敏感属性信息等，但用户的位置轨迹隐私还可能包含用户的真实位置信息、敏感地理位置信息和活动规律信息等独特的范畴，对应于用户的 3 种地理位置轨迹隐私保护需求。用户的真实位置隐私保护通常是指使用用户轨迹信息时不暴露用户的真实位置，如在基于位置服务或智能交通等应用或非实时的位置应用场景中，用户不希望自己被唯一准确地定位。用户的敏感地理位置是指用户访问历史中不希望公开的某些特定地理位置，如医院、家庭住址，以避免自己的疾病或住址泄露。用户的活动规律来源于用户的长期出行历史，反映了包括用户的出行时间、交通工具、停留地点和目的地等信息的用户周期性和随机性出行的模式。如果攻击者掌握了用户的活动规律，就能够预测用户当前出行的下一位置、目的地、未来的出行，甚至发现用户出行路线上的可能访问过的敏感地理位置。因此，除了传统的身份隐私、社交关系隐私、敏感属性隐私，在探讨用户的位置轨迹数据挖掘应用时，还必须兼顾用户的真实位置隐私、敏感地理位置隐私和活动规律隐私这 3 种隐私保护需求。

本节首先针对位置轨迹数据的两种场景，即实时进行的位置轨迹收集的隐私保护和对已经收集的位置轨迹进行发布时的隐私保护，分别介绍相对应的隐私保护方法。最后，概括介绍基于用户活动规律的攻击手段。

8.4.1 面向 LBS 应用的隐私保护

基于位置的服务（Location Based Services，LBS）是指服务提供商根据用户的位置信息和其他信息为用户提供相应的服务。当用户需要使用某种位置服务时，通过手机等设备将位置信息提交到服务器，服务器经过一定的查询处理后将结果返回给用户，如查询“从 A 位置到 B 位置的路线”。但无论哪种位置服务，都离不开用户位置这个重要因素。

位置服务的质量与位置信息的准确性息息相关，用户往往会把精确的位置信息发送到服务器端，这无疑为攻击者窃取用户的信息提供了方便。无论是在传输过程中攻击者窃听用户的数据，还是服务提供商有意或无意泄露用户的信息，都会给用户隐私带来巨大的威胁。

在当前各类 LBS 隐私保护方案中，有两类典型的方法，即 Mix-Zone 方法和 PIR（Private Information Retrieval）方法。这里只简要介绍 Mix-Zone 方法的基本思想。

简单来说，Mix-Zone 是多个用户集中改变假名的特定区域。Beresford 等人[25]最先提出 Mix-Zone 方法，其基本思想是：指定一些区域作为 Mix-Zone，多个用户进入该区域的信息不会被收集，离开时会更换用户的标识符，从而使攻击者无法将每个用户的轨迹片段一一对应。Freudiger 等人[26]首次将 Mix-Zone 应用到路网中，将一部分指定的十字路口设定为 Mix-Zone，并对这些区域进行加密，以免攻击者进行定点窃听，其示意图如图 8.4 所示。

如果 A 满足如下条件，则称匿名集 A 在 Mix-Zone 中服从 K-匿名：

（1）A 中至少包含 k 个用户。

（2）当 A 中所有的用户都进入时，才能有用户离开。

（3）A 中所有的用户在 Mix-Zone 中的时间是随机的。

（4）用户从进入点进入和从出口点离开的概率服从均匀分布。

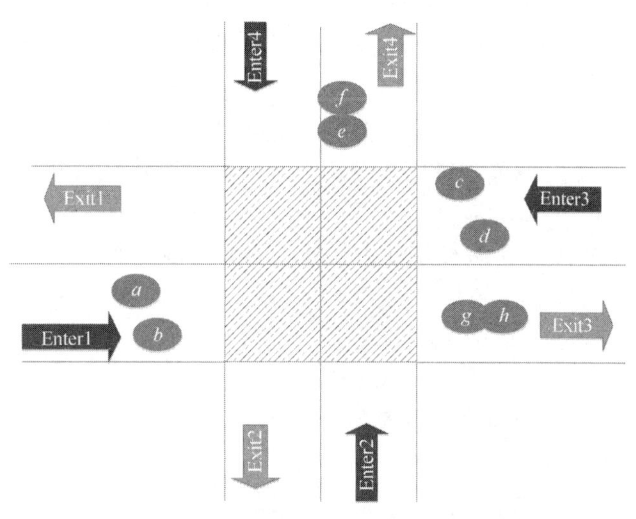

图 8.4　Mix-Zone 方法示意图

为满足上述条件，Mix-Zone 的应用需要满足用户流量大、用户的出入呈周期性、有多个出入口等条件。路网满足 Mix-Zone 的上述条件，某些路口用户流量大，用户经过路口时需要依据周期性的红绿灯行动，用户到达路口的时间各不相同，十字路口有 4 个方向致使不清楚用户的前进方向。

8.4.2　面向数据发布的隐私保护

位置轨迹隐私保护技术源自数据库隐私保护，同样是以 K-匿名理论为基础的。而位置轨迹隐私保护的特殊之处在于，位置轨迹数据同时具有准标识符和隐私数据双重性质。这种特殊性带来了一系列新的挑战：如果把所有位置轨迹数据视为准标识符进行处理，则数据失真严重，会极大地影响数据的可用性；而一条轨迹数据中可能包含大量相互关联的点，仅对部分数据进行处理难以满足 K-匿名隐私保护需求。

位置轨迹数据的隐私保护主要是保护轨迹上敏感、频繁访问的位置不泄露，以及保护个体与轨迹之间的关联关系不泄露。对应的隐私保护思路主要有两种：一种是对轨迹中敏感位置的保护，另一种是对轨迹与用户关系的保护。本节仅介绍针对敏感位置的保护技术。

在位置轨迹数据中，用户并不关心自己经过某些非敏感位置的信息是否被泄露，只关心对他来说属于敏感位置的那部分位置信息是否被泄露。因此，有些研究者[27-29]提出：只对用户的敏感位置信息进行保护，以增加数据的可用性。

为了将初始轨迹数据与实际地图紧密结合，首先要对初始轨迹数据进行一定的预处理。提取停留点是一种常见的轨迹数据处理方法，可以找出用户在哪些地点停留过，在不损害数据可用性的情况下使数据大为简化。

停留点（Stop/Stay Point）是指用户在某个地点停留超过了一定的时间。停留点的判断通常需要两个阈值：时间阈值和空间阈值。时间阈值用来限制用户的停留时间，空间阈值用来限制用户的地理范围。

地点（Place）是指具有一个实际意义的地理位置范围，如家、工作地点、某超市。一个地点的地理范围可能包含多个停留点，在该地点的范围内出现停留点就表示用户在该地点停留过。

区域（Zone）是指包含多个地点的地理范围，用来泛化地点，使攻击者无法区分用户在哪个地点停留。

若用户不希望自己在某个地点停留的信息被他人知道，则称该地点为敏感位置（Sensitive Location）。用户不关心自己在某个地点停留的信息是否被他人知道，则称该地点为非敏感位置（Insensitive Location）。

图 8.5 为敏感位置隐私保护数据发布流程图，主要流程如下：

（1）提取停留点。

（2）将停留点与实际地图的敏感位置、非敏感位置对应。

（3）构建泛化区域或群组，使其满足匿名条件。

（4）根据泛化区域对轨迹数据进行匿名。

（5）发布匿名后的轨迹数据。

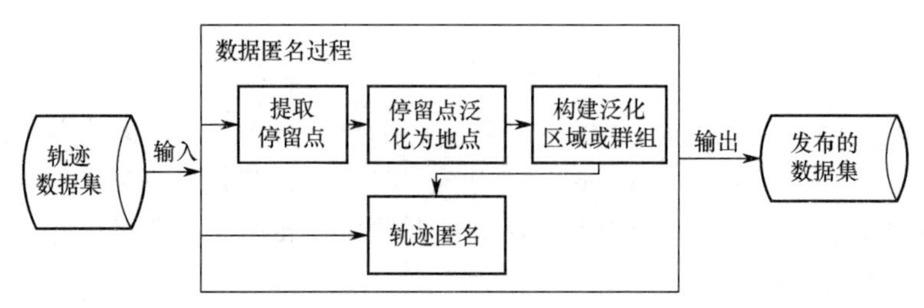

图 8.5　敏感位置隐私保护数据发布流程图

总而言之，针对敏感位置的隐私保护方法的思路都是将要匿名的轨迹数据集与实际的地图相互结合，根据实际情况将位置划分为敏感位置和非敏感位置；通过一定的方法将敏感位置所处的区域进行泛化，确保该区域满足隐私条件。其中流程（3）“构建泛化区域或群组，使其满足匿名条件”是该类方法的核心步骤，是与同类型方法的主要区别之处。不同方法对泛化区域或群组的构建方案和匿名条件都各不相同，但可以根据实际情况选择合适的构建方案。

8.4.3　基于用户活动规律的攻击

随着数据量的积累和数据挖掘分析的深入，基于用户活动规律分析的新型攻击也日益活跃。在这些攻击中，攻击者首先将目标用户的活动规律以具体模型量化描述，进而以此为基础衡量不同用户的相似程度，以重新识别同一用户的不同 ID，根据模型恢复重建用户的轨迹，从而推断用户隐藏的敏感位置，预测用户访问某地理位置的可能性，甚至精确预测其行程的起止和路径。

常用的用户活动规律描述模型有：马尔科夫模型、隐马尔科夫模型、混合高斯模型、贝叶斯模型和推荐系统模型等，这些模型都可用于用户去匿名攻击及敏感位置推理和位置预测。感兴趣的读者可参阅文献[30-33]和[40]。

8.5　差分隐私保护

上述讨论的隐私保护机制从各个角度分别对用户的隐私保护需求和攻击者的能力进行了分析，并在一定程度上解决了用户隐私的保护问题。但是，正如本章 8.1 节所讨论的那样，这些匿名方案对用户的隐私保护需求和攻击者的能力进行了假设，其使用范围大大受限。作为一种不限定攻击者能力，且能严格证明其安全性的隐私保护框架，差分隐私保护技术受到了人们的广泛关注。

Dwork[34]分析了用户 me 认为安全的数据调查场景。首先，单个用户提交的答案不会对公开的结果造成显著的影响，即 $Q(D-\text{me})=Q(D)$，这样攻击者就不能通过查询结果的变化推测 me 对结果的贡献程度。其次，要求任意数据库访问者不能获得额外的关于 me 的信息，即 $P(\text{secret}(\text{me})|Q(D))=P(\text{secret}(\text{me}))$。这两条严格的隐私保护要求实际上是无法达到的。直观上来说，如果 $Q(D-\text{me})=Q(D)$，那么通过归纳推理可得 $Q(D-D)=Q(D)$，也就是说，在数据集 D 上的查询结果和在空集合上的查询结果一致。在这种情况下，查询的结果 $Q(D)$就是无意义的。而第 2 条要求也难以达到。如果查询结果表明与用户 me 相似的人群在某种特征上具有很强的倾向性，任何可以获得查询结果的人都有理由推测，用户 me 也很可能具有这种倾向性，很显然，$P(\text{secret}(\text{me})|Q(D))\neq P(\text{secret}(\text{me}))$。

在此基础上，Dwork 提出了一种替代的安全目标，即确保在数据集中插入或删除一条记录不会对输出结果造成显著影响，并形式化地定义为

$$\frac{\Pr(f(D)=C)}{\Pr(f(D_{\pm\text{me}})=C)}<e^{\varepsilon}\text{，对任何}\left|D_{\pm\text{me}}-D\right|\leqslant 1\text{ 和任何 }C\in\text{Range}(f)$$

对函数 f 的值域范围内的任意输出结果 C，相邻数据集输出这一相同结果 C 的概率比值小于 e^{ε}。如果方案能够实现这一安全目标，就能够达成两种效果。首先，因为无论攻击目标是否在查询数据集中，查询结果都基本保持不变，所以攻击者无法根据查询结果确认攻击目标是否在查询数据集中，也就无法实现链接攻击。其次，这一安全目标有效保证了数据可用性。无论单个数据记录加入或离开数据集 D，对这一数据集的查询结果都基本保持稳定，也可以说是保护了数据中有用的知识。

由此可见，在差分隐私模型中，攻击者拥有何种背景知识对攻击结果无法造成影响。即使攻击者已经掌握除攻击目标之外的其他所有记录信息，仍旧无法获得该攻击目标的确切信息。对应于差分隐私模型的安全目标，首先，攻击者无法确认攻击目标在数据集中。其次，即使攻击者确认攻击目标在数据集中，攻击目标的单条数据记录对输出结果的影响并不显著，攻击者无法通过观察输出结果获得关于攻击目标的确切信息。

当前，差分隐私模型是最为严格和完善的隐私保护模型。在关系型数据发布以及位置轨迹数据发布中均有许多基于差分隐私模型的保护方案。本节主要介绍差分隐私的定义和基本原理。

8.5.1 基本差分隐私

定义 8.8（差分隐私） 给定数据集 D 及其相邻数据集 D'，如果对于 f'的任意输出 C，均满足 $\Pr(f'(D)=C)<e^{\varepsilon}\Pr(f'(D')=C)$，则称一个隐私算法 f' 满足 ε-差分隐私。

其中，任意和 D 最多相差一条记录的数据集 D'均为 D 的相邻数据集。ε 表示隐私保护程度，对于给定的数据集和查询函数 f，其对应的隐私算法 f'的 ε 越小，隐私保护程度越高。

噪声机制是实现差分隐私的主要手段。在 Dwork 提出差分隐私模型时，采用拉普拉斯机制向查询结果添加噪声，使真实输出值产生概率扰动，从而实现差分隐私保护。噪声分布如图 8.6 所示。

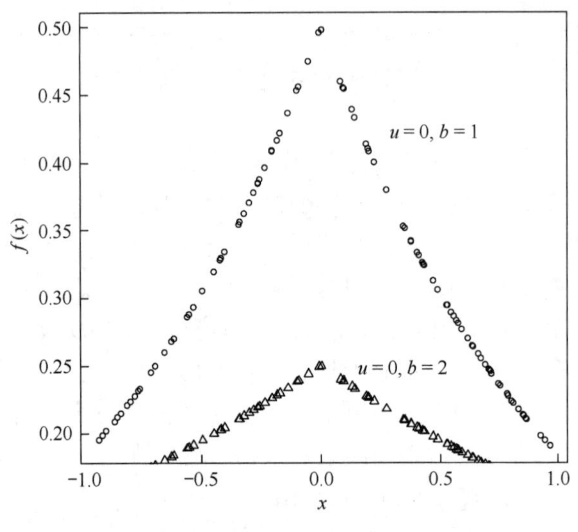

图 8.6　噪声分布

由图 8.6 可以看出，由于拉普拉斯噪声服从概率分布，因此在相邻数据集上分别进行相同的查询，也可能得到相同的结果。而且，它们之间的概率差异也可由以下公式严格计算

$$\frac{\Pr(f'(D)+\mathrm{Lap}(b)=y)}{\Pr(f'(D')+\mathrm{Lap}(b)=y)}=\frac{\Pr(\mathrm{Lap}(b)=y-f'(D))}{\Pr(\mathrm{Lap}(b)=y-f'(D'))}=\frac{\exp\left(\dfrac{-|y-f'(D)|}{b}\right)}{\exp\left(\dfrac{-|y-f'(D')|}{b}\right)}$$

$$=\exp\left(\frac{1}{b}(|y-f'(D')|-|y-f'(D)|)\right)\leqslant\exp\left(\frac{1}{b}(|f'(D)-f'(D')|)\right)$$

$$\leqslant\exp\left(\frac{1}{b}\max(|f'(D)-f'(D')|)\right)$$

其中，$\exp(x)=e^x$，查询函数敏感度 Δf 的定义如下：

对于任意一个函数 $f: D\to R^d$，函数 f 的全局敏感度定义为 $\Delta f=\max_{D,D'}|f(D)-f(D')|$，$D$ 和 D'为相邻数据集，d 是函数输出的维度。

因此，上述式子可变为

$$\frac{\Pr(f'(D)+\mathrm{Lap}(b)=y)}{\Pr(f'(D')+\mathrm{Lap}(b)=y)}\leqslant\exp\left(\frac{\Delta f'}{b}\right)$$

若要满足差分隐私模型，则只需定义拉普拉斯函数的标准差 $b=\Delta f'/\varepsilon$ 即可得到下式

$$\frac{\Pr(f'(D)+\mathrm{Lap}(b)=y)}{\Pr(f'(D')+\mathrm{Lap}(b)=y)}\leqslant\exp(\varepsilon)$$

由拉普拉斯机制和差分隐私定义可推导出差分隐私的两个基本性质：序列组合性和并行组合性。

定义 8.9（序列组合性） 序列组合性是指，给定数据库 D 与 n 个差分隐私函数 $f_1, f_2,\cdots, f_n$，每个函数的隐私保护参数分别为 $\varepsilon_1, \varepsilon_2, \cdots, \varepsilon_n$，对于数据集 D，函数组合 $F(f_1(D), f_2(D), \cdots, f_n(D))$ 提供 $\sum\varepsilon_1$ 差分隐私保护。显然，对于 $\dfrac{\Pr(f_1(D)=C)}{\Pr(f_1(D_{\pm\mathrm{me}})=C)}<e^{\varepsilon_1}$，

$\frac{\Pr(f_2(D)=C)}{\Pr(f_2(D_{\pm me})=C)}<e^{\varepsilon_2}$，必有$\frac{\Pr(f_1(D)=C)}{\Pr(f_1(D_{\pm me})=C)}\cdot\frac{\Pr(f_2(D)=C)}{\Pr(f_2(D_{\pm me})=C)}<e^{\varepsilon_1+\varepsilon_1}$。

定义 8.10（并行组合性） 并行组合性是指，给定差分隐私函数 $f_1, f_2, \cdots, f_n$，其隐私保护参数分别为$\varepsilon_1,\varepsilon_2,\cdots,\varepsilon_n$，对于不相交数据集 $D_1,D_2,\cdots,D_n$，函数组合 $F(f_1(D_1),f_2(D_2),\cdots,f_n(D_n))$ 提供 $\max(\varepsilon_i)$差分隐私保护。显然，对于不相交数据集的集 D，其与相邻数据集的差异仅发生在数据集 D_i 中，因此，组合差分隐私的效果受限于差分隐私参数最大的数据集，即 $\max(\varepsilon_i)$。

这两个性质是差分隐私方案设计及其隐私性证明的基础。

8.5.2 本地差分隐私

早期差分隐私的应用场景属于集中式模型，所有用户数据聚集之后应用保护算法，处理后再安全发布。该模式下存在一个可信任的数据管理员，具有访问原始隐私数据的权利。然而，在现实情况中，用户其实更希望能够自己保护自己的隐私，不相信其他任何人。这种情形促使本地差分隐私（Local Differential Privacy，LDP）的产生。在 LDP 模式下，无论单个用户的数据如何变化，数据采集者采集所有用户数据都能学习到几乎同样的知识。换句话说，拥有任意背景知识的攻击者看到被 LDP 扰动后的单个用户数据，不能准确推测用户的原始数据。

本地差分隐私的主要目的是使数据保护的过程直接在用户本地进行，服务器无法获得真实隐私数据。在此之前，统计机构和医疗研究机构尝试了多种隐私保护方案，希望在学习和发布整体分析结果的同时保持每个数据提供者泄露的数据在可接受范围内。但这些方案普遍缺乏对泄露数据的可用性和隐私的定量分析。直到 2008 年，Kasiviswanathan 等人[35]提出了本地差分隐私模型，通过差分隐私这种严格的约束条件，衡量隐私保护程度和数据可用性的联系。他们也指出实现本地差分隐私的本地算法（包括 Randomized Reponse、Input Perturbation、Post Randomization Method）和已有的统计查询算法（Statistical Query）等价，并证明了数据采集者在干扰数据上的统计结果的可用性。

然而，本地差分隐私需要大量的数据才能保持其准确性，因此，在随后的一段时间发展比较缓慢。直到 2014 年，Pihur 等人[36]开发了 Google 的 LDP 应用 Rappor，将其应用在 Chrome 浏览器中收集用户隐私数据，使 LDP 又重新活跃在学术圈中。随后，Bassily 等人[37]提出一个利用 LDP 挖掘热门选项（Heavy Hitter）的协议 SH；Qin 等人[38]提出可以结合 SH 和 Rappor 各自的优点，同时使用两个协议在集合数据（Set-Valued Data）中更准确地挖掘热门选项；Chen 等人[39]基于 SH 协议搜集用户当前位置数据。

本地差分隐私的含义是，用户所有可能的输入经随机化算法处理后，其输出值之间的概率差异都小于某个预设的隐私阈值。下面给出其形式化定义。

定义 8.11（本地差分隐私） 一个随机化算法 A 满足ε-LDP 的条件是，在一个空间域中，对于任意的一对数据 $l,l'\in Z$ 和任意输出 $O\in \text{Range}(A)$，都存在关系

$$\Pr[A(l)\in O]\leqslant \exp(\varepsilon)\cdot \Pr[A(l')\in O]$$

与差分隐私类似的是，$l,l'\in Z$ 中 l 就是一个用户的一条数据，l 和 l'也可以理解为一种相邻数据库。

本地差分隐私算法的核心是随机化算法。而通过随机化处理实现用户隐私保护的理念可以追溯到早期经典的随机应答（Randomized Response，RR）协议，也称为随机响应协议。

这是一种最早用于社会调查中的隐私保护方案。通常当调查问题涉及用户隐私的敏感问题，如个人信仰、严重疾病等时使用。该协议内容如下：

（1）调查问卷中询问用户是否具有某属性，候选答案为二选一，“是”或“否”。

（2）此时用户随机掷一个硬币，正面朝上时选择如实回答问题，正面朝下时选择随机回答问题。随机回答可以理解为用户可以再掷一次硬币，正面朝上时回答“是”，正面朝下时回答“否”。

上述协议实质上等价于用户以 75%的概率回答正确值，以 25%的概率回答错误值。该协议可以更抽象地表达为，协议参与方预先约定一个自定义概率 $f(0<f<1)$，用户对拟提交的一个比特信息 b 进行随机化，有 $f/2$ 的概率变为 1、$f/2$ 的概率变为 0、$1-f$ 的概率保持不变，得到 b 随机化后的结果 b'。如果每个用户按照上述协议执行，那么采集者通过对统计结果的修正，可以得到调查用户中具有某种隐私属性的比例。同时 RR 协议提供强隐私保护机制，用户的结果并不能作为对他们意见或属性的推断。

与之类似，在本地差分隐私中经常考虑的是热门选项问题。厂商希望了解大多数用户普遍关心的选项，同时保护每个用户的个人隐私。每个用户从大量候选集（Category Set）中选出自己的喜好提交，厂商从中找出大热门选项。此时答案不是二选一，而是 N 选一。此时，一种通俗的做法是，用户可以对每一个选项分别应用 RR 协议进行随机化，将最终的答案作为二进制数组发送给采集者。这种做法存在的最大问题是，当候选集很大时，每个用户所需要返回的数据量巨大，且存在较大的统计误差。因此，研究者们提出一系列协议试图解决该问题，并提高分析结果的准确度。比较典型的有 Rappor 协议和 SH 协议。

8.6 小结与注记

本章主要介绍了围绕数据隐私保护的几类典型的攻击和保护方法，包括针对身份隐私、属性隐私、社交关系隐私和位置轨迹隐私的不同处理方法。但是，用户隐私从来不是一个孤立的问题。可以单独讨论用户的身份隐私、属性隐私，但在复杂的数据环境中，尤其是随着大数据技术的发展，在数据隐私保护的过程中必须认识到，关于用户的这些知识是相互联系、相互作用的，任何单一维度的数据处理均难以实现用户隐私保护的目的。

大数据环境下隐私保护面临的主要困难：一是用户身份匿名保护难。用户身份重识别攻击以及行为模式挖掘技术的发展，导致用户身份匿名保护更加困难。大数据场景下，用户数据来源与形式多样化，攻击者可通过链接多个数据源发起身份重识别攻击，识别用户真实身份；由于用户日常活动具有较强规律性，攻击者可通过用户轨迹、行为分析等逆向分析出匿名用户真实身份；随着概率图模型及深度学习模型的广泛应用，攻击者不仅可以挖掘用户外在特征模式，还可以发现其更稳定的潜在模式，从而提升匿名用户的识别准确率。二是敏感信息保护难。基于数据挖掘与深度学习等人工智能方法，用户敏感信息易被推测。可以通过共同好友、弱连接等发现用户之间隐藏的社交联系，发现用户社交关系隐私；可以通过以往轨迹分析预测目的地、用户隐藏的敏感位置；也可以根据其社交关系推测其可能出现的位置，透露用户位置隐私；还可以通过社交网络中的群组发现识别出用户的宗教、疾病等敏感属性，发现用户属性隐私。三是隐私信息安全管控难。用户隐私信息被采集后，数据控制权转移到网络服务商，而其可能缺乏足够技术手段来保证隐私数据的安全存储、受控使用与传播，导致用户隐私数据被非授权使用、传播或滥用。密文云存储可解决机密性问题，但也会带来性能损失与可用性降低问题，其实际部署应用离不开高效的密文检索与密文计算技术；目前厂商普遍缺乏实现基于目的的访问控制能力，盲目开放数据共享服务容易导致用户隐私数据被滥用，需要使用基于风险的访问控制技术，实现自底向上的策略挖掘与实施。

差分隐私保护技术提供一种不限定攻击者能力，且能严格证明其安全性的隐私保护框架。差分隐私模型是目前最为严格和完善的隐私保护模型，它在最充分的攻击者能力模型的基础上研究用户隐私泄露的程度和保护方案。本地差分隐私是一类特殊而重要的差分隐私，其典型代表是 Rapport 协议和 SH 协议。

本章在写作过程中主要参考了文献[40]。文献[40]中包括了大量的隐私保护技术；文献[41]综述了大数据环境下的隐私保护问题；文献[42]专门综述了差分隐私保护研究现状及发展趋势。

思 考 题

1．隐私保护需求有哪些？

2．简述 K-匿名、L-多样化、T-贴近等模型及其基本思想。

3．在属性–社交网络中，为实现属性匿名，需要从节点、边、属性三方面联合匿名，为什么？

4．简述链接攻击、同质攻击、近似攻击的基本内涵。

5．简述敏感位置隐私保护数据发布主要流程。

6．简述差分隐私的基本思想。

7．论述基于用户活动规律分析的攻击方法的发展趋势。

参 考 文 献

[1] SWEENEY L. K-Anonymity：a model for protecting privacy[J]. International Journal of Uncertainty，Fuzziness and Knowledge Based Systems，2002，10(5)：557-570.

[2] SWEENEY L. Achieving K-Anonymity privacy protection using generalization and suppression[J]. International Journal of Uncertainty，Fuzziness and Knowledge Based Systems，2002，10(5)：571-588.

[3] LEFEVRE K，DEWITT D J. Ramakrishnan RMondrian multidimensional K-Anonymity[C]//Proceedings of the 22nd International Conference on Data Engineering (ICDE). Piscataway：IEEE，2006：25-25.

[4] BAYARDO R，AGRAWAL R. Data privacy through optimal K-Anonymization[C]//Proceedings of the 21st International Conference on Data Engineering(ICDE). Piscataway：IEEE，2005：217-228.

[5] NARAYANAN A，SHMATIKOV V. Robust De-anonymization of Large Sparse Datasets[C]//IEEE Symposium on Security and Privacy(S&P). Piscataway：IEEE，2008：111-125.

[6] ZHANG Q，KOUDAS N，SRIVASTAVA D. Aggregate query answering on anonymized tables[C]// Proceedings of the 23rd International Conference On Data Engineering(ICDE). Piscataway：IEEE，2007：116-125.

[7] WANG K，FUNG B C. Anonymizing sequential releases[C]// Proceedings of the 12th ACM SIGKDD

International Conference on Knowledge Discovery and Data Mining. New York：ACM，2006：414-423.
[8] FORD R，TRUTA T M，CAMPAN A. P-Sensitive K-Anonymity for social networks [J]. DMIN，2009，9：403-409.
[9] SUN X，SUN L，WANG H. Extended K-Anonymity models against sensitive attribute disclosure[J]. Computer Communications，2011，34(4)：526-535.
[10] MACHANAVAJJHALA A，GEHRKE J，KIFER D. l-diversity：privacy beyond K-Anonymity[C]// Proceedings of the 22nd International Conference on Data Engineering (ICDE). Piscataway：IEEE，2006：24-24.
[11] LI N，LI T，VENKATASUBRAMANIAN S. T-Closeness：privacy beyond K-Anonymity and l-diversity[C]// Proceedings of the 23rd International Conference on Data Engineering(ICDE). Piscataway：IEEE，2007：106-115.
[12] LIU K，TERZI E. Towards identity anonymization on graphs[C]//Proceedings of the 2008 ACM SIGMOD International Conference on Management of Data. New York：ACM，2008：93-106.
[13] ZOU L，CHEN L，ZSU M T. K-Automorphism：a general framework for privacy preserving network publication[J]. Proceedings of the Vldb Endowment，2009，2(1)：946-957.
[14] TAI C H，YU P S，YANG D N. Privacy-preserving social network publication against friendship attacks[C]//Proceedings of the 17th ACM SIGKDD International Conference on Knowledge Discovery and Data Mining. New York：ACM，2011：1262-1270.
[15] ZHOU B，PEI J. Preserving privacy in social networks against neighborhood attacks[C]// Proceedings of the 24th International Conference on Data Engineering (ICDE). Piscataway：IEEE，2008：506-515.
[16] CHENG J，FU W C，LIU J. K-isomorphism：privacy preserving network publication against structural attacks[C]//Proceedings of the 2010 ACM SIGMOD International Conference on Management of Data. New York：ACM，2010：459-470.
[17] NEWMAN M. Clustering and preferential attachment in growing networks[J]. Physical Review E，2001，64(2)：25-102.
[18] ADAMIC L，ADAR E. Friends and neighbors on the web[J]. Social networks，2003，25(3)：211-230.
[19] ZHOU T，LV L，ZHANG Y. Predicting missing links via local information[J]. The European Physical Journal B，2009，71(4)：623-630.
[20] LICHTENWALTER R，LUSSIER J，CHAWLA N. New perspectives and methods in link prediction[C]// Proceedings of the 16th ACM SIGKDD International Conference on Knowledge Discovery and Data Mining. New York：ACM，2010：243-252.
[21] TASSA T，COHEN D J. Anonymization of centralized and distributed social networks by sequential clustering[J]. IEEE Transactions on Knowledge and Data Engineering，2013，25(2)：311-324.
[22] MITTAL P，PAPAMANTHOU C，SONG D. Preserving link privacy in social network based systems[J]. arXiv preprint，2012.
[23] MISLOVE A，VISWANATH B，GUMMADI K P. You are who you know：inferring user profiles in online social networks[C]// Proceedings of the 3rd ACM International Conference on Web Search and Data Mining (WSDM). New York：ACM，2010：251-260.
[24] CAMPAN A，TRUTA T M. Data and structural K-Anonymity in social networks[M]//Privacy，Security，and Trust in KDD. Heidelberg：Springer, 2009：33-54.
[25] BERESFORD A R，STAJANO F. Mix-Zone：user privacy in location-aware services[C]// Proceedings of the 2nd IEEE Annual Conference on Pervasive Computing and Communications Workshops. Piscataway：IEEE，2004：127-131.

[26] FREUDIGER J，RAYA M，FELEGYHAZI M. Mix-zones for location privacy in vehicular networks[C]// Proceedings of the 1st International Workshop on Wireless Networking for Intelligent Transportation Systems (Win-ITS)，2007.
[27] LIU X. Protecting privacy in continuous location-tracking applications[J]. Minnesota Web Based Traffic Generator，2004.
[28] HUO Z，MENG X，HU H. You can walk alone：trajectory privacy-preserving through significant stays protection[C]// Proceedings of the International Conference on Database Systems for Advanced Applications. Heidelberg：Springer，2012：351-366.
[29] CICEK A E，NERGIZ M E，SAYGIN Y. Ensuring location diversity in privacy-preserving spatio-temporal data publishing[J]. VLDB Endowment，2014，23(4)：609-625.
[30] ASHBROOK D，STARNER T. Learning significant locations and predicting user movement with GPS[C]// Proceedings of the International Symposium on Wearable Computers. Piscataway：IEEE，2002：101-108.
[31] ALVAREZ G J A，ORTEGA J A，GONZALEZ A L. Trip destination prediction based on past GPS log using a hidden markov model[J]. Expert Systems with Applications，2010，37(12)：8166-8171.
[32] GAMBS S，KILLIJIAN M O，DEL PRADO CORTEZ M N. De-anonymization attack on geolocated data[J]. Journal of Computer and System Sciences，2014，80(8)：1597-1614.
[33] PAN J，RAO V，AGARWAL P. Markov-modulated marked Poisson processes for check-in data[C]// Proceedings of the International Conference on Machine Learning，2016：2244-2253.
[34] DWORK C. Differential privacy[J]. Lecture Notes in Computer Science，2006，26(2)：1-12.
[35] KASIVISWANATHAN S P，LEE H K，NISSIM K. What can we learn privately [C]//IEEE Symposium on Foundations of Computer Science，2008：531-540.
[36] PIHUR V，KOROLOVA A. RAPPOR：randomized aggregatable privacy-preserving ordinal response[C]// ACM Sigsac Conference on Computer and Communications Security. New York：ACM，2014：1054-1067.
[37] BASSILY R，SMITH A. Local，private，efficient protocols for succinct histograms[C]//ACM Symposium on the Theory of Computing. New York：ACM，2015：127-135.
[38] QIN Z，YANG Y，YU T. Heavy hitter estimation over set-valued data with local differential privacy[C]//ACM Conference on Computer and Communications Security. New York：ACM，2016：192-203.
[39] CHEN R，LI H，QIN A K. Private spatial data aggregation in the local setting[C]//International Conference on Data Engineering，IEEE，2016：289-300.
[40] 冯登国，等. 大数据安全与隐私保护[M]. 北京：清华大学出版社，2018.
[41] 冯登国，张敏，李昊. 大数据安全与隐私保护[J]. 计算机学报，2014，37(1)：246-258.
[42] 冯登国，张敏，叶宇桐. 基于差分隐私模型的位置轨迹发布技术研究[J]. 电子与信息学报，2020，42(1)：74-88.

中国天眼

驸马不必巧言讲，现有凭据在公堂。

——京剧《铡美案》

第9章　安全审计

内容提要

安全审计是一类事后安全技术，它们记录有关安全事件的信息或提供调查手段，有助于摸清安全事件发生的原因并认定事件责任，可以起到制约以后安全事件再度发生的作用。审计系统广泛地存在于操作系统、数据库和应用系统中，它们根据审计策略记录相应事件的发生情况，为事后的分析提供基本信息。当系统遭受攻击后，事件分析与追踪技术可以通过考察攻击者造成的网络通信与系统活动异常情况追踪攻击者的信息。为了利用法律手段惩治攻击者，数字取证是必不可少的环节，但取证过程必须考虑电子证据的特殊性和法律程序的相关要求。数字指纹与追踪码是较新的责任追踪技术，它们主要监管多媒体内容的非授权散布。

本章重点

- 审计系统与审计事件
- 安全事件分析与追踪
- 数字取证的原则
- 数字指纹与追踪码的概念

9.1 审计系统

审计系统是一种为事后观察、分析操作或安全违规事件提供支持的系统，它广泛地存在于操作系统、数据库系统和应用系统中，记录、分析并报告系统中的普通或安全事件。审计系统的重要性不止于此，它还是IDS、数字取证、网络安全管理等安全系统的基本构件之一。

日志（Logging）和审计（Auditing）是两个紧密相关的概念。日志记录可以由任何系统或应用生成，记录了这些系统或应用的事件和统计信息，反映了它们的使用情况和性能情况。审计系统一般是专门的系统或子系统，审计的输入可以是日志，也可以是相应事件的直接报告，根据它们，审计系统一方面生成审计记录，提供更清晰、更简洁、更易于理解的系统事件和统计信息，另一方面记录所定义的审计事件的发生情况；一般审计结果的存放受到系统一定程度的保护，它们比普通日志文件更安全、更结构化、格式更统一，但可能需要专门的工具读取。需要指出的是，很多文献将审计记录的数据也称为审计日志，本章不严格做这样的区分。

审计系统需要能够确定记录哪些事件和统计信息、如何进行审计的问题，也需要可以按照系统安全策略确定的原则进行配置。不同审计系统的构造存在差异，但审计系统需要解决如下几方面的问题：审计事件确定、事件记录、记录分析和系统管理。它们分别完成记录事件和统计信息、数据分析、结果报告的任务。

1．审计事件确定

多数操作系统都在内核和用户态记录系统事件，分别从系统调用和应用事件的角度反映审计事件的信息，所支持的审计事件可以由用户进行配置和选择。应用系统可以通过相应操作系统或应用下的开发包提供审计支持功能。当前，对事件的审计主要由操作系统和数据库系统等提供的机制实现，但是实际上任何信息系统或安全系统都可以实现类似的审计子系统。

审计事件通常包括系统事件、登录事件、资源访问、操作、特权使用、账号管理和策略更改等类别，表 9.1 给出了它们的具体描述。审计系统一般提供相应的工具支持用户定义审计的类型和事件及其属性。例如，在 Sun Solaris 中，系统用户可以用脚本工具 audit_event 定义审计事件及其所属类别，该脚本的存储文件是/etc/security/audit_event。

表 9.1　通常的审计事件类别

类别名称	包括的主要事件
系统事件	系统启动、关机、故障等
登录事件	成功登录、各类失败登录、当前登录等
资源访问	打开、修改、关闭资源等
操作	进程、句柄等的创建与终止，对外设的操作、程序的安装和删除等
特权使用	特权的分配、使用和注销等
账号管理	创建、删除用户或用户组，以及修改其属性
策略更改	审计、安全等策略的改变

2．事件记录

事件记录是指，当审计事件发生时，由审计系统用审计日志记录相关的信息。相比于普通日志，审计日志的生成一般由统一的机制完成，数据存储的结构也更一致、层次更分明，由于受到系统保护，审计数据的存储一般也更安全，这增加了攻击者消除攻击痕迹的困难。

审计日志一般由一些文件组成，每个文件中包含多条记录，每条记录记载了系统事件和统计信息发生或记录的时间、基本情况等信息。审计日志按照应用可以简单地分为系统日志和应用日志，系统日志主要记录系统的登录、用户操作、进程活动、资源分配、系统故障和安全事件等信息；应用日志记录具体应用关心的内容。审计日志也可以分为内核级和应用级两类，前者由审计系统的内核模块生成，后者在用户态生成。

审计记录的内容一般包括事件的主体、相关的各个对象、涉及的进程和用户以及它们的标识等，内核级审计记录还包括调用的参数和返回值，应用级审计还包括特定的应用数据及其高层描述。

例 9.1　Sun Solaris 的审计系统及其用户登录审计日志。

Sun Solaris 的系统安全模块称为基础安全模块（Basic Security Module，BSM），BSM 包含较为完整的审计系统，被称为 BSM 审计子系统，它将审计日志逐级分为审计文件、审计记录和审计标记（如图 9.1 所示）。其中，标记用于管理或描述事件的属性。例如，头标记表示一个审计日志记录的开始，结尾标记表示结束，主体标记表明引发事件的用户、程序或设备等，参量标记和数据标记用于记录事件涉及的参量和数据，序号标记注明了事件的序号。

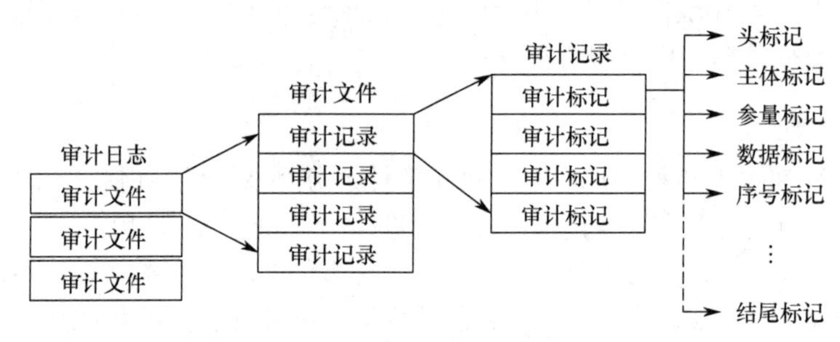

图 9.1　Sun Solaris BSM 审计数据结构

按照上述审计数据的组织方式，Sun Solaris 用数个日志文件生成用户登录审计日志，具体情况如表 9.2 所示。

表 9.2　Sun Solaris 有关用户登录的日志

日志名称	内　容	文　件
lastlog	记录用户最近成功和不成功的登录	/var/adm/wtmp
loginlog	记录所有的不成功登录	/var/adm/acct/sum/loginlog
utmp	记录当前登录的用户	/var/adm/utmp
wtmp	记录每个用户的登录时间和退出时间	/var/adm/wtmp
sulog	记录 su 命令的使用情况	/var/adm/sulog

例 9.2　Windows XP 的审计系统及其审计日志。

Windows XP 的审计系统由操作系统内部的安全引用监视器（Security Reference Monitor，SRM，也称为安全参考监视器）、本地安全中心（Local Security Authority，LSA）和事件记录器（Event Logger）等模块组成。LSA 负责管理审计策略，在每次审计事件发生时，审计日志记录由 SRM 和 LSA 根据相应系统或应用的通知生成，记录先被传输到 LSA，经过 LSA 处理后转发给事件记录器存储。Windows XP 的审计日志主要分为系统日志、安全日志和应用日志 3 类，分别记录有关操作系统事件、安全事件和应用事件的发生情况，表 9.3 给出了一个审计日志记录包含的字段情况。

表 9.3 Windows XP 审计日志记录的字段

字段名称	内　容	范　例
类型	本条记录内容的基本类型，主要包括错误、警告、信息，或者正确审核、失败审核	错误
日期	事件发生时的年、月、日	2001-01-27
时间	事件发生时的小时、分钟、秒	21:36:59
来源	通报事件的系统或应用程序	Service Control Manager
分类	事件分类（见表 9.1）	登录/注销
事件	事件编号	101
用户	事件涉及的用户	SYSTEM
计算机	事件涉及的计算机	My Computer

3. 记录分析

分析审计记录有助于向用户提供更精简、更合理的信息，也有助于用户发现系统存在的攻击事件和安全问题。当然，这里对攻击的分析和 IDS 的入侵分析是类似的，但审计系统可以有针对性地得到第一手数据，用于支持相关的分析。

系统管理员往往可以通过分析审计日志得到新的事件定义，这些新的事件可以通过合并已有的事件而简化日志信息或使原来的事件定义更合理。例如，若在条件 A 下，事件 X 和 Y 总是发生，则可以将它们合并为一个事件；若原来定义的一个事件总不发生，但发现这个事件产生的条件存在，则可以通过分析日志确定事件定义不合理。

可以通过记录特定的信息得到一些分析方法，它们可以探知对已知安全策略的违规操作。例如，可以设计所谓基于状态的审计系统（State Based Auditing）或基于转移的审计系统（Transition Based Auditing）[2]，它们分别记录在某个安全策略下系统应该历经的状态或状态转移情况，因此，有助于分析工具发现对特定策略的违规操作。当然，通过分析也可以从状态或其转移中直接发现已知的违规。上述分析方法分别类似于本书第 14 章介绍的 IDS 异常检测和误用检测。

4. 系统管理

审计系统需要提供相应的管理手段，用于管理审计数据的存储方式和位置，进行审计参数设置、初始化，生成和查看审计报告等。

9.2 事件分析与追踪

当系统遭受攻击后，可以通过检查进程或线程活动、网络通信、用户活动、审计日志和文件系统等的情况进行事件分析，还可以通过对地址和假冒地址的追踪了解攻击的来源和攻击者所处的物理位置或国家、机构等信息。

1. 检查进程

程序是静态的，一般存储于磁盘中，进程是程序在计算设备上的一次执行，运行于内存中。进程一般分为系统进程和用户进程，前者用于完成操作系统的各项功能，是操作系统的组成部分，后者是操作系统用户启动的进程。在 Windows 系列操作系统中，每个进程由线程（Thread）组成。

攻击者在入侵计算机系统后，往往会在操作系统中运行某个进程，这样做的目的可能包括：监听网络通信、向攻击者提供远程控制服务、监视其他用户的操作、等待下一步攻击的时机等。这样，事件分析者可以通过运行操作系统提供的进程查看命令或工具发现可疑进程，例如，使用 UNIX/Linux 上的 ps 命令或使用 Windows 上的任务管理器。但为了达到识别异常进程目的，需要平日了解系统正常进程的情况。

一些进程会采取所谓的“隐身”技术，阻止系统工具或命令显示它的存在，因此就要求事件分析者掌握相应的反隐身工具。由于隐身的进程仍然存在于操作系统的进程分配表中，因此，一些专用工具、计算机病毒预防软件或 IDS 仍然能够发现它们。

2. 检查通信连接

操作系统一般提供相应的命令查看本机的网络连接状况。例如，Windows 提供的 netstat 命令可以列出当前活动的网络连接情况，提供的信息包括收、发双方的地址和端口号。在获得当前被监听或正在通信的端口号后，若它是熟知端口，如 FTP 服务的 21 号端口，则需要确定对应的服务是否是由操作系统或合法用户启动的，若不是，则很可能是攻击者利用熟知端口隐蔽通信的存在；若发现不明端口，则需要查明是否由合法的用户打开，若不是，则立即确认为可疑端口。

当前，一些应用工具可以检测一个端口的监听程序，这有助于确认可疑端口。例如，在 Windows 平台上，fport 程序以命令行的方式提供检测一个端口监听程序的功能，Active Ports 以图形化攻击的形式提供这类功能。

3. 检查登录账户

攻击者在系统中的活动需要在某个账户下得到相应的权限，因此，通过监视账户的活动，可能能够发现问题。在 UNIX/Linux 平台中，who 命令可以查看当前登录的账户列表，在 Windows 平台中，也可以用 Sysinternals 和 LogonSessions 等软件工具查看当前登录的账户。

4. 分析日志

对安全事件调查和追踪有帮助的日志包括系统和应用程序日志、审计日志以及网络安全防护设备的日志。系统和应用程序日志包含操作系统、数据库和应用记录的日志，它们直接反映了一段时期内的相关操作或性能情况，是事件分析的第一手资料。但是，普通日志的安全性相对较低，在攻击者对系统攻击后，很可能已经修改了，而审计日志的安全性更高，一般用户不能删除，因此，记录的信息更加可靠。当前的网络安全防护设备，如防火墙和 IDS，它们生成的日志往往反映了异常活动的存在。

例 9.3　利用 Windows XP 防火墙日志调查连接情况。

如果 Windows XP 防火墙处于打开状态并且用户选择启用安全记录选项，那么它可以记录成功通过防火墙的连接以及被阻止的连接，也将记录它们的基本情况，防火墙日志记录在 pfirewall.log 文件中，日志记录内容如表 9.4 所示。从表 9.4 中可以看出，任何进入系统或被阻止的连接都可以被记录，在被记录的数据中，包含数据包的源地址、目标地址和端口，以及它们的状态，这有助于确认攻击源及采用的攻击方法。

表 9.4 Windows XP 防火墙日志记录内容

字段名称	内 容	范 例
Date	已记录的事件发生的年、月、日	2001-01-27
Time	已记录的事件发生时的小时、分钟、秒	21:36:59
Action	涉及防火墙的操作，如 OPEN、CLOSE 等	OPEN
Protocol	用于通信的协议，主要包括 TCP、UDP 或 ICMP	TCP
src-ip	尝试建立的通信的源 IP 地址	192.168.0.1
dst-ip	尝试建立的通信的目标 IP 地址	192.168.0.10
src-port	源端口号	1234
dst-port	目标端口号	2235
size	以字节为单位显示数据包大小	60
tcpflags	在 IP 数据包的 TCP 标题中找到的 TCP 控制标志： Ack 表示确认字段有效位 Fin 表示没有来自发送方的其他数据 Psh 表示“推”功能 Rst 表示重置连接 Syn 表示同步序列号 Urg 表示紧急指针字段有效位	FAP
tcpsyn	数据包中的 TCP 序列号	1315819770
tcpack	数据包中的 TCP 确认号	2515999782
tcpwin	数据包中的 TCP 窗口大小（以字节为单位）	64240
icmptype	代表 ICMP 消息“类型”字段的号码	8
icmpcode	代表 ICMP 消息“代码”字段的号码	0

5. 文件系统分析

在攻击者攻击的过程中，往往会出于以下目的更改文件系统，因此，也可能留下一些痕迹，尤其是对相应日志或文件的修改可能直接反映攻击者的目的。首先，攻击者需要掩盖攻击的痕迹，这就需要修改相应的日志文件，删除其中与攻击相关的记录，因此，可以检查内容可疑的地方，也可以检查日志文件和审计记录之间不一致的情况，一些审计日志得到了有效保护，攻击者不能删除其中的记录。其次，攻击者可能留下系统后门，以便继续攻击系统或实施其他攻击。获得后门的方法一般是增加系统用户或服务等，这都会造成系统或应用文件的增加或改变。另外，攻击者也可能出于破坏的目的改动文件系统。因此，除人工检查这些变化外，也可以提前用保护工具对文件进行保护，如计算杂凑值或数字签名，在攻击发生后通过验证确认遭到改动的文件。例如，在 UNIX/Linux 平台上，MD5 是一个利用计算杂凑值保护文件完整性的工具，杂凑值一般放在可靠的地方，在 Windows 平台上也存在类似的工具。

6. 地址追踪

除了一些拒绝服务攻击，来自网络的攻击有其源地址和端口，因此可以利用前面的日志和通信状态查询手段获得它们。这些攻击必须使用真实 IP 的原因是，其需要借助沿途的路由设备将攻击包发送到被攻击系统，并需要和被攻击系统进行一定的交互。一般来说，攻击者的 IP 地址和其所处的物理位置有对应关系，IP 地址管理机构在分配 IP 时，是按照国家或地区来划分 IP 地址范围的，在某一个国家和地区，存在不同的网络管理机构，它们负责的网络也使用连续或范围一定的 IP 地址，因此，特定的固定 IP 地址的物理位置是容易查找的。

在上述对 IP 地址的追踪中，可能查明攻击者的 IP 地址是拨号服务器分配的。一般拨号服务器可以通过配置将拨入的电话号码作为日志内容记录，因此，只要日志内容还在，就可以追踪到攻击者使用的电话号码。

更复杂一些的情况是，攻击者首先攻破一个系统，然后利用它作为发起攻击的主机，这被称为跳转（Hop）。在一些情况下，攻击者在跳转多次后再发起攻击，这使得事件追踪更加困难。给定一系列主机 $H_1,H_2,\cdots,H_n$，攻击者顺序从 H_1 连接至 H_n，从 H_n 发动攻击，则此时网络攻击追踪的目的是，基于得到的 H_n 的 IP 地址，找出其余主机或部分其余主机的 IP 地址。从技术上讲当前尚未有好的解决方法，但是已经取得以下一些研究成果。

1）基于主机的追踪

美国加州大学 Davis 分校的研究人员提出了一种分布式 IDS（DIDS），它提供了一种基于主机的追踪机制。在 DIDS 监控下的主机都需要记录用户活动，并将记录发往中心节点分析，因此，DIDS 在原理上能够按照用户活动记录追踪攻击，但它的部署代价高。

呼叫者识别系统（Caller Identification System，CIS）不采用中心进行管理，而是要求被监管系统中的每个主机记录来自另一个主机的连接，主机之间还可以相互询问发起连接用户的连接链情况，但这加重了网络和系统的负担。

2）基于网络的追踪

基于主机的追踪机制的最大弱点是，一旦系统中任何一个主机被攻破，则攻击者可以利用其回应虚假信息，造成整个追踪系统的失效。而基于网络的追踪机制不要求每个主机都参与追踪系统的工作。Thumbprint 等一些网络追踪系统在网络上借助数据包和通信连接的相关信息区别它们，并记录各类连接的发生，为追踪提供支持。

7. 假冒地址追踪

有的拒绝服务攻击可以使用假冒的源地址，这使得被攻击方更难追踪攻击者。例如，洪水型（Flood）拒绝服务攻击包括 Ping Flood、SYN Flood、UDP Flood 和 ICMP Flood 等，它们无须和被攻击系统交互，因此，可以使用假冒的源地址。当前，对假冒地址的追踪主要有以下 3 类方法[3]。

1）逆向洪水

Burch 等人[4]发现，在遭受洪水型拒绝服务攻击时，可以利用所谓逆向洪水（Back Flooding）的方法追踪攻击者的网络地址（如图 9.2 所示）。在该方法中，被攻击方用较大流量连接位于可能的攻击路径上的主机，这类操作被称为“冲击”。当冲击数据流在某一条链路上时，若攻击数据流的强度明显减弱，则可以认为这条链路存在攻击数据流。进一步地，被攻击方可以通过递进的方式得到后面的攻击链路。但显然逆向洪水的方式将加重网络的负担，一般应慎重选用。

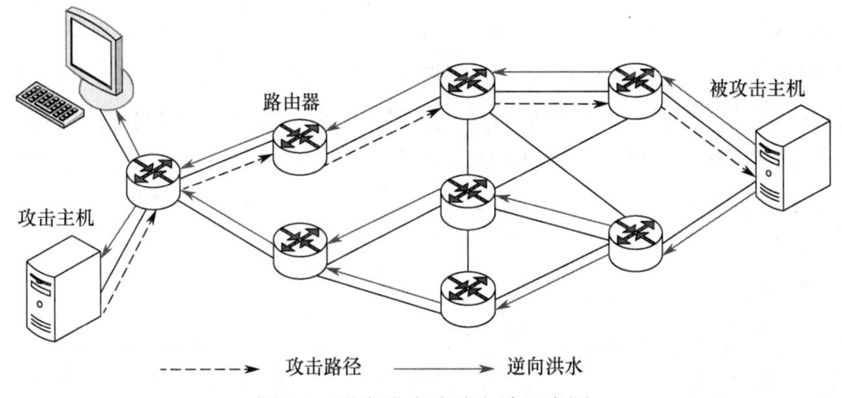

图 9.2　逆向洪水追踪方法示意图

2）入口调试

入口调试（Input Debugging）追踪方法需要上游路由器管理员的配合。当被攻击方发现使用假 IP 地址的拒绝服务攻击后，可以请求上游路由器管理员逐段将路由器关闭或限制流量，当发现攻击数据包的数量也同时减小时，可以认为相应的路径段是攻击路径的一部分。

3）其他方法

追踪假冒地址的方法还有 ICMP 追踪、概率包标记（Probabilistic Packet Marking）和中心追踪（Center Track）覆盖网络等，但这些方法都需要预先在网络设备上安装新的功能模块，这为具体实施带来了困难。

9.3　数字取证

一些利用计算机和其他数字工具进行犯罪的证据以电子信息的形式存储在计算机存储系统或网络中，它们就是电子证据（也称为数字证据），将这些电子信息作为法律证据采集就是数字取证（也称为电子取证）。下面将看到，电子证据的特殊性使得数字取证需要遵照特殊的原则和步骤[3,5]。

1. 电子证据特征

1）高技术性

电子证据以数字或电子信号的形式存储和传输，它们表达的信息和特定的计算机系统、应用程序或编码紧密相关，存在的环境、介质、信号形式也与电子、通信等技术有直接的关系，因此，数字取证需要有高技术的手段和专业人员的参与。另外，电子证据的保管和使用等环节也需要用安全技术手段确保其有效和安全。

2）多样性

电子证据的表现形式涵盖了所有传统的证据类型，包括文本、图像、音频和视频等，也包括计算机程序和网络通信。由于信息系统审计和日志系统的存在，电子证据还可以直接表示为事件历史记录的形式。

3）客观实时性

犯罪嫌疑人在侵入系统的过程中，审计系统或相关的应用一般会通过日志的形式记录犯罪嫌疑人的操作和访问情况，如访问时间、源 IP 地址、账户，如果不考虑犯罪嫌疑人对日志数据进行篡改的情况，这些数据实时、客观地反映了相关的活动，并能无损保存。但是，需要特别注意的是，对历史记录，一般信息系统仅保留一段固定的时间，取证工作需要在这一时期内完成。

4）易破坏性

电子证据以数字或信号形式存在，它们在取证之前有可能已经遭受有意或无意的更改，这类更改有时很难察觉。例如，犯罪嫌疑人可以用计算机图像处理软件伪造图像作为虚假的证据。在取证结束后，若保管不当，也容易造成证据被有意或无意改动，这可能直接影响到证据的法律效力。

2．数字取证原则

基于电子证据的上述特性，一般认为数字取证需要遵循以下原则。

1）及时原则

电子证据处于未被取证状态的时间越长，被删除、破坏或修改的可能性就越大。因此，应该尽可能早地进行取证。

2）合法原则

数字取证必须按照法律规定或认可的程序进行，得到第一手具有证明效力的证据数据。采用不正规手段获取的证据一般没有证明效力。

3）冗余原则

对含有电子证据的数据至少应制作一个副本，其中原始版本存放在物理上安全的地方保管，副本用于取证人员进行证据提取与分析，以减小取证操作破坏电子证据的风险。

4）环境安全原则

电子证据应被妥善保管，以备再次进行证据再现和分析。存储电子证据的介质应远离强电磁场、高温、灰尘、腐蚀性化学试剂等，也要进行适当的静电防护。在与保管相关的操作上也要注意安全，避免人为损毁。

5）制度原则

当含有电子证据的数据需要进行移交、封存、拆封等处理时，都需要按照管理制度由工作人员进行交接，每一个环节都需要查验证据的有效性。应该避免非制度下的上述工作，否则可能会降低电子证据的法律效力。管理制度可以结合一些完整性和真实性的辅助技术，如数字签名。

3．数字取证过程与技术

1）取证准备

为更主动地获得电子证据，受保护的信息系统需要启用审计系统、适当的监控手段，甚至类似“蜜罐”那样的网络陷阱和诱捕措施。在实际取证开始前，首先需要通过调查确定取证的现场，其次需要对包含电子证据的设备、数据有技术上的了解，最后，需要准备好相应的软、硬件数字工具和施工工具。

2）取证

首先要对现场进行勘查和保护，除了需要保护取证现场物理上的安全，还需要切断待取证设备上的可疑远程连接，查封移动存储介质和相关设备，与网络或系统管理员取得联系，探明相关情况。

随后可以开始收集电子证据。除了运用前面已经介绍的事件分析与追踪技术，取证还可以采用数据复原、数据复制、数据截收和数据诱骗等技术收集证据。在数字取证中，数据复原是指对破坏程度不同的数据进行恢复，也包括呈现不可见区域的数据。例如，文件在操作系统中被删除，磁盘上相应扇区上的数据并未被实际删除，操作系统可能仅仅是做了可用标志而已，因此，一些磁盘工具可以读取这些数据。数据复制是指对包含证据的数据进行备份，以及对数据环境或操作环境进行现场保护。数据截收是指在网络上利用监视器获得网络通信中出现的证据。数据诱骗就是将在本书 14.2 节提到的网络陷阱和诱捕技术。

3）证据保管与使用

应该在统一的管理下保管与使用数字证据。管理方法应该贯彻前面提到的冗余原则、环境安全原则和制度原则。

9.4 数字指纹与追踪码

当前，针对监管多媒体内容的非授权散布，出现了一些新型的责任追踪技术，主要包括数字指纹（Fingerprint）[6]和追踪码（Tracing Code）[7]技术。

数字指纹从技术上看类似于鲁棒数字水印，但这里的指纹水印内容承载了数字媒体内容购买者的基本信息，用于在发现非授权散布版本时，追查散布源头。数字指纹可以在数字媒体发售前嵌入发布版本，也可以在数字机顶盒内嵌入，后者用于防范盗版者截收解密了的数字媒体内容。需要指出，数字指纹的有效性在于：若攻击者消除数字指纹，由于数字指纹具有鲁棒性，而其嵌入过程有密钥参与，因此，攻击者也将降低数字媒体的感知质量，这样会使盗版制品在质量方面处于劣势。

但是，数字指纹存在合谋攻击的安全威胁，而所谓的可追踪可以在一定程度上消除这类威胁。由于同一个数字内容制品需要根据不同的购买者嵌入不同的指纹水印，因此，存在多个发布版本，当这些版本的购买者联合起来时，有可能生成一个指纹难以检测的版本，这个版本可以作为盗版制品发售。

追踪码可以实现以下功能：当 w 个用户实施合谋攻击时，仍然可以推知其中至少一个用户的指纹编码。此时的追踪码被称为 w-可识别父码（Codes with w-Identifiable Parent Property），简记为 w-IPP 码。追踪码的构造方法比较多[7]。

9.5 小结与注记

本章主要介绍了安全审计技术，这类技术通过事后的调查与处理，能够在一定程度上起到制约以后攻击或安全违规事件再度发生的作用。审计系统不但能够提供事件定义和记录功能，也可以提供审计分析手段。事件分析与追踪技术通过检查系统活动、网络通信、用户活动、审计日志和文件系统等的情况进行事件分析，还可以通过对地址和假冒地址的追踪了解攻击的来源和攻击者所处的物理位置或国家、机构等信息。由于电子证据的特殊性，数字取证在取证阶段和证据的使用阶段都需要遵循一定的原则，这些原则有助于确立电子证据的法律地位，为此，取证和证据使用人员需要进行相应的技术准备。数字指纹与追踪码面向监管数字媒体内容的非授权散布，它们通过技术手段主动支持取证，在设计上主要考虑了多个用户协同实施的合谋攻击。

数字水印、数字指纹和追踪码等技术通过主动隐藏证据信息支持数字取证，是一种主动的取证技术。但这类技术面临解决技术可靠性或可信度的问题。例如，本书 7.3 节提到鲁棒水印检测存在误报的可能，显然，误报的可能性越低，技术可信度就越高。这意味着，若要在执法程序中使用这类技术，研究人员或技术人员要向执法者说明相关的技术特性。

本章在写作过程中主要参考了文献[1]。文献[2]对审计技术做了比较系统的介绍。

思 考 题

1．考查身边计算机的审计系统，确定它的基本组成结构。
2．简述事件分析与追踪的主要手段。
3．简述地址追踪的主要方法。
4．简述假冒地址追踪的主要方法。
5．描述数字取证的原则及其依据。
6．为什么说数字指纹和追踪码属于主动取证技术？

参 考 文 献

[1] 冯登国，赵险峰. 信息安全技术概论[M]. 2 版. 北京：电子工业出版社，2014.

[2] MATT B. Computer security art and science[M]. Boston：Addison-Wesley，2003.（MATT B. 计算机安全学：安全的艺术与科学[M]. 王立斌，黄征，译. 北京：电子工业出版社，2005.）

[3] 李德全，苏璞睿. 信息系统安全事件响应[M]. 北京：科学出版社，2005.

[4] BURCH H，CHESWICK B. Tracing anonymous packets to their approximate source[C]//Proc. 14th Systems Administration Conference (LISA 2000)，2000：319-327.

[5] 蒋平，黄淑华，杨莉莉. 数字取证[M]. 北京：清华大学出版社，2007.

[6] HARTUNG F，RAMME F. Digital right management and watermarking of multimedia content for m-commerce applications [J]. IEEE Communications Magazine，2000：78-84.

[7] STINSON D R. Cryptography theory and practice[M]. 3rd ed. New York：CRC Press，2006.（STINSON D R. 密码学原理与实践[M]. 3 版. 冯登国，等译. 北京：电子工业出版社，2009.）

电磁辐射

先其未然谓之防，发而止之谓之救，行而责之谓之戒。防为上，救次之，戒为下。

——东汉·荀悦

第10章　物理安全

内容提要

物理安全主要从外界环境、基础设施、运行硬件、介质等方面为网络与系统安全运行提供基本的底层支撑和保障。其主要目的是保障存放计算机、网络设备的机房，以及信息系统的设备和存储数据的介质等免受物理环境、自然灾害、人为操作失误和恶意操作等各种威胁产生的攻击。物理安全是整个信息系统安全的物质基础。物理安全技术就是确保网络与系统物理安全的技术，主要包括确保设备或系统等不被攻击者通过直接物理访问手段进行恶意操作或获取信息的技术。物理安全技术涉及环境安全、设备安全和线路安全等多个方面，内容十分丰富，而且涉及面非常广。本章主要介绍几类典型的侧信道分析与防护技术，包括计时攻击及其防御措施、能量分析及其防御措施、电磁辐射分析及其防御措施等。

本章重点

- 物理安全需求
- 主要物理安全技术
- 计时攻击基本原理及其主要防御措施
- 能量分析基本原理及其主要防御措施
- 电磁辐射分析基本原理及其主要防御措施

10.1 物理安全需求

物理安全主要从外界环境、基础设施、运行硬件、介质等方面为网络与系统安全运行提供基本的底层支撑和保障。其主要目的是保障存放计算机、网络设备的机房，以及信息系统的设备和存储数据的介质等免受物理环境、自然灾害、人为操作失误和恶意操作等各种威胁产生的攻击。物理安全是整个信息系统安全的物质基础。

物理安全需求主要包括以下几个方面[1]：

（1）物理位置的选择。需要充分考虑周边的整体环境以及具体楼宇的物理位置是否能够为网络与系统的运行提供物理上的基本保障。

（2）物理访问控制。需要对内部授权人员和临时外部人员进出系统物理工作环境进行控制。

（3）防盗窃和防破坏。需要考虑机房内部的设备、介质和通信线缆等的安全性，如设立防盗报警、监控报警等装置。

（4）防雷电。需要考虑防止雷电对电流、设备等造成的不利影响。

（5）防火。需要考虑防止火灾发生，以及火灾发生后能够及时灭火的措施。

（6）防静电。需要考虑防止静电的措施，以避免产生静电及其对设备和人员等造成的伤害，以及如何减小这种伤害。

（7）温度和湿度控制。需要考虑保障各种设备正常运行的温度和湿度范围。

（8）电力供应。需要考虑防止电源出现故障、电力波动范围过大的措施。

（9）电磁防护。需要考虑防止电磁辐射可能造成的信息被窃取或泄露的措施。

在实际中，实现上述物理安全需求不仅需要技术手段的支撑，而且更需要法律法规、规章制度和标准规范（包括设计规范、安全要求、技术要求等）的支撑。物理安全技术涉及环境安全、设备安全和线路安全等多个方面，主要有侧信道分析与防护技术、窃听技术、窃照与窥视技术、防窜扰技术、物理不可克隆函数（PUF）、物理隔离技术、安全交换技术等，内容十分丰富，而且涉及面非常广。本章重点介绍几类典型的侧信道分析与防护技术，包括计时攻击及其防御措施、能量分析及其防御措施、电磁辐射分析及其防御措施等。

侧信道（Side-Channel，也称为边信道或旁路）分析是一种通过观察到的物理效应进行攻击的方法，其基本思想是：攻击者利用从设备中容易获取的信息（如能量消耗、电磁辐射、运行时间等，这些信息称为侧信道信息）可以获取或部分获取设备中的敏感参数（如密钥）或显示其信息。这类攻击方法主要包括计时攻击（Timing Attack）、能量分析（Power Analysis）、电磁分析（ElectroMagnetic Analysis）、故障攻击（Fault Attack）、缓存攻击（Cache Attack）和冷启动攻击（Cold-Boot Attack）等。电磁分析（也称为电磁辐射分析）的研究可追溯到 20 世纪 50 年代，但直到 20 世纪 80 年代中期才取得了突破性进展，而针对密码设备的计时攻击的研究起源于 20 世纪 90 年代中期，尤其是智能卡密码设备的发展和应用，大大促进了侧信道分析与防护技术的研究和发展。

10.2 计时攻击及其防御措施

计算需要花费时间，如 CPU 需要时间获得指令和数据。在更细粒度的层次上，电门必须转换，线路必须传递信号，这些都需要消耗时间。动作与信号精确的组合和排列取决于所操作的数据，而持续时间又由这种组合决定。但是如果动作依赖于秘密数据，持续时间可能会泄露这种信息。

计时攻击最早是由 Kocher[5]于 1996 年提出的，他主要攻击了 RSA 的模指数幂运算，同时指出 IDEA、RC5 等分组密码和有查表运算的密码算法（如 DES、Blowfish、SEAL）都采用了时间不固定的运算，都有可能受到计时攻击的潜在威胁。随后，研究者们又进一步发展了 Kocker 的想法，给出了 512 比特 RSA 算法的计时攻击实验及其防御措施，提出了选择明文的计时攻击，并指出远程计时攻击也是可实现的。

1. 基本原理

计时攻击的基本原理很简单，就是利用算法采用的各种运算在执行时间上的差异，通过测量运算的相对执行时间并用统计方法分析时间差异与所用秘密参数（如密钥）之间的关系来恢复秘密参数。这是因为算法在执行运行时间不固定的操作时，如分支操作、有限域乘法和除法、幂指数运算，其具体运行时间是由涉及的操作数决定的。由于每步的操作数均依赖于使用的秘密参数，所以算法的运行时间在一定程度上依赖于使用的秘密参数。据此，依据算法运行时间上的差异与使用的秘密参数之间的关系，利用统计方法分析时间差异即可恢复部分或全部秘密参数。值得一提的是，虽然计时攻击利用的是算法中某些操作的时间差异，但在实际中无法测量单个操作的运行时间。因此，只能测量整个算法的执行时间，再通过统计方法分析时间测量值之间的差异来恢复秘密参数。

计时攻击的一个关键点是如何得到算法执行时间的精确值。早期，大多在 MSDOS™ 环境下测量时间，因为单任务操作系统不易受其他操作干扰，系统维护任务很少，时间测量值可以精确到 0.8 微秒（μs）。目前，大多采用时钟周期数来测量。例如，对 2.4GHz 的 CPU，每秒有 2.4×10^9 个时钟周期，时间测量值的精度有了很大提高。

2. 防御措施

防御或抵抗计时攻击的常用方法有两种，即引入噪声和分支平衡。引入噪声是指运算前先使用随机数对输入数据进行混淆，也称为盲变换或盲化，使得引起时间差异的运算的操作数不依赖于输入秘密参数。然后，为了达到正确的处理结果，在运算结束后进行盲逆变换，使得采用了盲化技术的运算结果保持不变。目前的大多数软件实现的密码算法都采用了盲化技术，以抵抗计时攻击的威胁。分支平衡是指在算法实现时消除所有的分支运算或通过加入冗余运算使得分支内部的运算数量或时间相同，从而保持整个算法的执行时间不变。除这两种软件实现方面的保护外，还可设计一种设备使其执行每种运算时，无论操作数是多少都有相同的执行时间，这样算法总的执行时间也是固定不变的。

例如，考虑以下这样一种情况：一台密码设备使用 RSA 加密，选用秘密指数 d，执行模指数运算 $x^d \bmod N$。模运算花费的时间取决于操作数 x、公共的模数 N 以及秘密指数 d；RSA 运算和它的标准实现已经公之于众，包括攻击者也知道。假如攻击者能够测量出该密码

设备使用已知的 x 和 N 进行模运算的时间，并猜测 n 比特秘密指数 d 的值可能为 g。那么，攻击者就可以根据该密码设备这次运算消耗的时间来判断 g 是否是正确的指数。如果只有高位的 k 比特是正确的，那么攻击者的预测模型对于高位 k 比特就是正确的，对于剩余的低位比特的计算就是错误的。此外，相关的加密运算使用到的对应于攻击者模型中剩余比特的数据本质上是随机的，所以这些比特消耗的那部分时间看起来有点像统计型随机变量。

对于给定的猜测值 g，在一个足够大的样本空间 x 上，估计时间和实际的运行时间的差值形成一个概率分布函数，它的方差与 $n-k$ 成正比。因而，攻击者可以通过运行足够多的样本，测量时间差、计算方差来证实猜测的秘密的 k 比特前缀的正确性。如果样本足够多，这种 RSA 或其他密码系统的物理实现的模拟，可将一个不可行的指数级搜索转变为一个可行的线性搜索。将密码系统真正地付诸实施，会产生一些程序员无法预料到的威胁。

抵抗这种攻击的一种方法是使得操作参数和输入数据无关。这种方法是否可行取决于运算方法。例如，在 RSA 中，运算前，人们能够使用随机数对一个参数进行盲变换，运算结束后，进行逆变换。然而，如果密码设备没有一个好的随机数产生器或者一个生成种子的好方法和存储伪随机数的上下文，那么执行这种方法可能比较棘手。

另一种更简单的防御方法是设计硬件，使每一次运算的时间都相同且与数据无关。当 Kocher 在 1995 年率先公布了他在计时攻击方面的研究时，有老资格的人声称一些早期的商业加速器执行某些操作的时间是恒定的，这意味着商界的一些人可能早已了解了这一攻击方式。

10.3 能量分析及其防御措施

除了运算时间，物理设备还具有其他一些可观测的物理特性，这些特性也与隐藏的秘密信息有关。其中的一种固有特性是能量。金属氧化物的半导体在进行状态转换时会消耗能量，一个攻击者能测量这种消耗并尝试据此推断操作的细节。

能量分析是由 Kocher 等人[6]于 1999 年提出的，当时引起了很大的反响，受到了产业界的极大关注，纽约时报以大量篇幅报道了相关攻击的威胁。能量分析已被公认为最有效的侧信道分析手段之一，这是由于能量分析的实施成本低廉、破解效率高。公众广泛采用的一些智能安全设备均面临这种攻击方式的现实威胁。

1. 基本原理

能量分析利用了这样一个基本事实：设备的瞬时能量消耗与其所处理的数据和所执行的操作之间存在相关性。现代电子计算机的指令和数据均采用二进制编码，并采用高、低电平分别代表二进制数“0”和“1”（或“1”和“0”）。这样，计算设备处理高汉明重量的数据时的能量消耗一般低于（或高于）其处理低汉明重量数据时的能量消耗。这一事实为对基于能量消耗信息的设备执行数据破解提供了必要的物理条件，也直接促成了简单能量分析这一攻击方式。能量分析分为简单能量分析（Simple Power Analysis，SPA）和差分能量分析（Differential Power Analysis，DPA）两类。

差分能量分析无须攻击者知道密码设备的详细实现细节，由此可见，差分能量分析比简单能量分析更有效。

SPA 的基本原理是：攻击者根据测量到的功率消耗轨迹，判断设备在某一时刻执行的指令以及所用的操作数，从而恢复使用的秘密信息。如果充分了解设备的相关行为，攻击者能够识别一个动作序列中的一个特定的操作点，在这一操作点，使用不同的秘密信息，设备的行为以及它消耗的能量就会不同。甚至就算对设备的体系结构或运算参数不太了解，攻击者也常常能通过一些试验得到结果。另外，一旦设计者意识到这种攻击手法的存在，就可以使用相当简单的方法来防御：像计时攻击的防御方法一样，设计者只要让运算参数与秘密信息不相关即可。

DPA 的基本原理是：攻击者通过对多条功率消耗轨迹进行统计分析来恢复相应的秘密信息。更进一步，还可通过找到秘密比特与设备功率消耗之间的统计关系来恢复秘密信息。

在一些经典实例中，攻击者搜集大量能量轨迹–密文对（Trace-Ciphertext Pairs）(T_i,C_i)，然后由攻击者挑选一个选择函数 D，该选择函数输入密文和部分密钥的猜测值，输出一个比特位。如果猜测是正确的，那么这一比特反映了计算中的一些真实情况；如果猜测是错误的，那么选择函数 D 的输出在输入各种密文的情况下是随机的。

然后攻击者就可以给出一个密钥猜测值 K_g，并使用这一猜测和选择函数将能量轨迹集划分为两个部分：使得 $D(C_i,K_g)=0$ 的 T_i 的集合以及使得 $D(C_i,K_g)=1$ 的 T_i 的集合。将每个集合中的轨迹取平均值，比较轨迹平均值之间的差别。如果 K_g 是错误的，那么这两个集合是不相关的，且随着样本集中样本的增多，差分轨迹趋于平坦。如果 K_g 是正确的，那么差分关系接近于 D 和能量消耗之间的相关性，会出现峰值。

防御差分能量分析是很困难的，因为这些防御都只能减少攻击者读取的信号量，而不是从根本上消除攻击。

2. 防御措施

能量分析的基本原理是：利用设备的能量消耗与设备执行算法时执行的操作及处理的中间值之间存在相关性进行能量分析。从该攻击原理出发，一种自然的防御对策就是打破“能耗”与“操作特征”的相关性，这正是目前已有的能量分析防御对策采用的典型保护方式。目前，已经提出了两类抗能量分析的对策，分别为隐藏（Hidding）方法[4]和掩码（Masking）方法[7]。二者的目的相同，但原理和实现机制完全不同，其区别主要源于对（敏感）中间值的处理方式。在隐藏技术中，算法处理的中间数值自身并不发生变化，而只是通过某些特殊处理使中间值能耗特征的呈现方式不容易被攻击者利用。与隐藏技术不同，掩码技术则多使用数学手段，通过引入随机数，利用秘密共享机制将中间值分解为多个随机值。当然，这种分解必须是可逆的。

10.4 电磁辐射分析及其防御措施

电子设备在运行时会不断产生电磁辐射。例如，显示器视频信号的电磁辐射，键盘按键开关引起的电磁辐射，打印机的低频电磁辐射等。作为一个攻击者可能会观察到这些辐射，并能理解它们和潜在的计算与数据之间的关系，然后能够推断出大量相关信息。

利用电磁辐射恢复秘密信息不是一个新话题，其在军事、外交等重要领域得到了高度重视，美国国家安全局撰写的 TEMPEST 文档详细介绍了各种可能危及安全的辐射信息，包括电磁辐射、线路传导和声音传播等。鉴于这些辐射信息能极大地威胁实际系统的安全性，很多重要部门都对敏感系统、设备、房间，甚至整幢大楼采取昂贵的屏蔽防护措施。电磁辐射分析研究起源于 20 世纪 50 年代[8]，在公开领域进展很慢，首次公开是在 1967 年的某个会议上[9]。1985 年，Van[10]取得了突破性进展，他讨论并演示了如何轻松地利用 CRT 显示器的电磁辐射，重构出显示器所显示的内容——甚至是在距离几百米远的地方。

随后，Kuhn 和 Anderson[11]使用软电磁辐射（Soft Tempest）进一步开展了这项工作。如果攻击者能在目标机器上安装软件，就能利用软件有意加强侧信道上的电磁辐射信号强度，然后使用通道传播从被攻击者那里获得感兴趣的数据。近年来，Kuhn 证明了现代平板显示器也很容易受到这种攻击，并建议显示字符时在像素中加入随机元素。

Gandolfi 等人[12]于 2001 年针对具体的密码算法（DES、COMP128 和 RSA）芯片给出了实际的电磁辐射分析实验结果。同年，Quisquater 等人[13]针对智能卡详细地介绍了电磁辐射分析的原理、测量方法、数据处理及其防御措施。Agrawal 等人[14]于 2002 年又系统地研究了 CMOS 设备中的电磁辐射分析情况，并通过实验指出在能量分析无法实现时，电磁辐射分析还是可以实现的。

1. 基本原理

电磁辐射分析的基本原理是：当设备内部状态的某比特由 0 变为 1 或由 1 变为 0 时，晶体管的 n 极或 p 极会有一小段时间是接通的，这将导致出现一个瞬间的电流脉冲，从而导致周围的电磁场发生变化。通过放置在附近的探针即可测量出设备运行时的电磁辐射情况，通过采样数字化及信号放大后，即可使用类似于能量分析的统计方法来恢复秘密信息。

为了测量组件的电磁辐射情况，需要在组件附近放置很小的探针。在标准的智能卡中，每个组件（如 CPU）的大小只有几百微米，为了隔离不同组件之间的影响，探针的大小必须小于该值。探针可选择硬盘磁头、感应器、磁线圈等，但通常使用手工制作的外径为 150～500 微米，由铜绞线做成的螺线管能够获得很好的测量值。

为了得到较好的电磁辐射测量值曲线，探针放置的位置也很重要。根据磁场强度公式 $B=\dfrac{\mu_0 I}{2\pi r}$ 可知，磁场强度与探针和电流流经导体之间的距离成反比，因此，应使探针尽可能靠近所测量的组件。由于智能卡的标准厚度为 800 微米，所以在不破坏智能卡封装层的前提下，探针距离辐射组件的距离约为 500 微米。如果能去掉智能卡的封装层，探针的距离会更近，从而获得更强的电磁辐射信号。当去掉封装层后，利用显微镜就能看见智能卡的内部结构，这样更容易识别所测组件的范围，从而获得更精确的测量值。此外，探针应尽量放置在与处理数据关系密切的组件（如 CPU、RAM）附近，此时得到的电磁辐射测量值很好地反映了密码设备的数据。

在获得密码设备的电磁辐射测量值后，可使用与能量分析完全类似的方法进行分析处理。首先，使用相同的采样频率，利用数字转化器将电磁辐射信号数字化；然后，使用统计分析方法或分析软件处理信号，恢复秘密信息。通过使用统计分析的技巧可以减少噪声干扰，从而更容易识别出正确密钥。类似于能量分析，电磁分析也可分为简单电磁分析和差分电磁分析两类。

2. 防御措施

抵抗电磁辐射分析的措施主要有两大类：降低信号强度和减少信号信息。降低信号强度的措施主要有：在 CPU 等产生大量有用电磁辐射信息的组件附近使用金属层屏蔽措施或建立物理安全区域；缩小工艺，使用更小的晶体管来设计芯片；重新设计电路以减少大量无意泄露的电磁辐射信息等。减少信号信息的措施主要有：在组件附近加入随机变化的电流，引入磁场噪声；在计算过程中使用随机化方法（如引入随机时延、随机时钟周期）；频繁更换密钥等，这些都可以极大地降低统计分析中可用信息的有效性。

电磁辐射分析和能量分析非常类似，对能量分析而言，测量设备的功率消耗要容易得多，而从攻击效果来看，电磁辐射分析与能量分析相比有以下优势：

（1）在能量分析中，测量功率消耗时只能测出芯片整体的功耗，无法精确到所要分析的单个组件，从而导致在能量分析时有可能出现“误警”，即在功耗的差分曲线中，最大峰值对应的并不是正确的密钥值，这是由于其他组件的功耗影响造成的。而在电磁辐射分析中，通过将探针放在所测组件附近，可以精确地测出该组件单独的电磁辐射情况，因此，电磁辐射分析中不易出现“误警”的情况，有效地提高了攻击的成功率。

（2）电磁辐射信号的信噪比大于功耗信号的信噪比，因此，电磁辐射信号的差分曲线的峰值更加突出，这使得识别正确密钥的成功率更高，而且所需的测量样本更少。

（3）由于电磁辐射分析可以绕过设备采取的抵抗能量分析的措施，所以在能量分析无法实施时，电磁辐射分析还是可以成功实施的。

10.5　小结与注记

本章主要介绍了侧信道分析与防护技术，包括计时攻击及其防御措施、能量分析及其防御措施、电磁辐射分析及其防御措施等。

设备的运行常常会产生一些攻击者能观察到的物理效应，这些观察有时会泄露一些设备要保护的敏感内部数据。这种类型的攻击通常被称为侧信道分析，这是因为设备是通过通道而不是通过对外的接口泄露消息的。侧信道分析方法很多，最早的研究可追溯到 20 世纪 50 年代，这些分析方法主要包括计时攻击、能量分析、电磁分析、故障攻击、缓存攻击、冷启动攻击等。此外，利用可见光、声音、线路传导等都有可能进行侧信道分析。很多设备使用光与用户交流信息，如 CRT 显示器，或者 Modem 和网络接口上的状态灯。这些设备直接通过光线表达信息，然而，它们的信号也能间接地影响其他事物，如背景物体对光线的反射。Kuhn[15]证明了通过经验分析和直接实验，CRT 显示器投射到墙上后反射光的平均亮度已经足够用于还原 CRT 上显示的信号，所以仅仅屏蔽 CRT 的电磁辐射来防止泄露信息是远远不够的。Shamir 和 Tramer[16]提出了一个初步的理论证明：处理器的声音和它的计算之间存在关联性。

物理安全技术涉及环境安全、设备安全和线路安全等多个方面，主要有侧信道分析与防护技术、窃听技术、窃照与窥视技术、防窜扰技术、物理不可克隆函数、物理隔离技术、安全交换技术等，内容十分丰富，而且涉及面非常广。例如，物理不可克隆函数作为一种新的硬件安全原语，它依赖于芯片特征的硬件函数实现电路，具有唯一性和随机性，通过提取芯片制造过程中必然引入的工艺参数偏差，实现激励信号与响应信号唯一对应的函数功能。它是一种非常重要的物理安全技术，可用于解决物联网安全问题等。在实际中，保障物理安全不仅需要技术手段的支撑，而且更需要法律法规、规章制度和标准规范（包括设计规范、安全要求、技术要求等）的支撑。因此，对物理安全感兴趣的读者尤其是从事这方面研究的读者应全面了解有关法律法规、规章制度和标准规范。

本章在写作过程中主要参考了文献[1-6]和[12]。

思 考 题

1．简述物理安全的主要需求。
2．主要物理安全技术有哪些？
3．简述计时攻击基本原理及其主要防御措施。
4．简述能量分析基本原理及其主要防御措施。
5．电磁辐射分析与能量分析相比有哪些优势？
6．简述电磁辐射分析发展历史。

参 考 文 献

[1] 冯登国，孙锐，张阳. 信息安全体系结构[M]. 北京：清华大学出版社，2008.

[2] 冯登国，等. 信息社会的守护神：信息安全[M]. 北京：电子工业出版社，2009.

[3] SMITH S W. Trusted computing platforms：design and applications[M]. Heidelberg：Springer，2005.（SMITH S W. 可信计算平台：设计与应用[M]. 冯登国，徐震，张立武，译. 北京：清华大学出版社，2006.）

[4] MANGARD S，OSWALD E，POPP T. Power analysis attacks[M]. Heidelberg：Springer，2007.（MANGARD S，OSWALD E，POPP T. 能量分析攻击[M]. 冯登国，周永彬，刘继业，等译. 北京：科学出版社，2010.）

[5] KOCHER P. Timing attacks on implementations of Diffie-Hellman，RSA，DSS and other systems[C]//CRYPTO'96. Heidelberg：Springer，1996：104-113.

[6] KOCHER P，JAFFE J，JUN B. Differential power analysis[C]//CRYPTO'99. Heidelberg：Springer，1999：388-397.

[7] GOLIC J，TYMEN C. Multiplicative masking and power analysis of AES[C]//CHES 2002. Heidelberg：Springer，2002：198-212.

[8] RUSSELL C，GANGEMI G T. Computer security basics[M]. Sebastopol：O' Reilly，1991.

[9] HIGHLAND H J. Electromagnetic radiation revisited [J]. Computers and Security，1986，5：85-100.

[10] VAN E W. Electromagnetic radiation from video display units：an eavesdropping risk? [J]. Computers and Security，1985，4：269-286.

[11] KUHN M，ANDERSON R. Soft tempest：hidden data transmission using electromagnetic emanations[C]//In Information Hiding 1998. Heidelberg：Springer，1998：124-142.

[12] GANDOLFI K，MOURTEL C，OLIVIER F. Electromagnetic analysis：concrete results[C]//CHES 2001. Heidelberg：Springer，2001：251-261.

[13] QUISQUATER J J，SAMYDE D. Electro magnetic analysis(EMA)：measures and countmeasures for smart cards，smart card programming and security[C]//E-smart 2001. Heidelberg：Springer，2001：200-210.

[14] AGRAWAL D，ARCHAMBEAULT B，RAO J R，et al. The EM side-channel(s)[C]//CHES 2002. Heidelberg：Springer，2003：29-45.

[15] KUHN M. Optical time-domain eavesdropping risks of CRT displays[J]. IEEE，2002：3-18.

[16] SHAMIR A，TRAMER E. Acoustic cryptanalysis：on nosy people and noisy machines[C]//Eurocrypt 2004 rump session，2004.

[17] 冯登国. 序列密码分析方法[M]. 北京：清华大学出版社，2021.

文昌航天发射场

我认为今天的科学技术不仅仅是自然科学与工程技术，而是人认识客观世界、改造客观世界的整个的知识体系，而这个体系的最高概括是马克思主义哲学。

——钱学森

第 11 章　信息系统安全工程

内容提要

信息系统安全工程基本上是被映射到信息保障空间的通用系统工程的一个变体，除它自身 5 个阶段的具体内容之外，人们也关心它和其他系统过程、相关方法论或安全经验之间的联系。这些系统过程、相关方法论和安全经验主要涉及系统采购过程、风险管理、生命周期支持、证书与信任、通用准则的应用等多个方面。在这些方法和过程中，信息系统安全工程集中体现了信息保障的过程化需求，同时密切联系了其他方法与过程，使信息保障呈现出一个多维的、多角度的操作场景。在此意义上，可将其视为信息保障遵循的基础方法论。本章主要介绍信息系统安全工程的基本内容，包括信息系统安全工程的产生背景、与通用系统工程的联系和 5 个阶段的主要内容，以及系统安全工程能力成熟度模型。

本章重点

- 信息系统安全工程的主要作用
- 信息保障过程中应遵循的基本原则
- 信息系统安全工程与通用系统工程的联系
- 信息系统安全工程的 5 个阶段的主要内容

11.1 信息系统安全工程产生背景

信息系统安全工程（Information System Security Engineering，ISSE）是美国军方在 20 世纪 90 年代初发布的信息安全工程方法。美国军方 1994 年出版了《信息系统安全工程手册 v1.0》，该手册首次详细阐述了信息系统安全工程的内容。一般地，认为 ISSE 起源于此前更为通用的系统工程过程，可以视为该通用系统工程过程在信息保障（也称为信息安全保障）领域的实际应用，重点是通过实施系统工程过程来满足信息保护的需求，帮助用户开发能够满足自身信息保障需求的系统产品和过程性解决方案。此外，它也关注如何进行有效标识，以及更合理地理解和控制风险等问题。

在面对以下问题时，可以借助 ISSE 的思路来进行思考和设计部署：确定信息保护需求；在一个可以接受的信息保护风险下满足信息保护的需求；根据需求，构建一个功能上的信息保护体系结构；根据物理体系结构和逻辑体系结构分配信息保护的具体功能；设计信息系统，用于实现信息保护的体系结构；从整个系统的成本、规划、运行的适宜性和有效性综合考虑，在信息保护风险与其他 ISSE 问题之间进行权衡；参与对其他信息保护和系统工程学科的综合利用；将 ISSE 过程与系统工程及采办过程相结合；以验证信息保护设计方案并确认信息保护的需求为目的，对系统进行测试；根据用户需要对整个过程进行扩充和裁剪，为用户提供系统部署后的进一步支持。

为确保实现信息保障目标所需的信息保护需求得以正确实现，必须在进行系统工程设计之初就考虑 ISSE。此外，在与这些通用系统工程相应的各个阶段中，也需要同时考虑信息保护的目标、需求、功能、体系结构、设计、测试和实施等问题，基于对特定系统的技术因素和非技术因素的全面考虑，争取获得优化的信息保护效果。

信息保障技术框架又称信息安全保障技术框架（Information Assurance Technical Framework，IATF）[1]，是美国 NSA 于 1998 年颁布的一份技术指南，随后又做了几次改进并颁布了改进版本。IATF 定义了对一个系统进行信息保障的过程，以及该系统中硬件和软件部件的安全要求，遵循这些要求可以对信息基础设施进行深度防御。IATF 在考虑如何有效解决信息保障问题时认为，解决用户的信息保障需求，实际上是一个集成了系统工程学、系统采购、风险管理、认证和鉴定及生命周期支持的综合过程，在这个过程中，最低效也必须回避的做法是，花费大量时间和精力去解决一个错误的问题或花费大量资源去建造一个错误的系统。为此，在进行信息保障的过程中，需要遵循以下原则：

（1）始终将问题空间和解决方案空间相分离。“问题”是“我们期望系统做什么”。“解决方案”则是“系统怎样实现我们的期望”。在关注解决方案的时候，很多人容易忽视继续对问题本身的关注，这就容易导致花费了不必要的时间和精力去解决错误的问题，或者花费大量资源去建造一个错误的系统。

（2）根据用户的任务或业务需求来定义问题空间。系统工程过程强调，在工程过程进行中，提供解决方案的一方要与用户机构产生足够的交互。实际的情况是，用户的确会经常同设计和部署解决方案的工程师来讨论技术问题，或者提出针对解决方案的一些想法，但是，他们无法明确告诉工程师问题会出现在什么地方，具体是什么情况，通常也并不擅长发掘和记录问题。因此，在必要的时候，系统工程师和信息系统安全工程师不仅应当帮助用户发掘并记录问题需求，还需要暂时搁置用户的某些想法，以便集中精力去判断和发掘用户一方的基本问题，形成自己真正需要的问题空间。如果用户需求不是基于其任务或业务需求而提出的，解决方案所形成的最终系统可能难以满足用户的实际需求，造成建造错误系统的恶果。

（3）解决方案空间要由问题空间来驱动，并由系统工程师和信息系统安全工程师来定义。在多数情况下，精通系统解决方案设计、部署等问题的人一定是系统工程师而非用户。在解决方案的最终形成过程中，那些坚持介入设计工程的用户很可能会对解决方案带来限制，影响系统工程师的独立判断和灵活性，从而影响解决方案的设计目标、设计思路、实施方法等，使其无法有效支持系统的任务或业务支持目标，偏离用户的实际需求。所以，系统工程师和信息系统安全工程师需要依据实际情况，选择以一种合适的方式果断阻止用户那些不恰当的希望介入工程过程的企图，确保解决方案空间不受外界干扰。

本章介绍的认证概念与本书第 4 章介绍的认证（鉴别）概念不同，本章介绍的认证是指由国家认可的认证机构证明一个组织的产品、服务、管理体系符合相关标准、技术规范或其强制性要求的合格评定活动。

11.2 信息系统安全工程与通用系统工程的联系

信息系统安全工程是在通用系统工程的基础上发展演化形成的，通用系统工程也简称为系统工程（System Engineering，SE）。

通用系统工程包括以下具体过程，即发掘业务需求、定义系统要求、设计系统体系结构、开展详细设计、实现系统和评估有效性，如图 11.1 所示。系统工程过程要求对每一个过程进行有效性评估，前一个过程和对其进行的有效性评估的结果会影响下一个过程。此外，系统工程过程也强调工程过程在进行中要与用户机构产生足够的交互。

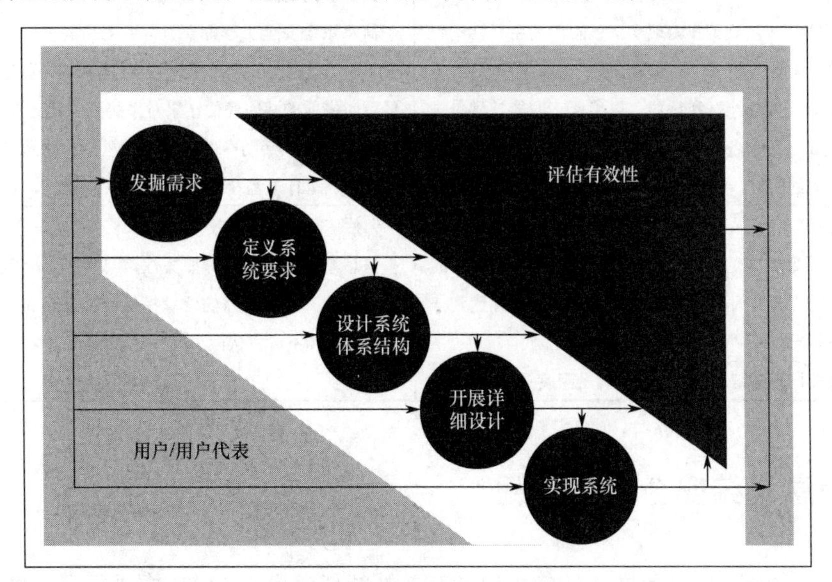

图 11.1　通用系统工程过程

IATF 总结了通用系统工程过程和信息系统安全工程过程的对应关系，如表 11.1 所示。

表 11.1　SE 过程与 ISSE 过程的对应关系

SE 过程	ISSE 过程
发掘业务需求： 系统工程师要帮助用户理解并记录用来支持其业务或任务的信息管理需求。 信息管理需求说明可以在信息管理模型（IMM）中记录	**发掘信息保护需求：** 信息系统安全工程师要帮助用户理解用来支持其业务或任务的信息保护需求。 信息保护需求说明可以在信息保护策略（IPP）中记录
定义系统要求： 系统工程师要向系统中分配已经确定的需求。应标识出系统的环境，并说明系统功能对该环境的分配。要写出概要性的系统运行概念（CONOPS），描述待建系统的运行情况。要建立起系统的基线要求	**定义系统安全要求：** 信息系统安全工程师要将信息保护需求分配到系统中。系统安全的背景环境、概要性的安全 CONOPS 及基线安全要求均应得到确定
设计系统体系结构： 系统工程师应该分析待建系统的体系结构，完成功能的分析和分配，同时分配系统的要求，并选择相关机制。 系统工程师还应确定系统中的组件或要素，将功能分配给这些要素，并描述这些要素间的关系	**设计系统安全体系结构：** 信息系统安全工程师要与系统工程师合作，一起分析待建系统的体系结构，完成功能的分析和分配，同时分配安全服务，并选择安全机制。 信息系统安全工程师还应确定安全系统的组件或要素，将安全功能分配给这些要素，并描述这些要素间的关系
开展详细设计： 系统工程师应分析系统的设计约束和均衡取舍，完成详细的系统设计，并考虑生命周期的支持。 系统工程师应将所有的系统要求跟踪至系统组件的要求和实现，直至无一遗漏。 最终的详细设计结果应反映出组件和接口规范，为系统实现时的采办工作提供充分的信息	**开展详细的安全设计：** 信息系统安全工程师应分析设计约束和均衡取舍，完成详细的系统和安全设计，并考虑生命周期的支持。 信息系统安全工程师应将所有的系统安全要求跟踪至系统组件的要求和实现，直至无一遗漏。 最终的详细安全设计结果应反映出组件和接口规范，为系统实现时的采办工作提供充分的信息
实现系统： 系统工程师将系统从规范变为现实，该阶段的主要活动包括采办、集成、配置、测试、记录和培训。 系统的各组件要接受测试和评估，以确保它们能够满足规范。成功的测试之后，各组件（包括硬件、软件、固件）要进行集成和正确的配置，并作为一个系统接受整体测试	**实现系统安全：** 信息系统安全工程师要参与到对所有的系统问题进行的多学科检查之中，并向安全相关过程活动提供输入（如是否已经针对先前的威胁评估结果对系统实施了必要保护）；跟踪系统实现和测试活动中的信息保障机制；为系统的生命周期支持计划、运行流程及维护培训材料提供输入
评估有效性： 各项活动的结果要接受评估，以确保系统能够满足用户的需求，系统在一个预期环境中实现了期望的功能，并达到一个需要的质量标准。 系统工程师要检查系统对任务需求的满足程度	**评估信息保护的有效性：** 信息系统安全工程师要关注信息保护的有效性，即系统是否能够为其任务所需的信息提供机密性、完整性、可用性、可认证性和不可否认性

11.3　信息系统安全工程过程

信息系统安全工程过程中评估信息保护有效性的任务已在 IATF 中进行了总结，如表 11.2 所示。

表 11.2　ISSE 过程中评估信息保护有效性的任务

ISSE 过程	评估信息保护有效性的任务
发掘信息保护需求	- 纵览整个过程 - 概述信息模型 - 描述任务或业务信息所面临的攻击和安全威胁 - 针对安全威胁建立安全服务，确定安全服务对用户的重要性 - 得到用户对本阶段结论的认同，以此作为判断系统安全有效性的基础
定义系统安全要求	- 确保所选择的解决方案或方案集合满足了任务或业务的安全需求 - 协调系统边界 - 向用户提供并展示安全背景环境、安全 CONOPS 及系统安全要求，并获得用户的认同 - 确保用户能够接受预期的安全风险
设计系统安全体系结构	- 开展正式的风险分析，确保所选择的安全机制能够提供所需的安全服务，并向用户解释所构建的安全体系结构如何满足安全要求
开展详细的安全设计	- 执行互依赖分析，对不同安全机制的强度进行比较，审查所选择的安全服务和安全机制是否能够对抗安全威胁 - 一旦完成设计，记录风险评估的结果（尤其是风险减缓需求和残余风险），并确保该结果得到用户的认可
实现系统安全	- 实施并更新风险分析 - 制定风险减缓策略 - 标识风险可能对任务带来的影响，并通知用户、负责进行认可的人员和负责进行认证的人员

11.3.1　阶段 1——发掘信息保护需求

在 ISSE 过程中，对用户需求、相关政策、规则、标准及系统工程所定义的用户环境中的信息面临的威胁进行调查是需要最先进行的任务。调查之后，ISSE 将标识信息系统和信息的具体用户及其与信息系统和信息的交互作用的实质，以及其在信息保护生命周期各阶段的责任。进行信息保护应该允许用户表达自己的观点，但这种观点不能过度限制系统的设计和实施。

在信息保护策略和安全 CONOPS 中，ISSE 建议使用通用语言描述如何在一个综合的信息环境中获得所需要的信息保护。一旦认为需要发掘和描述出某种信息保护需求时，信息保护将成为一个必须被同时考虑的系统模块。图 11.2 解释了系统任务、威胁和政策对信息保护需求的影响。

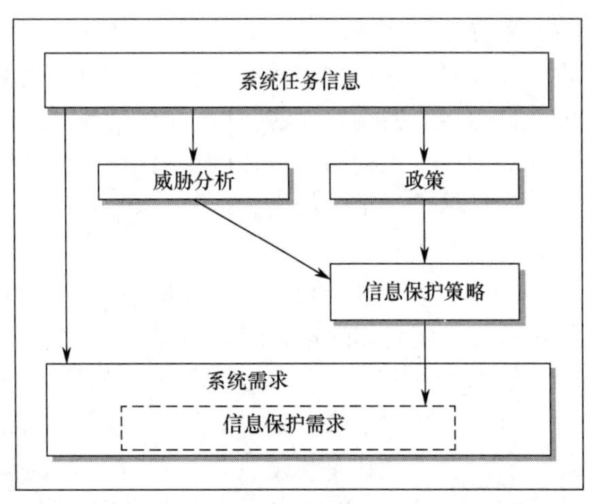

图 11.2　系统任务、威胁和政策对信息保护需求的影响

必须考虑信息和信息系统在一个大型任务或特定机构中的作用。ISSE 应该考察机构中各元素（包括人和子系统）的任务可能会受到哪些影响，即当这些信息系统或信息无法继续被依赖时，尤其是当它们丧失了机密性、完整性、可用性、不可否认性时，可能会对这些任务的执行带来哪些问题。

为发现用户真实的信息保护需求，必须了解泄露、丢失或修改哪些信息会对总体任务造成危害。为此，ISSE 应该做到：帮助用户对自己的信息管理过程进行建模；帮助用户定义信息安全威胁；帮助用户确立信息保护需求的优先次序；准备信息保护策略；获得用户许可。

识别用户需求是为了确保任务需求包含信息保护需求，并且保证系统功能包含信息保护功能。ISSE 将安全规则、技术、机制相结合并在建立信息保护系统的过程中进行实践，以便该保护系统包含用户需要的信息保护体系结构和安全机制，并获得用户期望的信息保护性能。

用户需求具有层次化特点。图 11.3 描述的分层需求结构图表明，较低层次满足较高层次的需求。各模块的需求决定于它在结构图中的位置。层次越低，安全要求越具体，反之，安全要求越抽象。ISSE 在设计信息保护系统时必须遵循这种层次性。

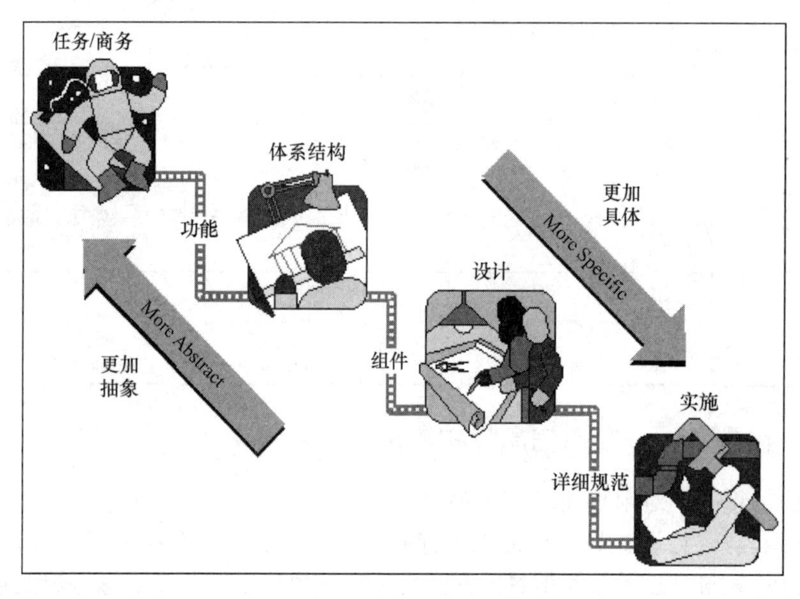

图 11.3　分层需求结构图

依照 ISSE，在技术层面上，任何一个系统的组成应该能够识别信息系统的功能，以及它与外界系统边界的接口，尤其需要明确的是信息系统的物理和逻辑边界，以及系统在信息输入/输出方面的一般特性，同时要特别注意系统与环境或其他系统之间是否存在有意设定的或自行存在的接口（这些接口可能会使信息系统面临某种“威胁”）。

对于一个机构而言，在制定适用的信息保护策略时，必须考虑所有现有可用的或必须遵守的信息保护政策、规则和标准。它们有助于确定进行信息保护的理由、方式和实施途径等内容。

与系统工程过程相同，一个机构在对内部网络与系统实施有效保护的时候，一方面要考虑本机构内所有的政策、规则和标准，另一方面也要遵循更高层的法律、法规等。

例如，美国军方在实施信息安全工程过程时参照的信息保护政策如下。

（1）DOD 令 5200.28，《自动化信息系统的安全要求》。它具体规定了自动化信息系统的最小安全要求，包括可追究性、访问权限、安全培训、物理控制、密级/敏感度标记、“应需可知”的限制、整个生命周期内的数据控制、应急计划、风险管理和认可过程。

（2）管理和预算办公室 A-130，附件Ⅲ《联邦自动化资源的安全》和公共法律 100～235。它们具体描绘了保护国家信息系统的安全需求，定义了每个授权拥有信息的个人的角色和责任，建立和实施了相应的信息安全计划，以规范整个系统生命周期的连续性管理支持。

（3）美国总统行政令 12968，《信息分类指南》。它描述了对于各类信息的个人访问安全要求。

我国的有关国家级法律法规和地方性法规也有很多。例如，《中华人民共和国国家安全法》《中华人民共和国网络安全法》《中华人民共和国密码法》《中华人民共和国电子签名法》《中华人民共和国保守国家秘密法》《中华人民共和国计算机信息系统安全保护条例》《中华人民共和国计算机信息网络国际互联网络安全保护管理办法》《计算机信息系统安全专用产品检测和销售许可证管理办法》《北京市党政机关计算机网络与信息安全管理办法》等。

制定有效的信息保护策略通常需要一个由系统工程专家、ISSE 专家、用户代表、权威认证机构、设计专家组成的小组，以便保证其正确性、全面性和一致性。此外，真正有效的信息安全策略必须由高层管理机构批准和颁布。

11.3.2 阶段 2——定义信息保护系统

定义信息保护系统也就是定义系统安全要求。在该阶段，用户对信息保护的需求和信息系统环境的描述应被解释为信息保护的目标、要求和功能。该阶段的行为将定义信息保护系统将要做什么，信息保护系统执行其功能的情况如何，以及信息保护系统的内部和外部接口。

信息保护目标与系统目标具有相同的特性，都具有有效性度量，且对信息保护需求而言是明确的、可测量的、可验证的、可跟踪的。每个目标的基本原理必须能够被解释为包含以下信息的确切内容：信息保护对象所支持的任务对象；驱动信息保护目标、与任务相关的威胁；未实现目标可能带来的后果；支持目标的信息保护方针或策略。

从技术层面讲，系统背景/环境应确定系统的功能及其与系统边界外部元素的接口。在信息保护过程中，任务目标、信息的本质、任务信息处理系统、威胁、信息保护策略和设备极大地影响着系统环境。信息保护系统的背景应该在其与任务信息处理系统、其他系统、环境之间界定逻辑和物理边界。这种背景/环境包含对信息的输入和输出、系统与环境之间或与其他系统之间的信号和能量的双向流动的描述。

ISSE 的需求分析行为必须包括回顾和更新对于前一个任务进行的分析活动（包括任务、威胁、目标和系统环境等），需要与其他信息保护系统的所有者一起考察的一系列信息保护需求包括正确性、完备性、一致性、互依赖性、冲突和可测性。信息保护功能、性能、接口、互操作性、派生要求与设计约束一样将进入系统的要求跟踪矩阵（RTM）。

为了理解信息保护功能并将功能分配给各种信息保护配置项，ISSE 允许使用许多系统工程工具。在此过程中，必须理解信息保护子系统如何成为整个系统的一部分，以及如何才能做到支持整个系统而非系统的一部分。

11.3.3 阶段 3——设计信息保护系统

设计信息保护系统也就是设计系统安全体系结构和开展详细的安全设计。在设计信息保护系统的过程中，ISSE 将设计系统安全体系结构，详细说明信息保护系统的设计方案，具体内容包括：

（1）对安全要求与威胁评估的原理进行精练、验证和检查。

（2）确保一系列的低层要求能够满足高层要求。

（3）支持系统级的体系结构、配置项和接口定义。

（4）支持接受较长研制周期和接受前期采购决策。

（5）定义信息保护验证与生效步骤，以及相关策略。

（6）考虑信息保护的操作和生命周期支持问题。

（7）继续跟踪、精练信息保护相关的获取方法，以及工程管理计划和策略。

（8）继续进行面向具体系统的信息保护风险审查和评估活动。

（9）支持认证和认可过程。

（10）加入系统工程过程。

与系统功能的分配类似，信息保护功能也要分配给系统组件（如人、硬件、软件和固件）。进行分配时，这些组件不仅应该满足问题空间中对于整个系统所规定的约束条件的子集，也要满足相应的功能和性能要求。在分配过程中，必须对各种不同的信息保护系统体系结构进行考察和慎重考虑，在协商的基础上选择一种在概念上和物理实现方式上都可行的信息保护系统体系结构。

设计信息保护系统的具体工作需要依据一定的顺序，即先进行概要设计，再进行详细设计。

实施概要设计的最基本条件是：针对信息保护需求设计一个具有稳定的协定和一个符合配置管理规则的稳定信息保护体系结构。这个体系结构一旦被明确定义并将实现基线化，系统和 ISSE 工程师就应该通过书面方式总结相应的规范，使这些规范的实施被细化到包括如何设置配置项这样的粒度。对于产品和高层规范的审查，应在概要设计审查之前进行。这一阶段的具体任务包括：

（1）回顾并改进 ISSE 前两个阶段（发掘信息保护需求和定义信息保护系统）形成的产物，其中特别需要注意的是配置项和接口规范定义。

（2）对现有解决方案进行调查，使之与配置项层的要求相匹配。

（3）检查本阶段提出的概要设计审查层解决办法的基本原理。

（4）检查验证配置项规范是否能满足高层信息保护要求。

（5）支持认证和认可过程。

（6）支持信息保护操作开发策略和生命周期管理决策。

（7）加入系统工程过程。

在这些任务完成之后，概要设计审查将产生对于系统基线配置的分配结果。

详细的信息保护设计将产生低层次级别的产品规范。这些规范分为两类：一类要求完成对于配置项的设计任务；另一类要求对正在购买的配置项进行规定和调整。该阶段的行为将依据完备性、冲突、兼容性（与接口系统）、可检验性、信息保护风险、集成风险、对需求的可跟踪性等要求对每个详细的配置项规范进行评审。详细设计的具体内容包括：

（1）对概要设计的产物进行审核和改进。

（2）通过对可行的信息保护解决方案提供输入并评审具体的设计资料，来支持系统层设计和配置项层设计。

（3）检查详细设计层解决方案的基本技术原理。

（4）支持、产生、检验信息保护测试和评估的要求及步骤。

（5）追踪和应用信息保护的保障机制。

（6）检验配置项设计是否满足高层的信息保护要求。

（7）完成对生命周期安全支持方法的大部分输入，包括向训练和紧急事件培训材料提供信息保护的输入。

（8）评审、更新信息保护风险和威胁计划及对任何要求集的改变。

（9）支持认证和认可过程。

（10）加入系统工程过程。

11.3.4 阶段 4——实施信息保护系统

实施信息保护系统也就是实现系统安全。其目的是构造、购买、集成、验证信息保护子系统中的配置项的集合。这些子系统满足全部的信息保护要求。在一般通用系统工程过程的内容之上，ISSE 过程执行的用于信息保护系统实施与测试的功能还包括以下内容：

（1）在系统当前的运行状态下，对系统信息保护的威胁评估进行更新。

（2）验证系统信息保护要求、所实现的信息保护解决方案的约束条件，以及相关的系统验证与确认机制。

（3）跟踪或参与应用那些与系统实施和测试实践相关的信息保护保证机制。

（4）针对系统操作流程与生命周期支持计划的演变情况，提供进一步的输入信息和审核机制。

（5）为安全验证审查进行正式的信息保护评估准备。

（6）为认证与认可过程提供其所要求的输入。

（7）参与对系统中所有问题的综合性、多学科的检查。

这些行为及其产生的结果均支持安全验证审核。在通过安全验证审核之后，信息保护系统的实施结果将获得安全认可和批准。

在系统组件问题上，是采购还是自己生产，主要源自一种偏好。进行这种决策需要进行权衡分析，以便在操作、性能、成本、进度和风险等方面获得平衡。为此，必须确保所有分析活动均考虑了相关的安全因素，调查现有的产品目录，以判断某些现有产品是否能够满足系统组件的要求。在可能的情况下，必须对一系列潜在的可行选项进行验证，而不是仅对某个或某些选项进行验证。此外，为确保系统实施之后依然具有较强的生命力，还需要适当地考虑是否可以采用新技术和新产品。

在通用系统工程涉及的系统构建内容之上，ISSE 中的系统设计均针对信息保护系统，目的是确保已经设计出必要的保护机制，并且这些机制在系统实施中得到了可靠实现。有时这些安全机制的实现效果会因为信息保护系统中某些变量的存在而被加强或削弱。这些变量主要有以下两类：

（1）物理完整性：产品所用组件是否能够正确地防篡改。

（2）人员完整性：建造或装配系统的人员是否有足够的知识按照正确的装配步骤来构建这个系统。他们是否拥有能够确保系统可信性的适当的安全许可级别。

由于物理完整性和人员完整性会对其他 ISSE 过程产生显著影响，因此在开始装配系统时，必须给予足够的重视。

ISSE 必须包括已开发的信息保护测试计划和相关流程，同时必须开发出有关的测试实例、工具、硬件和软件。这些测试行为包括：

（1）对“设计信息保护系统”阶段的结果进行评审并加以改进。

（2）检验已经实施信息保护解决方案的系统，以及配置顶层的信息保护要求和约束条件，实施相关的系统验证与确认机制，发现新的问题。

（3）跟踪和运用与系统实施和测试实践相关的信息保护保障机制。

（4）为变化的生命周期安全支持计划提供输入和评审，包括后勤、维护和训练。

（5）继续进行风险管理活动。

（6）支持认证和认可过程。

（7）加入系统工程过程。

11.3.5 阶段 5——评估信息保护的有效性

与通用系统工程过程类似，ISSE 过程强调了信息保护系统的有效性，重点是提供必要级别的机密性、完整性、可用性和不可否认性的系统能力，主要包括以下几个方面：

（1）互操作性：系统是否能够通过外部接口对信息进行正确的保护。

（2）可用性：用户是否能够利用系统来保护其各自的信息和信息资产。

（3）训练：为使用户能够操作和维护信息保护系统，需要对用户进行什么程度的指导。

（4）人机接口：人机接口是否会导致用户操作出错，它是否会导致信息保护机制被篡改和破坏。

（5）成本：构造和维护信息保护系统是否具有经济上的可行性。

在实际应用中，ISSE 通常与系统采购过程、风险管理过程、生命周期支持、证书与信任机制的采纳，以及通用准则之类的评估准则的应用相结合，为信息保障提供一个更为周全、可靠的过程性方法，帮助实现信息保障目标。

例如，ISSE 过程的各个阶段基本上与系统采购过程中的各阶段存在对应关系，如图 11.4 所示。

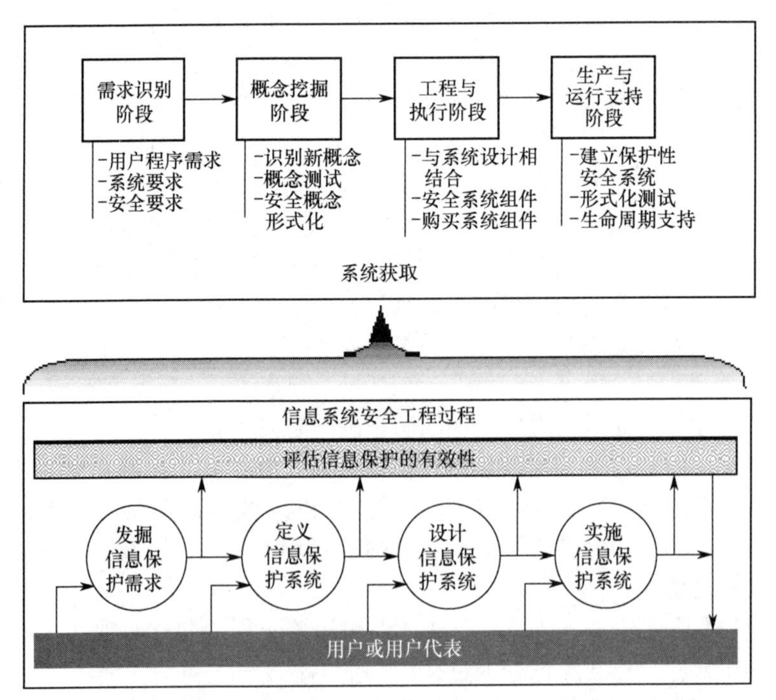

图 11.4 ISSE 过程与系统采购过程的关系

风险管理中的风险决策流程也受系统改进建议的影响，如图 11.5 所示。

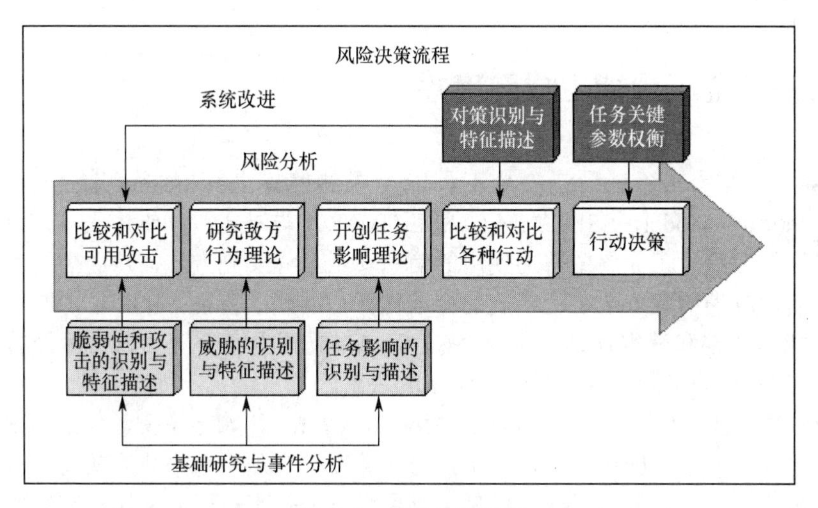

图 11.5　风险决策流程

对于如今已被普遍使用的通用准则而言，其保护轮廓与安全目标之间存在对应关系，如图 11.6 所示，这种关系也会作用到 ISSE 的相关方面。

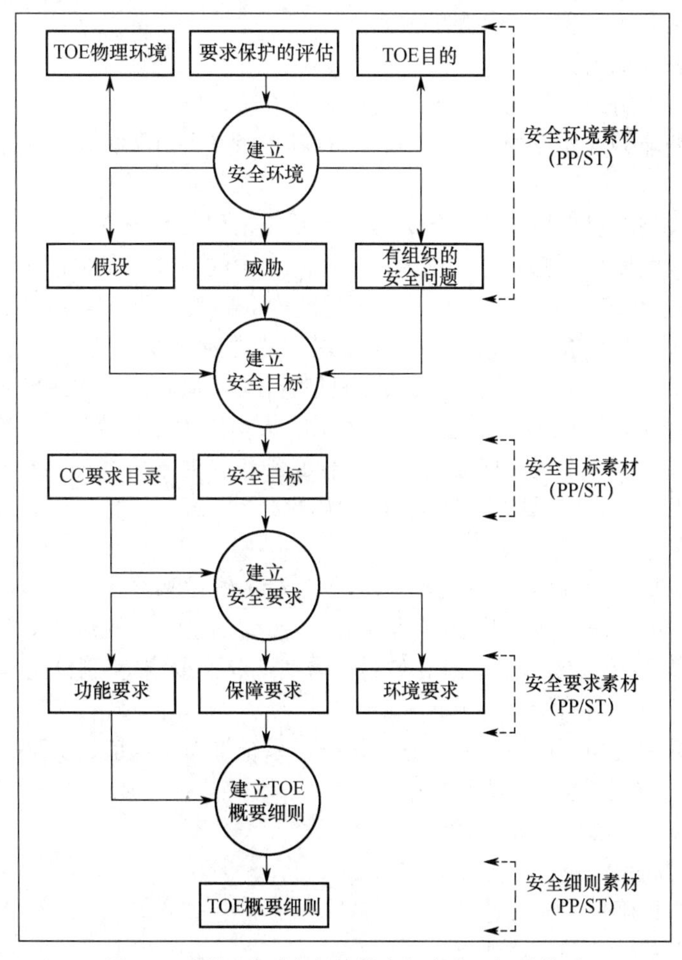

图 11.6　通用准则中保护轮廓与安全目标的关系

11.4 系统安全工程能力成熟度模型

与 ISSE 有联系的还有系统安全工程能力成熟度模型（System Security Engineering Capability Maturity Model，SSE-CMM）。SSE-CMM 不再基于时间维度去规定特定的工程过程和步骤，只是汇集了工业界中普遍使用的信息安全工程实施方法，从而主要用于信息安全工程能力评估，成为信息安全工程实施的标准化评估准则。目前，SSE-CMM 主要用来实现过程改进、能力评定和获得保证。尽管 SSE-CMM 更侧重对于工业界实际经验的汇总和反馈，但它仍与 ISSE 的各阶段内容有着非常多的联系。

能力成熟度模型（Capability Maturity Model，CMM），顾名思义，就是用来测量某种能力成熟程度高低的模型。确切地讲，一个能力成熟度模型是用来描述有效过程特性的要素的结构化集合。通常，一个能力成熟度模型可以用于一个基点，以此来比较和评价不同组织具备某种能力可能达到的效果。该模型可以提供：

（1）一个进行这种比较和评价的参考起点。

（2）共性经验能够带来的利益。

（3）一种通用的语言和一个共享的洞察力。

（4）一个优先行动的架构。

（5）一个为实现组织机构的进步而定义的可行方法。

这表明，采纳能力成熟度模型的思路，更有利于对某种行为的实施情况进行评估和加以改进。

能力成熟度模型可以应用于不同的领域，如系统工程、系统安全工程、安全评估。目前比较通用的能力成熟度模型都是由美国卡内基梅隆大学的研究人员提出来的，具体包括系统工程能力成熟模型（SE-CMM）、系统安全工程能力成熟度模型（SSE-CMM）、信息安全评估能力成熟度模型（IA-CMM，后改为“信息保障能力成熟度模型”）、软件能力成熟度模型（SW-CMM2）、整合产品开发能力成熟度模型（IPD-CMM4）、软件采购能力成熟度模型（SA-CMM5）、整合的能力成熟度模型（CMMI6）、人员能力成熟度模型（P-CMM）等。

SSE-CMM 描述了一个机构的安全工程过程必须包含的本质特征。2002 年，SSE-CMM 被国际标准化组织采纳为国际标准（ISO/IEC 21827）。

SSE-CMM 覆盖了以下内容：

（1）工程的完整生命周期，具体包括开发、运行、维护和终止。

（2）整个机构的情况，包括其中的管理活动、组织活动和工程活动情况。

（3）与其他学科和领域（如系统、软件、硬件、人的因素和测试工程，以及系统的管理、运行和维护）彼此间的相互作用。

（4）与其他机构的相互作用，包括进行采办、系统管理、认证、认可和评估的机构。

SSE-CMM 模型的描述包含以下内容：

（1）基本原理（方法学）和体系结构。

（2）对模型的高层综述。

（3）该模型的正确使用方法建议。

（4）实施 SSE-CMM 的方法建议。

（5）模型属性。

（6）开发该模型的要求。

SSE-CMM 主要是对信息系统安全工程能力进行评估，是信息系统安全工程实施的标准化评估准则。这就决定了两点：

（1）它与其他工程方法不同，SSE-CMM 在规定特定的工程过程和步骤时，没有基于时间维度，而是汇集了工业界中普遍使用的信息系统安全工程实施方法。

（2）SSE-CMM 的评估方法必须得到标准化和公认，在 SSE-CMM 开发过程中，SSE-CMM 的评定方法一直在同步发展。

11.5 小结与注记

本章主要介绍了信息系统安全工程的基本内容，包括信息系统安全工程的产生背景、与通用系统工程的联系和 5 个阶段的主要内容，以及系统安全工程能力成熟度模型。

本章的内容与“信息保障（信息安全保障）”这个概念密切相关，要真正理解“信息保障”这个概念的内涵，文献[1]是一本值得一读的书，建议感兴趣的读者，尤其是从事这方面研究的读者认真研读这本书。这本书不仅能帮助读者深刻理解一些基本概念，而且能提高读者对安全的整体认识水平。文献[1]定义了对一个系统进行信息保障的过程，以及该系统中硬件和软件部件的安全要求，遵循这些要求可以对信息基础设施进行深度防御。

本章在写作过程中主要参考了文献[1-3]。国内关于信息系统工程方面的著作还有文献[4-5]等。

思 考 题

1. 简述信息系统安全工程的主要作用。
2. 简述信息保障过程中应遵循的基本原则。
3. 简述信息系统安全工程与通用系统工程的联系。
4. 简述信息系统安全工程的 5 个阶段的主要内容。
5. 信息系统安全工程过程中评估信息保护有效性的主要任务有哪些？
6. 为什么说可将信息系统安全工程视为信息保障遵循的基础方法论？

参 考 文 献

[1] 美国国家安全局. 信息保障技术框架：3.0 版[M]. 国家 973 信息与网络安全体系研究课题组，组织翻译. 北京：北京中软电子出版社，2002.
[2] 冯登国，赵险峰. 信息安全技术概论[M]. 2 版. 北京：电子工业出版社，2014.
[3] 冯登国，孙锐，张阳. 信息安全体系结构[M]. 北京：清华大学出版社，2006.
[4] 沈昌祥. 信息安全工程导论[M]. 北京：电子工业出版社，2003.
[5] 关义章，蒋继红，方关宝，等. 信息系统安全工程学[M]. 北京：京城出版社，2000.

第3篇　网络与通信安全

▶ 内容概要

信息系统是一个大概念，包括通信系统、网络、设备、操作系统、数据库，以及各种大大小小的应用系统等。为了便于讨论，我们根据人们的习惯将信息系统大致分成两大类：一类是网络与通信系统，主要包括互联网（Internet）、电信网、广播电视网、移动通信网络、无线局域网、卫星通信网络、物联网、工业互联网等；另一类是系统，主要包括操作系统、数据库、中间件、工业控制系统、重要行业信息系统等。本篇主要讨论网络与通信系统的安全问题，下一篇主要讨论系统的安全问题。当然，二者之间无法严格分割，总是相互关联、相互依存的。通俗地讲，通信就是由一地向另一地传递消息。通信的种类很多，如微波通信、卫星通信、光通信、计算机通信等。尤其是计算机与通信的结合，产生的计算机网络大大改变了人类的生产生活方式。当然，它给人类带来便利的同时也带来了众多安全隐患。本篇主要关注的是网络与通信在信息层面的安全问题，而对网络与通信在物理层面的安全问题涉及很少。从信息安全角度来看，网络与通信安全的很多研究内容是重复的，这一点可从现有的著作中得到证实。其实，通信安全历史悠久，它与密码学密不可分，早期二者就是一回事。网络与通信安全包括本书介绍的其他多类安全技术，如密码算法、实体认证、密钥管理等。本篇关注的主要是由网络与通信而引发或发展的安全技术，重点是面向安全需求的安全解决方案（包括体系结构、安全策略、算法与协议、设备、安全管理等）。此外，网络与通信和下一篇将要介绍的系统是密切相关的，它们之间有很多共性，其中一些共性内容将放在本篇的前 3 章进行介绍。本篇首先介绍针对网络与系统的攻击、恶意代码检测与防范、入侵检测与应急响应；其次介绍互联网安全、移动通信网络安全和无线局域网安全。

▶ 本篇关键词

网络攻击，口令攻击，缓冲区溢出攻击，拒绝服务攻击，高级持续性威胁（APT）攻击，恶意代码，计算机病毒，蠕虫，特洛伊木马，僵尸网络，入侵检测，误用检测，异常检测，蜜罐，应急响应，互联网安全，OSI 安全体系结构，SSL/TLS 协议，IPSec 协议，PGP，S/MIME，防火墙，移动通信网络安全，2G/3G/4G/5G 安全，无线局域网安全，WEP，IEEE 802.11i。

DDoS 攻击网络地图

我不知道第三次世界大战会用哪些武器，但第四次世界大战中人们肯定用的是木棍和石块。

——爱因斯坦

第12章 网络与系统攻击

内容提要

网络与系统攻击是充分利用网络与系统中存在的漏洞实施入侵和破坏的，它实际上并不是一种单项技术，而是随着相关技术的发展和变化而产生的一系列的方法和手段。一次完整的网络与系统攻击过程往往需要综合应用多项技术和手段，既体现了技术的巧妙之美，也需要攻击者充分的耐心和丰富的经验。近年来，随着信息技术的广泛应用和网络的快速发展，攻击手段也在不断发展变化。除传统的口令攻击、拒绝服务攻击等针对传统互联网应用的攻击方式外，针对工业控制系统、移动互联网应用的攻击呈现上升趋势。了解这些攻击的基本原理和方法既是构建安全信息系统的前提和基础，也是及时检测、抑制和响应的关键。本章主要介绍网络与系统攻击的基本技术手段及其原理。

本章重点

- 网络与系统攻击过程
- 网络与系统安全漏洞
- 网络与系统调查
- 主要的网络与系统攻击原理

12.1　典型攻击过程

网络与系统攻击往往是利用网络或系统中的安全漏洞实施攻击和破坏的，这里所指的安全漏洞既包括软、硬件设计过程中引入的可利用漏洞，如软件开发过程中引入的缓冲区溢出漏洞、SQL 注入漏洞，还包括由于用户配置不当造成的配置漏洞，如权限设置不当、弱口令设置。

一次典型的网络或系统攻击是指针对特定网络或系统攻击对象，具有明确的攻击目标，利用计算机网络相关技术手段实现的攻击或破坏。网络或系统攻击过程一般可分为以下 4 个阶段：

（1）调查阶段。这一阶段的目标是搜集攻击对象的所有相关信息，以设计有效的攻击手段。一般要搜集攻击对象相关的设备、系统型号、网络结构、安全措施、用户信息等情况，其重点是搞清楚攻击对象到底是一套什么样的系统，存在什么漏洞，这一阶段采用的主要技术手段包括网络扫描、网络拓扑探测等。

（2）渗透与破坏阶段。这一阶段的目标是基于搜集到的攻击对象相关信息，设计相应的渗透与破坏方案，并实施攻击渗透。对于大多数攻击来说，其重点是解决如何进入对方系统的问题，这一阶段主要利用的技术手段包括口令破解直接获取权限，或者利用软件漏洞执行相关的恶意代码。

（3）控制与维持阶段。这一阶段的目标是基于前期的渗透结果，根据攻击的目标，对对方系统进行控制，完成既定的攻击任务。这一阶段的重点是如何长期隐蔽潜伏，并完成预期攻击任务，主要利用木马等控制程序实现。

（4）退出与清理阶段。这一阶段的目标是完成相应的攻击任务之后，对攻击过程信息进行清除，清理攻击过程痕迹。这一阶段的重点是解决被追查的问题，主要利用系统自身功能或专用的数据清理工具实现。

上述只是一个典型的网络或系统攻击的过程，根据攻击者的目标和需求，有些攻击的实施过程可能略有差异。例如，拒绝服务攻击往往不需要后期的控制与维持，也不需要直接进入对方系统；一些普通的网络与系统攻击若不考虑身份追查问题，一般也不考虑退出与清理机制；网络钓鱼等攻击也不主动收集攻击对象相关信息，而是采取被动等待攻击者访问，然后植入木马等方式入侵。

攻击者完成的一项攻击任务往往也是一系列攻击过程的组合，如完成分布式拒绝服务攻击，往往先要在互联网中渗透进入一批僵尸主机，以搜集一批攻击资源，然后再实施拒绝服务攻击。在实际的攻击过程中，虽然典型地分为 4 个阶段，但相关工作可能是交错进行的，如完成一项工作之后，立即清理掉相关痕迹，并不一定只在最后完成。

12.2　网络与系统调查

网络与系统调查是指攻击者对网络与系统的信息和弱点的搜索与判断，是攻击不可缺少的步骤。网络与系统调查搜索的对象主要包括网络的拓扑结构、主机地址、打开的服务端口和服务程序的版本等技术方面的信息，也包括管理员姓名、爱好、电子邮件地址等非技术方面的信息。攻击者可以根据这些信息，判断可能存在的网络与系统弱点。攻击者也可以用软、硬件工具自动进行搜集和判断，当前这类工具手段主要是网络扫描。网络与系统调查的主要方法包括以下几类。

1．网络扫描

网络扫描是指扫描系统向网络设备主动发送一些探测数据包，根据返回的数据包得到被扫描设备的情况。多数网络调查技术都可以用网络扫描的方式实现，但网络扫描系统在构造方法上有其独到之处。当前，扫描工具主要包括一些扫描软件系统，这些软件能够进行扫描的原因是，它们既可以在网络通信协议栈的较高层次发送和接收数据包，如通过主机平台普遍支持的套接字（Socket）方式发送和接收 TCP/IP 通信包，也可以以非正常的方式在网络通信协议栈的较低层次发送自制的数据包和接收返回的数据包，如利用 UNIX 或 Linux 平台的 Libcap 或原始套接字（Row Socket）机制，或者利用 Windows 平台下的 WinLibcap 机制。尤其是，上述收发数据包的方法也可以被综合使用，这样，可以用非常规的手段灵活地发起并结束一个通信会话，在这个会话中，扫描系统获取了被扫描系统的相关信息。

当前，扫描软件可以扫描的对象包括各类操作系统、网络设备与服务，扫描的类别主要包括端口扫描及服务探测、后门探测、拒绝服务漏洞探测、本地权限提升漏洞探测、远程漏洞（包括远程权限获取、远程越权获得文件、远程执行代码）探测、防火墙漏洞探测以及敏感信息泄露漏洞探测等。

例 12.1 SYN 扫描。

SYN 扫描属于端口扫描，用于确定一个服务进程是否开启。扫描方主动向一个端口发起连接，这个端口如果处于活动状态，那么说明对应的服务是开启的。按照 TCP 协议，扫描方的上述操作向被扫描方发送了一个有 SYN 标志位的 TCP 连接包，如果这个端口是开启的，那么连接的发起方将会收到带 SYN|ACK 标志位的 TCP 应答包，否则会收到带 RST 标志位的 TCP 重置包。

一些基本扫描操作可以被原语化，即它们是一些反复被使用的相对独立的操作。为了增加扫描系统的扩展性，一些扫描系统支持利用脚本开发，这样可以在已有原语化操作的基础上，简单、迅速地实现新的扫描功能。例如，著名的开源扫描软件 NESSUS 2.0 支持使用 NASL（NESSUS Attack Script Language）脚本语言开发插件（Plug-in），新的扫描可以方便地集成到系统中，如图 12.1 所示；在 NESSUS 扫描服务进程启动时，系统检查并解析全部插件，并在接受客户端的扫描请求时，向客户端发送这些插件支持的扫描项目信息，由客户端决定实施哪些扫描。

2．直接访问

对欲进行攻击的系统，攻击者一般可以通过直接访问的方法了解一些基本的平台和配置信息。例如，访问 Web 系统，攻击者可以通过主页是 asp 文件了解到系统采用的是 Windows 系列的操作系统和 IIS 系列的 WWW 服务；通过直接利用远程登录程序 Telnet 也可以截获系统的返回信息，方法是在 Telnet 后面加上地址和端口号，一些服务进程在得到连接请求后会立刻返回版本等信息，这可以从 Telnet 程序中直接截获。

例 12.2 利用远程登录命令 Telnet 获得邮件服务的情况。

互联网上的邮件服务一般采用简单邮件传输协议（Simple Mail Transfer Protocol，SMTP），其中约定服务端口为 25，为了得到 SMTP 服务的软件版本，甚至是所在平台的操作系统类型，可以在控制台执行以下远程登录命令：

> telnet mail.mydomain.com 25

得到

220 mail.mydomain.com (IMail 8.22 96304-6) NT-ESMTP Server X1

这说明邮件服务器是 IMail 8.22，采用的操作系统是 Windows 系列产品。

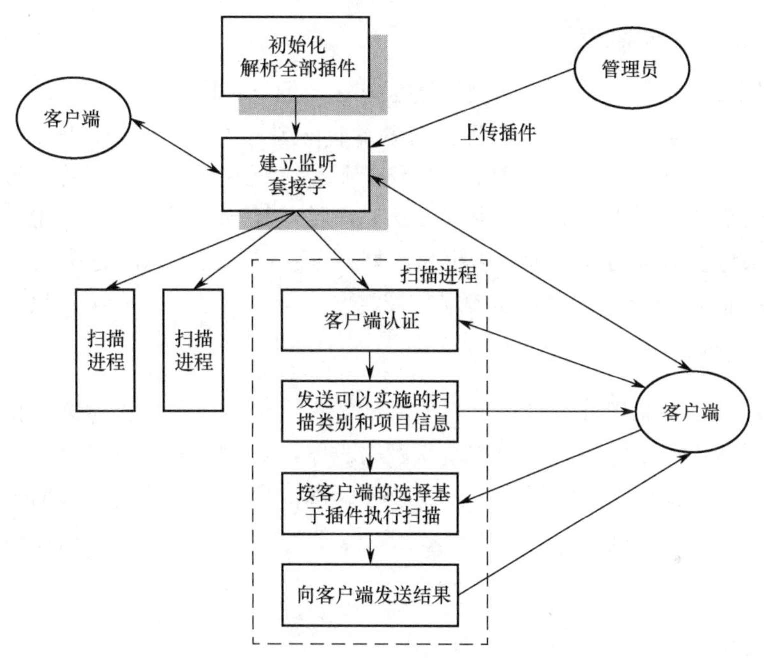

图 12.1　NESSUS 扫描软件的客户/服务器系统结构

3．网络拓扑探测

利用网络扫描系统也能探测到一些网络的拓扑结构信息，但往往不够全面和直接。对攻击者来说，完全有可能使用网络管理手段获得网络的拓扑结构。当前，主要的网络通信协议是 TCP/IP，这类网络的管理协议是 SNMP（Simple Network Management Protocol），它得到了计算机、路由器、交换机等设备厂商的广泛支持。SNMP 支持的主要操作包括 Read 和 Write，分别面向读、写设备的基本信息，尤其是相关的信息用特定的数字标识代表，是公开的，在权限允许的条件下，任何人均可以读、写这些数据。在 SNMP v1.0 中，只要知道所谓的“共同体名称（Community Name）”并在操作中声明，就可以访问这些信息，因此，实际上几乎没有安全性。虽然 SNMP v3.0 已经提供了基于密码技术的认证机制，但当前的问题在于：由于实施更加复杂，很多网络设备没有进行相应的配置，因此，实际的安全性仍然存在较大问题。

4．利用网络协议

网络互联、信息共享均需要相关的网络协议，这些协议也可以被网络调查利用。下面通过利用 ICMP（Internet Control Message Protocol）介绍相关技术。

TCP/IP 协议族中的 ICMP 允许在网络设备和不同主机协议栈之间进行控制消息的通信，实现网络状态的查询和通知，但 ICMP 也为网络调查提供了手段。潜在的攻击者可以用常用的 ping 或 fping 命令判断一个网络中的哪些主机是可以连通的，这些命令向这些主机发送利用 ICMP 的 ECHO 数据包后，被连接的主机按照 ICMP 返回 ECHO Reply 数据包；有些主机提供了一些服务，但若不能对 ping 等发起的 ICMP 连接进行响应，则一般可以判断安装了防火墙，否则可判断没有安装。另外，不同操作系统对 ICMP 的时间戳请求和地址掩码请求的回应略有不同，因此这可以帮助探测者确认被攻击系统的操作系统类型。

5. 利用网络协议和系统弱点

上述一些探测手段往往是常规的网络管理方法，但一些网络协议和系统在设计和实现上存在安全隐患，这可能使它们为探测者提供更多非常规的手段。例如，Windows 2000 的空会话（Null Session）用于在多个管理域之间进行通信，但这个会话可以不经过认证就建立，因此，可以被网络调查利用，用于搜集 Windows 网络的基本情况；另外，IIS 4.0 和 IIS 5.0 服务器也曾被报道会泄露内部地址和主机名，调查者获得这些信息的方法是，当这些 IIS 服务正在使用 SSL 时，向连接到服务器的端口发送一个 HTTP 请求，则可以收到这些信息。

6. 利用非技术手段

非技术手段主要是利用社会交往关系或其他非技术手段收集攻击对象的相关信息，这一方法在有组织网络犯罪中比较普遍。有组织网络犯罪针对的很多攻击对象有很强的防御措施和防御能力，有些攻击对象甚至进行了网络物理隔离，使用传统的网络扫描等手段很难获得有效信息，因此，利用非技术手段是了解攻击对象信息的最好办法。

12.3 口令攻击

口令攻击是指攻击者试图获得其他人的口令而采取的攻击，这里一般不包括对口令协议的攻击。枚举口令是一种最直接的攻击方法，也称为暴力或穷举攻击，它逐一列举可能的口令，在线或离线地进行测试，其中，离线攻击需要提前获得相关的验证方法和数据，如本书第 4 章提到的口令杂凑或加密数据库。但是，直接枚举的代价显然是极其高的，需要强大的计算设备，因此，破解方法普遍利用了口令的可能特征或不当的使用方法。

1. 词典生成

词典生成攻击使用一个字库生成猜测的口令，这些字库中存放了一些可以组成口令的词根，用于在一定的规则下组成猜测的口令。由于词根的选取参照了人们编制口令常用的习惯，是经过大量统计得到的，因此，用这些词根组成的猜测更有可能在更短的时间内得到正确的结果。

任何形式下的口令猜测攻击都需要以有能够验证猜测正确的手段为前提。上面提到，这可以分为在线和离线两种情况。对在线情况，一般将是否登录成功这一事件作为验证手段。离线攻击需要通过其他途径获得系统的账户数据，在 Windows 系统和一些 UNIX/Linux 中是容易的，这些系统将用户口令的单向杂凑或加密值存储在容易得到的文件中，为词典攻击提供了便利。一个介于离线和在线之间的特殊情况是，一个系统中的某个用户可以在自己的登录会话中运行口令攻击程序，获得其他用户的口令。

例 12.3 John the Ripper（简称 John）口令破解程序。

John 曾经是很有名气的 UNIX 口令破解程序，它采用词典攻击的方法生成猜测的口令，它生成口令的方式被其他类似的软件借鉴。John 以 4 种方式猜测口令：单个模式（Single Mode）根据用户名、昵称等个人信息，并结合已有的词根进行匹配，面向相对最短的运行时间；字库模式（Wordlist Mode）使用字库中的词根，根据一定的组合与变形规则生成猜测的口令，面向较短的时间；增长模式（Incremental Mode）按照一定的字符组合顺序穷举所有的口令，它面向较长的时间或猜测较短的口令；外部模式（External Mode）允许用户编写自己的匹配规则进行口令匹配。

当前，多数系统均采用了适当的防护措施抵制口令攻击。对于在线攻击，防护措施主要是，在要求用户输入正常口令的基础上，限制错误口令的输入次数，并让用户输入计算系统难以识别的临时序列码（如图 12.2 所示），它一般通过图像方式发送给登录者，自动登录程序难以识别，因此，在线攻击仅适用于未采用这些防护措施的系统。为抵制离线的词典攻击，当前的主要操作系统采用了加密存储或安全性得到提高的登录方案。例如，Windows 2000 及其以后的系列操作系统可以采用加密的口令数据库，这样，若攻击者不能获得密钥，则难以验证口令猜测的正确性，本书第 4 章也曾经提到这个问题。

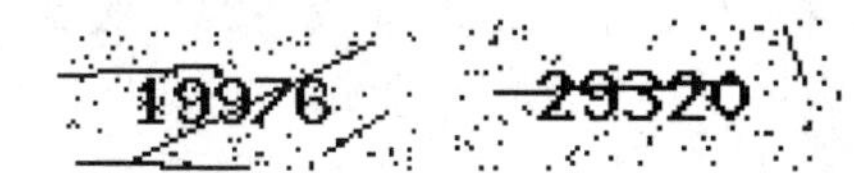

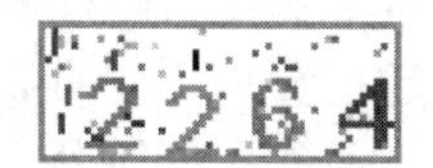

图 12.2　难以识别的临时序列码

2. 口令截收和欺骗

虽然当前的操作系统等系统软件大多采用了更安全的登录方案，但很多应用系统的口令登录系统的安全性不强，甚至允许明文口令在网络上传输，如邮件系统、数据库系统，这使得攻击者仍可以通过网络监视的方式截获口令。尤其是，使用截获的口令可以为编制新的口令词典提供依据，使得攻击者可能通过较不重要的口令获得更重要的口令。攻击者在操作系统中也可能搜集其他用户的口令，当前的 Web 服务普遍采取 Cookie 文件记录客户与服务器之间的会话情况，为了帮助用户更方便地登录系统，这类文件往往直接记录了口令，因此，也是潜在的口令泄露源头。

利用技术欺骗的方法可能使攻击者更轻易地获得口令，这些欺骗主要包括使用恶意网页和恶意邮件。恶意网页是指包含恶意 AxtiveX 等动态技术的网页，它们需要从服务器下载到客户浏览器中运行，在提供动态效果的同时，恶意的 AxtiveX 控件可能会盗取 Cookie 文件或账户信息。恶意邮件一般附带一个可执行附件或本身就是一个包含恶意 AxtiveX 控件的网页，有的用户警惕性不高，可能会打开这样的附件，而一些邮件接收客户端程序会自动打开这类网页，并下载执行 AxtiveX 控件。

3. 非技术手段

非技术手段是指，用非信息技术的手段获得口令或口令的编制规律。当前，由于需要登录过多的系统，一些用户均将口令记录在文件、手机或笔记本中，并且经常查看，因此，很容易被窃取。另外，一个人的生日、电话号码、姓名等也是口令猜测的重要依据，口令编制的规律也和用户的母语紧密相关，但这些都必须依靠其他学科的知识或经验进行规律总结，因此，相较于信息技术来说这类方法属于使用非技术手段。

12.4 缓冲区溢出攻击

当一个主机系统运行时，一般将内存划分为 3 个部分（如图 12.3 所示）：程序段、数据段和堆栈段。程序段用于存储程序运行代码和一些只读的数据，一般由指令指针（Instruction Pointer，IP）指向当前程序正要执行的指令；数据段用于存储程序运行所需的各种静态和动态数据；堆栈段可以用于临时分配内存，尤其是在执行函数调用时，堆栈用于缓存调用参数，返回地址、基地址指针（Base Pointer，BP）和局部变量等，这些数据的存储区被称为缓冲区，其中，BP 用于记录堆栈指针（Stack Pointer，SP）以前的值。需要特别指出的是，堆栈的内存分配顺序是从高地址到低地址的，遵照“先入后出”的原则，这样安排有利于系统充分利用全部内存。

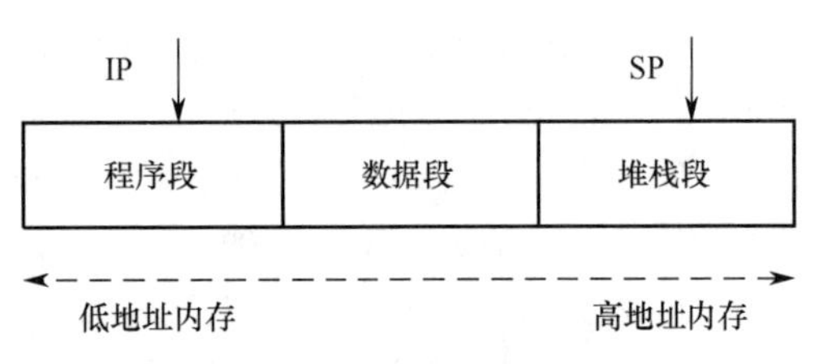

图 12.3　一般计算机系统的内存组成结构

缓冲区溢出攻击是一种针对主机系统的攻击，它利用了上述的堆栈结构，通过在上述缓冲区写入超过预定长度的数据造成所谓的溢出，破坏了堆栈的缓存数据，使程序的返回地址发生变化，系统有可能发生意想不到的情况，或者转而去执行攻击者预先设置的代码，这些代码的执行往往具有与当前用户相同的权限。从另一个角度看，缓冲区溢出还与程序实现上的疏忽相关，若程序能够检查这类非法输入，则可以降低这类攻击发生的可能性；另外，缓冲区溢出也和堆栈从高地址向低地址分配的规律相关，这与从低地址到高地址的正常写入方向正好相反。一般的缓冲区溢出攻击需要完成 3 个步骤。

1．放入预先安排的代码

为了使缓冲区溢出后截获程序的执行权限，攻击者需要预先在系统中安置代码。在一般情况下，攻击者需要一定的权限进行这类操作，代码也可以安置在数据段和堆栈段，还可以使用已经存在的程序，这些程序主要包括一些系统调用程序，攻击者可以通过它们执行预先设置的程序。若不能放入或使用预先安置的代码，则缓冲区溢出攻击类似于利用系统漏洞的拒绝服务攻击。

2．发现并利用缓冲区溢出

攻击者或其掌握的程序向有缓冲区溢出漏洞的程序输入一个超长的数据，造成缓冲区结构的破坏。这类超长的数据包含对返回地址的修改数据，因此，被攻击程序将返回到攻击者希望的地址。如果缓冲区附近还存在函数指针或转跳地址，那么攻击者或其掌握的程序也可以利用修改它们的方法将程序指针 IP 指向其所希望的地址。

3．执行预先安排的代码

当 IP 已经指向攻击者预先安排的代码时，这段代码开始执行，它一般具有和被攻击程序相同的权限，可以执行任何权限所允许的操作。

例 12.4　利用读、写越界的缓冲区溢出攻击。

以下 C 程序存在缓冲区溢出的漏洞：

```
void function(int a, int b) {
  char buffer1[8];
  /*下列允许一般用户写入buffer*/
  ...
}
void main( ) {
  function(1,2);
}
```

在程序执行对函数 function( )的调用后，堆栈的情况如图 12.4（a）所示，其中 RET 表示返回地址，BP 记录了上一个基地址，当前 BP 寄存器已经被更新。在 function( )的执行中，攻击者或其掌握的程序在 buffer 中写入了超长的特殊数据，修改了 RET，如图 12.4（b）所示，使得 function( )在返回时将程序转跳到攻击者设置的程序运行。

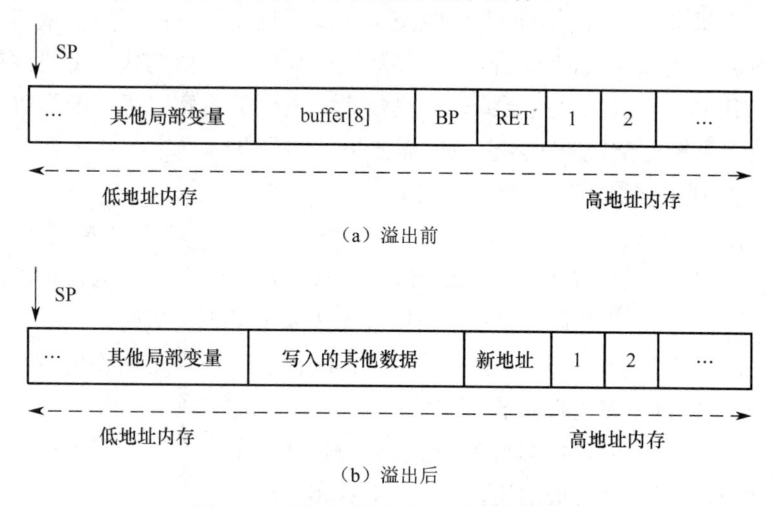

图 12.4　缓冲区溢出前、后的堆栈情况

12.5　拒绝服务攻击

拒绝服务攻击（Denial of Services，DoS）是指，攻击者通过发送大量的服务或操作请求，致使服务程序出现难以正常运行的情况。拒绝服务攻击很早就出现了，当前已经出现了大量的实施方法和工具，本节将它们分为 4 类进行介绍。

1. 利用系统漏洞

利用系统漏洞的拒绝服务攻击类似于普通的网络攻击。由于这些服务在设计、实现或配置上存在漏洞，因此攻击者可发送特定的网络包，使得服务停止或进入不正常状态。

例 12.5　一些利用系统漏洞的 DoS 攻击。

（1）Nuke 攻击。OOB Nuke（也称为 Winnuke）程序利用了 Windows 95 系统实现上的漏洞，通过调用 Windows 套接字开发包提供的 Send 函数并设置特殊的参数，使得接收数据的 Windows 系统出现蓝屏。

（2）KoD 攻击。IGMP（Internet Group Management Protocol）是 TCP/IP 协议族中有关网

络广播的协议，但早期的 Windows 系统在实现这个协议上存在缺陷，KoD（Kiss of Death）程序将一个 IGMP 包分成 11 个分片逆序发送，使接收系统的 TCP/IP 协议栈出现异常。

（3）Teardrop 攻击。在早期 BSD UNIX 的实现中，系统对不正常的数据包分片的处理存在问题，Teardrop 程序利用这些问题，使得系统的 TCP/IP 协议栈出现异常。

2. 利用网络协议

一些网络协议的设计完全没有考虑到 DoS 攻击的存在，在缺乏其他保护的情况下，DoS 攻击可以利用这些弱点发送大量网络连接请求或虚假的广播询问包等，引起网络通信的拥塞。值得注意的是，这类攻击往往利用了网络协议需要资源开销的环节，有些甚至是较大开销的环节，而攻击系统一般通过非常规的方法减小自己的开销。主要的方法有，在 TCP/IP 协议栈的低层制造并发送大量的连接请求包，使被攻击系统分配必要的内存和计算资源、进行应答并进入等待状态，但实际攻击者已经完全脱离了这个会话；利用少量的广播包引起大量网络设备的响应，造成网络拥塞。因此，多数这类攻击所需要的代价一般比被攻击者付出的代价小得多，其中，攻击代价主要体现在攻击者所需要的带宽、运算能力等方面。但当攻击者需要使被攻击系统完全失效时，也往往需要更大的带宽。

例 12.6 一些利用网络协议的 DoS 攻击。

（1）SYN Flood 攻击。攻击者主动向被攻击者发送大量的 TCP 连接请求，即发送 SYN 连接包，但并不完成协议中规定的 3 次握手过程；被攻击系统在返回 AYN/ACK 包并且分配相应的资源后，等待完成 3 次握手过程，当接收了大量的类似请求时，一般不能再正常进行常规服务。值得注意的是，由于攻击者无须完成 3 次握手，因此无须接收 AYN/ACK 包，也没有必要在 SYN 连接包中使用真实的 IP 地址。

（2）Smurf 攻击。发向广播地址的数据包会被其地址范围内的全部主机、设备接收，如发向 192.168.1.0 的数据包将会被地址范围在 192.168.1.1 ~ 192.168.1.254 之间的主机接收。Smurf 攻击冒充被攻击主机仅向一个广播地址发送一个 ICMP Echo 请求包，就使得大量主机将响应包发向被攻击的主机。

3. 利用合理服务请求

攻击者可以利用大量合理的服务请求攻击一个系统，这些攻击包括网页下载、服务登录、文件上传等，但这显然要求攻击方的带宽和计算能力等资源要多于被攻击方，攻击才能取得比较明显的效果。

4. 利用分布式拒绝服务攻击

分布式拒绝服务（Distributed Denial of Service，DDoS）攻击使用多台计算机对同一个目标实施前述的各种拒绝服务攻击，使得攻击者在资源上占据了更大的优势。自 2000 年以来，DDoS 攻击已经成为主要的 DoS 攻击。据报道，2000 年 2 月，黑客对美国各大网站的 DDoS 攻击造成了十几亿美元的损失，被称为“电子珍珠港事件”。

当前，出现了一些实施 DDoS 攻击的软件系统，主要包括 TFN、TFN2K 和 Trinoo 等，它们在系统结构上可以分为控制端和代理端两部分，后者分布在实施攻击的主机上，前者由攻击者直接操作，用于对分布式的攻击实施控制。

12.6　高级持续性威胁攻击

高级持续性威胁（Advanced Persistent Threat，APT）攻击不是一个纯粹的技术概念，而是泛指有组织、有计划的，针对特定目标的一系列攻击行为[3]。这种攻击具有极强的隐蔽性和针对性，通常利用受感染的各种介质、供应链和社会工程学等多种手段来实施。在多数情况下，APT 攻击更倾向于有国家背景的网络间谍活动。

APT 攻击包含 3 个要素：高级、长期和威胁。高级强调的是使用先进的恶意程序和技术，以及精密地利用系统中的漏洞；长期是指某个外部组织会持续监测特定目标，并从中获取信息；威胁是指人为参与策划的攻击。

1．APT 攻击的判断依据

一般情况下，可以从攻击意图和发动攻击的幕后组织的能力来判断一次攻击是否为 APT 攻击，具体判断依据如下[3]：

（1）背景：国家或政府支持。在判断一次攻击或一个组织的攻击是否为 APT 攻击时，必须要考虑其背景因素。绝大多数的 APT 组织都具有国家或政府背景，并且会由一个实体机构来操纵，尤其像制造震网、火焰等蠕虫病毒这样的高端 APT 组织。

（2）意图：攻击从未停歇。APT 组织的攻击意图非常明确，组织内部一般也都会有明确的分工。这是 APT 攻击与普通网络攻击最本质的一个区别。同时，APT 攻击在持续不断地进行着。

（3）能力：攻击不计成本。能够调度资源的能力超出了常人的预计，攻击者为了达到目的会不择手段，0day 漏洞、高级木马等都是其攻击资源中的一部分。

综上可以看到，APT 组织通常具有国家或政府背景，是专门从事高级网络间谍活动的攻击组织。APT 攻击的主要目的是情报的刺探、收集和监控，在某些情况下也会有谋利意图和破坏意图。

2．APT 攻击的主要特征

APT 攻击不同于传统网络攻击的主要特征如下：

（1）针对性强。APT 攻击的动机明确，只关注预先指定的目标，攻击方法也往往主要针对特定目标。很多时候，APT 攻击所采用的社会工程学方法和技术手段，可能仅对特定目标有效。

（2）高度隐蔽。APT 攻击根据目标的特点，能绕过目标所在网络的防御系统，极其隐蔽地盗取数据或进行破坏。这种隐蔽不仅在攻击之前，而且在攻击成功之后也可尽量做到不被发现。

（3）组织严密。攻击者通常以组织形式存在，由熟练黑客形成组织性很强的团体，分工协作，长期精心策划后进行攻击。

（4）持久战术。经过长期的准备与策划，攻击者通常在目标网络中潜伏很久，通过反复渗透，不断改进攻击路径和方法，进行持续性攻击。

（5）漏洞利用。漏洞利用在 APT 攻击中是非常常见的技术手段，特别是 1day 和 Nday 漏洞（已被厂商修复，但仍然普遍存在的安全漏洞），几乎被所有的 APT 组织使用。某些技术水平较高的 APT 组织还会掌握和使用一个至多个 0day 漏洞。

3. APT 攻击的检测难度

与传统网络攻击相比，APT 攻击的检测难度主要体现在以下几个方面：

（1）先进的攻击方法。攻击者能适应防御者的入侵检测能力，不断更换和改进入侵方法，攻击入口、途径、时间都是不确定和不可预见的，使得一些传统的检测防御技术失效。

（2）较强的隐蔽能力。攻击者进入目标系统后，通常采取隐藏策略进入休眠状态；待时机成熟时，才利用时间间隙与外部服务器交流。在系统中其并无明显异常，使得基于单点时间或短时间窗口的实时检测技术和会话频繁检测技术也难以成功检测出异常攻击。

（3）持续的攻击方略。攻击者对攻击目标实施长期持续性监测和干扰，但这并不意味着会经常发动攻击或频繁更新恶意程序，保持低调和伺机行动的方法通常会更加有效。

12.7 典型案例分析

针对伊朗核电站的震网蠕虫（Stuxnet Worm）攻击被认为是针对工业控制系统的第 1 例有实战意义的网络攻击，也被认为是网络战武器的代表之作，具有划时代的意义。下面以震网蠕虫为例，简要分析典型网络与系统攻击的实施过程，以及实施过程中采用的主要技术手段。本节中的相关内容主要基于已公开的内容进行分析，并且主要以技术原理为主，不讨论具体实现细节。

震网蠕虫于 2010 年 6 月首次被发现，该蠕虫主要在互联网中的 Windows 平台上传播，但攻击对象是针对西门子的工业控制系统，因此，该蠕虫也被视为第 1 款针对工业控制系统的蠕虫。该蠕虫的可能目标为伊朗使用西门子控制系统的高价值基础设施，从新闻报道来看，该蠕虫的主要攻击目标是伊朗的核电站设施。卡巴斯基实验室曾发表声明，认为震网蠕虫“是一种十分有效并且可怕的网络武器原型，这种网络武器将导致世界上新的军备竞赛，一场网络军备竞赛时代的到来”，并认为“除非有国家和政府的支持和协助，否则很难发动如此大规模的攻击”。

从目前已经截获的样本分析结果来看，震网蠕虫攻击的主要对象为西门子 SIMATIC WinCC 6.2 和 7.0 版本的工业控制系统，该蠕虫可以在多个系统版本中被激活，包括 Windows 2000 及其之后的各个基于 Windows NT 内核的操作系统。

震网蠕虫的主要功能在一个 DLL 中实现，样本并不将 DLL 模块释放为磁盘文件然后加载，而是直接复制到内存中，然后模拟 DLL 的加载过程。在样本被激活后，首先判断运行环境是否是 Windows NT 系列操作系统，若不是，则即刻退出。当运行环境是 Windows NT 系列操作系统时，即符合运行要求的情况下，该蠕虫首先将 DLL 模块直接复制到内存中，利用 Hook 的 ZwCreateSection 在内存空间中创建一个新的 PE 节，并将要加载的 DLL 模块复制到其中，使用 LoadLibraryW 来获取模块句柄，然后模拟 DLL 的加载过程。此后，样本跳转到被加载的 DLL 中执行，衍生的两个驱动程序 mrxcls.sys 和 mrxnet.sys 分别被注册成名为 MRXCLS 和 MRXNET 的系统服务，实现开机自启动。这两个驱动程序都使用了 Rootkit 技术，并有数字签名，从而可以躲过杀毒软件的查杀。其中，mrxcls.sys 负责查找主机中安装的 WinCC 系统，监控系统进程的镜像加载操作，将准备好的模块注入 services.exe、

S7tgtopx.exe、CCProjectMgr.exe 3 个进程中，后两者是 WinCC 系统运行时的进程。

SIMATIC WinCC 主要用于工业控制系统的数据采集与监控，一般部署在物理隔离的专用内部局域网中。因此，为达到攻击目标，震网蠕虫采取多种手段进行渗透和传播，如图 12.5 所示。首先感染外部主机的 U 盘，通过 U 盘摆渡到内部网络；在内网中，通过快捷方式解析漏洞、RPC（Remote Procedure Call，远程过程调用）漏洞、打印机后台程序服务漏洞等 0day 漏洞，对联网的主机实现漏洞攻击和传播；在传播过程中判定是否到达了安装有 WinCC 的主机，当抵达安装了 WinCC 软件的主机时，展开攻击行为。此外，震网蠕虫还具有基于 P2P（Peer-to-Peer）的传播能力，该蠕虫具有一个 P2P 的网络系统的组网能力，使得震网蠕虫能够自动更新，即使它们不能连接回互联网，震网蠕虫还能基于互联网进行指挥和控制，该机制目前已停用，但可在未来重新启动。

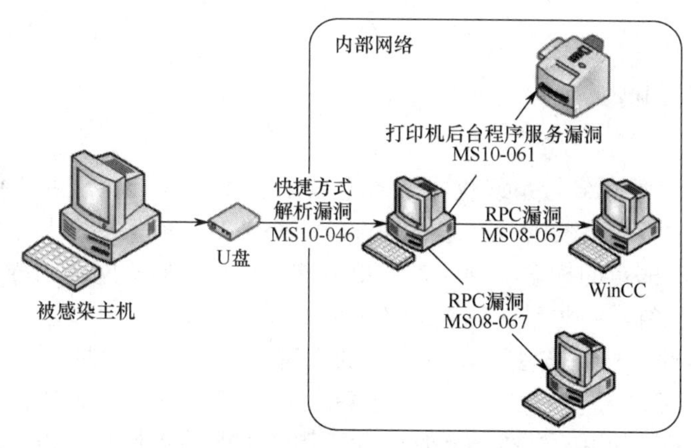

图 12.5　样本的多种渗透和传播方式

从其功能分析可以看出，震网蠕虫的传播主要分为两个阶段：第 1 个阶段是互联网传播阶段，主要利用 Windows 的一系列漏洞在互联网中主动传播，并寻找其潜在的攻击目标；第 2 个阶段是破坏阶段，即在寻找到目标之后对其进行破坏。相比以往的安全事件，此次攻击呈现出许多新的手段和特点，值得特别关注。

1）攻击工业系统且攻击目标明确

震网蠕虫的攻击目标直指西门子公司的 SIMATIC WinCC 系统。这是一款数据采集与监视控制（SCADA）系统，被广泛用于国家基础设施工程领域。WinCC 运行于 Windows 平台，常被部署在与外界隔离的专用局域网中，因此，其在传播机制中，专门考虑了 U 盘的感染模式，借助于 U 盘实现隔离网络环境的感染。

2）利用多个 0day 漏洞

震网蠕虫利用的漏洞中，MS10-046、MS10-061 和提权漏洞都是在震网蠕虫中首次被使用的。如此大规模地使用多种 0day 漏洞并不多见。同时从蠕虫的传播方式来看，这些漏洞并非是随意挑选的，每一种漏洞都发挥了独特的作用。另外，在捕获的样本中，实体时间跨度很大，在大规模爆发前很长一段时间内控制漏洞不泄露具有一定难度。

3）使用伪造数字签名

震网蠕虫释放的 mrxcls.sys 和 mrxnet.sys 两个驱动文件通过伪装 RealTek 的数字签名以躲避杀毒软件的查杀。事后，这一签名的数字证书已经被颁发机构吊销，无法再通过在线验证，但目前反病毒产品大多使用静态方法判定可执行文件是否带有数字签名，因此，仍有被欺骗的可能。

针对民用计算机和网络的攻击多以获取经济利益为主要目标，但针对工业控制网络和现场总线的攻击可能引起灾难性后果。震网蠕虫这种袭击工业网络的恶意代码一般带有网络战武器的性质，目标是对重要工业企业的正常生产进行干扰甚至严重破坏，其背景一般不是个人或普通地下黑客组织。工业控制网络通常是独立网络，相对于民用网络而言，数据传输量相对较少，但对实时性和可靠性的要求却很高，因而出现问题的后果相当严重。目前，工业以太网和现场总线标准均为公开标准，熟悉工控系统的程序员开发针对性的恶意攻击代码并不存在很高的技术门槛。同时，一直采用内网隔离的工业网络往往存在疏于防范的情况。因此，对可能的工业网络安全薄弱点进行增强和防护是十分必要的。

12.8 小结与注记

本章简要地介绍了网络与系统攻击的基本技术手段及其原理，主要包括网络与系统调查、口令攻击、缓冲区溢出攻击、拒绝服务攻击、APT 攻击等。网络与系统调查是指攻击者对网络与系统信息和弱点的搜索与判断，主要方法有直接访问、网络扫描、网络拓扑探测、利用网络协议等；抵御网络与系统调查涉及很多方面，在实际中一般主要采取网络防护设备阻断或审计相关事件发生的方法。口令攻击的危害较大，但当前抵御口令攻击有较多的方法，本书第 4 章介绍的一些口令方案已经能够抵御词典攻击和口令截收，还可以通过安全配置不运行不可信方发来的网页插件或程序，从而阻止多数口令欺骗攻击，最后，建立合理的口令管理制度也是增强防御能力的有效方法。缓冲区溢出攻击利用了计算机的堆栈结构，通过在缓冲区写入超过预定长度的数据，破坏了堆栈的缓存数据，使得程序的返回地址发生变化，进而启动攻击程序或直接使系统发生故障。预防这类攻击主要需要加强对程序代码的检查。拒绝服务攻击通过发送大量的服务或操作请求，使服务程序出现难以正常运行的情况，当前主要依靠网络防护设备抵御它们。APT 攻击具有极强的隐蔽性和针对性，通常利用受感染的各种介质、供应链和社会工程学等多种手段来实施，大多数情况下 APT 攻击都有国家或政府背景，如近年出现的震网、火焰（Flash）等蠕虫病毒被认为是 APT 攻击。

网络与系统攻击威胁信息系统的可用性，虽然当前存在一些防御方法，但在实际中也不难发现“道高一尺，魔高一丈”的情况。如何可靠地提供可用性安全、预防尚未出现的攻击，而不仅是针对已有的攻击实施就事论事的防范，是安全技术需要不断解决的问题。当前，一些形式化的安全协议和安全操作系统设计方法为提前预防攻击提供了可能。

本章在写作过程中主要参考了文献[1]。关于网络与系统攻击方面有太多的报告和新闻，也有很多相关著作和文献。文献[2-3]对深入了解 DDoS 和 APT 攻击与防御的读者是很好的科普读物；文献[4]较系统地介绍了网络与系统的攻击原理与方法。

思　考　题

1．简述网络与系统的典型攻击过程。

2．网络与系统调查的主要手段有哪些？它们分别为攻击者提供了哪些情况？
3．口令词典生成攻击主要利用哪些因素提高搜索效率？
4．缓冲区溢出攻击的原理是什么？
5．拒绝服务攻击的主要类型和基本原理是什么？
6．调研最近又出现了哪些网络与系统攻击？它们的原理是什么？
7．震网蠕虫的攻击过程主要分为哪几个阶段？震网蠕虫有什么特点？
8．APT 攻击的防御难度很大，为什么？

参 考 文 献

[1] 冯登国，赵险峰. 信息安全技术概论[M]. 2 版. 北京：电子工业出版社，2014.
[2] 鲍旭华，洪海，曹志华. DDoS 破坏为王：攻击与防范深度分析[M]. 北京：机械工业出版社，2014.
[3] 奇安信威胁情报中心. 透视 APT：赛博空间的高级威胁 [M]. 北京：电子工业出版社，2019.
[4] 连一峰，王航. 网络攻击原理与技术[M]. 北京：科学出版社，2004.

网络蠕虫

必索敌人之间来间我者。

——春秋·孙武《孙子兵法》

第 13 章　恶意代码检测与防范

内容提要

常见的恶意代码主要包括计算机病毒、蠕虫和特洛伊木马等，它们以各种方式侵入计算机系统，具有破坏性、潜伏性、传染性、依附性等特点，对计算机和计算机网络的正常使用以及信息的安全造成了危害。恶意代码机理主要是指恶意代码传播、感染和触发的机制，其中，传播机制是指恶意代码散布和侵入受害系统的方法；感染机制是指恶意代码依附于宿主或隐藏于系统中的方法；触发机制是指对已经侵入或感染到受害系统中的恶意代码，使它们得到执行的方法、条件或途径。了解这些机制有助于抵御恶意代码，这主要包括分析、检测、清除与预防恶意代码，本章主要介绍这些方法的基本内容。

本章重点

- 主要恶意代码的特点
- 恶意代码感染机制
- 恶意代码分析与检测
- 恶意代码清除与预防

13.1 常见的恶意代码

恶意代码（Malicious Code）或恶意软件（Malware）主要是指以危害信息或信息系统的安全等不良意图为目的的程序，它们一般潜伏在受害计算机系统或终端中实施破坏或窃取信息，本章将它们统称为恶意代码。常见的恶意代码主要包括计算机病毒、蠕虫（Worm）和特洛伊木马（Trojan Horse）等[2]，它们以各种方式侵入计算机系统，对计算机或计算机网络的正常使用造成了极大危害，主要包括：①攻击系统，造成系统瘫痪或操作异常；②危害数据文件的安全存储和使用；③泄露文件、配置或隐私信息；④肆意占用资源，影响系统或网络的性能；⑤攻击应用程序，如影响邮件的收发。

恶意代码有一些基本特性，它们有类似于普通程序的方面，但在更多方面是不同的。首先，恶意代码是一类程序，也是由人编制的，而不是在计算环境或系统中自生的。其次，恶意代码对系统具有破坏性或威胁性，这也是它们与普通程序的最大区别。再次，按照不同种类，恶意代码具有潜伏性、传染性、依附性等性质，其中，潜伏性是指恶意代码在侵入计算机时可能并未引起用户注意，而是过一段时期，等条件具备时再实施破坏，在这一阶段它可能已经进行大量的传染并做了实施攻击的准备；传染性是指恶意代码在执行中或在传播中借助一些机制复制自身到其他系统或载体中；依附性是指恶意代码往往依附于系统中的某个程序、数据文件或磁盘扇区，在它们被应用时才会被执行。上述 3 个特性使恶意代码具有生物病毒的一些特点，因此，这一领域借用了大量生物学中的专业词汇，如“繁殖”“感染”“寄生”。另外，恶意代码还有针对具体应用或系统、在运行或传播中能够欺骗用户、善于变化以适应新环境等特点，把它们分别归结为针对性、欺骗性和变化性 3 种特性。

下面简要介绍常见的几类恶意代码。

1. 计算机病毒

计算机病毒能够寻找宿主对象，并且依附于宿主，是一类具有传染、隐蔽、破坏等能力的恶意代码。传染性和依附性是计算机病毒区别于其他恶意代码的本质特征。

计算机病毒有多种分类方法[2]，从这些分类中也可看出不同病毒的具体特性。按攻击对象不同，病毒可以分为攻击计算机的系统病毒和攻击计算机网络的网络病毒，后者也往往被单独列为一类恶意代码，它指能在网络中传播和复制自己，并以网络为平台对计算机和计算机网络造成安全威胁的计算机病毒。按所攻击操作系统的不同，病毒可以分为攻击 Windows、攻击 UNIX、攻击 Linux 的病毒等多类；按照感染对象的不同，病毒可以分为引导型和文件型，前者感染磁盘引导系统，在系统启动时装载进内存，后者感染各类文件，在文件执行时装载进内存。病毒还可以按照本章 13.2 节介绍的感染方式分类。

例 13.1 CIH 病毒。

产生于 1998 年的 CIH 病毒是一种文件型病毒，通过网络或移动介质传播，主要感染 Windows 95/98/Me 系统下的可执行文件。当 CIH 发作时，可以破坏计算机的主板和硬盘。CIH 病毒会试图向主板可擦写的 BIOS 中写入垃圾信息，这类 BIOS 中的内容会被洗去，造成计算机无法启动。向硬盘写入垃圾内容也是 CIH 的破坏方法之一，它将垃圾数据以 2048 个扇区为单位循环写入硬盘，直到所有硬盘数据均被破坏为止。CIH 病毒一般潜伏在系统中，并在固定的日期发作。

2．蠕虫

蠕虫是一类特殊的恶意代码，它们可以在计算机系统或网络中繁殖，由于不依附于其他程序，这种繁殖使它们看上去是在内存、磁盘或网络中移动的。因此，蠕虫与前述的计算机病毒不同，它一般并不依附于一个宿主，而是独立的程序。

网络恶意代码一旦在系统中激活，除了可以进行可能的破坏，一般还通过下列步骤复制自己：①搜索系统或网络，确认下一步要感染的目标；②建立与其他系统或远程主机的连接；③将自身复制到其他系统或远程主机，并尽可能激活它们。在网络恶意代码复制猖獗的网络中，网络带宽性能将受到严重影响。

例 13.2 “红色代码（Red Code）”蠕虫病毒。

2001 年出现的“红色代码”病毒是一种网络蠕虫，它利用微软公司的 IIS（Internet Information Server）系统漏洞进行感染，它使 IIS 处理请求数据包时溢出，导致把该数据包当成代码运行，病毒驻留后再次通过该漏洞感染其他 IIS，造成网络带宽性能急剧下降。“红色代码”病毒采用了缓冲区溢出的网络攻击技术，利用网络上使用 IIS 的服务器来进行病毒传播。这个蠕虫病毒使用服务器的 80 端口进行传播，这个端口通常是 Web 服务器对浏览器提供的服务端口。

例 13.3 WannaCry 蠕虫病毒。

2017 年出现的 WannaCry（又称为 Wanna Decryptor）是一种勒索蠕虫病毒，它利用美国国家安全局（National Security Agency，NSA）泄露的 Windows 操作系统 445 端口存在的危险漏洞“永恒之蓝（EternalBlue）”进行传播，并具有自我复制、主动传播的特性。被该蠕虫病毒入侵后，用户主机系统内的照片、图片、文档、音频、视频等几乎所有类型的文件都将被加密，加密文件的后缀名被统一修改为.WNCRY，并在桌面弹出勒索对话框，要求受害者支付价值数百美元的比特币到攻击者的比特币钱包，且赎金金额还会随着时间的推移而增加。

3．特洛伊木马

特洛伊木马简称木马，它是一个位于受害者系统中的恶意程序或为攻击者服务的代理，在后一种情况下，木马与远程攻击者建立网络连接，为攻击者建立后门，实施受攻击者控制的操作或信息窃取，但木马也不是一个普通的代理，它冒名顶替，伪装成能提供正常功能或在系统中正常运行的程序，如游戏、压缩软件、系统服务或基本模块。

除了冒名顶替，木马一个区别于病毒和蠕虫的特点是它一般不进行自我复制和传播，而需要依靠电子邮件、网页插件、程序下载等进行传播。

例 13.4 PKZip 破坏型木马。

PKZip 是一个被广为使用的文件压缩程序。当 PKZip 的版本达到 2.04 时，网上出现了 PKZip300，它看似像 PKZip 的更新版本。但当用户下载并运行后，PKZip300 会对硬盘立即实施攻击，造成系统损坏。

例 13.5 “红色代码 II”蠕虫包含的木马。

“红色代码 II”是“红色代码”的变种，它包含木马程序 Root.exe，木马存储在 IIS 与 Windows 的常用工作目录下，一般用户难以识别其性质。黑客可以通过对 IIS 发送 HTTP GET 请求激活并操纵木马，这使得“红色代码 II”拥有其前身无法比拟的可扩充性，只要病毒制作者愿意，随时可更换蠕虫程序来达到不同的目的。

4．僵尸网络

僵尸网络是指黑客利用恶意代码等攻击技术手段，以及众多被控主机组成可协同完成相关任务的网络，其中，被控主机称为僵尸主机。最早的僵尸网络出现在 1993 年，在 IRC 聊天网络中出现，1999 年后 IRC 协议的僵尸程序大规模出现，近几年发现的僵尸网络规模已达千万台规模，其对互联网的安全危害越来越严重。

僵尸网络与其他恶意代码既有关联，又有不同。蠕虫或病毒主要强调的是恶意代码的传播特性。若感染蠕虫或病毒的主机被控制，同时其相互之间可以协同攻击，则称之为僵尸网络。蠕虫和病毒也是僵尸网络常用的构件。而木马则主要强调的是对单一主机的控制能力，在僵尸网络中的僵尸主机控制程序可视为木马的一种，当各僵尸主机中的木马程序可实现组网、攻击协同时，则组成了僵尸网络。在现实案例中，各种恶意代码往往也是多种技术的综合应用。

僵尸网络主要用于发动拒绝服务攻击、发送垃圾邮件、完成口令破解等需要大量资源的攻击行为，其因为规模大、分布广等特点，所以防御难度较大。

5．其他恶意代码

通常，人们认为恶意代码还存在恶作剧程序、后门等类型，但它们可以归类到前面的类型中去。近年来，随着移动通信的发展，出现了一些面向破坏手机系统的恶意代码，它们利用手机在设计和实现上的缺陷或利用移动网络服务的漏洞，通过消息发送传播恶意代码，使服务系统或手机系统出现故障，但其原理与前面的恶意代码类型基本类似。

当用户在安装一些不良应用软件或使用相关功能时，程序可能会强制用户安装一些不受欢迎的软件，包括搜集信息的间谍软件（Spyware）、宣传产品的广告软件（Adware）、控制用户浏览器的劫持软件（Hijackers）等，由于它们的安装和运行违背了用户的意志，原则上也属于恶意代码。

13.2　恶意代码机理

恶意代码的生命周期主要包括编制代码、传播、感染、触发、运行等环节（如图 13.1 所示），恶意代码机理主要是指恶意代码传播、感染和触发的机制。传播机制是指恶意代码散布和侵入受害系统的方法，它包括恶意代码自我复制和传播的情况，也包括恶意代码被复制和被传播的情况等。感染机制是指恶意代码依附于宿主或隐藏于系统中的方法，实施它的前提是恶意代码已经进入受害系统。触发机制是指对已经侵入或感染到受害系统中的恶意代码，使它们得到执行的方法、条件或途径，其中，恶意代码的执行条件可以是客观的技术约束条件，也可以是恶意代码的设计者为了实现潜伏性或等待破坏时机主观设置的。严格讲，恶意代码机理还包括恶意代码的运行和破坏机制，但恶意代码一般获得了合法用户的操作权限，因此，其运行和破坏的能力是显然的，但需要指出的是，恶意代码在运行中也可以实施传播和感染。

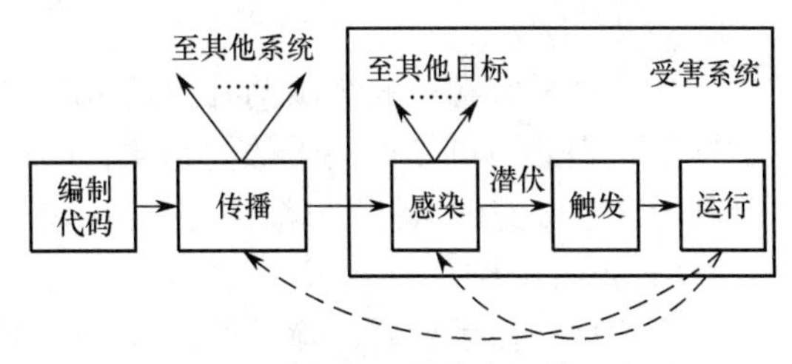

图 13.1　恶意代码的生命周期示意图

1．传播机制

1）文件流动

文件流动的主要途径是移动介质和网络下载，病毒可能在文件流动中得到传播。移动介质主要包括磁盘、光盘和移动硬盘等，若它们包含有恶意代码的文件或磁盘扇区，在使用中，恶意代码可能侵入计算机。为了实现信息共享，一个移动介质可能需要接入其他计算机系统，这在无形中扩大了系统的“接触面积”，增加了感染恶意代码的可能性。一些光驱支持自动运行功能，它们根据配置文件在插入光盘后立即运行相关程序，为传播恶意代码提供了便利。随着网络的普及，网络逐渐取代移动介质成为发布软件和数字内容的主要渠道，但大量的下载网站提供了一些来源不可靠的资源，它们很可能会传播恶意代码。

2）网页脚本和插件

动态网页技术支持在网页中运行脚本和插件，它们需要在客户端运行，如 Windows 平台下支持 VBScript、JavaScript 脚本以及 AxtiveX 控件。当浏览器访问需要运行脚本或插件的网页时，网页脚本立即被执行，这可能使系统直接感染恶意代码，而若客户端尚未安装相应插件，则浏览器会根据安全配置决定是否下载并安装插件。一般情况下，浏览器会让用户决定。当用户被网页的内容欺骗并认为插件来源可靠时，可能选择安装，从而使系统遭到感染。这里需要指出的是，可以使用 C++语言开发如 AxtiveX 控件这样的插件，因此，这类恶意代码的制作者能够编制破坏能力极强的程序。

3）电子邮件

电子邮件是网络信息交换与传输的常用方法。电子邮件支持附件传输功能，它经常被用于传播恶意代码，当用户误认为邮件来源可靠时，通常会执行或保存这些附件，使系统受到感染。一些邮件客户端程序支持各种网页格式的邮件，恶意代码也可能存在于这些网页的插件或链接中。

4）数字内容播放

一些视频和音频播放器支持显示网页或用弹出窗口显示它们，而播放器缺乏浏览器那样的安全检查，因此，更容易遭受通过网页实施的恶意代码攻击。例如，RM 文件是常用的网络多媒体文件类型之一，给 RM 文件加入弹出广告功能的操作并不复杂，网上已经出现具备类似功能的共享软件，因此，攻击者需要做的仅是利用这些工具将一个 RM 文件再次编码，在编码中插入包含恶意代码的网页。

5）网络攻击

在信息系统存在安全漏洞时，网络攻击可能使得攻击者截获系统的控制权，实施非授权的操作，因此，可以被用于传播恶意代码。本章例 13.2 中描述的“红色代码”网络蠕虫就是利用微软公司的 IIS 系统漏洞进行传播的。

6）自我传播

恶意代码在运行后，除了进行可能的破坏，由于获得了系统的控制权，因此也可以进行自我传播。例如，本章例 13.2 中描述的“红色代码”网络蠕虫利用感染的 IIS 进一步攻击其他主机上的 IIS，并借此传播自己，造成大量的繁殖。为了方便发送新邮件，一些用户将发送邮件的口令配置在电子邮件客户端程序中，使平时可以直接发送邮件，但“求职信”和 Melissa 等病毒可以利用这一点发送大量的邮件传播自己，邮件发送的目的地址一般来自邮件客户端程序的“邮件地址簿”。

2. 感染机制

1）感染引导系统

恶意代码在侵入计算机系统后，可以选择感染引导系统。在每次计算机启动中，BIOS首先被执行，之后主引导记录（Master Boot Record，MBR）和分区引导记录（Volume Boot Record）中的代码被依次执行，这是操作系统启动的“必经之路”，因此，很多计算机病毒将引导记录作为感染目标。感染方法一般是将原来的引导代码存储到其他扇区中，用病毒代码替换它（如图 13.2 所示），这样在系统启动中，病毒程序先于原引导程序执行，在执行中，病毒程序可以直接实施破坏，如造成不能启动或修改 BIOS 已经设置好的中断（Interruption）向量，使原来指向 BIOS 中的中断程序，转为指向病毒程序（如图 13.3 所示），病毒程序再指向原来的中断程序，这样等中断调用到来后病毒可以截获控制权并可以在执行完后调用原来的中断程序。上述病毒常被称为引导型病毒。

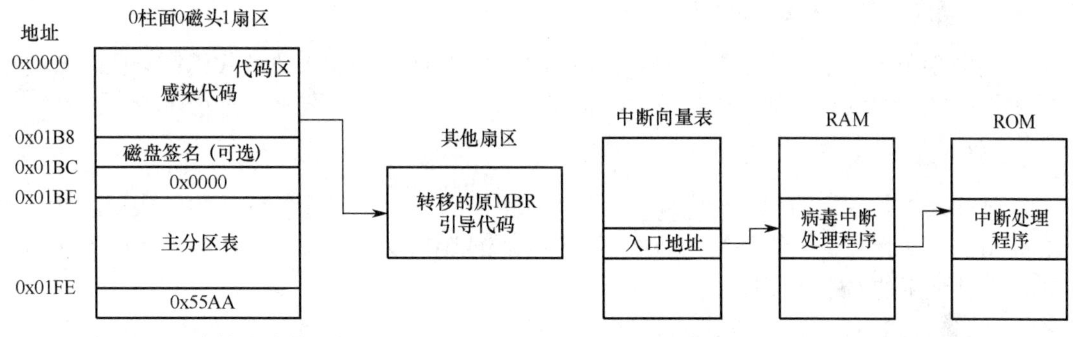

图 13.2　一个被病毒修改的主引导记录　　图 13.3　被病毒修改的中断程序

2）感染执行文件

恶意代码可以以不同的方式感染文件，它们按照感染方式可以分为外壳型、嵌入型、源代码型、覆盖型和填充型等几类恶意代码。外壳型恶意代码并不改变被攻击宿主文件的主体，而是将病毒依附于宿主的头部或尾部（如图 13.4 所示），这类似于给程序加壳，恶意代码将在程序开始或结束时截获系统控制权。相比之下，嵌入型恶意代码寄生在文件中间，隐蔽性更好。源代码型恶意代码专门攻击计算机开发语言，并能够与计算机开发语言一道编译。覆盖型恶意代码替换全部或部分宿主，从而对宿主直接造成破坏。填充型恶意代码仅填充宿主的空闲区域，如全为零的数据区域，它不直接破坏宿主，也不改变宿主文件的长度，因此，隐蔽性更好。

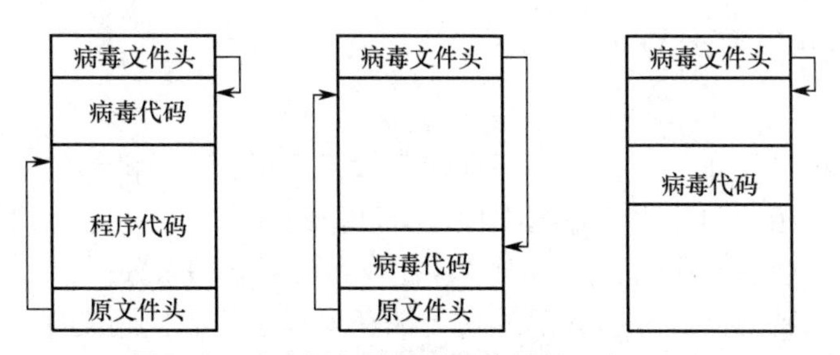

图 13.4　病毒插入或覆盖程序的前、中、后部

有一类计算机病毒通过更灵活的感染方式提高了隐蔽性。在每次感染中，变异型或多态

型病毒在病毒代码中加入冗余指令或加密指令使得其长度和特征发生不同变化，提高了隐蔽性；隐蔽性病毒一般感染文件，但在获得执行权限后，将自己加载到内存中，并将感染文件中的病毒代码清除，在关机前再寄生到文件中。

3）感染结构化文档

“宏”是能组织到一起作为一个命令使用的一组 Windows 命令，它能使日常工作变得更简便。微软提供宏语言 WordBasic 来编写宏，也允许 Word、Excel、Access、Visio、PowerPoint、WordPro 等结构化文档以及相关的模版文件包含宏，以实现一些自动的文档处理。宏病毒是一些制作病毒的人员利用 WordBasic 编程接口制作的具有病毒性质的宏集合，这种病毒宏集合会影响到计算机的使用：在打开一个带宏病毒的文档或模板时，激活了病毒宏，病毒宏还将自身复制到相关文档或模板中。由于 WordBasic 语言提供了许多系统底层调用，因此宏病毒可能对系统直接构成威胁。

4）感染网络服务或客户端

一些网络服务存在安全漏洞，容易被攻击者截获控制权并加入恶意代码；一些客户端程序提供扩展性，恶意代码可能伪装成功能扩展模块，被警惕性不高的用户安装。

5）假冒文件

木马和蠕虫是独立的程序，因此，可以直接作为文件存储在系统中。为了实现潜伏，木马和蠕虫的可执行文件一般都被伪装成正常的系统或临时文件，如将程序名和图标修改为一个常用文件使用的名字和图标。

3. 触发机制

恶意代码的触发机制主要取决于前面介绍的感染机制。最简单地，当程序、组件和宏命令等被执行时，其中感染的恶意代码将获得执行权。对引导型病毒，系统启动可以直接使它们获得执行权限；由于系统在启动中要根据配置启动网络服务和一些内存驻留程序，因此，这些程序感染的恶意代码将获得执行权限。本节前面介绍的引导型病毒可以潜伏于中断程序中，当中断到来时，这些程序将获得执行权限。

上述触发机制取决于一些客观条件，还有一类触发机制取决于恶意代码编制者的策略。为了增强恶意代码的隐蔽性，一些恶意代码需要参照时钟、时间、计数次数等因素决定是否开始执行。

13.3 恶意代码分析

恶意代码的分析过程实际上是了解恶意代码运行过程、传播机制和功能用途的过程，通过静态查看恶意代码相关的代码或数据文件，可以帮助分析人员对恶意代码有基本的了解，而要全面和深入地掌握恶意代码的内部细节，往往需要开展动态分析。

由于恶意代码的特殊性，分析人员通常无法获得程序的源代码文件。静态分析[3]可通过反汇编二进制文件寻找关键的代码流程来帮助分析理解恶意代码的内部细节。动态分析[4]可通过调试等手段实际运行恶意代码，通过查看指令执行信息来跟踪发现恶意代码的行为。通常，需要灵活地结合使用两种分析手段分析恶意代码。

1．静态分析

静态分析工具多种多样，如著名的静态分析工具 IDA Pro，它支持 x86、ARM 等多种架构、不同操作系统平台的可执行代码分析，并且支持图形化地查看程序调用流程，方便分析人员查看函数之间的调用关系。此外，IDA Pro 还开放了大量功能接口，利用相应的软件开发工具包（SDK），分析人员可以自行编写各种辅助分析插件。

由于恶意代码经常使用各种加壳工具进行自我保护、阻碍分析过程，因此，在静态分析过程中很重要的一项工作就是确定代码是否加壳，以及采用了什么加壳工具。有很多专业的查壳工具，比较著名的查壳工具有 PEiD，该工具利用不同加壳工具的特点，能够识别出常见的加密壳和压缩壳，如 UPX、ASProtect。针对 Windows 平台的恶意代码，直接查看代码的 PE 文件也能够得到一些有用的信息。查看 PE 文件的工具较多，常用的有 LordPE、File Format Identifier（FFI）等。分析人员可以通过这些工具来查看恶意代码的导入表、导出表、资源文件等，其中，FFI 还能够修改这些 PE 文件中的关键数据。

在对恶意代码进行静态分析时，首先利用 PEiD 等查壳工具确定待分析的恶意代码是否加壳，若加壳，则需要利用脱壳工具进行脱壳。然后利用 LordPE 等工具查看恶意代码加载的动态链接库、导入表等数据，寻找可能用于分析的线索。接着，利用 IDA Pro 等对恶意代码进行全面的静态分析。可以通过查找关键的字符串或导入函数等信息来定位程序的关键代码位置，展开后续分析过程。当然，具体的分析过程是灵活多样的，常常需要与动态调试工具结合，边分析边验证，以达到最终的分析目的。

2．动态分析

静态分析的优点是分析覆盖率较高，可以观察到分析代码的全貌，但由于加壳、动态代码等对抗分析技术的干扰，静态分析往往难以全面分析恶意代码的工作机制和行为特征，此时需要开展动态分析。

动态分析通过实际运行恶意代码，跟踪和观察其执行细节来帮助分析人员理解恶意代码的行为和功能。由于分析过程中恶意代码被实际执行，因此，分析过程能够真实展现恶意代码的内部细节。同时，由于执行过程的环境限制，分析人员通常无法使恶意代码实际执行所有的分支路径，因此，往往需要与静态分析结合使用。

最常见的动态分析工具是调试器，目前流行的调试器有 WinDBG、OllyDbg、Immunity Debugger、GDB 等。通过调试器调试恶意代码，分析人员能够查看每条指令执行时各寄存器的值、任意内存地址处的数值，查看函数调用堆栈、SEH 链等信息。其中，WinDBG 是微软发布的一款功能强大的、运行在 Windows 操作系统上的调试器，利用它不但能够调试应用层程序，而且也能够调试内核驱动程序，因此，可用于分析借助内核驱动实现的恶意代码。并且，借助微软提供的符号文件，分析人员可以通过输入命令来查看关键数据结构的定义。此外，WinDBG 还支持运行脚本和插件，分析人员可以根据实际分析需要编写脚本和插件来扩展分析功能、提高分析效率。

利用调试手段进行动态分析不失为一种有效的分析方法，但是分析过程需要大量的人工参与，分析效果很大程度上依赖于分析人员的经验。动态污点分析是一种高效的动态分析手段，在恶意代码分析中能够大大降低人工参与的程度，并能够达到很好的分析效果。该方法能够细粒度地跟踪、监控恶意代码执行流程，揭示恶意代码运行机理。动态污点传播工作过程包括污点源标记、污点传播处理、异常事件报警等。其中，污点源可以是任意数据，如恶意代码需要读入的文件内容或从网络上接收到的网络数据。污点传播处理按照污点传播规则进行，此过程涉及新污点的添加和已有污点的漂白。当发现有污点数据被用于写入到系统文件或改写注册表等异常事件时，可以利用污点传播过程中留下的线索进行回溯分析，从而掌握恶意代码执行过程的具体细节。在恶意代码动态分析中，动态污点分析是一种较为高效的方法，但是该方法在时间和空间上的开销较大。相关的工具有加州大学伯克利分校研发的TEMU、中国科学院软件研究所研发的 WooKon 恶意代码分析平台等。

WooKon 恶意代码分析平台主要用于恶意代码深度分析，既可作为恶意代码各种实现机制的深度分析工具，也可作为犯罪现场分析与取证工具，为公安部门打击网络犯罪提供线索。该平台采用硬件模拟方式构建虚拟计算环境，通过扩展硬件模拟模块实现对分析目标进程的相关动态过程数据的截取和分析。采用基于硬件模拟的方式进行动态逆向分析具有一些独特优势，如其分析过程对恶意代码透明，能够对抗目前主要的反调试、反分析检测技术；能够支持代码行为和执行指令等不同粒度的分析模式，能够从恶意代码的操作行为和二进制指令等不同层次开展分析。

13.4 恶意代码检测

恶意代码的检测方法主要用于确定在感染目标中恶意代码的存在及其种类，主要包括以下几种方法。

1. 特征代码法

恶意代码一般以二进制代码形式存在，其中可能存在某一个代码序列，被称为特征代码，可以用于标识一个病毒、木马或蠕虫等。特征代码法的原理就是利用已经得到的特征代码，通过匹配可能的感染对象，确定是否感染了某个恶意代码程序。实施特征代码法需要经过以下两个步骤。

1）建立特征代码库

专业反恶意代码人员采集恶意代码的样本，通过分析抽取得到特征代码。抽取的特征代码要具有特殊性，能够在大范围的匹配中唯一标识一个恶意代码程序，因此，特征代码的长度不应太短，但为了提高匹配效率、减小数据存储负担，特征代码的长度也不应太长，一般为十几个字节。特征代码一般被加入特征代码库，特征代码库存储了大量已知恶意代码的特征代码，是常用检测工具的必备构件之一。

例 13.6 几个典型的计算机病毒的特征代码。

一般，计算机病毒的特征代码为十几个字节，但有的特征代码较为特殊，长度会更短。表 13.1 给出了几个计算机病毒的特征代码实例。

表 13.1 计算机病毒的特征代码实例

病 毒 名 称	病毒的特征代码（十六进制数）
DISK Killer	C3 10 E2 F2 C6 06 F3 01 FF 90 EB 55
CIH	55 8D 44 24 F8 33 DB 64
ItaVir	48 EB D8 1C D3 95 13 93 1B D3 97
Vcomm	0A 95 4C B3 93 47 E1 60 B4

2）特征代码匹配

根据特征代码库，检测工具对检测目标实施代码扫描，逐一检查特征代码库中的特征代码是否存在。为了加快匹配，特征代码库一般也记录了特征代码出现的位置。

例 13.7 用特征代码法检测 CIH 病毒的一种方法。

根据表 13.1，CIH 病毒的特征代码为 55 8D 44 24 F8 33 DB 64。在检测中，病毒特征代码库也记录了 CIH 病毒特征代码出现的位置：对一个可能被感染的 Windows PE 可执行文件，它起始于 PE 文件头 IMAGE_NT_HEADERS32 结构型数据中 Signature 字段偏移 0x28 处。Signature 字段中一般存储了数据 0x00004550，因此，检测程序容易定位，定位后在偏离 0x28 处检测是否存在以上特征代码。对 CIH 病毒还存在其他基于特征代码的检测方法，但过程基本类似。

特征代码法检测比较准确，能够检查出恶意代码的名称，因此，有利于清除工作，但是，由于该方法不能检测出未知的恶意代码，特征代码库要经常更新，并且在特征代码库尺寸较大时，匹配开销也较大。

2．校验和法

很多检测工具为用户提供了一种文件完整性保护方法——校验和法，它计算文件的校验和，将其存储于被保护文件、其他文件或内存中。计算校验和类似于计算杂凑值，它以一个较小数据代替较大的文件数据，若在计算校验和中使用密钥或数字签名，也可使恶意代码难以伪造校验和。

校验和法的优点是能发现任何恶意代码对文件的篡改，方法也比较简单，但是需要先计算并保存校验和，并在每次检测和保护中计算文件的校验和并进行匹配，该方法不能识别恶意代码的名称。

3．行为监测法

恶意代码在运行中可能存在一些特殊的操作行为，行为监测法通过发现它们进行报警，很多检测工具都提供了类似的功能。如可执行文件是主要的被感染对象之一，但是，用户很少修改可执行文件，因此，一旦有程序要修改可执行文件，就可以立即分析这个程序的来历，一般可以判断是否是恶意代码；一些引导型病毒侵占特定的中断程序，因此，可以专门分析这些中断程序，查看是否是恶意代码；一些文件型病毒在执行完病毒代码后转而执行原宿主程序，因此，存在较大的上下文环境变化，这往往也是病毒的行为特征之一。总之，以上恶意代码的行为特征可能使它们暴露。

采用行为监测法可以识别恶意代码的名称或种类，也可以检测未知的恶意代码，但是也存在一定的误报可能。

4．软件模拟法

一些多态型恶意代码在每次感染中变化寄生代码，这使得基于特征代码的常用方法失效，即使检测出它们的存在，一般检测方法也很难确定恶意代码的类型，不利于清除恶意代码。软件模拟法用可控的软件模拟器模拟恶意代码的执行，在执行中确认恶意代码的特征。一般，恶意代码在执行时需要解密加密的代码或跳过冗余的代码，因此，实际执行代码的特征会暴露，可以利用前述的方法实施检测。

软件模拟法在执行中代价相对较高，一般仅面向常用方法失效的情况。

5. 比较法

计算机中的系统文件、内存驻留程序和中断向量等是相对稳定的，却是恶意代码经常感染的对象。比较法是指，在检测恶意代码前，备份这些相对稳定的数据，在检测中通过比较发现恶意代码。

比较法原理简单、实施方便，可以发现未知恶意代码的存在，但需要备份系统文件、内存驻留程序和中断向量等数据，一般也不能识别恶意代码的种类和名称。

6. 感染实验法

计算机病毒在内存驻留期间往往会感染那些获得执行或打开的文件。感染实验法的原理是，将一些确知干净的文件复制到可能含有病毒的系统中，反复执行或打开它们，从它们长度或内容的变化上确定存在的病毒。

感染实验法简单、实用，可以检测未知计算机病毒的存在，但一般较难识别病毒的名称。

13.5 恶意代码清除与预防

对恶意代码的防治要从预防、机理分析、检测和清除等多方面入手，从原理上看，恶意代码清除与预防方法是基于机理分析与检测的，因此，本章首先介绍了恶意代码机理、分析与检测，而将有关清除与预防的内容放在最后来介绍。

1. 恶意代码清除

恶意代码清除是指，尽量在保全被感染程序功能的情况下移除恶意代码或使其失效，清除工具或人员一般需要了解相关恶意代码的感染机制。显然，对作为独立程序的木马和蠕虫来说，它们的类型或名称一旦被检测工具确定，清除工具可以直接删除它们的执行文件，也可以请用户一起参与这类清除。对文件型恶意代码的删除相对复杂，一般反恶意代码软件需要掌握感染过程的逆过程，将添加的恶意代码清除，并恢复文件头的正常设置，但对覆盖型恶意代码，由于原宿主代码部分丢失，因此程序功能不能恢复。对引导型恶意代码，反恶意代码工具或人员可以类似地清除存在于主引导记录或分区引导记录中的恶意代码，并根据恶意代码保存的原引导代码恢复引导程序，但为了抵御恶意代码对原引导代码的覆盖，一般需要预先备份它们。

恶意代码检测工具一般可以检测内存是否存在恶意代码，但常驻内存的一些恶意代码可能受到操作系统的保护，并且处理其他程序占有的内存也是不方便的，因此，反恶意代码工具一般要求用干净的启动盘启动后再实施检测和清除。

2. 恶意代码预防

恶意代码预防是指抵御恶意代码的传播和感染，它的方法主要是切断传播和感染的途径或破坏它们实施的条件。当然，一定的管理制度有助于提高恶意代码预防技术的实施效果。

当前，恶意代码预防主要基于单机和网络实施。面向单机防护，出现了大量的反恶意代码工具，它们提供的主要防护措施包括：①恶意代码检测、定时检测和在线检测，其中，在线检测是指一旦有文件被打开就实施检测；②在线监控程序行为；③备份和恢复重要数据，如主引导代码、中断向量表；④保护重要文件；⑤隔离可疑文件；⑥制定安全防范策略；⑦在线更新恶意代码特征。基于网络的恶意代码防护方法一般采用网关检测网络通信流量、邮件服务等，将防御地点设置在网络边界或网络服务器，能够提前发现和排除问题。

一定的管理制度可以帮助我们更好地抵御恶意代码的侵害。加强软盘、光盘、移动硬盘等介质和网络下载的管理可以减少文件病毒的传播机会；要求用户实施高安全配置也是抵御恶意代码传播和感染的重要环节。例如，可以通过在微软 Word 中进行设置，禁止宏的执行；也可以在浏览器中设置，禁止下载不可信的插件。

13.6 小结与注记

本章主要介绍了恶意代码及其防治的基本原理和技术。恶意代码主要包括计算机病毒、蠕虫和木马等几种类型，它们具有破坏性、潜伏性、传染性、依附性等特点，经常使人防不胜防。恶意代码一般依靠文件流动、网页、电子邮件、数字内容播放、网络攻击或恶意代码本身得到传播，它们一旦侵入系统，将通过感染引导系统、感染执行文件、感染结构化文档、感染网络服务或客户端、假冒文件等形式依附到宿主中，伺机获得执行权限。恶意代码的触发机制主要取决于感染机制，但为了加强隐蔽性，一些恶意代码参照时钟、时间、计数次数等因素决定是否执行。为了抵御恶意代码，需要进行恶意代码的分析、检测、清除与预防工作。恶意代码的分析试图获得相关的感染或运行特征，以确定检测方法，主要包括基于反汇编代码的静态分析和基于程序运行观察的动态分析两类方法。恶意代码的检测主要用于确定在感染目标中恶意代码的存在及其种类，主要包括特征代码法、校验和法、行为监测法、软件模拟法、比较法和感染实验法等。对恶意代码的清除需要了解恶意代码的机理，尽量在保全被感染程序功能的情况下移除恶意代码或使其失效，其过程一般是感染的逆过程，但可能需要提前备份重要的数据。恶意代码预防是指抵御恶意代码的传播和感染，它的主要方法是利用技术或管理手段切断传播和感染的途径或破坏它们实施的条件。

恶意代码及其防御的发展变化很快，一些新的恶意代码类型和分析检测技术不断涌现。“僵尸网络”是指攻击者采用一种或多种传播手段，将大量主机感染僵尸程序，从而在控制者和被感染主机之间所形成的一个可一对多控制的网络，因此，攻击者的网络攻击和恶意代码传播能力得到加强。显然，预防僵尸网络的核心是切断其传播和感染的途径，这类似于对恶意代码的防治。为了抵御计算机病毒的感染，人们提出了“病毒免疫”的概念和技术，这些技术对被保护文件进行特殊处理，使病毒不能寄生或不选择这些文件作为感染对象。

本章在写作过程中主要参考了文献[1]。关于恶意代码方面的新闻报道很多，它和网络与系统攻击有着密切的关系，这一点通过本书第 12 章的学习不难看出。文献[9]比较系统地梳理和总结了软件安全分析方法以及这些方法在恶意代码分析等方面的应用。

思 考 题

1. 简述常见恶意代码的类型及其区别。
2. 恶意代码的主要传播渠道有哪些？

3．恶意代码的主要感染目标是什么？简述引导型病毒的感染与触发机理。

4．恶意代码的分析与检测方法主要有哪些？它们的优点和缺点分别是什么？

5．一个组织机构预防恶意代码一般需要采取哪些措施？

参 考 文 献

[1] 冯登国，赵险峰. 信息安全技术概论[M]. 2 版. 北京：电子工业出版社，2014.

[2] 程胜利，谈冉，熊文龙. 计算机病毒及其防治技术[M]. 北京：清华大学出版社，2004.

[3] BALAKRISHNAN G，GRUIAN R，REPS T，et al. CodeSurfer/x86：a platform for analyzing x86 executables[C]//Proc. of CC'05. Heidelberg：Springer-Verlag，2005，3443：250-254.

[4] MOSER A，KRUEGEL C，KIRDA E. Exploring multiple execution paths for malware analysis[C]//Proc. of 2007 IEEE Symposium on Security and Privacy, 2007：231-245.

[5] KANG M G，MCCAMANT S，POOSANKAM P，et al. DTA++：dynamic taint analysis with targeted control-flow propagation[C]//Proc. of the 18th Annual Network and Distributed System Security Symposium，2011.

[6] SONG D，BRUMLEY D，YIN H，et al. Keynote invited paper[C]//Proc. of the 4th International Conference on Information Systems Security，2008.

[7] KIRDA E，KRUEGEL C，BANKS G，et al. Behavior based spyware detection[C]//Proc. of 15th USENIX Security Symposium，2006：273-288.

[8] BAYER U，KRUEGEL C，KIRDA E. TTAnalyze：a tool for analyzing malware[C]//Proc. of 15th Annual Conference of the European Institute for Computer Antivirus Research (EICAR)，2006.

[9] 苏璞睿，应凌云，杨轶. 软件安全分析与应用[M]. 北京：清华大学出版社，2017.

防火应急演练

火眼金睛看真相，凡人看心相，执念间，生死轮回。

——《西游记之孙悟空三打白骨精》

第14章　入侵检测与应急响应

内容提要

网络与系统攻击极大地危害了信息系统的机密性、完整性或可用性等，针对这些攻击需要有相应的防护措施。入侵检测与应急响应技术可用来防御这些攻击并有效地减轻攻击产生的影响。入侵检测提供了用于发现入侵攻击与合法用户滥用特权的方法，它基于的重要前提是：非法行为和合法行为是可区分的，也就是说，可以通过提取行为的模式特征来分析、判断该行为的性质。入侵检测系统由硬件和软件组成，通过实时的检测，检查特定的攻击模式、系统配置、系统漏洞、存在缺陷的程序版本以及系统或用户的行为模式，监控与安全有关的活动。另外，“蜜罐”可以用于搜集潜在攻击者的基本情况。但仅仅进行防护和预警是不够的，一些重要的信息基础设施需要制定相应的应急响应计划，在信息基础设施遭到严重攻击的情况下，需要执行一系列相关的应对措施。本章主要介绍入侵检测、“蜜罐”和应急响应等技术。

本章重点

- 入侵检测
- “蜜罐”的基本原理
- 应急响应的一般步骤

14.1 入侵检测

入侵检测是用于检测损害或企图损害信息系统的机密性、完整性或可用性等行为的一类安全技术。这类技术通过在受保护网络或系统中部署检测设备，监视受保护网络或系统的状态与活动，根据采集的数据，采用相应的检测方法发现非授权或恶意的系统及网络行为，并为防范入侵行为提供支持手段。

一个入侵检测系统（IDS）需要解决 3 方面的问题：首先，它需要充分并可靠地采集网络与系统中的数据、提取描述网络与系统行为的特征；其次，它必须根据以上数据和特征，高效并准确地判断网络与系统行为的性质；最后，它需要对网络与系统入侵提供响应手段。

1. 入侵检测系统结构

IDS 至少分为数据源、分析检测和响应 3 个模块。数据源模块为分析检测模块提供网络与系统的相关数据和状态，分析检测模块执行入侵检测后，将结果提交给响应模块，响应模块采用必要的措施，以阻止进一步的入侵或恢复受损害的系统。在以上过程中，检测支持数据库起到了重要作用，它存储入侵行为的特征模式，一般称为入侵模式库。IDS 基本系统结构如图 14.1 所示。

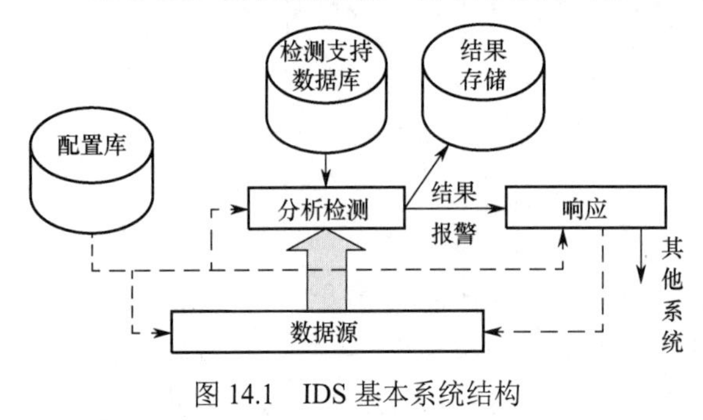

图 14.1　IDS 基本系统结构

考虑到 IDS 的复杂性，人们非常重视 IDS 的系统结构，比较有影响的成果是美国加州大学 Davis 分校提出的通用入侵检测框架（Common Intrusion Detection Framework，CIDF）[3]。CIDF 是一套规范，它定义了 IDS 表达检测信息的标准语言及 IDS 组件之间的通信协议。符合 CIDF 规范的 IDS 可以共享检测信息、相互通信、协同工作，还可以与其他系统配合实施统一的配置响应和恢复策略。CIDF 的主要作用在于集成各种 IDS，使之协同工作，实现各 IDS 之间的组件重用。

按照 IDS 数据源的不同，IDS 主要可以分为以下两类[4]。

1）基于主机的 IDS

基于主机的 IDS 检测的目标主要是主机系统和系统的本地用户，它可以运行在被检测的主机或单独的主机上，根据主机的审计数据和系统日志发现可疑迹象。若攻击者已经突破网络防护设施，并进入被攻击主机的操作系统，则基于主机的 IDS 监测重要服务器的安全状态并做出及时响应具有重要价值。但是，这类 IDS 依赖于审计数据和系统日志，也存在明显的缺点：首先，审计数据和系统日志容易被清除或修改；其次，攻击者可能使用某些特权操作或低级别操作逃避审计；最后，这类 IDS 仅仅分析审计数据和系统日志，一般不能发现网络攻击和在审计范围之外的系统攻击。

但是，基于内核的 IDS 可以在操作系统内核中检测异常行为，从而扩展了基于主机的 IDS 的数据来源。

2）基于网络的 IDS

基于网络的 IDS 主要根据网络流量、单台或多台主机的审计数据和日志检测入侵。其中，一个或多个探测器负责采集网络的数据流，被采集的数据被初步处理后送给分析检测模块。需指出，一般网络适配器都存在所谓的混杂模式，即不但可以接收发到它的物理地址的数据包，也可以收听同一网段上发往其他地址的数据包，因此，探测器不需要像防火墙那样割断和转发全部流量，而仅将流量旁路出来即可。

另外，基于网络的 IDS 也可以使用代理技术，从其他主机获得审计数据和日志，并将各个数据源的数据进行综合，再进行分布式处理。基于代理技术的分布式 IDS 可以综合各类数据源，也包含以下将要介绍的各类分析检测方法。

2．分析检测方法

分析检测方法是 IDS 根据已有的知识判断网络与系统是否遭受攻击以及遭受何种攻击的方法。当前，主流的分析检测方法主要包括异常入侵检测和误用入侵检测两类，但也出现了一些新的方法，主要包括免疫方法、基因方法、数据挖掘、代理方法等，它们从不同方面丰富和发展了入侵检测技术。

1）误用检测

误用检测（Misuse Detection）基于以下事实：程序或用户的攻击行为存在特定的模式，这类攻击行为被称为系统的误用行为。这类分析检测技术首先建立各类入侵的行为模式，对它们进行标识或编码，建立误用模式库；在运行中，误用检测方法对来自数据源的数据进行分析检测，检测是否存在已知的误用模式。

误用模式的缺陷在于只能检测已知的攻击。当出现新的攻击手段时，一般需要在由人工得到新的攻击模式并添加到误用模式库后，IDS 才具有检测新攻击的能力。相应 IDS 的构造需要考虑这方面的可扩展性和方便性。

2）异常检测

异常检测（Anomaly Detection）是当前 IDS 的主流方法，它基于以下事实：无论是程序还是系统用户的行为，其各自在表现上均存在一些特性。例如，某服务程序每隔一定的时间就要访问某个目录，办公室工作人员常用文字编辑软件，这些带有一致性的特征与正常行为的基本模式相对应，而异常行为不具有这些特征。异常检测的特点是：它通过对系统异常行为的检测发现攻击的存在，甚至识别相应的攻击。

异常检测的关键在于建立“正常使用描述（Normal Usage Profile，NUP）”，以及利用 NUP 对当前系统或用户行为进行比较，判断出与正常模式的偏离程度。在 IDS 领域，“描述（Profile）”通常由一组系统或用户行为特性的度量组成，一般为每个度量设置一个阈值或一个变化范围，当超出它们时认为出现异常。

异常检测的优点是可以检测未知的攻击，但由于系统或用户的行为模式可能变化，因此，异常检测需要不断地调整、更新 NUP，相应 IDS 的构造也需要考虑这方面的可扩展性和方便性。但系统或用户行为模式的变化毕竟不如攻击的变化频繁。

3）其他检测

误用检测和异常检测虽然是不同的 IDS 分析检测方法，但是它们都是通过识别系统或用户的行为模式进行判断的。当前出现了一些新型 IDS，虽然其中一些还未进入可以应用的阶段，但它们丰富了以上基本的 IDS 分析检测方法。

生物免疫系统的一个重要特征是能够区别自身或外来的肌体，这个概念和 IDS 的异常检测有相似的地方。有关基于生物免疫的 IDS 的研究表明[5]：一个特定程序的系统调用序列是比较稳定的，使用这一序列识别自身或外来的操作能够获得抵御入侵检测的能力。

生物基因包含染色体，它本质上是一个编码序列，表征着生物的遗传特性。基因的特点是可以进行组合和变异的，因此，存在着天然的表征不同生物遗传特性的能力，研究人员发现，这个特性可以用于构造系统特征或异常特征。

3. 入侵响应

在检测到网络或系统入侵后，IDS 采取的应对措施被称为入侵响应。入侵响应主要分为被动响应和主动响应，也包括对攻击者的追踪等措施。

1）被动响应

被动响应是指 IDS 在检测到攻击后进行报警，为网络管理者或用户提供信息，由他们决定要采取的措施。在被动响应中，攻击按照其危害程度一般被分为不同的级别，级别是 IDS 及其用户重要的决策依据。例如，当同时存在多个攻击时，IDS 优先向用户报告有高级别危害的攻击。

例 14.1 利用 SNMP 陷阱的 IDS 报警机制。

TCP/IP 协议族中的 SNMP 被大量的网络设备和主机操作系统支持，用于统一管理 IP 网络的设备。SNMP 陷阱（Trap）是指部署在网络设备或主机上的 SNMP 代理用 UDP 向 SNMP 管理程序发送报警，原来主要是用于反映网络故障，但显然也适用于对网络攻击报警，因此，被一些 IDS 用于进行分布式检测攻击并进行报警。

2）主动响应

在主动响应下，IDS 按照配置策略阻断攻击过程，或者以其他方式影响、制约攻击过程或攻击的再次发生。主动响应采取的主要措施包括人工或自动地针对入侵者的措施以及修正系统。因此，在 IDS 的基础上，也发展出了新的技术和产品，如入侵预防系统（Intrusion Prevention System，IPS）。IPS 也分为主机 IPS 和网络 IPS 两大类，其核心仍然是 IDS 技术，其预防能力和效果仍然主要取决于对异常行为和入侵事件的检测能力及检测准确性。

针对入侵者的措施主要是指，系统或调查者追踪攻击的发起地，采取禁止入侵者继续攻击或禁止其主机连接网络等措施，但这样做可能存在一些风险。例如，攻击者使用盗用或虚假的网络地址，或者由于 IDS 误报而发起了错误的反击，IDS 自己成了攻击者。因此，针对入侵者的措施也会采取一些相对温和的抵御方法，包括断开攻击者与被攻击系统的会话、通知防火墙以后阻断类似的通信等，还包括发邮件给攻击者所在网络的管理员或安全服务中心，请求进行调查。

根据识别出的攻击修正系统是为了弥补引发攻击的自身缺陷，这相比以上措施显得更加温和，但它一般是必要的和恰当的。对系统的修正包括对被保护系统和网络与系统防护系统的修正。

14.2 蜜罐

“蜜罐（Honeypot）”技术[6]是指一类对攻击、攻击者信息的收集技术，而“蜜罐”就是完成这类收集的设备或系统，它通过诱使攻击者入侵“蜜罐”系统搜集、分析相关的信息。“蜜罐”还有一些其他类似的称呼，包括“鸟饵（Decoy）”“鱼缸（Fishbowl）”等。从更高的层次上看，“蜜罐”技术是网络陷阱与诱捕技术的代表。

为了引诱攻击者实施攻击，“蜜罐”系统一般包含了一些对攻击者有诱惑力但实际并不重要的数据或应用程序。它一方面可以转移攻击者的注意力，另一方面通过监控入侵并收集相关的数据来了解攻击的基本类型或特征，以便做好进一步的防范工作。

1. “蜜罐”类型

有多种类型的“蜜罐”，但它们的特性可以是相互结合的。

1）应用型和研究型

“蜜罐”可以按照使用目的分为应用型和研究型两类。前者的使用目的是转移潜在的攻击，减轻网络攻击对实际业务网络的影响，后者的使用目的是收集黑客、网络攻击情况。

2）低交互型和高交互型

“蜜罐”可以按照与攻击者的交互程度分为低交互型和高交互型两类。低交互“蜜罐”只设置适当的虚假服务或应用，它不让攻击者获得对其主机的真正访问或控制权，用于探测、识别简单的攻击。由于与攻击者缺少交互，这类“蜜罐”系统暴露或被控制的风险较低。为了获得更多有关攻击和攻击者的信息，高交互“蜜罐”设置具有真实弱点的真正服务或应用，但这样做的风险也更大。

3）真实型和虚拟型

“蜜罐”可以是真实的或虚拟的，真实型“蜜罐”设置实际的服务和应用引诱攻击者发起攻击，而虚拟型“蜜罐”提供虚假的服务和应用引诱攻击者，前者设置的服务和应用是能够真正遭受攻击的，在遭受攻击后它们可能不能正常运行，后者设置的服务和应用是伪装的，一般不会在实际意义上被攻破。“蜜罐”也可以按照以上设置的类型分为牺牲型（Sacrificial Lamb）“蜜罐”、伪装型（Facade）“蜜罐”和测量型（Instrumented System）“蜜罐”，前两个分别与真实型“蜜罐”和虚拟型“蜜罐”对应，测量型“蜜罐”将它们的特点综合在一起，目的是更灵活、更深入地构建“蜜罐”。

4）“蜜罐”网络

“蜜罐”网络（Honeynet）也简称为“蜜网”，它不是一个单一系统，而是一个网络系统，设置了多个系统上的服务和应用供攻击者攻击。“蜜网”也可以是虚拟的或部分虚拟的。

2. “蜜罐”采用的主要技术

为诱使潜在的攻击者发动攻击而又不被攻击者识破和利用，“蜜罐”主要采用以下技术。

1）伪装和引入

伪装和引入是指“蜜罐”在系统中设置服务、应用或网络，它们仅供引诱攻击者使用，而不具有表面上看具有的用途。为了吸引黑客，“蜜罐”系统常在设置的服务、应用或网络中故意留下后门、漏洞或看似敏感的信息。

“蜜罐”系统还可以采用所谓的主动吸引技术，它利用网络中已有的安全设备建立相应的数据转发机制，将入侵者或可疑的连接主动引入“蜜罐”系统或“蜜网”中。

例 14.2 Honeyd“蜜罐”。

Honeyd 是由 Provos 开发的一个开放源代码的“蜜罐”，它运行在 UNIX 平台上，可以模仿多类操作系统，并可以同时呈现上千个 IP 地址。Honeyd 主要用于攻击检测，它对大范围的未使用 IP 地址进行监控，当有攻击者发起探测时，Honeyd 会用网络欺骗的方式假冒这个 IP 地址，通过设置的服务与攻击者交互，并收集攻击和攻击者的信息。

2）信息控制

一旦“蜜罐”或“蜜网”被攻破，攻击者完全可能利用被攻破的系统向其他网络发起攻击，因此，对“蜜罐”或“蜜网”中的信息需要进行全面控制，这类技术就是所谓的信息控制技术。信息控制不仅是控制攻击者利用被攻破的系统发出的操作和连接，还要保持这类控制的隐蔽性，这一般通过给予攻击者一定的操作权限并用防火墙等安全设备监管攻击者的通信来实现，如图 14.2 所示。

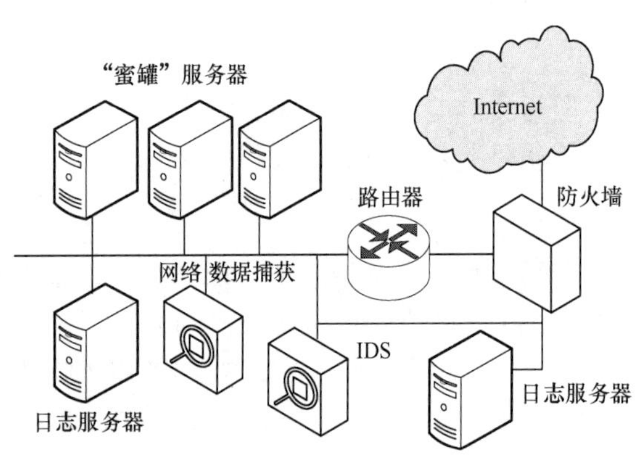

图 14.2　一个“蜜网”的系统结构

3）数据捕获和分析

数据捕获是指“蜜罐”或“蜜网”能够记录攻击者的行为，为分析和识别攻击做好准备。当前有 3 种数据捕获途径：第 1 种是在“蜜罐”中设置专门的信息、操作监控和记录程序，并设置日志服务器；第 2 种和第 3 种分别是利用防火墙和 IDS 捕获，其中，防火墙和 IDS 也用于前面的信息控制。

对捕获数据的分析类似在 IDS 设计中采取的方法，一般通过对攻击数据进行由一般到抽象的分析，不但能得到具体攻击和攻击者的信息，而且能得到相应的攻击行为模式。

14.3　应急响应

网络与系统可能由于各种原因遭到破坏，因此，需要在这种破坏到来的前后采取相应的预防、应对措施，这些被统称为应急响应[7]。网络与系统遭到破坏的原因主要包括网络与系统攻击、网络与系统自身出现故障以及非抗力因素，非抗力因素是指出现自然灾害或战争破坏等。国内外相关机构都高度重视网络与系统安全的应急响应，组建了一些计算机应急响应小组/协调中心（Computer Emergency Response Team/Coordination Center，CERT/CC），负责制定应急响应策略并协调它们的执行，这些机构主要包括美国卡内基梅隆大学在美国国防部等政府部门资助下组建的美国 CERT/CC、我国的国家计算机网络应急技术处理小组/协调中心（CNCERT/CC）等。

应急响应并不是在网络或系统已经遭受破坏后才开始的，而是一般分为前期、中期和后期 3 个阶段，它们跨越紧急安全事件发生和应急响应的前后。

1．前期响应

为尽快恢复遭破坏网络或系统的正常运转，需提前准备并尽快启动准备的方案，这主要包括制定应急响应预案和计划、准备资源、信息系统和数据备份、业务的连续性保障等，它们构成了前期响应。应急响应预案是指在灾害发生前制定的应对计划，而应急响应计划一般是指在发生灾害后，针对实际破坏情况根据预案制定的具体应对计划。应急响应需要准备或筹备的资源包括经费、人力资源和软/硬件工具资源，其中，硬件工具资源包括数据存储和备份设备、业务备用设备、施工和调试设备等，软件工具资源包括数据备份、日志分析、系统检测和修复工具等。信息系统应该定时备份数据，在安全灾害发生后，尽快备份未损坏的数据甚至整个系统，以免遭受进一步的损失，也降低对修复系统的风险，另外，这样也可以保留灾害的现场记录和痕迹。业务的连续性保障是指能尽快恢复对外服务，主要方法有启用准备好的备用设备和数据，或者临时用替代系统保持业务连续。

2. 中期响应

前期响应一般已经使得系统恢复了基本的正常运转，但是，安全灾害的发生原因和引起的损害程度尚未完全摸清，中期响应的任务就是准确地查明信息系统遭受了何种程度的灾害并摸清灾害发生的原因，认定灾害发生的责任，为制定下一步的安全策略和采取下一步的应对措施打下基础。中期响应的工作主要包括事件分析与处理、对事件的追踪与取证等，本书第 9 章介绍了这些通用的责任追踪和认定技术。

3. 后期响应

后期响应的目的是确定新的安全策略并得到新的安全配置，它主要包括提高系统的安全性、进行安全评估、制定并执行新的安全策略等。其中，安全评估是指针对新提高的安全性进行评估，确认安全性的有效性和程度等性质，它和提高系统的安全性可以反复进行。最后，通过综合各方面的因素，系统的安全管理者需要制定并实施新的安全策略。

安全事件应急响应是一件复杂、技术含量很高的工作，在安全事件发生时，需要快速响应，因此，为了确保安全事件应急响应过程的快速、准确、高效开展，各单位和机构往往要预先做好各类准备工作，准备工作主要包括以下几个方面：

（1）应急预案的编撰：主要是就特定安全事件，起草一系列的应急处置流程，该流程不仅包括技术方面的处置方案，如事件发生时要首先检查和修改哪些关键配置、做好哪些数据备份；也包括响应的管理和工作流程，如工作流程、责任人、主要的工作文档。

（2）应急资源的建设：主要是就安全事件应急处置过程中所需的工具、系统、数据等各类技术资源，建立一系列的资源库，以备在发生安全事件时能够快速、准确地获取相应的支撑工具，快速地开展工作。

（3）日常工作的准备：主要是在日常工作中，也要时常就可能发生的安全事件做好一系列的准备，如定期的数据备份、定期/不定期的应急演练。各单位往往会定期或不定期地针对特定问题开展一系列的应急演练工作，以检验应急计划、应急工具和应急组织等各个方面的能力和水平。

14.4 小结与注记

本章主要介绍了入侵检测与应急响应技术，包括入侵检测、“蜜罐”和应急响应等技术。入侵检测技术通过在受保护网络或系统中部署检测设备，监视受保护网络或系统的状态与活动，根据采集的数据，采用相应的检测方法发现非授权或恶意的系统及网络行为，为防范入侵行为提供支持手段。“蜜罐”技术和应急响应技术都是比较主动的安全防护技术。

当前对网络与系统攻击的复杂性和动态性仍较难把握，在对攻击防护的理论研究方面仍然处于相对困难的状态。当前的理论仍然较难充分刻画网络与系统攻击行为的复杂性和动态性，直接造成了其防护技术主要依靠经验的局面。

本章在写作过程中主要参考了文献[1]。文献[2]是一本专门介绍 IDS 技术的著作，内容比较专一；文献[4]重点介绍了入侵检测方法、响应及攻击手段；文献[7]重点介绍了与信息系统安全事件响应相关的关键技术和一些管理措施及处理过程。

思　考　题

1．IDS 主要有哪些分析检测方法？它们的基本原理是什么？

2．“蜜罐”系统的主要作用是什么？采用的主要技术有哪些？

3．应急响应的主要步骤一般包括哪些？

4．应急响应准备工作内容主要包括哪些？

参 考 文 献

[1] 冯登国，赵险峰. 信息安全技术概论[M]. 2 版. 北京：电子工业出版社，2014.

[2] 蒋建春，冯登国. 网络入侵检测原理与技术[M]. 北京：国防工业出版社，2001.

[3] CIDF WORKING GROUP. Common intrusion detection framework specification [R]，2000.

[4] 戴英侠，连一峰，王航. 系统安全与入侵检测[M]. 北京：清华大学出版社，2002.

[5] FORREST S，HOFMEYR S，SOMAYAJI A. Computer immunology[J]. Communications of the ACM，1997，40(10)：88-96.

[6] CHESWICK B. An evening with Berferd，in which a cracker is lured，endured and studied [R]. AT&T Bell Laboratories，1991.

[7] 李德全，苏璞睿. 信息系统安全事件响应[M]. 北京：科学出版社，2005.

防火墙

善守者，藏于九地之下，善攻者，动于九天之上，故能自保而全胜也。

——春秋·孙武《孙子兵法》

第15章　互联网安全

内容提要

互联网（Internet）是计算机网络的典型代表，已成为全球信息系统的最重要的基础设施之一，其安全问题直接影响到社会稳定和国家安全。互联网安全技术包含本书介绍的多类安全技术，如实体认证、入侵检测、应急响应。本章将介绍国际标准化组织提出的开放系统互连安全体系结构，该体系结构指出了网络系统需要的安全服务和实现机制，并给出了各类安全服务在开放系统互连网络7层中的位置。在此基础上，围绕互联网介绍建立于传输层的安全套接字层/传输层安全、建立于网络层的互联网协议安全以及建立于应用层的安全电子邮件等协议。最后介绍一种网络边界防护技术——防火墙技术。

本章重点

- 开放系统互连安全体系结构
- 传输层安全与安全套接字层/传输层安全
- 网络层安全与互联网协议安全
- 应用层安全与安全电子邮件
- 防火墙的基本类型和原理

15.1　开放系统互连安全体系结构

国际标准化组织在 1983 年制定了著名的 ISO 7498 标准，面向计算机网络通信提出了著名的开放系统互连（Open Systems Interconnection，OSI）参考模型。这一标准定义了网络通信协议的 7 层模型，它从低到高包含物理层（第 1 层）、数据链路层（第 2 层）、网络层（第 3 层）、传输层（第 4 层）、会话层（第 5 层）、表示层（第 6 层）和应用层（第 7 层）[1-2]，成为实用网络系统结构设计和标准化的纲领性文件。

为了给 OSI 参考模型提供安全功能，ISO 于 1988 年发布了 ISO 7489—2 标准，作为 ISO 7498 标准的补充，它给出了网络系统安全的一般结构，和后继的相关安全标准给出的网络安全架构被称为 OSI 安全体系结构。OSI 安全体系结构指出了网络系统需要的安全服务和实现机制，并给出了各类安全服务在 OSI 网络 7 层中的位置，这种在不同网络层次满足不同安全需求的技术路线对后来网络系统安全的发展起到了重要作用。

表 15.1 给出了 OSI 安全体系结构定义的主要安全服务，以及它们的实现机制和网络层次。从标准中看，OSI 网络第 1 层到第 4 层的安全服务以“底层网络安全协议”的方式提供，主要包括传输层安全协议（Transportation Layer Security Protocol，TLSP）和网络层安全协议（Network Layer Security Protocol，NLSP）；OSI 网络第 5 层到第 7 层的安全服务以“安全组件”的方式提供，它们主要包括系统安全组件和安全通信组件，前者负责与安全相关的处理，如加密、解密、数字签名、认证，后者负责与安全相关的信息在系统之间的传输。在表 15.1 中，路由控制实际上是指在网络设备上进行安全处理，选择字段机密性或选择字段完整性是指在应用中仅有一部分数据是需要保密或不允许篡改的，其他概念前面的章节已经介绍过。

表 15.1　OSI 安全体系结构定义的主要安全服务情况

安 全 服 务	实 现 机 制	网 络 层 次
对等实体认证	加密、签名、认证	3、4、7
数据起源认证	加密、签名	3、4、7
访问控制	认证授权与访问控制	3、4、7
连接机密性	加密、路由控制	1、2、3、4、6、7
无连接机密性	加密、路由控制	2、3、4、6、7
选择字段机密性	加密	6、7
连接完整性	加密、完整性验证	4、7
无连接完整性	加密、签名、完整性验证	3、4、7
选择字段连接完整性	加密、完整性验证	7
选择字段无连接完整性	加密、签名、完整性验证	7
数据源非否认	签名、完整性验证、第三方公证	7
传递过程非否认	签名、完整性验证、第三方公证	7

从表 15.1 可以看出，相同安全需求可以在不同的网络层次得到满足。虽然在高层能够实现更多的安全，但在实现安全功能的网络层次方面需要重点考虑：若在较低的网络层次满

足这些需求，一般在成本、通用性和适用面等方面具有一定优势，但是，一些实现条件要求或约束使得安全性必须在更高的网络层次实现。综合来看，OSI 安全体系结构中的安全服务为网络系统主要提供了以下 4 类不同层次的安全性（如图 15.1 所示）。

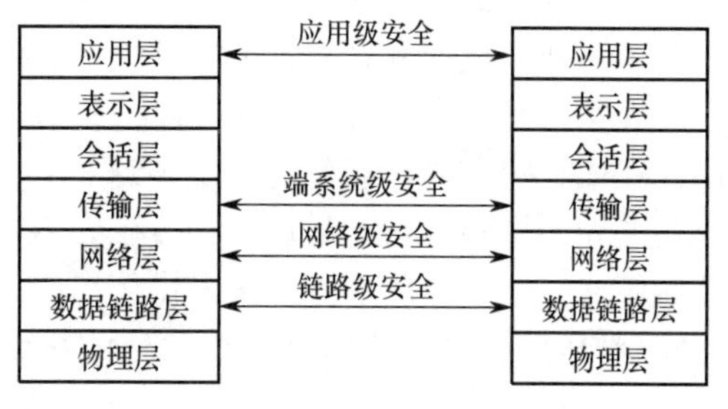

图 15.1　OSI 安全体系结构 4 类主要的安全结构层

1. 应用级安全

那些与应用直接相关的安全需求一般只能在应用层完成，这主要包括以下将介绍的被保护数据存在语义相关和中继的场合。在这些场合下，OSI 安全组件通过各类安全技术保护应用层数据的安全，实现的安全性被称为应用级安全。

所谓被保护数据存在语义相关，一般是指安全系统对具体数据的处理需要了解该数据的一些情况或该数据与其他数据的关系。典型地，很多应用仅需要保护一部分数据，数据存在安全保护范围问题，因此，安全保护需要有不同的操作粒度，这些过程是应用协议的一部分，在 OSI 标准中，这些应用被称为需要选择字段机密性、选择字段完整性、选择字段非否认性等，显然，这些随不同应用而不同的处理不能在更低的网络层次实现。

所谓被保护数据存在中继是指应用层数据在传输中需要被中继获得、处理并继续传输。在这类情况下，中继系统需要在应用层对传输的数据进行处理或转换，因此，若在低层实现安全机制，则需要包括这些中继系统，这在很多情况下是不便的。例如，一个安全电子邮件的应用试图通过加密邮件内容的方法保护邮件内容，邮件必须经过发送和接收服务器中继，但要将全部可能的这类服务器包括进安全系统是困难的，因此为了实现任何地域之间的邮件安全发送和接收，需要在应用层解决安全问题。

2. 端系统级安全

当安全构件在应用层以下和网络层以上实现时，OSI 安全体系结构实现了端系统到端系统之间的通信安全，网络系统获得了端系统级安全。选择实现端系统级安全的主要场合一般对通信安全的要求较高，但这里的安全通信并非面向特定的应用，而是以一种安全的方式实现相应网络层次的功能。

应用的设计者可能认为网络不可信，这时一般需要实现系统级安全性。网络不可信存在的原因包括无法控制网络设备、不便于改造网络设备、内部网络存在威胁等情况。无法控制网络设备是指应用难以使用网络设备保护通信的安全。例如，一个电子购物系统在设计上不能考虑用户处于特定的网络中，因此，必须保证用户计算机到服务器之间端到端的数据安全；不便于改造网络设备的情况也类似，一般当被保护的数据流量较小时，在固定的网络之间安全通信，实现端系统级安全往往代价更低。内部网络存在威胁是指即使网络之间的通信是安全的，信息仍然可能在内部网络中被窃取，在高安全的情况下，应该实现端系统级安全。当前，可以在 TCP/IP 网络中的安全套接字层和安全 HTTP（SHTTP）等实用协议中看到 OSI 安全体系结构端系统级安全的轮廓。

3. 网络级安全

在 OSI 安全体系结构中，在网络层中提供安全功能能够实现网络到网络之间的安全通信，获得网络级安全。网络级安全在 OSI 安全体系结构中也称为子网级安全，这是因为 OSI

安全体系结构认为分布在各个地理位置上的网络是整个网络的子网。

有很多场合都适合实现网络级安全。网络级安全能够免除在每个端系统中部署安全构件，在成本等方面具有优势；实现这类安全也可以配合少量端系统级安全的应用，实现主次分明的安全保障体系；最后，当收、发双方的内部网络可靠时，仅实现网络级安全就可以保障通信的安全。当前，可以从大量使用的虚拟专用网（Virtual Private Network，VPN）、互联网安全协议族等协议中看到OSI安全体系结构网络级安全的框架。

4. 链路级安全

为了在数据传输中对所有的上层协议通信进行透明的保护，安全应用的设计者可以选择实现链路级安全，方法是在数据链路层保护通信帧的内容。但一般这只适合点到点通信的场合，在这些场合下，有限的连接点可以认为是可信的。例如，大型网络通信中心之间可以采取这类技术保护它们之间的数据传输。但是，在公共网络中，数据链路层保护显然难以实施，而且实施代价较高。

15.2 安全套接字层/传输层安全

为了保护 Web 通信协议 HTTP 的安全，Netscape 公司于 1994 年研发了安全套接字层（Secure Socket Layer，SSL）协议，它建立在 TCP 协议栈的传输层（如图 15.2 所示），用于保护面向连接的 TCP 通信，应用层协议可以在其上透明地使用 SSL 提供的功能。SSL v2.0 随后被集成到 Netscape 公司开发的浏览器和 Web 服务器产品中。1996 年，Netscape 公司发布了 SSL v3.0，它修改了以前版本存在的漏洞，增加了对 RSA 算法以外其他公钥算法的支持以及一些新的安全特性，技术上变得更加成熟和稳定，很快成为事实上的工业标准，受到了多数浏览器和 Web 服务器的支持。1997 年，互联网工程任务组（Internet Engineering Task Force，IETF）基于 SSL v3.0 发布了传输层安全（Transport Layer Security，TLS）协议，即 TLS v1.0，它实际上就是 SSL v3.1，因此，TLS v1.0 与 SSL v3.1 基本类似，目前 TLS 已发展到 TLS v1.3，文献中常用 SSL/TLS 统称它们，本节以下仅用 TLS 代表它们并以 TLS v1.0 为主进行介绍。

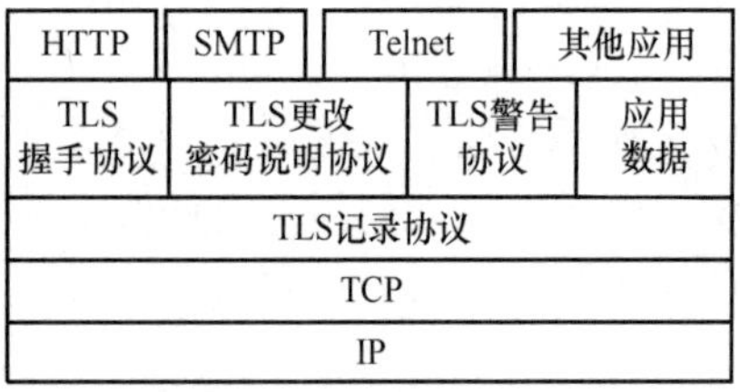

HTTP	SMTP	Telnet	其他应用
TLS握手协议	TLS更改密码说明协议	TLS警告协议	应用数据
TLS记录协议			
TCP			
IP			

图 15.2　在协议栈的位置

虽然工作在传输层，TLS 协议在结构上又分为两层，下层包括 TLS 记录协议，上层包括 TLS 握手协议、TLS 更改密码说明协议与 TLS 警告协议。TLS 协议除了负责认证和保密通信，重要的任务是建立、维护客户端和服务器（也称为接收方和发送方）的状态。一般认为，TLS 协议在客户端和服务器各有一个状态机，TLS 握手协议、TLS 更改密码说明协议与 TLS 警告协议都是为建立和维护它们服务的，其中，在状态机之间建立会话和连接的操作称为握手。为了减轻协议交互负担，TLS 协议允许一个会话包括多个连接，这些连接复用了建立会话时确立的安全和通信参数。尤其需要指出的是，TLS 协议在设计上遵照 X.509 协议，以 CA 和公钥证书的形式作为获得安全性的基础。以下通过对 TLS 各协议的描述阐明 TLS 的基本过程和技术原理。

1. TLS 记录协议

TLS 记录协议用于对传输、接收的数据或消息进行处理，包括构造或拆解 TLS 数据包、加密或解密、压缩或解压缩、数据的分段和组合。图 15.3 描述了 TLS 记录协议处理发送数据的基本过程，它包括以下 5 个步骤：①TLS 记录协议将收到的上层数据分块，这些块也称为目录；②协议可以有选择地根据下面介绍的握手过程协商的结果压缩分块数据；③计算每个分块的杂凑值或 MAC 值并将它附在分块后，若计算 MAC 值，则其共享密钥由握手过程协商确定；④用对称加密算法加密数据分块和 MAC 值，加密算法也由下面介绍的握手过程协商确定；⑤为以上加密数据添加 TLS 协议头，它记录了数据内容类型、协议版本和数据长度等信息。

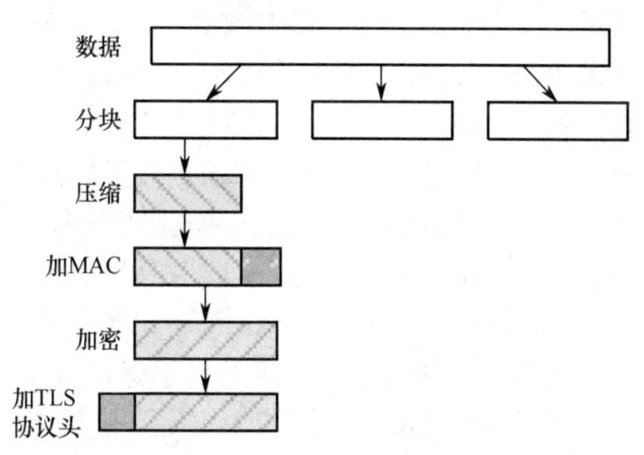

图 15.3 TLS 记录协议处理发送数据的基本过程

TLS 记录协议对接收数据的处理过程是以上过程的逆向过程。

2. TLS 更改密码说明协议

设置 TLS 更改密码说明协议的目的是表达密码操作配置相关情况的变化。客户端和服务器在完成以下将介绍的握手协议后，TLS 更改密码说明协议需要向对方发送相关消息，通知对方随后的数据将用刚刚协商的密码规范算法和关联的密钥处理，并负责协调本方模块按照协商的算法和密钥工作。

3. TLS 警告协议

TLS 警告协议负责处理 TLS 协议执行中的异常情况。当程序出现异常时，TLS 警告协议将会以警告消息的形式通知对方相关异常情况及其严重程度。警告的严重程度主要分为致命和非致命两类，在前者出现后，TLS 通信双方将立即关闭连接，在内存中销毁与连接相关的参数，包括连接标识符、密钥和共享的秘密参数等；对于非致命警告，双方可以继续使用这个连接及其相关的参数。致命警告主要包括意外消息、错误记录（如 MAC 不能得到验证）、解密失败、解压缩失败、握手失败（如双发不能达成一致的算法和参数）、非法参数、未知 CA、协议版本不符等；非致命警告主要包括证书错误（如无法验证证书签名）、不支持证书、证书已吊销、证书过期、关闭通知（表示发送者不再发送数据）、用户终止等。

4. TLS 握手协议

TLS 握手协议负责在客户端和服务器之间建立安全会话，协商有关密码算法的使用和密钥等参数的情况。在不同配置和需求下该协议有多种执行步骤，但一般的执行步骤包括以下内容：①收、发双方通过交换消息声明本方推荐或可以接受的密码算法，据此协商一个算法和参数集；②交换必要的秘密值，并基于它生成密钥等参数；③交换或单向发送公钥证书，用于收、发双方验证对方身份或仅由一方验证另一方；④采用必要的措施验证握手过程的完整性和可靠性。以下给出 TLS 常用的两个“握手”过程。

1）*采用单向认证的握手*

采用单向认证的握手一般仅包含客户端对服务器身份的验证（如图 15.4 所示），这类过程在基于 Web 的应用中得到大量使用。其握手过程如下：①客户端向服务器发送 ClientHello

消息，它包括客户端推荐的密码算法标识、参数与一个在密钥协商协议中需要的随机数；②服务器以 3 条消息响应，首先发送 ServerHello 消息，它包括服务器向客户端发送的一个随机数，然后发送 Certificate 消息，它包含服务器的公钥证书，再发送 ServerHelloDone 消息表示响应完毕；③客户端在收到响应后，对服务器的公钥证书进行验证，通过后，向服务器发送 3 条消息完成握手过程，ClientKeyExchange 消息包含用服务器公钥加密的一个密钥，它的生成参照了双方互发的随机值等信息，用于建立加密数据连接，ChangeCipherSpec 消息表示客户端已经按照商定的算法更改了加密策略，以后发送的数据都将用商定的算法、参数和密钥加密，Finished 消息表示完成握手过程；④随后服务器也向客户端发送 ChangeCipherSpec 消息和 Finished 消息表示确认。在以上过程结束后，双方进行加密数据通信，数据发送完毕后，双方通过发送 Close_Notify 消息结束本次 TLS 连接。

例 15.1 采用单向认证的握手保护口令等的安全传输。

很多基于 Web 的重要应用需要用户输入口令、银行账户或信用卡号等信息，为了确保这些数据不以明文的形式在网上传输，很多应用采用以上单向认证的握手，用户不但验证了服务器的身份，而且获得了会话密钥，实现加密以上信息进行传输。当需要输入口令等信息时，浏览器开始采用基于 SSL/TLS 的 HTTPS 协议，一般就是基于以上考虑进行设计的结果。

2）采用双向认证的握手

采用双向认证的握手过程与采用单向认证的握手过程基本类似（如图 15.5 所示），不同的是，服务器通过发送 CertificateRequest 消息向客户端索取公钥证书，客户端通过发送 Certificate 消息向服务器传送公钥证书，并通过发送 CertificateVerify 消息向服务器证明这个消息的发送端是先前与服务器交互的一方，这是因为在 CertificateVerify 消息中包含以前双方发送随机数等数据的数字签名。由此可见，双向认证适用于安全性要求较高的场合。

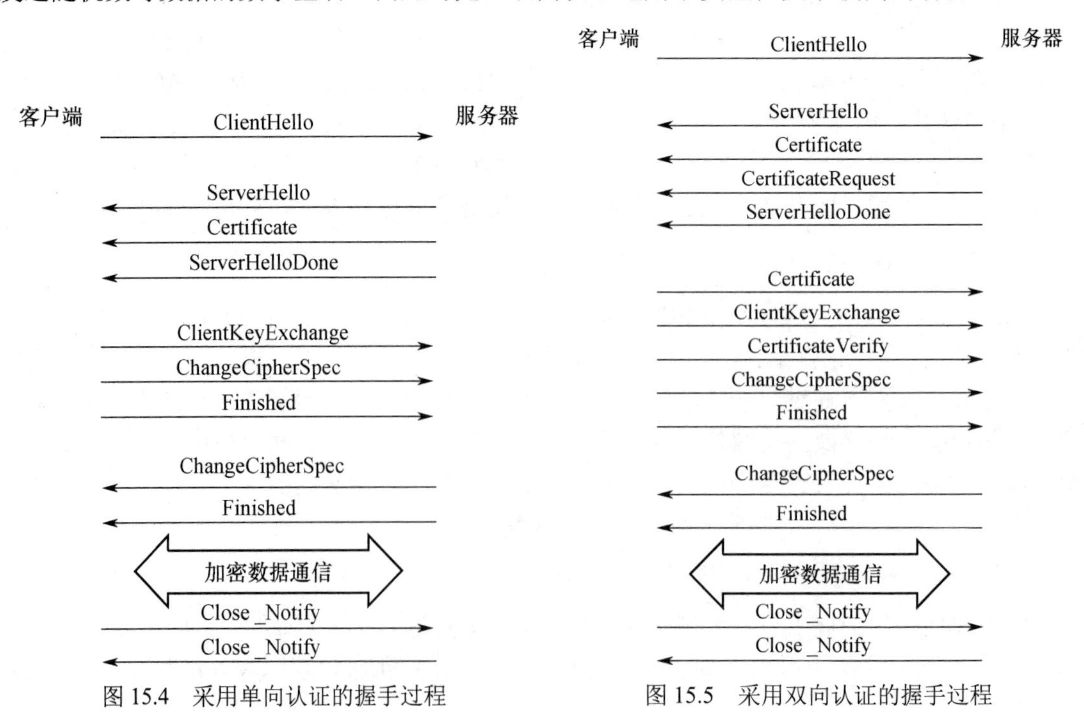

图 15.4 采用单向认证的握手过程

图 15.5 采用双向认证的握手过程

15.3 互联网协议安全

前述的 SSL/TLS 协议实现了传输层安全，但网络层安全也很重要。VPN 是不同区域子网通过公用网进行连接的一种技术，其特点在于子网之间用隧道（Tunneling）技术通信，它将发往其他子网的数据包封装起来发送，接收子网的网关拆封后送入本子网，这样全部子网在逻辑上是一个网络，可以更方便地进行管理。显然，VPN 隧道通信需要提供相应的安全性，由于连接相对固定，因此更加适合在网络层提供这类安全。类似的安全需求存在于任何两个网络之间的安全通信方面，如机构 A 的网络需要在业务上长时间与机构 B 的网络保持安全互联。

为了建立网络到网络的安全，已经出现了大量的研发成果和技术标准。其中，互联网协议安全（Internet Protocol Security，IPSec）协议逐渐成为行业标准。为了实现 IP 层安全，IETF 于 1994 年启动了 IPSec 协议的标准化活动，为此专门成立了名为 IPSEC 的“IP 安全协议工作组”来推动这项工作。1995 年 8 月，IETF 公布了一系列有关 IPSec 的 RFC 建议标准，标志着 IPSec 协议的产生。IPSec 协议实际上是一个协议集，从内容上看，IPSec 协议标准主要包括认证头（Authentication Header，AH）协议、封装安全载荷（Encapsulating Security Payload，ESP）协议和互联网密钥交换（Internet Key Exchange，IKE）协议，它们分别在 IP 层中引入数据认证机制、加密机制和相关的密钥管理，实现了比较全面的网络层安全，包括网络之间的相互验证、加密链路的建立以及保密通信等。

1. IPSec 的基本概念

在 IPSec 协议中，IPSec 模式是一个涉及数据保护范围的基本概念。IPSec 模式包含传输模式和隧道模式两种，AH 协议和 ESP 协议都支持它们。在传输模式中，IPSec 协议仅保护 IP 包的有效载荷部分，为上层协议提供安全，但没有保护 IP 头中的内容。隧道模式对整个 IP 包提供保护，它确保原 IP 分组安全地到达目的地网络。本节将介绍 AH 协议和 ESP 协议在这两种模式下的基本安全操作。

安全关联（Security Association，SA）是涉及 IPSec 认证和安全通信的基本概念。SA 是 IPSec 系统中通信双方之间对通信要素的约定，包括 IPSec 模式、IPSec 子协议、密码算法、密钥、密钥的生存期等。这类似于 SSL/TLS 会话中包含的算法标识和参数，但在 IPSec 协议中这些标识和参数主要是通过 IKE 协议建立、管理和维护的。一台 IPSec 设备可以有多个 SA，安全关联数据库用于存储它们的信息，其中，每个 SA 由一个三元组标识：安全参数索引（Secure Parameter Index，SPI）、用于输出的目的 IP 地址或用于接收的源 IP 地址、IPSec 协议的标识，其中，SPI 将在 AH 协议和 ESP 协议数据包中传输，与接收方实现安全处理上的一致。为了在一个 SA 下实现一致的处理，在安全关联数据库中，每个 SA 记录还包括 AH 认证算法标识与密钥、ESP 认证算法标识与密钥、ESP 加密算法标识与密钥、IPSec 模式等信息。

IPSec 协议需要在一定的安全策略下使用。安全策略规定了对一个包是否或如何进行安全处理，IPSec 协议定义的安全策略数据库（Security Policy Database，SPD）用于存储策略信息并提供查询支持。在 SPD 中，一个策略记录面向一类数据包或应用，它包括与 IP 包相关的目的 IP 地址、源 IP 地址、传输层协议、系统名或用户 ID 等，当某类 IP 包需要进行 IPSec 的处理时，策略记录中还应包含指向相关 SA 的指针。

2. AH 协议

AH 协议的目的是为 IP 包提供完整性保护和数据起源认证等安全功能，但不提供机密性保护。在传输模式和隧道模式下，AH 协议都采用如图 15.6 所示的 AH 对 IP 包进行保护。其中，“下一头部”字段是指在出现 AH 后第 1 个头的类型，如可能是 TCP 或 IP 类型；序列号是由 SPI 对应的 SA 管理的顺序号，用于抵御重放攻击。AH 协议一般采用计算 MAC 的方法实现完整性保护和数据起源认证，计算 MAC 的密钥由手工配置或通过下面将介绍的 IKE 协议生成，MAC 值存储在“验证数据”字段中。

在基于传输模式的保护中，如图 15.7（a）所示，AH 被插在 IP 头和 IP 包承载的数据之间，新 IP 包的承载数据加了 AH，因此，IP 头也要更新有关包中数据长度和校验的字段。在基于隧道模式的保护中，如图 15.7（b）所示，原 IP 头也属于保护范围，在它前面加上 AH 后，再根据原 IP 头生成新 IP 头，得到新 IP 包。很明显，由于图 15.7 中 AH 的验证数据中包含被保护数据的 MAC，而 SPI 等字段使得接收方可以查看安全关联数据库，得到相应 SA 的情况，从而确定验证算法和密钥，因此，被保护数据的完整性和数据源可以得到验证，同时也可以对发来的序列号进行验证。

下一头部	载荷长度	保留字段
安全参数索引（SPI）		
序列号		
验证数据		

图 15.6　AH 的结构

(a) 传输模式

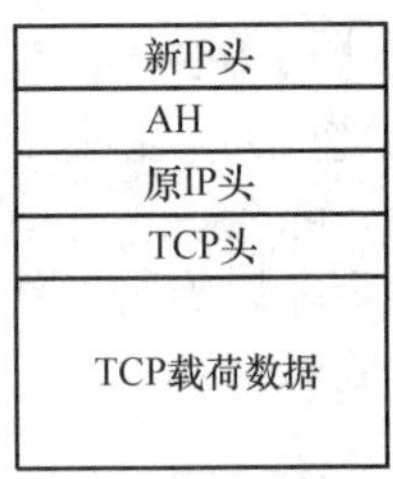

(b) 隧道模式

图 15.7　传输模式和隧道模式下 AH 在新 IP 包中的位置

3. ESP 协议

ESP 协议主要用于对被保护范围内的数据实施加密传输，作为可选功能，ESP 协议也可以提供与 AH 协议类似的完整性保护和数据认证功能。ESP 协议采用如图 15.8 所示的 ESP 包进行保护，其中，SPI、下一头部和序列号字段的含义与在 AH 协议中相同，有效载荷数据是指被加密的数据，加密的范围依照 IPSec 模式决定：在传输模式下，加密 IP 载荷数据；在隧道模式下，加密整个 IP 包，加密采用分组密码。验证数据字段包含用于验证新数据包的 MAC。以上加密和计算 MAC 的密钥由手工配置或通过下面将介绍的 IKE 协议生成。ESP 包在加上新 IP 头后即可发送出去，与在 AH 协议下类似，接收方根据 SPI 查找到相应的解密和验证算法以及密钥，因此，可以解密和验证数据，也可以对发来的序列号进行验证。

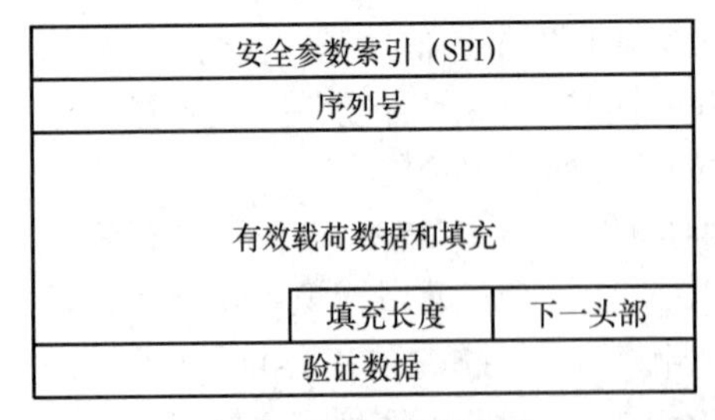

图 15.8　ESP 包的结构

4. IKE 协议

IPSEC 工作组指定所有满足 IPSec 协议标准的系统都应该同时支持手工和自动的 SA 及密钥管理。采用手工方式产生 SA 并生成、管理所需的密钥可以简化 IPSec 系统的复杂性，但是，这显然只适合小型应用。为在大型应用中方便地进行 SA 和密钥的管理，需要自动化程度高的方法，IPSEC 工作组为此制定了 IKE 协议，它采用互联网安全关联和密钥管理协议（Internet Security Association and Key Management Protocol，ISAKMP）定义的框架，同时借鉴了 Oakley 密钥确定协议（Oakley Key Determination Protocol）的一部分。

综合起来看，IKE 用两个阶段的交互产生并配置一个 IPSec 的 SA。在第 1 个阶段，两个 IKE 协议下的对等实体将通过交互启用一个 IKE 下的 SA，为第 2 个阶段在它们之间通过协商建立一个 IPSec 的 SA 生成一个隧道；IPSec SA 的创建发起者可以选用主模式或野蛮模式建立这个 IKE SA，其中，主模式需要 3 次交互，共 6 次通信，而野蛮模式仅需要 3 次通信，后者虽然效率较高，但安全性相对较低。需要指出的是，在第 1 个阶段的交互中，交互双方也可以验证对方的公钥证书。在第 2 个阶段，两个 IKE 协议下的对等实体在前面协商的 IKE SA 的保护下，进行快速模式交换，协商建立用于 IPSec 协议的 SA，在交换结束时，IPSec SA 包含了运行 AH 协议和 ESP 协议的全部算法标识、参数和密钥。

15.4 安全电子邮件

电子邮件（E-mail）利用互联网实现各类信号的传输、接收、存储等处理，进行遍及全球的邮件传递。电子邮件服务采用“存储转发”的工作模式，发送者（发信人）通过邮件客户程序，将编辑好的电子邮件从发送端计算机发出，在网络传输的过程中，经过多台计算机的中转，最后到达目的计算机，送到接收者（收信人）的电子信箱。电子邮件服务的工作模式如图 15.9 所示。

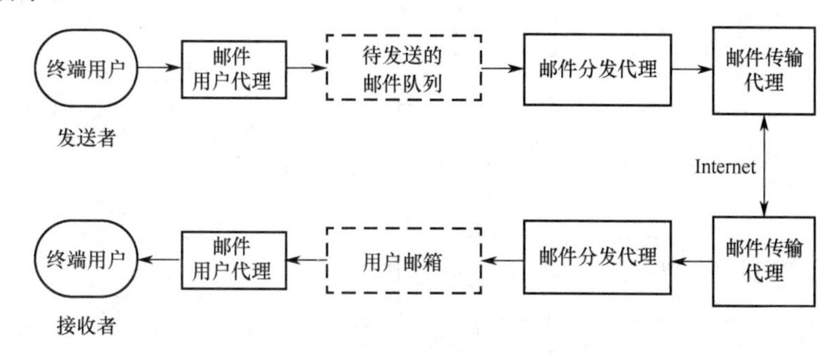

图 15.9　电子邮件服务的工作模式

邮件用户代理（Mail User Agent，MUA）负责与用户打交道，阅读和发送邮件；邮件分发代理（Mail Delivery Agent，MDA）负责从邮件传输代理处接收邮件，在本地邮件服务器上将邮件分发给用户，主要功能包括自动邮件过滤、自动邮件回复等；邮件传输代理（Mail Transfer Agent，MTA）负责处理所有接收和发送的邮件，如果目的主机是远程的邮件服务器，则本地 MTA 必须同这个远程的 MTA 建立通信链路来传递邮件。

简单邮件传输协议（Simple Mail Transfer Protocol，SMTP）是互联网上使用最广泛的电子邮件传输协议，它的作用是把邮件消息从发信人的邮件服务器传输到收信人的邮件服务器。与大多数应用层协议一样，SMTP 也存在两个端：在发信人的邮件服务器上执行的客户端和在收信人的邮件服务器上执行的服务器。SMTP 的客户端和服务器同时运行在每个邮件服务器上。当一个邮件服务器在向其他邮件服务器发送邮件消息时，它作为 SMTP 客户端在运行；当一个邮件服务器从其他邮件服务器接收邮件消息时，它作为 SMTP 服务器在运行。

15.4.1 PGP

PGP（Pretty Good Privacy）是 Zimmermann 于 1991 年开发出来的，中文意思是良好的隐私，目的是提供电子邮件和文件存储的机密性与认证服务。PGP 可免费下载，并且包括了运行在不同平台（如 Dos/Windows、UNIX、Macintosh）的多个版本。PGP 采用的基础算法是公众认可安全的算法，如 RSA、DSS、Diffie-Hellman 密钥交换，对称密码 CAST-128、IDEA、AES-128、AES-192、AES-256。PGP 的应用范围广泛，经过修改和完善，已经逐渐成熟，形成了 RFC 4880 和 RFC 3156。

1. PGP 的安全服务

PGP 采用公钥密码与对称密码相结合的方式保证电子邮件的安全性。由于用户直接记忆很长且无规律的私钥是困难的，因此 PGP 采用口令机制保护用户的私钥。PGP 主要提供 5 种服务：数字签名、消息加密、数据压缩、电子邮件兼容性和数据分段[4]。

1）数字签名

假定发送者需要对报文消息 M 进行签名。首先，发送者输入正确口令，口令经过杂凑算法作用后，输出值作为对称加密算法的密钥，解密从私钥环文件中取出的加密的发送者私钥，恢复出发送者私钥；然后，PGP 使用杂凑算法产生消息 M 的消息摘要 H，再用发送者私钥对 H 签名；最后，报文消息 M 连同签名值经压缩处理后发送给接收者。PGP 的数字签名过程如图 15.10 所示。

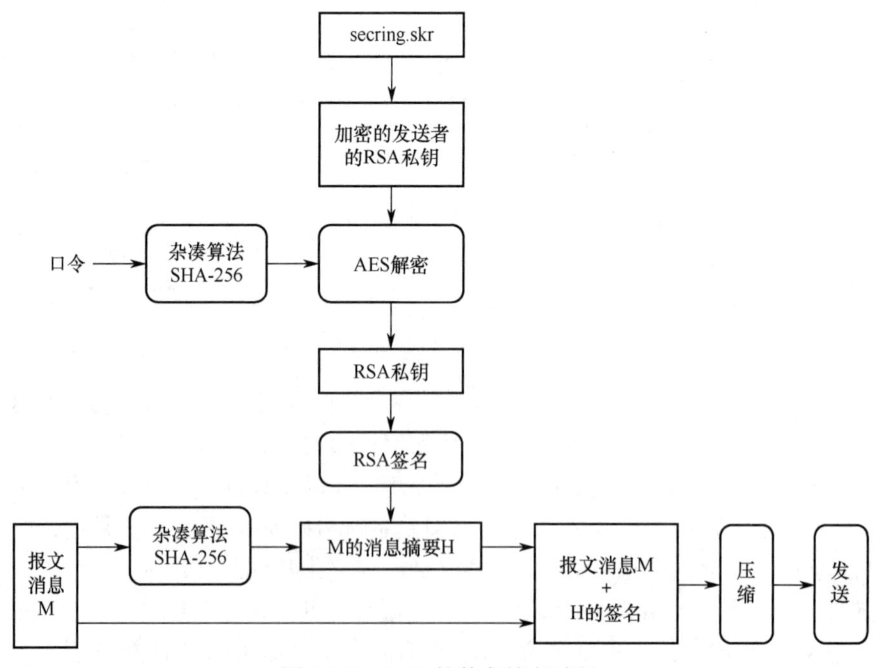

图 15.10　PGP 的数字签名过程

接收者首先对收到的消息进行解压缩处理，然后从公钥环文件中取出发送者的公钥，对签名进行验证。PGP 数字签名的验证过程如图 15.11 所示。

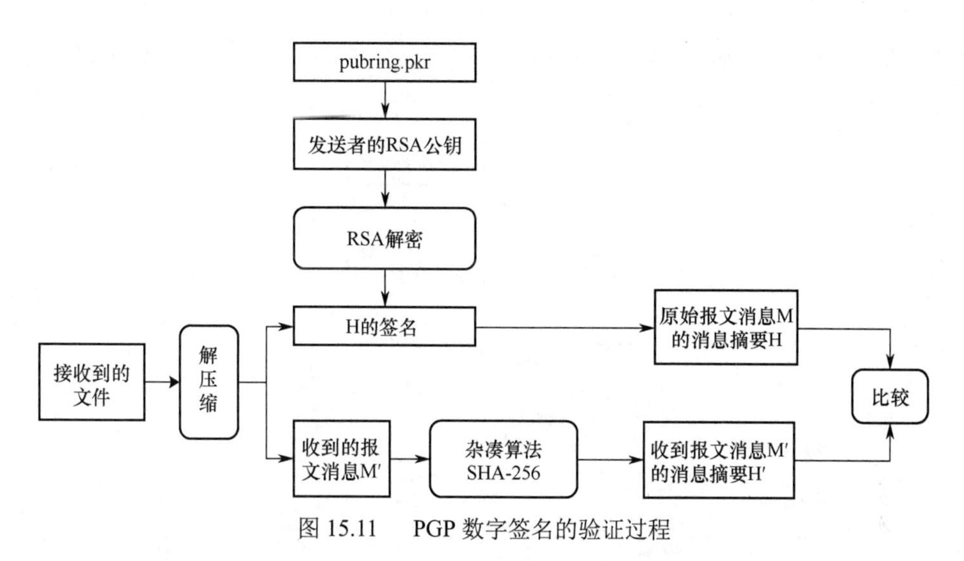

图 15.11　PGP 数字签名的验证过程

2）消息加密

假定发送者需要对报文消息 M 进行加密。首先，对报文消息 M 进行压缩处理；PGP 随机数发生器产生仅供一次性使用的会话密钥，用该会话密钥对压缩的报文进行对称加密，生成密文；同时，PGP 根据接收者的标识信息，从公钥环文件取出接收者的公钥，用该公钥对会话密钥进行加密；最后，PGP 把加密后的会话密钥连同密文一起发送给接收者。PGP 的消息加密过程如图 15.12 所示。

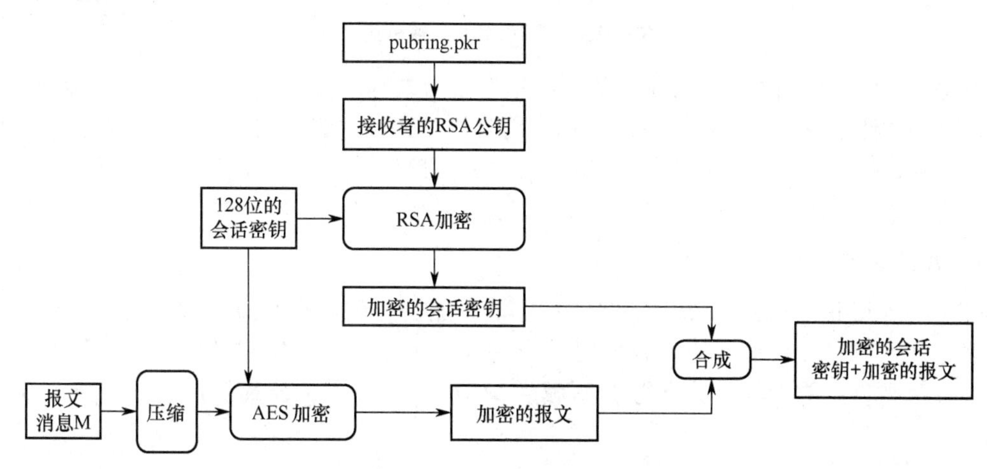

图 15.12　PGP 的消息加密过程

接收者收到加密的邮件后，把收到的消息分成两部分：一部分是用公钥密码加密的会话密钥；另一部分是用会话密钥加密的报文消息。PGP 要求接收者输入口令，接收者输入的口令经过杂凑函数作用后得到解密密钥，此密钥用于解密从私钥环文件中取出的加密的接收者私钥。解密出接收者私钥后，用此私钥解密接收消息的第 1 部分，得到会话密钥；然后用会话密钥解密接收消息的第 2 部分，并进行解压缩，最终得到原始报文消息。PGP 接收密文邮件后的解密过程如图 15.13 所示。

在上述过程中，会话密钥的分配是通过公钥加密算法来完成的，只有接收者提供正确的口令后，才能恢复绑定到加密报文上的会话密钥。由于电子邮件的存储转发特性，使用双方协商的握手协议来分配会话密钥是不现实的。而且，会话密钥是一次性使用的，换句话说，对同一文件进行两次加密得到的密文是不同的，这进一步提高了 PGP 系统的安全强度。

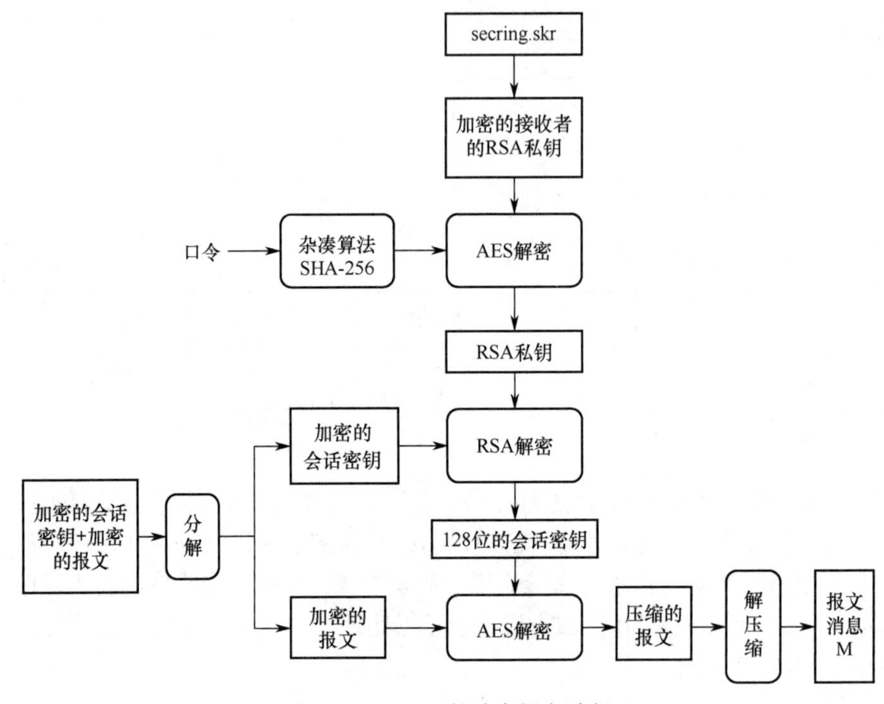

图 15.13　PGP 的消息解密过程

当发送者希望把相同的邮件加密发送给多个收信人时，PGP 随机产生一个会话密钥，然后从公钥环文件中取出所有接收者的公钥，用它们对会话密钥分别进行加密，得到多个加密的会话密钥。每个收信人在收到加密邮件后，输入自己的正确口令，得到自己的私钥，然后解密得到会话密钥，进而解密得到原始报文消息。

3）数据压缩

在默认情况下，PGP 在数字签名之后、消息加密之前对报文进行数据压缩。一方面数据压缩有利于在邮件传输和文件存储时节省空间；另一方面压缩过的报文比原始明文冗余更少，对明文攻击的抵御能力更强。新版的 PGP 软件支持的压缩算法有 Bzip2、ZLIB、Zip 等。

4）电子邮件兼容性

使用 PGP 时，传输报文通常是部分被加密的，加密后的报文由任意的 8 比特字节流组成。然而，很多电子邮件系统只允许使用由 ASCII 码字符组成的块。为了适应这种限制，PGP 提供了将原始 8 比特二进制流转换成可打印的 ASCII 码字符的功能。为此，PGP 采用了 Radix-64 转换方案。在该方案中，每 3 个二进制数据组被映射为 4 个 ASCII 字符，同时也使用了 CRC（循环冗余校验）来检测传输错误。使用 Radix-64 导致报文消息长度增加了 33%，幸运的是压缩可以补偿 Radix-64 的扩展。

5）数据分段

电子邮件设施经常受限于最大报文长度（50000 个）8 位组的限制。超过这个值，报文将分成更小的报文段，每个段单独发送。分段是在所有其他的处理（包括 Radix-64 转换）完成后才进行的，因此，会话密钥和签名只在第 1 个报文段的开始位置出现一次。在接收端，PGP 必须剥掉所有的电子邮件首部，并且重新装配成原来的完整的分组。

2. PGP 的密钥管理

PGP 使用 4 种类型的密钥：会话密钥、公钥、私钥和基于口令的对称密钥，如表 15.2 所示。

表 15.2 PGP 的密钥

密钥种类	加密算法	用途
会话密钥	对称算法，如 CAST	对报文加解密，随机生成，一次性使用
公钥	公钥算法，如 RSA	对会话密钥加密
私钥	公钥算法，如 DSS	对报文数字签名
基于口令的对称密钥	对称算法，如 AES	对私钥加解密

1）会话密钥

PGP 的会话密钥是一个随机数，它是基于 ANSI X9.17 的算法，由随机数生成器产生的。以 CAST-128 为例，输入包括一个 128 比特的以前产生的会话密钥和两个 64 比特的数据块，使用密码反馈工作模式（CFB），CAST-128 产生两个 64 比特的加密数据块，这两个数据块的结合构成了 128 比特的会话密钥。作为明文输入的两个 64 比特的数据块，是从一个 128 比特的随机数流中导出的，这些数据是用户击键产生的，击键的时间和输入的字符用来产生随机数流。

2）密钥标识符

PGP 允许用户拥有多个公钥/私钥对，这是因为：①用户可能需要不定期地改变密钥对；②在特定时刻，用户可能需要多个密钥对来和不同的通信组交互；③为了增强安全性，需要限制密钥能够加密报文的数量。因此，用户和他们的密钥对之间不存在一一对应关系。那么当一个用户拥有多个公钥/私钥对时，接收者如何识别发送者是用了哪个公钥来加密会话密钥的呢？一种直接的解决方案是将本次使用的公钥连同消息一起传送。但这种方式太浪费资源，因为公钥的长度可能是几百位的十进制数。因此，PGP 给每个用户（如用户 a）公钥指定一个密钥标识符，它由公钥 KUa（对应的私钥记为 KRa）的最低 64 比特组成（KUa mod 2^{64}），这个长度使密钥标识符的重复概率非常小。

3）PGP 报文格式

PGP 报文由 3 部分组成：报文部分、签名部分（可选）和会话密钥部分（可选），如图 15.14 所示。

报文部分包括实际存储或传输的数据、说明创建时间的时间戳以及文件名。

签名部分包括：①时间戳，数字签名的时间；②消息摘要（也称为报文摘要），就是对报文部分的数据段以及签名时间戳进行杂凑函数变换，然后使用发送者的私钥进行数字签名；③消息摘要的前两个 8 位组（前两个字节）是明文，没有进行数字签名，主要起校验作用；④发送者的公钥标识符，标识了相应的公钥（与进行数字签名时使用的私钥对应）。

会话密钥部分包括接收者的公钥标识符以及用该公钥加密的会话密钥。

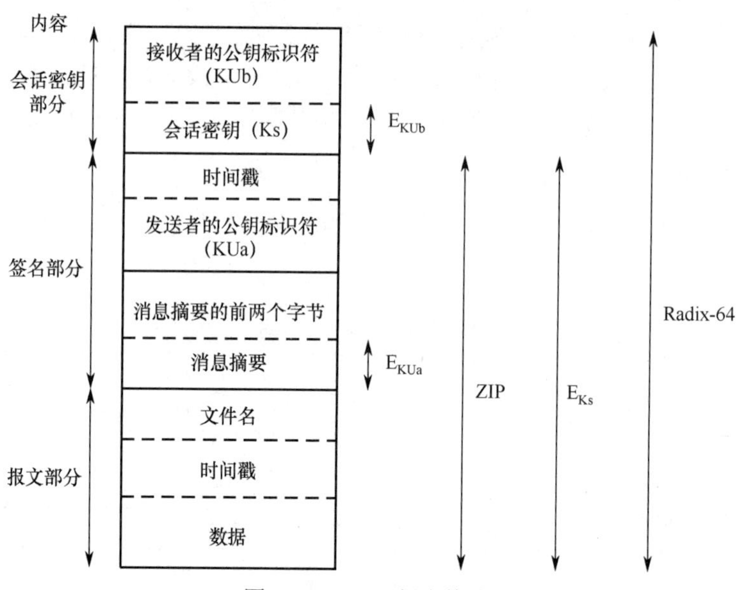

图 15.14　PGP 报文格式

报文部分和签名部分可以使用 ZIP 压缩，并且可以使用会话密钥加密。整个报文消息通常使用 Radix-64 转换编码。

4）密钥环

密钥需要以一种系统化的方法来存储和组织，以便有效和高效使用。PGP 为每个用户提供一对数据结构，一个用于存储该用户拥有的公钥/私钥对；另一个用于存储该用户知道的其他所有用户的公开密钥。相应地，这些数据结构称为私钥环和公钥环。

图 15.15 显示了 PGP 私钥环的一般结构。私钥环中包含以下数据项。

时间戳	公钥标识	公钥	私钥	用户标识
…	…	…	…	…
T_i	$KU_i \bmod 2^{64}$	KU_i	$E_{H(P_i)}[KR_i]$	用户i
…	…	…	…	…

图 15.15　PGP 的私钥环

时间戳：公钥/私钥对生成的时间。

公钥标识：用户公钥的低位 64 比特。

公钥：用户的公钥。

私钥：用户的私钥，这个字段是加密的。PGP 采用基于口令的方式保护用户的私钥，具体步骤是：①用户选择一个口令；②当系统为用户生成新的公钥/私钥对时，要求用户输入口令，口令经过杂凑函数作用后，取其中的一些位作为对称加密算法的密钥，用该密钥对用户的私钥进行加密，加密后的私钥存储到私钥环中；③销毁口令和口令的杂凑函数输出。当用户要访问私钥环中的私钥时，必须提供正确的口令，PGP 对口令进行杂凑函数作用后，解密私钥环中的私钥。

用户标识：公钥/私钥对的拥有者。

图 15.16 显示了 PGP 公钥环的一般结构。公钥环中包含的主要数据项有时间戳、公钥标识、公钥和用户标识等。公钥可以通过公钥环中的用户标识和公钥标识进行查找。

时间戳	公钥标识	公钥	所有者信任度	用户标识	密钥合法性	签名	签名信任度
…	…	…	…	…	…	…	…
T_i	$KU_i \bmod 2^{64}$	KU_i	trust _flag$i$	用户i			
…	…	…	…	…			

图 15.16　PGP 的公钥环

5）公钥的管理

在实际的公钥密码应用中，保护公钥不被篡改是最难解决的问题。在 PGP 中，如何保证公钥环中的公钥确实是所指定用户的合法公钥，这是至关重要的。举个简单的例子，用户 A 为了使用 PGP 与其他用户通信，A 构造了包含那些用户公钥的公钥环。假定 A 的公钥环中包含了用户 B 的公钥，但实际上这个密钥是被攻击者 C 已经替换过的。这样一来，用户 A 发送给用户 B 的加密报文，C 就可以截获并用他手中的私钥来解密。甚至，用户 C 还可伪造用户 B 的签名给 A 或其他人发信，因为 A 的公钥环中的 B 的公钥是 C 产生的，用户 A 会以为真是用户 B 的来信。

为了防止公钥的篡改，可以采取以下措施来降低风险。

直接从用户 B 处得到其公钥，这种方法虽然可靠，但有局限性。

通过电话验证密钥：用户 B 将自己的公钥通过电子邮件发送给 A，A 通过 PGP 对该公钥进行杂凑函数变换产生消息摘要，这个摘要被称为公钥的“指纹”。然后，A 给 B 打电话，要求 B 在电话里口述密钥指纹。如果两个指纹一致，则 B 的公钥被认可。

从双方信任的用户 D 那里获得 B 的公钥。D 充当介绍人的角色，D 用自己的私钥生成一个签名的证书，其中包括 B 的公钥、公钥建立时间以及证书有效期。D 或 B 将此证书发送给 A。

从可信任的认证中心获得 B 的公钥。公钥证书包括认证中心的签名。

PGP 中没有设置可信任中心，而是利用可信任用户的方式来防止公钥的篡改。PGP 中对公钥的信赖基于两种方式：①该公钥直接来自信任的用户；②由信任的用户为某个并不认识的用户的公钥签名。这与现实中的人际交往一样，PGP 会自动根据用户拿到的公钥分析出哪些是朋友介绍来的签名的公钥，从而赋予不同的信任级别，供用户参考，以决定对它们的信任程度。

PGP 的公钥环（如图 15.16 所示）中有 3 个相关的属性域表明了公钥的信任程度：密钥合法性字段（Key Legitimacy Field）、签名信任度字段（Signature Trust Field）、所有者信任度字段（Owner Trust Field）。信任程度包括：绝对信任（Implicit）、可信的（Trusted）、部分可信的（Marginal）、完全不可信的（None）。信任程度由该用户给出。

下面描述信任处理的操作，假设正在处理用户 A 的公钥环，具体步骤如下：

当 A 在公钥环中插入新的公钥时，PGP 为这个公钥的所有者设定一个信任值，也就是为 Owner Trust Field 赋值。如果所有者就是 A，这个公钥也出现在私钥环中，那么该信任字段被自动设为绝对信任；否则，PGP 询问用户，让用户给出信任级别。用户可选可信的、部分可信的、完全不可信的。

当新的公钥输入后，可以在它上面附加一个或多个签名，以后还可以增加更多的签名。在实体中插入签名时，PGP 在公钥环中搜索，查看这个签名的操作者是否属于已知的公钥所有者。如果是，则为这个签名的 Signature Trust Field 赋予该所有者的 Owner Trust Field 值；否则，赋予未知用户值（不信任级）。

密钥合法性字段的值是在这个实体的 Signature Trust Field 的基础上计算的。如果至少有一个签名具有终极信任的值，那么将密钥合法性字段的值设置为完全；否则，PGP 计算信任值的权重和。为总是可信任的签名赋予权重 $1/x$，为通常可信任的签名赋予权重 $1/y$，其中 x 和 y 都是用户可配置的参数。当密钥/用户绑定的权重总和达到 1 时，认为绑定是值得信任的，设置密钥合法性为完全。因此，在没有终极信任的情况下，需要至少 x 个签名总是可信的，或者至少 y 个签名是可信的，或者是上述两种情况的某种组合。

PGP 信任模型的作用实际上就相当于把一个朋友介绍给另一个朋友。PGP 密钥可以被几个人分别签名，这与每个认证只允许一个签名的其他信任系统是不同的。这个多签名会产生一个信任网而不是一个严格的分级。PGP 还允许用户在对某人的密钥签名时注明对此人的信任程度。一个想验证 PGP 密钥的用户可能查看所有的签名。

PGP 信任模型的优点是它与人们日常生活中的习惯很相似，因此，易于被人们理解和使用。不足的地方是它的可伸缩性差，适用于较小的组织或团体中的保密通信。用户可以在电话中验证彼此的身份，然后对各自的 PGP 密钥进行签名。但如果用户想与一个自己从未遇到过的零售商建立信任，这种信任模型就有些无能为力了。

15.4.2 S/MIME

安全的多用途互联网邮件扩展（Secure/Multipurpose Internet Mail Extension，S/MIME）协议是对 MIME 电子邮件协议在安全性方面进行的扩展，提供了对邮件报文的数字签名和加密功能。

由 RSA 公司领导的工业生产商协会于 1995 年向 IETF 提交了 S/MIME 规范。该规范为了增加安全性考虑了一些特殊机制，如加密和数字签名，并将这些机制用于支持 MIME 的消息之中。S/MIME 规范虽然并不是任何正式的标准化团体的产品，但得到了互联网界的认可。为了巩固和扩展这一成果，S/MIME 文档（当时是版本 2）的开发被纳入了 IETF 进程（RFC 2311、RFC 2312），后来为此建立了 IETF S/MIME 工作组，所有工作均交由其进行。

S/MIME 工作组的焦点在于在规范中融入许多新的安全特色，同时保持以前版本开发产品的兼容性。特别地，S/MIME v3（RFC 2630～RFC 2634）包括以下一些功能：确定消息的安全级别（如“秘密”、“绝密”或“公司级秘密”）；对签名收据的请求和接收（据此确认目的接收者实际收到了先前发送的消息）。除了 RSA，它还运用了其他密钥管理技术（如 Diffie-Hellman 协议）。

S/MIME v3 中包括一些对 PKI 概念的讨论。例如，证书格式、证书处理以及证书撤销列表等。此规范还描述了与 PKIX（RFC 2459）兼容，但规定了 S/MIME 扩展的 X.509 证书格式。而且，它在信息封装中提供条款来携带证书和证书撤销列表的专有随机数，这可以帮助接收者实现路径确立以及证书有效性验证。

S/MIME 的核心文档集包括：S/MIME v2 消息说明（RFC 2311）、S/MIME v2 证书控制

（RFC 2312）、S/MIME v3 消息说明（RFC 2633）、S/MIME v3 证书控制（RFC 2632）、消息加密语法（RFC 2630）、增强的 S/MIME 安全服务（RFC 2634）、Diffe-Hellman 密钥协商方法（RFC 2631）。

S/MIME 涵盖了安全性依赖于公钥证书的 E-mail 系统所要求的核心功能。S/MIME 与 PGP 的不同之处主要体现在以下两个方面：

（1）信任模型不同。S/MIME 使用 X.509 公钥证书来防止用户公钥的篡改。它依赖于层次结构的证书认证机构，所有下一级的认证机构和用户的证书由上一级的认证机构负责签名认证，整个信任关系基本是树状的。这与 PGP 中以用户为中心的信任模型是不同的。

（2）报文消息格式不同。MIME 定义了若干内容格式，支持多媒体邮件；MIME 定义了编码转换方式，任何内容格式均可转化为邮件系统认可的格式；S/MIME 将信件内容加密签名后作为特殊的附件传送。

15.5 防火墙

防火墙是一个组织实施其网络安全策略的主要技术手段之一。防火墙是一个网络安全设备，或是由多个硬件设备和相应软件组成的系统，位于不可信的外部网络和被保护的内部网络之间，目的是保护内部网络不遭受来自外部网络的攻击和执行规定的访问控制策略。它一般具有的特性还包括：所有的内部网络到外部网络与外部网络到内部网络的通信都经过它，只有满足内部访问控制策略的通信才允许通过，系统本身具有较高的计算和通信处理能力。

防火墙的主要功能包括：过滤不安全的服务和通信，如禁止对外部 ping 的响应、禁止内部网络违规开设的信息服务或信息泄露；禁止未授权用户访问内部网络，如不允许来自特殊地址的通信、对外部连接进行认证等；控制对内部网络的访问方式，如只允许外部访问连接网内的 WWW、FTP 和邮件服务器，而不允许访问其他主机；记录相关的访问事件，提供信息统计、预警和审计等功能。

值得注意的是，随着防火墙技术的发展，防火墙的功能逐渐扩展，相关功能还包括防止内部信息泄露，这样的一些设备也称为“防水墙”，这里将这些功能也归入防火墙的功能范围。另外，防火墙也越来越多地和路由器、虚拟专用网（Virtual Private Network，VPN）等系统结合在一起。

防火墙的基本类型主要包括 4 类：包过滤防火墙、代理网关、包检查型防火墙和混合型防火墙，下面在 TCP/IP 环境下介绍它们的基本原理。

1．包过滤防火墙

包过滤防火墙工作在网络协议栈的网络层（如图 15.17 所示），它检查每个流经的 IP 包，判断相关的通信是否满足既定的过滤规则，如果满足，则允许通过；否则进行阻断。IP 包的包头中包含 IP 子协议类型、源地址、目的地址、源端口和目的端口等信息，因此，包过滤防火墙可以实施以下功能：通过检查协议类型控制各个协议下的通信，通过 IP 地址控制来自特定源地址或发往特定目的地址的通信，由于 TCP/IP 网络的服务和端口是对应的，因此，包过滤防火墙可以通过检查端口控制对外部服务的访问和内部服务的开设。包过滤防火墙的操作者负责制定这些规则，并且将它们配置到防火墙系统中去。

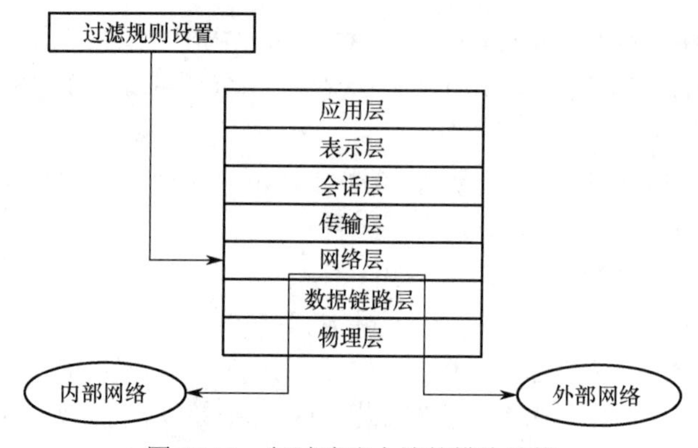

图 15.17　包过滤防火墙的模块结构

包过滤防火墙具有通用性强、效率高、价格低等优势，但其也存在比较明显的缺点，主要包括：仅仅能够执行较简单的安全策略，当需要完成一个特定的任务时，往往只靠检查分立的数据包显得较为困难，需要配置较复杂的过滤规则；仅仅通过端口管理服务和应用的通信不够合理，一些特定服务或应用的端口号不固定。

2. 代理网关

一般认为来自外部网络的连接请求是不可靠的，代理网关是执行连接代理程序的网关设备或系统，设置它的目的是保护内部网络，它按照一定的安全策略，判断是否将外部网络对内部网络的访问请求提交给相应的内部服务器，如果可以提交，那么代理程序将代替外部用户与内部服务器进行连接，也代替内部服务器与外部用户连接。在以上过程中，代理程序对外部用户担当服务器的角色，对内部服务器担当外部用户的角色，因此，代理程序中既有服务器的部分，也有客户端的部分。

从代理程序的构造上看，可以根据在 OSI 网络分层结构中层次的不同，将它们分为回路级代理和应用级代理。

1）回路级代理

回路级代理也称为电路级代理，建立在传输层上，在建立连接之前，先由代理服务器检查连接会话请求，若满足配置的安全策略，则再以代理的方式建立连接。在连接中，代理将一直监控连接状态，若符合所配置的安全策略，则进行转发，否则禁止相关的 IP 通信。由于这类代理需要将数据传输给上层处理，随后再接收处理或回应结果，因此，类似于建立了回路，也称为回路级代理。由于回路级代理工作在传输层，它可以提供较为复杂的访问控制策略，如可以提供数据认证等一些面向数据的控制策略，而不仅是通过检查数据包包头实施访问控制策略。

在系统结构上，回路级代理的重要特点是：对于全部面向连接的应用和服务，只存在一个代理。回路级代理的代表是 SOCKS 代理系统，它面向控制 TCP 连接，由于需要实现对客户端连接请求的统一认证和代理，因此普通客户端不再适用，需要加入额外的模块。虽然一些浏览器提供了这样的支持，但回路级代理的适用性受到了影响。回路级代理的系统结构示意图如图 15.18 所示。

2）应用级代理

应用级代理针对不同的应用或服务具体设计，因此，对于不同的应用或服务存在不同的代理。应用级代理还可以针对应用数据进行分析和过滤，因此，能够实现功能较强的安全策略，但这类防火墙的主要缺点是效率较低。应用级代理的系统结构示意图如图 15.19 所示。

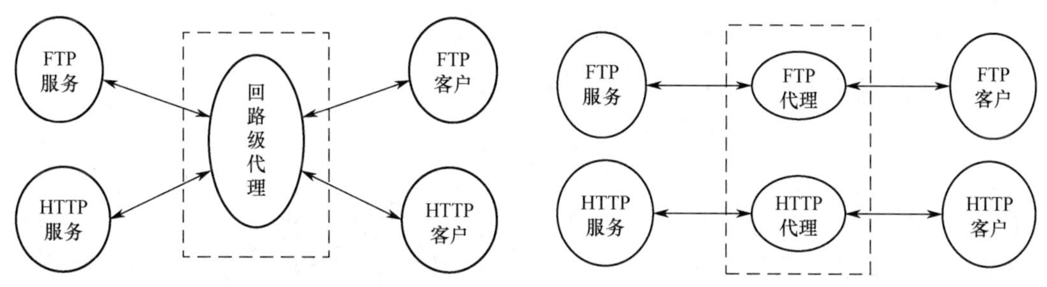

图 15.18　回路级代理的系统结构示意图

图 15.19　应用级代理的系统结构示意图

3．包检查型防火墙

包检查型防火墙也具有包过滤防火墙的功能，但它的检查对象不限于 IP 包的包头，它还可能检查 TCP 包头或 TCP 包的数据，因此，可以在一定的计算代价下实施更多、更灵活的安全策略。

包检查型防火墙增加了对连接状态的控制。连接状态是指一个连接的上下文情况，包检查型防火墙可以记录、监控连接状态，因此，可以更准确地判断一个进入或发出包的合法性，在一定程度上防止了一些潜在的网络攻击。由于连接状态是随着通信的进行不断变化的，因此，基于连接状态的访问控制也称为“动态过滤”。

例 15.2　针对远程登录的动态过滤策略。

这里记远程登录客户端为 Telnet，远程登录服务为 Telnetd。在连接中，远程登录协议规定 Telnet 发送一个目的端口为 23、源端口大于 1023 的 IP 连接包；Telnetd 收到连接包后，回送 ACK 包，为了允许由内部向外部发起的远程登录，防火墙需要执行如表 15.3 所示的过滤规则。

表 15.3　过滤规则

编号	源地址	目的地址	协议	源端口	目的端口	过滤动作
1	内部	目的	TCP	>1023	23	接受
2	目的	内部	TCP	23	>1023	接受

但是，以上规则显得不够细致，存在安全隐患。以上第 2 条规则允许外部源端口是 23、内部目的端口大于 1023 的 IP 包流入内部网络，攻击者可以利用这一点向内部网络发送源端口设置为 23 的攻击包。为了消除上述隐患，可以在 IP 包进出方向和 ACK 包之间建立对应关系，监控 TCP 连接的状态，进行“动态过滤”。在实现中，可以在内存中建立两张表：一张是临时规则表；另一张是缓存 TCP 连接状态表，它可以采用杂凑链表，用源地址、目的地址、源端口和目的端口进行杂凑检索。当有由内部大于 1023（假设为 1033）的端口向外部端口 23 发起的连接时，动态地生成一条规则，仅允许从外部 23 端口到内部 1033 端口的连接，并在以上杂凑表中记录这个连接的状态，监控直到通信完毕才结束。

4．混合型防火墙

混合型防火墙集成了多种防火墙技术。其中，IP 包过滤防火墙可以用于在低层控制通信，包检查型防火墙可以用于增加可实施的安全策略，回路级代理用于保证建立连接时安全，应用级代理用于保障应用的安全。

15.6 小结与注记

本章主要介绍了 OSI 安全体系结构、SSL/TLS 协议、IPSec 协议、安全电子邮件协议（PGP 和 S/MIME）以及防火墙技术。OSI 安全体系结构指出了网络系统需要的安全服务和实现机制，并给出了各类安全服务在 OSI 网络 7 层中的位置。SSL/TLS 协议建立在 TCP 协议栈的传输层，用于保护面向连接的 TCP 通信；IPSec 协议建立在 IP 层，它引入了数据认证机制、加密机制和相关的密钥管理，实现了比较全面的网络层安全；PGP 采用公钥密码与对称密码相结合的方式提供电子邮件的安全性；S/MIME 对 MIME 电子邮件协议在安全性方面进行了扩展，提供了对电子邮件报文的数字签名和加密功能。防火墙的主要功能包括过滤不安全的服务和通信、禁止未授权用户访问内部网络、控制对内部网络的访问、记录相关的访问事件等功能，是一个组织实施其网络安全策略的主要技术手段之一。

本章在写作过程中主要参考了文献[3]。文献[1-2]和[4-6]都对互联网安全尤其是互联网安全有关协议进行了较系统的介绍。

思考题

1．OSI 安全体系结构对随后提出的网络安全协议或产品产生了何种影响？
2．简述 SSL/TLS 单向和双向认证分别适合哪些应用场景。
3．在 IPSec 协议下和在 SSL/TLS 协议下建立的安全连接有什么异同？
4．PGP 提供了哪些服务来保证电子邮件的安全性？
5．简述 S/MIME 和 PGP 的异同点。
6．简述防火墙的主要类型和原理。

参考文献

[1] FORD W. Computer communications security[M]. Englewood Cliffs：PTR Prentice Hall，1994.

[2] 冯登国. 计算机通信网络安全[M]. 北京：清华大学出版社，2001.

[3] 冯登国，赵险峰. 信息安全技术概论[M]. 2 版. 北京：电子工业出版社，2014.

[4] 冯登国，徐静. 网络安全原理与技术[M]. 2 版. 北京：科学出版社，2010.

[5] CARLTON R D. IPSec：securing VPNs[M]. New York：McGraw-Hill，2001.（CARLTON R D. IPSec VPN 的安全实施[M]. 周永彬，冯登国，徐震，译. 北京：清华大学出版社，2002.）

[6] STEPHEN P，STEVE B. RSA security’s official guide to cryptography[M]. New York：McGraw-Hill，2001.（STEPHEN P，STEVE B. 密码工程实践指南[M]. 冯登国，等译. 北京：清华大学出版社，2001.）

5G 网络

今有一人，入人园圃，窃其桃李，众闻则非之，上为政者得则罚之。

——战国·墨子《墨子·非攻》

第 16 章　移动通信网络安全

内容提要

无线通信网络的出现是人类通信历史上最为深刻的变革之一。从最原始的模拟语音系统经过发展演变，无线通信网络已经从初期的单一业务网络进化成目前涵盖各种无线通信技术、面向众多领域、提供多样化业务的智能化综合通信系统。随着各种无线网络技术的快速发展，其安全问题已成为决定无线通信网络是否可以广泛应用的关键因素，从而受到学术界和工业界的高度关注。由于无线通信网络传输媒体的开放性、无线终端的移动性、网络拓扑结构的动态性，以及无线终端计算能力和存储能力的局限性，使得无线网络比有线网络面临更多的安全威胁。无线通信网络安全技术包含本书介绍的其他多类安全技术，如密码算法、实体认证、恶意代码检测与防御等。移动通信网络和无线局域网是两类得到广泛应用的重要无线通信网络，本章和第 17 章将分别介绍这两种网络的安全机制。移动通信系统已从 1G 演进到 5G，最近，ITU 确定开展 6G 研究工作。其安全问题及其解决方案也在不断演变。本章首先从宏观上分析无线通信网络的安全威胁，其次介绍移动通信网络的主要安全机制。

本章重点

- 无线通信网络安全威胁
- 2G 移动通信网络安全机制
- 3G 移动通信网络安全机制
- 4G 与 5G 移动通信网络安全机制

16.1　无线通信网络分类与安全威胁

无线网络的初步应用，可以追溯到第二次世界大战期间。当时美国陆军采用无线电信号做资料的传输，并且采用强度相当高的加密技术，因此无线网络得到美军和盟军的广泛使用。这项技术让许多学者得到了一些灵感，夏威夷大学的研究人员于 1971 年创造了首个基于封包式技术的无线电通信网络。这被称为 ALOHNET 的网络可以算是相当早的无线局域网。无线通信网络的出现使人类摆脱了长久以来对有线通信线路的依赖和束缚，彻底变革了人类有史以来进行信息交流的方式。

1．无线通信网络分类

无线通信网络的发展可谓日新月异，新的标准和技术不断涌现。一般来说，根据覆盖范围、传输速率和用途的不同，无线通信网络可以分为：无线广域网、无线城域网、无线局域网和无线个人网。

（1）无线广域网（Wireless Wide Area Network，WWAN）：主要是指通过移动通信卫星进行的数据通信，其覆盖范围大。代表技术有 3G（3rd Generation，第三代移动通信），以及 4G（4th Generation，第四代移动通信）等。

（2）无线城域网（Wireless Metropolitan Area Network，WMAN）：主要是指通过移动电话或车载装置进行的移动数据通信，可以覆盖城市中大部分的地区，代表技术是 IEEE 802.16 系列标准。

（3）无线局域网（Wireless Local Area Network，WLAN）：一般用于区域间的无线通信，其覆盖范围较小。代表技术是 IEEE 802.11 系列标准。

（4）无线个人网（Wireless Personal Area Network，WPAN）：无线传输距离一般在 10m 左右，典型的技术是 IEEE 802.15 和蓝牙（BlueTooth）技术。

此外，无线通信网络还有很多分类方法，如按频段可以分为工作于短波、甚高频或微波频段的无线通信网络；按传输速率可以分为低速或高速无线通信网络；按服务目的可以分为军用或民用无线通信网络；按传输过程中是否通过节点进行存储转发，可以分为单跳或多跳无线通信网络；按网络控制方式可以分为集中控制或分布式无线通信网络。

2．无线通信网络安全威胁

无线通信网络的优势是采用无线通信信道，网络结构应用方便、灵活，可以提供无线覆盖范围内的全功能漫游服务等。然而，它在赋予无线通信用户便利和自由的同时也带来了更多的不安全因素。而且，由于无线通信设备在存储能力、计算能力和电源供电时间方面的局限性，使得原来在有线通信环境下的许多安全技术和机制不能直接应用于无线通信环境。例如，计算量大的密码算法不适宜用于移动设备。因此，与有线通信网络相比，无线通信网络所面临的安全威胁更加严重。归纳起来，无线通信网络至少面临以下安全威胁：

（1）无线窃听。在无线通信网络中，所有网络通信内容（如移动用户的通话信息、身份信息、位置信息、数据信息以及移动站与网络控制中心之间的信令信息）都是通过无线信道传送的。而无线信道是一个开放性信道，任何具有适当无线设备的人均可以通过窃听无线信道而获得上述信息。虽然有线通信网络也可能会遭到搭线窃听，但这种搭线窃听要求窃听者能接触到被窃听的通信电缆，而且需要对通信电缆进行专门处理，这样就很容易被发现。而无线窃听相对来说比较容易，只需要适当的无线接收设备即可，而且很难被发现。

（2）假冒攻击。在无线通信网络中，移动站（包括移动用户和移动终端）与网络控制中心以及其他移动站之间不存在任何固定的物理连接（如网络电缆），移动站必须通过无线信道传送其身份信息，以便网络控制中心以及其他移动站能够正确鉴别它的身份。由于无线信道传送的任何信息都可能被窃听，因此当攻击者截获一个合法用户的身份信息时，他就可以利用这个身份信息来假冒该合法用户的身份入网，这就是身份假冒攻击。而且，主动攻击者甚至可以假冒控制中心来欺骗移动用户，以此手段获得移动用户的身份信息。假冒攻击能够让攻击者假冒合法用户使用通信服务，同时逃避付费。

（3）信息篡改。信息篡改是指主动攻击者将窃听到的信息进行修改之后再将信息传给原本的接收者。这种攻击的目的有两种：一是攻击者恶意破坏合法用户的通信内容，阻止合法用户建立通信连接；二是攻击者将修改的消息传给接收者，企图欺骗接收者相信该修改的消息是由一个合法用户传递的。例如，在无线局域网中，两个无线站之间的信息传递可能需要其他无线站或网络中心的转发，这些“中转站”就可能篡改转发的消息；在移动通信网络中，当主动攻击者比移动用户更接近基站时，主动攻击者发射的信号功率要比移动用户的强很多倍，使得基站忽略移动用户发射的信号而只接收主动攻击者的信号，因而主动攻击者就可以篡改移动用户的信息并传给基站。

（4）服务抵赖。服务抵赖是指交易双方中的一方在交易完成后否认其参与了此交易。这种威胁在移动电子商务中很常见，假设用户通过网上商店选购了一些商品，然后通过电子支付系统向网络商店付费。这个电子商务应用中就存在着两种服务后抵赖的威胁：一是用户在选购了商品后否认他选择了某些或全部商品而拒绝付费；二是商店收到了用户的货款却否认已收到货款而拒绝交付商品。同样，在无线通信网络中，用户需要付费来获取服务提供商提供的无线网络服务，该应用存在着两种服务后抵赖的威胁：一是用户使用了无线网络却拒绝付费；二是服务提供商明明已经收了服务费却拒绝提供网络服务。

（5）重放攻击。重放攻击是指攻击者将窃听到的有效信息经过一段时间后再传给信息的接收者。攻击者的目的是利用曾经有效的信息达到访问系统资源的目的。

除上述安全威胁外，无线通信网络与有线通信网络一样也面临着病毒、拒绝服务攻击等威胁。

为了保障无线通信网络的安全性，可以根据具体的应用环境采用一些安全机制，如加密、认证、完整性检测、数字签名。值得注意的是，由于无线通信网络受限于计算环境和通信环境，因此，在选用安全机制来保护无线通信网络的安全性时，必须选择能够适应无线通信网络特点的安全机制。

16.2　2G 移动通信网络安全

随着移动通信技术的飞速发展和普及，在移动通信领域中出现了越来越丰富的业务种类，除了传统的语音与数据业务，多媒体业务、交互式数据业务、电子商务、互联网业务等多种信息服务也越来越受到人们的青睐。这些新业务对通信系统中信息的安全性以及网络资源使用的安全性提出了更高要求，移动通信网络的安全性也变得越来越重要。

移动通信始于1978年贝尔实验室发明的蜂窝移动系统，经历了以下几个发展阶段：

（1）第一代移动通信（1G）采用模拟技术，已经基本被淘汰。

（2）第二代移动通信（2G）完成了模拟技术向数字技术的转变，但仍以语音通信为主，同时有少量的数据通信存在。

（3）第三代移动通信（3G）以多媒体业务和宽带数据业务为主。

（4）第四代移动通信（4G）与第三代移动通信相比，除了通信速率大为提高，还可以借助IP进行通话。

（5）第五代移动通信（5G）不仅在用户体验速率、连接数密度、端到端时延、峰值速率和移动性等关键能力上比前几代移动通信系统更加丰富，还能为实现海量设备互联和差异性服务场景提供技术支持。

2G出现于20世纪80年代后期，主要采用数字的时分多址（Time Division Multiple Access，TDMA）和码分多址（Code Division Multiple Access，CDMA）技术提供数字化的话音业务及低速数据业务。具有代表性的2G系统是全球移动通信系统（Global System for Mobile Communication，GSM），它是欧洲电信标准协会（European Telecommunications Standards Institute，ETSI）为2G指定的可国际漫游的泛欧数字蜂窝系统标准。

1. GSM体系结构

GSM主要由固定网络基础结构和移动基站两部分组成，移动用户通过网络提供的服务享受无线通信业务。GSM的模块按其功能可划分为移动台（MS）、基站子系统 （BSS）、网络与交换子系统（NSS）和公众网络4部分，GSM基本体系结构如图16.1所示。

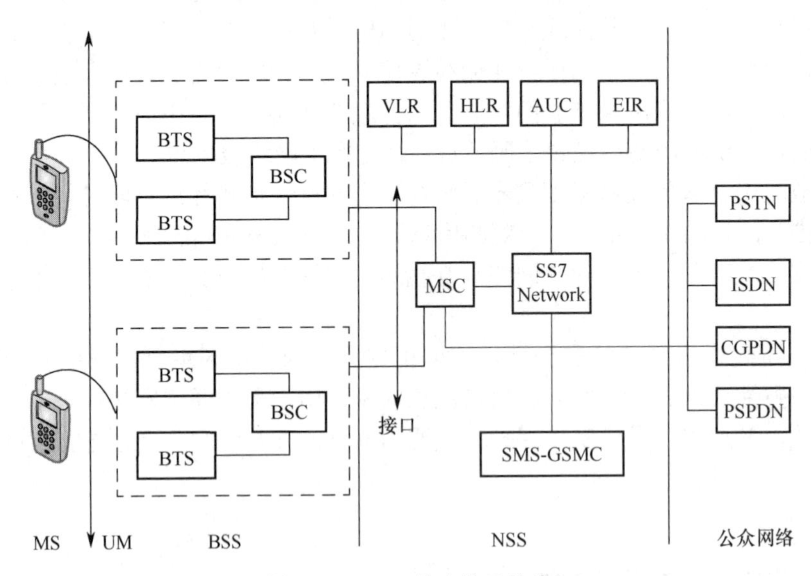

图16.1　GSM基本体系结构

1）移动台

移动台是用户所使用的终端设备，它主要由用户身份模块（SIM）和移动终端设备（ME）两部分组成。MS采用分离设计的原因：一方面可以将MS端的安全功能集中在SIM上，以便进行控制；另一方面使用户可以方便地在MS之间进行切换，只要将原来的SIM卡插入新的 ME 网络就可以识别用户的身份。

MS 的主要功能是建立通信链路、提供语音编码、提供数据/传真业务等。MS 可以为手持型、便携型或车载型等。

2）基站子系统

基站子系统由基站控制器（BSC）、基站收发信机（BTS）和维护基站子系统的操作维护中心（OMC-R）组成。BSS 是在一定的无线覆盖区中由移动交换中心（MSC）控制，与 MS 进行通信的系统设备，它主要负责完成无线发送接收和无线资源管理等功能。

基站控制器具有对一个或多个基站收发信机进行控制的功能，它主要负责无线网络资源的管理、小区配置数据管理、功率控制、定位和切换等，是一个很强的业务控制点。

基站收发信机是无线接口设备，它完全由基站控制器控制，主要负责无线传输，完成无线与有线的转换、无线分集、无线信道加密、跳频等功能。

3）网络与交换子系统

网络与交换子系统由移动交换中心（MSC）、认证中心（AUC）、操作和维护中心、短消息业务中心、访问位置寄存器（VLR）、归属位置寄存器（HLR）、设备标识寄存器（EIR）等功能实体组成。

移动交换中心是移动网的核心部分，是移动通信网之间的接口实体，主要提供交换功能、网络连接、公共信道的信号系统和重要的计费功能。MSC 能够从 AUC、VLR 和 HLR 中获取用户在呼叫过程中所使用的任何参数。

访问位置寄存器储存异地的 MSC 进入本地 MSC 管理区的移动用户的全部有关资料，主要是使移动用户在漫游时能够正常使用移动电话。它可以随时登录漫游用户的资料系统并与用户相关的 HLR 交换资料，如果用户进入另外的 VLR，则存储在原来的 VLR 中的用户资料会被删除。在实际中，VLR 通常和 MSC 设计在同一个物理实体中。

归属位置寄存器存储管理部门用于移动用户管理的数据。每个移动用户都应在其归属位置寄存器注册登记，它主要存储两类信息：一类是有关用户的参数；另一类是有关用户目前所处位置的信息，以便建立至移动台的呼叫路由，如 MSC、VLR 地址。

认证中心用来存储保护移动用户进行通信时不受侵犯的资料。AUC 中保存了用户的密钥信息和 A3、A8 算法，在用户需要接入到网络时，AUC 负责在网络端生成用户入网安全参数并传送给基站，由它来对用户进行身份认证。在实际中，AUC 和 HLR 通常设计在同一个物理实体中。

设备标识寄存器是用来存储移动台设备标识的数据库，主要完成对移动设备的识别、监视和闭锁等功能，使非法移动台无法使用。

短消息业务中心是为用户提供短消息业务服务的功能实体。

操作和维护中心是执行 NSS 操作与维护的功能实体。

4）公众网络

GSM 中的公众网络包括 PSTN（固定电话网络）和 ISDN（综合业务数字网）等，主要为 MS 端之间的通信提供一个有效的数据连接链路。

2. GSM 安全机制

GSM 是首个引入安全机制的移动通信系统，提供的安全措施主要包括：①用户真实身份和位置信息的机密性保护；②防止未授权的非法用户接入的认证；③防止在空中接口非法用户窃听的加解密。

1）用户身份保护

在通信服务中，用户首先需要在一个网络服务提供商处登记，网络服务提供商为该用户分配唯一的国际移动用户身份（International Mobile Subscriber Identity，IMSI），存入 SIM 卡交给用户。用户在发送认证请求时，需要在无线信道上发送 IMSI，这样很容易被攻击者截取。为了保护用户隐私，防止用户位置被跟踪，GSM 中使用临时标识符 TMSI 对用户身份进行保护。在 VLR 处存储 TMSI 和 IMSI 之间的对应关系。一般来说，只有在用户开机或 VLR 数据丢失时 IMSI 才被发送，平时仅在无线信道上发送移动用户相应的 TMSI。认证成功后，更新 TMSI。

2）GSM 认证机制

在 GSM 中，使用认证三元组（RAND、XRES、K_c）实现用户认证，其中 RAND 是随机数，XRES 是响应值，K_c 是加密密钥。在用户入网时，将用户根密钥 K_i 连同 IMSI 一起分配给用户。在网络端，K_i 存储在用户 AUC 中，在用户端，K_i 存储在 SIM 卡中。

AUC 为每个用户准备了认证三元组，存储在 HLR 中。当 VLR/MSC 需要认证三元组时，就向 HLR 提出请求并发消息给 HLR（该消息包括用户的 IMSI），HLR 的回答一般包括 5 个认证三元组。任何一个认证三元组在使用之后，将被破坏，不再重复使用。

当移动台第 1 次到达一个新的 MSC 时，MSC 会选择一个认证三元组，向移动台发出随机数 RAND，发起一个认证过程。GSM 认证流程如图 16.2 所示，具体过程如下。

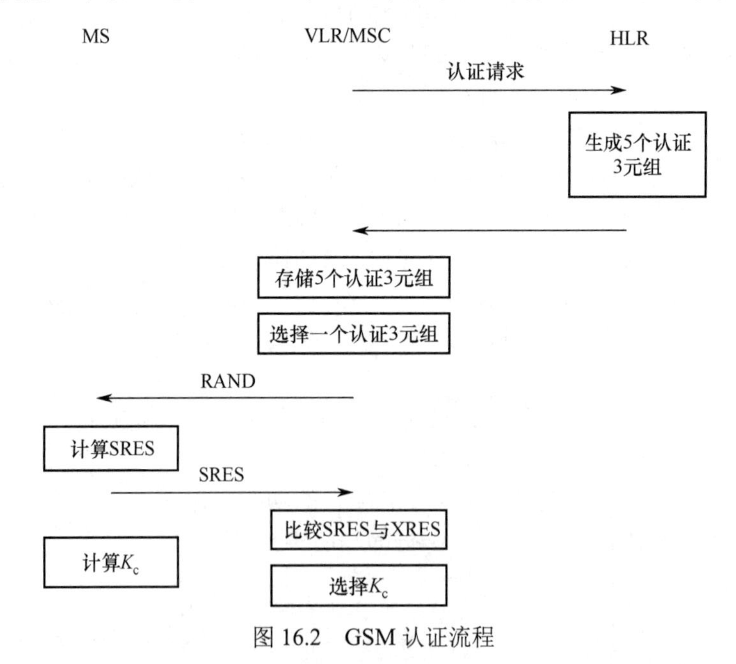

图 16.2　GSM 认证流程

① AUC 利用随机数发生器产生一个 128 比特（bit）的随机数 RAND，通过 A3、A8 算法产生认证三元组（RAND、XRES、K_c），具体产生流程如图 16.3 所示。

② VLR/MSC 收到认证三元组以后存储起来，当移动台注册到该 VLR 时，VLR/MSC

选择一个认证三元组，并将其中的随机数 RAND 发送给移动台。

③ 移动台收到 RAND 以后，利用存储在 SIM 卡中的 A3、A8 算法，计算出 SRES 和 K_c（计算流程如图 16.3 所示）；移动台将 SRES 发送给 VLR/MSC，如果 SRES 等于 VLR/MSC 发送给用户的 RAND 所在的认证三元组中的 XRES，则认证通过，允许移动用户入网。

由以上分析可以看出，在 GSM 中，K_c 从来不通过空中接口传送，存储在 MS 和 AUC 中的 K_c 都是由 K_i 和随机数 RAND 通过 A8 算法运算得出的。

3）GSM 加密机制

认证过程完成以后，MSC 将认证三元组中的 K_c 传递给基站 BTS。这样使得从移动台到基站之间的无线信道可以用加密的方式传递信息，从而防止了窃听。加解密过程如图 16.4 所示。

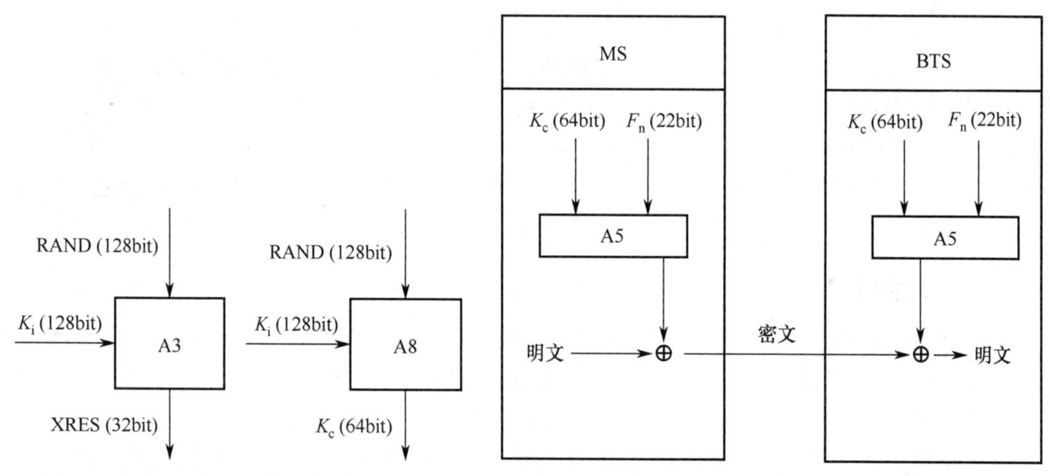

图 16.3　GSM 中认证三元组产生流程

图 16.4　加解密过程

A5 算法是一个序列密码。在通信的一端（MS 或 BTS），将加密密钥 K_c 和承载用户数据流的 TDMA 数据帧的帧号作为 A5 算法的输入，生成伪随机数据流。再将伪随机数据流和明文消息进行逐位异或运算，得到密文数据流。通信的另一端（BTS 或 MS）收到传来的密文后，用相同的密钥流逐位异或来解密。

3. GSM 安全缺陷

虽然 GSM 提供了一定的安全机制，但是仍然存在很多安全缺陷，主要有以下几方面问题：

（1）单向认证。GSM 只有网络对用户的认证，而没有用户对网络的认证。因而会存在伪基站攻击。攻击者建立与用户所在网络的移动网络码相同的伪基站，使用户以为连接到了真正的 GSM 网络，这样用户的敏感信息就会被窃取或无法正常地访问网络资源。

（2）根密钥 K_i 无更新机制。根密钥 K_i 在协议开始之前通过安全手段存储在 SIM 卡和 AUC 中，无法进行更新。这样的机制缺乏灵活性，不利于对 K_i 的保护。

（3）无完整性保护。在移动通信中，移动台和网络间的大多数信令信息是非常敏感的，需要得到完整性保护。而在 GSM 网络中，没有考虑数据完整性保护的问题，系统难以发现数据在传输过程中的篡改、删除与重放。

（4）算法安全性。GSM 中的加密算法是不公开的，这些密码算法的安全性不能得到客观的评价，在实际中，也受到了很多攻击。同时，加密算法是固定不变的，没有更多的算法可供选择，缺乏算法协商和加密密钥协商的过程。

（5）SIM 卡克隆。SIM 卡中存放了用户的重要秘密信息 IMSI 和根密钥 K_i。在移动台第 1 次注册和漫游时，IMSI 以明文方式发送到 VLR/MSC，因而，攻击者可以窃听到 IMSI。同时，攻击者利用 GSM 单向认证的缺陷，向移动台发送大量的挑战信息（RAND），通过分析输入和输出数据之间的关系从而分析出 K_i。通过 SIM 卡克隆，攻击者可以盗用合法用户的话费。

16.3 3G 移动通信网络安全

与 2G 相比，3G 在传输声音和数据的速度上有了很大提升，而且它能够在全球范围内更好地实现无线漫游，处理图像、音乐、视频流等多媒体形式，提供包括网页浏览、电话会议、电子商务等多种信息服务。3GPP（3rd Generation Partnership Project）是国际上关于 3G 的标准化组织，其成员是各大移动通信公司，其中 SA3 工作组专门负责 3G 移动通信网络安全标准的制定。

1. 3G 安全目标

3G 安全体系是在 GSM 安全体系的基础上建立起来的，它改进了 GSM 中存在的安全缺陷，同时针对 3G 的新特性，增加了更加完善的安全机制和服务。

3G 应达到的安全目标如下（参见 3GPP 规范 TS 33.120）：

（1）确保用户产生的信息或与用户相关的信息得到足够的保护，以防滥用或盗用。

（2）确保服务网络（Serving Network，SN）和归属环境（Home Environment，HE）提供的资源和服务不被滥用或盗用。

（3）确保安全方案具有世界范围内的通用性（至少存在一个加密算法可以出口）。

（4）确保安全体系标准化，适应不同国家、不同运营商之间的漫游和互操作。

（5）确保用户和运营商的保护等级高于当前固定网和移动网中提供的保护等级。

（6）确保 3G 安全体系的可扩展性，以应对新业务的出现和抵御新的威胁。

2. 3G 安全体系结构

3G 安全体系结构如图 16.5 所示，涉及传输层、归属层/服务层和应用层，定义了 5 个安全特征集合，每个安全特征集合完成特定的安全目标。

（1）网络接入安全：提供安全接入 3G 服务网的机制，并抵御对无线链路的攻击。由于无线链路最易遭受各种攻击，因而空中接口的安全性最为重要。这部分的功能主要包括用户身份保密、用户位置保密、认证和密钥建立、数据加密和数据完整性保护等，后面将介绍具体的安全机制。

（2）网络域安全：提供核心网实体间的安全通信机制。这部分的功能主要包括网络实体间的身份认证、数据加密、消息认证以及对欺骗信息的收集。

（3）用户域安全：提供用户接入移动台的安全保护机制。这部分的功能主要包括用户与智能卡间的认证、智能卡与终端间的认证及其链路的保护。

（4）应用域安全：提供用户域与服务提供商的应用程序间的安全保护机制。这部分的功能主要包括应用实体间的身份认证、应用数据重放攻击的检测、应用数据完整性保护、接收确认等。

（5）安全的可视性和可配置能力：使用户能够获知某个安全特征是否在使用，并且使用户可以根据自己的安全需求配置相应的安全服务。

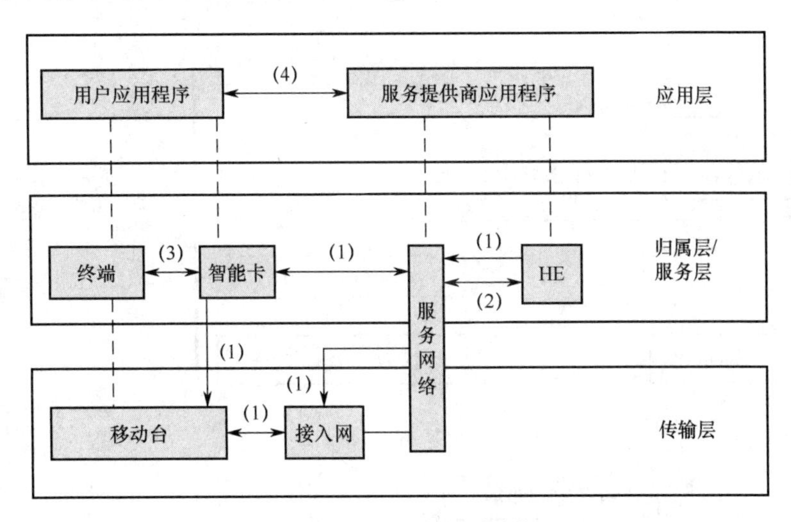

图 16.5　3G 安全体系结构

3．3G 认证机制

3G 认证机制实现了移动台和服务网络之间的双向认证，并且在认证完成后双方计算出数据加密密钥 CK 和数据完整性密钥 IK，为下一步的数据传输做准备。图 16.6 描述了 3G 的整体认证过程，具体步骤如下：

（1）移动用户向基站发送登录请求，基站联系 VLR 来决定是否允许用户访问网络。

（2）VLR/MSC 请求 HLR 提供认证向量组，收到请求之后，AUC/HLR 发送一组有序的认证向量 AV（1,…,n）给 VLR/MSC，认证向量基于序列号 SQN 顺序排列。每个认证向量包括以下几部分：随机数 RAND，期望响应 XRES，加密密钥 CK，完整性密钥 IK 和认证令牌 AUTN。每个认证向量只对 VLR/MSC 与 MS 间的一次认证与密钥建立有效。AUC/HLR 计算认证向量 AV 的具体步骤如图 16.7 所示。

MS 和归属网络中的 AUC 共享 128 比特的密钥 K。为了保证认证向量的新鲜性，HE/AUC 首先产生一个新的序列号 SQN，每使用一次，SQN 加 1。HE/AUC 也产生一个 128 比特的随机数 RAND，随后计算下列值：消息认证码 MAC=$f1_K$(SQN||RAND||AMF)，期望响应 XRES=$f2_K$(RAND)，加密密钥 CK=$f3_K$(RAND)，完整性密钥 IK=$f4_K$(RAND)，匿名密钥 AK=$f5_K$(RAND)。这里，$f1$、$f2$ 是消息认证函数，$f3$~$f5$ 是密钥生成函数。最后，计算认证令牌 $\text{AUTN:=(SQN}\oplus\text{AK)||AMF||MAC}$。这里，AK 是一个匿名密钥，用于隐藏序列号，因为序列号可能暴露用户的身份和位置；AMF 是一个 16 比特的消息认证字段或域。

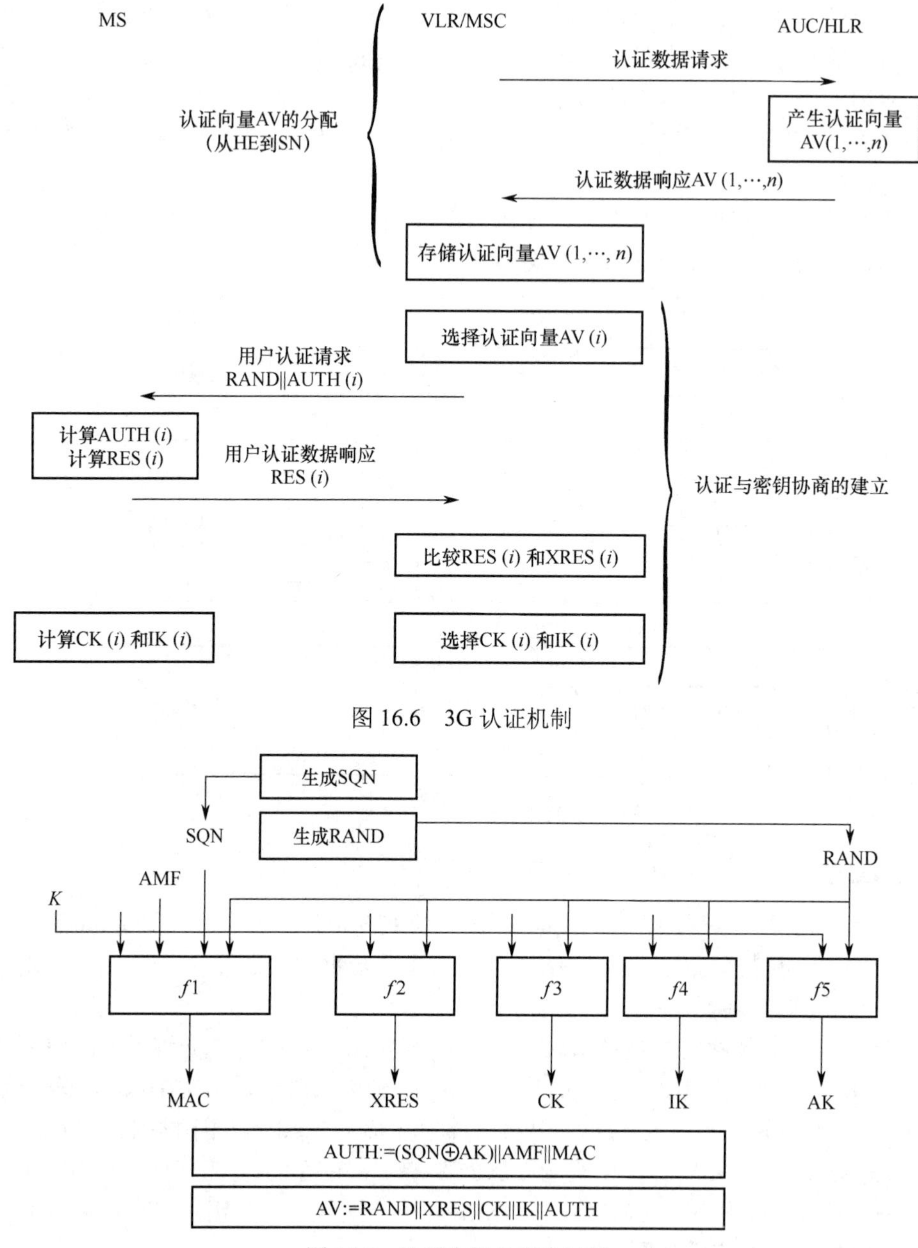

图 16.6　3G 认证机制

图 16.7　认证向量的产生过程

（3）VLR/MSC 从有序向量组中选择下一个未被使用的认证向量，将 RAND 与 AUTN 发送给用户。MS 检验 AUTN 是否可以被接受，如果可以，则产生一个应答 RES 发送给 VLR/MSC。同时 MS 也会计算出 IK、CK。MS 的检验与计算步骤如图 16.8 所示，具体说明如下。

① 计算 AK 并从 AUTN 中将序列号恢复出来：$SQN = (SQN \oplus AK) \oplus AK$。

② 计算 XMAC $=f1_K(SQN||RAND||AMF)$，并与 AUTN 中的 MAC 值进行比较。如果二者不同，则发送一个“用户认证拒绝”信息给 VLR/MSC，放弃该认证过程，VLR/MSC 也向 HLR 发起一个“认证失败报告”过程，然后由 VLR/MSC 决定是否重新向用户发起一个

认证过程；如果二者相同，则执行以下步骤。

③ 验证收到的 SQN 是否在正确范围内。如果 SQN 在正确范围内，则计算 RES=$f2_K$(RAND)，发送给 VLR/MSC。

④ 计算加密密钥 CK=$f3_K$(RAND)和完整性密钥 IK=$f4_K$(RAND)。

（4）VLR/MSC 将接收到的 RES 与认证向量中的 XRES 进行比较，如果相同，则 VLR/MSC 认证了用户的合法身份，VLR/MSC 也从所选认证向量中得到加密密钥 CK 和完整性密钥 IK；如果不同，则 VLR/MSC 向 HLR 发起“认证失败报告”过程。

（5）建立的 CK 和 IK 由 MS 和 VLR/MSC 传送给执行加密和完整性保护功能的实体。

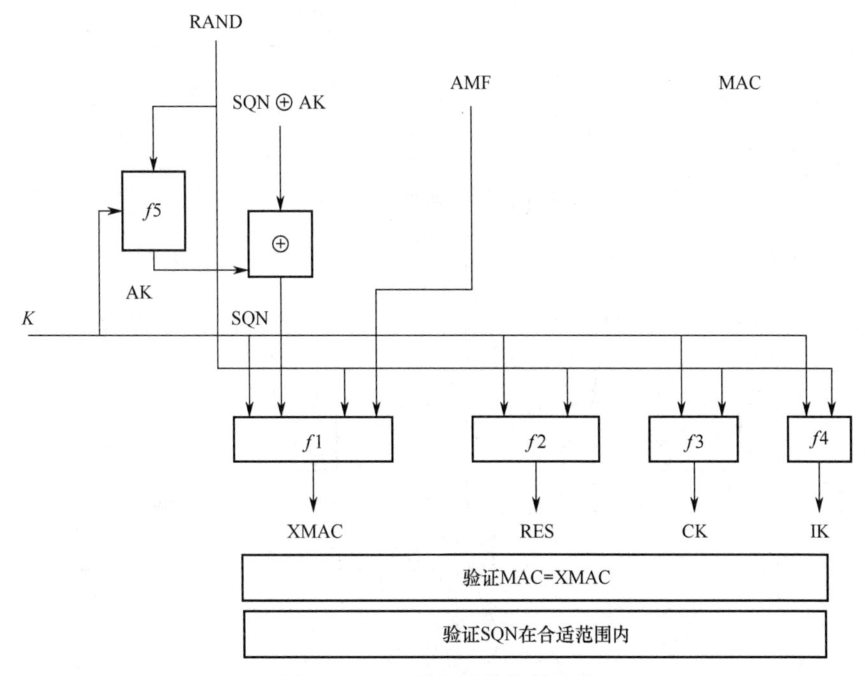

图 16.8　MS 的检验与计算步骤

4．3G 接入链路数据保护

当移动用户与网络之间的安全通信模式建立之后，所有发送的消息都将被保护。保护方式包括接入链路数据完整性保护和接入链路数据机密性保护。

1）接入链路数据完整性保护

在 MS 和网络间发送的大多数控制信令信息被认为是敏感的，必须进行完整性保护。3G 中数据的完整性保护过程如图 16.9 所示。算法的输入参数：128 比特的完整性密钥 IK；32 比特的完整性序列号 COUNT-I；为防止重放攻击，由网络端产生的 32 比特随机数 FRESH；信令数据 MESSAGE；方向位 DIRECTION，长 1 比特，“0”表示从移动用户到网络端的消息，“1”表示从网络端到移动用户的消息。基于这些输入参数，发送方使用完整性算法 $f9$ 计算消息认证码 MAC-I。接收方计算 XMAC-I，并与收到的 MAC-I 进行比较，验证消息的完整性。

2）接入链路数据机密性保护

3G 中数据的机密性保护过程如图 16.10 所示。密钥流和明文异或得到密文，密文和密钥流异或恢复出明文。其中，CK 为 128 比特的加密密钥，COUNT-C 为 32 比特的加密序列号，BEARER 为 5 比特的随机数，DIRECTION 为方向位，LENGTH 为所需的密钥流长度。

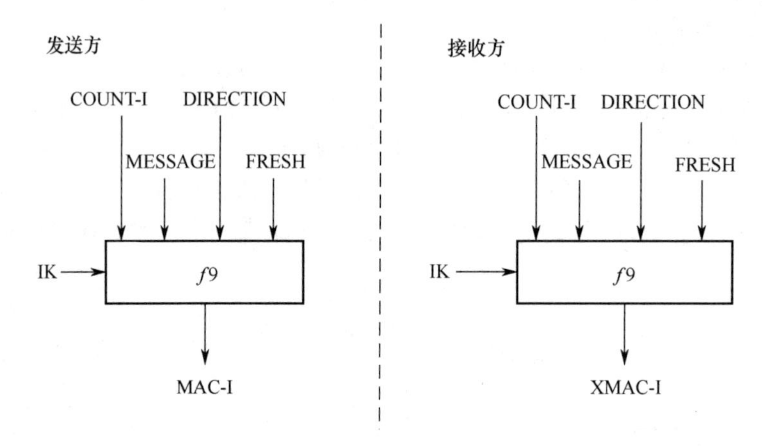

图 16.9　完整性保护过程

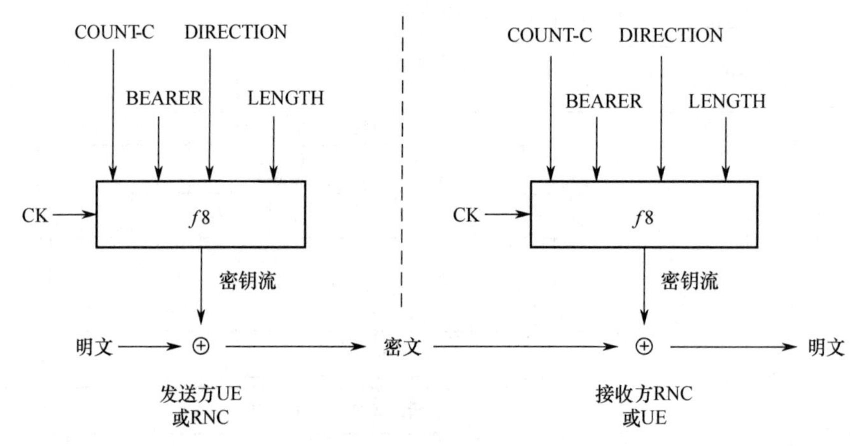

图 16.10　机密性保护过程

5．3G 增强用户身份保密机制

3G 定义了增强用户身份保密（Enhanced User Identity Confidentiality，EUIC）机制，用户的 IMSI 不以明文传输，从而防止了 IMSI 在无线信道上传输时被窃听。为了实现用户身份保密增强，在 VLR/MSC 中定义了用户身份解密节点（UIDN），用于对接收的加密用户的身份进行解密。同时定义了两个算法 *f*6 和 *f*7，用以实现用户身份的加密和解密。实现过程如图 16.11 所示。其中，GK 是用户入网时与 HE/AUC 及群中的其他用户共享的群密钥；SEQ_UIC 是移动台产生的序列号，每次均不同；MSIN（Mobile Station Identity Number）是移动用户鉴权号码，是 IMSI 的组成部分之一。

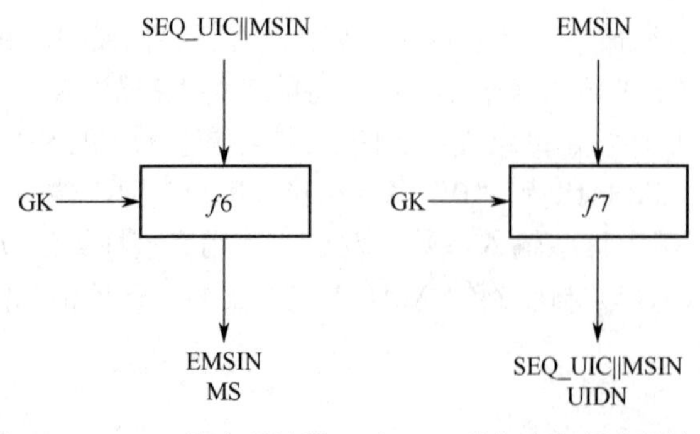

图 16.11　EUIC 的实现过程（对 IMSI 的加密和解密算法）

通过上述过程，VLR/MSC 识别了

用户身份，就可以建立 IMSI 与 TMSI 之间的对应关系，在接下来的通信过程中，就可以用 TMSI 进行用户身份识别。用 TMSI 代替 IMSI 来标识用户的好处是：一方面，不暴露用户的身份号；另一方面，当用户不断认证时，TMSI 会不断发生变化，使得用户难以被追踪和攻击。

6．3G 安全性分析

与 2G 即 GSM 安全机制相比，3G 提供了更加完善的安全机制或服务。主要体现在以下几个方面：

（1）提供了双向认证。不但提供基站对移动台的认证，而且提供了移动台对基站的认证，可有效防止伪基站攻击。

（2）提供了接入链路信令数据的完整性保护。

（3）提供了密码算法的协商机制。加密算法和完整性算法都是通过移动台与服务网络之间的安全协商机制实现的。3G 中预留了 15 种加密算法和 16 种完整性算法供选择。该功能增加了 3G 的灵活性，使不同的运营商之间只要支持一种相同的加密算法/完整性算法，就可以跨网通信。

虽然 3G 提供了较为完善的安全体系，但仍存在一些问题需要解决，主要包括以下几方面问题：

（1）3G 难以实现用户数字签名。随着移动电子商务的广泛应用，需要系统提供非否认安全服务，该服务一般通过数字签名机制来实现。

（2）3G 中用到的密码算法过多。

（3）密钥产生机制和认证机制存在一定的安全隐患。

16.4　4G 与 5G 移动通信网络安全

移动通信系统演进到 4G，已被考虑的安全需求主要包括：

（1）对无线端通信的加密，以防止用户信令和数据被恶意窃听。

（2）基于 SIM 卡对用户的认证，以防止消费欺诈。

（3）给用户分配临时身份标识，以保护用户身份隐私。

（4）网络和用户的双向认证，以防止伪基站攻击。

（5）用户应具备安全的可视性和可配置能力。

4G 安全体系结构类似于 3G 安全体系结构，其安全解决方案也是在继承的基础上发展起来的。前面介绍的一些关于 3G 的安全措施在 4G 中仍适用。另外，5G 安全体系也需要在 4G 安全体系的基础上完善和发展，因此，这里就不再详细介绍 4G 安全体系，读者可以通过 3G 安全体系和 5G 安全体系的介绍来了解 4G 安全体系。

5G 的关键性能指标主要包括支持 0.1~1 吉比特每秒的用户体验速率，数十吉比特每秒的峰值速率，每平方千米数十太比特每秒的流量密度，每平方千米一百万个的连接数密度，毫秒级的端到端时延，“5 个 9”（99.999%）的可靠性，以及百倍以上能效提升和单位比特成本降低。此外，绿色节能也是 5G 发展的一个重要指标，以实现无线通信的可持续发展。

1．5G 应用场景

2015 年，ITU 在 ITU-R M.2083-0 建议书中确定了 5G 的愿景，并在建议书中明确了 5G

支持的 3 类应用场景，包括增强型移动宽带（enhanced Mobile BroadBand，eMBB）、大规模机器类型通信（massive Machine Type Communication，mMTC）以及超可靠和低延迟通信（Ultra-Reliable and Low Latency Communication，URLLC）。图 16.12 展示了未来国际移动通信（IMT）的潜在使用场景[4]。

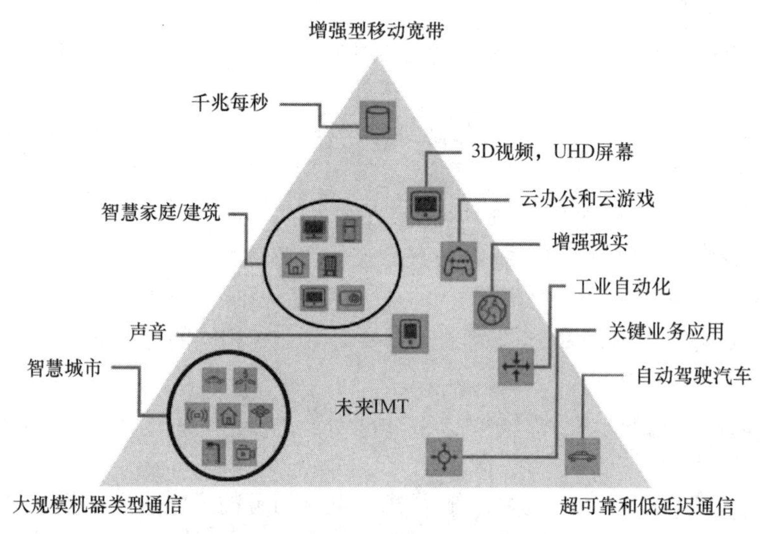

图 16.12　未来 IMT 的潜在使用场景

具体来说，3 类应用场景各自的主要特点如下：

（1）增强型移动宽带。此类场景主要处理以人为中心的潜在需求，要求能提供 100Mbps 的用户体验速率，如 3D/超高清视频、虚拟现实（VR）/增强现实（AR）。

（2）大规模机器类型通信。此类场景主要处理大规模智能设备的通信问题，要求能支撑百万级低功耗物联网（IoT）设备终端，如各种穿戴设备的连接服务。

（3）超可靠和低延迟通信。此类场景主要处理对可靠性要求极高、时延极其敏感的特殊应用场景，要求在保证低于 1ms 时延的同时提供超高的传输可靠性，如辅助驾驶、自动驾驶、工业自动化和远程机械控制。

2. 5G 安全挑战

为了实现 5G“万物互联”的宏伟愿景，5G 必须实现智能化，以同时支持异构的网络（如 3G、4G 和 Wi-Fi 等接入方式）和设备（如移动手持设备、物联网设备）对资源的正常使用。而智能化需要实现移动通信技术与云计算、大数据、虚拟现实等信息技术的高度融合，以及系统架构的创新。这些变革意味着 5G 将迎来全面的演进，包括核心和管理系统的演进，以及无线端协议到应用层协议的演进。在这些演进中，安全的影响无处不在，5G 将面临更复杂的安全挑战，主要包括如下挑战：

（1）5G 需要统一的安全管理机制来保证设备跨接入技术的网络接入安全，同时提供通用的安全性，如设备的认证和隐私性。除了传统终端设备，5G 还需要为海量异构 IoT 设备提供高效接入认证机制，并需要提供合理措施，以避免大规模设备向网络发起的拒绝服务攻击。

（2）5G 需要差异化的安全机制来服务于不同的个人业务及垂直行业。5G“基于云架构的端到端网络切片”形式被公认为是实现差异化服务的最有效解决方案。因此，在网络切片中实现“差异化的安全机制”也是5G必须要考虑的一个问题。

（3）5G需要更全面的隐私信息保护措施。5G的接入设备不再只是传统的通信设备，也包括大量面向具体应用的物联网设备，这些设备会收集用户大量的隐私信息，包括健康状况、个人喜好、社保信息、生活足迹等，并且这些信息将在5G中被第三方服务商进一步处理，给用户更极致的使用体验。所以，如何在大数据时代开放的系统中全方位地保护用户隐私，也将是5G面临的又一大安全挑战。

3．5G安全需求

5G提供的丰富场景服务将实现人、物和网络的高度融合，全新的万物互联时代即将到来，但是，现实空间与网络空间的真正连接也将带来空前复杂的安全问题。各标准化组织和企业联盟达成的共识是安全需求必须作为系统演进的一部分贯穿于整个5G的部署与技术更新中。目前，3GPP、5G PPP、NGMN、ITU-2020推进组、爱立信、诺基亚、华为也纷纷发布了各自的5G安全需求白皮书，并通过安全需求白皮书表达各自对5G安全需求的理解与展望。从目前众多安全需求来看，尽管不同的安全需求白皮书的侧重点有所差异，但核心问题仍集中于4G部分安全需求的演进，以及新技术、新服务驱动的新安全需求。

1）延续4G的安全需求

作为4G的延续，5G首先应该至少提供与4G同等的安全性，这些基本的安全需求主要包括以下几部分：

（1）用户和网络的双向认证。

（2）基于USIM卡的密钥管理。

（3）信令消息的机密性和完整性保护。

（4）用户数据的机密性保护。

（5）安全的可视性和可配置性。

其次，还应在5G的部署过程中重新考虑一些在旧系统部署中被讨论过但未被采纳的安全性质，主要包括：

（1）防IMSI窃取的保护。

（2）用户数据的完整性保护。

（3）服务请求的不可否认性。

最后，5G面对的设备种类不再单一，为不同的设备颁发一致的身份凭证也不现实。因此，5G还需要实现从以USIM卡为基础的单一身份管理方式到灵活多样的身份管理方式的过渡，以及对所涉及的身份凭证的产生、发放、撤销等整个生命周期的管理。

2）新技术驱动的安全需求

除了提供传统通信系统的基本功能，5G还提供一系列基于丰富场景和特殊需求的服务。为了以最有效的方式实现各种不同需求的服务，5G需要全新的网络架构来进行网络资源的管理和控制。其中，网络功能虚拟化（Network Functions Virtualization，NFV）和软件定义网络（Software Defined Networking，SDN）被认为是最有可能实现网络自动化管理以及网络资源虚拟化和网络控制集中化的技术。此外，云计算也被应用于5G网络中，用于实现按需的网络控制和定制化的用户服务。

具体来说，NFV技术的核心思想是解除网络功能对特定硬件供应商的依赖关系，实现软件和硬件的独立，并根据需要实现网络功能的灵活部署。SDN 技术的核心思想是将网络架构分离成应用、控制和转发 3 层架构，以实现网络的集中管控和网络应用的可编程性。而云计算提供的分布式计算和虚拟化等特性则能够实现网络的高效计算和灵活部署。为了更好地实现对差异化服务的支持，5G 网络需要基于 NFV 和 SDN 将网络分割成多个虚拟的端到端网络，即网络切片，使得在不同网络切片内从设备到接入网再到核心网逻辑独立。每个切片按照业务场景的需要进行网络功能的定制剪裁和相应网络资源的编排管理，为特定类型的业务提供最佳的使用体验。

因此，传统网络中依赖于物理设备隔离来提供安全保障的方式在 5G 网络中不再适用，5G 必须考虑由 NFV 和 SDN 等新技术带来的基础设施安全问题。例如，NFV 中虚拟化管理层的安全问题，虚拟 SDN 控制网元和转发节点的安全隔离问题等，从而保障 5G 业务在虚拟化环境下的安全运行。

3）垂直行业服务驱动的安全需求

垂直行业的应用将是 5G 发展的一个重要方向，不同的垂直行业对安全的需求差异极大，有些服务选择基于 5G 网络本身提供的安全保障，而有些服务则希望保留自身系统对安全的控制。在 5G 环境下，不同的安全需求很有可能作为一种服务，因而，安全即服务（Security-as-a-Service，SECaaS）的架构必然会出现。所以，5G 网络应提供更加灵活的安全配置，允许运营商或服务提供商在 5G 以外寻求独立的安全保障。此外，不同垂直行业之间的安全配置应保持一定的隔离，以防止服务资源在不同服务之间被非授权访问。

随着垂直行业服务的兴起，人们的心情、健康水平、喜好，以及其他更为隐私的信息将被精确获取或模糊感知，个人隐私和关键数据的安全问题将会加剧。在 5G 这样覆盖范围广的网络中，小的安全问题很有可能引起戏剧性的蝴蝶效应，所以，5G 还需要严格控制主要数据的获取、传输、存储和处理等各个环节的可访问性，制定周全的隐私保护策略，以保护用户的身份、位置、接入服务等不被泄露。

此外，5G 还需要建立自动化的安全监控和安全策略配置机制，以及时检测并防范未知的安全威胁，维护有效的安全保护策略，并根据网络状况和资源使用情况动态更新安全策略，始终保证为服务和应用提供最优的性能和用户体验。

总之，提供灵活的安全策略、一定的安全隔离、全面的隐私保护和自动化的安全配置机制将是 5G 安全应用于垂直行业服务的前提。因此，5G 需要在传统接入安全、传输安全的基础上，考虑新技术驱动和垂直行业服务下灵活多变和个性化的安全需求，以实现不同利益群体在不同应用场景下的多级别安全保障。

4．5G 安全框架

安全框架是将系统的安全需求分而治之的一种处理方式。目前 4G 的安全框架无法完全地刻画 5G 的安全需求。首先，4G 的信任模型不适用于 5G，5G 引入新的利益相关者（如服务提供商和新型的设备），使得 4G 的信任模型不再完整；其次，虚拟化及其管理也并不存在于 4G 安全框架中，因而无法准确地展示新系统对虚拟化方面的安全需求；最后，垂直行业服务，尤其是涉及健康、交通、工业自动化控制等服务需要考虑新的安全威胁因素。我们结合 IMT-2020（5G）推进组和 5G PPP 的安全白皮书给出了一个 5G 安全框架（如图 16.13 所示）。该框架以 4G 安全框架[5]为基础，涉及 5G 的 6 个域的安全。

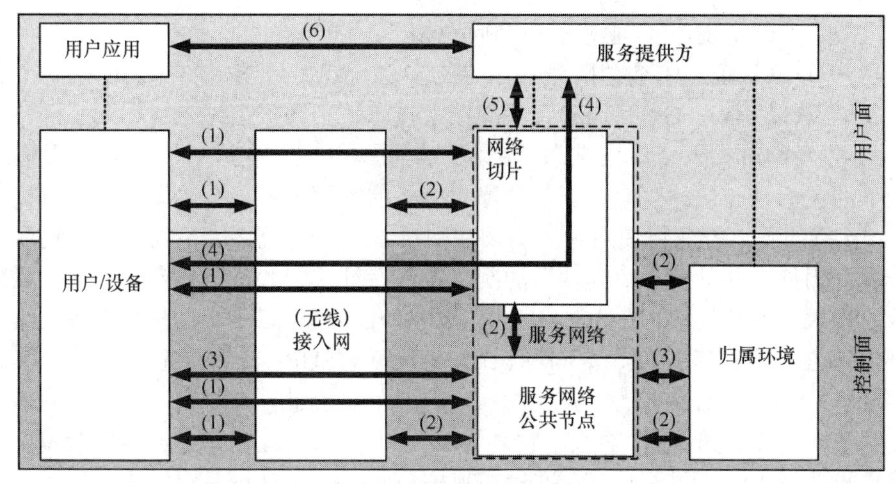

图 16.13　5G 安全框架

（1）接入安全域。接入安全域关注设备接入网络的安全性，主要目标是保证设备安全地接入网络，以及用户数据在该段传输的安全性。该域通过运行一系列认证协议来防止非法的网络接入，在此基础上提供一些完整性保护和加密等安全措施，以保护通信内容在无线传输路径上免受各种恶意攻击。在 5G 中，服务网络由底层的公共服务节点和独立的网络切片组成，设备的接入安全包括设备与服务网络公共节点直接交互的信令安全，也包括设备与网络切片的信令和数据交互的安全。

（2）网络安全域。网络安全域关注接入网内部、核心网内部、接入网与核心网以及服务网络和归属环境（网络）之间信令和数据传输的安全性。

（3）用户安全域。用户安全域关注设备与身份标识模块之间的双向认证安全，在用户接入网络之前确保设备和用户身份标识模块的合法性，以及用户身份的隐私安全等。

（4）应用安全域。应用安全域主要关注用户设备上的应用与服务提供方之间通信的安全性，并保证提供的服务无法恶意获取用户的其他隐私信息。

（5）可信安全域。可信安全域关注用户、移动网络运营商和基础设施提供商之间的信任问题，也包括用户根据不同的信任强度选择符合服务条款的安全措施（安全机制可配置性的安全）和垂直行业服务将信任关系授权给第三方实体等。

（6）安全管理域。由于 5G 安全需求繁多且复杂，因此 5G 需要同时应对多种不同层级的安全诉求。为了保证 5G 的整体安全，安全管理域需要在监测和分析的基础上为系统维护者提供全局的系统安全视角，如密钥管理和安全编排（Orchestration），其中密钥管理关注密钥的派生、更新等问题的安全性，安全编排则是由于网络切片引入的安全要求。

5．5G 安全关键问题

随着 5G 网络架构的变化和应用场景的丰富，与传统通信网络相比，5G 所面临的安全问题也越发的纷繁复杂，可根据安全框架归纳为以下几部分内容。

1）接入安全

接入控制在 5G 安全中扮演非常重要的角色，起到了保护频谱资源和通信资源的作用，也是为设备提供 5G 服务的前提。不同于 4G 同构的网络接入控制（通过统一的硬件 USIM 卡来实现网络接入认证），5G 对各种异构接入技术和异构设备的支持使得 5G 的接入控制面临巨大的挑战。具体来说，5G 亟待解决的问题如下：

（1）用户/设备认证。①构建跨越底层异构多层无线接入网的统一认证框架：来自不同网络系统（如 5G、4G、3G、Wi-Fi）、不同接入技术、不同类型站点（如宏小区、小小区、微小区）的并行/同时接入将成为常态。因此，需要采用统一的认证框架，实现适用于各种应用场景下的灵活且高效的双向认证，并建立统一的密钥体系。②“海量”终端设备的频繁接入：5G 支持的垂直行业将使用大量的物联网设备，与传统终端不同的是，物联网设备总量大，计算能力低，并具有“突发性”的网络接入特征。因此，需要专门面向物联网设备研发更高效的接入认证机制。③在 5G AKA 认证中，攻击者可以破坏用户和服务网络之间的协商。主要原因在于会话密钥 K_{SEAF} 与标识用户身份的 SUPI 没有绑定，发送给服务网络的 SUPI 没有包含 K_{SEAF} 的任何信息（K_{SEAF} 发送得更早）。因此，如果有两个会话同步进行，则无法保证服务网络收到的 SUPI 对应于它之前收到的 K_{SEAF}。攻击者最终可以欺骗归属网络，向其他用户收费。④5G AKA 认证存在冒充攻击。5G AKA 认证是对用户的隐式认证，即从用户角度来看，对服务网络的身份认证是通过正确使用会话密钥 K_{SEAF} 来完成的。5G 标准中没有明确要求：在 K_{SEAF} 没有确认的情况下用户是否继续执行协议。因此，当用户发送敏感信息时，攻击者可以冒充服务网络获取信息。

（2）抗拒绝服务攻击。拒绝服务（Denial of Service，DoS）攻击的目的是使网络资源被耗尽而无法提供正常的服务。在 5G 中，攻击者如果利用海量物联网设备对网络发起分布式拒绝服务攻击，对网络造成的危害将比传统终端带来的危害更大。限制或阻止对资源的过度请求可以一定程度避免 DoS 攻击，另外，尽量减少每次请求对网络资源的消耗也将是缓和 DoS 攻击的一种措施。因此如何避免 DoS 攻击也将成为 5G 网络未来的一个重要研究内容。

2）网络安全

网络切片安全问题是网络安全域最重要的问题。网络切片是一组网络功能、运行这些网络功能的资源，以及这些网络功能的特定配置组成的集合，3GPP 的文档 TR 23.799 定义了网络切片的一系列功能及特征。网络切片可以视为基于共享基础设施，但服务于特定业务的专用网络，也可以视为网络在逻辑上的特定实例化。网络切片本身可以定制，因此，也能够最大程度减少资源消耗、节省成本，并提高服务质量。5G 网络根据网络切片实现的功能可划分为功能型切片（如无线接入网切片、核心网切片）和服务型切片（如电话切片、任务关键的物联网切片）网络。切片体现了 5G 网络的灵活性，然而，5G 需要为网络切片提供持续的安全隔离机制，并能为用户或基础设施运营商提供有效的隔离证明。因为一方面，由一个网络切片管理的敏感数据可能由于一些侧信道攻击被运行于另一个网络切片中的应用获得；另一方面，一个切片内部的错误和故障也会对其他切片产生影响。此外，网络功能在不同切片之间的共享、基础网络功能与第三方提供的网络功能在切片内的共存等都对安全保障提出了新的要求。

3）用户安全

用户隐私保护是用户安全域最重要的问题。由于 5G 提供的业务种类繁多，开放的网络架构使得用户数据及个人隐私信息面临更严峻的考验。在传统的通信网络中（主要是 3G 和 LTE），用户的长期身份标识（国际移动用户身份）在首次向网络进行认证时会直接以明文的形式在信道中传输，导致了用户身份隐私的破坏。5G 系统设计需要避免 IMSI 窃取攻击，保证接入设备在任何时候的隐私安全。

5G 中 IMSI 取消了明文传送，但仍存在 IMSI 暴力攻击。49 比特的 IMSI，其中 18 比特是国家代码等公共代码，7 比特能通过 TORPEDO 攻击计算出来，因此，暴力攻击只需猜测 24 比特。攻击者猜测 IMSI，用核心网的公钥加密它，并发送给核心网，根据核心网的响应信息能够判断猜测的 IMSI 是否属于核心网。进一步，攻击者转发收到的认证请求信息给被猜测的用户，根据用户的响应信息判断猜测的 IMSI 是否正确。实验表明，通过这种方法 74 小时可得到 IMSI。

在 5G AKA 认证中，攻击者可以追踪用户。攻击者观察某个用户，将重放服务网络发送给观察用户的信息发送给拟判定用户，根据拟判定用户的响应信息（MAC 失败或同步失败），来判断该用户是否为其正观察的用户。如果响应信息是同步失败，那么拟判定用户正是观察的用户；否则，不是观察的用户。

另外，由于 5G 接入网络包括 LTE 接入网络，攻击者有可能诱导用户至 LTE 接入方式，从而导致针对隐私性泄露的降维攻击，5G 隐私保护也需要考虑此类安全威胁。5G 面临的隐私问题不仅包括用户身份信息的隐私，还包括用户使用网络过程中产生的一系列与人身、财产相关的多种隐私信息。因此，必须将隐私保护作为网络本身提供的一种安全属性。5G PPP 的子项目 5G-ENSURE 也指出隐私保护的社会影响力，3GPP 也创建了多个文档专门分析用户隐私及其影响，如 TR 33.849、TR 22.864。

4）应用安全

与前几代移动通信网络不同，5G 支持海量物联网设备连接，但物联网设备通常会频繁地发送小数据包，这势必造成接入网与核心网之间信令的频繁交互，从而消耗网络带宽，造成传输效率下降。

5G 缺少对海量物联网设备之间高效的交互认证机制，一旦这些大规模的终端被对手或攻击者控制，对 5G 网络正常运行会产生严重影响。

5G 需要确保小数据的通信安全，针对机器类终端进行高效的连接设计，在满足小数据信令和数据包传输需求的基础上，确保信令和数据传输的安全性，如隐私保护和完整性保护。

5）可信安全

5G 网络为了优化用户体验、提供新型商业模式，将向大量第三方应用开放网络，借此实现网络和第三方应用的互动，并优化网络资源配置。首先，5G 将提供一些网络功能（如移动性、会话、QoS 和计费）的接口，方便第三方应用独立完成网络基本功能。此外，5G 还将开放 MANO（管理和编排），让第三方服务提供者可以独立实现网络部署、更新和扩容等网络编排能力，最终实现动态定制网络。以上面向第三方开放的能力都是 5G 网络的基本功能，如果在开放授权过程中出现信任问题，则恶意第三方将通过获得的网络操控能力对整个 5G 网络发起攻击。此外，随着用户（设备）种类增多、网络虚拟化技术的引入，用户、移动网络运营商和基础设施提供商之间的信任问题也比以前的网络更加复杂。

6）安全管理

（1）安全上下文。安全上下文（Security Context）是网络为设备建立的临时状态信息，其中包括密钥信息和数据承载信息，目的是减少设备在不同状态之间切换时与网络进行相互认证的资源消耗，方便设备快速从空闲状态安全切换到连接状态并安全通信。在 5G 中，设备移动、设备在不同接入网之间切换均需要考虑安全上下文的迁移和管理，迁移过程中不同的网络对密码算法的支持情况也不同，涉及算法的重协商、上下文的标识和存储安全。此外，小数据通信模式下安全上下文受限于设备的计算能力，也需要全新的处理方式。

（2）密钥管理。由于 5G 应用场景丰富，因此 5G 的密钥种类呈现多样化的特点，具体包括专门用于控制平面和用户平面的机密性/完整性保护密钥、用于保护无线通信端信令和消息传输的密钥、用于支持非 3GPP 接入的密钥、用于保证网络切片通信安全的密钥，以及用于支持与 LTE 系统后向兼容的密钥等。这一系列密钥既需要保持整体系统的统一性，又需要具备一定的独立性，以确保每个部分的安全性互不影响。此外，5G 用户种类多样并包括各种设备，5G 还将提供基于非对称密钥、基于生物信息等的用户身份识别技术。因此，5G 的密钥管理将比 4G 更为复杂，难度也更大。

（3）安全编排。编排是通过一个中心控制节点来协同业务流程中的各种事件/活动，以达到控制总体的作用。编排的特点是服务可以连接服务，即一个服务的输出可作为另一个服务的输入，因此，能实现服务组合，创造出新的业务模型，最终满足不断变化的市场和用户需求。编排简单来讲是一种自动化的控制理论，在面向服务的架构（SOA）、平台虚拟化、融合的基础设施等领域被广泛使用。5G 在关键技术 SDN 和网络切片中大量使用编排来灵活地提供服务。3GPP 的文档 TR 28.801 和 NGMN 的网络服务管理白皮书还就 5G 网络切片管理和编排的一些问题进行了研究。管理和编排过程复杂，最基本的安全需求是保证各服务之间共享资源的关联性和一致性，此外，编排决定了网络/特定服务的拓扑结构，编排本身将决定在何处部署安全机制和安全策略。5G 系统需要在编排过程中提供足够的安全保证。

（4）证书管理。5G 将引入公钥基础设施（PKI）来加强用户身份的机密性保护，以及网络各节点之间的相互认证。PKI 的引入使得系统必须维护庞大的 CA 系统，一方面对 CA 容量要求高；另一方面，将面临一系列证书管理的开销，如大量并发的证书申请、证书更新、证书撤销等操作。因此，5G 必须加快促进 CA 技术的发展，并将其高效地部署在 5G 中。此外，5G 也面临着 PKI 升级换代所带来的安全挑战和影响。

7）密码算法

密码算法是保证安全通信的关键组件，LTE 系统采用的一系列对称密码算法包括 SNOW 3G、ZUC、AES 等，目前均不存在安全性问题，但是，随着量子计算技术的发展，5G 需要结合未来的发展趋势扩展密钥长度，并考虑算法的量子安全性，因此，需要改进提高密码算法的适应性。与此同时，4G 中的大量算法计算代价大，与 5G 绿色节能的基本要求存在一定的冲突，5G 必须考虑一系列轻量级密码算法。但 3GPP 还建议使用大量的公钥密码算法，如 DHIES 及其 ECC 上的变形 ECIES、基于身份的加密（IBE）和基于属性的加密（ABE），这些算法随着量子计算技术的发展会遇到极大的安全挑战，应尽早做好替代准备工作。

6．5G 安全解决方案

1）统一的认证框架

为了解决异构接入技术和设备接入网络的问题，3GPP 在 R15 的文档 TR 33.899 中给出了将可扩展认证协议（Extensible Authentication Protocol，EAP）框架用作 5G 通用认证框架备选方案的具体描述。框架适用于任何类型的订阅者以任何一种 3GPP 定义的接入技术（包括 3G、4G）和非 3GPP 定义的接入技术（包括 Wi-Fi、WiMAX）进行接入网认证。EAP 认证框架由 RFC 3748 定义，是一种支持多种认证方法的三方认证框架，框架本身不提供任何安全性，只规定了消息的封装格式，具体的安全目标依赖于使用的认证方法，目前 EAP 支持的认证方法有 EAP-MD5、EAP-OTP、EAP-GTC、EAP-TLS、EAP-SIM 和 EAP-AKA，还包括一些厂商提供的方法和新的建议。在 5G 中，具体的 EAP 协议运行于 UE（用户设备）、AUSF（相当于后端服务器）和 SEAF（相当于前端认证器）之间。

2）基于群组的海量 IoT 设备认证方案

认证数量庞大的 IoT 设备对确保 5G 安全是一个巨大的挑战。群组认证协议可以一次性认证一组设备，能够有效降低系统的计算、通信和存储代价。目前，5G-ENSURE 给出了一种基于可逆杂凑树的新型群组 AKA 协议的构造[6]。该方案基于树结构存储设备的主密钥，可以一次性认证多个 IoT 设备，并能够动态地在前端认证器的计算量与后端服务器的通信量之间进行调整，可直接部署到现有的通信系统中，且通过形式化工具 ProVerif 的验证，可以提供设备与网络的双向认证、密钥的机密性、设备的隐私性等安全功能。

3）丰富的密钥层级架构

3GPP 在文档 TR 33.899 中给出了根据 3GPP 对 5G 密钥层级的基本要求而整理的两种密钥架构候选方案。两种方案的差别不大，在每种方案中又各自存在两种变形，其中候选方案 1（包括两种变形）可参考图 16.14。5G 基本延续了 4G 的密钥派生方式，如根密钥 K 为 UE 与核心网的统一认证数据管理（UDM）共享的长期密钥，整个密钥派生系统依赖于这一密钥。密钥层级的第 2 层是加密算法密钥（Confidentiality Key，CK）和完整性保护算法密钥（Integrity Key，IK），是为了后向兼容而保留的密钥；在 CK 和 IK 的基础上，密钥层级的第 3 层为 K_{SEAF}，该密钥相当于 LTE 系统的 K_{ASME}，主要用于在 UE 和 AMF（接入和移动管理功能）之间进行 UE 的移动管理和会话管理的密钥派生。以 K_{SEAF} 为基础，派生出 3 类密钥：①非接入层移动管理密钥，主要包括 $K_{\mathrm{NAS\_MM}}$ 以及在此基础上派生的非接入层移动管理加密密钥 $K_{\mathrm{NAS\text{-}MMenc}}$ 和完整性保护密钥 $K_{\mathrm{NAS\text{-}MMint}}$；②接入网络密钥 K_{AN}（两种变形体现在该密钥的派生方式上）以及在此基础上派生的 RRC 层加密密钥 K_{RRCenc}、RRC 层完整性保护密钥 K_{RRCint}、用户平面加密密钥 K_{UPenc}、用户平面完整性保护密钥 K_{UPint}；③用户向网络切片请求服务时的密钥 K_{UP} 以及在此基础上为每个特定的会话 j（j=1,…,N）派生的会话加密密钥 $K_{\mathrm{Sess}_j\mathrm{int}}$ 和会话完整性保护密钥 $K_{\mathrm{Sess}_j\mathrm{int}}$。与 LTE 系统的密钥层级相比，5G 系统的密钥丰富了很多，除了以上的密钥类型，还包括为实现后向兼容而保留的接入网络密钥（如 $K_{\mathrm{3GPP\_AN}}$、$K_{\mathrm{non\text{-}3GPP\_AN}}$），为支持一些 3GPP 未考虑的接入网络引入的接入网络密钥 $K_{\mathrm{AN\_other}}$。

4）基于标识的切片安全隔离

网络切片是 5G 的重要组件，它使得运营商可以根据不同的市场情景和丰富的需求定制网络，以提供最优的服务。一个网络切片是一系列为特定场景提供通信服务的网络功能的逻辑组合。网络切片本身是一种网络虚拟化技术，因此，不同切片的隔离是切片网络的基本要求。为了实现切片隔离，每个切片被预先配置一个切片 ID，同时，符合网络规范条件的切片安全规则被存放于切片安全服务器（Slice Security Server，SSS）中，UE 在附着网络时需要提供切片 ID，附着请求到达归属服务器（Home Subscriber Server，HSS）时，由 HSS 根据 SSS 中对应切片的安全配置采取与该切片 ID 对应的安全措施，并选择对应的安全算法，再据此创建 UE 的认证矢量，该认证矢量的计算将绑定切片 ID，通过以上步骤，来实现切片之间的安全隔离。

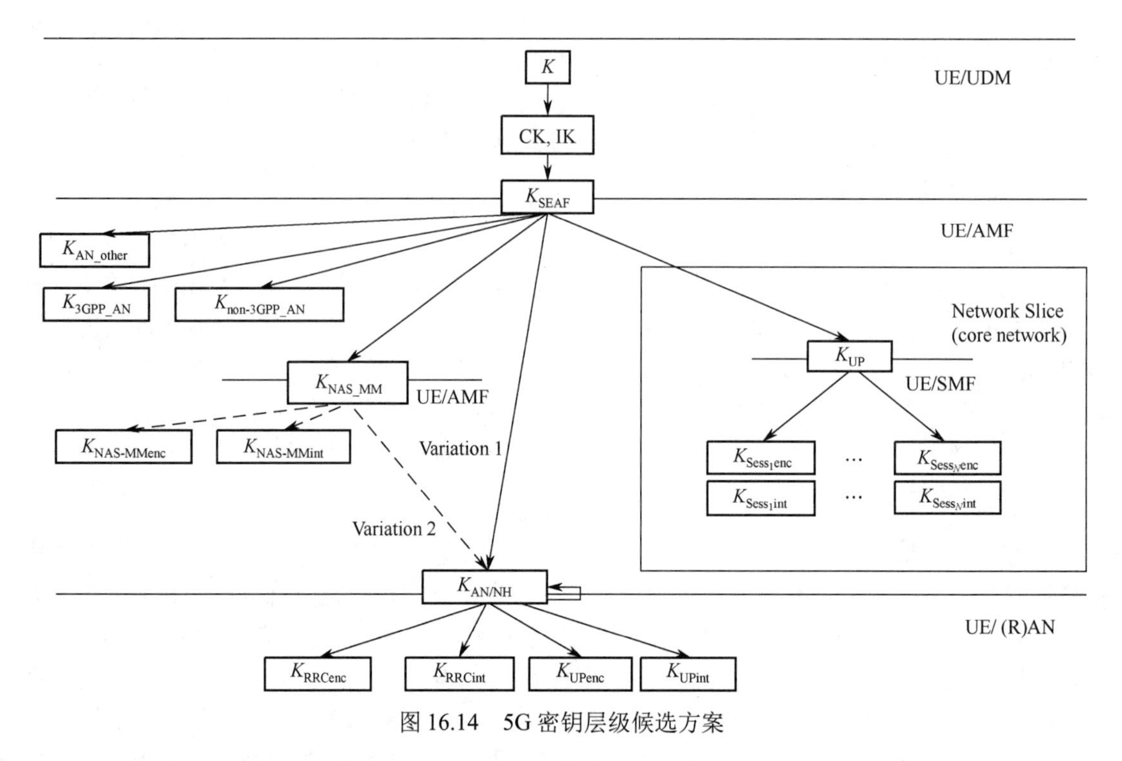

图 16.14　5G 密钥层级候选方案

网络切片本身是一个复杂的系统，由于切片之间凭借共享基础设施或共同协作实现更高级别的功能，因此切片之间的通信安全也至关重要。目前对这个问题的研究仍然处于初级阶段，随着 5G 网络架构的不断完善，这个问题在未来的研究中必将得到合理的解决。

5）基于多种身份凭证的隐私保护

网络服务订阅者的隐私在 5G 中将面临更多安全威胁，3GPP 给出了一些隐私保护解决方案。首先，由于用户在初次访问网络之前的附着阶段还未能与网络协商出任何密钥，因此其长期身份标识也无法进行任何加密保护。为了避免用户长期身份标识的泄露，5G 网络将为网络核心组件配备公钥，用户在需要向网络中的认证实体发送长期身份标识时，以接收方的公钥对身份标识进行加密，从而保护长期身份信息不遭受攻击者的窃听攻击。3GPP 在 TR 33.899 中给出的推荐加密方案是 DHIES 及其 ECC 上的变形 ECIES。此外，3GPP 还给出基于身份的加密和基于属性的加密的解决方案，直接加密用户的身份标识或用一个与公共属性绑定的私钥和全局公钥加密身份标识。

6）移动边缘计算

移动边缘计算（Mobile Edge Computing，MEC）是由国际标准组织 ETSI 提出的一种技术，是在移动网边缘提供 IT 服务环境和云计算能力的技术。MEC 技术的核心思想是将对带宽和时延要求严格的业务数据的计算、处理和存储推向无线侧，以减少网络操作和服务交付的时延消耗，提高用户的使用体验。目前，3GPP 和 NGMN 均成立了专门的工作组来进行 MEC 的相关研究。MEC 通过对数据包的深度包解析（DPI）来识别业务和用户，并进行差异化的无限资源分配和数据包的时延保证。MEC 服务器可以部署在网络汇聚节点之后，也可以部署在基站内，所有通过基站的数据包都将通过 MEC 服务器的数据包解析，并由 MEC 给出是否进行本地分流的决策，不能本地处理的数据则由 MEC 传递给核心网处理。但目前，MEC 依赖的底层 DPI 技术对 HTTPS 的数据包的解析还不够成熟，而未提交至核心网的数据流量计费功能也存在问题。因此，MEC 技术还存在诸多难点有待解决。各大标准组织正在努力推动 MEC 的标准化工作，并尽可能解决现阶段 MEC 技术引入带来的部署问题，实现从 4G 到 5G 的平滑过渡。

16.5 小结与注记

本章主要介绍了无线通信网络的安全威胁和移动通信网络安全机制。无线通信网络的优势是采用无线通信信道，网络结构方便、灵活，可以提供无线覆盖范围内的全功能漫游服务等。然而，它在赋予无线通信用户便利和自由的同时也带来了更多的不安全因素，需要不断分析和防范这些不安全因素。移动通信系统已从 1G 演进到 5G，当然还会不断地演进下去，安全挑战会越来越大，安全解决方案也要不断地适应系统的演进。5G 作为新一代移动通信网络基础设施，安全成为支撑其健康发展的关键要素。目前 5G 带来的安全问题仍然有很多不确定性因素。

本章在写作过程中主要参考了文献[1]和[2]。文献[3]是一本专门介绍第三代移动通信系统安全及其相关移动业务安全的著作，也可以从 3GPP 官网查阅更多更新标准的进展情况。

思 考 题

1．无线通信网络中的安全威胁有哪些？
2．简述 2G 系统的安全机制及其缺陷。
3．简述 3G 系统的认证过程。
4．了解 4G 系统的安全机制，并说明其特点。
5．5G 系统应考虑哪些安全措施？为什么？

参 考 文 献

[1] 冯登国，徐静. 网络安全原理与技术[M]. 2 版. 北京：科学出版社，2010.

[2] 冯登国，徐静，兰晓. 5G 移动通信网络安全研究 [J]. 软件学报，2018，29(6)：1813-1825.

[3] 朱红，冯登国，胡志远. 第三代移动通信系统安全[M]. 北京：电子工业出版社，2009.

[4] ITU-R. IMT-vision-framework and overall objectives of the future development of IMT for 2020 and beyond：Recommendation，ITU-R M. 2083-0 [S]，2015.

[5] 3GPP. 3GPP system architecture evolution，security architecture，Technical Specification：TS 33. 401 v15. 0. 0 [S]，2017.

[6] GIUSTOLISI R，GEHRMANN C，AHLSTROM M，et al. A secure group based AKA protocol for machine-type communications[C]//19th Annual International Conference on Information Security and Cryptology，2016：3-27.

Wi-Fi

患生于所忽，祸起于细微。

——汉·刘向《说苑》

第 17 章　无线局域网安全

内容提要

无线局域网是指应用无线通信技术将计算机设备互联起来，构成可以互相通信和实现资源共享的网络体系。与传统的有线网络相比，无线局域网具有安装便捷、使用灵活、网络造价低、容量大、易于扩展和高移动性等特点，因此，比较适用于布线困难或人员流动频繁的环境，以及需要方便、快捷构建网络的场合。随着无线局域网的广泛应用，人们对其安全性的需求也越来越高。因此，必须专门为无线局域网设计安全保护机制，以保护在无线局域网中传输数据的机密性和完整性，同时对请求接入无线局域网的用户进行身份认证和访问控制。目前，针对无线局域网安全性的标准主要有 IEEE 802.11、IEEE 802.11i、WPA 和 GB 15629.11。本章主要介绍无线局域网的网络架构和安全机制。

本章重点

- 无线局域网的网络架构
- IEEE 802.11 的安全机制
- IEEE 802.11i 的安全机制

17.1 无线局域网的网络架构

无线局域网（WLAN）由无线网卡、无线接入点（Access Point，AP）、计算机和有关设备组成。WLAN 中的工作站（Station，STA）是指能够发送和接收无线网络数据的计算机设备，如内置无线网卡的台式计算机、笔记本电脑。AP 是连接有线网和无线网的桥梁，通常一个 AP 能够在几十米至上百米的范围内连接多个用户。

IEEE 802.11 标准支持两种拓扑结构：独立基本服务集（Independent Basic Service Set，IBSS）和扩展服务集（Extend Service Set，ESS）。这两种结构使用一个基本组件，IEEE 802.11 标准将其称为基本服务集（Basic Service Set，BSS）。BSS 提供一个覆盖区域，使 BSS 中的站点保持充分的连接。一个 BSS 至少包括两个站点，站点可以在 BSS 内自由移动，但如果它离开了 BSS 区域，就不能直接与其他站点建立连接。IBSS 是一个独立的 BSS，它没有中枢链路基础结构。IBSS 网络的拓扑结构如图 17.1 所示。

ESS 是由多个 AP、多个 BSS 通过分布式系统（DS）连接形成的结构化网络。只要是在 WLAN 的覆盖范围内，STA 都可以通过 AP 与外部有线或无线的骨干网络相连。图 17.2 显示了一个简单的 ESS 网络。

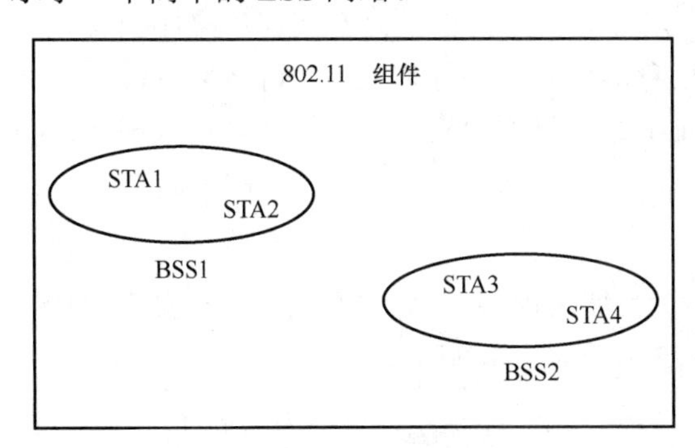

图 17.1 IBSS 网络的拓扑结构

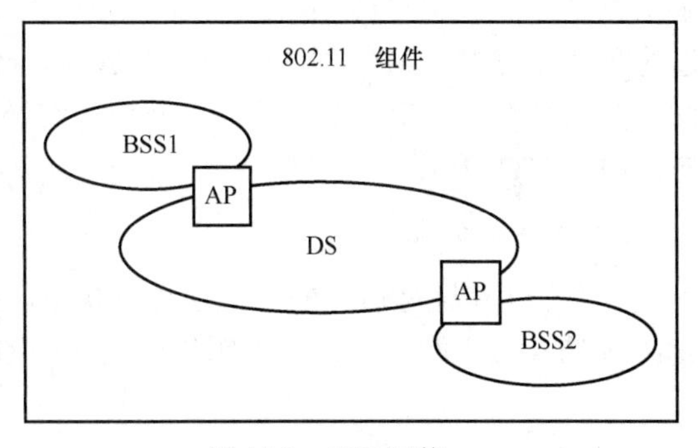

图 17.2 ESS 网络

IEEE 802.11 标准定义了 WLAN 的两种类型：基础网络（Infrastructure Network）和自组织网络（Ad-Hoc Network）。基础网络包含多个 STA 和 AP，它的拓扑结构就是 ESS。自组织网络由一组 STA 相互连接，无须 AP，它的拓扑结构就是 IBSS，网络中所有节点的地位平等，没有中心控制节点。

随着 WLAN 的广泛应用，人们对其安全性的需求也越来越高。因此，必须专门为 WLAN 设计安全保护机制，以保护在 WLAN 中传输数据的机密性和完整性，同时对请求接入 WLAN 的用户进行身份认证和访问控制。目前，针对 WLAN 安全性的主要标准如下：

（1）IEEE 802.11：使用有线等价保密（Wired Equivalent Privacy，WEP）机制来实现认证与数据加密，其理想目标是为 WLAN 提供与有线网络相同级别的安全保护。由于这些安全机制存在设计缺陷，因此并不能提供足够的安全保护。

（2）IEEE 802.11i：针对 WEP 机制的安全缺陷，IEEE 802.11i 工作组提出了一系列改进措施。IEEE 802.11i 标准已于 2004 年 6 月正式颁布，采用 AES 加密算法代替 WEP 机制中的 RC4 算法，使用 IEEE 802.1x 协议进行用户认证。

（3）WPA：由于 IEEE 802.11i 标准从开始制定到正式批准需要的时间较长，因此为了填补 IEEE 802.11i 标准出台之前的空白，Wi-Fi 联盟于 2002 年 10 月推出了一套自己的标准 WPA （Wi-Fi Protected Access）。WPA 的核心是 IEEE 802.1x 认证协议和临时密钥完整性协议（TKIP）。

（4）GB 15629.11：我国于 2003 年 5 月颁布了无线局域网国家标准 GB 15629.11，引入了新的安全机制——无线局域网鉴别和保密基础结构（WLAN Authentication and Privacy Infrastructure，WAPI）。

17.2　IEEE 802.11 的安全机制

1．认证机制

IEEE 802.11 定义了两种认证方式：开放系统认证（Open System Authentication）和共享密钥认证（Shared Key Authentication）。

1）开放系统认证

开放系统认证是 IEEE 802.11 的默认认证机制，整个认证过程以明文方式进行。认证请求信息包括 STA 希望使用的认证算法（“0”表示开放系统认证）以及认证信息序列号。通过这种认证方式，AP 并不能认证 STA 的合法身份，它允许任何 STA 访问网络资源。因此，开放系统认证相当于空认证。开放系统认证的整个过程只有两步，即认证请求和认证响应，如图 17.3 所示。

2）共享密钥认证

共享密钥认证是可选的。在这种方式中，AP 根据 STA 是否拥有合法的密钥来决定是否允许该 STA 接入网络。共享密钥认证过程如图 17.4 所示，具体步骤如下。

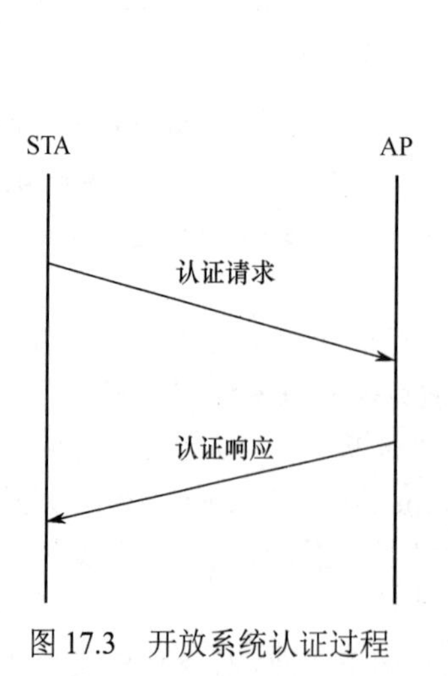

图 17.3　开放系统认证过程

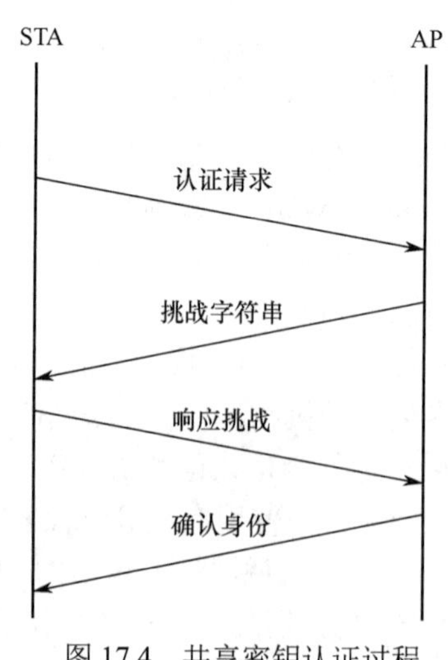

图 17.4　共享密钥认证过程

① 被认证方 STA 向 AP 发送认证请求。

② AP 收到认证请求信息后，随机产生 128 比特的挑战字符串发送给 STA。

③ STA 利用共享密钥 K，通过 WEP 算法对挑战字符串进行加密，产生的密文作为挑战的响应值发送给 AP。

④ AP 利用共享密钥 K，通过 WEP 算法对收到的挑战响应值进行解密，如果 AP 解密出的信息与自己发送的挑战字符串相同，则认证成功；否则，认证失败。

2. 加密机制

WEP 是 IEEE 802.11 标准中保障数据传输安全的核心部分。WEP 采用序列密码算法 RC4，同时引入初始向量（Initialization Vector，IV）和完整性校验值（Integrity Check Value，ICV）以防止数据的篡改及传输错误。发送方和接收方共享一个 40 比特的密钥 SK。WEP 加密和解密过程如图 17.5 所示。

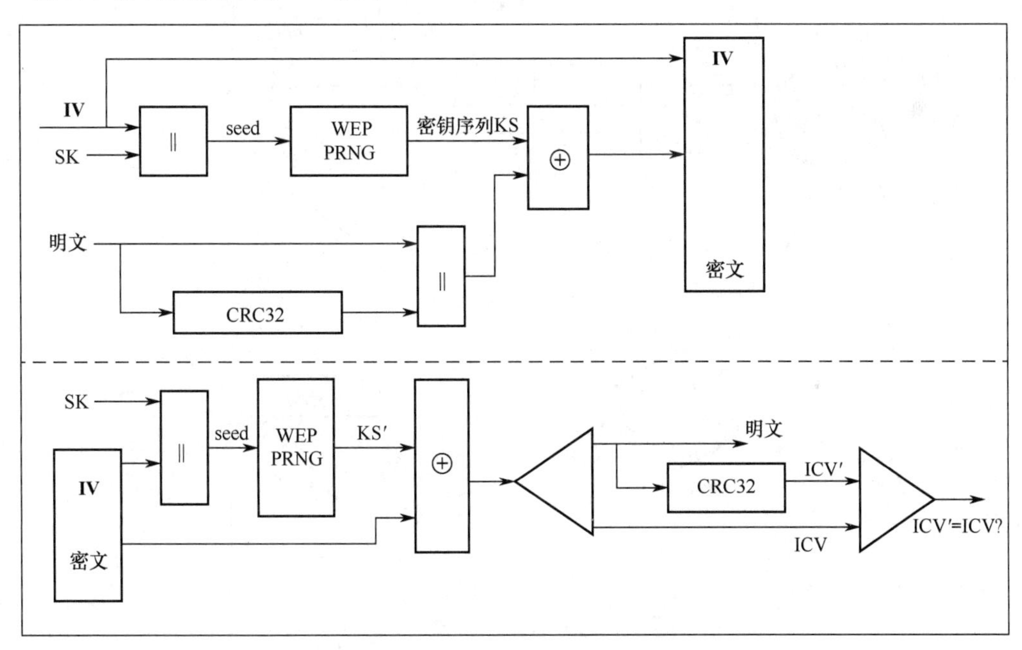

图 17.5　WEP 加密和解密过程

WEP 的加密过程可以分为以下几个基本阶段：

（1）数据校验阶段：利用完整性校验算法 CRC32，对明文 M 进行运算，ICV=CRC32(M)，并将结果与 M 串联，得到 P=ICV||M。

（2）加密密钥生成阶段：选择初始向量 **IV**，以 **IV**||SK 作为 RC4 伪随机产生器（PRNG）的种子，生成密钥流，即 KS=RC4(**IV**||SK)，这是一个与 P 等长的伪随机序列。

（3）加密阶段：将 KS 与 P 进行异或运算即可产生密文 C=KS⊕P，在发送密文时将 **IV** 一起传输，即传输 **IV**|| C。

WEP 的解密过程与加密过程正好相反，具体步骤如下：

（1）接收方接收到消息以后，首先将 **IV** 和 C 分离，利用 **IV** 和 SK 产生一个解密密钥 KS′，它应该是与 KS 相同的密钥序列。

（2）将 KS′与 C 进行异或运算恢复明文 P'。

（3）将明文 P'分为消息 M'和校验值 ICV，计算 ICV′ =CRC32(M')。比较 ICV′和 ICV，如果二者相等，则接收解密的明文消息；否则，说明消息在传输期间已被篡改。

3. 安全性分析

1）认证机制

如上所述的开放系统认证机制，无法提供站点身份的认证。下面主要对共享密钥认证机制进行分析。

由于 WEP 采用明文和密钥流进行异或的方式产生密文，在认证过程中密文和明文都暴露在无线链路上，因此，攻击者通过被动窃听攻击手段捕获密文和明文，将密文和明文进行异或即可恢复密钥流，具体过程如图 17.6 所示。由于 AP 的挑战字符串一般是固定的 128 比特，一旦攻击者得到密钥流，就可以利用该密钥流产生 AP 新挑战的响应值（用新挑战字符串与密钥流异或），从而无须知道共享密钥就可成功获得认证。

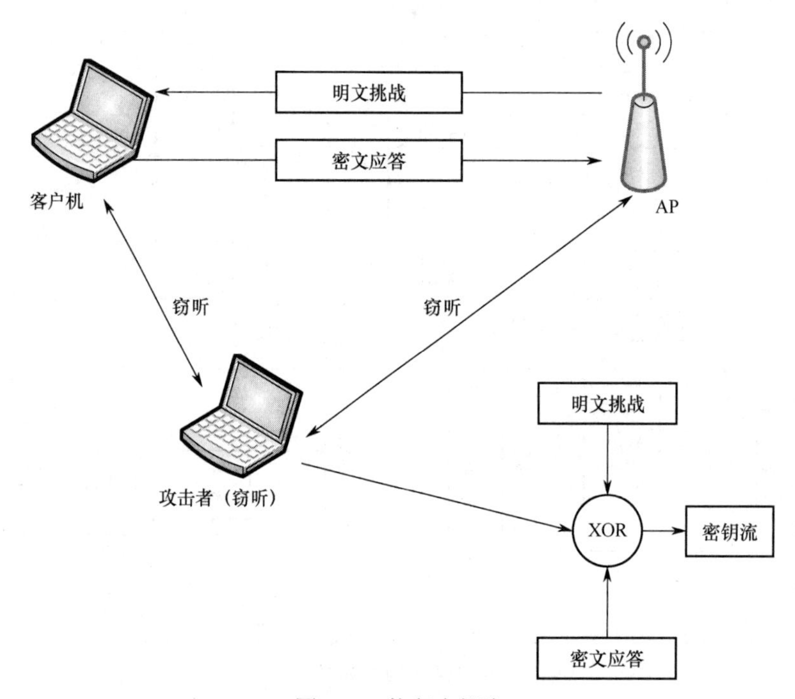

图 17.6　恢复密钥流

此外，共享密钥认证机制是单向的，即只是从 STA 到 AP 的认证，而 AP 无须向 STA 认证自己的身份。这使得伪装 AP 的攻击很容易实现，并且会存在会话劫持和中间人攻击的可能性。

2）WEP 安全性

作为制约无线局域网发展的主要因素，WEP 的安全性受到了越来越多的关注。

① 弱密钥问题。作为 WEP 核心的 RC4 算法，存在大量的弱密钥，在使用这些弱密钥作为种子时，RC4 算法输出的伪随机序列存在一定的规律性，即种子的前面几位很大程度上决定了输出的伪随机序列的前面一部分比特位。攻击者收集到足够的使用具有格式化前缀的密钥流的包后，对它们进行统计分析，只需尝试很少的密钥就可以反推出 WEP 密钥。

② 密钥管理问题。IEEE 802.11 标准没有指定任何密钥管理方法。实际使用中，存在许多网络内的所有设备共享一个密钥的情况。

③ 初始向量重用问题。WEP 采用初始向量，采用初始向量的目的是使每次加密时 RC4

产生的密钥流各不相同，这样采用相同密钥对相同明文加密可以得到不同密文，实现数据加密。既然初始向量是为了引入变化而采用的，那么就应尽量避免重复使用。然而，IEEE 802.11 并没有规定初始向量选取的方式，很容易导致错误使用。如果采取随机选取初始向量的方式，则不需要经过太多数据包，就很容易随机选取到相同的初始向量。因此，初始向量的取值最好采取从 0 开始的计数器方式。但 WEP 中的初始向量只有 24 比特，也就是说有 2^{24} 个取值。如果按照 IEEE 802.11b 11Mbps 的速度发送 1500 个字节的数据包，那么使用所有的初始向量需要 $1500×8/(11×106)×2^{24}≈1800s$，即只要半小时的时间就会把这些初始向量值耗尽。如果网络中有多个设备同时工作，则需要的时间会更短。也就是说，在实际的网络中，随意监听一段时间，就很容易得到初始向量被重用的数据包，这些数据包经过上面的计算就可以作为有力的攻击手段。

3）完整性保护机制

为了防止数据的篡改及传输错误，IEEE 802.11 在 WEP 中引入了完整性保护机制，它采用 CRC32 函数实现。在传输数据前，发送方先计算明文的 CRC 校验码，然后将明文与校验码串联后加密发送。接收方收到 WEP 加密数据后，首先解密出明文及其 CRC 校验码，然后计算解密出的明文的 CRC 校验码，如果与解密的校验码相同，则认为数据在传输中未遭篡改，接收传来的数据；否则，丢弃该数据包。

然而，CRC32 函数对于异或运算来说是线性的，有等式

$$\mathrm{CRC32}(x \oplus y) = \mathrm{CRC32}(x) \oplus \mathrm{CRC32}(y)$$

设 P 为未知明文，C 为 P 对应的密文，X 为对 P 的篡改，WEP 的加密运算表示为

$$C = \{P, \mathrm{CRC32}(P)\} \oplus \mathrm{RC4}(\mathbf{IV}, \mathrm{SK})$$

假设 C 为发送方的发送数据，我们进行中间拦截并将其更改为 C_1

$$\begin{aligned} C_1 &= C \oplus \{X, \mathrm{CRC}(X)\} \\ &= \mathrm{RC4}(\mathbf{IV}, \mathrm{SK}) \oplus \{P, \mathrm{CRC}(P)\} \oplus \{X, \mathrm{CRC}(X)\} \\ &= \mathrm{RC4}(\mathbf{IV}, \mathrm{SK}) \oplus \{P \oplus X, \mathrm{CRC}(P) \oplus \mathrm{CRC}(X)\} \\ &= \mathrm{RC4}(\mathbf{IV}, \mathrm{SK}) \oplus \{P \oplus X, \mathrm{CRC}(P \oplus X)\} \end{aligned}$$

接收方接收到 C_1 后，通过解密得到我们篡改过的明文 $P \oplus X$，然而，使用 CRC 校验码，检测不出被篡改过。所以数据完整性保护机制是失败的，不能抵御数据篡改。

17.3 IEEE 802.11i 的安全机制

为了进一步加强无线网络的安全性，IEEE 802.11 工作组开发了新的安全标准 IEEE 802.11i，且致力于从长远角度解决 IEEE 802.11 无线局域网的安全问题。IEEE 802.11i 中定义了新的安全体系——坚固安全网络（RSN），其特点是采用 IEEE 802.1x/EAP 进行认证和动态密钥分配，数据加密算法则采用 TKIP（Temporal Key Integrity Protocol）或 CCMP（Counter-Mode/CBC-MAC Protocol）。

17.3.1 IEEE 802.11i 加密机制

针对 WEP 的安全缺陷，IEEE 802.11i 中定义了 TKIP 和 CCMP 两种加密机制。其中，

TKIP 是 RSN 的可选算法，它采用 RC4 作为核心加密算法，可以通过升级固件和驱动程序来提高使用 WEP 加密机制的设备的安全性。同时，作为一种过渡算法，其所能提供的安全措施毕竟有限，但它能使各种攻击变得比较困难。CCMP 机制基于高级加密标准 AES 加密算法和 CCM（Counter-Mode/CBC-MAC）认证方式，是 IEEE 802.11i 最强的安全算法，是实现 RSN 的强制性要求。但是由于 AES 对硬件要求比较高，CCMP 无法在现有设备基础上升级实现，因此限制了它的广泛使用。

1. TKIP

TKIP 是一种对传统设备上的 WEP 算法进行加强的协议，TKIP 与 WEP 一样基于 RC4 加密算法，但相比 WEP，TKIP 将 WEP 的密钥长度由 40 比特加长到 128 比特，初始向量的长度由 24 比特加长到 48 比特，并对现有的 WEP 进行了改进，即追加了消息完整性代码（MIC）、初始向量顺序规则、Per-Packet Key 构建机制、密钥更新机制 4 种算法，极大地提高了加密安全强度。

图 17.7 给出了 TKIP 加密过程，具体步骤如下：

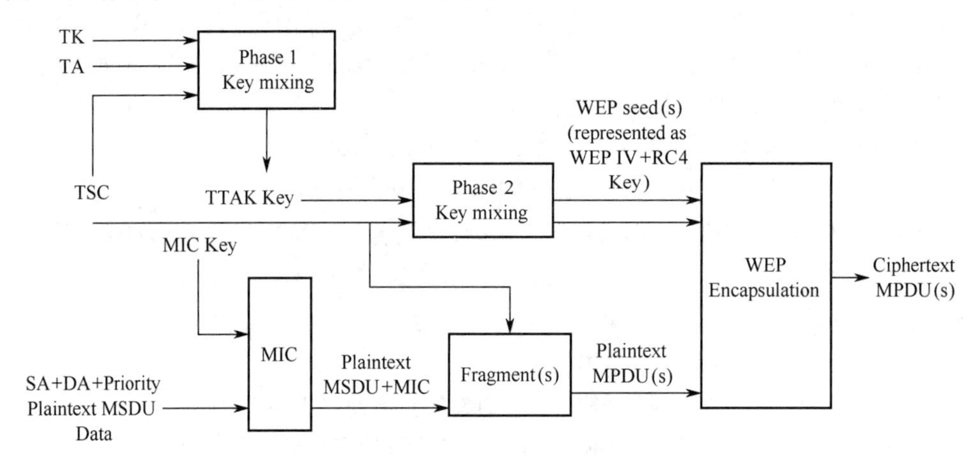

图 17.7　TKIP 加密过程

（1）TKIP 以源地址（Source Address，SA）、目的地址（Destination Address，DA）、优先级（Priority）和明文数据（MSDU）为输入，在 MIC 密钥的控制下计算 MIC，将 MIC 添加到明文 MSDU 后面。

（2）如果 MSDU+MIC 的长度超出 MAC 帧的最大长度，则进行分段，得到 MPDU，MPDU 作为 WEP 硬件模块的输入明文。TKIP 中使用一个 48 比特的计数器 TSC，每加密一帧计数器加 1。

（3）对于每个 MPDU，TKIP 使用 TSC、发送方 MAC 地址 TA 以及临时密钥 TK，经过两级密钥混合函数后成为 WEP 的种子密钥 WEP seed，也就是 Per-Packet Key（RC4Key）。

（4）TKIP 把 WEP seed 分解成 WEP IV 和 RC4 Key 的形式，把它们和 MPDU 一起送入 WEP 加密器进行加密，并将 TK 对应的 Key ID 编入 WEP IV 域中封装。加密明文 MPDU，得到密文 MPDU 并按规定格式封装后发送。

图 17.8 是 TKIP 解密过程，具体步骤如下：

（1）从接收到的密文 MPDU 的头 8 个字节中获得 TSC，执行重放攻击检查。若从 TSC 判断出此帧为重放帧，则抛弃该帧。

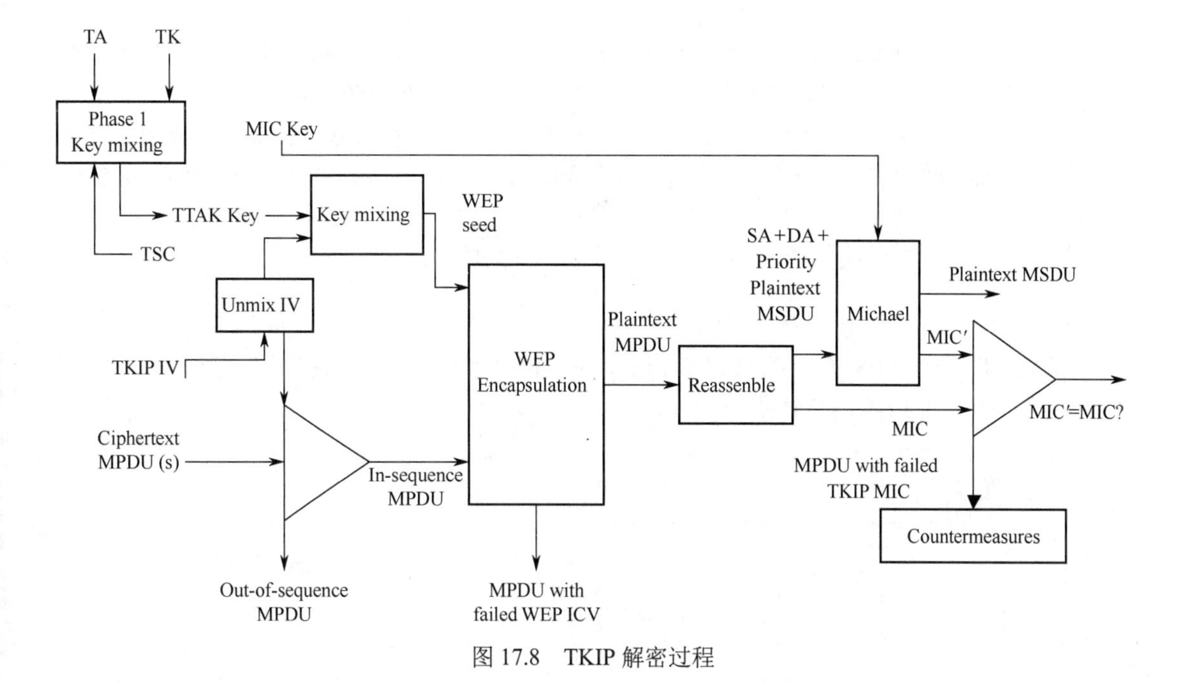

图 17.8　TKIP 解密过程

（2）将 TA、TK、TSC 经过两级密钥混合得到 WEP 模块的输入密钥，WEP 解封装模块在此密钥控制下对 MPDU 解密，并进行 ICV 校验，若校验失败，则抛弃该帧。

（3）若有必要，TKIP 将加密时划分的帧重新合并，然后以 SA、DA、Priority 以及解密后的数据作为输入，计算 MIC′，将此 MIC′与解密后来自发送方的 MIC 进行比较，若不一致，则说明遭到攻击，TKIP 启动相应的反击措施。

（4）通过 MIC 检查后，TKIP 解密结束，将数据送往上一层处理。

通过对 TKIP 加解密过程分析可知，TKIP 从以下几个方面加强了 WEP：

（1）使用 MIC 防止数据被篡改。WEP 中的完整性算法 CRC32 不能阻止攻击者篡改数据，起不到完整性保护的作用。TKIP 中采用带密钥的杂凑函数方式，使用 MIC 来实现消息完整性保护。

（2）新的 IV 序列规则防止重放攻击。TKIP 中使用 WEP IV 作为包序列号 TSC，IV 在 TKIP 中延长为 48 比特。TSC 是一个单调增加的 48 比特的计数器，在接收方划定一个重放窗口，即使刚收到的帧的 TSC 比上一帧小，但只要落在这个窗口范围内，就认为是合法的数据包，而不是重放。

（3）Per-Packet Key 构建机制消除弱密钥。WEP 机制中的 RC4 算法会产生弱密钥。Per-Packet Key 构建机制的目的是消除弱密钥。Per-Packet Key 方法分为两个阶段：在第 1 个阶段，将临时密钥 TK 和发送方的 MAC 地址 TA 以及 TSC 的高 32 位送入 S 盒中进行迭代运算，生成 TTAK 密钥；在第 2 个阶段，TTAK 密钥、TK、TSC 低 16 位作为输入产生 RC4 的种子密钥，由该种子密钥产生的 RC4 密钥流用来加密 MPDU。第 1 个阶段消除了各通信方使用相同密钥的隐患，第 2 个阶段把已知的弱密钥从 Per-Packet Key 中剔除。

（4）密钥更新机制防止密钥重用。WEP 中由于使用静态共享密钥，当初始向量相同时，造成了密钥流的重复使用。TKIP 中的密钥更新机制就是为了解决密钥流重复使用问题。TKIP 规定在发送 2^{16} 个数据包后必须进行密钥更新。

通过以上分析可知，TKIP 针对 WEP 的缺陷，提出了相应的补救措施。并且 TKIP 除了最后的 WEP 加密，前面的部分都属于软件升级，这样就实现了在现存资源上可能到达的最大安全性。然而，这一点也限制了安全性的进一步提升。TKIP 的总体安全性仍取决于 WEP 核心机制，而前面曾提到，WEP 算法的安全缺陷是由 WEP 机制本身引起的，即使增加加密密钥的长度、初始向量的长度，也只能在有限程度上提高破解难度，如延长破解信息收集时间，并不能从根本上解决问题。因此，TKIP 只是一种过渡算法。

2. CCMP

CCMP 是基于 AES 的 CBC-MAC 模式，是 IEEE 802.11i 强制使用的加密方式。CCMP 加密过程如图 17.9 所示，具体步骤如下：

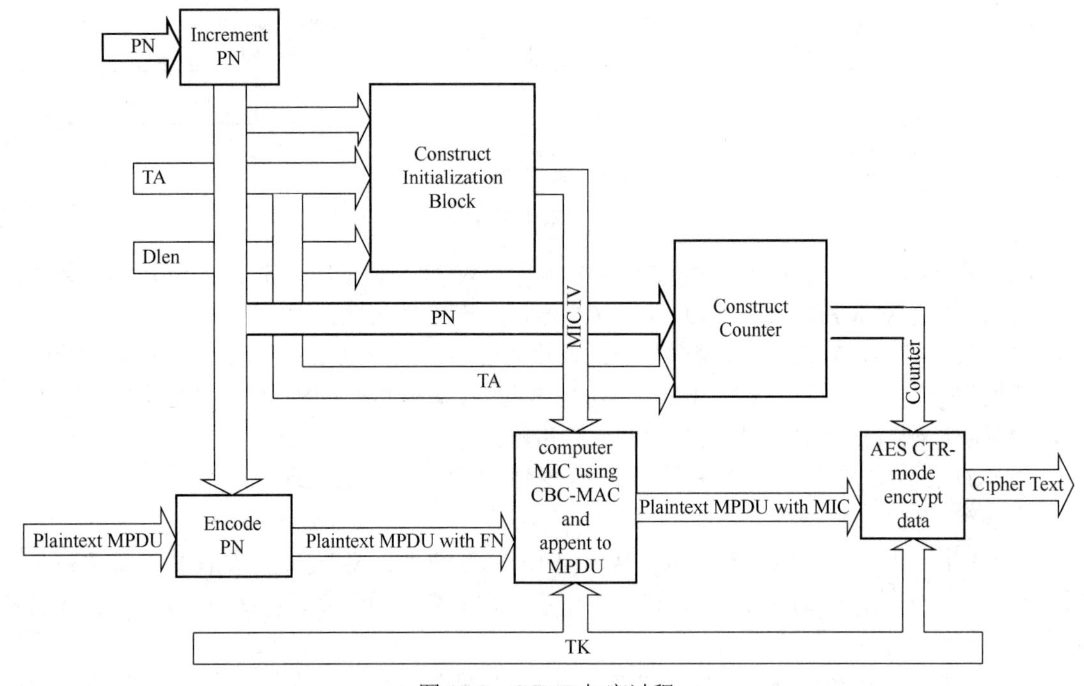

图 17.9　CCMP 加密过程

（1）增加 PN，保证每个 MPDU 有一个新鲜的 PN，把 PN 编入 MPDU。

（2）利用 MPDU 的 TA、MPDU 数据长度（Dlen）和 PN 构造 CBC-MAC 的 IV。

（3）使用该 IV，CCMP 在 CBC-MAC 下使用 AES 计算出 MIC，将 MIC 截为 64 位，添加在 MPDU 数据后面。

（4）利用 PN 和 MPDU 的 TA 构造 CTR 模式的 Counter。

（5）使用该 Counter，CCMP 在 CTR 模式下使用 AES 加密 MPDU 数据和 MIC。

CCMP 解密过程如图 17.10 所示，具体步骤如下：

（1）从接收包中分解出 PN 和 Dlen，Dlen 至少有 16 个字节，包括 MIC 和 PN。

（2）进行重放检测，如果 PN 在重放窗口之外，则丢弃该 MPDU。

（3）利用 PN 和 MPDU 的 TA 构造 CTR 模式的 Counter。

（4）利用该 Counter，进行 CTR 模式解密，注意操作同加密一样。

（5）利用 MPDU 的 TA、MPDU 数据长度（Dlen）和 PN 构造 CBC-MAC 的 IV，Dlen

要减去 16，以排除 MIC 和 SN。

（6）使用该 IV，CCMP 在 CBC-MAC 下使用 AES 重新计算出解密过 MPDU 的 MIC′。比较 MIC′和收到的 MIC，如不匹配，则丢弃该 MPDU。

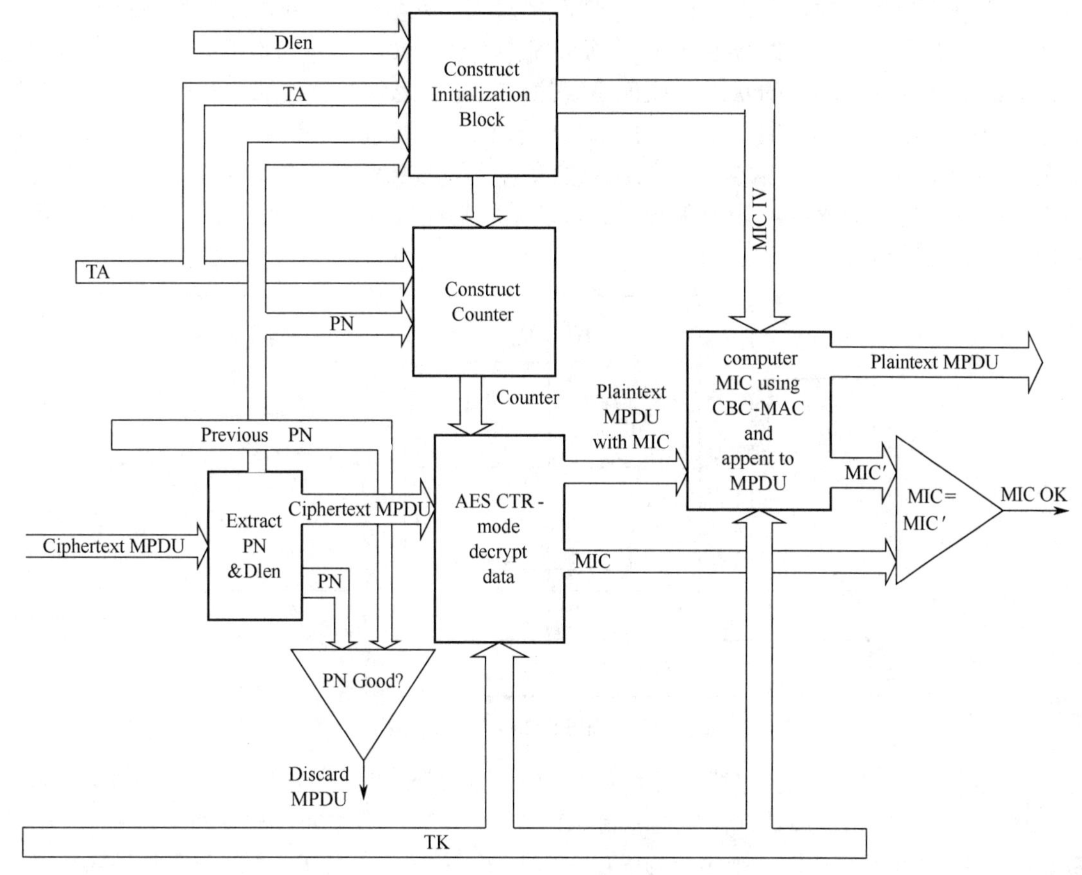

图 17.10 CCMP 解密过程

CCMP 基于 AES 加密算法，采用 CTR 和 CBC-MAC 模式进行数据保护。AES 是安全强度高的分组加密算法，CTR 和 CBC-MAC 两种模式也提供了较高的安全性，并且在软件和硬件上都有着良好的表现。因此，CCMP 加密算法优于 WEP 及 TKIP 算法，能够更好地解决 WLAN 安全问题。

17.3.2 IEEE 802.1x 认证与接入控制

针对 IEEE 802.11 提供的认证机制存在的安全缺陷，IEEE 802.11 工作组在 2001 年 6 月公布了 IEEE 802.1x 协议。IEEE 802.1x 提供了可靠的用户认证和密钥分发的框架，用户只有在认证通过以后才能连接网络。IEEE 802.1x 本身并不提供实际的认证机制，需要和上层 EAP 配合来实现用户认证和密钥分发。

1．IEEE 802.1x 认证框架

IEEE 802.1x 的体系结构如图 17.11 所示。它包括 3 个实体：客户端（Supplicant）、认证系统（Authenticator System）和认证服务器（Authenticator Server）。端口访问实体（Port

Access Entity，PAE）运行与认证机制相关的算法和协议。参与基于端口访问控制的系统的每个端口都存在一个 PAE。客户端（Supplicant）PAE 负责响应来自认证系统的请求，为认证服务器的认证提供相应的用户信息和证书。认证（Authenticator）PAE 负责向认证服务器提交从申请者收到的消息，并根据认证服务器的认证结果控制受控端口的授权状态。认证 PAE 一般不参与客户端 PAE 和认证服务器间的认证交互，而只是根据认证服务器传递过来的结果控制受控端口的状态。认证系统的端口分为两种：受控端口和非受控端口，非受控端口始终处于双向连通状态，受控端口只有在客户端通过认证后才处于连通状态。认证服务 PAE 用来实现具体的认证功能，即检查客户端的身份或证书，并通知认证系统是否允许访问端口提供的服务。认证服务器和认证系统功能的分离允许使用后台的认证服务来实现各种认证机制。

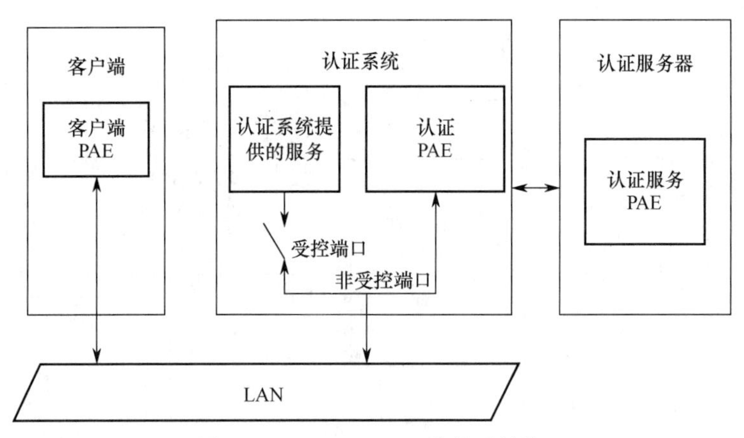

图 17.11　IEEE 802.1 x 的体系结构

对无线局域网来说，客户端通常是装有 IEEE 802.1x 客户端软件支持 EAP 的 STA，STA 请求接入无线网络；认证系统通常是 AP，在认证时，STA 通过非受控端口和 AP 交互数据，如果 STA 通过认证，则 AP 为 STA 打开一个受控端口，STA 可通过受控端口传输各种类型的数据；认证服务器通常是 RADIUS（Remote Authentication Dial In User Service）服务器。

IEEE 802.1x 认证过程如图 17.12 所示，从功能上可分为以下 3 个阶段：

（1）完成 STA 和 AP 的关联。STA 运行 IEEE 802.1x 客户端软件，发送 EAP-Start 报文给 AP 请求认证，AP 收到请求后发出回应 EAP-Request，要求 STA 出示自己的身份。STA 收到 AP 的 EAP-Request 后发回一个含有自己身份证明的 EAP-Response，收到此应答 AP 将其转发给 RADIUS Server。

（2）完成 RADIUS Server 对 STA 的实际认证，其中可选用多种认证方法。此时的 AP 仅起到 STA 和 RADIUS Server 的传输中介作用。由于 STA 和 AP 间使用 EAP 协议通信，而 AP 和 RADUIUS Server 间使用的是 RADIUS 协议，所以要对传输信息进行一定的处理，具体来说就是将 EAP 消息封装为 RADIUS 的一个属性域进行传输。

（3）基于认证结果完成接入控制。当 RADIUS Server 完成对 STA 的认证时，就会给 AP 发出认证结果 RADIUS-Success 或 RADIUS-Failure。根据这一结果，AP 给 STA 发出 EAP-Success 消息，同时将相应受控端口置为授权状态，将 STA 接入网络；或者给 STA 发出 EAP-Failure 消息，拒绝其接入，此时受控端口保持非授权状态。

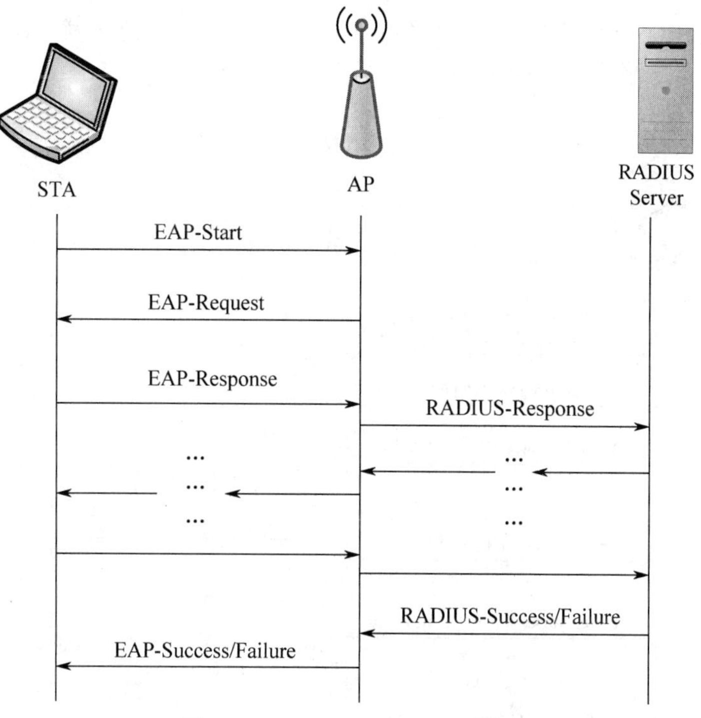

图 17.12　IEEE 802.1x 认证过程

2. EAP

IEEE 802.1x 认证的核心是 EAP。EAP 只是一种封装协议，在具体应用中能根据不同的认证方法进行扩展，可选 EAP-TLS、PEAP、EAP-SIM 等任意一种认证协议。其中最常用的就是 EAP-TLS，已经成为 RFC 2716。

EAP-TLS 是在 TLS 协议的基础上经过 EAP 封装得到的，但经过了一定的裁减和修改。虽然 TLS 协议具有强大的功能，但在 WLAN 中却只需要用到它的身份认证和密钥协商功能。EAP-TLS 的安全性来源于 TLS 握手协议，它可以有效地抵抗窃听攻击、身份欺骗、中间人攻击、会话劫持、重放攻击、报文篡改等。

从双向认证的角度来看，EAP-TLS 的工作过程主要分为两个阶段：STA 对认证服务器的认证和认证服务器对 STA 的认证。认证服务器对 STA 的认证就是上面的 IEEE 802.1x 认证过程。STA 对认证服务器的认证过程是利用如图 17.13 所示的 TLS 握手协议实现的。

EAP-TLS 认证过程如下：

（1）客户端发出 EAP-Start 消息请求认证。

（2）AP 发出请求帧，要求用户输入用户名。

（3）客户端响应请求，将自己的用户名信息通过数据帧发送给 AP。

（4）AP 将客户端的用户名信息重新封装成 RADIUS Access Request 包发送给认证服务器。

（5）认证服务器验证用户名合法后向客户端发送自己的数字证书。

（6）客户端通过证书验证服务器的身份。

（7）客户端给服务器发送自己的数字证书。

（8）服务器通过证书验证客户的身份，这里完成相互认证。

（9）在相互认证过程中，客户端和服务器也获得了 32 字节的成对主密钥 PMK。

（10）认证成功，认证服务器向 AP 发送 RADIUS Accept 消息，其中包含密钥信息。

（11）AP 向客户端转发 EAP-Success 消息，认证成功。

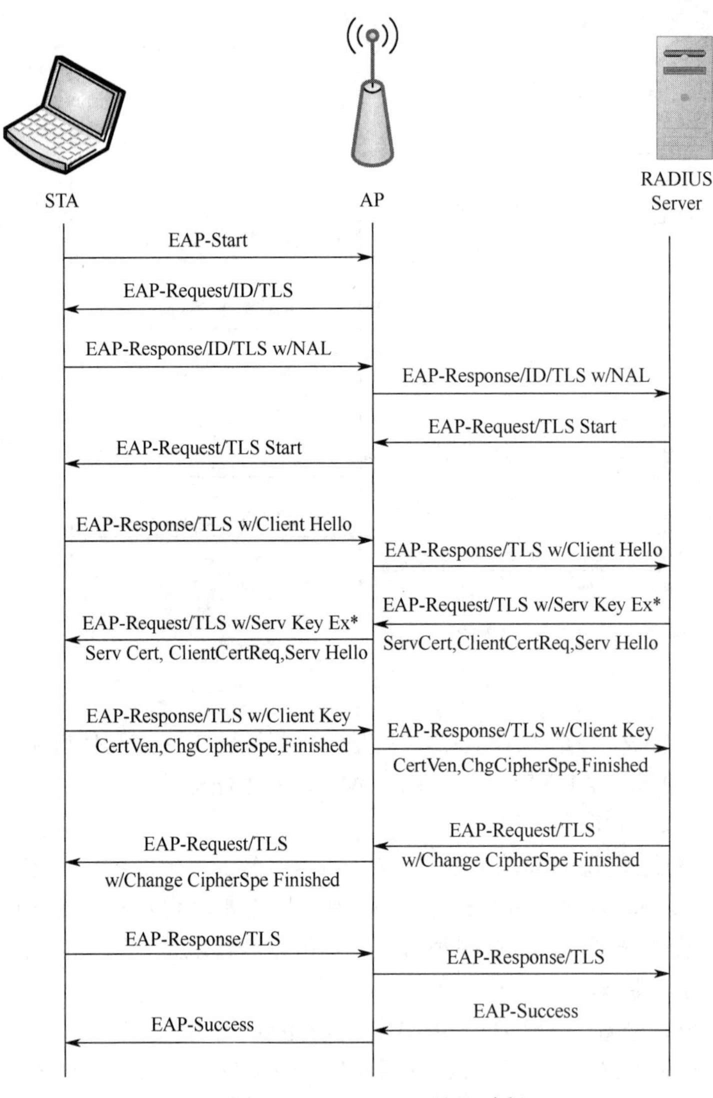

图 17.13　EAP-TLS 认证过程

使用 EAP-TLS 认证协议，可以为 WLAN 提供双向认证，并协商加密算法和密钥，因此，在使用 IEEE 802.1x 进行认证的无线局域网中被广泛使用，也是较为广泛推荐的一种认证方式。它的特点如下：

（1）身份认证，对等方实体可以使用公钥密码算法（如 RSA、DSS）进行双向认证。

（2）协商的共享密钥是保密的，攻击者即使发起主动攻击，也不可能获得协商的密钥。

（3）协商是可靠的，攻击者不能篡改消息。

但是通过对 EAP-TLS 认证过程的深入分析，我们也可以发现该认证协议仍然存在一些安全缺陷。首先，该协议不对用户身份进行保护，因为在认证刚开始时，客户端会把自己的用户名信息通过数据帧发送给 AP，而此时的数据帧是以明文形式发送的，所以，可以被攻击者窃听到。其次，该协议仅在 STA 和认证服务器间实现双向身份认证，AP 被错误地认为是可信任的实体，缺乏对 AP 的认证，有遭受假冒 AP 攻击的可能。最后，该协议要求 STA 和 AS 双方都具有公钥证书，在 PKI 没有广泛部署时，在实践中操作起来比较困难。

17.4 小结与注记

本章主要介绍了无线局域网的网络架构和安全机制。本书 16.1 节关于无线通信网络安全威胁的宏观分析同样也适用于无线局域网。WLAN 已得到广泛应用，为了应对这些安全威胁，满足人们的安全需求，已制定了专门的 WLAN 安全保护机制，可以提供 WLAN 中传输数据的机密性和完整性保护，同时可对请求接入 WLAN 的用户进行身份认证和访问控制。

本章在写作过程中主要参考了文献[1]。感兴趣的读者可进一步阅读 IEEE 802.11、IEEE 802.11i、GB15629.11 等标准。

思 考 题

1. 简述无线局域网的网络架构。
2. 简述 IEEE 802.1x 认证框架。
3. 简述 WEP 加解密方案。
4. 简述 EAP-TLS 协议的认证过程。
5. 论述无线局域网现有安全技术的优缺点。

参 考 文 献

[1] 冯登国，徐静. 网络安全原理与技术[M]. 2 版. 北京：科学出版社，2010.
[2] 冯登国，孙锐，张阳. 信息安全体系结构[M]. 北京：清华大学出版社，2008.

第 4 篇　系统安全与可信计算

▶ 内容概要

前面已提到，信息系统是一个大概念。例如，我们常使用的计算机及其上运行的操作系统就组成了一个信息系统，而计算机上运行的应用软件可以组成不同的信息系统，如数据库系统。显然，在计算机操作系统和数据库系统等的支撑下，人们还可以构建更多的信息系统，如重要行业信息系统。不仅如此，信息系统也包括网络与通信系统。本篇将操作系统、数据库、中间件、工业控制系统、重要行业信息系统等统称为系统，解决这些系统的安全问题会涉及本书介绍的其他多类安全技术，如访问控制、实体认证、恶意代码检测与防范、安全评估准则。本篇关注的主要是这些系统自身独特的安全技术。此外，可信计算从计算机体系结构着手，从硬件安全出发建立一种信任传递体系，保证终端的可信，从源头上解决人与程序、人与机器以及人与人之间的信任问题，为解决系统安全问题提供了新思路。本篇重点介绍操作系统安全、数据库安全和可信计算等技术，人们也将这些技术称为主机系统安全技术，当然，网络环境下使用这个词也许有点不够准确。

▶ 本篇关键词

操作系统安全，引用监视器，用户界面特权隔离，LSM 框架，SELinux，Vista 安全机制，DEP/NX，ASLR，PatchGuard，数据库安全，安全数据库管理系统，外包数据库安全，云数据库/云存储安全，推理控制，隐通道分析，多级安全数据库事务模型，可信计算，可信计算平台，TPM，TCM，信任链，动态信任链，静态信任链，可信软件栈，TSM，可信网络连接，沙箱，定制可信空间，移动目标防御，拟态防御。

红旗操作系统 Logo

明者远见于未萌，而智者避危于未形。

——汉·司马相如《上书谏猎》

第18章　操作系统安全

内容提要

操作系统安全涉及本书介绍的其他多类安全技术，如实体认证、访问控制、安全评估准则，但它一般也面临解决一些特殊安全问题：操作系统安全需要解决用户账户控制、用户界面特权隔离、内存和进程保护等问题。本章主要介绍操作系统安全的基本概念、商业操作系统的一些典型安全机制与安全性验证方法。

本章重点

- 操作系统安全基本概念
- Linux 操作系统安全机制
- Windows 操作系统安全机制
- 操作系统安全性验证方法

18.1　操作系统安全基本概念

操作系统是一组直接控制和管理计算机软件及硬件资源的程序，它使得计算机能够高效、协调、自动工作，以方便用户充分而有效地利用资源。操作系统在计算机系统中占有特殊的重要地位，所有其他系统软件和应用软件都是建立在操作系统基础上的，并得到它的支持和服务。由于现代操作系统的进程使用各种方式进行交互，同时用户间的资源共享成为计算机系统的基础应用，因此，安全成为一个焦点问题。此外，恶意软件的流行也给保障操作系统安全带来了巨大挑战。

操作系统安全的理想目标是开发一个安全操作系统。安全操作系统提供安全机制以保证系统的安全目标即使在系统面临威胁的情况下也能够得到实施。所谓安全机制是在资源和调度机制的上下文中提供上述保障的一种设计，而安全目标则为系统中任意可能执行的进程定义的一组安全操作的需求。无论系统被攻击者以何种方式滥用，安全机制必须确保这些安全目标都能实现。操作系统安全的研究与开发始于 20 世纪 60 年代，从世界上首个安全操作系统 Adept-50[2]开始，安全操作系统经历了一个从无到有的过程，安全操作系统的基本思想、理论、技术和方法也开始逐步建立。

1. 安全目标

安全操作系统开发者的任务是定义安全目标，使得系统的安全可以被验证。安全界定义了一系列不同的安全目标。其中一些目标是以安全需求的形式定义的，如机密性和完整性；另一些目标则是以功能的形式定义的，以限制功能来提高安全性。以安全需求定义安全目标的一个例子是 BLP 模型中的简单安全属性（Simple-Security Property）；功能性目标的一个例子则是最小特权原则（Principle of Least Privilege）。该目标之所以是“功能性的”，是因为它并不关心是否实现了系统的机密性或完整性，而只关注功能上的限制，以阻止攻击。

机密性和完整性目标则为了安全性而限制功能，这对一些软件来说太严格了。早先曾有一些操作系统实现了机密性和完整性目标，但没有得到广泛应用。其原因是它们对太多的应用程序进行了限制，或者说它们缺乏常用软件的支持。然而，不管怎么说，任何系统都应该明确定义其安全目标，同样，必须给出实现这些安全目标的方法，以保证常用软件的执行方式不受太大的影响。

2. 安全策略

文献[3]中对安全策略做出了一个比较明确而且详细的解释，在这个解释中，将系统看成一个有限状态自动机，该自动机有一套完成状态改变的转换函数。

安全策略是一种声明，它将系统的状态分成两个集合：一个是已授权的状态集合，即安全的状态集合；另一个是未授权的状态集合，即不安全的状态集合。安全策略设置了可以定义安全系统的情境。安全系统是一种适合于已授权状态但不能进入未授权状态的系统。在某种策略下安全的系统在另一种策略下不一定是安全的。如果系统进入一个未授权状态，则称发生了一次安全破坏。

设 X 是实体的集合，I 是某种信息。如果 X 中成员不能获取信息 I，那么 I 关于 X 具有机密性。

设 X 是实体的集合，I 是某些信息或某种资源。如果 X 中所有成员都信任 I，那么 I 关于 X 具有完整性。

设 X 是实体的集合，I 是一种资源。如果 X 中所有成员都可以访问 I，那么 I 关于 X 具有可用性。

虽然通过上述定义可以把安全策略明确地定义出来，但这种定义以行为的授权作为主要的判断标准，有点过于狭隘。而文献[4]则把安全策略定义为是对安全需求的规范描述，这种描述可能是形式化的，也可能是非形式化的。此条定义简单而清晰。

3．安全模型

安全模型又称为安全策略模型，通常包括两部分：一部分是安全策略的形式化定义，另一部分是实施安全策略的操作规则。安全模型的目的是准确地表达安全需求，文献[4]指出安全模型应具备的 4 个特征如下：

（1）表达某种安全策略或某个安全策略集。

（2）集中反映策略的本质内容，而忽略其细节。

（3）一般使用形式化符号来表达。

（4）经过了严格的正确性、一致性和安全性的数学证明。

从这些特征可以看出，开发一个安全策略模型必须满足的 4 个基本要求如下：

（1）完备性（Completeness），要求所有的安全策略必须包括在形式化安全策略模型的断言中，而且要求所有包含在形式化安全策略模型中的断言是从安全策略中导出的。

（2）正确性（Correctness），要求形式化安全策略模型的安全性定义是一个从安全策略导出的相关安全断言的精确描述。

（3）一致性（Consistency），要求各条安全策略是内在一致的，也就是说，安全策略模型中的各条安全策略的形式化表示之间没有数学矛盾。

（4）简明性（Clarity），指形式化安全策略模型是简单的而且没有额外的细节，但必须包括足够多的细节使得它不是含糊的。

4．信任模型

系统信任模型定义了系统赖以正确实现系统安全目标的软件与数据集合。对于操作系统而言，信任模型等同于可信计算基（Trust Computing Base，TCB）。在理想情况下，系统的 TCB 包括正确实施安全目标所必需的最少软件集合。必须可信的软件包括定义安全目标的软件和实施这些安全目标的软件，如操作系统的安全机制。此外，启动这些可信软件的软件也必须可信。也就是说，一个理想的 TCB 需要包括一个启动机制（Bootstrapping Mechanism），以确保安全目标在系统的生命周期中能被调用和实施。

在实际情况下，系统 TCB 包括很多软件。这种实施机制是在操作系统内运行的，由于在操作系统的函数之间没有保护边界的存在，单内核操作系统即为此类典型，因此这种实施机制必须信任所有的操作系统代码，操作系统的代码也都成了 TCB 的一部分。

许多运行在操作系统之外的其他程序也必须被信任。例如，操作系统依靠一系列程序来认证用户身份（如 Login、SSH）。这些程序必须被信任，因为安全目标的正确实施依赖于正确地识别用户。同样，系统必须信任一些服务，以确保安全目标的正确实施。例如，窗口系统（如 X 窗口系统），代表所有运行在操作系统上的进程执行操作，而这些系统还提供了可能违反系统安全目标的共享机制。所以，X 窗口系统和一系列其他程序必须被添加到系统 TCB 中。

安全操作系统开发者必须保证系统采用的信任模型是可行的。这就需要：

（1）系统 TCB 必须仲裁所有的安全敏感（Security-Sensitive）操作。

（2）TCB 的软件及其数据的正确性可以被验证。

（3）证明软件的执行不会被 TCB 之外的进程破坏。

首先，对 TCB 软件的界定就不是一件简单的事情（Nontrivial Task），原因如上所示。其次，验证 TCB 软件也是一件很复杂的工作，对于通用系统来说，TCB 之外的软件数量大大超过了操作系统本身，所以，形式化的验证（几乎）是不可实现的；TCB 的信任程度可分为（半）形式化验证的（Formally-Verified）、完全测试过的（Fully-Tested）和用户检查过可用于指定任务的，虽然前者是强烈推荐的，但通常最后一条才是最常见的。最后，TCB 的软件和数据必须得到保护，以防 TCB 外的进程修改，也就是保护 TCB 的完整性不受系统威胁的侵害；否则，一旦被侵害，信任就无从谈起。

5. 引用监视器

访问控制机制（Access Control Mechanism）负责对主体（如用户、进程）在客体（如文件、套接字）上请求（如系统调用）的操作（如读、写）进行授权。访问控制的实施则由操作系统来提供。访问控制的基本概念包括保护系统（Protection System）和引用监视器（Reference Monitor）。保护系统定义访问控制规范，引用监视器则是系统实现这些规范的典型的访问实施机制。

保护系统由保护状态（Protection State）和保护状态操作（Protection State Operation）集组成，保护状态描述系统中主体可以对客体实施的操作，保护状态操作集使得保护状态可以被修改。允许非可信进程修改保护状态的保护系统称为自主访问控制（Discretionary Access Control，DAC）系统；只能由可信管理员通过可信软件修改的保护系统称为强制保护系统（Mandatory Protection System），也称为强制访问控制（Mandatory Access Control，MAC）系统。

引用监视器定义在哪里做出对引用监视器的保护系统查询，它确保所有安全敏感的操作都得到安全实施机制的授权。安全敏感操作是指在特定客体上执行后能够破坏系统安全要求的操作。例如，操作系统实现的文件访问操作，如果不由操作系统控制，将会允许一个用户阅读其他用户的机密信息（如私钥）。授权操作可能引起标记和迁移的执行。引用监视器由接口、授权模块和策略库 3 个部件组成，各部件的功能如下：

（1）接口决定对什么进行授权（如目录搜索、链接遍历、对目标文件 inode 的操作）、在哪里实现这种授权（如授权文件路径中每个目录 inode 的目录搜索）、传递什么信息给引用监视器来授权操作等问题。不正确的接口设计可能允许非授权的进程访问文件。

（2）授权模块是引用监视器的核心。授权模块获得接口的输入（如进程标识、对象引用、系统调用名），将这些输入转换为对引用监视器策略库的查询。授权模块的挑战在于如何将进程标识映射为主体标签，如何将对象引用映射为客体标签，以及如何决定需要授权的实际操作（如可能每个接口有多个操作）。保护系统决定标签和操作的选择，但是授权模块必须研发一种方法来实现映射，从而执行“正确”的查询。

（3）策略库是保护状态、标签状态和迁移状态的数据库。来自授权模块的授权查询由策略库负责回应。这些查询的形式为{主体标签，客体标签，操作集合}，并且返回二进制的授权回应。标记查询的形式为{主体标签，资源}，主体和可选的一些系统资源属性的组合决定作为查询结果返回的资源标签。迁移查询的形式为{主体标签，客体标签，操作，资源}，策略库决定资源的结果标签。资源可以是活动主体（如进程），也可以是被动客体（如文件）。一些系统也通过执行查询来授权迁移。

18.2 商业操作系统安全机制

本节主要介绍 Linux 和 Windows 操作系统的安全机制。

18.2.1 Linux 操作系统安全机制

Linux 是由 Linus Torvalds 发起的一种自由和开放源码的操作系统。作为 Windows 替代品，Linux 从嵌入式设备到大型计算机，从桌面使用到服务器领域，都得到了普及和发展。与此同时，对 Linux 系统安全问题的关注也越来越多。早期的 Linux 由于只实现了 UNIX 的传统的保护系统，仅提供自主访问控制，安全性达不到要求，因此阻碍了 Linux 的进一步发展。

20 世纪 90 年代后期，出现了许多将各种安全特性改造到 Linux 内核的项目，包括 Argus PitBull、LIDS、AppArmor、DTE for Linux、RSBAC 等。2001 年，美国国家安全局在 Linux 内核峰会上提出了安全增强 Linux，即 SELinux，同时，Linux 社区也认同了引用监视器的必要性，但是在采用何种方法上不能达成一致。在这样的背景下，Linux 安全模块（LSM）框架[4]随之被提出，它通过单一接口支持所有必需的模块。LSM 框架的引用监视器接口具有以下目标：

（1）真正的通用，使用一个不同的安全模型仅需要加载另一个内核模块。

（2）概念上简单，对内核影响细微，并且高效。

（3）必须支持 POSIX.1e 权能机制作为一个可选的安全模块。

随着 2.6 版本的发布，LSM 正式添加到 Linux 内核中，包括 SELinux 模块和一个实现 POSIX 权能[5]的模块。因为 SuSE Linux 的发行方 Novell 收购了 AppArmor 的公司，因此，SuSE 和其他一些 Linux 发行方也支持 AppArmor。因而，SELinux 和 AppArmor 成为了主要的 LSM。

1．LSM 框架与 SELinux

LSM 框架的实现包含引用监视器的接口定义、接口部署和实现 3 部分。

LSM 引用监视器的接口定义了 Linux 内核调用 LSM 引用监视器的方法。Linux 头文件 include/linux/security.h 列出了一组已加载的 LSM 函数指针。一个名为 security_operations 的结构包含了所有这些 LSM 函数指针，这些函数指针统称为 LSM 钩子。LSM 钩子本质上对应于 LSM 的授权查询，但 LSM 接口还必须包括其他 LSM 任务的 LSM 钩子，如标签的标注、转换和维护。

LSM 框架设计的最大挑战是 LSM 钩子的部署。大部分 LSM 钩子关联到一个特定的系统调用，因此，这些 LSM 钩子部署在系统调用的入口点。但是，有的 LSM 钩子不能部署在系统调用入口点（如为了防止 TOCTTOU 攻击）。对于这部分 LSM 钩子，可以人工进行部署。

LSM 必须执行实际的授权。现有的每种 LSM 模块，包括 AppArmor、LIDS、SELinux 和 POSIX 权能等都提供了不同的强制访问控制方法。

一个 LSM 实现的典型策略是 AppArmor 的限制策略。AppArmor 是一个强制访问控制系统，其威胁模型集中在互联网上。如果系统配置正确，那么互联网是恶意输入的唯一来源。其中一个威胁是面向网络的后台程序易被恶意输入感染。AppArmor 对这种传统上以完全权限运行的后台程序使用限制策略，以防止被危害的后台程序危及整个系统。

SELinux 是一个基于 LSM 框架执行强制访问控制的系统。SELinux 由一个 Linux 安全模块和一组可信服务组成，如图 18.1 所示。以下首先描述 SELinux 引用监视器，然后介绍 SELinux 策略。

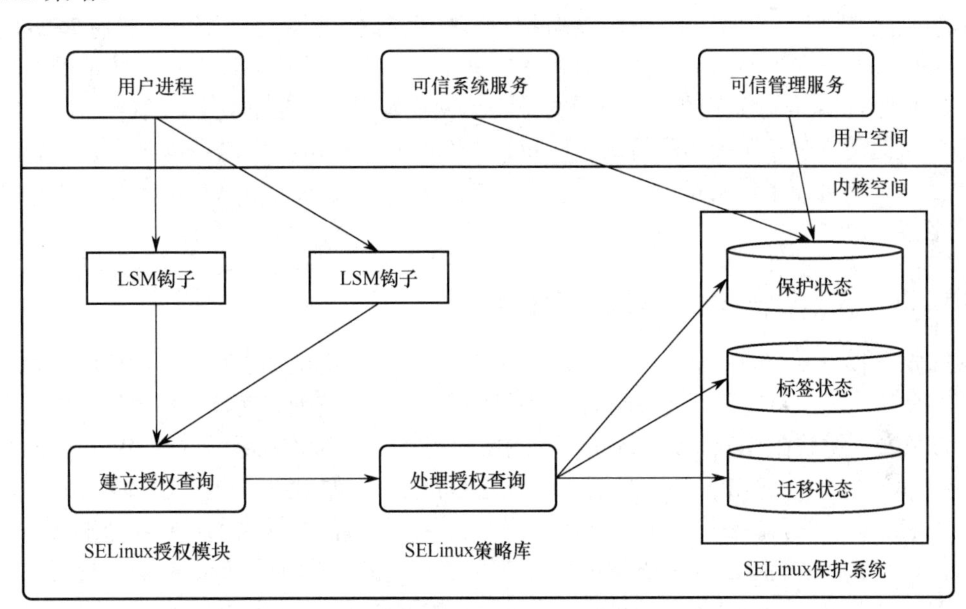

图 18.1　SELinux 系统结构

2. SELinux 引用监视器

SELinux 引用监视器由授权模块和策略库组成。授权模块为强制保护系统在策略库中建立授权查询。SELinux 的保护状态、标签状态和迁移状态覆盖了所有安全敏感的 Linux 系统资源，它们使用了细粒度和弹性的模型。因而，SELinux 强制保护系统能够全面控制所有进程，使得策略能够精确定义所请求的访问。但是，策略模型的低层特性导致复杂策略很难与机密性和完整性目标联系起来。尽管如此，SELinux 还是显示了确保一个商业操作系统执行预定的安全目标所面临的挑战。

SELinux 引用监视器包括两个处理步骤：

（1）SELinux 引用监视器将来自 LSM 钩子的输入值转换为一个或多个授权查询。

（2）SELinux 引用监视器处理这些针对 SELinux 保护系统的授权查询。

SELinux 保护系统的表示已高度优化，可有效支持细粒度的授权查询。

3. SELinux 策略

SELinux 使用强制访问控制策略，只有系统管理员可以修改保护系统的状态。因此，这些状态通常是静态的。SELinux 提供了两种更新保护系统的机制：一种是单策略加载，另一种是模块策略加载。

传统的 SELinux 保护系统状态可定义为一个利用策略编译器生成的单独的、综合的二进制表示。管理员能够利用可信程序 load_policy 加载一个新的保护状态。

实际上，SELinux 策略是由 Linux 程序分别定义的，而 Linux 程序可以通过程序包增量安装，因此，SELinux 策略管理机制也支持增量修改。SELinux 策略模块定义为一个程序专用的保护状态，它们综合在一起构成 SELinux 策略二进制文件。一个策略模块包含自身的类型标签及其允许规则、文件上下文规范（用于定义文件的标注方法）、类型标签的接口和对其他模块接口的调用 4 部分。

SELinux 策略分为严格策略、目标策略和参考策略 3 类。严格策略旨在对所有的 Linux 程序执行最小特权，从而在保证合理功能执行的同时提供最大化保护。目标策略最初由 AppArmor 引入，它为面向网络的后台程序定义了最小特权策略，以保护系统不受不可信网络输入的危害，而其他程序的运行不受约束。这使配置限制策略的任务仅限于面向网络的后台程序，从而简化了策略描述和调试。Linux 的产品（如 RedHat）已经包含了 SELinux 目标策略。参考策略是一个最新策略，它使管理员能够从一个单独的策略文件集合中建立目标策略或严格策略。

18.2.2 Windows 操作系统安全机制

Windows 操作系统的安全性一直为人所诟病，虽然 Windows XP 具有自主访问控制功能，但用户在默认情况下会使用不受限制的管理员账户，一旦系统受到病毒、蠕虫等感染，整个系统都会被危及。微软在 Windows Vista 系统中，不仅对以前版本的系统（如 Windows 2000、Windows Me、Windows XP）的一些安全机制进行了改进，如用户账户控制、防火墙、IE 安全改进，还增加了一些新的安全机制，如防止缓冲区溢出的方法，提供了一些安全工具，包括反间谍软件和恶意软件删除工具。在 Windows 7 系统中，仍然沿用了 Vista 的安全机制，只在某些应用的安全上做了少许的改变，并减少了对用户的频繁提示，实际体验得到加强。2017 年 4 月微软正式宣布终止对 Windows Vista 的一切支持，但它的一些设计思想仍值得借鉴。这里主要介绍 Windows Vista 系统的安全机制。

1. 用户账户控制

用户账户控制（UAC）[7]旨在使用户能够使用标准用户权限而不是管理员权限运行系统。用户使用管理员权限能够读取和修改操作系统的任何部分，包括其他用户的代码和数据，甚至是系统本身，因此带来很大的安全隐患。如果没有管理员权限，用户不会有意或无意地修改系统设置，也不会破坏其他用户的敏感信息。即使受到恶意软件攻击，也不会导致系统安全设置被篡改，从而在一定程度上增强了系统安全性。

在 Windows Vista 中，用户（包括系统管理员）登录后的默认权限是标准用户权限。用户登录到计算机后，系统为该用户创建一个访问令牌，该令牌包含授权给用户的访问权限级别的信息，其中包括特定的安全标识符（SID）和 Windows 的权限。如果登录用户属于管理员组，则 Windows Vista 为该用户创建两个单独的访问令牌（标准用户访问令牌和管理员访问令牌），当用户要执行管理员权限的操作时，才进行权限提升。

标准用户访问令牌包含的用户特定信息与管理员访问令牌相同，但不包含管理 Windows 权限与 SID，可用于启动不执行管理任务的应用程序。在标准用户权限下，用户可以运行大多数应用程序，但是如果要执行需要管理员权限的操作（如修改防火墙设置），用户必须通过特定的用户界面，才能将权限提升为管理员级别。

如果用户拒绝提升，那么 Windows 将向激发该启动过程的进程返回一个拒绝访问错误。当用户通过输入管理员密码并单击“继续”按钮同意提升时，应用程序信息服务（AIS）将使用适当的管理员身份启动进程。

在 Windows 7 中，用户可以选择 UAC 的通知等级，默认情况下，仅在程序做出改变时才弹出 UAC 提示。

2．强制完整性控制

强制完整性控制是 Windows Vista 新加入的安全特性，它是建立在 Biba 完整性模型基础上的。它由系统保护对象（如文件、进程、注册表）的系统访问控制列表（SACL）的访问控制项（ACE）控制。

每个进程都具有一个完整性等级，子进程继承父进程的完整性等级。完整性等级主要包含低完整级、中完整级、高完整级和系统完整级 4 个等级。进程不能和具有更高完整性等级的进程进行交互。例如，当一个低完整级的进程调用 CreateRemoteThread、SetThreadContext、WriteProcessMemory 等函数并作用于高完整级的进程时，将会失败，这样可以防止特权提升攻击。

系统资源对象（如注册表和文件）也能拥有完整性等级，只有当进程的完整性等级等于或高于某个资源对象的完整性等级时，该进程才能打开资源对象并执行写操作。例如，IE 具有较低的完整性等级，因此，即使由管理员使用，它也只能写很少数量的注册表位置。

3．用户界面特权隔离

用户界面特权隔离（UIPI）与特权等级直接相关，它用于防止特权提升攻击，如 Shatter 攻击。如果一个低特权等级进程能够通过 API 函数 SendMessage 和 PostMessage 发送窗口消息给一个高特权等级进程，那么低特权等级进程就能在高特权等级进程的上下文中执行任意代码。为了解决这个问题，Windows Vista 不再允许低特权等级进程向高特权等级进程发送窗口消息。

API 函数 SetWindowsHookEx 和 SetWinEventHook 提供了一种方法用以钩住所有与同一桌面进行交互的进程，并且当这些进程收到窗口信息时会获得通知。这可能导致在更高特权等级的进程上下文中执行任意代码。因此，在 Windows Vista 中，不允许低特权等级进程对高特权等级进程调用 SetWindowsHookEx 和 SetWinEventHook。

UIPI 在进程级实现，如果进程安全描述符中包含 SACL 中一个特定的 ACE（称为 UI 访问强制级，SID 为 S-1-16-16640），那么该进程可与共享桌面的具有更高特权等级的进程进行交互。Uxss.exe（微软用户体验子系统）和 consent.exe（管理员应用程序的同意界面）是拥有 UI 访问强制级的两个进程，因为它们需要与桌面进行交互。

4．网络访问保护

每一台连接到本地网络的计算机都是潜在的威胁，任何一台计算机出现了安全问题，都将威胁到整个本地网络的计算机安全。为了保护网络安全，必须制定一个安全策略，让每台计算机在连接本地网络时都通过这个策略的允许，而网络访问保护（NAP）正是为此而提出的。

在 Windows Server 2003 中，出现了网络接入隔离控制功能，而 NAP 则是此项功能的扩展。NAP 可以让用户监视任何试图接入用户网络的计算机的安全状态，并确保接入的计算机都具有符合用户策略的安全防范措施。NAP 对网络权限的要求如下：

（1）系统健康检查。任何计算机都必须通过系统健康检查，如检查是否安装了最新的安全补丁、防病毒软件的特征库是否更新等，之后才能接入本地网络。

（2）未通过系统健康检查的计算机会被隔离到一个受控网络。在受控网络中，该计算机修复自身的状态，以达到系统健康检查的标准，完成修复工作后，才能接入本地网络。

这两项要求可以确保接入内部网络的计算机保持健康状态，不会威胁其他计算机的安全。

因为 NAP 的作用只是检查将要接入网络的计算机是否安装了最新的安全补丁、是否进行了正确的安全配置，因此，它并不能取代其他网络安全系统，如杀毒软件、防火墙、入侵检测。

18.3 商业操作系统安全性的验证

对于验证商业操作系统中的安全性来说，通常需要验证接口、模块和策略库软件的正确性，并评定安全机制等强制保护系统确实可以实现安全目标（包括保护状态、标签状态和迁移状态）[8]。软件的自动化验证仍然是个未解的难题，现有技术仅能针对小规模的代码和少数特定的安全属性进行验证。从验证目标的角度来看，这些技术主要包括安全模型的验证和安全策略的验证等。这些技术通常采用形式化方法[9]与非形式化方法相结合的方式，以工作负责度为代价来降低形式化方法在实际应用中的难度门槛。

1. 安全模型的验证

典型的安全模型，如 BLP 模型和 Biba 模型，对于实际操作系统来说过于理想化，难以实现。为了提高其实用性，操作系统研究人员与开发者们对这些模型进行了一系列的改进。于是，需要对这些改良过的安全模型的正确性进行验证。

在计算机科学中，对某一系统是否满足特定属性进行验证的第一选择是采用形式化方法，即基于数学方法对系统进行描述与分析，从而利用逻辑推理得出属性是否被满足的结论。由于形式化方法较难理解，对实际系统的描述难度与工作量都比较大，因此，目前较为流行的验证方法是利用软件工程领域中的 UML（Unified Modeling Language，统一建模语言）对模型进行描述，然后利用自动化的逻辑推理工具（如 Hoare 逻辑、模型检测）对其进行分析。

UML 是一种通用的可视化建模语言，由 OMG（Object Management Group，对象管理组织）于 1997 年发布，目前已成为实际上的设计与分析面向对象软件系统的规范语言。它对系统不同层次的动态、静态以及结构属性提供了丰富的描述方法，并为软件开发人员所熟悉。虽然它仅是一种半形式化语言（语义部分采用了自然语言进行描述），但研究人员已经证明了使用其描述安全模型的可能性并给出了其子集的形式化语义[10]。

2. 安全策略的验证

安全策略在不同的操作系统中的运行与存储方式都不尽相同。Windows 系列操作系统普遍采用了自主访问控制，其策略由用户（资源的所有者）定义，并储存在专门的内核数据结构中；而 Linux 系统在 LSM 发布后则引入了多种强制访问控制机制，如 SELinux、AppArmor，这些机制虽然同为强制访问控制机制，但策略文件的描述、存储方式不相同。形式化验证安全策略的首要问题在于如何将形形色色的安全策略抽象为形式化模型。在此基础上，利用形式化分析工具，对其安全性或某种特定属性进行验证。

最初，人们提出了访问控制空间（Access Control Space）[11]的概念对访问控制策略进行建模，将策略关系对应到存取控制中的权限关系上，利用访问控制空间的概念计算出特定安全策略子空间之间不正常的交集部分，根据安全等级的高、低找出违反完整性以及完备性的安全策略。之后，人们发现从信息流动的角度来描述安全属性更容易准确定义需求与模型的关系，于是相继出现了一系列的策略验证工具[12-15]。分析对象也由原来特定系统的特定策略逐渐向多机制、跨平台方向转化。而在形式化分析工具的选择上，也引入了模型检测、定理证明（Theorem Proving）、逻辑编程（Logic Programming）等多种分析引擎。

18.4 其他安全机制

显然，访问控制并不是包治百病的“灵丹妙药”。事实上，访问控制系统的一个隐含前提是：确定的主体和客体拥有确定的行为方式。换句话说，访问控制的最小控制元素是系统的进程与文件、网络端口等资源，是一种高层的、“宏观”的安全机制。如同万有引力在原子内部会“失去”效力一样，这种机制的保护作用在“微观”世界也可能变得毫无用处。对于操作系统而言，“微观”世界的保护包括代码安全、内存保护等一系列较为底层的机制，如 DEP/NX、ASLR、PatchGuard。

1．DEP/NX

DEP/NX（Data Execution Prevention/No eXecute，数据执行防护/禁止执行）可以禁止可执行代码在非可执行的内存区域中执行。这项技术目前被广泛应用于 Linux、Mac OS X 和 Windows 系统中。NX 实际上是 CPU 上的一个比特位，当它设置时，CPU 会将数据页面标识为“不可执行”，并且任何来自这些页面上的指令都被禁止执行。

在 80x86 体系结构中，操作系统的内存管理是通过页面（Page）存储方式来实现的。虚拟内存空间的管理，如代码、数据堆栈，都是通过页面方式来映射到真正的物理内存上的。在 AMD64 位 CPU 上，在页面表（Page Table）中的页面信息加了一个特殊的位，即 NX 位。如果 NX 位为 0，那么这个页面上可以执行指令；如果 NX 位为 1，那么这个页面上不可以执行指令，如果试图执行指令，就会产生异常。Intel 在它的 CPU 上也提供了类似的支持，称为 XD（eXecute Disable）位，其原理和 AMD 的 NX 是一样的。

操作系统对 DEP 的支持，就是将系统或应用程序的数据页面标注上 NX 位。这样，一旦由于堆栈缓存溢出的安全漏洞导致恶意代码试图在数据页面上运行的安全问题发生时，CPU 就会产生异常，导致程序终止，而不是去执行恶意指令。

2．ASLR

DEP/NX 在很大程度上降低了攻击者利用缓冲区溢出漏洞实施攻击的成功率，但并非无懈可击。在较早的操作系统中，特定系统函数的入口地址是可以事先确定的，如果在堆栈溢出攻击中，写入的返回地址不指向堆栈页面，而是指向一个系统函数的入口地址，那么 NX

保护将不起作用。其中，最著名的攻击是 Return-to-Libc 攻击[16]。

ASLR（Address Space Layout Randomization，地址空间布局随机化）就是针对此类攻击而采用的保护机制。它使得恶意软件不可能知道 API 的位置。其方法是在系统启动伊始，内存管理器从用户模式地址空间顶部 16MB 的 256 个 64KB 对齐地址中随机选取一个作为 DLL 映像加载偏差（Image-Load Bias）。当映像表头中拥有新的动态重新定位标记的 DLL 加载到进程中时，内存管理器会从映像加载偏差地址开始将 DLL 顺序地加载到内存中。对于具有该标记组的可执行文件，ASLR 的处理方式类似，从可执行文件映像表头中储存的加载基地址开始的 16MB 地址范围内随机选取一个 64KB 对齐点加载。此外，如果给定的 DLL 或可执行文件在卸载后再次被加载，那么内存管理器会随机地重新选择一个加载位置。图 18.2 是一个 32 位 Windows Vista 系统的示例地址空间，包括 ASLR 选取映像加载偏差和可执行文件加载地址的区域。

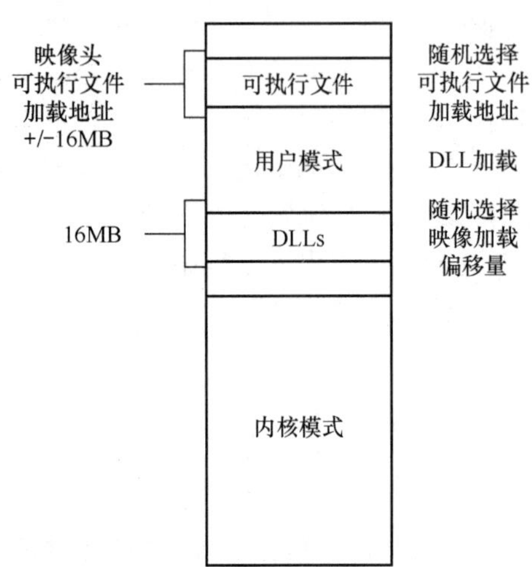

图 18.2　Windows Vista 系统的示例地址空间

由于系统文件被转移了，因此它们的位置每次都是随机的。恶意代码很难利用这种方法发起攻击。这样，攻击者就难以事先确定系统函数的入口地址。

在 Windows Vista Beta 2 系统中，选取 8 位来实现地址随机，这样攻击者只有 1/256 的机会得到正确的地址。在暴力破解下，256 种随机地址的选择可能显得有点不足；而且，一些研究表明，这 256 种地址中，每个地址的使用频率也不是一样的，Windows 似乎只选择了这 256 种可能中的 32 种。这样，在暴力破解的情况下，32 种可能性就大大增加了破解成功的概率。此外，ASLR 和 NX 保护结合在一起，可以降低缓存溢出危害程度。

3. PatchGuard

PatchGuard 又称为内核补丁保护（Kernel Patch Protection），是 Windows Vista 的一种内核保护系统，防止任何非授权软件试图“修改”Windows 内核、防止内核模式驱动改动或替换 Windows 内核的任何内容，第三方软件将无法再给 Windows Vista 内核添加任何“补丁”，因而可以有效阻止 Rootkit 直接修改核心模式的重要数据，如系统的进程控制表、中断控制表。

但是，由于向前兼容的原因，设备驱动程序的数字认证和核心模式保护只在 64 位平台上有效，因此 32 位平台 Windows Vista 上的 Rootkit 威胁并没有得到有效控制。

18.5　小结与注记

本章主要介绍了操作系统安全的基本概念、商业操作系统的一些典型安全机制与安全性验证方法。操作系统安全通过用户账户控制、用户界面特权隔离、内存和进程保护等措施，保护了操作系统所管理资源的安全使用。操作系统安全涉及本书介绍的其他多类安全技术，如实体认证、访问控制、安全评估准则，这些技术在操作系统安全中也起到了核心作用。

如何建立标准去衡量一个操作系统的安全性也是一个非常重要的问题。20 世纪 80 年代初，美国国防部开发了一系列系统安全要求标准和验证这些要求标准的评估过程，这被称为彩虹系列[17]。这些标准涵盖安全功能，包括从口令和认证到恢复和审计，以及访问控制和系统配置。更进一步，对文档、采购、组织管理等也提出了标准。其中涵盖操作系统的标准被称为可信计算机系统评估准则（Trusted Computer System Evaluation Criteria，TCSEC）或橘皮书[18]，它定义了一个安全要求从低到高的操作系统系列。橘皮书把所需的安全特性和验证这些安全特性的实现任务合并到一组保证类中。但是人们发现这种做法可能带来不必要的约束，因为安全功能的级别和安全保证可能并不重叠。随后发展的安全保证方法被称为通用准则[19]，它将安全特性分散到不同的部分：将安全功能放到评估目标（TOE）中，将评估工作放到安全保证评估等级中。这样，一个系统特定的安全特性可以根据它的设计、开发、文档、配置、测试等评定为不同的等级。这些内容将在本书第 27 章介绍。

本章在写作过程中主要参考了文献[1]。关于操作系统安全方面的著作和材料很多，文献[20]就是一本专门介绍操作系统安全原理与技术的著作。

思 考 题

1. 简述引用监视器的基本组成和基本原理。
2. 操作系统安全面临解决哪些特殊的问题？解决的主要方法有哪些？
3. 考查身边操作系统的安全措施。
4. 简述 Linux 操作系统的主要安全机制。
5. 简述 Windows 操作系统的主要安全机制。
6. 操作系统安全性验证有哪些方法？

参 考 文 献

[1] 冯登国，赵险峰. 信息安全技术概论[M]. 2 版. 北京：电子工业出版社，2014.

[2] WEISSMAN C. Security controls in the Adept-50 time-sharing system[C]//Proc. of the 1969 AFIPS Fall Joint Computer Conference，1969：119-133.

[3] MATT B. Computer security art and science[M]. Boston：Addison-Wesley，2003.（MATT B. 计算机安全学：安全的艺术与科学[M]. 王立斌，黄征，译. 北京：电子工业出版社，2005.）

[4] ELISABETH C. Security policy models [J]. Seminar for Computer Security Courses，2001.

[5] WRIGHT C，COWAN C，MORRIS J，et al. Linux security modules：general security support for the linux kernel [J]. In Linux Security Modules：General Security Support for the Linux Kernel，2002.

[6] TOBOTRAS B. Linux kernel capabilities [EB/OL]. http://ftp.kernel.org/pub/linux/libs/security/linux-privs/kernel-2.4/capfaq-0.2.txt.

[7] RUSSINOVICH M. Inside windows vista user account control [J]. TechNet Magazine. Microsoft，2007.

[8] JAEGER T. Operating system security [J]. Morgan Claypool，2008.

[9] HUTH M，RYAN M. Logic in computer science：modelling and reasoning about systems [J]. Cambridge

University Press，2004.

[10] LATELLA D，MAJZIK I，MASSINK M. Automatic verification of a behavioral subset of uml statechart diagram using spin model-checker [J]. Formal Aspects of Computing，1999，11(6)：637-664.

[11] JAEGER T，ZHANG X，CACHEDA F. Policy management using access control spaces [J]. ACM Trans Inf Syst Secur，2003，6(3)：327-364.

[12] CHENG L，ZHANG Y，FENG D G. A language for secure requirement description based on information flow[C]//2010 IEEE International Conference on Intelligent Computing and Intelligent Systems，2010：397-401.

[13] SARNA S B，STOLLER S D. Policy analysis for security-enhanced Linux[C]//Proc. of the 2004 Workshop on Issues in the Theory of Security (WITS)，2004：1-2.

[14] GUTTMAN J D，HERZOG A L，RAMSDELL J D，et al. Verifying information flow goals in security-enhanced linux [J]. Journal of Computer Security，2005，13(1)：115-134.

[15] NALDURG P，SCHWOON S，RAJAMANI S K，et al. Netra：seeing through access control[C]//In FMSE，2006：55-66.

[16] DESIGNER S. Getting around non-executable stack [EB/OL]. (1997-10-20). http://seclists.org/bugtraq/ 1997/ Aug/63.

[17] Rainbow series [EB/OL]. http://en.wikipedia.org/wiki/Rainbow_Series.

[18] U. S. Department of Defense. Trusted computer system evaluation criteria (orange book). Technical Report DoD：5200. 28-STD [S]，1985.

[19] Common criteria-the common criteria portal [EB/OL]. (2022-3-2). http://www.commoncriteriaportal.org.

[20] 刘克龙，冯登国，石文昌. 安全操作系统原理与技术[M]. 北京：科学出版社，2004.

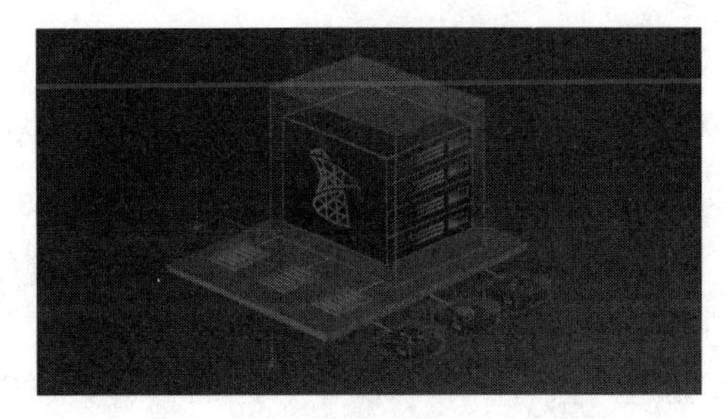

云数据库

察孤危之易毁，谅拙直之无他。安全陋躯，畀付善地。

——宋·苏轼《徐州谢上表》

第19章　数据库安全

内容提要

数据库安全涉及本书介绍的其他多类安全技术，如实体认证、访问控制、安全评估准则，但它一般也面临解决一些特殊问题：数据库安全需要解决业务数据完整性、操作可靠性、存储可靠性和敏感数据保护等问题。本章主要介绍数据库安全研究的发展历程，以及具有代表性的安全数据库管理系统、外包数据库安全、云数据库/云存储安全、推理控制等技术。

本章重点

- ◆ 数据库安全发展历程
- ◆ 数据库安全关键技术
- ◆ 外包数据库安全威胁
- ◆ 云数据库安全的主要挑战
- ◆ 推理控制基本原理

19.1 数据库安全概述

数据库系统是当今大多数信息系统中数据存储和处理的核心。由于数据库中常常含有各类重要或敏感数据，如商业机密数据、个人隐私数据，甚至是涉及国家或军事秘密的重要数据等，且存储相对集中，因而针对数据库的攻击往往能达到最为直接的效果。例如，Verizon Business 在一份年度计算机破坏报告中曾提及：在近年的数据丢失案中，数据库破坏事件占据了 30%；而在数据入侵的统计中，数据库入侵比例则高达 75%。不仅如此，针对数据库系统的成功攻击往往导致攻击者获得所在操作系统的管理权限，从而对整个信息系统带来更大程度的破坏，如服务器瘫痪、数据无法恢复。因此，及时开展数据库安全研究，实现数据库系统的安全防护，是自数据库系统出现以来就一直存在的迫切需求。

数据库安全研究的基本目标是研究如何实现数据库内容的机密性、完整性与可用性保护，防止非授权的信息泄露、内容篡改以及拒绝服务等。数据库安全是涉及安全技术领域与数据库技术领域的一个典型交叉学科，其发展历程与同时代的数据库技术、安全技术的发展趋势息息相关。在计算机单机时代、网络时代、互联网时代，以及当前的大数据和云计算时代，数据库安全需求发生了极大的变化，其内涵更加丰富。

数据库安全研究大致可划分为以下几个重要时期：

（1）启蒙时期。20 世纪 70 年代中期至 80 年代初，美国空军、海军资助的一批研究项目为多级安全数据库的研究奠定了基础。1975 年，Hinke 和 Schaefer 的报告给出了 Hinke-Schaefer 安全数据库的研究内容，实现了基于 Multics 操作系统的可信数据库管理系统；1983 年，Woods Hole 研讨班进一步提出了适用于多级安全数据库管理系统的 3 种体系结构：核心化结构、完整性锁结构和分布式结构。这个时期的数据库安全研究的主流是军用安全数据库，美国军方的大力推动为研究工作涂上了一层浓重的军方色彩。这一时期研究者对数据库面临的安全威胁、数据库的安全需求以及安全数据库的研究问题有了基本的认识，通过若干项目的研发形成了安全数据库开发的方法论。

（2）标准化时期。1983 年，美国国防部计算机安全中心发表了可信计算机评估准则，即 TCSEC，该准则于 1985 年被确定为美国国防部标准，是历史上首个计算机安全评估准则。此后十余年是多级安全数据库管理系统发展的黄金时期，其间出现了一批达到高安全等级的数据库管理系统。其中比较有代表性的研究项目包括 Seaview、ASD 和 LDV 等。1991 年，TCSEC 关于数据库评估的解释（TNI）发表。该文档详细说明了如何使用 TCSEC 标准对数据库管理系统和其他高级应用进行评估。它标志着研究者对于安全数据库的需求、功能、保证等达成了共识，一些关键技术进入了成熟阶段。

Seaview（Secure Data View）是由美国空军资助，SRI 和 Gemini 公司共同参与的一个研究项目，其研究目标是实现一个达到 TCSEC A1 级的安全数据库，访问控制粒度达到字段级。Seaview 采用了核心化的体系结构，由操作系统提供强制访问控制。ASD（Advanced Secure DBMS）与 LDV（LOCK Data View）分别是美国 TRW 国防系统小组与美国空军资助进行的项目，安全性均达到了 TCSEC A1 级。此外，数据库软件开发商也积极响应，开发出一些安全等级稍低的安全数据库产品。例如，Oracle 的 Trusted Oracle 7 经评估达到 B1 级；Sybase 的 SQL Server 达到 C2 级；SQL Secure Server 达到 B1 级，并且是最早通过 B1 级评估的安全数据库系统；Informix 的 INFORMIX-OnLine/Secure 5.0 达到 B1 级。

（3）多样化时期。随着计算机网络技术的出现与发展，数据库所处的环境更为复杂，人们从实践中逐渐认识到，即使是严格按照数据模型设计实现的多级安全数据库管理系统，也并不能彻底解决数据库面临的各种安全威胁。同时数据库安全研究中军方的色彩逐渐减退，而来自商业数据库的安全需求占据了主流，用户的安全需求也更为多样化，安全需求也不再局限于机密性。认识到 TCSEC 的局限性后，美国等 6 国 7 方联合提出了新的信息系统评估准则——通用准则（CC）。该准则的 2.1 版本于 1999 年被国际标准化组织接受作为国际标准。CC 标准提供了安全需求的描述框架及相应的评估方法和需求，可以用于基于面向威胁的安全系统的安全评估。CC 标准的确立意味着安全产品的开发重新回到基于安全需求的轨道上，也标志着安全数据库系统研究进入了一个新阶段——多样化时期。此时，传统的安全保密数据库系统成为安全数据库系统的一个特例。虽然相关研究还保持了一定的惯性，并且军方的相关需求仍然强大，但是研究的重点从安全保密转移到完整性相关的工作，包括多级安全背景下多级事务处理以及安全备份和恢复等。具体来说，多样化体现在以下几个方面：

① 数据库应用环境和安全需求的多样化。基于军方安全需求的多级安全模型无法满足用户多样化、灵活的访问控制需求，出现基于角色的访问控制、基于属性的访问控制等细粒度访问控制，以及多策略访问控制框架等新型安全策略模型。

② 数据模型多样化。面向对象的数据库、XML 数据库等一批新型数据库系统的出现，打破了长期占据主流的关系数据模型，带动了半结构化数据访问控制模型研究。

③ 安全技术体系多样化。随着信息保障（IA）概念的出现，以保护、检测、响应、恢复为核心内容的全生命周期的保护，取代了以往单一防护的思想，引发了数据库入侵检测、可信恢复等相关研究内容。

在多样化时期，数据库安全研究内容更为广泛，典型的例子包括：数据库细粒度访问控制模型、数据库入侵检测与恢复、数据库漏洞扫描技术、SQL 注入攻击及防范技术等。

19.2 安全数据库管理系统

早在 20 世纪 70 年代，国际上数据库技术与计算机安全研究刚刚起步之时，数据库安全问题就引发了研究者的关注，相关研究几乎同步启动。当时的研究重点集中于设计安全的数据库管理系统，又称为多级安全数据库管理系统。众所周知，数据库管理系统是负责数据存储、访问与管理的核心平台软件。因而它也理所当然成为维护数据库系统的安全核心。早期的数据库安全研究的核心目标在于：通过设计符合特定安全策略模型的安全数据库管理系统，严格实施访问控制策略、控制数据库内容的操作与访问，从而实现整个数据库系统的安全。

围绕多级安全数据库管理系统的设计，形成了安全数据库的理论与技术基础。除了数据库认证、访问控制、审计等基本安全功能，关键技术集中在数据库形式化安全模型、数据库隐通道分析、多级安全数据库事务模型、数据库加密等方面。

1. 数据库形式化安全模型

多级安全数据库管理系统的形式化安全模型的核心内容是多级数据模型，包括多级关系、多级关系完整性约束、多级关系操作等。在传统关系模型中，关系模式用于描述关系的结构，记录构成关系的属性集；而在多级安全数据库管理系统模型中，依据强制访问控制策略要求，各种数据库对象被赋予安全标记属性，关系模式也由此变为多级关系模式。相应地，针对关系的完整性约束也扩展为多级关系完整性约束。典型的约束有多级实体完整性约束、空值完整性约束、实例间完整性约束、多实例完整性约束和多级外键完整性约束等。此外，多级关系上的 INSERT、DELETE、UPDATE 等操作语义也发生了很大的变化，变为多级操作。而由于多级关系实际上被存储为多个物理对象，所以，通常多级关系数据模型中还包括多级关系的分解与恢复算法。

早期的数据库安全模型是以形式语言（数学语言）描述的，客体的表示过于抽象，没有形式化规约语言支持，更没有工具的支持。但在目前的系统模型建模过程中，安全模型的抽象层次降低，逐渐向顶层规约（TLS）靠拢，更加接近实际系统。例如，客体包括数据库管理系统的基本组成元素，如关系、视图、存储过程、数据字典。操作也不仅是 INSERT、DELETE 等简单的几种，而是覆盖系统的 SQL 命令集或函数接口集，这种规模的模型建模及分析没有工具的支持是不可能实现的。目前常用的安全数据库模型形式化规约语言包括 Z 语言、PVS、Isabella 等。

2．数据库隐通道分析

隐通道是用户之间违反系统安全策略的信息传递机制，通常并非系统设计者有意而为。多级安全数据库管理系统中若存在隐通道将导致违反多级安全策略的信息流动，威胁数据的机密性。因此，国内外各个测评标准中（如 DOD 85、CCIB 98a/b/c、GB 99）均要求对高等级信息安全产品进行隐通道分析，包括隐通道标识、隐通道的消除、隐通道最大带宽的计算以及隐通道的审计与限制带宽等。早期的典型隐通道分析方法包括语法信息流分析、语义信息流分析、共享资源矩阵、隐蔽流树、无干扰分析等。近几年又提出了基于场景分析、基于信息论分析等新方法。

多级安全数据库管理系统中有两类典型隐通道：存储隐通道与时序隐通道。其中存储隐通道的发送者通过直接或间接地修改一个存储变量，接收者通过感知该存储变量是否发生变化而得到信息。下面是一个针对多级表隐通道的例子。

假设发送者 B（安全级别为 HIGH）与接收者 A（安全级别为 LOW）依次执行下述操作序列。

A: CREATE TABLE t_low (a int4 NOT NULL,b int4,primary key(a))；//创建空表。

A: GRANT insertintotable ON t_low TO B；//授给用户 B 在该表上插入记录的权限。

B: INSERT INTO t_low VALUES(1,1)；//在多级表中插入一条高级记录。

A: INSERT INTO t_low VALUES(1,1)；//重复插入，若 B 未插入，则成功；否则失败。

A: DROP TABLE t_low；或者 TRUNCATE t_low；//状态恢复。若使用 drop 命令，则需要重新创建空表，并给用户 B 授权。

用户 B 通过决定执行或不执行 INSERT INTO 命令，可以传送出 1 比特信息：0 或 1。而与之相对应，用户 A 通过观察 INSERT INTO 命令执行结果成功与否来接收信息 0 或 1。该过程重复 n 次，两者之间可以传送 n 比特信息。

多级安全数据库管理系统中的存储隐通道包括基于数据库客体（如表、视图、索引、存储过程、同义词、序列、约束、触发器）的隐通道、基于数据字典的隐通道和资源耗尽型隐通道等。

数据库时序隐通道的发送者可通过操纵数据库的相关设置，控制接收者数据库操作的响应时间，以使其获得 1 比特信息。前面提到，由于高级别事务的行为导致低级别事务的执行被延迟或中止，就不可避免地会将一位二进制信息由高级传向低级，因此导致隐通道的产生，这就属于由事务调度机制导致的一种时序隐通道。除此以外，索引的存在与否也将导致事务执行时间变化，也可以依此构建时序隐通道。

3. 多级安全数据库事务模型

在传统关系数据库管理系统中，事务应满足原子性（Atomicity）、一致性（Consistency）、隔离性（Isolation）和可持久性（Durability），以保证数据库内容的完整性、一致性和可恢复性。而在多级安全数据库管理系统中，事务是模型中的主体，作为用户的代表它具有特定的安全级别。因此，事务除了必须满足上述要求，还必须满足多级安全策略模型。这就会带来一系列问题：

（1）安全策略保证信息只能向上流动，禁止事务下读与上写。这在某种程度上限制了事务的功能，导致某些事务在多级环境下可能无法执行。而采用多级事务则违反了多级安全策略模型。

（2）调度器处理的是安全级别不同的事务，若由于调度机制导致低级事务被阻塞或延迟，则容易被利用构造出时序隐通道，而修改调度机制可能导致违反数据事务可串行性。

研究者们针对数据库的调度机制提出了一系列解决方案，主要有以下方案：

（1）针对时间戳排序调度的改进方法。例如，Keefe 与 Tsai 等人提出的基于时间戳的多级多版本调度机制，Paul 等人给出的基于时间戳的“双快照”方案。

（2）针对两阶段锁机制的改进方法。例如，George Mason University 数据库小组提出的一系列 Orange Locking 协议，Luigi 等人提出的基于两阶段锁的双版本方案。

（3）针对数据库串行化图调度机制。例如，Jajodia 等人提出的改进型多级顺序图方法。

在上述多级安全数据库管理系统并发控制协议或算法中，都或多或少采用了多版本方案。根据系统维护的版本的数量不同，可能采用两个版本、两个以上的多版本，以及无限多版本等。这是因为高级事务访问低级数据项的特点是只有读操作。因此，高级事务与低级事务之间的操作冲突最重要的是读-写冲突，而不存在写-写冲突。因为多版本机制为数据库中每个数据元素维护了多个版本，更适合于解决高级事务与低级事务对同一数据元素的操作之间的冲突[2-3]。

4. 数据库加密

数据库加密可以有效地防范内部人员攻击。若以明文形式存储的数据库数据信息被那些被收买的内部人员获得，则将导致十分严重的数据库泄密事件。因此，提供密码控制手段来保护数据安全是安全数据库管理系统的重要需求。

数据库加密的挑战性体现在以下几个方面：

（1）数据库中数据存储时间相对较长，并且密钥更新的代价较大，所以，数据库加密应该保证足够的加密强度。

（2）数据库加密后存在大量的明密文范例，若对所有数据采用同样的密钥加密，则被破译的风险更高，所以，数据库加密应采用多密钥加密。

（3）数据库中的数据规律性较强，且同一列中所有数据项往往呈现一定的概率分布，攻击者容易通过统计方法得到原文信息，因此，数据库加密应该保证相同的明文加密后的密文无明显规律。

针对数据库的以上特点，设计一个好的数据库加密系统应该满足以下几方面的要求：

（1）拥有足够的加密强度，以保证长时间、大量数据不被破译。

（2）加密后的数据库存储量没有明显的增加。

（3）加解密速度足够快，影响数据操作响应的时间尽量短，用户没有明显的延迟感觉。

（4）加解密对数据库的合法用户操作（如数据的录入、修改和检索）是透明的，加密后不影响原有系统的功能。

（5）灵活的密钥管理机制，加解密密钥存储安全，使用方便、可靠。

此外，数据库加密还存在一些其他要求，如合理处理数据。要恰当地处理数据类型，否则数据库管理系统将会因加密后的数据不符合定义的数据类型而拒绝加载。

出于效率与安全因素，数据库加密通常使用对称密码中的分组密码。当数据项长度或剩余部分长度小于加密算法所需的块长时，需要按一定规律扩展后加密。也可以将剩余部分再用序列密码加密。数据项粒度加密需要对不同的数据项使用不同的密钥。但这些密钥不能是随机生成的，由于信息量巨大且无法保存，所以，数据项密钥应该是函数自动生成的。例如，可以将数据项密钥表示为一个基本密钥与数据项所在的行与列的函数，由表密钥自动生成各个数据项的字段密钥。

19.3 外包数据库安全

在互联网时代，软件服务化逐渐发展成为一种为信息技术（IT）界所广泛接受的工作模式。随着“软件即服务”理念的推广，越来越多的 IT 厂商选择将其非核心业务外包，从而集中更多的资源与精力投入核心业务，达到降低成本、提高服务质量的目的。此外，近年来还出现了一批直接面对普通用户的数据库服务（也称为“数据库即服务”，DAS），如亚马逊公司提供的 SimpleDB 与 Relational Database Service（RDS）服务、谷歌公司的 Datastore 服务、微软公司的 SQL Azure 服务。这些数据库服务平台虽然采用不同的数据模型与实现技术，但都为用户提供快速、便捷的数据库服务，避免用户花费时间或精力用于软件和硬件采购与数据库日常维护管理。

一个典型的数据库服务场景由数据库内容提供者（也称为所有者）、数据库服务运营服务商（也称为服务者）和数据库使用者（用户）3 方构成，如图 19.1 所示。

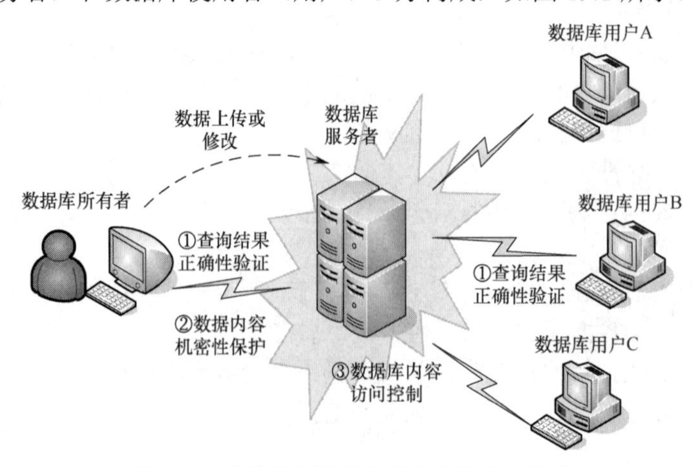

图 19.1　典型外包数据库场景及其安全需求

这种数据库服务模式带来了特殊的安全问题：数据库用户无法信赖安全数据库系统实施数据安全保护。这是因为在数据库服务模式下，由服务者负责维护数据库管理系统软件并提供数据库查询服务，但服务者并非完全可信，所以，不仅外包数据库面临安全风险，数据库管理系统软件也因其运行的环境不可信、不可控而面临安全风险，无法起到对数据的安全保护作用。这从根本上打破了以往的数据库安全威胁模型，带来了一系列安全问题。具体来说，"不可信的数据库服务者"这一安全假定引发了数据库所有者的查询结果正确性验证、数据库内容机密性保护、数据库内容访问控制和数据库内容版权证明等新需求。

外包数据库服务模式下的数据库安全研究内容主要集中在外包数据库安全检索、外包数据库查询验证、外包数据库密文访问控制和外包数据库水印等方面。

1．外包数据库安全检索

外包数据库安全检索的典型需求是针对密文属性的区间查询。Hacigumus 等人提出在元组加密前将各属性排序，并按照值域划分成多个区域（也称为分桶）。用户对原数据的查询被转换为密文分桶上的非精确查询，用户再在返回元组的基础上进行二次查询，得到正确结果。Damiani 等人进一步提出了防止密文索引中存在的数值关联的方法，防止攻击者通过分析密文数据的分布而推测出明文信息。有些研究者还分析了服务器端的索引安全性。Hore 等人提出一个优化分桶算法，在保持命中率可控制的前提下，尽量提高桶中数据的均方差与熵，以满足安全性要求。在上述方法中，若分桶较少，则返回的无效元组就比较多；相反，若分桶很多，则需要保存大量的索引值，因此，需要在效率与安全性之间寻找平衡。

此外，也可通过对数值型的属性的保序变换实现机密性保护。这类方法的优点是可以以较低的代价实现数值比较操作与聚集操作，提高检索效率。这类方法的例子有：

（1）随机累加法。该方法将密文视为伪随机序列的累加值，明文是多少就调用多少次随机数。

（2）保差变换法。该方法通过递归调用递增的多项式函数实现加密。

这两种方法变换前、后的数据之间存在统计关联特性，容易导致数据被破译。确定输出分布法保证无论输入数据的分布状况如何，输出数据保持同样的输出分布特性。而保序变换法面临的一个重要问题是范围限定攻击，即攻击者通过选择输入数据并观察结果不断逼近的方法，将密文的值域限定在一个较小的范围内，对于数值型数据来说这就相当于已被破译。

2．外包数据库查询验证

当前，外包数据库查询验证研究多集中在单属性区间查询结果集验证方面。这类方法的主要特征是服务器端存储并维护一些特殊数据结构，服务器在返回用户查询结果的同时返回验证对象。这类方法主要有：

（1）使用元组杂凑树或其变种结构来保存验证内容。例如，使用基本 Merkle 杂凑树（MHT），或者将其与 B 树结合生成 MB 树与 EMB 树。由于大部分是杂凑运算，因此它们具有代价低与运算速度快的优点，缺点是所占据的存储空间与返回的验证对象较大。

（2）使用元组签名作为验证依据。为了减小签名验证的代价，有些研究者提出多个数据库元组聚集签名方法，包括基于乘法同态性的 Condensed RSA 方案、基于加法同态性的 BGLS 方案等。但其只能验证查询结果的真实性，无法验证其完备性。针对该问题，有些研究者进行改进，将元组的签名改为当前元组与上一个元组的杂凑值联合签名，构成一个元组签名链，解决完备性验证问题。其他方案还包括签名树方案，它将 MHT 树中每个内部节点都签名，返回的验证对象少，但验证时需要多次签名，运算代价大。

（3）基于空间索引的方法。在上述方法中，查询结果完备性验证的前提是将元组按照某属性值排序，当查询条件中包含其他属性时，这些方法效果很不理想。有些研究者结合空间数据库索引结构，提出多属性区域检索方法，包括 MKD 树、VKD 树、VR 树和 MR 树等方法。MKD 树综合了 MHT 树与 KD 树索引；VKD 树和 VR 树分别是签名链方法与 KD 树索引、R 树索引的结合；MR 树是针对 VR 树中存在的效率问题，结合 MB 树的改进，减小了签名代价。但总体来说，这些基于空间索引的方法是以单维的搜索效率降低为代价的。

由于验证者掌握部分数据库内容，因此可以采用“抽查”方式判定结果的正确性。

3．外包数据库密文访问控制

非可信的数据库管理系统对访问控制策略的存储与执行都带来很大困难，一种基本的解决途径是基于密码技术。有些研究者将分布式文件系统中基于密码技术实现访问控制的思路应用在外包数据库的访问控制中。例如，George Mason University 提出通过双层加密结构实现对外包数据库进行自主访问控制支持，下层加密作为实际的数据加密，上层加密作为访问控制策略；并在此基础上定量分析了多用户多密钥加密环境下的这种策略的性能与所要加密保护的数据规模之间的关系。但相关研究离实际应用仍有相当一段距离。

4．外包数据库水印

由于数据库内容必须脱离数据库所有者的直接控制，服务外包模式比以往更容易出现数据库被非授权复制的情况。目前，数字水印是对多媒体数字作品进行版权保护的一种基本方法。然而关系数据库元组的无序性、动态性、数据类型等决定了数据库水印与多媒体数字水印存在着很大的不同。

目前，数据库水印多集中在数值型数据上。Agrawal 等人首次提出数据库水印的概念以及将水印嵌入数据库的算法。其基本原理是通常人们对于数值型数据可以容忍一定程度的精度损失，因此，可以将水印信息嵌入这些数据最不重要的位上。目前，已有很多方案都是在此基础上扩展而成的[4-6]。

19.4 云数据库/云存储安全

在 Web 2.0 的背景下，互联网用户已由单纯的信息消费者变成了信息生产者，因而互联网上的信息呈爆炸式的速度增长。毫无疑问，人类已进入信息爆炸时代。在此背景下，支持海量数据高效存储与处理的云计算技术受到人们的广泛关注与青睐，在世界范围内得到迅猛发展，被誉为“信息技术领域正在发生的工业化革命”。

在云计算时代，信息的海量规模及快速增长为传统的数据库技术带来了巨大的冲击，主要挑战在于新的数据库应具备以下特性：

（1）支持快速读写、快速响应，以提升用户的满意度。

（2）支撑 PB 级数据与百万级流量的海量信息处理能力。

（3）具有高可扩展性，易于大规模部署与管理。

（4）成本低廉。

在上述目标的驱使下，各类非关系型数据库（也称为 NoSQL 数据库）应运而生，如 BigTable、HBase、Cassandra、SimpleDB、CouchDB、MongoDB、Redis。顾名思义，NoSQL 数据库为获得速度、可伸缩性及成本上的优势，放弃了关系数据库强大的 SQL 查询语言和事务机制。

在云计算模式下，数据库安全研究内容主要集中在海量信息安全检索、海量数据完整性验证，以及海量数据隐私保护等方面。

1. 海量信息安全检索

由于数据变成密文后丧失了许多特性，导致大多数数据分析方法失效，因此必须将数据解密后才能对它进行分析处理。密文检索的目标就是在不解密数据的前提下，帮助用户查找出含有指定关键词的数据。当前密文检索主要有以下两种典型方法：

（1）基于安全索引的方法。该方法通过为密文关键词建立安全索引并检索索引来查询关键词是否存在。

（2）基于密文扫描的方法。该方法对密文中每个单词进行比对来确认关键词是否存在，以及统计其出现的次数。由于某些场景（如发送加密邮件）需要支持非属主用户的检索，因此 Boneh 等人提出支持其他用户公开检索的方案。

密文处理研究主要集中在秘密同态密码算法设计中。早在 20 世纪 80 年代就有研究者提出多种加法同态或乘法同态密码算法，但是由于被证明安全性存在缺陷，因此后续工作基本处于停顿状态。2008 年，IBM 研究人员 Craig Gentry 利用“理想格（Ideal Lattice）”的数学对象构造隐私同态（Privacy Homomorphism）算法，也称为全同态加密，使人们可以充分操作加密状态的数据，在理论上取得了重要突破，使相关研究重新得到学术界的关注，但目前对于应用仍有很长的路要走。

本书 24.2 节和 24.3 节将分别对密文检索技术和密文处理（密文计算）技术进行较详细的介绍，这里不再赘述。

2. 海量数据完整性验证

由于海量数据所导致的巨大通信代价，用户不可能将数据下载后再验证其正确性，因此，云用户需要在取回很少数据的情况下，通过某种知识证明协议或概率分析手段，以高置信概率判断远端数据是否完整。目前主要有以下两大类典型方法：

（1）数据持有证明（PDP）方法。PDP 模型最早是由 Giuseppe Ateniese 等人于 2007 年提出的，其基本原理是通过一系列的准备过程，为用户文件生成一系列标签。如果服务器持有完整的数据，那么就可以正确回应用户关于某些数据块的挑战。用户可以利用提前生成的文件标签和持有的秘密密钥验证服务器的回应是否正确。PDP 的标签大多基于数学难解问题或只有用户持有的秘密密钥，如果服务器端不持有正确的文件，那么必然会被检验出文件损坏。根据标签的生成方式不同，可将 PDP 模型的实现方式分为基于同态函数的验证、基于 PRF 的验证、基于 BLS 的验证、基于欧拉定理的验证和基于 Merkle 杂凑树的验证 5 类。

（2）数据可检索性证明（POR）方法。POR 模型最先由 Juels 等人提出，目的是使用户确信目前保存在服务器上的文档可以通过一定的手段进行恢复，得到原始文档。POR 模型与 PDP 模型的区别在于 POR 模型并不要求服务器一定要持有文件的全部内容，并且也能够容忍一定数量上的文件损坏，只要服务器能够通过一定的手段将文件内容进行恢复即可；与 PDP 模型的适用范围不同，POR 模型会对用户的原始数据采用纠错码或纠删码进行编码，从而保证用户数据即使遗失一小部分也可恢复出原有数据。基于哨兵的验证方案是以纠删码为基础的，在编码后的数据中添加“哨兵”数据。用户通过验证哨兵数据的完整性可以检测数据的完整性。哨兵数据可基本实现方案中的数据验证标签。通过验证哨兵数据和相关数据块的关系可以判定数据块是否完整。

3．海量数据隐私保护

通过分析公开的信息（如用户的 Tweet）可以发现用户的政治倾向、消费习惯、喜好的球队，也可以发现疾病的传播规律等。

云数据隐私保护涉及数据生命周期的每一个阶段。Roy 等人将集中信息流控制（DIFC）和差分隐私保护技术融入云数据生成与计算阶段，提出了一种隐私保护系统 Airavat，防止 MapReduce 计算过程中非授权的隐私数据泄露，并支持对计算结果的自动除密。在数据存储和使用阶段，Mowbray 等人提出了一种基于客户端的隐私管理工具，提供以用户为中心的信任模型，帮助用户控制自己的敏感信息在云端的存储和使用。

本书第 8 章已对隐私保护技术做了较详细的介绍，这里不再赘述。

19.5 推理控制

数据库安全中的推理问题是指：恶意用户利用数据之间的内在逻辑联系，推导出其无法访问到的数据，从而造成敏感数据泄露。其本质是用户根据合法的低安全等级的数据和模式的约束推导出高安全等级的数据，造成未经授权的信息泄露。推理控制就是要割裂数据之间的这种联系，防止敏感数据的推理泄露。

推理控制起源于统计数据库[10]。一般地，统计数据总带有原始信息的踪迹，用户可以通过收集不同的统计数据推导出某一个体的敏感信息。此时，推理控制的目的就是保证数据库发布的统计数据不会导致敏感数据的泄露。本节主要介绍统计数据库推理控制技术。用现在的观点来看，早期的推理控制技术本质上就是隐私保护技术，当然，隐私保护技术也蕴含着推理控制技术的思想与方法。

19.5.1 统计数据库模型

本节给出统计数据库的一个抽象模型，该模型虽然没有精确地描述大多数数据库的逻辑或物理结构，但它有利于把重点集中在信息泄露问题上。

1．信息状态

统计数据库的信息状态（Information State）包括两部分：一部分是数据库中存储的数据，另一部分是外部知识。

数据库包含 N 个个体（如组织、企业）的属性信息。属性（Attribute）也称为变量（Variable），有 M 个，每个属性 A_i（$1 \leqslant i \leqslant M$）有 $|A_i|$ 个可能的取值。例如，性别这个属性有两个可能的取值，即“男”和“女”。用 X_{ij} 表示个体 i 的属性 j 的值。当上下文清晰时，也可用 X_i 表示个体 i 的属性 A 的值。

一个统计数据库可以看成是 N 个记录的集合，其中每个记录有 M 个字段（也称为域）。

X_{ij}存储于记录 i 的 j 域中，如图 19.2 所示。

例 表 19.1 是一个统计数据库，该数据库包含 N=13 个学生的敏感记录。假定这些学生属于某大学，该大学有 50 个专业。每个记录有 M=5 个属性（不含标识符，即姓名），每个属性的可能取值如表 19.2 所示。属性 SAT（Scholastic Aptitude Test）表示学生的学习能力考试的平均分，GP 表示学生的学习成绩。

◆◆	A_1	⋯	A_j	⋯	A_M
1	X_{11}	⋯	X_{1j}	⋯	X_{1M}
⋮	⋮		⋮		⋮
i	X_{i1}	⋯	X_{ij}	⋯	X_{iM}
⋮	⋮		⋮		⋮
N	X_{N1}	⋯	X_{Nj}	⋯	X_{NM}

图 19.2 统计数据库的抽象模型

表 19.1 N=13 个学生的统计数据库

姓 名	性 别	专 业	班 级	SAT	GP
Aa	女	CS	2018	600	3.4
Bb	女	EE	2018	520	2.5
Cc	男	EE	2016	630	3.5
Dd	女	CS	2016	800	4.0
Ee	男	Bio	2017	500	2.2
Ff	男	EE	2019	580	3.0
Gg	男	CS	2016	700	3.8
Hh	女	Psy	2017	580	2.8
Ii	男	CS	2019	600	3.2
Jj	女	Bio	2017	750	3.8
Kk	女	Psy	2019	500	2.5
Mm	男	EE	2016	600	3.0
Ll	男	CS	2017	650	3.5

注：CS 表示计算机科学专业，EE 表示电子工程专业，Bio 表示生物学专业，Psy 表示心理学专业。

表 19.2 表 19.1 的属性取值

属性 A_i	取 值	$\|A_i\|$
性别	男, 女	2
专业	Bio, CS, EE, Psy，⋯	50
班级	2016, 2017, 2018, 2019	4
SAT	310, 320, 330,⋯, 790, 800	50
GP	0.0, 0.1, 0.2,⋯, 3.9, 4.0	41

例子是从文献[10]中修改得来的，因为这只是为了说明原理。后面的例子主要使用这个统计数据库。

外部知识是指用户所拥有的关于数据库的信息，主要包括工作知识（Working Knowledge）和附加知识（Supplementary Knowledge）。工作知识是指数据库中表示的属性（如表 19.2 中的信息）以及有效的统计数据类型；附加知识是指一般情况下不是来自数据库的信息，这种信息可能是敏感的（如某个学生的 GP），也可能是不敏感的（如学生的性别）。

2. 统计数据类型

人们经常根据具有共同属性的记录子集做一些统计计算。一个子集可以用一个特征表达

式 C 来表示，这种特征表达式是用运算符“或（+）”“与（·）”“非（~）”与属性的值表示的逻辑表达式，其中这些运算符的运算顺序是以递增顺序给出的。例如，特征表达式“(性别=男)·((专业=CS)+(专业=EE))”表示所有计算机科学专业和电子工程专业的男生。当属性名上下文清晰时，可以省去属性名，如上面的特征表达式可简写为“男·(CS+EE)”。也可在特征表达式中使用关系符，因为这些关系符是几个值的“或”运算的缩写形式，如“GP>3.8”等价于“(GP=3.9)+(GP=4.0)”。

特征表达式 C 的询问集（Query Set）是指满足 C 的所有记录的全体。例如，C=(女·CS)的询问集是{1,4}，即由 Aa 和 Dd 的记录组成。一般用 C 表示一个特征表达式及其询问集，$|C|$ 表示 C 中记录的个数，即 C 的规模（也称为尺寸）。用 All 表示其询问集是整个数据库的特征表达式，即对任意特征表达式 C，都有 $C \subseteq$ All，其中“$\subseteq$”表示询问集的包含关系。

对于属性 A_j，记其所有可能的取值个数为 $|A_j|$ (j=1, 2, …, M)，共有 $E=\prod_{j=1}^{M}|A_j|$ 种可能的由形如 $(A_1=a_1)(A_2=a_2)\cdots(A_M=a_M)$ 的特征表达式描述的不同记录，其中 a_j 是属性 A_j 的某一值。对应于这一形式的特征表达式的询问集称为基本集（Elementary Set），因为它是不可再分解的。基本集中的记录（如果有的话）是不可区分的。因此，数据库中共有 E 个基本集，其中一些可能是空集。设 g 表示所有基本集的最大规模或尺寸，于是 g 就是有相同记录个体的最大数目，即不可分解的询问集的最大规模或尺寸。如果记录数 N 满足 $N \leqslant E$，则每个个体可由一个唯一的基本集来标识，并使得 g=1。例如，如果允许询问表 19.2 中的全部 5 个属性，则 E=(2)(50)(4)(50)(41)=820000，因为每个记录都是唯一可识别的，所以，g=1。如果询问限制在“性别”“专业”“班级”3 个属性上，则 E=400。由于有两个学生有相同的特征“男· EE·2016”，因此，g=2。

与询问集 C 相关的值可用来计算统计数据（也称为统计值）。最简单的统计数据是计数和求和，即

（1）Count(C)=$|C|$；

（2）Sum(C, A_j)=$\sum_{i\in C} X_{ij}$ 。

例如，Count(女·CS)=2，Sum(女·CS, SAT)=1400。

求和仅适用于数字数据（如 SAT、GP）。计数和求和的结果可用来计算相对频数和平均值，即

（1）Rfreq(C)=Count(C)/N=$|C|/N$；

（2）Avg(C, A_j)= Sum(C, A_j)/$|C|$ 。

例如，Avg(女·CS, SAT)=1400/2=700。

更一般的统计数据类型可表示成以下形式的有限矩（Finite Moment）

$$q(C, e_1, e_2, \cdots, e_M)=\sum_{i\in C} X_{i_1}^{e_1} X_{i_2}^{e_2} \cdots X_{i_M}^{e_M} \tag{19.1}$$

其中，指数 $e_1,e_2,\cdots,e_M$ 为非负整数。此时，计数和求和可分别表示为

（1）Count(C)= q(C, 0, 0, …, 0)；

（2）Sum(C,A_j)= q(C, 0, 0, …, 0, 1, 0, …, 0)。

其中，求和的第 j 个指数是 1，其他所有指数全为 0。

当然也可用这些结果来计算平均值、方差、协方差和相关系数等[10]。

用 $q(C)$表示任何形如式（19.1）的统计数据或询问统计数据。

另一种统计数据类型是从询问集中选择某一值（如最小值、最大值、中间值）。用 Median(C, A_j)表示中间值或询问集 C 中属性 A_j 的$\lceil |C|/2 \rceil$最大值，这里“$\lceil \ \rceil$”表示上限（取值到最近的整数）。当询问集的大小为偶数时，中间值是两个中间值中的较小者，而不是它们的平均值。例如，“女·GP”={2.5, 2.5, 2.8, 3.4, 3.8, 4.0}，因此，Median(女, GP)=2.8。

从 m 个不同的属性中导出的统计数据称为 m 阶统计数据。属性可以用特征表达式 C 中的项或式（19.1）中的非零指数 e_j 来确定。只有一个 0 阶统计数据，即 Count(All)。1 阶统计数据的例子是 Count(女)和 Sum(All, GP)。2 阶统计数据的例子是 Count(男·CS)和 Sum(男, GP)。注意 Count(EE+CS)是 1 阶统计数据，因为 CS 和 EE 是同一个属性。

3．敏感统计数据的泄露

如果一个统计数据可能泄露出太多有关某一个体（如组织、企业）的敏感信息，则称该统计数据是敏感的（Sensitive）。尺寸为 1 的询问集的统计数据总是敏感的。例如，统计数据 Sum(EE·女, GP)=2.5 就是敏感的，因为它给出了电子工程专业唯一的女生 Bb 的学习成绩。尺寸为 2 的询问集的统计数据也被认为是敏感的，因为用户可以利用某一值的附加知识从统计数据中推导出另一个统计数据。敏感性的确切标准取决于系统的策略。例如，美国人口普查局对经济数据求和采用的标准是 n 个对应元素（n-Respondent）和 k%优势（k%-Dominance）准则，即当要统计的数据记录个数不大于 n 且其值的和占总和的 k%以上时，被认为是一个敏感统计数据。显然，所有敏感统计数据都必须受到限制。此外，对某些非敏感统计数据，如果它们会导致泄露敏感数据，则也要进行必要的限制。例如，假定统计数据库中，规定询问集的尺寸为 1 时，统计数据才是敏感的，则 Sum(EE, GP)和 Sum(EE·男, GP)都不是敏感的。然而至少必须对它们中的一个进行限制，因为这两个统计数据的公布会泄露出 Bb 的学习成绩，即 Sum(EE·女, GP)= Sum(EE, GP)−Sum(EE·男, GP)=12.0−9.5=2.5。

设 R 为已发布给一特定用户的统计数据集，K 表示拥有的附加知识。如果用户可以从 R 和 K 推导出有关一个限制统计数据 q 的某些信息，则认为发生了统计泄露（Statistical Disclosure）。从信息论的观点来看，就是 $H_{K,R}(q) < H_K(q)$，其中 $H_{K,R}(q)$ 表示给定 K 和 R 时 q 的条件熵，$H_K(q)$ 表示给定 K 时 q 的条件熵。统计数据集 R 泄露的有关统计数据 q 的信息量由熵差 $H_K(q) - H_{K,R}(q)$ 来度量。

泄露分为精确泄露和近似泄露：

（1）当可精确确定 q 时，称为精确泄露（Exact Disclosure），此时 $H_{K,R}(q)=0$。例如，假定用户的 K={Bb 是电子工程专业的女生}，R={Sum(EE, GP), Sum(EE·男, GP)}，则如前面所述该用户根据 R 可计算出 Sum(EE·女, GP)，又因为该用户拥有附加知识 K，因此，导致 Bb 的个人敏感信息泄露。用户还必须清楚 Bb 是电子工程专业的唯一女生，这可由统计数据 Count(EE·女)=1 导出。如果此统计数据受到限制（由于单个个体受到隔离），则仍可由 Count(EE·女)=Count(EE)−Count(EE·男)=4−3=1 导出。该例中 Bb 的学习成绩的泄露就是精确泄露。

（2）当不能精确确定 q 时，称为近似泄露（Approximate Disclosure），此时 $H_{K,R}(q)>0$。关于近似泄露的详细讨论可参阅文献[11]。

19.5.2 推理控制机制

本节首先探讨推理控制机制的安全性和完备性之间的关系；其次，介绍公布统计数据的基本方法；最后，在讨论统计数据库攻击方法的基础上，介绍一些推理控制机制。

1．安全性和完备性

推理控制机制必须保护所有的敏感统计数据。设 S 是所有统计数据的集合，P 是 S 中划归为非敏感数据的子集，R 是已公布的 S 的子集。设 D 是由 R 泄露的统计数据的集合（包括 R 中的统计数据）。如果 $D \subseteq P$，则称统计数据库是安全的（Secure），即 R 没有泄露任何敏感数据。

从所有的非敏感统计数据都在 R 中或可由 R 计算出来这个意义上来讲，人们希望公布的集合 R 是完全集。将 $D=P$ 的系统称为完备的（Precise）。安全性是隐私的需要，完备性是信息自由度的需要。

要判定公布一个统计数据是否将导致泄露敏感统计数据（违反安全性）或妨碍公布统计数据的完全集（违反完备性）是十分困难的。大多数统计数据只有与其他统计数据联系在一起时才导致泄露。例如，尽管 Sum(EE, GP)和 Sum(EE·男, GP)都不是敏感的，但如果公布其中一个，则必须限制另一个，以保护 Bb 的学习成绩不被泄露。更进一步讲，绝不能从已公布的统计数据集计算出受限制的数据。这个例子说明公布统计数据的一个完备集是不可能的，因此，任何推理控制机制肯定是不完备的。如果要搞清楚并公布一个统计数据的最大集，我们就会发现确定一个统计数据集是否最大是 NP-完全问题[12]。

2．公布统计数据的基本方法

许多机制依赖于公布统计数据的方法。通常人口普查和其他做居民情况调查的机构主要采用两种传统的方式公布数据：宏观统计（Macrostatistics）数据和微观统计（Microstatistics）数据。

宏观统计数据是相关统计数据的集合，通常用含有计数和求和的二维表来表示。宏观统计数据的缺点是仅提供全体统计数据的有限子集。由于公布的统计数据集合受到严格的限制，因此使用宏观统计数据方式具有比其他公布形式更高的安全性。尽管如此，仍有必要隐匿表中的某些单元，或者对统计数据加入干扰信息。

微观统计数据是由具有图 19.2 所示形式的个体数据记录组成的。这些数据一般分布存放在磁盘上，使用统计评价程序（Statistical Evaluation Program）计算所需的统计数据。这些程序具有从磁盘上的记录汇集询问集以及计算汇集的记录的统计数据功能。通过从汇集的记录中取出一个子集，或者通过从磁盘上汇集一个新的集合，能够形成新的询问集。

由于不好对处理磁盘的程序做什么假设，所以，必须在使用磁盘时就采取保护机制。主要采用以下一些方法控制泄露：

（1）从记录中去除名称和其他标识信息。

（2）对数据加噪声。

（3）抑制高敏感度的数据。

（4）去除具有极大数值的记录。

（5）对于微观统计数据可能公开的群体规模加以限制。

（6）提供相对小的完整数据样本。

宏观统计数据和微观统计数据已用于多次调查所得数据的一次性公开。显然，这种统计既费时又费钱，对于需要频繁修改数据的联机数据库系统的数据公开不太适用。

查询–处理系统（Query-Processing System）的发展，使得人们可以在需要的时候计算统计数据，因而，公开的统计数据反映了系统的当时状态。这些系统具有功能强大的查询语言，从而使得访问用于统计和非统计目的的数据的任意子集变得容易。为了便于快速检索，数据需要进行逻辑和物理的组织，这使得询问集的构造要比从存放在磁盘上的顺序记录文件的构造更快。

由于对数据的所有访问都受限于查询–处理系统，因而，实施访问控制、信息流控制或推理控制的机制可以设置在这些程序中。在查询的同时就可最终确定能否公开某一统计数据或能否允许直接访问数据。

3．统计数据库攻击方法

下面介绍的所有攻击方法都涉及利用已公布的统计数据和附加知识来求解某些未知变量的方程组。

1）大小询问集攻击

大小询问集攻击（Large and Small Query Set Attack）是大询问集攻击和小询问集攻击的简称，是一对互补的攻击。相关文献已表明[13]，公布小询问集统计数据使数据库容易陷入威胁。假定一个用户知道某一个体 I 在数据库中的表示且满足特征表达式 C，如果这个用户用统计数据 Count(C)查询数据库且得到回答“1”，则用户已识别出数据库中的 I，并能通过查询统计数据 Count($C\cdot D$)以获知 I 是否具有额外特征 D。这里

$$\mathrm{Count}(C\cdot D)=\begin{cases}1,\ 意味着 I 具有特征\ D\\0,\ 意味着 I 没有特征\ D\end{cases}$$

类似地，通过查询统计数据 Sum(C, A)可以得知 I 的属性 A 的值。为了防止这种攻击，必须限制基于小询问集的统计数据。如果查询语言还能求补，那么也必须限制大询问集；否则，用户可以对所需特征式 C 的补~C 提出查询。一般地，对于任何式（19.1）形式的询问统计数据 $q(C)$，有 $q(C)=q(\mathrm{All})-q(\sim C)$。

询问集尺寸控制（Query-Set-Size Control）：只有当 $n\leqslant|C|\leqslant N-n$ 时，才允许公布统计数据 $q(C)$，这里 $n\geqslant 0$ 是数据库的一个参数。

2）追踪器攻击

询问集尺寸控制提供了防范一般泄露的简单机制。但这种机制很容易被破坏，即使 n 接近 $N/2$，数据也可能泄露。用一种称为追踪器（Tracker）的简单窥探工具就可以解决该问题。其基本思想是：在原来尺寸较小的询问集中附加数量足够多的额外记录，因此，询问集的尺寸就落入了不受限制的范围，然后再从统计数据中消去附加记录的影响。追踪器的类型包括个体追踪器、通用追踪器、双追踪器和联合追踪器等[10]。这表明仅靠询问集尺寸控制是靠不住的。

3）线性系统攻击

设 $q_1,\cdots,q_m$ 是形如 $q_i=\mathrm{Sum}(C_i,A)(1\leqslant i\leqslant m)$的已公布的统计数据的集合。一个线性系统攻击（Linear System Attack）涉及求解关于 x_i 的方程组

$$HX=Q$$

其中，$X=(x_1,\cdots,x_N)$和 $Q=(q_1,\cdots,q_m)$是列向量，并且如果 $j\in C_i$，则 $h_{ij}=1$；否则，$h_{ij}=0(1\leqslant i\leqslant m,1\leqslant j\leqslant N)$。追踪器攻击都是线性系统攻击的例子。

可通过询问集重叠控制（Query-Set-Overlap Control）来增加线性系统攻击的复杂性。也就是要求：一个统计数据 $q(C)$，对于所有已公布的统计数据 $q(D)$来讲，只有当｜$C\cdot D$｜$\leqslant r$ 时才允许被公布，这里 $r>0$ 是系统的一个参数。在实际应用中，很难实现这样的控制机制，这种机制也损害数据库的可用性，而且这种机制并不能防范许多其他攻击，如确定的特征询问攻击。

4）中值攻击

中值攻击（Median Attack）是使用从询问集中选择的某些值来查询。设 i 是一个记录，而询问集 C 和 D 满足以下条件：

① $C\cdot D=\{i\}$。

② $\mathrm{Median}(C, A)=\mathrm{Median}(D, A)$。

③ $j, j'\in C\cup D$，$j\neq j'$，$x_j\neq x_{j'}$。

则 $x_i=\mathrm{Median}(C, A)$。

为了实施这种攻击，必须要找到相同中值且只有一个共同记录的两个询问集。这一点比较容易做到，很多研究者都研究了这个问题[10]。

5）插入和删除攻击

插入和删除攻击（Insertion and Deletion Attack）主要表现在以下 3 个方面：

① 在数据库中增加一些记录就会突破对询问集尺寸 n 的限制。

② 可使新插入的记录泄露。

③ 在 C 中插入或删除成对的记录时，观察统计数据 $q(C)$的变化，发现询问集中的现存记录 i 泄露。

如果仅允许用户有统计权而不能插入或删除记录，也不能对数据库的任何改变进行控制，则上述攻击不会构成严重威胁。因此，许多系统不需要对付这些攻击。

4．限制统计数据的机制

在上面介绍攻击方法的过程中，提到了两种限制导致泄露的统计控制，即询问集尺寸控制和询问集重叠控制。第 1 种易于实施但不充分，第 2 种不实际也不充分。除了这两种机制，还有以下几种机制：

（1）最大阶控制（Maximum-Order Control）。该机制用来限制任何使用太多属性值的统计数据。可用来防止利用大量的属性来识别某个特定个体的泄露。不过，该机制的限制太过分。

（2）单元隐匿（Cell Suppression）。该机制主要是人口普查机构用来隐匿宏观统计表中的统计数据。尽管它很有效，但很费时，而且对联机的、动态的数据库也不太适用。

（3）蕴含询问（Implied Query）。该机制用来判断当一个询问提出时公布的统计数据是否会导致泄露。

（4）划分（Partitioning）。该机制对数据库进行划分，使得每个划分的统计数据都是安全的，但不允许对一个划分的子集提出查询。

（5）S_m/N 准则（S_m/N Criterion）。该机制用来限制属性的询问集，这些属性将数据库分解成许多与数据库规模 N 相关的集合。

5．加噪声的机制

由于限制统计数据的机制代价高而且不精确，因此，人们期望采用加噪声的简单机制来控制泄露，这类机制一般来说使用起来更为有效，并且允许公布更多的非敏感统计数据。

加噪声的机制主要有以下几种：

（1）响应扰动（Response Perturbation）。该机制是指利用某种函数 $r(q)$在统计数据 $q=q(C)$公布之前对它进行扰动的任何方案。该机制通常涉及某种形式的取整。主要有系统取整和随机取整两种取整方法。

（2）随机抽样询问（Random-Sample Query）。该机制不接受入侵者对所询问的记录的精确控制，以避免用户通过控制每个询问集的组成、采用交叉询问集分离出单个记录或数值。这种机制通过引入足够的不确定性，使得用户分离不出敏感的记录，但能获得成组记录的精确统计数据。

（3）数据扰动（Data Perturbation）。该机制是根据某一函数 $f(x_i)$来扰乱用于计算统计数据 $q(C)$的每个数据值 x_i，然后用 $x_i'=f(x_i)$在计算中取代 x_i。

（4）数据交换（Data Swapping）。该机制互换足够多的数值使得从已暴露出的个体记录推导不出任何东西，但同时又至少保证了低阶统计数据的精确度。如果至少存在另一个数据库 D'使得对于 $k=0,1,\cdots,d$,D 和 D'有相同的 k-阶频次计数，并且 D 和 D'没有共同的记录，那么数据库 D 被称为 d-阶可交换的（d-Transformable）。已证明，找一个一般的数据交换问题是 NP-完全问题，因此，这种机制不大实用。为了克服这种局限性，出现了近似数据交换（Approximate Data Swapping）。

（5）随机响应（Randomized Response）。该机制的基本思想是要求个体从问题集中随机地抽取一个问题，这个问题集内有些问题是敏感的，而有些则不是。然后要求该个体回答所抽取的问题，但不泄露所回答的问题。随机响应可视为数据扰动的特例，这里每个个体通过随机选择来扰乱数据。显然，随机响应机制不适用于通用数据库，因为这类数据库的精确性是主要的（如医疗数据库）。本书 8.5.2 节较详细地描述了这种机制。

19.6 小结与注记

本章主要介绍了数据库安全研究的发展历程，以及多级安全数据库管理系统、外包数据库安全、云数据库/云存储安全和推理控制等技术。通过数据约束、设置事务、提供备份与恢复机制、实施多级保护等方法，可保证用户对数据库的安全访问。数据库安全涉及本书介绍的其他多类安全技术，如实体认证、访问控制、安全评估准则，这些技术在数据库安全中也起到了核心作用。

文献[10]是一本关于密码学与数据安全方面的著作，从中可了解到实现安全的四大控制手段：密码控制、访问控制、信息流控制和推理控制。虽然这本书的很多内容都是针对数据库而言的，而且部分内容有点过时，但它的确是一本今天都值得一读的好书。

本章在写作过程中主要参考了文献[1]和[10]。文献[14]是一本专门介绍数据库安全的著作；文献[15]较系统地介绍了安全检索和密文处理等技术。

思　考　题

1．简述数据库安全发展历程。

2．数据库安全主要面临解决哪些特殊的问题？解决的主要方法有哪些？

3．外包数据库的安全威胁主要有哪些？

4．考查身边数据库的安全措施。

5．云计算环境下数据库面临哪些安全挑战？需要解决的主要技术有哪些？

6．简述推理控制基本原理。

参 考 文 献

[1] 冯登国，赵险峰. 信息安全技术概论[M]. 2 版. 北京：电子工业出版社，2014.

[2] STACHOUR P D，THURAISINGHAM B. Design of LDV：a multilevel secure relational database management system [J]. IEEE Transactions on Knowledge and Data Engineering，1990，2(2).

[3] JAJODIA S，SANDHU R S. Towards a multilevel secure relational model[C]//SIGMOD，1991：50-59.

[4] AGRAWAL R，KIERNAN J，SRIKANT R. hippocratic databases[C]//Proc. VLDB，2002.

[5] NARASIMHA M，TSUDIK G. DSAC：integrity of outsourced databases with signature aggregation and chaining[C]//Proc. of the ACM Conference on Information and Knowledge Management，2005.

[6] AGRAWAL R，KIERNAN J. Watermarking relational databases[C]//In 28th Int'l Conference on Very LargeDatabases，2002.

[7] KAMARA S，LAUTER K. Cryptographic cloud storage[C]//Proc. of the 14th international conference on Financial cryptograpy and data security. Heidelberg：Springer-Verlag，2010：136-149.

[8] BOWERS K D，JUELS A. HAIL：a high-availability and integrity layer for cloud storage[C]//Proc. of the 16th ACM conference on Computer and communications security，2009：187-198.

[9] CHANG C C，THOMPSON B，WANG H. Towards publishing recommendation data with predictive anonymization[C]//ASIACCS，2010：24-35.

[10] DENNING D E R. Cryptography and data security [M]. Boston：Addison-Wesley，1982.

[11] DALENIUS T. Towards a methodology for statistical disclosure control [J]. Statistik Tidskrift，1977，15：429-444.

[12] CHIN F Y，OZSOYOGLU G. Auditing and inference control in statistical databases [C]，1980.

[13] HOFFMAN L J，MILLER W F. Getting a personal dossier from a statistical data bank[J]. Datamation，1970，16(5)：74-75.

[14] 张敏，徐震，冯登国. 数据库安全[M]. 北京：科学出版社，2005.

[15] 冯登国，等. 大数据安全与隐私保护[M]. 北京：清华大学出版社，2018.

民无信不立。

——春秋·孔子《论语》

第20章　可信计算

内容提要

随着计算机网络的深度应用，突出的前三位安全威胁是：恶意代码攻击、信息非法窃取、数据和系统非法破坏，其中，以用户私密信息为目标的恶意代码攻击超过传统病毒成为最大安全威胁。这些安全威胁根源在于没有从体系架构上建立计算机的恶意代码攻击免疫机制，因此，如何从体系架构上建立恶意代码攻击免疫机制，实现计算系统平台安全、可信赖运行，已成为亟待解决的核心问题。可信计算就是在这种背景下提出的一种技术理念，它通过建立一种特定的完整性度量机制，使计算平台运行时具备分辨可信程序代码与不可信程序代码的能力，从而对不可信程序代码建立有效的防治方法和措施。本章主要介绍可信计算的研究进展，以及可信平台模块、信任链构建、可信软件栈、可信网络连接等基本技术原理。

本章重点

- 可信计算基本思想
- 可信平台模块基本功能
- 信任链分类及其主要作用
- 可信软件栈体系结构
- 可信网络连接工作流程

20.1 可信计算概述

随着病毒、蠕虫、木马等恶意软件的泛滥，攻击技术的进步和能力的增强，信息作为国家、组织/企业和个人的重要资产将暴露在越来越多的威胁中。毫无疑问，提供一个可信赖的计算环境保障信息的机密性、完整性、真实性和可靠性，已成为国家、组织/企业和个人优先考虑的安全需求。传统的防火墙、入侵检测系统（IDS）、杀毒软件等网络安全防护手段，都侧重于保护服务器的安全，而相对脆弱的终端就越来越成为信息系统的主要安全威胁来源。在这种背景下，可信计算（Trusted Computing）应运而生，它从计算机体系结构着手，从硬件安全出发建立一种信任传递体系，保证终端的可信，从源头上解决人与程序、人与机器，还有人与人之间的信任问题。

可信计算是一种主动防护手段，它利用硬件属性作为信任根，系统启动时层层度量，建立一种隔离执行的运行环境，保障计算平台敏感操作的安全性，从而实现对可信代码的保护。可信计算可以实现对于攻击的主动免疫。可信计算基于芯片中的硬件安全机制，可以主动检测和抵御可能的攻击，在攻击发生前就进行有效和持续的防御。相对于传统的防火墙、IDS、杀毒软件等防护手段，可信计算主动免疫机制不仅可以在攻击发生后进行报警和查杀，还可以在攻击发生之前就进行防御，能够更系统、更全面地抵御恶意攻击。

对于可信的定义，不同的机构给出了不同的理解。ISO/IEC 将可信定义为[3]：参与计算的组件、操作或过程在任意的条件下都是可预测的，并能够抵御病毒和一定程度的物理干扰。IEEE 将可信定义为[4]：计算机系统所提供的服务的可信赖性是可论证的。TCG（Trusted Computing Group）将可信定义为[5]：若一个实体是可信的，则它的行为总是以预期的方式，朝着预期的目标进行。TCG 的可信计算技术思路是通过在硬件平台上引入可信平台模块（Trusted Platform Module，TPM）来提高计算机系统的安全性，这种技术思路目前得到了产业界的普遍认同。

可信计算平台是一个在计算机系统中构建并用来实现可信计算与安全功能的支撑系统。构建可信计算平台的主要方式是：结合计算机系统平台体系结构，在硬件系统中嵌入一个可信硬件模块，在软件系统中构建一个可信平台服务模块，然后以可信硬件模块为可信根，通过可信平台服务模块，建立系统平台完整性、身份可信性和数据安全性 3 个维度的安全功能。

早在 20 世纪 90 年代中期，国外一些计算机厂商就开始提出可信计算技术方案，基于硬件密码模块和密码技术建立可信根、安全存储和信任链机制。该技术思路于 1999 年逐步被 IT 产业界接受和认可，形成可信计算平台联盟（Trusted Computing Platform Alliance，TCPA），2003 年改组为 TCG，并逐步建立起 TCG TPM 1.2 技术规范体系，将其思路应用到计算机的各个领域，并在 2009 年将该规范体系的 4 个核心标准推广为 ISO 国际标准。在产业发展上，Intel、微软等企业在其核心产品中采用可信计算技术，到 2010 年，TPM 已基本成为笔记本电脑和台式机的标配部件。

2014 年，TCG 提出了 TPM 2.0 规范，相比于 TPM 1.2，TPM 2.0 支持更多的密码算法，如 ECC、SHA256，同时增加了授权层次，支持 PC、移动、嵌入式等多种平台，具有更灵活的架构和更广泛的应用。在物联网领域，TPM 2.0 可以为物联网设备提供身份认证、远程证明、安全存储、密码操作等功能，可以极大地增强物联网设备的安全性。在移动领域，TCG

提出了移动可信模块（Mobile Trusted Module，MTM），可以为移动设备提供硬件信任根和安全密钥存储。在产业界，许多芯片公司都将部分可信计算功能集成到商用的处理器中，如Arm公司的TrustZone技术、Intel公司的SGX技术和AMD公司的SEV（Secure Encrypted Virtualization）技术，都在处理器中实现了内存隔离技术，可为上层应用提供安全的执行环境，保障敏感程序的安全性，并被广泛应用于移动手机和云平台中。

我国也一直高度重视可信计算这一领域，秉承着核心技术自主创新、信息安全自主掌控的理念，积极推进可信计算的研究与发展，大致可分为以下4个发展阶段：

（1）预研阶段。从2001年至2005年，是学习和吸纳TCG技术理念阶段。部分厂商（如联想、兆日、瑞达）开始基于TCG技术体系开发出相关产品，并提出了一套PC安全技术路线。全国信息安全标准化技术委员会（TC 260）建立了可信计算标准工作组，推进中国可信计算标准预研。

（2）自主标准建立阶段。从2006年至2007年，是建立自主技术理论和标准体系阶段。政府有关部门专门组织学术界和产业界开展基于自主密码算法的可信计算技术方案研究，提出《可信计算密码应用方案》，之后组建了可信计算密码应用技术体系研究专项工作组，2008年改为中国可信计算工作组（TCM Union，TCMU），推出以TCM（Trusted Cryptography/Control Module，可信密码/控制模块）为核心的可信计算密码支撑平台系列标准，并于2007年颁布了《可信计算密码支撑平台功能与接口规范》[6]，同时，国民技术、联想、同方、方正、长城、瑞达等均开发出基于此标准的产品。

（3）产业发展阶段。从2008年至2014年，是自主TCM产业应用发展阶段。产业界形成了中国可信计算工作组，由企业牵头，政府支持，大力推进中国可信计算产业的市场化发展。到2010年，在TCMU全体成员共同努力下，已建立起可信计算芯片、可信计算机、可信网络与应用、可信计算产品测评的基本完整的产业体系。与此同时，2008年中国信息协会信息安全专业委员会成立了可信计算联盟（China Trusted Computing Union，CTCU），也在推进可信计算的产业化。

（4）融合发展阶段。从2014年至今，是可信计算技术自主可控和开放兼容的新阶段。这一阶段将可信计算技术逐渐从PC平台推广到移动、嵌入式和云平台中，进行更加广泛的应用。许多单位（如华为、联想、阿里巴巴、中科院软件所、国民技术）针对新型的应用环境（如抗量子可信计算、移动可信计算、可信物联网、可信云平台、可信区块链）进行了创新研究和发展，取得了丰硕成果。

可信计算技术体系主要由两大方法基础、三大信任核心、四大关键技术组成[2]：

（1）两大方法基础是密码学方法和形式化方法。可信计算中的所有算法、授权协议、远程证明协议、应用协议，还有数据机密性、代码完整性、设备认证性等都是依靠密码学方法保证的。而形式化方法主要用来分析验证可信计算平台TCB的安全性，特别是采用自动化分析工具，分析评估隔离环境的安全操作系统和可信应用代码的安全性，减少潜在的软件风险。总之，密码学方法保障可信，形式化方法分析验证安全。密码学方法从算法和协议角度保障芯片、服务和应用的可信性，而形式化方法从软件安全的角度确保隔离系统自身软件和应用的安全性。

（2）三大信任核心是信任根、隔离执行和远程证明。第1层信任是在物理层的信任根，它是将权威机构、企业等用户信任锚点固化在系统中的最基础的信任，是一种由权威可信第三方担保并且提供认证证据的绝对可信，或者是无条件可信。如果以嵌入在主板上的

TPM/TCM 作为硬件信任根，那么信任根就是受物理防篡改保护的最小安全功能组件，具有主动免疫的特性。第 2 层信任是在系统层的隔离执行，信任根不具备应用软件代码保护能力，因而需要一个基于 CPU 的隔离受保护运行环境保障应用代码、机密数据的安全性。可信执行环境（TEE）是实现隔离执行的重要技术手段，它保障了系统隔离、代码验证和策略实施。TEE 是一个独立于主系统之外的安全隔离子系统，它上面运行的代码不会受到主系统的影响，即使主系统被病毒、木马等攻陷，TEE 仍然是安全的。结合内存页加密、地址随机化、数据执行保护（DEP）、影子栈等安全增强机制，TEE 还能够提供更强的系统安全性。代码验证就是由于 TEE 内部的软件代码数量有限，因此能够采用形式化方法证明其安全性，减少代码潜在的漏洞和风险。策略实施是 TEE 对主系统强制执行的安全控制机制，TEE 可以对主系统的敏感操作进行安全检查，可以依据安全策略检测主系统内核和应用程序状态，并且对外证明当前系统的可信性。第 3 层信任是网络层的远程证明，它是可信计算特有的一种安全机制，将可信计算平台的内部信任通过网络验证拓展到外部。传统的检测机制是在系统外部检查系统的运行状态是否正常，而可信计算的远程证明机制是系统基于信任根或可信执行环境主动向外部证明自身运行状态，是一种主动的、可验证的安全机制。

（3）四大关键技术是安全启动、可信执行环境、度量与证明、可信存储。四大关键技术不但要支撑可信计算技术体系的三大信任核心的构建，而且要从各个角度保障可信计算平台的整体安全。安全启动是构建可信计算平台信任的第 1 步，确保系统的初始可信；可信执行环境建立隔离受保护的安全计算环境，确保系统运行时信任；度量与证明基于信任根或可信执行环境度量系统当前运行状态，并且对外认证当前系统和软件可信，确保信任的网络延伸；可信存储是从数据安全的角度，保障系统运行时的各类敏感数据的机密性和完整性，确保系统的数据存储安全。

20.2 可信平台模块

TCG 从 2001 年起，陆续发布了一系列可信计算相关规范，特别是以 PC 和服务器为主要应用环境的 TPM 1.1 版（2001 年）和 1.2 版（2003 年）规范[7]，详细规定了上述硬件安全模块的功能、软件和硬件接口、安全特性和实现方式。后来，TCG 又为移动平台等新型应用环境推出了 MTM 相关规范[8]，更加丰富和完善了可信计算标准体系。TCMU 也制定出台了以 TCM 为核心的系列可信计算相关标准规范。

本节首先阐述可信平台模块（包括 TCG 的 TPM 和 TCMU 的 TCM，简记为 TPM/TCM）的设计目标，其次介绍 TPM/TCM 的基本结构和主要功能。

20.2.1 设计目标

可信平台模块是可信计算平台的信任基础，其设计目标至少应达到以下两个基本要求：

（1）可信平台模块自身必须是安全的，即可信平台模块可为存储和计算资源提供可靠的安全保护。首先，应能保证密钥等关键数据的机密性和完整性，防止外界篡改；其次，应能保证功能的有效执行，防止外界干扰。为了降低造价进而提高普及性，可信平台模块放弃抵抗硬件攻击的能力，对软件攻击也只要求能够发现攻击行为并留存证据。因此，可信平台模块既不是抗篡改（Tamper Resistance）的，也不是篡改响应（Tamper Response）的，而是篡改留证（Tamper Evidence）的，这种级别的安全性对于应对现实中绝大多数安全威胁，尤其是来自网络空间的安全威胁已经绰绰有余。

（2）可信平台模块必须具备构建可信计算平台和远程证明所需的各类功能。可信平台模块以密钥管理和数据加解密等为基础，以完整性表征安全性和可信性为核心理念，提供构建平台内部信任链和对外进行远程证明所需的各类功能。若程序代码的二进制值与标准值相同，且运行时未受到干扰，则可以认为程序是可信的；进一步，若计算平台中所有曾经运行过和正在运行中的程序都是完整的，则认为计算平台是可信的。

综上，可信平台模块的功能应包括以下几部分：

（1）平台数据保护：包括密钥管理和数据加解密等基本密码功能，以及将加密和完整性相结合而得到的数据封装功能。

（2）完整性存储与报告：完整性值是表征程序与平台安全性和可信性的重要信息，因而必须由可信平台模块进行存储。此外，可信平台模块还必须能够通过数字签名方式对外证实和报告该完整性值的真实性。

（3）身份标识：标识可信平台模块身份的密钥，在完整性报告中用于对完整性值签名，使用前需经过可信第三方担保。可信平台模块必须能够申请和管理该类密钥。

20.2.2 TPM/TCM 安全芯片

TPM/TCM 安全芯片也称为可信安全芯片或可信芯片，本节介绍 TPM/TCM 安全芯片的基本结构和主要功能。

1. TPM 功能构成

TPM 功能构成如图 20.1 所示。以 TPM 1.2 规范[9]（如无特别声明，本节以下讲的 TPM 均指 TPM 1.2）为依据，可以将 TPM 的功能大致分为以下几类。

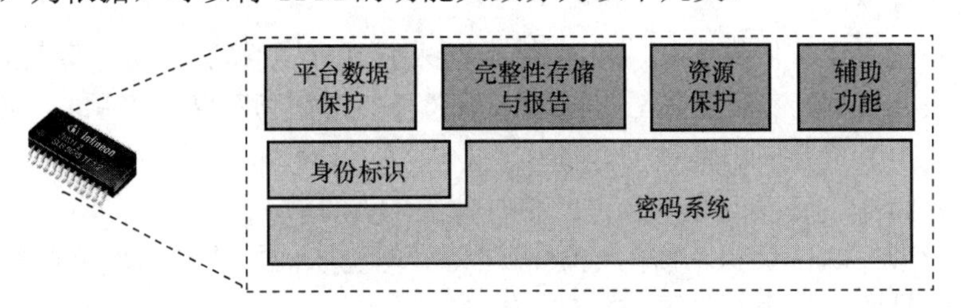

图 20.1 TPM 功能构成

（1）密码系统：是实现数据加密、数字签名、杂凑和随机数生成等各类密码算法的逻辑计算引擎，是一个不对外提供接口的内部功能模块，大部分 TPM 功能都以密码系统为基础。

（2）平台数据保护：对外提供密钥管理和各类数据机密性、完整性保护功能，是直接体现密码系统的功能类别；计算平台可依赖该功能构建安全的密钥管理和密码计算器，这是 TPM 最基本的应用方式。

（3）身份标识：对外提供身份标识密钥的申请与管理功能，是远程证明（对远程验证方报告本机完整性）的基础。

（4）完整性存储与报告：对外提供完整性值存储和签署（报告）功能，直接体现可信性，计算平台可依赖该功能构建平台内部的信任链，还可以在内部信任链的基础上向外部实体进行远程证明，这是 TPM 的主要应用方式。

（5）资源保护：保护 TPM 内部资源的各类访问控制机制。

（6）辅助功能：为 TPM 正常运转提供支持；计算平台可利用这些功能设定 TPM 的启动和工作方式，提高工作便捷性；还可利用这些功能保护应用程序和 TPM 之间的通信信道，获取可信的时间戳和计数器服务等。

2. TPM 硬件构成

TPM 硬件构成如图 20.2 所示，内部组件包括各类密码功能模块、（非易失和易失）存储器，以及 I/O 子系统、电源管理模块、时钟/计数器等。以下介绍部分主要组件。

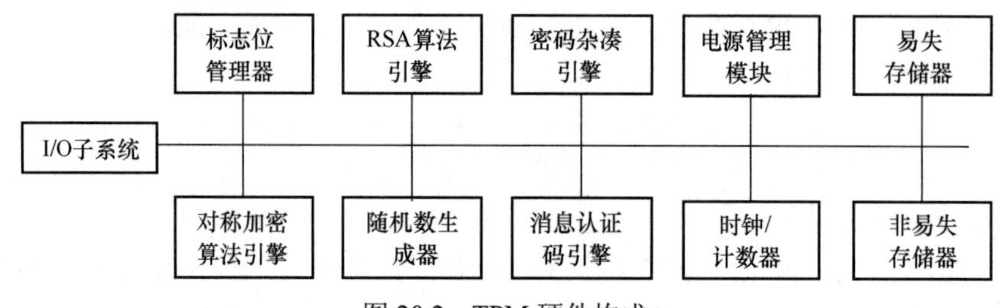

图 20.2 TPM 硬件构成

（1）标志位管理器：存储与维护对 TPM 正常与安全工作至关重要的内部标志位（包括使能标志位、激活标志位和属主标志位）的管理模块。

（2）RSA 算法引擎：依据 PKCS#1 标准，提供 RSA 密码算法进行数据加解密，以及数字签名、验证功能的运算模块，支持 2048（推荐）、1024 和 512 比特 3 种安全级别。

（3）对称加密算法引擎：采用 Vernam 对称加密算法及相关的 MGF1 密钥生成算法，可用于实现 AES 算法。

（4）随机数生成器：依据 IEEE P1363 规范，生成协议中的随机数，以及对称加密算法使用的密钥的运算模块。

（5）密码杂凑引擎：依据 FIPS-180-1 标准，采用 SHA-1 算法计算杂凑值的运算模块。

（6）非易失存储器：存储 TPM 的长期密钥（背书密钥和存储根密钥）、完整性信息、所有者授权信息及少量重要应用数据的存储模块。

（7）易失存储器：储存计算中产生的临时数据的存储模块。

（8）电源管理模块：负责常规的电源管理和物理现场信号的检测，后者对动态度量信任根等依赖物理信号的技术至关重要。

（9）I/O 子系统：负责 TPM 与外界之间及 TPM 内部各物理模块之间的通信，具体包括消息的编解码、转发及模块访问控制等。

3. TCM 基本结构

中国于 2007 年发布的《可信计算密码支撑平台功能与接口规范》[6]中提出了两个重要概念：TCM 和 TSM。TCM 被誉为中国信息安全的 DNA。功能上，TCM 与 TPM 类似。TCM 是硬件和固件的集合，可以采用独立的封装形式，也可以采用 IP 核的方式和其他类型芯片集成在一起，提供 TCM 功能。TCM 基本结构如图 20.3 所示。

虽然 TCM 借鉴了国际可信计算技术框架和设计理念，但其具体思路又与 TPM 存在较大不同。除所采用的密码算法不同外，TCM 在安全功能实现方面也具有自身的特点。首先，对 TPM 设计理念上与我国安全需求不适应的部分进行了调整，如 TPM 仅设计实现了签名密钥证书，即 AIK（Attestation Identity Key）证书，而我国的公钥基础设施（PKI）实现的是签名密钥和加密密钥的双证书，因此，TCM 在这方面采用了双证书体系设计；其次，针对 TPM 无法满足某些特定安全应用需求的问题，在密钥管理体系和基础密码服务体系等方面进行了创新，如 TCM 增加了对称加密和密钥交换等功能；最后，对 TPM 在使用过程中暴露出的安全隐患进行了修正，如 TCM 的授权协议增强了针对重放攻击的抵抗能力。

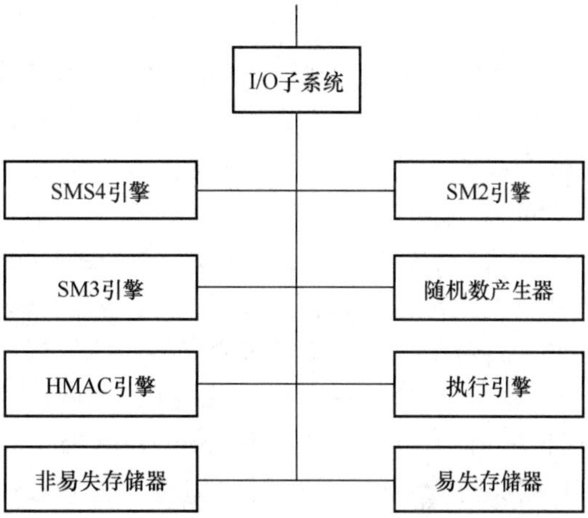

图 20.3　TCM 基本结构

（1）I/O 子系统：是 TCM 的输入/输出硬件接口。

（2）SMS4 引擎：是执行 SMS4 分组密码运算的单元，SMS4 是中国分组密码标准。

（3）SM2 引擎：是产生 SM2 密钥对和执行 SM2 加解密、签名运算的单元，SM2 是中国椭圆曲线密码标准，包括椭圆曲线数字签名算法（SM2-1）、椭圆曲线密钥交换协议（SM2-2）和椭圆曲线公钥加密算法（SM2-3）。

（4）SM3 引擎：是执行杂凑运算的单元，SM3 是中国密码杂凑标准。

（5）随机数产生器：是生成随机数的单元。

（6）HMAC 引擎：是基于 SM3 引擎计算消息认证码（MAC）的单元，HMAC 是中国相关规范采用的消息认证码算法。

（7）执行引擎：是 TCM 的运算执行单元。

（8）非易失存储器：是存储永久数据的存储单元。

（9）易失存储器：是 TCM 运行时存储临时数据的存储单元。

TCM 定义了一个具有存储保护和执行保护的子系统，该子系统为计算平台建立了信任根基，并且其独立的计算资源可建立严格受限的安全保护机制。为防止 TCM 成为计算平台的性能瓶颈，将子系统中需执行保护的函数与无须执行保护的函数划分开，将无须执行保护的功能函数由计算平台主处理器执行，而这些支持函数构成了 TCM 服务模块（TCM Service Module，TSM），这就是《可信计算密码支撑平台功能与接口规范》中的另一个重要概念。功能上，TSM 与 TCG 软件栈（TCG Software Stack，TSS）类似。TSM 主要提供对 TCM 基础资源的支持，由多个部分组成，每个部分间的接口定义具有互操作性。TSM 也提供了规范化的函数接口。

4．TCM 主要功能

TCM 主要功能与 TPM 类似，这里只介绍平台数据保护、身份标识、完整性存储与报告、资源保护 4 个功能。

1）平台数据保护

TCM 与 TPM 遵循相同的设计理念，采用了密钥和数据存储保护树的方法，在密钥管理、数据加密和数据封装存储方面的接口大致相同。TCM 的平台数据保护功能也拥有自身的特点：一方面，基本密码算法的不同直接影响了密钥类型和数据加密等功能；另一方面，更加注重 TCM 作为密钥管理和密码计算引擎的作用，因而，TCM 提供了更丰富的数据存储功能。

2）身份标识

（1）密码模块密钥。TCM 密码模块密钥与 TPM 的背书密钥（Endorsement Key，EK）相似，均用于唯一标识安全芯片及其所在计算平台的身份。对 TCM 来说，密码模块密钥是一个 SM2 密钥对，其私钥永久保存于内部，并仅在申请平台身份证书和建立平台所有者等极少数情况下使用。密码模块密钥的可信性由第三方以证书形式担保，该证书必须符合 X.509 v3 标准。

（2）平台身份密钥。TCM 的平台身份密钥（Platform Identity Key，PIK）和 TPM 的平台证明身份密钥相似，均用于对完整性值和其他密钥的数字签名。PIK 是一个 SM2 密钥对，必须在所有者授权的情况下才能生成，且 PIK 证书也必须符合 X.509 v3 标准。

（3）平台加密密钥。除 PIK 之外，TCM 还引入了另一个具备一定身份标识作用的密钥——平台加密密钥（Platform Encryption Key，PEK）。PEK 是与 PIK 相关联的、专门用于数据加密的 SM2 密钥对，但与一般加密密钥不同的是，PEK 先由可信方生成，再激活、加载到 TCM 中。引入 PEK 的主要目的是使得 TCM 能够融入我国已有的公钥基础设施规定的签名和加密密钥双证书体系。基于 PEK 机制，用户可将自身的密钥托管于可信第三方，既便于丢失密钥之后的数据恢复，也利于国家对关键信息的管控。

TPM 不提供 PEK 的功能，但是某些应用需要使用与 PEK 类似的、经过外界认证的加密密钥。这种情况下，TPM 可以采用密钥认证机制实现类似功能，即 TPM 首先生成一个加密密钥 BK，再使用 PIK 为 BK 的公钥和算法等信息进行数字签名。远程用户可以借助该签名确认 BK 信息的真实性，进而利用 BK 向 TPM 及其所在的计算平台传送数据。虽然这种密钥认证机制并未将加密密钥托管于可信方，但 BK 仍然间接地获得了可信方的认证。

3）完整性存储与报告

（1）完整性存储。TCM 与 TPM 相似，采用平台配置寄存器（PCR）保存完整性度量值，这些 PCR 位于受保护的存储空间之内，一般采用“扩展”方式进行更新，且在平台加电重启时被重置。由于采用 SM3 密码杂凑算法，所以，TCM 的 PCR 寄存器的长度为 256 比特。TCM 规范未明确定义 PCR 数量，现有产品提供的实际 PCR 大多为 24 个。

（2）完整性报告。TCM 可在需要时使用引证功能完成完整性报告，报告过程应满足以下要求：

① TCM 应能够根据验证者提供的 PCR 索引和挑战随机数，随时提供对 PCR 值的引证结果（PIK 的签名）。

② TCM 所在平台应能够向验证者提供完整性度量与扩展事件日志。

③ 验证者可通过分析完整性度量与扩展事件日志，判断该 PCR 值是否来自正确的度量过程，并使用 PIK 验证 PCR 值签名，最终判定证明方平台的可信性。

4）资源保护

TCM 与 TPM 一样提供了所有者管理、授权协议、物理现场和 Locality 机制。其中，所有者管理、物理现场和 Locality 的功能与接口与 TPM 相似，而 TCM 在授权协议方面对 TPM 的 OSAP 和 OIAP 协议进行了改进，这里重点介绍这方面的内容。

TCM 使用 TCM_APCreate 命令建立授权协议会话。根据不同参数，该命令可建立两种类型的协议会话，分别对应于 TPM 的 OSAP 和 OIAP 协议。TCM_APCreate 输出结果中不再包括芯片所产生的、用于下次协议交互的挑战随机数（authLastNonceEven），而是输出随机选定的序列号 seq。在未来依赖授权会话的命令调用过程中，双方均依赖 seq 防范重放攻击，每次交互后 seq 加 1 以保持新鲜性。由于每次命令调用过程，TCM 不必再重新生成并输出随机数，因而，I/O 效率有所提高。这种设计的主要出发点是利用 TCM 命令调用的可预见性，以双方约定好的方式而不是单纯的随机性来保持消息的新鲜性。授权协议会话的基本流程如下：

（1）用户执行 TCM_APCreate 命令，可选择类型相关（类似于 OSAP 协议）或类型无关（类似于 OIAP 协议）两种授权方式。

（2）TCM 接收到 TCM_APCreate 命令，如果用户使用类型无关授权方式，则直接初始化授权会话资源，创建授权会话句柄，生成防重放攻击的随机数；如果用户使用类型相关授权方式，则还要在上述基础之上，根据用户提供的随机数创建共享秘密，该秘密将作为未来使用的授权信息。

（3）用户调用需要授权的 TCM 命令，根据命令输入参数（命令码和具体参数）、防重放攻击序列号和共享秘密计算消息认证码。

（4）TCM 收到命令参数和消息认证码，执行验证计算。

20.3 信任链构建

破坏计算机的重要组件、篡改系统运行的代码以及修改系统的配置成为攻击者实施攻击的重要手段。这些攻击实际上是通过修改系统正确的运行代码和改变系统的重要配置文件来改变原系统可信的执行环境的，然后利用此不可信的执行环境达到攻击者的攻击目的。因此，构建计算机系统可信的计算环境已成为计算机安全领域急需解决的问题。

为创建可信的执行环境，TCG 在其信任定义基础上，给出一种构建计算机系统可信执行环境的方式：信任链。TCG 通过对计算机系统的逐层度量和信任链传递建立从底层可信硬件到目标应用程序的信任，并利用植入到硬件平台上的安全芯片对度量数据进行保护，建立计算机系统的可信执行环境。这种信任链构建方法除给用户提供可信的执行环境，能够向远程用户提供证明可信执行环境的运行证据外，还能够与传统网络技术相结合，将信任进一步扩展到网络环境。

本节首先介绍信任的起点：信任根，包括可信度量根、可信存储根和可信报告根；其次介绍利用信任根构建信任链的基本原理。

20.3.1 信任根

考虑计算平台中一种常见的情况，实体 A 启动实体 B，然后实体 B 启动实体 C。用户为了信任 C，必须首先信任 B，依次递推，用户也需要信任 A。为了建立这样的信任链，需要执行以下操作：

（1）A 启动 B，然后把控制权交给 B。

（2）B 启动 C，然后把控制权交给 C。

然后就出现了这样的问题：谁来启动 A？因为没有比 A 更早的实体启动，所以 A 是不得不被信任的。为创建可信的信任链，像 A 这样的实体一般由权威厂商实现，其信任由厂商保证，并被称为信任链的信任根。

平台的信任根组件需要具备描述平台信任的最小功能集合，一般可信计算平台有如下 3 种信任根：可信度量根（Root of Trust for Measurement，RTM）、可信存储根（Root of Trust for Storage，RTS）和可信报告根（Root of Trust for Report，RTR）。

1．可信度量根

在可信计算技术发展过程中，先后出现了两种可信度量根：一种是静态可信度量根（Static RTM，SRTM），它在硬件平台加电时最先运行，能够建立从底层硬件到操作系统甚至应用程序的信任链系统，这种信任链被称为静态信任链系统；另一种是动态可信度量根（Dynamic RTM，DRTM），它能够在系统运行的任意时刻通过 CPU 特定指令建立依据少量硬件和软件的信任链系统，这种信任链被称为动态信任链系统。下面分别介绍这两种可信度量根。

1）静态可信度量根

SRTM 用于建立从平台硬件开始运行到最上层应用程序的信任链系统，是最先获取平台控制权的组件，在信任链中起信任锚点的作用。由于其需要最先执行这种特性，因此在目前的计算机体系架构上，SRTM 被实现为 BIOS 上最开始运行的一段代码或整个 BIOS，又被称为 CRTM（Core Root of Trust for Measurement）。目前的 PC 架构中存在以下两种 CRTM：

（1）CRTM 是 BIOS 上最开始运行的一段代码。这种架构的 BIOS 由 BIOS 引导块（BIOS Boot Block）和 POST BIOS 组成，两者相互独立，BIOS 引导块作为 CRTM。

（2）CRTM 是整个 BIOS。这种架构的 BIOS 是单独的一个整体，整体作为 CRTM。

CRTM 在平台加电后最先执行，负责度量平台接下来要运行的代码。如果 CRTM 是 BIOS 引导块，那么 CRTM 首先度量平台主板上的所有固件，然后将控制权交给 POST BIOS，POST BIOS 负责引导接下来的组件；如果 CRTM 是整个 BIOS，那么 CRTM 负责度量接下来运行的组件，如操作系统引导加载器（BootLoader），然后将控制权交给 BootLoader，BootLoader 负责接下来信任链的建立。

2）动态可信度量根

针对 SRTM 触发时机缺乏动态性和 TCB 庞大等问题，可信计算技术领域推出了 DRTM 技术。DRTM 是新型 CPU 的特殊安全指令，可以在平台启动后的任意时刻触发，其触发后能够基于少量硬件和程序代码建立一个隔离的可信执行环境。由于其触发时机的任意性，因此，被称为动态可信度量根。当今两大处理器公司 AMD 和 Intel 先后推出了支持 DRTM 的 CPU 架构：安全虚拟机（Secure Virtual Machine，SVM）架构和 TXT（Trusted Execution Technology）架构。

2．可信存储根

RTS 是安全芯片中维护完整性度量值和度量值顺序的计算引擎。它负责将度量数据保存在日志中，将其杂凑值保存在 PCR 中。除此之外，RTS 还需要保护委托给安全芯片的密钥和数据。

由于安全芯片造价等原因，因此 RTS 只有少量易失内存。但在实际使用中，安全芯片需要保护大量密钥和被委托的安全数据。为了保证安全芯片的正常使用，RTS 设计了一种特殊的存储架构，在外部存储器和安全芯片内部的 RTS 之间设计了一个密钥缓存管理（Key Cache Management，KCM）模块，此模块负责安全芯片内部与外部密钥的转移：将那些当前不需要使用或没有被激活的密钥加密之后迁出安全芯片，将那些将要被使用的密钥迁入安全芯片。这种设计不但降低了安全芯片需要的存储资源，而且保证了 RTS 的正常使用。

3．可信报告根

RTR 是安全芯片中用于保障完整性数据报告功能的计算引擎。RTR 有两个功能：一个是显示受安全芯片保护的完整性度量值；另一个是在平台身份证明的基础上向远程平台证明其拥有的完整性度量值。完整性报告功能是指利用平台证明身份密钥对保存平台完整性值的 PCR 进行签名，然后交给远程方进行验证。一般的平台完整性报告协议采取以下流程：

（1）挑战者向验证者请求平台配置，并附带一个随机数防止重放攻击。

（2）验证者收到请求后向安全芯片发送代表平台配置的 PCR 值，安全芯片用 PIK 对 PCR 值和随机数进行签名并发送给验证者，验证者将此签名转发给挑战者。

（3）挑战者利用 PIK 验证此签名和随机数，判定验证者的平台完整性状态。

综上所述，信任根的工作机制可概括为度量存储报告机制。

20.3.2 信任链

可信计算利用嵌入计算机系统的可信度量根，给出了一种建立平台信任的信任链实现方法，其从信任根开始一层一层度量，并逐级认证，将信任从底层的信任根传递到整个系统，保证系统执行环境的可信。在早期的度量系统中，具有代表性的是马里兰大学的 Copilot 系统[10]和卡内基梅隆大学的 Pioneer 系统[11]，它们分别借助专用 PCI 板卡和外部可信实体执行度量工作，但都不适用于通用终端平台。TCG 提出以 TPM 为信任根，逐级度量启动过程中的硬件、操作系统和应用程序的方法，以此建立通用终端平台的信任。

根据信任根的不同，信任链可以分为静态信任链和动态信任链两种。静态信任链以静态可信度量根为信任根，能够保证整个平台的信任；动态信任链以动态可信度量根为信任根，利用动态可信度量根的动态、灵活等特点，可在系统运行的任意时刻建立一条动态信任链。

1．静态信任链

静态信任链从静态可信度量根出发，通过逐级度量和验证，建立从底层硬件到应用层的信任链，将信任从可信度量根传递到最上层的应用代码，保障整个系统平台的可信。静态信任链的建立主要包含两方面：完整性度量和信任传递。

1）静态信任链基本原理

TCG 将可信实体对另一个实体的度量过程称为度量事件。度量事件涉及两类数据：一类是被度量数据，即被度量代码或数据的表述；另一类是度量摘要，即被度量数据的杂凑值。负责度量的实体通过对被度量数据进行杂凑操作得到度量摘要，度量摘要相当于被度量数据的快照，是被度量数据的完整性标记。

度量摘要标记被度量数据的完整性信息，完整性报告也需要用到度量摘要，因此，度量摘要需要被保护，一般由可信安全芯片的 RTS 保护。被度量数据不需要被可信安全芯片保护，但是在完整性验证过程中需要对其重新度量，因此，计算平台需要保存这些数据。

目前，一般使用存储度量日志（SML）来保存静态信任链建立过程中的软件列表，SML 中主要包括被度量数据整体的杂凑值，后续被度量的软件在以前 SML 基础之上继续按照上面扩展。目前还没有标准规定 SML 内容的编码，一般使用 XML 等语言来生成。

可信安全芯片中的 PCR 用于存储度量摘要。可信安全芯片提供了扩展 PCR 的 Extend 操作，具体操作如下：PCR[n]=SHA-1（PCR[n]||被度量数据）。Extend 操作产生一个 160 比特的杂凑值作为软件的度量摘要，后续的被度量数据在原 PCR 数据扩展之后进行 SHA-1 操作，产生新的度量摘要。通过这种方式，PCR 记录了被扩展的数据列表。例如，PCR[i]被扩展了 $m_1,\cdots,m_i$ 个数据，最后 PCR[i]= SHA-1($\cdots$SHA-1(SHA-1(0$\|m_1$)$\|m_2$)$\cdots\|m_i$)，PCR[i]的最终值表示 $m_1,\cdots,m_i$ 的执行序列。

2）信任传递

信任传递遵循如下思想：先度量，再验证，最后跳转。从信任根开始每个当前运行的组件首先度量接下来要运行的下一层组件，根据度量值验证其安全性，如果其完整性满足要求，则本层组件运行完之后可以跳转到下层组件运行；否则，说明下层组件不是预期的，中止信任链的建立。基于此，可以将信任从信任根传递到最上层的应用层软件。图 20.4 描述了系统从静态可信度量根到上层应用程序代码的信任关系传递过程。

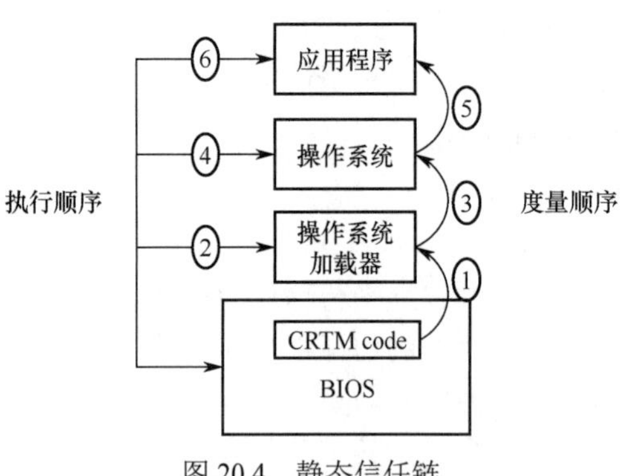

图 20.4　静态信任链

3）静态信任链建立流程

传统的计算机系统主要由硬件设备、BootLoader、操作系统和上层的应用程序组成，一般按照以下的过程启动：系统加电后，首先 BIOS 开机自检（Power On Self Test，POST），之后调用 INT 19H 中断按照 BIOS 设置的顺序启动后续程序，一般是运行硬盘中的主引导记录（Master Boot Record，MBR）程序，在 MBR 中一般安装的是 BootLoader，BootLoader 负责引导操作系统，应用程序在操作系统上运行。

根据信任传递的思想，TCG 定义了将信任链传递到 BootLoader 的建立流程。

（1）系统加电后，CRTM 将自己、POST BIOS（如果有的话）以及平台主板提供的固件扩展至 PCR[0]。

（2）BIOS 获得控制权后，按照下面 PCR 的使用方式扩展 PCR：①将平台主板的配置以及硬件组件的配置度量至 PCR[1]；②将 BIOS 控制的可选 ROM 扩展至 PCR[2]；③将可选 ROM 的配置和相关数据扩展至 PCR[3]；④将 IPL（Initial Program Loader，负责读 MBR 代码，并从 MBR 代码中找到加载镜像）代码扩展至 PCR[4]；⑤将 IPL 的配置以及其他 IPL 使用的数据扩展至 PCR[5]，具体的 PCR 使用总结如表 20.1 所示。

（3）调用 INT 19H 将控制权交给 MBR 处的代码，一般为 BootLoader。至此，信任链已经扩展至 BootLoader。

信任链传递到 BootLoader 之后，BootLoader 以及上层的操作系统如果想继续扩展信任链，也必须按照先度量、再验证、后跳转的思想进行信任链的扩展，比较完整的静态信任链流程可参考图 20.4。

表 20.1　PCR 使用总结

PCR 索引	PCR 使用
0	存储 CRTM、BIOS 和平台的一些扩展度量值
1	存储平台配置度量值
2	存储可选 ROM 代码度量值
3	存储可选 ROM 配置和数据度量值
4	存储 IPL 代码（一般是 MBR）度量值
5	存储 IPL 代码的配置和数据（供 IPL 代码使用）度量值
6	存储状态转换和激发信息度量值
7	保留，目前没有使用

2．动态信任链

上述介绍的静态信任链以 SRTM 为信任根，只能在系统启动时建立，这种特性给用户的使用造成了不便。针对此问题，AMD 和 Intel 的新型 CPU 中提供了能够作为动态可信度量根的指令，将这些指令与 TPM/TCM 相结合，就能为平台构建基于 DRTM 的动态信任链。这种信任链建立基于 CPU 的安全特殊指令，使得动态信任链可以在任意时刻建立，也使得信任链不再基于整个平台系统，大大精简了 TCB。

由于其灵活性，因此动态信任链没有限定其使用场景。目前的动态信任链不仅能像静态信任链一样，为普通计算平台和虚拟平台提供系统可信引导、构建可信执行环境等，还能为系统运行状态中的任意代码建立信任链。

尽管使用场景多种多样，但是动态信任链的建立方式是相同的。AMD 和 Intel 提供的 DRTM 技术除在细节上略有不同之外，其原理基本一致。下面以使用 Hypervisor 的虚拟平台为例，描述如何为一段代码（SVM 架构中称为 SL，TXT 架构中称为 MLE）构建动态信任链系统。详细过程如图 20.5 所示。

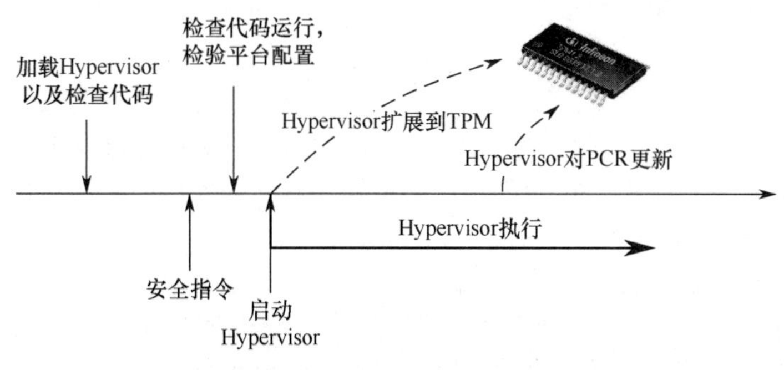

图 20.5　动态信任链构建流程

（1）平台将 Hypervisor 以及检查代码（如 TXT 架构中的 AC 模块）加载到内存中。

（2）启动安全指令，安全指令完成以下工作：①初始化平台上的所有处理器；②禁止中断；③实施对 Hypervisor 代码的 DMA（Direct Memory Access，直接内存存取）保护；④重置 PCR 17～20。

（3）主处理器加载平台检查代码并认证其合法性（检查其签名），将其扩展至 PCR 17。

（4）检查代码运行以保证平台硬件满足安全性要求，度量 Hypervisor 并扩展到 TPM PCR 18。

（5）Hypervisor 在此隔离的可信执行环境中执行，它可以根据自己的需求唤醒其他处理器并加入此隔离环境。

3．信任链比较

信任链从信任根出发，旨在建立隔离的可信执行环境。表 20.2 从硬件要求、建立时机、TCB 等几方面对静态信任链和动态信任链进行了比较。

表 20.2　静态信任链和动态信任链比较

项　目	静态信任链	动态信任链
硬件要求	配备安全芯片的普通计算机架构	安全芯片，CPU 需支持安全指令
建立时机	只能在系统启动时建立	任意时刻
TCB	整个计算机系统	少量硬件和软件
硬件保护	无硬件保护	对隔离环境的 DMA 保护
开发难度	无须特殊编程，较容易	程序需自包含，难度大
用户体验	对用户影响较小	只能运行隔离代码，用户体验差
目前已有攻击	TPM 重启攻击、BIOS 替换、TCB 代码 Bug 攻击[12]	无

20.4　可信软件栈

为了使用物理安全芯片（包括 TPM/TCM），用户需要一个与之交互的软件模块，该模块称为可信软件栈。可信软件栈作为使用安全芯片的入口，通常位于用户应用软件与安全芯片之间，主要提供安全芯片访问、安全认证、密码服务和资源管理等功能，解决安全芯片自身接口的复杂性和对外服务的不便性。由于不同安全芯片在功能上存在差别，因此，不同的安全芯片使用时都需要有相应的软件栈。例如，TPM 对应有 TCG 软件栈，而 TCM 则对应有 TCM 服务模块。

可信软件栈是应用软件与安全芯片交互的桥梁。安全芯片负责在其内部提供构建可信性的关键功能，如密钥生成、存储、签名验证，而可信软件栈则是为构建可信性提供辅助功能，如密钥使用、完整性度量，以及为用户应用程序建立与安全芯片的通信。总的来说，设计可信软件栈的主要目标是[13]：

（1）为应用程序提供一套函数接口来同步访问物理安全芯片的功能。

（2）管理多个应用程序访问安全芯片资源的请求，提供对安全芯片的同步访问。

（3）以合理的字节流顺序及赋值对上层应用隐藏内部命令处理过程。

（4）对安全芯片自身有限的资源进行管理。

本节主要介绍可信软件栈的总体架构和主要功能组件。

20.4.1　可信软件栈总体架构

可信软件栈作为使用安全芯片的规范化接口，其体系结构设计应充分考虑到跨平台的特性，尽可能屏蔽不同硬件系统的细节，即使各个功能模块的实现方式在不同平台和操作系统上存在一定差异，这些模块之间的通信与交互关系仍然要保持一致。可信软件栈总体架构如图 20.6 所示。

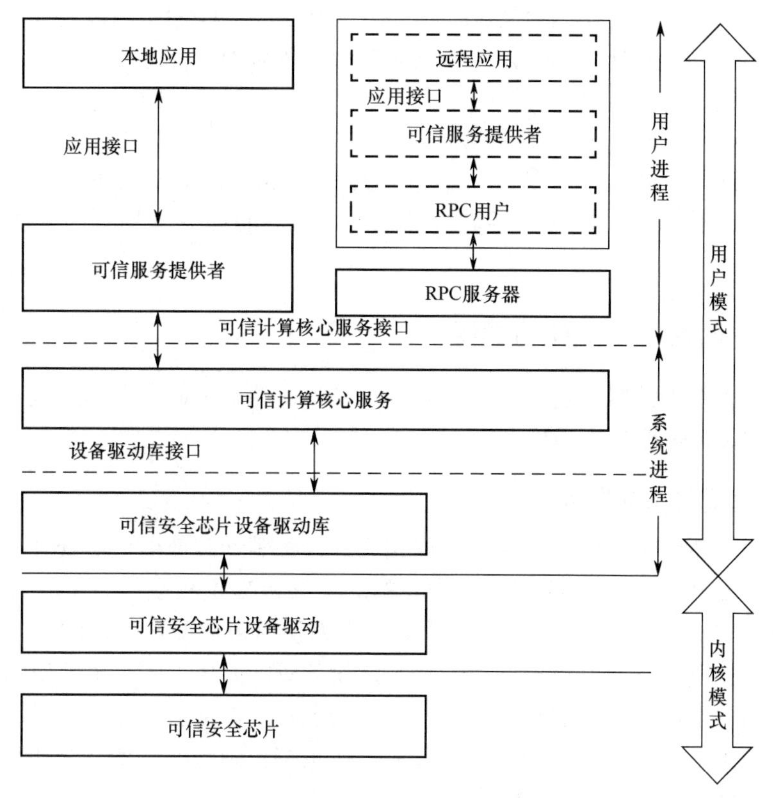

图 20.6　可信软件栈总体架构

可信软件栈为上层用户提供调用接口，因此，它运行于用户系统中，这样就需要与用户所处的系统运行模式相匹配。一般地，在用户系统中存在两种不同的平台模式定义。

（1）内核模式：主要是指操作系统内核中设备驱动和核心组件的运行。该区域的代码用来维护和保护运行于用户模式的应用程序，这些代码需要具有管理员权限才能修改。

（2）用户模式：是指用户应用和系统服务的执行。其中，用户应用的代码通常由用户提供，而且只有使用时才由用户初始化并执行，因此，这些代码的可信性较低；系统服务的代码通常在操作系统的初始化过程中开始执行，而且以区别于用户应用进程的系统服务进程存在，所以，比用户应用代码更可信。

基于上述用户系统的平台模式定义，运行于用户系统的可信软件栈需要将其功能与相应的用户平台模式进行对应。可信软件栈主要包括 3 个层次，即内核层、系统服务层和用户程序层，各层主要功能模块及所处的用户平台模式说明如下。

（1）内核层的核心模块是可信安全芯片设备驱动，即可信设备驱动（Trusted Device Driver，TDD）。运行于用户平台的内核模式，主要负责把由可信安全芯片设备驱动库传入的字节流发送给可信安全芯片，然后把可信安全芯片返回的数据发送给可信安全芯片设备驱动库，还负责在电源异常时保存或恢复可信安全芯片的状态。

（2）系统服务层的核心模块是可信安全芯片设备驱动库，即可信设备驱动库（Trusted Device Driver Library，TDDL）和可信计算核心服务，即可信核心服务（Trusted Core

Service，TCS），运行于用户平台的用户模式。其中，可信安全芯片设备驱动库提供了一个用户态的接口，使不同的可信计算核心服务便于在平台之间移植。而可信计算核心服务接口，即可信核心服务接口（Trusted Core Service Interface，TCSI）则被设计用于控制和请求可信安全芯片的服务，它具有一个公共的服务集合，能够为多个可信应用程序使用，主要负责可信安全芯片接口函数的组包、拆包、日志、审计、密钥证书的管理，以及协调多个应用程序对可信安全芯片的同步访问等。

（3）用户程序层的核心模块是可信服务提供者（Trusted Service Provider，TSP），运行于用户平台的用户模式。它位于可信软件栈的最高层，直接为应用程序提供访问可信安全芯片的服务。

20.4.2 可信软件栈主要功能组件

可信软件栈主要功能组件包括可信安全芯片设备驱动、可信安全芯片设备驱动库、可信计算核心服务层和可信服务应用层。

1. 可信安全芯片设备驱动

为了使用一种新的硬件设备，通常需要相应的设备驱动。使用可信安全芯片时也需要对应的设备驱动，如不同芯片厂商依据 TPM 的功能规范提供相应的 TPM 设备驱动（TPM Device Driver，TDD）。可信安全芯片设备驱动作为使用可信安全芯片的一个基础部件，位于操作系统的内核层，主要负责把可信安全芯片设备驱动库传入的字节流发送给可信安全芯片，然后把可信安全芯片返回的数据发送回可信安全芯片设备驱动库，同时还负责在电源改变时保存或恢复可信安全芯片的状态。一般地，在系统初始启动时就需要加载可信安全芯片设备驱动，以确保上层用户应用对可信安全芯片的调用。

2. 可信安全芯片设备驱动库

可信安全芯片设备驱动库是可信软件栈用于和底层可信安全芯片进行通信的组件，也是第 1 个运行于用户空间的可信软件栈功能组件，主要用于提供可信计算命令及数据在内核模式与用户模式之间的转换。设计可信安全芯片设备驱动库的主要目标是：

（1）确保不同实现方式的可信软件栈能够与可信安全芯片通信。

（2）为可信安全芯片硬件应用提供独立于操作系统的接口。

3. 可信计算核心服务层

由于自身硬件资源的限制，可信安全芯片在功能设计时需要考虑其数据处理能力，以 TPM 为例，它一次只能执行一个操作，且密钥槽、授权会话句柄均有限，驱动程序只能与其进行串行通信。这样的设计使得上层应用在使用可信安全芯片功能时，运行效率很低。因此，需要一种机制能够管理来自上层并发的多个调用请求。

可信计算核心服务层就是针对上述问题而设计的，利用该层对可信安全芯片实施一种简便快捷的资源管理，从而提高对可信计算服务请求的处理效率。为此，该层主要采取以下方法[14]：

（1）对多个需要可信安全芯片处理的操作请求实施排队管理。

（2）对不需要可信安全芯片处理的操作，可信计算核心服务层自行做出响应。

（3）通过对可信安全芯片的有限资源进行优化管理，使之似乎可提供无限的资源。

（4）为可信安全芯片提供本地或远程调用等多种访问方式。

4．可信服务应用层

可信服务应用层位于可信软件栈的最上层，为应用程序使用可信计算服务提供调用接口，并为应用程序与可信安全芯片之间的数据传输提供保护。可信服务应用层对外体现为可信服务应用实例，它与用户应用程序一样位于用户层，处于同样的运行级；每个用户应用程序可运行一个或多个可信计算服务实例来使用可信计算功能。由于可信计算服务应用实例为应用程序提供了更高层次的可信计算功能接口，因此使得应用程序只需关注其实现的安全功能目标，而具体可信计算功能的调用则直接由该实例实现。此外，可信服务应用层还提供了一些可信安全芯片自身没有的辅助功能，如数据绑定、签名验证。

20.5 可信网络连接

可信网络连接（Trusted Network Connection，TNC）是可信计算技术在网络接入控制（Network Access Control，NAC）框架中的应用，用以加强网络环境的可信，是一种开放的网络接入控制解决方案。

本节主要介绍 TNC 体系结构和工作流程。

20.5.1 网络接入控制简介

网络接入控制框架通过引入用户身份认证和终端安全状态认证两种安全机制来提高网络的安全性。首先，它要求用户在接入网络时必须提供自己的身份信息，只允许合法的用户接入网络，这种认证能够有效隔离网络中的非法用户；其次，它要求对接入终端的安全状态进行认证，终端接入时需要将自身的安全状态信息（如操作系统是否更新、杀毒软件和防火墙是否启动）交给网络接入服务器进行认证，只有符合服务器规定的安全策略的终端才能允许接入。网络接入控制框架通过验证接入终端身份和安全状态的合法性，不但阻止了非法用户的接入，而且还防止了不安全的终端（如感染了恶意代码）接入网络，保证了网络环境的安全。

由于网络接入控制框架能够有效地增强网络环境的安全性，因此市场上已经出现了多种满足此框架的网络接入控制产品。其中最典型的是思科的网络准入控制（Cisco Network Admission Control, C-NAC）解决方案和微软的网络接入保护（Network Access Protection, NAP）解决方案。随着网络接入控制产品的推广使用，以思科和微软为代表的网络接入控制产品由于专利、技术等原因，逐渐呈现出以下一些缺陷：

（1）互操作性和可扩展性差：大部分厂商的解决方案都不能兼容而且也不能支持多种平台。由于各种知识产权保护措施和对源代码及关键交互接口的保密行为，因此主流厂商之间的产品很难互联互通，对非商业化的操作系统平台支持更是极为有限。

（2）状态伪造问题：由于缺乏强有力的终端状态认证机制，因此现有方案本质上无法防护客户端的欺诈行为。通过伪造系统状态等方式，客户端一般都可以根据接入控制的要求自由进入受控网络。

（3）缺乏接入后控制：通过在接入后变更配置而获取非法利益，是一种相对状态伪造更为现实的攻击方法，然而现有架构缺乏接入后对接入终端的实时监控，存在安全隐患。

针对上述问题，TCG 提出了一种开放的网络接入控制解决方案——可信网络连接，其主要思想是：突出架构的开放性，不限定实现 TNC 架构所使用的技术，以支持所有主流计算平台、网络设备和操作系统，并结合了可信计算技术的特点。

20.5.2 TNC 体系结构

TCG 的 TNC 工作组根据现有的网络接入应用需求设计了一种开放的网络接入控制架构，并基于该架构研制了 TNC 系列规范。TNC 系列规范主要分为 3 类：体系结构规范、组件互操作接口规范和支撑技术类规范。

（1）体系结构规范[15]：这类规范定义了 TNC 的总体体系结构和基本通信流程，分析了可信网络连接与其他网络接入控制系统的兼容性，阐述可信计算技术增强可信网络接入控制的原理。

（2）组件互操作接口规范[16-18]：这类规范详细定义了 TNC 架构中各组件内部的基本功能和对外接口。

（3）支撑技术类规范[19-22]：这类规范定义了现有可信计算技术实现 TNC 架构的特定功能和组件；尽管这类规范本身不具有强制性，但它们为开发人员构建可信网络接入系统提供了成熟的技术思路和成型的参考范例。

TNC 体系结构是具有 3 个主要参与实体、3 个逻辑层次的体系结构，如图 20.7 所示。3 个主要参与实体是：访问请求者（Access Requestor，AR）、策略执行点（Policy Enforcement Point，PEP）和策略判定点（Policy Decision Point，PDP）。AR 是请求接入网络的终端，包括网络访问请求者（Network Access Requestor，NAR）、可信网络连接客户端（TNC Client，TNCC）和完整性度量收集器（Integrity Measurement Collector，IMC）3 个组件；PEP 负责具体实施网络接入，包括网络访问授权者（Network Access Authority，NAA）、可信网络连接服务器（Trusted Network Connection Server，TNCS）和完整性度量验证器（Integrity Measurement Verifier，IMV）3 个组件；PDP 认证接入终端并给出接入策略。3 个逻辑层次是：完整性度量层、完整性评估层和网络访问层。由于参与实体之间、逻辑层次之间存在互操作性，因此 TNC 体系结构还定义了在同一层次内的组件之间的接口规范（如 IMC 和 IMV 之间的接口规范 IF-M），以及在同一实体内的组件之间的接口规范（如 IMC 和 TNCC 之间的接口规范 IF-IMC）。

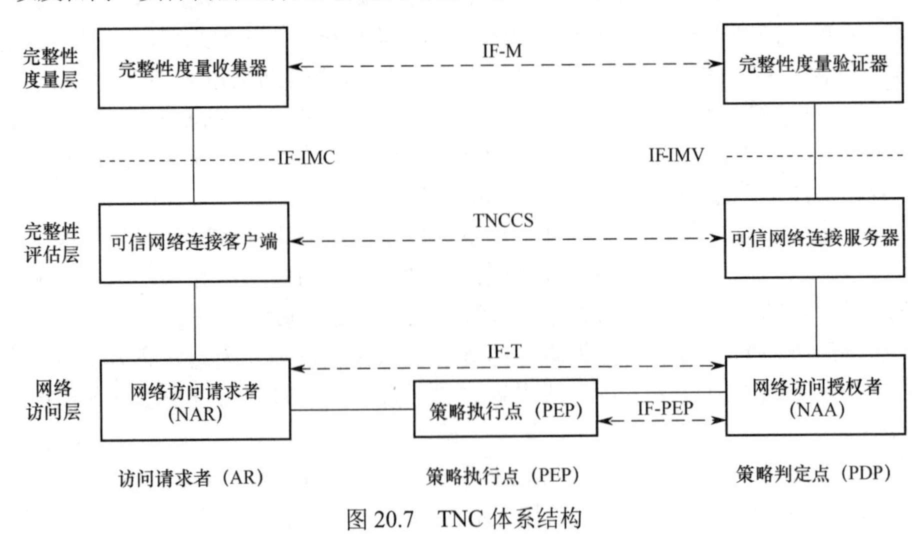

图 20.7　TNC 体系结构

20.5.3　TNC 工作流程

TNC 体系结构通过若干步骤保证终端安全接入可信网络，图 20.8 描述了 TNC 工作流程，具体步骤如下。

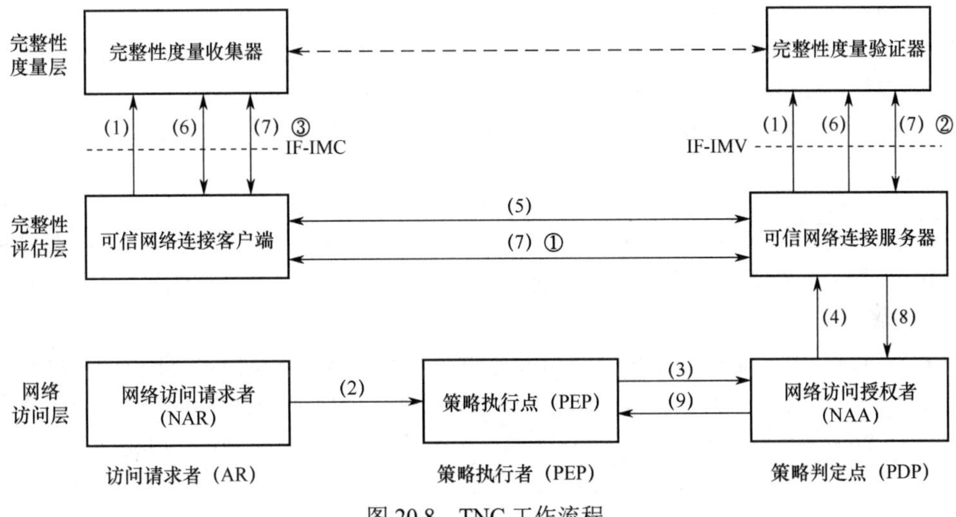

图 20.8　TNC 工作流程

（1）在所有终端接入网络之前，TNCC 需要找到并载入平台上相关的 IMC，并初始化 IMC；与 TNCC 类似，TNCS 需要载入并初始化相应的 IMV。

（2）当用户请求接入网络时，NAR 负责向 PEP 发送接入请求。

（3）接收到 NAR 的访问请求后，PEP 向 NAA 发送一个网络访问决策请求。

（4）NAA 一般是现有的网络接入 3A 认证服务器（如 RADIUS、Diameter），认证服务器完成用户身份认证，然后 NAA 通知 TNCS 有一个新的接入请求需要处理。

（5）TNCS 和 TNCC 之间进行平台身份认证。

（6）在平台身份验证成功之后，TNCS 通知 IMV 新的接入请求到达；与此类似，TNCC 通知 IMC 新的接入请求到达，IMC 返回给 TNCC 一些平台完整性信息。

（7）此步用于 PDP 对 AR 的完整性认证，分为 3 个子步骤：

① TNCC 和 TNCS 交换与完整性验证相关的信息，这些信息通过 NAR、PEP 和 NAA 转发，直到 TNCS 认为 TNCC 发送的完整性验证信息满足需求为止。

② TNCS 将每个 IMC 收集的完整性信息发送给相应的 IMV 进行验证；IMV 分析接收到的 IMC 消息，如果它认为还需要 TNCC 提供其他信息，那么通过 IF-IMV 接口给 TNCS 发送完整性请求消息；如果 IMV 给出了验证结果，那么通过 IF-IMV 接口发送给 TNCS。

③ TNCC 将 TNCS 发送的完整性请求转发给相应的 IMC，并将 IMC 返回的完整性信息发给 TNCS。

（8）当 TNCS 和 TNCC 之间完成完整性验证后，TNCS 将网络接入决策发送给 NAA。

（9）NAA 发送接入决策给 PEP，PEP 根据接入决策实施网络访问控制，并将接入结果返回给 AR。

如果 AR 的完整性验证没有通过，那么 TNCS 可以将此 AR 隔离到修复网络，AR 在此隔离网络中经过完整性修复后可重新请求接入网络。

20.6 其他防御技术

针对各种攻击手段和恶意代码，前面已经介绍了一系列防御技术，除此之外，还有其他一些防御技术，包括沙箱（Sandbox）、定制可信空间（Tailored Trustworthy Spaces，TTS）、移动目标防御（Moving Target Defense，MTD）、拟态防御（Mimic Defense，MD）等[32-36]。其实将这些技术称为策略可能更为贴切。本节简要介绍这些防御技术的基本思想。

1．沙箱

沙箱是一种安全机制，是一种环境，为运行中的程序提供隔离环境。其基本思想是通过隔离程序的运行环境，依据安全策略限制程序的行为，防止恶意程序对系统可能造成的破坏。

这里介绍沙箱的一个应用实例。Java 小程序（Java Applet）是小型的 Java 程序，已被编译成一种面向栈的机器语言，即 Java 虚拟机（Java Virtual Machine，JVM）。Java 小程序可以被放到 Web 页面中，连同 Web 页面一起被下载到用户机器中。当 Web 页面被加载到浏览器中时，这些 Java 小程序也被插入浏览器内部的 JVM 解释器中，如图 20.9 所示。

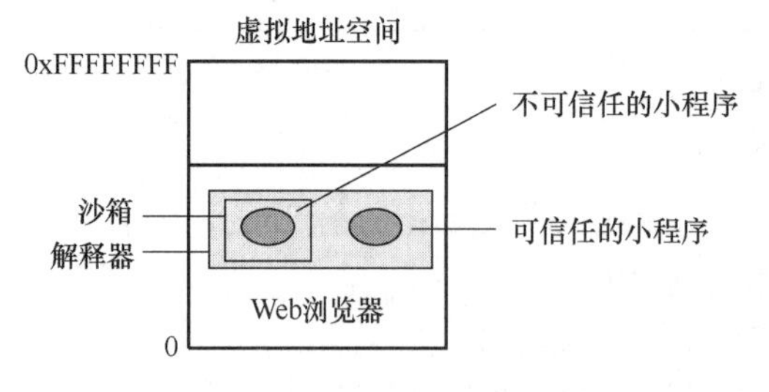

图 20.9 可被 Web 浏览器解释的 Java 小程序

在经过编译的代码上运行解释性代码的好处是：解释器在执行每一条指令之前可以先对指令进行检查。这使解释器有机会检查每条指令的地址是否有效。另外，系统调用也可以被捕获到，并且得到解释。如何处理这些调用是一件与安全策略有关的事情。例如，如果一个 Java 小程序是可信任的（如它来自本地磁盘），则解释器可以毫不犹豫地执行它的系统调用；如果一个 Java 小程序是不可信任的（如它通过互联网进入本地机器），则解释器可能要将它封装到一个沙箱中，以便限制它的行为，并捕捉它使用系统资源的企图。

2．定制可信空间

定制可信空间致力于创建灵活、分布式的信任环境，以支撑网络空间中的各种活动，并支持网络多维度的管理能力，包括机密性、匿名性、完整性、可用性、可追踪性（溯源）以及性能等。其总体目标是避免网络空间“同质化”带来的安全威胁，具体目标如下：

（1）在不可信环境下实现可信计算。

（2）开发通用框架，为不同类型的网络行为和事务提供各种可信空间策略以及特定上下文的可信服务。

（3）制定可信规则、可测量指标、灵活可信的协商工具，配置决策支持能力以及能够执行通告的信任分析。

3．移动目标防御

移动目标防御的基本原理是：频繁地更改计算机的 IP 地址，导致黑客无法识别攻击对象。该技术被称为“灵活的随机虚拟 IP 多路复用技术”，即 FRVM。在运行 MTD 技术增强安全性的同时，可能会引入不利因素，需要探索 FRVM 在系统安全性和整体性能之间的平衡。

这种防御手段需要不断改变 IP 地址，因此，部署这种防御策略和安全系统会产生一定的成本。研究者们通过利用“软件定义网络（SDN）”技术，使计算机在保持真实 IP 地址不变的情况下，通过频繁改变虚拟 IP 地址将真实地址与网络隔离，可以在一定程度上降低成本。SDN 技术通过将网络中的各个设备的网络控制转移到集中控制器上，提供对网络策略的动态管理。SDN 控制器可定义网络配置，在可变条件下使网络操作更可靠、反应更迅速。

由于目标系统的 IP 地址一直在改变，所以，为了发现目标系统的漏洞，攻击者必须花费时间、计算能力等更多的资源。这种防御手段可在攻击者进入目标系统之前采取防御措施。

4．拟态防御

网络空间中的拟态防御类似于生物界的拟态防御，在目标对象给定服务功能和性能不变的前提下，其内部架构、冗余资源、运行机制、核心算法、异常表现等环境因素，以及可能附着在其上的未知漏洞后门或木马病毒等都可以做策略性的时空变化，从而对攻击者呈现出“似是而非”的场景，以此扰乱攻击链的构造和生效过程，使攻击成功的代价倍增。

拟态防御在技术上以融合多种防御要素为宗旨，以异构性、多样性或多元性改变目标系统的相似性、单一性，以动态性、随机性改变目标系统的静态性、确定性，以异构冗余多模裁决机制识别和屏蔽未知缺陷与未明威胁，以高可靠性架构增强目标系统服务功能的柔韧性或弹性，以系统的视在不确定属性防御或拒止针对目标系统的不确定性威胁。

可通过基于动态异构冗余（Dynamic Heterogeneous Redundancy，DHR）的一体化技术架构集约化地实现上述目标。

20.7　小结与注记

本章主要介绍了可信计算的研究进展，以及可信平台模块、信任链构建、可信软件栈、可信网络连接等基本技术原理。面对日益猖獗的病毒、蠕虫、木马等恶意软件，如何在体系架构上实现主动免疫机制，提供有效的安全解决方案，是安全界一直不断探讨的一个重要问题。可信计算提供了一种主动防护技术思路，它利用硬件属性作为信任根，系统启动时层层度量，建立一种隔离执行的运行环境，保障计算平台敏感操作的安全性，从而实现对可信代码的保护。

可信计算内容非常丰富，主要包括可信平台模块（如 TPM、TCM、移动模块）、信任链（如信任根、静态信任链、动态信任链、虚拟平台信任链）、可信软件栈（如 TSS、TSM、可信应用开发）、可信计算平台（如 PC 机、服务器、可信移动平台、虚拟可信平台、可信计算平台应用）、可信计算测评（如可信平台模块测评、可信计算安全机制分析、可信计算评估与认证、可信计算平台综合测试分析系统）、远程证明和可信网络连接等。这些内容可参阅文献[1]、[25]或[27]。可信计算涉及本书介绍的其他多类安全技术，如密码算法、实体认证、密钥管理，这些技术在可信计算中起到了基础性作用。

作者团队在可信计算领域做了大量研究和推广应用工作，提出第 1 个基于 q-SDH 假设的直接匿名证明协议，发现 TPM 2.0 规范中实现直接匿名证明协议的接口存在潜藏的 Static

DH Oracle 攻击，提出一种基于软件的可抵抗板级物理攻击的移动可信计算体系架构 SecTEE，得到了国际同行的高度认可[2,25,28]。

本章在写作过程中主要参考了文献[1]和[2]。文献[2]和[28-31]从不同角度对不同时期可信计算的研究进展进行了综述。

思 考 题

1．简述可信计算的基本思想。
2．考查身边设备使用了哪些可信计算技术。
3．简述可信平台模块的基本功能。
4．信任链分为哪几类？并说明每一类的基本特点。
5．简述可信软件栈体系结构。
6．简述可信网络连接工作流程。

参 考 文 献

[1] 冯登国，等. 可信计算：理论与实践[M]. 北京：清华大学出版社，2013.

[2] 冯登国，刘敬彬，秦宇，等. 创新发展中的可信计算理论与技术 [J]. 中国科学：信息科学，2020，50：127-1147.

[3] COMMON CRITERIA PROJECT SPONSORING ORGANIZATION. Common criteria for information technology security evaluation：ISO/IEC international standard 15408 version 2.1 [S]. Genevese：Common Criteria Project Sponsoring Organization，1999.

[4] AVIZIENIS A，LAPRIE JC，RANDELL B. Basic concepts of dependable and secure computing [J]. IEEE Transactionson Dependable and Secure Computing，2004，1(1)：11-33.

[5] TRUSTED COMPUTING GROUP. TCG specification architecture overview， version 1.2 [EB/OL]. 2003[2011-1-25]. https://www.trustedcomputinggroup.org.

[6] 国家密码管理局. 可信计算密码支撑平台功能与接口规范[EB/OL]. 2007[2011-1-25]，http://www.oscca.gov. cn.

[7] TRUSTED COMPUTING GROUP. Trusted platform module specifications [EB/OL]. http://www.trustedcomputinggroup.org/developers/trusted_platform_module/specifications.

[8] TRUSTED COMPUTING GROUP. Mobile trusted module specification reversion1 [S/OL]. https://www.trustedcomputinggroup.org/specs/mobilephone.

[9] TRUSTED COMPUTING GROUP. TPM main specification，version 1.2 [EB/OL]. 2003[2011-1-25]. https://www.trustedcomputinggroup.org.

[10] PETRONI N，FRASER T. Copilot：a coprocessor based kernel runtime integrity monitor[C] //Proc of the 13th conference on USENIX Security Symposium. San Diego：USENIX Association，2004.

[11] SESHADRI A，LUK M，SHI E. Pioneer：verifying code integrity and enforcing untampered code execution on legacy systems[C]// Proc of the 12th ACM symposium on Operating systems principles. New York：ACM Press，2005.

[12] KAUER B. OSLO：improving the security of trusted computing[C]//SS'07. Proceedings of 16th USENIX Security Symposium on USENIX Security Symposium，2007：1-9.

[13] TRUSTED COMPUTING GROUP. TCG software stack (TSS) specification，version 1.10 [R/OL]. http: //www.trustedcomputinggroup.org/developers/software_stack.
[14] DAVID C，KENT Y，RYAN C，et al. A practical guide to trusted computing [M]. Indianapolis：IBM Press，2008.
[15] TRUSTED COMPUTING GROUP. TCG specification trusted network connet：TNC architecture for interoperability revision 1.1[EB/OL]. http://www.trustedcomputinggroup.org.
[16] TRUSTED COMPUTING GROUP. TCG specification trusted network connect：TNC IF-PEP：protocol binding for radius revision 0. 7 [EB/OL]. https://www.trustedcomputinggroup.org.
[17] TRUSTED COMPUTING GROUP. TCG specification trusted network connect：TNC IF-TNCCS：TLV binding revision 10 [EB/OL]. https://www.trustedcomputinggroup.org.
[18] TRUSTED COMPUTING GROUP. TCG specification trusted network connect：TNC IF-IMV revision 8 [EB/OL]. https://www.trustedcomputinggroup.org.
[19] TRUSTED COMPUTING GROUP. TCG specification trusted network connect：TNC IF-M：TLV binding revision 30 [EB/OL]. https://www.trustedcomputinggroup.org.
[20] TRUSTED COMPUTING GROUP. TCG specification trusted network connect：TNC IF-PTS revision 1. 0 [EB/OL]. https://www.trustedcomputinggroup.org.
[21] TRUSTED COMPUTING GROUP. TCG infrastructure working group platform trust services interface specification (IF-PTS) specification version 1. 0 [EB/OL]. https://www.trustedcomputinggroup.org.
[22] TRUSTED COMPUTING GROUP. TCG specification trusted network connect：TNC IF-T：protocol binding for tunneled EAP methods revision 10 [EB/OL]. https://www.trustedcomputinggroup.org.
[23] DAVID C，KENT Y，RYAN C，et al. A practical guide to trusted computing[M]. Indianapolis：IBM Press，2008.
[24] CHRISTIAN S，ANOOSHEH Z. μTSS：a simplified trusted software stack//[C] Lecture Notes in Computer Science. Heidelberg：Springer Verlag，2010：124-140.
[25] FENG D G，QIN Y，CHU X B，et al. Trusted computing：principles and applications [M]. Berlin：Walter de Gruyter GmbH，2018.
[26] SMITH S W. Trusted computing platforms：design and applications[M]. Heidelberg：Springer，2005.（SMITH S W. 可信计算平台：设计与应用[M]. 冯登国，徐震，张立武，译. 北京：清华大学出版社，2006.）
[27] 张焕国，赵波，等. 可信计算[M]. 武汉：武汉大学出版社，2011.
[28] FENG D G，QIN Y，FENG W，et al. The theory and practice in the evolution of trusted computing[J]. Chinese Science Bulletin，2014，59(32)：4173-4189.
[29] 中国密码学会. 中国密码学发展报告 2008 [M]. 北京：电子工业出版社，2009. （冯登国《可信计算技术研究进展》）
[30] 冯登国，秦宇，汪丹，等. 可信计算技术研究[J]. 计算机研究与进展，2011，48(8)：1332-1349.
[31] 沈昌祥，张焕国，王怀民，等. 可信计算的研究与发展 [J]. 中国科学：信息科学，2010，40：139-166.
[32] ANDREW S T，DAVID J W. Computer Networks[M]. 5th ed. Boston：Addison Wesley，2011.（ANDREW S T，DAVID J W. 计算机网络[M]. 5 版. 严伟，潘爱民，译. 北京：清华大学出版社，2012.）
[33] PLATO A. What is an intrusion prevention system [EB/OL]. [2017-07-05]. http://www.anition.com/corp/papers/ips_defined.pdf.
[34] SOMAYAJI A，HOFMEYR S，FORREST S. Principles of a computer immune system[C]//Proceedings of the 1997 Workshop on New Security Paradigms. New York：ACM，1998：75-82.
[35] THE WHITE HOUSE. Trustworthy cyberspace：strategic plan for the federal cybersecurity research and development program [EB/OL]. [2017-04-16]. https://www.whitehouse.gov/sites/default/files/microsites/ostp/fed_cybersecurity_rd_ strategic_plan_2011.pdf.
[36] 邬江兴. 网络空间拟态防御导论：上、下册[M]. 北京：科学出版社，2017.

第 5 篇　产品与应用安全

内容概要

产品是构建网络空间安全体系的关键支撑，其安全性十分重要。无数事实证明，一些西方发达国家长期以来利用其软件和硬件产品的技术优势和市场优势，在 IT 产品中植入后门，进而用来窃取他国信息，获取关键情报，威胁他国网络空间安全，因此，不得不高度重视 IT 产品的自身安全和供应链安全。当然，安全产品作为一类重要的 IT 产品，其安全性需要倍加重视。安全服务作为一种特殊产品，其核心目标是提供针对用户安全管理需求的完善解决方案，帮助用户更加全面地认识信息技术、评估安全隐患以及薄弱环节，完善安全架构，构建安全的运行环境，共同规划、设计、实施、运营，保护用户系统的安全。信息系统就是用来应用的，只要应用就会涉及安全问题，因此，应用安全涉及的范围非常广，无处不在。例如，电子商务安全、Web 安全、内容安全、数据安全、区块链安全、用户安全、移动终端安全、程序安全等。实际上，本书前面介绍或提到的很多应用层方面的安全内容也可以纳入应用安全领域，如电子邮件安全、物联网安全。本篇主要介绍 IT 产品的安全、主要安全产品（包括安全服务），以及一些典型应用安全实例（主要包括电子商务安全、内容安全、数据安全、区块链安全等）。

本篇关键词

安全产品，安全产品型谱，安全路由器，安全网关，VPN，安全服务，安全运维管理，电子商务安全，SET 协议，iKPI 协议，数字货币，Kailar 逻辑，内容安全，文本过滤，话题发现和跟踪，内容安全分级监管，多媒体内容安全，数据安全，密文检索，密文计算，信息流控制，容灾备份与恢复，区块链安全，比特币，共识机制。

华为手机

千丈之堤，以蝼蚁之穴溃；百尺之室，以突隙之烟焚。

——战国·韩非《韩非子·喻老》

第21章　主要安全产品

内容提要

网络空间安全体系的构建离不开 IT 产品的支撑，但其安全性十分重要。有的安全性是由于人们的认识水平导致的，是无意的，如产品漏洞、技术局限性；有的安全性是人为造成的，是有意的，如产品后门、技术控制、各种攻击；有的安全性是由于一些不可抗拒的因素引发的，如地震、火灾等。人们需要对 IT 产品的安全性有一个整体了解。安全产品作为一种特殊 IT 产品面临同样的问题，而且由于其特殊性，因此可能面临更加严峻的挑战。目前市场上的安全产品种类很多，而且还在像雨后春笋一样不断涌现，不可能逐一了解也没必要逐一了解，但需要了解主要安全产品型谱。安全服务作为一种特殊安全产品有其特殊重要地位，需要深刻认识其重要性。本章首先概述 IT 产品面临的主要安全威胁及其应对措施，其次介绍主要安全产品型谱，以及一些安全产品的主要功能、特点或局限性。

本章重点

- IT 产品面临的主要安全威胁
- 主要安全产品型谱
- 安全路由器的局限性
- 安全网关的主要安全功能
- VPN 基本原理
- 安全运营管理基本思想

21.1 IT 产品的安全

IT 产品种类很多，包括从基础到应用、从硬件到软件、从模块到系统、从算法到方案、从单机到网络等类型产品。IT 产品形态也很多，有硬件的，有软件的，也有无形的（如服务）。本节重点分析 IT 产品面临的主要安全威胁及其应对措施。

1．IT 产品面临的主要安全威胁

（1）供应链安全。IT 产业链涉及集成电路、计算机、应用软件、网络设备，以及芯片、软件和硬件开发环境、半导体制造设备等多个方面，链条上的任何环节出了问题都会带来供应链安全风险。这种供应链安全也称为 IT 产品的制造安全性。供应链安全也包括采购的 IT 产品的自身安全性（如漏洞、后门），将在下面依次介绍。

（2）漏洞。漏洞也称为安全缺陷，在一个系统的设计、实现、维护和运行等过程中都有可能导致漏洞，人们最关心的是设计和实现方面的漏洞，而维护和运行方面的漏洞可通过管理手段来保障。漏洞是无意中造成的安全隐患，在漏洞未发现之前，开发商和用户对漏洞均不知情。漏洞是信息系统的主要安全威胁，也是打开入侵大门的钥匙。攻击者利用漏洞入侵系统，获取系统相应的操作权限，可直接对目标系统进行控制或获取敏感信息；蠕虫利用漏洞快速传播，向存在漏洞的主机植入恶意程序，实现对系统的控制，如 SQL Server 蠕虫利用 SQL Server 的漏洞在几十分钟内传遍全球；木马利用系统漏洞植入，实现对目标系统的隐蔽控制；组织机构利用漏洞作为控制手段，为关键时刻破坏或入侵系统留下空间。OpenSSL 心脏出血事件被认为是史上最严重的安全漏洞事件之一，该漏洞使得任何人都能读取系统的运行内存，并从中窃取口令、密钥等敏感信息，2014 年黑客利用该漏洞成功攻击了美国第二大医疗系统并窃取了 450 万名患者的医疗记录。最近，新型的熔断（Meltdown）和幽灵（Spectre）漏洞，利用 Intel 处理器中的推测执行机制的缺陷，可以使得低特权级的应用获取高特权级的数据，以及利用侧信道信息可以访问内存中任意位置的数据。

（3）后门。后门是开发商有意设计的，但会故意掩盖以避免用户发现。在未发现时，“开启后门的钥匙”只有后门设计者掌握。有时很难说清是漏洞还是后门，如 JPEG 漏洞是后门还是仅仅是个漏洞？只有开发商自己知道。一些西方发达国家利用其软件和硬件产品的技术优势以及市场优势，在 IT 产品中植入后门，进而用来窃取他国信息，获取关键情报，威胁他国网络空间安全。斯诺登事件（也称为棱镜门事件）爆出，美国国家安全局在密码应用产品中植入后门以降低安全强度，从而破解监听，在随机数生成算法 Dual_EC_DRGB 内设计后门，并在 2013 年向 RSA 公司支付 1000 万美元，要求 RSA 将 Dual_EC_DRGB 设为默认随机数生成算法。

（4）监控与窃取。IT 产品除正常功能外，还可能有其他隐蔽功能，如监控、窃听。斯诺登事件使国际社会对 IT 安全的关注达到了前所未有的高度，美国国家安全局和联邦调查局于 2007 年启动了一个代号为“棱镜”的秘密监控项目，直接进入美国网际网络公司的中心服务器里挖掘数据、收集情报，前中情局职员爱德华•斯诺登于 2013 年 6 月将该项目曝光于世，引起了世界哗然。

（5）数据采集。为了方便用户使用，IT 产品提供了各种服务功能，如手机的定位功能、

智能穿戴设备采集个人信息功能，这些数据采集有可能会带来泄露个人隐私的安全风险，甚至会给国家安全带来安全风险。

2. IT 产品安全威胁的应对措施

（1）打造自主可控的产业链。自主可控虽然不能解决所有的安全问题，而且 IT 产品完全自主可控也存在一定的困难和挑战，但考虑到当前网络空间的严峻形势，这是我们不得不努力和坚持的方向。可以从一些关键核心产品（如 CPU、OS、DB）入手，逐步打造“独立自主+可控利用”的 IT 产业链。

（2）核心信息系统自主研发。核心信息系统关乎国家安全，必须自主研发，应努力确保所用的 IT 产品能够自主可控。

（3）进口 IT 产品加强检测。加强进口 IT 产品检测，可在一定程度上发现问题，并产生一定的威慑作用，这是世界各国应对漏洞/后门问题的共同思路。我国目前也建立了一系列检测机构，从事漏洞分析与检测工作，但以目前的技术现状，离实际需求仍有一定距离。

（4）重要信息系统实现隔离。对信息系统实现隔离，可确保即使系统存在安全漏洞，也不会被攻击者直接利用与控制，这是目前比较现实的一种做法，但随着信息系统越来越庞大，越来越复杂，隔离控制难度也越来越大。

（5）普通用户应经常为所使用的 IT 产品打补丁。对于普通用户来说，及时为所使用的 IT 产品打补丁是解决漏洞问题最有效的办法，但对于国家重要部门来说，可能作用有限，需要面对的可能是有组织的攻击，他们往往利用还未公开的漏洞实施攻击，我们还无补丁可打。即使有补丁，补丁中也可能会有各种安全问题，如补丁中含有恶意程序、补丁本身再次引入漏洞。

（6）科学利用安全审查制度。在构建一些重要信息系统和关键基础设施时，应充分科学利用国家出台的一些安全审查制度，把好 IT 产品的安全关。

（7）应用新技术前进行风险评估。新技术的应用一定会引发新的安全问题，有可能导致意想不到的安全风险，因此，在使用新技术之前要评估其安全风险，尽量做到安全风险可控可管。例如，在促进推出 5G 时，应评估 5G 功能和基础设施面临的网络安全风险并确定其核心安全原则（如网络安全、供应链风险管理和公共安全），管理其在实施过程中对国家安全和经济社会带来的风险，促进负责任的、安全可靠的 5G 基础设施的发展和部署。这也是美国等信息技术发达国家的惯用做法。

（8）高度重视人员安全。安全即服务，除少量服务是自动化的外，主要靠人来保障服务，因此，安全服务中的一个核心要素是人员。一方面，要提高用户的安全意识；另一方面要对安全服务保障人员提出严格要求，包括背景、意识和能力等，一些重要部位甚至可采用人员成熟度模型评价方法。

21.2 主要安全产品型谱

目前市场上的安全产品种类很多，而且还在像雨后春笋般不断涌现，不可能逐一介绍也没必要逐一介绍，本节仅列出主要安全产品型谱，也就是主要安全产品类型，接下来几节选择一些本书前面没有详细介绍其技术的典型安全产品进行简要介绍。产品型谱的介绍体现矩阵式覆盖，典型产品的介绍体现互补性和代表性。

主要安全产品型谱如下：

（1）身份认证与访问控制产品：主要包括智能密码钥匙（如 USB Key 身份认证）、动态口令卡、个人令牌、智能 IC 卡、智能卡 COS、生物识别器（如指纹、掌纹、虹膜、人脸）、统一认证与单点登录系统、身份与访问管理系统、密码基础设施（如 PKI、CA、KMI）等。

（2）数据与信息安全产品：主要包括数据加密机、数据迁移系统、加密 USB、加密硬盘、加密存储系统、异地容灾系统、数据备份产品、数据恢复系统、数据泄露防护产品、电磁泄漏防护产品等。

（3）计算环境安全产品：主要包括服务器（主机）加密机、安全操作系统、操作系统安全部件、安全数据库系统、数据库安全部件、可信计算平台、可信平台模块（如 TCM、TPM）等。

（4）通信安全产品：主要包括电话加密机、传真加密机、信道加密机、网络加密机、安全路由器、安全网关、VPN、安全交换机等。

（5）网络边界安全防护产品：主要包括防火墙、个人防火墙、安全隔离卡、线路选择器、信息安全交换产品、网络接入控制系统、可信网络接入控制系统等。

（6）入侵检测与监控审计产品：主要包括主机/网络入侵检测系统（IDS）、入侵防御系统（IPS）、统一威胁安全管理系统（UTM）、主机/网络脆弱性扫描系统、安全监控产品、网络活动监测与分析系统、安全审计系统等。

（7）应用安全产品：主要包括反垃圾邮件系统、内容过滤与控制杀毒软件、特定代码防范产品、网页防篡改产品、网站恢复工具、网络银行产品、终端接入控制产品、终端加密机等。

（8）物理安全产品：主要包括环境安全（如区域防护、灾难防护与恢复、容灾恢复）、设备安全（如设备防盗、设备防毁、防线路截获、抗电磁干扰、电源保护）、介质安全（如介质保护、介质数据安全）、侧信道（如电磁辐射、能量分析、定时攻击）防护产品等。

（9）安全服务产品：主要包括安全运营管理、安全资产管理、安全咨询、安全体系架构规划、安全风险评估、安全性检测分析、应用安全评估、产品安全审查、安全系统集成、安全培训等。

21.3 安全路由器

路由器是连接两个或多个网络的硬件设备，在网络间起网关的作用，是读取每一个数据包中的地址然后决定如何传送的专用智能型网络设备。路由器可以分析各种不同类型网络传来的数据包的目的地址，如可以把非 TCP/IP 网络的地址转换成 TCP/IP 地址或反之，再根据选定的路由算法把各数据包按最佳路线传送到指定位置。因此，路由器可以把非 TCP/ IP 网络连接到互联网上。安全路由器就是实现了某些安全功能的路由器，这类产品有一个共同的特点，即融合了防火墙功能或网络管理功能。本节主要介绍路由器的优、缺点和安全路由器的发展趋势。

1．路由器的优、缺点

安全路由器产品的局限性主要是由于路由器产品的局限性所致。因此，这里简单分析路由器的基本功能及其优、缺点。

路由器分本地路由器和远程路由器，本地路由器是用来连接网络传输介质的，如光缆、同轴电缆、双绞线；远程路由器是用来连接远程传输介质的，并对相应的设备提出要求，如电话线要配调制解调器，无线要使用无线接收机、发射机。

一般地，路由器具有判断网络地址和选择路径的功能，能够在多网络互联环境中建立灵活的连接，可用完全不同的数据分组和介质访问方法连接各种子网，只接收源站或其他路由器的信息，属于网络层的一种互联设备。因此，它不关心各子网使用的硬件设备，但要求运行与网络层协议相一致的软件。

选择最佳路径的策略，即路由算法是路由器的关键所在，这主要通过路由表（Routing Table）来实现。在路由表中保存子网的标志信息、网上路由器的个数和下一个路由器的名称等内容。路由表可以由系统管理员固定设置好，也可以由系统动态修改，可以由路由器自动调整，也可以由主机控制。路由表主要有两类：一类是静态（Static）路由表，即由系统管理员事先设置好的固定路由表，一般是在系统安装时就根据网络的配置情况预先设定的，它不会随未来网络结构的改变而改变；另一类是动态（Dynamic）路由表，即由路由器根据网络系统的运行情况而自动调整的路由表。路由器根据路由选择协议（Routing Protocol）提供的功能，自动学习和记忆网络运行情况，在需要时自动计算数据传输的最佳路径。

路由器的优点是：适用于大规模的网络；具有复杂的网络拓扑结构，负载共享和最优路径；能更好地处理多媒体；安全性高；隔离不需要通信量；节省局域网的频宽；减少主机负担。

路由器的缺点是：不支持非路由协议；安装复杂；价格高。

2．安全路由器的发展趋势

安全路由器产品依托于路由器产品来发展，因此，安全路由器的发展趋势也代表了路由器的发展趋势，可归纳为以下几个方面。

1）更快的速度

提高路由器的处理速度是路由器研究的重点之一，主要涉及以下 4 个方面的技术进展。

① 硬件体系结构的演进。路由器的硬件体系结构大致经历了 6 次变化，从最早期的单总线、单 CPU 结构发展到单总线、多 CPU 结构，再到多总线、多 CPU 结构。然后到现在，高速路由器中多借鉴 ATM 的方法，采用交叉开关方式实现各端口之间的线速无阻塞互联。高速交叉开关技术已很成熟，在 ATM 和高速并行计算机中早已得到广泛应用。伴随着高速交叉开关的引入，同时也引入了一些相应的技术问题，特别是针对 IP 多播、广播以及服务质量（QoS），采用成熟的调度策略和算法，使问题得到了很好的解决。

② ASIC 技术的采纳。出于对成本和性能的考虑，这些年 ASIC 应用越来越广泛。在网络设备这一领域，出现了可编程 ASIC。目前主要有两种类型的可编程 ASIC：一种以 3COM 公司的 FIRE（Flexible Intelligent Routing Engine）芯片为代表，这颗 ASIC 芯片中内嵌了一颗 CPU，因而，具有一定的灵活性；另一种以 Vertex Networks 的 HISC 专用芯片为代表，该芯片是一颗专门为通信协议处理的 CPU，其体系结构的设计专门适应协议处理，通过改写微代码，可使这颗专用芯片具有处理不同协议的能力，以适应类似从 IPv4 到 IPv6 的变化。

③ 3 层交换技术的出现。这是协议处理过程的一次革命性突破，也是现在 GSR 和 TSR 名称的来源。自从名不见经传的 Ipsilon 公司在 1994 年推出“一次路由，然后交换”的 IP Switch 技术之后，各大公司纷纷推出自己专有的 3 层交换技术，如 Cisco 公司的 Tag Switch、3COM 公司的 Label Switch。综合这些专有技术的优点，IETF 在 1998 年推出了性能优越的多协议标记交换（MPLS）。

④ IP over SDH，IP over DWDM。这方面的技术进展完全源于光纤通信技术的进展。随着 IP 的核心地位逐渐被认同，IP over ATM，然后 ATM over SDH 的方式被直接 IP over SDH 的方式取代。SDH 采用时分复用的方式承载多路数据。因此，在核心网中需大量采用复用器交叉连接器，DWDM 使得在一根光纤上可用不同的波长传送多路信号。

2）更高的 QoS

路由器在速度上的提高仍只不过是为了适应数据流量的急剧增加。而路由器发展趋势更本质、更深刻的变化是：以 IP 为基础的包交换数据将取代已发展了近百年的电路交换通信方式，成为通信业务模式的主流。这意味着，IP 路由器将逐步提供原电信网络所提供的种种业务。但是传统的 IP 路由器并不关心也不知道 IP 包的业务类型，一般只是按先进先出的原则转发数据包，语音电话、实时视频、互联网浏览等各种业务类型的数据都被不加区分地对待。由此可见，IP 路由器要想提供包括电信、广播在内的所有业务，提高 QoS 是其关键。

3）更智能化的管理

随着网络流量的爆炸式增长和网络规模的日益膨胀，以及对网络服务质量的要求越来越高的情况，各厂家网络管理的一个重要发展趋势是向智能化方向发展，主要体现在两个方面：一是网络设备（路由器）之间信息交互的智能化；二是网络设备与网络管理者之间信息交互的智能化。其中，基于策略的管理和流量工程这两个技术最引人注目。

基于策略的管理将同时影响路由器之间和路由器与网络管理者之间的信息交互行为模式，使网络管理者更易于从用户的角度去定义和约束网络行为，而这些上层策略将直接影响网络基本行为，使传统的路由算法发展为基于策略的路由算法，也使路由器之间的信息交互必须包含相应的策略内容。

流量工程是核心网运营商最关心的问题。新的协议（如 MPLS）在解决标记交换的同时，也提供了一个很好的解决流量工程的方法，即通过路由器之间交互各端的流量状态等信息，用收敛算法计算一段时间内网络中标记的显式路径，采用约束最短路径优先算法，以使整个网络的流量在每一段时间内尽量保持均衡。

21.4 安全网关

网关（Gateway）是连接两个协议差别很大的计算机网络时使用的设备。它可以将具有不同体系结构的计算机网络连接在一起。在 OSI / RM 中，网关属于最高层（应用层）的设备，其分为两类：面向连接的网关和无连接的网关。当两个子网之间有一定距离时，往往将一个网关分成两半，中间用一条链路连接起来，称为半网关。面向连接的网关用于虚拟电路网络的互联，如实现 x.25 与 x.75 协议间的互联。无连接的网关用于数据报网络的互联。

安全网关是在网关设备的基础上侧重实现网络连接中的安全性，在功能上体现为实现内容过滤、邮件过滤、防病毒等。国内外目前已有很多安全网关产品，各种安全网关产品的功能和特点都有可能不同，这里主要介绍安全网关产品的主要功能和发展趋势。

1．主要功能

这里以国产安全网关产品——KILL 过滤网关（KILL Shield Gateway，KSG）为例来介绍安全网关产品的主要功能。图 21.1 为 KSG 应用示意图。KSG 是专为企业级用户设计的网关级安全过滤设备，可以全面防范计算机病毒传播、阻断蠕虫攻击、拦截垃圾邮件、控制网络非法访问。它采用多层过滤（网络层、传输层、应用层）、深度内容分析、智能关联等技术策略，基于 HTTP、FTP、SMTP、POP3 等标准协议对网络数据进行过滤，可有效提升网络环境的安全状况，为业务持续运行提供有力保障。根据用户的不同需要，KSG 可实现内网综合保护、关键网段保护、邮件系统保护、网络隔离等。

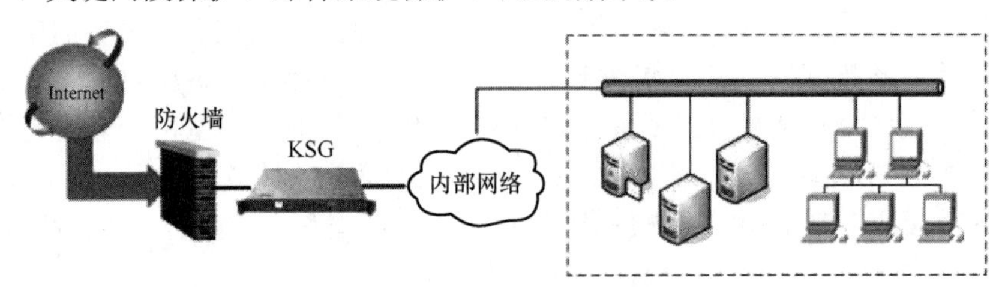

图 21.1　KSG 应用示意图

KSG 定位在多功能的综合过滤网关，提供全面的网络内容安全保护，主要功能如表 21.1 所示。

表 21.1　KSG 主要功能

属　　性	功 能 类 别	功　能　项	功 能 描 述
安全特性	蠕虫过滤	蠕虫过滤	采用完整的 KILL 蠕虫库，在应用层过滤蠕虫体
		蠕虫阻断	通过对数据包的特征分析，在传输层识别和拦截蠕虫攻击
		端口封锁	可通过封锁蠕虫攻击端口方式，紧急防御大规模蠕虫爆发事件
	病毒过滤	病毒引擎	KILL 防病毒引擎
		病毒类型	邮件病毒、文件病毒、恶意网页代码、木马后门
		智能识别	深度内容分析，智能识别文件类型、压缩格式，防止伪装形式病毒
		规则过滤	可定义病毒特征和过滤规则，识别特殊病毒、未知病毒、突发病毒
	垃圾邮件过滤	规则过滤	依据 IP 地址、邮件地址、域名、邮件大小、群发数量、邮件跳数、邮件嵌套、附件数量、附件类型、文件名等进行过滤
		智能过滤	MIME 编码检查、FRC 821 规范检查、HELO 标志分析、DNS 反查、自动禁止 Open Relay、贝叶斯技术、智能识别垃圾文本
		黑白名单	RBL、邮件黑名单、IP 白名单
		SMTP 认证	通过 SMTP 认证识别邮件来源，避免大量转发垃圾邮件
		伪装邮件检查	通过邮件地址和邮件用户绑定方式，确保发件的真实性
		邮件隔离	提供可疑邮件隔离功能，最终用户可从隔离区找回或彻底删除邮件
	内容过滤	关键字过滤	对邮件主题、发件人、收件人、正文、附件等进行关键字过滤
		URL 过滤	可定义 URL 地址黑名单、白名单，禁止或允许对某些网页的访问

（续表）

属　　性	功能类别	功　能　项	功能描述
安全特性	网络防御	包过滤	实现基于源/目的 IP 地址、源/目的端口、协议的数据包过滤
		连接限制	并发连接限制、连接速率限制、连接频率限制
		带宽保护	动态异常流量控制技术优化网络性能，限制带宽资源占用
网络特性	工作模式	连接方式	透明模式（串联）
	支持协议	网络协议	IP
		传输协议	TCP、UDP、ICMP
		应用协议	SMTP、POP3、FTP、HTTP
管理特性	系统管理	配置管理	采用 B/S 结构，支持 HTTPS 方式的 Web 管理
		在线帮助	在配置管理过程中，提供在线帮助功能
		系统维护	支持 SSH 方式的远程维护管理
		状态监视	可实时监视系统运行状态、系统负荷、过滤状态
	日志审计	日志记录	KSG 全面记录多种日志信息，定期或按需下载到日志报表系统
		日志分析	提供基于 IP/邮件地址、协议、威胁、规则、时段等的过滤分析报告
		独立报表系统	采用独立工作的日志报表系统，最大限度保证 KSG 过滤效率
		报警	对安全威胁事件和违反策略的行为进行报警，可邮件通知管理员
	系统更新	特征码升级	病毒库、蠕虫库、垃圾邮件规则库自动更新
		系统升级	支持系统内核的在线升级
		升级方式	支持 FTP、HTTP 升级方式（通过互联网从厂商服务器更新）

2. 发展趋势

安全应用不仅要求安全产品可以满足用户目前的需要，而且还要求它们能够在安全问题迅速变化的未来及时适应新的需求。从国际安全技术发展趋势来看，安全网关未来发展的主要特点如下：

（1）结合专用操作系统。为了持续发展自家产品，并充分发挥企业长期的知识积累，国际上大的安全厂商一般都有专用的操作系统，如 Cisco 拥有互联网操作系统 IOS，Juniper（Netscreen）防火墙系列产品使用操作系统 Screen OS，Nokia 公司的 IP 系列产品使用自己的 IPSO。设计使用专用的操作系统，目的是能为用户提供更专业、更安全的系统，并能逐步发展一些核心技术，从而拥有知识产权上的优势。使用自己专用的系统可以方便未来为适应新的需求进行定制。

（2）硬件化和芯片化。软件形态的网关也逐步被硬件形态的产品代替，新型防垃圾邮件和防病毒的网关也大多以硬件的方式出现。例如，Checkpoint 公司通过和 Nokia 公司的合作来提供软件和硬件一体的防火墙产品。为获得更高的性能，传统的基于 CPU 的软件数据处理方式也在向由芯片处理或网络处理器进行处理的方向发展。安全产业的高速发展，吸引了一些大的芯片厂商的关注，对于系统资源消耗比较大的计算也都改由一些高速芯片进行处理。例如，在某些 CPU、NPU 或 ASIC 芯片中就直接集成了加解密处理模块。

（3）硬件平台多样化。为适应各种安全需要，以及产品定位的不同，各厂商的网关产品的硬件平台出现了多样化发展的趋势，有基于通用 CPU 的 x86 架构的、ASIC 架构的、网络处理器（NPU）架构的，也有直接使用嵌入式芯片作为主处理器架构的，如基于 Power PC、MIPS、ARM 等嵌入式 CPU 架构的，以及采用各种技术进行组合的架构。不同的体系结构各有其特色。

（4）基于通用 CPU 的 x86 架构。一般采用 Intel 或 AMD 公司的芯片，x86 在架构系统时还需要北桥和南桥芯片组，采用该种硬件架构，软件和硬件配套资源比较多，便于快速推出产品，企业投资少，同时功能基本都由软件实现，产品比较灵活，但基于 x86 技术平台受 PCI 总线带宽和 CPU 处理能力的限制，很难满足高速环境的要求，同时 CPU 和外围芯片组发热比较大，产品寿命和稳定性难以保证。

国际上少数安全网关是采用基于 ASIC 架构设计的，成为安全网关产品中的亮点。这种架构产品性能高、稳定性好、规模生产后价格比较低，但开发基于 ASIC 的产品要求的投资非常大，技术门槛高。

基于 NPU 架构来设计安全产品也受到高度关注，Intel、AMCC、Broadaom、IBM、Agere 等芯片厂商都推出了 NPU 芯片，采用 NPU 架构来设计安全网关，投资要比开发 ASIC 低得多，同时可以设计出性能比较高的产品。相对于 ASIC 架构，NPU 一般采用多个微引擎或多核并行处理，微引擎执行的是微码，微码具有可编程性，所以，NPU 架构要比 ASIC 架构灵活，但在稳定性上则不如主要功能由芯片来实现的 ASIC 架构稳定。

21.5 VPN

VPN（Virtual Private Network，虚拟专用网络）是建立在公用网络之上的层叠网络，但具有专用网络的绝大多数特性。之所以称为“虚拟的”，是因为它仅是一个假想的网络，就好像虚电路并不是真正的电路、虚拟内存并不是真正的内存一样。VPN 可通过服务器、硬件、软件、集成等方式实现，目前国内外已有很多 VPN 产品，这是一类相对比较成熟的产品。本节主要介绍其主要技术和发展趋势。

1. 主要技术

目前，用于企业内部自建 VPN 的主要技术有两种，即 IPSec VPN 和 SSL VPN。这两种技术主要用于解决基于互联网的远程接入和互联，虽然从技术上来讲，它们也可以部署在其他网络（如专线）上，但那样做就失去了其应用的灵活性，它们更适用于商业用户等对价格特别敏感的用户。

表 21.2 列出了 IPSec VPN 和 SSL VPN 这两种技术的优、缺点。

表 21.2 IPSec VPN 和 SSL VPN 的优、缺点

优、缺点	主要技术	
	IPSec VPN	SSL VPN
优点	• 能够快速完成配置 • 安全性高 • 服务质量高 • 方便拨号用户使用	• 使用方便，不需要配置，可以立即安装和使用 • 无须客户端，直接使用内嵌的 SSL 协议，而且几乎所有的浏览器都支持 SSL 协议 • 兼容性好，支持计算机、PDA、智能/3G/4G 手机等一系列终端设备及大量移动用户接入的应用
缺点	• 网络不能觉察到 VPN 隧道的存在 • 具有 QoS 选项的局限 • 组建及维护成本较高	• 只适合 Site-to-LAN（点对网）的连接，无法解决 LAN-to-LAN VPN 需求

用户在考虑采用哪种技术时经常会遇到两难的选择，即安全性与方便性的冲突。只有用户明确了自己的需求，才能选择到适合自己的解决方案。

IPSec VPN 比较适合于中小型企业。这类企业拥有较多的分支机构，并通过 VPN 隧道进行站点之间的连接，交换大容量的数据。企业有一定的规模，并且在 IT 建设、管理和维护方面拥有一定经验的员工。企业的数据比较敏感，要求安全级别较高。企业员工不能随便通过任意一台计算机就访问企业内部信息，移动办公员工的笔记本电脑或相关计算机要配置防火墙和杀毒软件。

SSL VPN 更适合于那些需要很强灵活性的企业，员工需要在不同地点都可以轻易地访问公司内部资源，并可使用各种移动终端或设备。企业的 IT 维护水平较低，员工对 IT 技术了解甚少，并且 IT 方面的投资不多。

2. 发展趋势

随着 VPN 技术的发展，其产品的发展趋势主要体现在以下几个方面。

1）融合于目录服务功能

下一代 VPN 的最主要的部件是目录服务器，主要用于存放端用户的信息及网络配置数据，目录服务器决定了未来 VPN 的发展方向，它既可以运行于由 VPN 提供控制的公用网的某一部分，也可以作为运行于公司网络的一个平台。VPN 的设备与内容都可在专用网与公用网上进行复制，公司的网络可以横跨网络公共服务设施。因此，传统公用网与专用网的界线已经变得模糊。

这些载有整个公司用户相关资料及网络配置的目录应该置于用户或网络运行中心（NOC）的安全区内。这个安全区是进一步开发 VPN 的基础，它主要由策略服务器与认证服务器组成。策略服务器根据公司的规则制定访问策略，认证服务器则负责公钥认证及其他有关安全的任务。另外，VoIP 网关也可以置于上述安全区内。网络如果具有上述安全机制、网络目录及 QoS 的保证，那么端用户就可以建立用于远程教育、远程医疗以及虚拟会议的 VPN 连接。

2）提升 QoS

为实现上述 VPN，首先需要解决 QoS 问题。基于策略的网络提供这样一种 QoS 方案，策略服务器装载有关应用及网络资源的信息，动态地确定端用户如何访问应用程序。由于 QoS 要求提供跨越 LAN 与 WAN 的端对端的服务，因此增加了问题的复杂性。

在高速主干网上真正实现 QoS 也有很多工作有待完成。某些 ISP（Internet Sever Provider，互联网服务提供者）设法将 QoS 提供到用户桌面。但问题是，当端用户退出某一特定电话公司的 VPN 时，QoS 的保证也将丢失。另一个问题是，目前还没有可行的技术能够对那些跨越多个 VPN 的信息包进行跟踪与收费。此外，ISP 还应考虑计费的可行性。

3）提高兼容性

不同厂商的 VPN 产品总是不兼容的，因为许多厂商不愿意或不遵守 VPN 技术标准。因此，混合使用不同厂商的产品容易导致技术问题的出现，也不利于降低或控制设备的成本。

21.6 安全运营管理

1. 安全服务产品综述

随着信息技术的快速发展和广泛应用，安全产品的发展趋势已经不仅仅是升级传统的安全产品，而是要从业务策略、整体架构和完整流程方面来考虑安全问题。安全服务囊括了技术、产品、人员、过程、管理等在内的各方面因素，已逐步脱离了原先依托于安全技术而生存的境地，逐渐在安全产业中占据主导地位，并发展成为一种全新的“产品”模式。

安全服务是引导建立安全整体架构和解决方案的核心内容。信息系统全生命周期的各个阶段都为安全服务提供了广阔的发展空间。安全咨询、风险评估、体系规划、项目实施、系统运维、安全培训、技术支持等，构成了完整的安全服务业务链。金融、电信、电力等重要行业以及政府部门都已开始成为安全服务的主要对象，安全服务也可为企事业单位的信息系统提供持续、可靠、完善的安全保障。

典型的安全服务产品主要有：安全咨询、安全运营管理、安全体系架构规划、安全风险评估、应用安全评估、安全系统集成、安全培训等。

2. 典型安全服务产品——安全运营管理

安全服务的核心是提供针对用户安全管理需求的完善解决方案，帮助用户更加全面地认识信息技术，评估安全隐患及薄弱环节，完善安全架构，构建安全的运行环境，共同规划、设计、实施、运营，保护用户系统的安全。

安全运营管理是面向信息系统运行阶段的安全服务产品。由于在信息系统运行过程中，安全事件随时都可能发生，因此及时掌握出现的故障和存在的隐患等问题，并采取必要的应对措施，已成为保障业务系统正常运行的必要工作。针对众多组织/企业用户面临的网络规模庞大、应用复杂、设备分散和专业技能缺乏等问题，安全运营管理服务通过统一的运营管理体系和风险管理平台，提供有效的技术、人员及流程支持，帮助用户及时地检测、响应安全事件，针对安全状况实施动态监控、信息整合、全局分析和决策支持。

安全运营中心（SOC）是安全运营管理服务产品的典型解决方案。通过该项服务的实施，可以协助用户构建统一、集中、高效的安全运营中心，调整安全人员组织结构，整合防火墙、防病毒、入侵检测、网络监控、主机监控、漏洞扫描等产品，整合覆盖组织/企业全范围的安全监控技术架构，形成支持安全事件综合分析处理以及统一管理的安全运营管理系统，建立组织/企业安全管理体系和安全管理制度，实现组织/企业信息安全的评估、支持、响应处理、监督、管理等功能。

3. 安全服务产品发展趋势

安全服务的目标是保障用户信息系统的安全，尽可能地防止、消除或降低由于安全事件而导致的业务损失。安全服务产品应符合最大限度提高投资回报（ROI）的基本原则，为用户提供满意的服务质量。

实践表明，成功的服务项目必须同时考虑和协调 3 个层面的问题：组织机构（Organization）、技术（Technology）和流程（Process）。安全服务产品作为与 IT 技术紧密相关的一项服务产品，目前的一个主要发展趋势是与 IT 服务管理的理念相结合，把用户需求量化为安全服务所遵从的质量标准体系。

安全服务管理是基于流程和面向服务的管理过程，其目标是提高和保证安全服务质量，质量管理和流程控制形成了组织安全策略的一部分。采用 IT 服务管理方面的最佳实践——ITIL（IT 基础设施库）来规划和实施安全服务项目，可以帮助组织/企业管理层建立以组织战略为导向，以外界环境为依据，以业务与安全整合为中心的观念，正确定位安全部门在整个组织中的作用。运用 IT 服务的管理方法能够达到既定的安全服务质量目标，履行安全服务组织和用户之间达成的服务协议。

安全服务作为一种特殊的 IT 产品，其核心是保持信息安全与企业的业务目标相一致，合理利用安全资源，管理安全风险，为推动组织/企业的业务发展提供可靠的平台，促使组织/企业收益最大化。通过安全服务与 ITIL 的结合，指导用户更有效地使用安全资源，将最佳实践与技术、产品、流程相结合，进一步体现安全对组织/企业业务的价值，提高安全的投资回报率。

21.7 小结与注记

本章主要概述了 IT 产品面临的主要安全威胁及其应对措施，介绍了主要安全产品型谱，并简要介绍了几种安全产品及其主要功能、特点或局限性。目前市场上的安全产品五花八门、应有尽有，我们不可能逐一介绍也没必要逐一介绍。因此我们从这些产品所起的作用入手，构建了主要安全产品型谱。需要说明的是，随着产品功能的逐渐丰富，这种归类方法可能会面临一定的争议。我们的主要目的是希望这种分类能够帮助读者系统全面地了解安全产品，而不是零散地逐一了解安全产品。

本章在写作过程中主要参考了文献[1]和[2]。

思 考 题

1. IT 产品主要面临哪些安全威胁？
2. 简述主要安全产品型谱。
3. 安全路由器有哪些局限性？
4. 什么是安全网关？它的主要作用是什么？技术发展趋势如何？
5. 企业内部自建 VPN 采用的两种主要技术各自有什么特点？
6. 简述安全运营管理基本思想。

参 考 文 献

[1] 冯登国，孙锐，张阳. 信息安全体系结构[M]. 北京：清华大学出版社，2006.
[2] 冯登国. 高度重视产业链自主可控，多措并举确保 IT 产品安全 [J]. 中国信息安全，2021：52-52.

银联卡标识

21 世纪世界上只有两种生意，就是拥有网站的企业和将被收盘的生意，未来要么电子商务，要么无商可务。

——比尔·盖茨

第 22 章　电子商务安全

内容提要

电子商务是互联网爆炸式发展的直接产物，是网络技术应用的全新发展方向。互联网自身所具有的开放性、全球性、低成本、高效率等特点，也成为电子商务的内在特征，并使得电子商务大大超越了作为一种新的贸易形式所具有的价值，它不仅改变了企业自身的生产、经营、管理活动，而且影响到整个社会的经济运行与结构。

目前已出现了许多新的支付技术，如通过智能卡（Smart Card）、电子钱包（Electronic Wallet）以及手机终端等支付账单或获得一些现款。互联网上的电子商务技术也有很多，如 SFNB（Security First Network Bank）、Ecash、CAFE、MONDEX、CyberCash、First Virtual 等支付系统，以及 SET、iKP 等安全支付协议。安全、可靠、公平的电子商务协议是电子交易的基础。从范围上讲，电子商务协议内容广泛，包括电子支付协议、电子合同签订协议、认证电子邮件协议等。本章主要介绍一些有实用价值和有代表性的电子支付协议，以及有理论价值的数字货币系统，同时阐述利用形式化分析工具证明电子商务协议正确性、安全性和公平性的方法。

本章重点

- 安全电子商务的设计原则
- SET 协议基本框架
- iKPI 协议基本组成
- 数字货币基本思想
- Kailar 逻辑基本架构

22.1 电子商务概述

电子商务的定义有很多，原因是人们所处的地位、看问题的角度和参与程度不同。电子商务可以理解为通过信息网络进行电子支付来获得或递送产品（包括信息产品、实物产品和服务等）的一种承诺。也可以理解为在信息网络上以电子交易方式进行交易和相关服务的活动，是传统商业活动各环节的电子化、网络化和信息化。以互联网为媒介的商业行为均属于电子商务的范畴。电子商务模式主要有：ABC（Agent Business Consumer）、B2B（Business to Business）、B2C（Business to Consumer）、C2C（Consumer to Consumer）、B2M（Business to Manager）、B2G/B2A（Business to Government/Business to Administration）、M2C（Manufacturers to Consumer）、C2A/C2G（Consumer to Administration/Consumer to Government）、O2O（Online to Offline）、C2B（Consumer to Business）、P2D（Provide to Demand）、B2B2C（Business to Business to Consumer）、C2B2S（Consumer to Business-Share）、B2T（Business to Team）等。

宏观上，电子商务发展主要经历了以下两个阶段：

（1）传统电子商务阶段。该阶段采用的方式主要有：电子文件交换（EDI）、传真通信（Fax Communication）、文电处理系统（MHS）、电子金融交易（EFT）、自动支付机（ATM）、信用卡（Credit Card）、IC 卡等。这些方式大多采用基于增值网（VAN）的专用消息网的多存储转发方式，其缺点是耗时多（每次支付都需花费大量的时间）、成本高（每年都需花费大量的资金来处理信息，如上百万张发票的处理；每年花在递送和管理上的费用也很大）、互通性差（对订货和发票等采用批处理方式，难以及时提供在线广告，难以相互提供浏览产品目录、服务文本和图表）。其优点是安全性好、可靠性高。

（2）现代电子商务阶段。该阶段以互联网为基础，利用世界范围连通的、无中心管理机构的、交互式的、低成本的互联网发展业务。使用互联网比使用 VAN 的成本低，及时性和互通性好。可以通过 WWW 查看各个公司建立的 Web 页面，提供高速、全球分布式在线广告、产品目录、服务项目、有关文本和图表等。这为现代电子商务的发展提供了新的、坚实的物质基础。现代电子商务带来的好处是：①在 Home 页上可以迅速更新产品目录和广告，大大优于通过印刷邮递的广告；②可以实时跟踪事件，如可以在世界范围跟踪和炒股，可以及时知道飞机、火车、轮船等晚点、班次调整的消息；③可以获得跨国、多语言、多种货币在线商业服务，包括银行、保险、旅游、购物等，商业交易不仅是支付，也包括寻求产品、讨价还价、支付、送货以及解决纠纷等；④具有大大降低交易费用的潜力。

电子商务正朝着更复杂的环境、更广阔的市场、更快速的流通、更低廉的价格、更安全的方式和更符合人性化需求的方向发展。

由于信息网络尤其是互联网的全球性、开放性、共享性、动态性，使得任何人都可以自由接入。因此别有用心的人就可能采用各种攻击手段进行破坏活动。例如，对可用性进行攻击，破坏系统中的硬件、线路、文件系统等，使系统不能正常工作；通过搭线和电磁泄漏等对机密性进行攻击，造成泄密，或者对业务流量进行分析，获取有用情报；对完整性进行攻击，篡改系统中的数据内容，修正消息次序、时间（延时和重放）；破坏真实性，将伪造消息注入系统、假冒合法用户接入系统、重放截获的合法消息以实现非法目的，否认消息的接收或发送等。可见，以互联网为基础的现代电子商务所带来的关键问题是安全问题。

为了方便、安全地进行电子商务活动，必须采用一系列安全技术来保障网络安全。针对信息的真实性、完整性、机密性和真实身份的认证，以及服务的不可抵赖性，必须采取数据加密、身份认证和数字签名等技术；针对黑客入侵，必须采取防火墙、入侵检测等技术；针对病毒蠕虫，必须采取网络反病毒、可信计算等技术。

22.2 安全电子商务协议的设计原则

通常的电子商务协议具有以下基本模型。参与协议的主体为 3 方：消息发送方、消息接收方和可信第三方（Trusted Third Party，TTP）。电子商务协议的目标是：消息发送方 A 发送给消息接收方 B 一个消息或电子货物 m，并从消息接收方 B 取得一个收据。m 可能有不同的形式。当 m 是 A 发送给 B 的一封认证电子邮件时，A 必须获得 B 收到这封电子邮件的不可否认的证据；当 m 是 A 发送给 B 的电子合同的数字签名时，A 必须获得 B 对该电子合同的数字签名。类似地，当 m 是 A 发送给 B 的一笔电子付款时，A 必须获得 B 收到这笔电子付款的收据。TTP 则是被参与协议的双方所信任的主体，其主要作用是：①仲裁者（Adjudicator）作用。在发生争议时，TTP 根据争议双方提供的证据进行判断并仲裁；在不发生争议时，TTP 一般不参与协议的执行。②公证员（Notary）作用。TTP 为其他两个主体提供正确的证据，并为他们验证数据的正确性，以及数据交换的正确性。③证书机构（Certification Authority，CA）作用。TTP 为参与协议的主体颁发电子证书，电子证书中包含主体的身份和公开密钥。④投递机构（Delivery Authority）作用。TTP 帮助参与协议的主体正确地将消息传送给对方，并提供相应的证据。

电子商务协议的基本特点是：必须满足可追究性（Accountability）原则和公平性（Fairness）原则，并且能够抵抗各种类型的攻击。

（1）可追究性原则。该原则要求参与协议的任何主体在协议执行完毕后，必须能够提供充分的证据，以解决今后可能出现的纠纷。但是，可追究性原则没有考虑主体在协议的不同阶段中的状态。事实证明，一个安全的电子商务协议仅满足可追究性原则是不够的，它还必须满足公平性原则。根据公平性原则，一个安全的电子商务协议在协议执行的任何阶段，参与协议的任何主体都不能处于一种相对有利的地位。

（2）公平性原则。该原则要求消息的发送方和接收方必须同时交换他们的证据。如何保证发送方和接收方对证据的同步接收，是设计一个安全电子商务协议的关键。目前，解决这一问题的常用方法是建立一个 TTP。消息的发送方和接收方将相关的证据发送给 TTP，TTP 在收集到所有的证据后将证据发送给相应的主体。

22.3 几个典型的电子支付协议

目前已提出很多电子支付协议，本节简要介绍几个典型的电子支付协议，包括 SET、NetBill、iKP 和 iKPI 等协议。

22.3.1 SET 协议

SET（Secure Electronic Transaction，安全电子交易）协议（简称为 SET）于 1996 年颁布，其主要目的是保护互联网上信用卡交易的安全。Visa 和 MasterCard 等主要信用卡企业以及 IBM、微软、Netscape、RSA、Terisa 和 Verisign 等 IT 企业都参与了 SET 的制定，当前，SET 已经成为解决信用卡电子交易安全问题的重要行业标准，相关产品在全世界范围运行。

1. SET 的参与方

基于 SET 的电子交易涉及持卡人、商家、发卡方、支付方、支付网关、CA 等，如图 22.1 所示。其中，持卡人是信用卡的持有者或组织；商家是有货物或服务出售给持卡人的个人或组织，虽然商家利用电子方式进行结算，但商家的供货方式可能多种多样，如可能是先在网上获得购买信息，再供货并结算，也可能是买方已经按照普通方式获得商品或服务（如在商场购物或宾馆住宿），最后进行结算；发卡方是指颁发信用卡的金融组织，它负责信用卡的申请审核，实际上担负了一部分 CA 的职责；支付方是指帮助商家将购物款转到商家账户中的金融组织；支付网关位于商家和支付方的内部系统之间，商家与支付网关之间交换 SET 消息，支付网关与支付方的内部系统交互，实现支付；CA 是为持卡人、商家和支付网关颁发 X.509 公钥证书的可信实体，一般存在一个根 CA，其他 CA 按照层次结构的信任模型组织，因此，持卡人可以在各个地区或国家使用同一张信用卡。

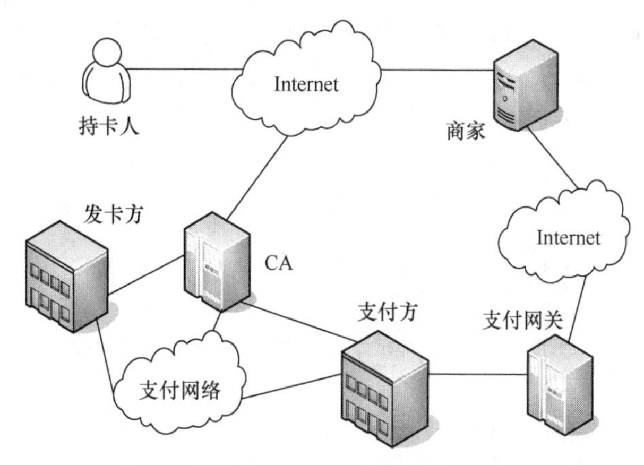

图 22.1　SET 的参与方

2. SET 的安全功能

SET 提供对数据机密性和完整性的保护功能，也提供对商家和持卡人身份的验证功能。SET 使用对称密码保护持卡人的账户、购买信息、支付信息等的机密性，利用 RSA 数字签名方法保护数据的完整性；SET 使用 CA 颁发 X.509 公钥证书，因此，在支持 SET 的系统下，可以基于该证书在一定交互协议下验证持卡人、商家以及支付网关的身份。

由于 SET 所涉及的数据不但具有独特的结构，而且数据成分之间存在一些专门联系，因此，SET 在应用层提供这些安全性。

3. SET 的交易过程

进行一次 SET 交易的基本过程如下：

（1）消费者开户。客户向支持 SET 电子交易的银行提出信用卡申请，后者审核客户的基本情况，在审核通过的情况下为客户开具银行账号并颁发信用卡。客户还将接收由银行 CA 签发的 X.509 公钥证书和签名私钥。为了方便交易，这些数据可以放在包含芯片的信用卡中。

（2）商家开户。商家向支持 SET 电子交易的银行提出信用卡支付服务申请，后者审核商家的基本情况，在审核通过的情况下为商家开具银行账号并分配由银行 CA 签发的 X.509 公钥证书和签名私钥。

（3）客户订购。客户通过电子方式获得商品或服务信息，如网上购物或预订房间，将这些信息发给商户，商户发回确认信息和公钥证书；客户根据公钥证书验证商家的身份信息，若验证通过，则客户向商家发送订单、自己的支付信息以及公钥证书，其中通过加密和数字签名对订单和支付信息进行机密性和完整性保护。

（4）商家请求支付认可。商家在验明客户身份后，将支付信息发送给支付网关，支付网关查验该信用卡是否可以支付本次购物，若可以，则通知商家，随后商家向客户发送确认信息。

（5）商家提供商品或服务。

（6）商家请求支付。商家请求支付网关按照支付信息进行结算，支付网关根据商家发来的 SET 消息，利用与银行相连的支付网络将客户款项转移到商家账户中。

22.3.2 NetBill 协议

NetBill 协议是由美国卡内基梅隆大学开发的一个网络支付协议。NetBill 协议包括 8 个主要步骤，如图 22.2 所示。在此之前，客户与商家相互交换公钥证书并彼此验证身份，随即建立一个对称密钥用于以下的交易步骤。

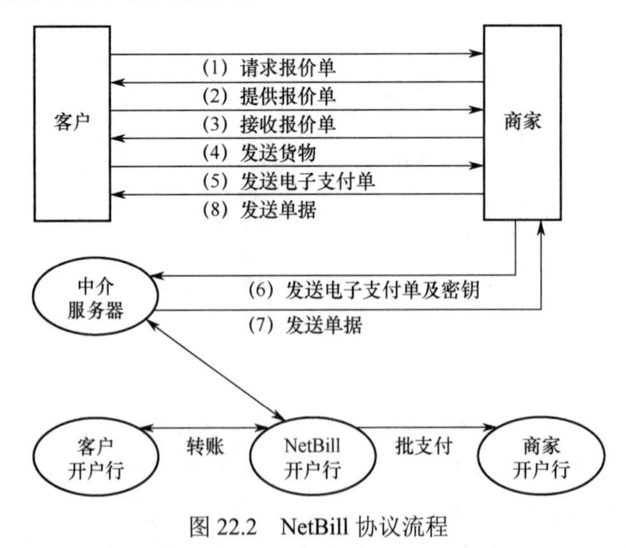

图 22.2　NetBill 协议流程

第（1）步中的报价单请求基于客户身份信息，这样使商家可以根据不同的客户确定单价、折扣或预订服务等。如果报价单被客户接收（第（2）步、第（3）步），商家在第（4）步中把客户需要的信息加密传送给客户，但其解密密钥并未同时发给客户；客户收到商家在第（4）步中发送的信息后，按规定格式生成电子支付单（EPO），其中包括交易的描述、收到信息的校验值等。这个单据使用客户私钥签名，在第（5）步发送给商家，商家收到第（5）

步中的电子支付单后，依次进行以下操作：

① 验证 EPO 的内容准确。

② 附加客户信息的解密密钥于 EPO 之后，对整个单据进行数字签名。

③ 发送签了名的单据给 NetBill 服务器（第（6）步）。

④ NetBill 服务器在客户开户行验证客户账目及额度，若足够，则交易合法，完成转账过程。从客户账目扣除交易金额，相应地增加到商家账户。随后在第（7）步签名一份单据，包括客户所要信息的解密密钥。在第（8）步中，客户从商家得到信息的解密密钥，从而获得所购的信息，交易完成。

NetBill 协议的基本特点是：客户在收到货物后才付款，而同时商家可以保证客户有足够的款项用于支付，否则交易中止，客户得不到所需的解密密钥。

22.3.3 iKP 和 iKPI 协议

iKP（i-Key-Protocol，i=1, 2, 3）是一族安全电子支付协议，该族协议与现有的商业模型和支付系统基础设施相匹配，协议中涉及 3 个参与方，即客户（进行支付的人）、商家（接收支付的人）和网关（充当电子世界和已有支付基础设施之间的门关，并且用来认证使用已有的基础设施进行的传输）。所有的 iKP 协议都基于公钥密码，但它们随着拥有自己的公私钥对成员的数目而变化，分别称为 1KP 协议、2KP 协议和 3KP 协议，其安全性和复杂性依次递增。

1KP 协议是最简单的协议，它只要求网关拥有一对公私钥，客户和商家只需拥有网关认证了的公钥或经一个权威机构认证了的网关公钥（该机构通过签名证书来使网关的公钥合法化），这就涉及 CA 基础设施。客户通过他们的信用卡号和可能的相关的秘密 PIN 来认证。支付是通过交换用网关的公钥加了密的信用卡号和 PIN 以及限定的相关信息（如交易量、ID 号）来认证的。1KP 协议不能对客户和商家发送的消息提供非否认性功能，这就意味着不容易解决支付订购的争端。

2KP 协议要求网关和商家都拥有公私钥对和公钥证书，协议能对来自商家发送的消息提供非否认性功能。该协议使客户无须和任何在线第三方联系，就能通过检测他们的证书来验证他们正在和真实的商人进行交易。与 1KP 协议一样，支付订购是通过客户的信用卡号和 PIN 来认证的（在传输之前要求加密）。

3KP 协议要求网关、客户和商家 3 方都拥有公私钥对，并提供完全的多方安全，它对各方涉及的所有的消息提供非否认性功能。支付订购是通过客户的信用卡号、PIN 以及客户的数字签名来认证的，该协议要求基础设施提供客户的公钥证书。

特别值得一提的是，iKP 协议只关心支付而未涉及订货和价格协商，这里假定这些方面已由商家和客户事先决定好了。该协议也没有明确地提供对订购信息的加密，这种保护被假定由已存在的机构来完成，如 SHTTP、SSL（注：SSL 不支持非否认性功能）。

iKP 适合任意类别的浏览器和服务器进行多边支付，并容易对现有的信用卡/账号支付模式进行改造，以实现电子支付。然而，iKP 协议也存在以下不足之处：

（1）无法直接用于信息商品交易。因为 iKP 协议无法对信息商品的交货生成有效的证据，一旦交易双方对是否交货发生争议，无法由可信第三方实现仲裁。因此，iKP 协议只适合有形商品的销售，不适合信息商品的交易。

（2）将 iKP 协议与能生成有效证据信息的非否认传输协议简单叠加在一起也是不可行的。这种方法有两种实现手段：一种是先传货物，再执行 iKP 付费协议，在这种情况下，如果客户在收到货物后终止或拖延执行下一步付费协议，那么将使商家蒙受损失，因而，是不公平的；另一种是先执行 iKP 付费协议，再传货物，在这种情况下，如果商家收到货款后终止或拖延执行下一步付货协议，那么将使客户蒙受损失，因而，也是不公平的。

（3）iKP 协议无法解决下述不公平性：在 iKP 协议中网关交给客户的证据是由商家转发的，在转发过程中商家就有机会迟发或不发，容易使客户的利益受到损害。

iKPI 协议针对上述 iKP 协议的缺陷进行了改进，增加了相应功能，主要改进如下：

（1）iKP 协议解决的是付费信息的认证和付费信息传输过程的证据生成，而 iKPI 协议解决的是付费信息和货物传递信息双向的认证和证据生成，它不是两个单向信息传递认证的简单叠加，而是两者的有机结合，并能保证信息交易安全、公平进行，不会因其中一方中止执行协议致使另一方利益遭受损失。同时，网关充当的角色也改变了。在 iKP 协议中，网关仅充当付费信息合法性的验证人；而在 iKPI 协议中，网关还充当货物信息非否认传输过程中的可信第三方，起到核对非否认证据和传递货物信息密文的作用。

（2）在 iKPI 协议中，系统结构模型改变了。在 iKP 协议中只有商家与网关打交道，客户与网关之间无直接联系；而在 iKPI 协议中网关也在互联网中设立站点，使网关可以同时与客户和商家交换信息，网关的认证证据不必由商家向客户转发，避免了商家有意拖延时间或有意不转发的情况，保证协议的公平性。

（3）iKPI 协议还较好地实现了对货物密文长信息的签名。由于对货物密文长信息的签名主要用于争议仲裁时验证货物密文，而货物密文本身可以由产生争议的双方提供，因此，在 iKPI 协议中采用对 COMMON 的签名处理方法，用对货物信息密文的杂凑函数的数字签名来代替对货物密文的签名。

（4）iKPI 协议将信息商品的非否认传输与电子付费功能融合在一起，保证信息商品电子贸易的安全性和公平性。

iKPI 协议包括 3 个参与方：客户、商家和网关。客户是协议的启动方，提出协商价格，进行支付、收货等操作；商家是协议的响应方，确定商品价格，进行收款、发送信息货物等操作；网关是协议中公正的认证方，介于互联网和独立的金融网络之间，拥有一个向外发布消息的互联网网址，设立公众可检索的公用信息数据库发布认证消息。该信息库只有网关具有写的权限，其他各方只有读取权限。

最简单的 1 类协议 1KPI 只有网关拥有公私钥对。客户和商家均仅有网关的公钥，以及某个“权威机构”给网关颁发的公钥证书。其中，“权威机构”可以是信用卡公司或某个公正组织。1 类协议简单易用，但不提供非否认服务，具有争议不易解决的缺点。

在 2 类协议 2KPI 中，网关和商家均拥有公私钥对和相应的公钥证书。客户不但可以认证商家的身份，而且可以进行秘密协商，保护自己的隐私。同时商家也可以用公钥进行数字签名，提供非否认服务。

3 类协议 3KPI 要求 3 方均拥有公私钥对及相应的公钥证书，提供多方面的安全和非否认服务。商家可以在线认证客户的支付能力。

22.4 数字货币

随着社会的信息化和电子化，以及远距离贸易的增多，纸币面临着严峻的挑战，时代要求使用的货币必须能在网上传输，而纸币显然已不适应这种要求。目前，研究数字货币的基本出发点有两种：一种是不考虑个人隐私，也就是说银行能追踪客户的每一笔开支，客户不能隐瞒把钱交给了谁，购买了什么东西。这种数字货币称为可追踪的数字货币，可追踪的数字货币是很容易实现的，利用现有的密码技术，如加密技术和认证技术便能设计出满足要求的可追踪的数字货币。另一种是考虑个人隐私，使用这种数字货币，银行不能追踪客户的开支情况，不能知道客户把钱交给了谁，购买了什么东西。这种数字货币称为不可追踪的数字货币，与可追踪的数字货币相比，这种货币的设计并不是一件容易的事情。

数字货币按支付方式可分为在线数字货币和离线数字货币两种。在线数字货币要求每次支付都要有银行的参与；离线数字货币在支付过程中无须和银行联系。在线数字货币主要阻止超额消费，它的通信代价很高，一般适用于高额支付，对低额支付是不实用的；离线数字货币阻止资金的滥用，一般适用于低额支付，而对高额支付是不适用的。

数字货币按面值是否变化可分为两种：一种是数字硬币，面值固定不变；另一种是数字支票，面值在不断变化。

一个数字货币至少应具有以下 3 个特点：

（1）独立性：数字货币的安全性不能依赖于任何物理条件，从而它能通过网络传输。

（2）安全性：能阻止被伪造和复制，即不可重复使用。

（3）不可追踪性：客户的秘密性能够得到保护，也就是说，客户和他的货币使用状况之间的关系对任何人来说都是不可追踪的。

理想的数字货币除具有上述 3 个特点外，还应具有现实货币具有的以下 3 个特点：

（1）可迁移性：货币能迁移给别的客户，包括能将货币借给别人。

（2）可分性：能把价值为 C 的货币分割成许多子片，使得每个子片具有任何期望的不超过 C 的值，并且它们的总价值等于 C。

（3）离线支付：客户在支付过程中无须和银行取得联系。

最早的数字货币起源于 1982 年 Chaum 提出的一种不可追踪的电子现金系统[7]，后续的数字货币的发展都沿用了这种传统的“银行、个人、商家”三方模式。直到 2008 年 Nakamoto 提出一种点对点的电子现金系统——比特币[8]，才出现了“去中心化的点对点”新模式。这里只介绍传统的数字货币，关于比特币的内容将在本书 25.4 节介绍。

1. 在线数字货币

一个数字货币系统主要由 3 个协议组成：提取协议（客户从银行提取货币的协议）、支付协议（客户向商家付款的协议）和存款协议（客户向银行存款的协议）。数字货币的不可追踪性主要由盲数字签名来保证。在线数字货币已有许多种实现方案，这里介绍基于 RSA 盲数字签名方案设计的一个在线数字货币方案。

银行 B 选择两个大素数 p 和 q，以及一个单向函数 f，令 $n=pq$，并选择 e，使得 e 和 $\varphi(n)=(p-1)(q-1)$互素，由 $ed\equiv 1 \bmod \varphi(n)$求出 d。现在银行 B 公开 n、e、f，秘密保存 p、q、d。银行 B 首先制定货币的单位，对任何消息 m，约定 $f(m)$的 e 次根，即 d 次幂价值 1 元。该方案为在线支付方式，即每次交易都必须和银行联系，商家介于客户和银行之间。

首先，客户 A 从银行 B 取钱：A 随机选择 m、$r\in Z_n^*$，计算 $m_1=f(m)r^e \bmod n$，并将 A 的身份 ID_A、账号 N_A 及 m_1 发送给 B。银行 B 验证 A 的身份 ID_A，若合法，则银行 B 就对 m_1 进行签名，即计算 $m_1^d \bmod n$，并将它发给 A，同时从 A 的账号 N_A 中去掉 1 元。这里假定 A

已在银行 B 存了一笔钱。客户 A 计算 $m_1^{\ d}/r \bmod n=(f(m)r^e)^d/r \bmod n=f^d(m) \bmod n$。

客户 A 得到了银行 B 对 m 的真实签名 $f^d(m) \bmod n$，$f^d(m) \bmod n$ 就是客户 A 从银行取出的货币（该货币的价值为 1 元）。在这里使用盲数字签名技术，实现了客户 A 的不可追踪性。

如果客户 A 从商家 S 买 1 元钱的东西，他要付给商家 1 元。一般来说，这要涉及找零钱的问题，因而，需要有一个找零钱协议，不过该方案暂不考虑这个问题。由于是进行在线支付，因此在客户 A 付款的过程中，银行 B 把商家 S 的 1 元同时也存入 S 在 B 的账号之中，即存款过程也同时得到了完成。客户 A 将$(m, f^d(m) \bmod n)$发送给商家 S，S 将$(\mathrm{ID_s}, N_s, m, f^d(m) \bmod n)$发送给 B，B 验证收到的签名，并检查 m 是否在以前被花过，如果签名合法并且 m 没有被花过，那么就在 S 的账号 N_s 中存入 1 元。

2．离线数字货币

离线数字货币的设计要比在线数字货币的设计复杂得多。在离线数字货币的设计中，要解决的最关键的问题是多重花费问题。一个客户总可以在不同的商家花同样的硬币，这是因为支付是离线的，而且客户又是匿名的，事后无法检测出伪造者。在现有的离线数字货币系统中，一部分系统的设计采用了“切割–选择”技术，这类系统不仅复杂，而且效率低。另一部分系统的设计采用了一些特殊的技巧，这类系统不仅简单，而且有效。这里不再介绍，感兴趣的读者可参阅文献[1]和[3]。

22.5 安全电子商务协议的形式化分析

Kailar 逻辑[4]是专门针对电子商务协议的可追究性而开发的形式化分析工具。Kailar 逻辑的出发点是：BAN 类逻辑基本上是一种信念逻辑（Belief Logic），它的目的是证明某个主体相信某个公式；而电子商务协议中的可追究性的目的是某个主体要向第三方证明另一方对某个公式负有责任。因此，BAN 类逻辑无法用于分析电子商务协议。

1．Kailar 逻辑的基本架构

首先，给出下面将要用到的一些基本符号。

A, B, C,…：参与主体。

m：由一个主体发送给另一个主体的消息。

TTP：可信第三方。

K_a：A 的公钥。

K_a^{-1}：与 K_a 相对应的 A 的私钥。

K_{ab}：A 与 B 的共享密钥。

Kailar 逻辑的基本公式如下：

A Can Prove x：对于任何主体 B，A 能执行一系列操作使得通过这些操作以后，A 能使 B 相信公式 x 而不泄露任何秘密 y（$y \neq x$）给 B。

K_a Authenticates A：K_a 能用于验证 A 的数字签名。

x in m：x 是消息 m 中一个或几个可被理解的字段或域。通常，可被理解的域指明文或主体拥有密钥的加密域，其含义应当由协议设计者明确定义。

A Says x：A 声明公式 x，并对 x 以及 x 能够推导出的公式负责。通常，隐含地假设下述推论成立

$$\text{A Says } (x,y) \Rightarrow \text{A Says } x$$

A Receives m Signed With K^{-1}：A 收到一个用 K^{-1} 签名的消息 m。通常，隐含地假设下述推论成立

$$\frac{\text{A Receives } m \text{ Signed With } K^{-1}; x \text{ in } m}{\text{A Receives } m \text{ Signed With } K^{-1}}$$

A Is Trusted On x：A 对公式 x 具有管辖权，即协议的其他主体相信，A 声明的公式 x 是正确的。

Kailar 逻辑的推理规则如下：

（1）连接

$$\frac{\text{A Can Prove } x; \text{A Can Prove } y}{\text{A Can Prove } (x \wedge y)}$$

如果 A 能同时证明公式 x 和 y，那么 A 就能证明公式 $x \wedge y$。

（2）蕴含

$$\frac{\text{A Can Prove } x;\ x \Rightarrow y}{\text{A Can Prove } y}$$

如果 A 能证明公式 x，且由公式 x 能推导出公式 y（公式 x 蕴含公式 y），那么 A 就能证明公式 y。

（3）签名

$$\frac{\text{A Receives } (m \text{ Signed With } K^{-1}); x \text{ in } m; \text{A Can Prove } (K \text{ Autheticates B})}{\text{A Can Prove } (\text{B Says } x)}$$

如果 A 收到一个用私钥 K^{-1} 签名的消息 m，m 中包含 A 能理解的公式 x，并且 A 能证明公钥 K 可验证 B 的签名，那么 A 就能证明 B 声明公式 x。

（4）信任

$$\frac{\text{A Can Prove } (\text{B Says } x); \text{A Can Prove } (\text{B Is Trusted On } x)}{\text{A Can Prove } x}$$

如果 A 能证明 B 对公式 x 有管辖权，并且能证明 B 声明公式 x，那么 A 就能证明公式 x。

应用 Kailar 逻辑分析电子商务协议时，分为以下 4 个步骤：

（1）标明协议要达到的目标。

（2）解释协议语句，并将它们转化为逻辑公式。执行这一步时，只对那些签名且与分析可追究性相关的明文进行解释。

（3）标明分析协议时所需要的初始假设。

（4）应用推理规则对协议进行逻辑分析。

2. Kailar 逻辑应用举例

下面针对 CMP1 协议[5]举例说明 Kailar 逻辑的应用。CMP1 协议是一个认证电子邮件协议，它运行在 X.400 定义的消息处理系统上，为电子邮件的传输提供非否认服务。CMP1 协议的执行步骤如下：

（1）A 选择一个会话密钥 K（K 是 A 与 S 共享的会话密钥），然后 A 将电子邮件 M 的杂凑值 $H(M)$、应用 K_s 加密的单钥 K，以及应用 K 加密的用 K_a^{-1} 签名的消息发送给主体 B。

（2）B 收到上述消息后，对 $H(M)$用 K_b^{-1} 签名后，连同其他消息一起转发给可信第三方 S。

（3）S 收到上述消息后，对密文 $\{K\}_{K_s}$ 解密，并用所获得的会话密钥 K 对加密的签名消息解密，然后用私钥 K_s^{-1} 对 A 的签名消息再次签名后发送给 B。

（4）S 将 B 的签名消息和电子邮件 M 签名后发送给 A。

协议将反复执行第（3）步和第（4）步，保证 A 和 B 都能收到相应的消息。

CMP1 协议可如下描述

$$\text{Message 1 A} \to \text{B}: \text{A,B,S}, H(M), \{K\}_{K_s}, \{\{\text{A,B,S}, M\}_{K_a^{-1}}\}_K$$

$$\text{Message 2 B} \to \text{S}: \{\text{A,B,S}, H(M)\}_{K_b^{-1}}, \{K\}_{K_s}, \{\{\text{A,B,S}, M\}_{K_a^{-1}}\}_K$$

$$\text{Message 3 S} \to \text{B}: \{\{\text{A,B,S}, M\}_{K_a^{-1}}\}_{K_s^{-1}}$$

$$\text{Message 4 S} \to \text{A}: \{\{\text{A,B,S}, H(M)\}_{K_b^{-1}}, B, M\}_{K_s^{-1}}$$

其中，$\{m\}_K$ 表示用 K 对 m 进行加密运算的结果，$\{M\}_{K^{-1}}$ 表示用 K 对 M 进行解密运算的结果。

这个协议的预期目标是：

（G1）A Can Prove(B Received M)。

（G2）B Can Prove(A Sent M)。

目标确定以后，解释相关的协议语句，并将它们转化为下述逻辑公式：

（2-1）S Receives $H(M)$ Signed With K_b^{-1}。

（2-2）S Receives M Signed With K_a^{-1}。

（3-1）B Receives (M Signed With K_a^{-1}) Signed With K_s^{-1}。

（4-1）A Receives ($H(M)$ Signed With K_b^{-1}) Signed With K_s^{-1}。

（4-2）A Receives (B, M) Signed With K_s^{-1}。

下面标明分析协议时所需要的初始假设：

（I1）A, B Can Prove (K_s Authenticates S)。

（I2）A, S Can Prove (K_b Authenticates B)。

（I3）B, S Can Prove (K_a Authenticates A)。

（I4）A, B Can Prove (S Is Trusted On (S Says))。

（I5）A Says $M \Rightarrow$ A Sent M。

（I6）B Says $H(M) \Rightarrow$ B Received $H(M)$。

（I7）S Says (B, M) $\Rightarrow$ S Says (M had been sent to B)。

（I8）B Receives $H(M) \wedge M$ had been sent to B $\supset$ B Received M。

注意，以上最初 4 条初始假设（I1）～（I4）是基本假设，是协议设计者认定的协议运行的先决条件，是必不可少同时也是合理的初始假设。但是，其他 4 条初始假设（I5）～（I8）则是协议证明者为了证明协议的可追究性所增加的初始假设，其合理性值得商榷。其中，（I5）～（I7）是对一些推导的中间结果的解释。（I8）则是协议证明者做出的一种推断。他认为如果能够证明 B 收到了 $H(M)$，同时 M 已经送达 B，那么可以证明 B Received M。

接下来，应用推理规则对协议进行逻辑分析。

由消息（2-1）和初始假设（I2），应用签名规则可得

$$\text{S Can Prove (B Says } H(M))$$

由上述结论和初始假设（I6），应用蕴含规则可得

$$\text{S Can Prove (B Received} H(M))$$

由消息（2-2）和初始假设（I3），应用签名规则可得

$$\text{S Can Prove (A Says } M)$$

由上述结论和初始假设（I5），应用蕴含规则可得

$$\text{S Can Prove (A Sent } M)$$

由消息（3-1）和初始假设（I1），应用签名规则可得

$$\text{B Can Prove (S Says (} M \text{ Signed With } K_a^{-1})$$

由上述结论和初始假设（I4），应用信任规则可得

$$\text{B Can Prove (} M \text{ Signed With } K_a^{-1})$$

对上述结论再次应用签名规则可得

$$\text{B Can Prove (A Says } M)$$

由上述结论和初始假设（I5），应用蕴含规则可得

（G2） $\text{B Can Prove (A Sent } M)$

类似于以上分析，由消息（4-1）和初始假设（I1）、（I4）和（I6），应用签名、信任和蕴含规则可得

（*） $\text{A Can Prove(B Receives } H(M))$

由消息（4-2）和初始假设（I1），应用签名规则可得

$$\text{A Can Prove(S Says (B, } M))$$

对以上结果和初始假设（I7），应用蕴含规则可得

$$\text{A Can Prove S Says(} M \text{ had been sent to B)}$$

对以上结果和初始假设（I4），应用信任规则可得

（**） $\text{A Can Prove (} M \text{ had been sent to B)}$

对公式（*）和（**），应用连接规则可得

$$\text{A Can Prove (B Receives } H(M) \wedge M \text{ had been sent to B)}$$

对以上结果和初始假设（I8），应用蕴含规则可得

（G1） $\text{A Can Prove(B Received } M)$

因此，我们说 CMP1 协议满足可追究性。

3．Kailar 逻辑的缺陷

通过分析 Kailar 逻辑，其主要存在以下缺陷[1]：

（1）Kailar 逻辑只能分析协议的可追究性，不能分析协议的公平性。这是它最主要的缺陷。

（2）Kailar 逻辑在解释协议语句时，只能解释那些签了名的明文消息，这就限制了它的使用范围。

（3）Kailar 逻辑在推理之前需要引入一些初始化假设。但是，引入这些初始化假设是一个非形式化的过程，不恰当地引入初始化假设会导致协议分析的失败。

22.6　小结与注记

本章主要介绍了安全电子商务的设计准则、一些有代表性的电子支付协议、有理论价值的数字货币系统，以及分析安全电子商务协议的形式化分析方法——Kailar 逻辑。电子商务是指利用简单、快捷、低成本的电子或网络通信方式进行各种商贸活动，在这类活动中，客户不用去商家所在地现场购物，买卖双方不见面。开展电子商务需要解决的核心问题是安全问题，在电子商务中，买家的账户和购买信息需要保护，买卖双方也需要相互确认对方的身份，卖家和负责支付的电子金融机构之间也存在交互的安全性问题。电子商务安全涉及本书介绍的其他多类安全技术，如密码算法、实体认证、访问控制，这些技术在电子商务安全中也起到了核心作用。

本章在写作过程中主要参考了文献[1]。

思　考　题

1．简述安全电子商务的设计原则。
2．简述 SET 协议基本框架。
3．简述 iKPI 协议基本组成。
4．简述数字货币基本思想。
5．简述 Kailar 逻辑基本架构，并指出其缺陷。

参 考 文 献

[1] 冯登国，卿斯汉. 信息安全：核心理论与实践[M]. 北京：国防工业出版社，2000.

[2] 冯登国，赵险峰. 信息安全技术概论[M]. 2 版. 北京：电子工业出版社，2014.

[3] 冯登国. 电子商务中的安全认证问题 [R]. 中国科学技术大学研究生院（北京）博士后研究报告，1997.

[4] KAILAR R. Accountability in electronic commerce protocols [J]. IEEE Transaction on Software Engineering，1996，22(5)：313-328.

[5] DENG R H，GONG L. Practical protocols for certified electronic mail [J]. Journal of Network and Systems Management，1996，4(3)：279-297.

[6] 冯登国，戴英侠. 电子货币：现代密码学应用的重要成就之一 [J]. 数字通信，1997(1)：29-30.

[7] CHAUM D. Blind signatures for untraceable payments，advances in Cryptology-CRYPTO’82[C]. New York：Plenum Press，1983：199-203.

[8] NAKAMOTO S. Bitcoin：a peer-to-peer electronic cash system [J]. bitcoin org，2008.

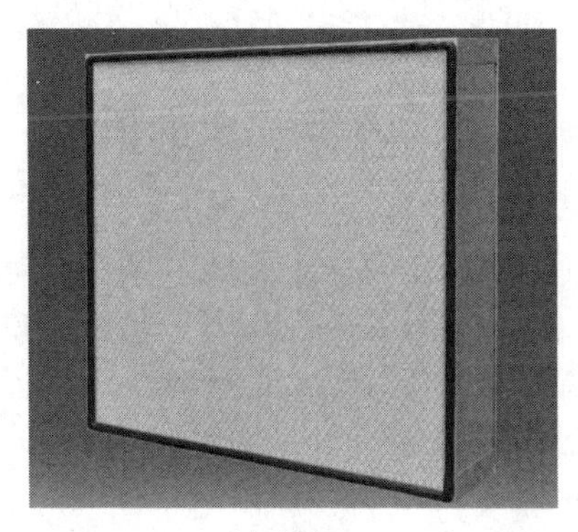

过滤器

子曰："《诗》三百，一言以蔽之，曰：'思无邪'。"

——春秋·孔子《论语》

第23章　内容安全

内容提要

"内容"与"信息"既有联系又有区别，一般可以认为内容是人们感知到的信息。内容安全主要是指数字内容的制作、复制、传播和流动得到人们预期的控制和监管，而内容安全技术就是指实施这类控制和监管的技术。当前，内容安全技术主要用于不良内容传播、数字版权侵权、敏感内容泄露等方面的控制与监测，在监管对象上已经从主要以文本内容为主过渡到以文本和多媒体监管并重的局面。本章重点介绍面向文本内容的内容过滤、话题识别与跟踪，也简要介绍多媒体内容安全。

本章重点

- 内容安全的概念
- 文本过滤的基本方法
- 话题识别与跟踪的基本过程
- 内容安全分级监管
- 多媒体内容安全的基本内容

23.1 内容安全的概念

在信息技术领域，“信息”和“内容”的概念基本上是等价的，它们均指与具体表达形式、编码无关的知识、事物、数据等，相同的信息或内容分别可以有多种表达形式或编码。信息和内容的概念也在一些特别场合略有区别。一般认为，内容更具轮廓性和主观性，即在细节上有些不同的信息可以被人们认为是相同的内容，人们在主观上没有感觉到这些细节的不同对理解或识别内容有多大的影响，而信息具有自信息、熵、互信息等概念，可以用比特（bit）、奈特（nat）或哈特（hart）等单位衡量它们数量的多少，因此，一般认为信息更具细节性和客观性。在细节并不重要或可忽略的场合下，内容往往更能反映信息的含义，也可以认为内容是人们感知到的信息或较高层次的信息，因此，多个信息可以对应一个内容。

例 23.1 图像压缩编码中的信息与内容。

可以通过压缩编码减小一个数字图像文件的存储尺寸。当前常用的图像压缩编码方式是 JPEG 压缩，产生的图像文件为 JPG 文件。大量的图像压缩工具可以将其他格式的图像压缩为 JPG 文件，JPG 格式的图像还可以进一步压缩。设原图像编码文件为 A.TIF，它被压缩为 B.JPG，由于 JPEG 压缩是有损压缩，为了节省存储空间，JPEG 压缩后的编码文件舍去了一些高频信息，因此，A.TIF 和 B.JPG 包含的信息是不同的，但如果压缩程度不是太高，可以认为它们表达的内容是相同的。在现实中，人们会认为照片上的内容相同，只不过一个尺寸大些，一个尺寸小些。

随着数字技术、计算机网络和移动通信的发展，内容的制作、复制和流动变得更加容易，这在一些情况下是人们需要的，但在另一些情况下，内容的肆意复制、传播和流动危害了一些组织和个人的利益，因此，人们希望实施一定的控制和监管，以获得可控性。显然，实施这类控制的依据是了解何种内容或信息在被复制、传播或流动，因此，内容或信息本身的含义直接与安全策略关联在一起，这也要求安全策略的执行需要预先识别内容或信息。内容安全就是指内容的复制、传播和流动得到人们预期的控制和监测。这里，“内容”一词的定义主要基于以下 3 个方面：

（1）上面陈述的内容与信息的细微差别。

（2）当前国际上将数字视频、音频和电子出版物等称为数字内容。

（3）一些文献中的“内容”专指应用层或应用中的数据和消息。

当前，对内容安全的威胁和需求主要体现在以下几个方面：

（1）数字版权侵权及其控制。

数字内容产业主要指影视和音乐的数字化制作和发行行业，包括 VCD、DVD、网络视频和 MP3 音乐的制作、发行企业等，但是，数字视频和音频的盗版和非授权散布沉重打击了数字内容产业，也迟滞了网络技术在这一行业中的应用。人们逐渐发现，对数字版权的侵权仅仅依靠法律手段是不够的，数字内容制作企业、内容制作者以及管理部门迫切需要遏制版权侵权的有效技术手段。

（2）不良内容传播及其控制。

不良内容的肆意传播是另外一个与内容相关的安全问题。在互联网上，任何拥有合法网络地址的团体或个人都可以发布内容，任何知道电子邮件接收地址的人均可以向该地址发送电子邮件，因此在各种动机的驱动下，可能造成不良内容大量传播、垃圾邮件泛滥等状况。显然，政府、学校和邮件服务管理者希望阻止这些内容的传播或监控其传播状况。

（3）敏感内容泄露及其控制。

大多数工作环境在安全通信管理方面是松散的。例如，由于工作需要，政府、企业和科研单位允许工作人员对外收发电子邮件、上网并传输文件。这不免存在敏感信息泄露的问题，其中，敏感信息主要包括内部文件和与知识产权相关的资料等。为了制约这类现象，安全管理者希望根据工作人员对外传输或接收的内容对网络通信进行控制。

（4）内容伪造及其控制。

随着数字媒体技术的发展，出现了大量的数字媒体内容制作、加工和编辑工具。一方面，数字内容的制作者（尤其是影视行业）用这些工具提高了数字内容的质量；另一方面，这些工具也为数字内容造假提供了可能，使得逼真的假造内容屡次出现，不但对公众起到误导作用，也往往使得普通数字内容作为法律证据的效力遭到质疑。显然，人们需要能够核实数字内容的真伪，并且这种核实也能够针对普通数字内容进行（进行所谓的内容盲取证），而不依赖于这个内容曾经被数字签名。

内容安全技术就是获得以上控制和监管能力的技术，它可以分为被动与主动两类（如图 23.1 所示）。被动内容安全技术不预先处理被监管的内容，它通过分析获得的内容本身判断内容的性质，并实施相应的控制策略。主动内容安全技术对被监管的内容先进行预处理，在内容中添加验证信息，在以后的监管中，它通过分析所获得内容中添加的验证信息判断内容的性质，并实施相应的控制。后一种预处理主要包括对内容添加分级标识、数字签名、数字水印等可识别信息，它们方便了对内容性质的判定。一般认为，被动内容安全技术在使用上更方便，但主动内容安全技术的可靠性和准确性更高。

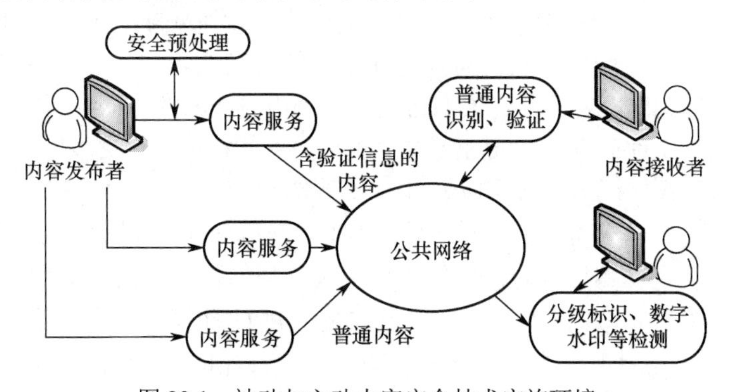

图 23.1　被动与主动内容安全技术实施环境

从国内外出版的文献来看，内容安全技术也可以分为广义内容安全技术和狭义内容安全技术。广义内容安全技术是指与内容及其应用特性相关的所有信息安全技术，包括数字版权保护、数字水印、多媒体加密、内容取证（包括前面提到的内容盲取证，以及本书第 9 章介绍的数字指纹与追踪码和第 7 章介绍的脆弱水印等）、内容过滤和监控、垃圾邮件防范、网络敏感内容搜索、舆情分析与监测、信息泄露防范等。狭义内容安全技术主要包括广义内容安全技术中涉及内容搜索、过滤和监控的部分，如网络多媒体内容的非授权散布监控、内容过滤和监控、垃圾邮件防范、网络敏感内容搜索、舆情分析与监测等。

由于前面已经介绍了数字版权管理、数字水印、内容认证、数字指纹与追踪码等技术或概念，本章以介绍狭义内容安全技术为主，它的核心部分包括文本过滤、话题识别与跟踪、内容安全分级监管等，但由于当前这些技术正朝着同时监管多媒体内容的方向发展，因此本章也将简要介绍一些主要的多媒体内容安全技术。当前，面向网络环境的内容安全技术越来越受到重视，它普遍基于网络流量监测与网络内容搜索等技术获取信息，由于本书 14.1 节介绍了一些有关网关与流量监视的概念和技术，而网络搜索是常用的计算机技术（它一般是指系统在后台下载和分析内容、在前台向用户提供查询），因此，本章并不展开介绍这些基础部分，而是重点介绍与内容分析、处理紧密相关的内容安全关键技术。

23.2　文本过滤

本书 15.5 节介绍了防火墙，它可能在多个网络层次上实施过滤，一般基于地址或端口的过滤在基于应用数据的过滤之前执行。文本是最常出现的应用层数据形式之一，文本过滤不仅可用于防火墙，也适用于阻止垃圾邮件、防范信息泄露、搜索网络敏感内容和舆情分析等，这些应用也需要从截获或搜索到的数据中发现特定的文本内容或对文本进行分类，以执行相应的安全策略。本节描述的文本过滤属于被动内容安全技术，读者应能理解主动内容安全技术和被动内容安全技术的不同。

最简单的文本过滤方法采用关键词查找，通过文字串匹配算法确定文本是否包含某些特定的词，进而确认文本类别。当前，研究者们提出了很多匹配算法[2]，提高了匹配效率，但是，由于各个关键词的重要程度不同或它们之间的关联方式不同，因此发现它们的存在往往不能判断文本的特性。典型地，当系统发现一个文本包含一些不良词时，往往不能准确判断文章是从正面还是从反面的角度使用这些字词的。为了实施正确分类，系统可能需要知道不良词出现的频率、它们之间以及它们与其他词之间的关联性。

针对仅使用关键词匹配的不足，人们自然会想到用更全面的特征判断文本内容的类型。20 世纪 60 至 70 年代，Salton 等人[3-4]提出了文本的向量空间模型，对文本过滤技术产生了深远的影响。这个模型将文本看作由不同的词条组成的高维向量 $(T_1,\cdots,T_N)$，根据不同的估计方法，词条 T_i 具有权重参量 W_i，用于表示该词条对文本内容的重要程度，则 $(W_1,\cdots,W_N)$ 是 N 维欧氏空间中的向量。在用于文本过滤时，一般 T_i 是经过选择的特征词条，维数 N 也要按照计算能力进行控制，此时 $(W_1,\cdots,W_N)$ 也被称为特征向量，W_i 的计算一般考虑了自然语言的特性。在以上文本表示技术基础上，典型的文本过滤方法包含如图 23.2 所示的步骤，其中，示例文本（有时也称为训练文本）是用户用于生成待匹配特征的文本。在如图 23.2 所示的系统中主要有以下 3 类技术。

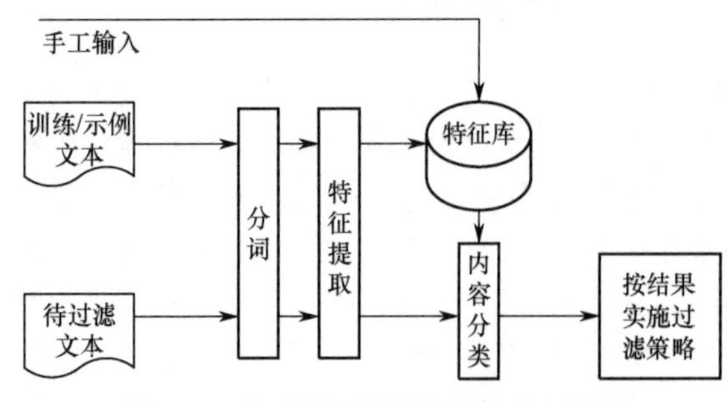

图 23.2　基于特征向量匹配的文本过滤

1. 分词

分词是将文本语言分解为词。在英语、法语等西方语言中，空格是单词之间的分割符号，因此，计算机比较容易对西文文本分词。而中文由相互之间没有分割符的字组成，但词仍然是表达含义的单位，一个中文词包括的字数不等，因此，中文分词的目的是将文本文字分割成具有独立含义的词[5]。需要特别指出的是，分词不但用于分解示例文本，也用于在实际过滤中分解待过滤的文本。

目前，中文自动分词的基本方法是词典分词法，它将词典中给出的词作为文本词汇分割的依据。词典是系统预先构造的，但也可以通过机器学习的方法扩充[6]，其中包含了通常意义下认为有含义的所有词条。分词算法将文本中的字串依次与词典中的词比对，如果发现当前的字串与词条相符就把字串分割出来。词典的大小关系到分词算法的效果和效率。如果词典包括的词条比较多，那么分词效果就会比较好，但同时也会耗费更多的时间，因此，设计人员需要在这两者之间找到一个平衡点。词典的数据结构也直接关系到分词算法的效率。最典型的分词词典有以下两类组织方法。

1）整词二分法

整词二分法的词典结构分为首字哈希表（其中哈希的英文词是 Hash，为区别于密码技术中的杂凑，将其译为哈希，以下同）、词索引表、词典正文 3 级。通过对首字哈希表的哈希定位，可以在词索引表中得到以该字为首字的词条在词典正文中的位置，进而可以在词典正文中通过整词二分法进行查找定位。这种算法的数据结构简单、占用空间小，构建及维护也比较简单，但由于采用全词匹配的查询过程，因此效率较低。

2）Trie 索引树法

Trie 索引树是一种结合多重链表的树，基于它的词典由首字哈希表和 Trie 索引树节点两部分组成，它的构造可以用图 23.3 描述，其中，入口项数是指由首字后面加字可以组成的词数。Trie 索引树词典的优点是，在分词中，在系统对被分解语句的一次扫描过程中，无须预知待查询词的长度，沿树下行逐字匹配即可。例如，若当前文本出现“大案要案……”时，无须分别假设前 1、2、3、4 个字都可能是词并分别查找，仅需要从“大”沿树下行逐字匹配，即可分别发现“大”“大案”“大案要案”都是词。但是，Trie 索引树的构造和维护比较复杂，存储开销也较大。

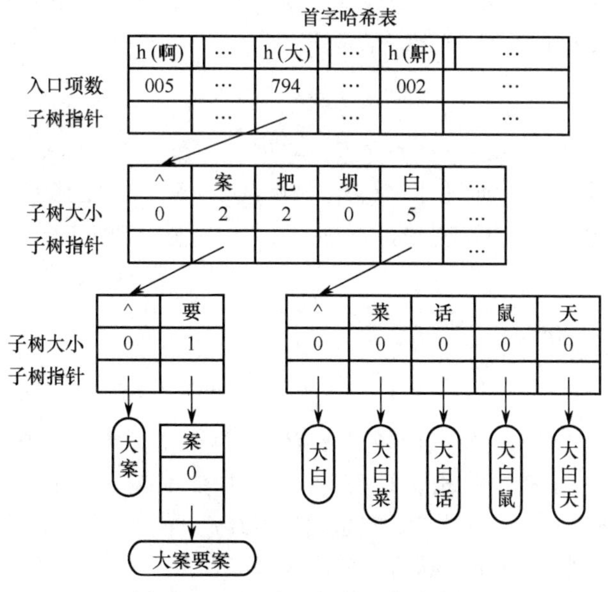

图 23.3　Trie 索引树的词典结构图

在前两类方法的基础上，研究者们提出了一些提高的中文分词方法。基于逐字二分法的词典查询是对前两种词典机制的综合。从数据结构上看，逐字二分法与前述的整词二分法的词典结构类似，但逐字二分法吸取了 Trie 树的查询优势，采用的是“逐字匹配”，这就一定程度地提高了匹配效率。基于双字哈希机制的词典查询方法[7]根据汉语中双字词较多的特点，对基于 Trie 树的词典做出了改进，采用前两个字逐个哈希索引、剩余字串有序排列的结构，查询过程采用逐字匹配方法，这相当于使两字词以下的短语用 Trie 索引树索引，三字词以上的长词的剩余部分用线性表组织，避免了深度搜索。另外，研究者们还基于 PATRICIA 树和双数组 Trie 索引树提出了改进的词典结构。

在分词完成后，系统一般要对分词结果进行预处理，删除一些停用词，或者合并一些对定义文本性质不重要的词，如合并反复出现的人名、人称或同义词。

2. 特征提取

特征提取首先是指从示例文本中计算出能够表征文本特性的量。在向量空间模型中，对于词条 T_i，权重 W_i 是其特征量，($W_1,\cdots,W_N$) 是整个文本的特征向量，它一般由前 N 个最大权值组成，这 N 个权值对应的词汇一般被称为特征词，可以认为它们对定义文本属性的贡献最大。当然，这 N 个特征词或其一部分以及它们的权值也可以由用户指定。

计算权值有很多种方法。最简单的权值计算方法被称为布尔向量表示法，它只考虑特征词在文本中是否出现，如果出现，那么向量中对应项为 1；如果不出现，那么向量中对应项为 0。这种方法易于实现，处理速度快，但在反映文章含义方面则非常粗糙。好一些的方法是统计特征词条在文本中出现的频率（Term Frequency，TF）。它首先统计词条 T_i 在文本中出现的次数 $N(T_i)$，然后通过不同方式归一化（如将 $N(T_i)$ 除以所有词条出现的总次数）得到 $n(T_i)$，最后将 $n(T_i)$ 作为 W_i。更复杂的权值计算方法包括基于信息增益（Information Gain，IG）、χ^2 统计量、互信息的方法，它们从不同角度度量了一个词条对定义文本含义的贡献程度。

对于被过滤的文本，也存在将其表示为特征向量的问题。在过滤系统对等待过滤文本进行分词并计算词条的权值后，根据特征数据库中的特征向量，可以得到由等待过滤文本在相应特征词上的权值所组成的特征向量 ($W_1',\cdots,W_N'$)。

3. 内容分类

内容分类是指过滤系统检查流经的文本，根据特征数据库判断文本属于哪一类文本的操作。在向量空间模型中，一般通过计算 ($W_1,\cdots,W_N$) 与 ($W_1',\cdots,W_N'$) 的相关系数来判断：当相关系数大于一个阈值时，可判断流经的文本属于 ($W_1,\cdots,W_N$) 对应的那一类文本。

23.3 话题识别与跟踪

1996 年，美国国防部高级研究计划局（DARPA）提出需要一种能自动确定新闻信息流中话题结构的技术。在随后的相关研究中，这类技术被称为话题识别与跟踪（Topic Detection and Tracking，TDT）技术[8]，它主要以网络新闻、广播和电视信息流为处理对象，将内容按照话题区分，监控对新话题的报道，并将涉及某个话题的报道组织起来，以某种需要的方式呈现给用户。总之，TDT 的主要研究目标是实现按话题查找、组织和利用来自多种新闻媒体的语言信息。随着互联网的普及，TDT 技术的应用意义越来越大。

话题（Topic）是 TDT 领域中的一个基本概念，它的含义与通常字面上的含义不同。在最初的研究阶段，话题与事件含义相同。一个话题是指由某些原因、条件引起，发生在特定时间、地点，并可能伴随某些必然结果的一个事件。目前使用的话题概念的范围要相对宽一些，它包括一个核心事件或活动，以及所有与之直接相关的事件和活动。如果一篇报道讨论了与某个话题的核心事件直接相关的事件或活动，那么就认为该报道与此话题相关。例如，搜寻飞机失事的幸存者、安葬死难者都被看作与某次飞机失事事件直接相关。因此，话题涉及某一类事件的报道。

TDT 的研究与开发主要集中在以下 5 个方面，从中不难看出，TDT 技术在应用中经历了从聚类（指在预先不知道类别的情况下将事件按照它们共同的特性归类）到分类（指在预先知道类别及其特征的情况下将事件归类）的过程。

1. 报道切分

报道切分是指将从一个信息源获得的语言信息流分割为不同的新闻报道。一个新闻栏目通常包括很多条新闻报道，但是，这些新闻条目之间一般有一定的分割标识，或者在内容编排上有一些变化，这些都是分割的依据，而语言含义本身也是分割的基础。对于语音信号，新闻报道切分一般需要采用语音识别技术获得文字信息，因此，以下 4 项后继技术的输入一般仅为文本。

2. 新事件识别

新事件识别的目标是识别出以前没有报道过的新闻话题。当前，新事件识别技术采用了类似于文本过滤的方法，它一般也用特征提取算法得到事件报道的特征向量，这些特征向量组成了事件特征库。对于一个新的报道，识别系统计算它的特征向量并与特征库中的向量比较，确定报道的事件是否已经存在。在不存在的情况下，系统会将这篇报道描述的事件作为一个新事件，并对事件特征库进行扩充。

3. 报道关系识别

报道关系识别是对两篇报道做出分析，判断它们描述的新事件是否在讨论同一个话题。报道关系识别技术也与前面介绍的文本过滤技术有类似之处，当前普遍采用特征向量比较的方法，相互比较的特征向量来自被分析的两篇报道，对于特征向量相似的报道，系统认为两篇报道在讨论同一个话题。通过这种方法可以将报道同一个话题的事件聚集在一起。

4. 话题识别

话题识别的目的是将新闻报道归入不同的话题类（也称为话题族）。实际上，以上 3 种技术都是为最终的话题识别做准备的，是话题识别的前期步骤。最后通过报道关系识别，使识别系统将报道同一个话题的大量新的事件聚集在一起，接下来的工作是进一步将它们整理归类并描述它们。从模式识别的角度看，话题识别可以视为对事件的聚类，因此，研究者们运用了大量的聚类技术，包括增量 K-Means 聚类、Agglomerative 聚类、单遍历聚类、层次聚类、DBSCAN 密度聚类等。

5. 话题跟踪

与话题识别可以视为对事件的聚类不同，话题跟踪可以视为分类过程，它是指识别出某个新闻报道是否属于某个已知话题的技术。通常，跟踪系统已经通过前期的话题识别获得了各个话题的基本特性，通过比较新闻报道的特征，判断出新闻报道所归属的话题。通过对不同网络地址范围实施搜索，话题跟踪系统可以判断舆情的传播情况。

23.4　内容安全分级监管

内容安全分级监管是一种主动内容安全技术，它是指在内容发布之前，在内容中嵌入分级标识，随后的各种监管措施基于分级标识进行。在基于分级标签的内容分级管理框架（如图 23.4 所示）中，分级标准处于核心地位，它约定了内容分级、生成并嵌入标签，以及在监控和过滤中识别标签的方法。为了管理互联网上日益泛滥的不良信息，保护儿童的身心健康，W3C 组织推动了“互联网内容选择平台（Platform for Internet Content Selection，PICS）”规范的制定，提出了基于分级标签的内容分级管理技术，得到了一些网络内容服务、客户端和浏览器程序开发商的支持。

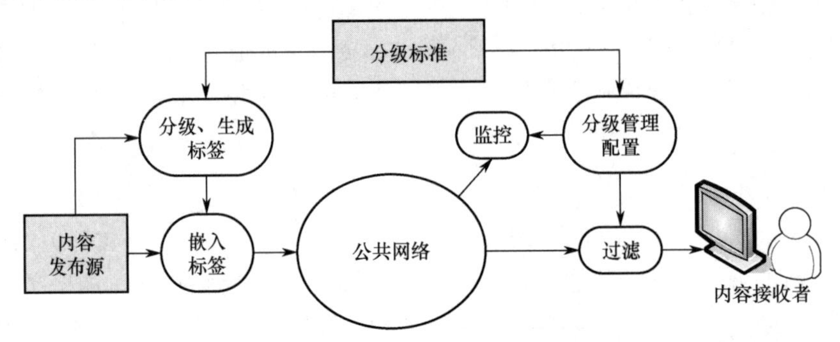

图 23.4　基于分级标签的内容分级管理框架

内容安全分级监管主要包括内容分级、生成并嵌入标签，以及根据识别的标签实施监管等几个环节。任何接受监管的内容必须要按照统一的要求被分级，一般一个级别包含内容类别标识和等级标识，如“暴力 2 级”。标签不但记录以上内容类别和等级信息，而且一般包括分级标准颁布组织、时间戳等标签信息。PICS 规范没有给出标签防伪技术，但实用系统不难进行这方面的扩展。当前，PKI 和数字签名技术被应用到了标签生成中，这样，标签的真实性和被保护内容的完整性均可以得到保证。标签的嵌入与保护的具体文档格式相关，一般采取以下嵌入方法：①对于常用的 HTML 格式，可利用 HTML 格式的 META 标记，将标签嵌入 HTML 文件头；②RFC-822 约定了互联网中一些文本消息的格式，它们涉及电子邮件、HTTP、FTP、GOPHER、USENET 等应用协议，可以利用这类消息头存储标签，另外，PICS 定义了 HTTP 协议扩展，允许 Web 服务器处理获得分级标签的请求；③由用户发出请求，再由可信第三方——“标签局（Label Bureau）”针对特定的 URL 向用户提供标签。

例 23.2　Web 敏感内容服务商通过 PICS 标签的自律措施。

在 IE 4.0 浏览器的互联网选项中有一个内容设置功能，它可以防止用户浏览一些受限制的网站。之所以浏览器能自动识别某些网站是否受限制，是因为在网站网页的 META 标记中已经设置好了该网站的 PICS 级别，而该级别是由美国原 RSAC（Recreational Software Advisory Council）评定的，该组织这样做的目的是保护儿童不受不良内容的危害。1999

年，RSAC 并入 ICRA（Internet Content Rating Association），后者是美国家庭在线安全协会（Family Online Safety Institute）的下属机构。一个包含 PICS 标签的 META 标记如下：

< META http-equiv=“PICS-Label”content=“(…1996.04.16T08:15-0500,r(n 0 s 0 v 0 1 0))”>

23.5 多媒体内容安全简介

近年来，互联网上以图像、视频和音频为代表的多媒体内容正以惊人的速度增长，出现了以视频新闻、播客、视频下载、网络电视、视频广告、流媒体、P2P、歌曲下载等为传播方式的网络多媒体内容产业，用户与日俱增。目前，基于互联网的图像、视频、音频节目内容已成为网络文化的重要组成部分，对人们文化消费和意识形态的影响越来越大。与此同时，由于缺乏技术监管手段，因此部分淫秽色情、暴力血腥、内容恶搞、变态、反动有害、盗版的多媒体内容正在通过互联网快速传播，造成了十分恶劣的影响，使多媒体内容安全受到了广泛的重视。

多媒体内容安全技术在目的和实施框架上与面向文本的内容安全技术类似，它主要通过监管多媒体内容的制作和散布情况，制约不良或盗版内容的制作和传播。但是，由于多媒体内容以信号编码的形式存在，也是数字电影和音乐的发售形式，因此，多媒体内容安全技术包括了大量的多媒体编解码、信号处理和模式识别等技术，也更多地与版权保护联系在了一起。本节仅简单介绍多媒体内容安全技术。

1．被动多媒体内容安全技术

被动多媒体内容安全技术通过检测或搜索未经过相应安全预处理的网络多媒体内容，来确定不良、盗版内容的传播、散布情况，或者通过识别伪造的内容，来执行可能的处置。当前，被动多媒体内容安全技术主要包括网络多媒体识别、内容伪造取证等技术，前者预先知道网络多媒体的内容或相关特征，需要发现其散布情况；后者不知网络多媒体的内容，需要通过专门的验证方法判断内容的真实性，甚至定位篡改位置。

当前已经出现了多种网络媒体的识别方法。一些简单的监管系统主要采用网页分析与网页信息抽取的方法判断多媒体的违规散布，即通过关键字搜索检测媒体散布的线索，但这样做的可靠性不高，违法者容易通过修改媒体内容的名称等方法避开监管，因此，还需要分析媒体本身。研发者们已经在多媒体内容识别方面采用了各种特征提取和分类手段确定视频或图像的类型，已经在色情内容识别等方面获得了一些有效的方法，但是，由于音频和视频内容一般尺寸较大，因此若要对普通内容进行识别，直接做常规匹配的难度较大。内容哈希（Content Hash）是一种新出现的多媒体内容发现技术[9]，它也被称为感知哈希（Perceptual Hash）或指纹化（Fingerprinting），这类技术首先提取待发现内容的基本特征数据，前者一般尺寸较大，而得到的特征数据具有小尺寸和低碰撞性的特点，在这方面类似于密码技术中的杂凑值，但它对不同的编码格式不敏感，因此，网络搜索系统可以基于内容哈希去识别搜索到的多媒体，避免了采用大数据作为匹配依据的复杂情况。内容哈希是数字媒体的稳定特征，在不显著改变内容的情况下，内容侵权者难以实质性地更改其基本信息，因此，难以避开监管。在我国，与内容哈希类似的技术也被称为零水印。当前，相关研究普遍试图发现与内容更相关并且性质更加稳定的统计特征，基于这些特征计算内容哈希并形成高效的查询和过滤。自 2006 年开始，美国一些企业已采用基于内容哈希的搜索技术监管其生产的数字内容散布情况，一些国外网站陆续采用了基于内容哈希的技术限制上传受版权保护的数字内容。

另外一类典型的被动多媒体内容安全技术是数字内容盲取证[10]。由于普通多媒体内容本身也存在一些制约关系，如一幅图像中的太阳光照角度是相同的，并且在物体透视效果上满足一定的规律，因此，可以通过分析这些约束条件的满足情况发现篡改痕迹，并识别内容伪造及其区域。

2. 主动多媒体内容安全技术

主动多媒体内容安全技术主要包括基于分级标签和数字水印嵌入两类技术，而正如本书第 7 章已经介绍的，数字水印又可分为鲁棒水印和脆弱水印，它们可分别面向版权保护和内容伪造识别。

本章前面已经介绍了基于分级的网页内容安全技术，它显然是一类典型的主动内容安全技术，它的基本原理也可以用于多媒体内容安全。但是，通过前面的描述也不难看出，分级标签的嵌入受到文件格式的制约，另外，违法者可以架设自己的网站发布非授权的内容，这些网站不会支持使用分级标签。而鲁棒水印弥补了以上不足，鲁棒水印与合法发布的多媒体内容紧密结合，违法者难以在不显著破坏多媒体感知质量的情况下消除水印，因此，水印成为了“黏合力强”的标签。虽然鲁棒水印可以作为分级标签，但当前更多地用它表示版权所有者的信息或内容购买者的信息，在后一情况下，水印通常也称为数字指纹（Digital Fingerprint）。在版权保护的应用中，版权管理部门或司法机构可以通过验证水印维护版权所有者的利益，也可以通过验证数字指纹检举非授权传播者，这种技术在一定程度上能够制约内容使用者肆意违规散布内容。

脆弱水印是一种主动内容取证技术，其原理可以参阅本书第 7 章。相比于内容盲取证技术，脆弱水印验证的正确率较高，也能确定篡改位置，但盲取证能够适用于未经安全预处理的内容。

23.6 小结与注记

本章主要介绍了数字内容安全的基本概念、主要技术方法和应用场景。数字内容安全涉及的范围较广，但其核心是针对数字内容的制作和散布进行相应的监管和控制。内容安全技术分为被动内容安全技术与主动内容安全技术两类，前者不事先预处理被监管的内容，它通过分析获得的内容本身判断内容的性质，实施相应的控制策略；后者对被监管的内容进行安全预处理，以后通过分析所获得内容中添加的验证信息来判断内容的性质，并实施相应的控制。文本过滤、多媒体内容发现与分析是主要的被动内容安全技术，内容安全分级监管与数字水印等构成了主要的主动内容安全技术，这些技术已经被实际应用于监管不良内容和盗版制品的非法散布。

当前，数字内容安全需求仍在增长，内容安全技术也在迅速发展。随着多媒体内容安全重要性的日益提高，必将会出现更多的新技术和新方法。

本章在写作过程中主要参考了文献[1]。

思 考 题

1．阐述“信息”与“内容”的关系。
2．被动内容安全技术和主动内容安全技术分别指什么？各有什么优劣？
3．在向量空间模型下如何构造一个文本过滤系统？
4．话题识别与跟踪的过程是什么？聚类和分类分别在哪个环节被用到？
5．简述内容哈希和数字水印在多媒体内容安全中的作用。

参 考 文 献

[1] 冯登国，赵险峰. 信息安全技术概论[M]. 2 版. 北京：电子工业出版社，2014.
[2] KNUTH D，MORRIS J，PRATT P. Fast pattern matching in strings [J]. SIAM Journal on Computing，1997，6(2)：323.
[3] SALTON G，LESK M E. Computer evaluation of indexing and text processing [J]. Journal of the ACM，1968，15(1)：8-36.
[4] SALTON G，WONG A，YANG C S. A vector space model for automatic indexing [J]. Communications of the ACM，1975，18(11)：613-620.
[5] 孙茂松，左正平，黄昌宁. 汉语自动分词词典机制的实验研究[J]. 中文信息学报，2000，14(1)：1-6.
[6] LI M，GAO J F，HUANG C N，et al. Unsupervised training for overlapping ambiguity resolution in Chinese word segmentation[C]//Proc. of 2nd SIGHAN Workshop on Chinese Language Processing，2003：1-7.
[7] 李庆虎，陈玉健，孙家广. 中文分词词典新机制：双字哈希机制[J]. 中文信息学报，2003，17(4)：13-18.
[8] ALLAN J. Topic detection and tracking：event based information organization [M]. Nornell：Kluwer Academic Publishers，2002.
[9] MONGA V，BANERJEE A，EVANS B L. A clustering based approach to perceptual image hashing [J]. IEEE Trans on Information Forensics and Security，2006，1(1)：68-79.
[10] SWAMINATHAN A，WU M，LIU K J R. Digital image forensics via intrinsic fingerprints [J]. IEEE Trans on Information Forensics and Security，2008，3(1)：101-117.

大数据

事不当时固争，防祸于未然。

——东汉·班固《汉书》

第24章 数据安全

内容提要

随着信息技术尤其是大数据和云计算技术的发展和应用，人们的生产生活与数据已密不可分。数据在给人们带来巨大价值的同时，也引入了大量的安全风险与挑战。合理利用数据的前提是必须确保数据安全。数据安全是研究网络与系统中数据保护方法的一门科学，它既包括密码控制、访问控制、信息流控制、推理控制和隐私控制等各种控制手段，也包括容灾备份与数据恢复等各种方法。数据安全涉及其全生命周期，主要包括产生、采集、传输、交换、处理、存储、使用、共享和销毁等诸多环节，每个环节都面临着不同的安全威胁，需要进行全链条保护。数据安全涉及本书前面介绍的众多技术，如密码算法、实体认证、访问控制、推理控制、隐私保护。本章首先从数据全生命周期角度分析数据安全威胁，其次介绍本书其他章节未介绍的、与数据本身密切相关的一些安全技术，主要包括密文检索、密文计算、信息流控制、容灾备份与数据恢复等基本原理和方法。

本章重点

- 数据安全威胁
- 密文检索基本原理
- 密文计算基本原理
- 信息流控制机制
- 容灾备份与数据恢复基本方法

24.1 数据安全威胁

随着信息技术的发展和应用，人们的生产生活与数据已密不可分。从飞机、汽车的设计制造，到个人生活点滴的记录，数据已渗透到人类社会的各个方面。数据是资源、是钻石矿、是未来的新油田，数据意味着财富、意味着知识与信息、意味着企业甚至国家在科技浪潮中的核心竞争力。

科学技术是一把双刃剑。数据在带来巨大价值的同时，也引入了大量的安全风险与挑战。合理利用数据首先必须满足其安全需求。数据安全涉及其全生命周期，主要包括产生、采集、传输、交换、处理、存储、使用、共享和销毁等诸多环节，每个环节都面临着不同的安全威胁，需要进行全链条保护。

大数据时代的数据安全不仅包括传统的机密性、完整性、可用性等，还包括隐私保护；不仅包括防止数据泄露的隐私保护，还包括数据分析意义下的隐私保护。当然，数据安全保障也离不开科学管理和政策法规的支撑。

1．数据产生安全威胁

数据产生的渠道很多，例如，在互联网活动以及使用移动互联网过程中会产生大量数据；由于物联网技术在智能工业、智能农业、智能交通、智能电网、安全监控等行业的广泛应用，各种类型的传感器被广泛部署，因此时时刻刻都在产生数据；交通、安防等领域所部署的摄像头设备产生的数字信号；人体本身就是一个无穷无尽的生物医学数据的重要来源，涉及临床医疗、公共卫生、医药研发等多个领域，类型非常广泛，包括电子病历、医学影像、临床实验数据、个人健康数据监测、基因组序列等。此外，电信、金融、智慧城市、交通、科学研究等都会产生大量数据。虽然数据来源多样化，但其中有相当大的比例与人直接相关。有些是人们主动发布的，如微博、照片；有些是无意中被采集的，如监控影像；有些是网络活动的痕迹；有些是原生数字信号；有些是由模拟化数据转化而成的数字信号等。不管怎样，这些原始“微数据（Microdata）”都是人们在现实世界活动的真实记录，一旦被关联组织起来就可以释放巨大潜力，让人们难以遁形，同时，也可能导致数据泄露，甚至产生不健康数据或谣言等。

2．数据采集安全威胁

数据采集又称为数据获取，是指采集方对用户终端、智能设备、传感器等产生的数据进行记录和预处理的过程。一般无须预处理直接上传，但在某些特殊场景下，如当传输带宽受限或采集精度受约束时，数据采集方需要先进行数据压缩、变换甚至加噪等处理，以减小数据尺寸或降低精度。一旦真实数据被采集，就完全脱离用户自身控制，从而导致数据失控、数据泄露、隐私泄露等。

3．数据传输安全威胁

数据传输是指将采集到的数据由用户终端、智能设备、传感器等传送到大型集中式数据中心或在用户之间传递数据的过程。数据在传输或传递过程中可能被窃听或篡改。窃听是一种被动截取（Passive Wire Tapping），是对数据的截取，通常不会被察觉。篡改是一种主动截取（Active Wire Tapping），是有意对数据进行更改、插入或删除等，以达到任意改写数据或重用过去的数据来替换原数据的目的。此外，在数据传输过程中还可进行通信流量分析等。

4．数据交换安全威胁

数据交换是指在多个数据终端设备（DTE）之间，为任意两个终端设备建立数据通信临时互联通路的过程。数据交换可分为电路交换、报文交换、分组交换和混合交换。数据交换过程中可能导致数据泄露、隐私泄露、数据篡改和假冒等。

5．数据处理安全威胁

从广义上讲，数据处理是指对数据的采集、存储、检索、加工、变换、传输、分析和利用等一系列活动的统称。这里主要是指对数据的加工、变换和分析等。数据处理过程中要防止数据处理者在处理数据时，看到用户的敏感信息，尤其是在云计算和大数据环境下，数据处理经常发生在云服务器中，在处理过程中以明文形式存在的数据无法抵御来自好奇或恶意云的窥探，从而可能导致数据泄露、隐私泄露等。

6．数据存储安全威胁

数据被采集后常汇集存储于大型数据中心，而大量集中存储的有价值数据容易成为高水平黑客团体的攻击目标。因此，数据存储面临的安全风险不仅包括来自外部黑客的攻击和内部人员的窃取或泄露，还包括不同利益方对数据的超权限使用，以及从公开的数据推理出敏感数据等。在云计算环境中，越来越多的数据存储在云端，因此数据可能会脱离数据拥有者的直接物理控制，从而导致数据失控、数据泄露、隐私泄露、数据破坏或损坏、数据篡改、非授权访问、越权访问等。近年来，区块链技术得到了快速发展，作为一种新的分布式账本技术，为数据安全存储尤其是交易数据的安全存储带来了新的前景和独特优势。

7．数据使用安全威胁

通过数据挖掘、机器学习等算法处理，可提取出所需的知识。数据使用要防止数据使用者对用户数据的挖掘，得出用户刻意隐藏的知识；也要防止分析者在进行统计分析时，得到具体用户的隐私信息。例如，在互联网数据分析方面，电子商务平台通过对用户网络购物数据的分析，构建用户画像，可以更准确地掌握用户购物倾向，向其推荐可能感兴趣的产品，实现精准营销；社交网络（如 Twitter）信息被广泛用于股票预测、比赛结果预测、餐馆热度分析，甚至总统选举预测等，也被研究者用于社团识别，以及发现用户的政治倾向、消费习惯以及喜好的球队。此外，数据使用也要防止数据滥用、假冒等。

8．数据共享安全威胁

数据共享又称为数据分享，就是让在不同地方、使用不同终端或不同软件的用户能够读取他人数据并进行各种操作运算和分析。数据共享在给用户带来方便的同时，也带来了严重的安全威胁，如数据版权保护、数据篡改、数据泄露、隐私泄露等。

9．数据销毁安全威胁

设备或存储介质等在弃置、转售或捐赠前一般都要将其所有数据删除，并保证数据无法复原，以免造成数据泄露或隐私泄露，尤其是涉密数据。很多政府机关、社会组织、企业受限于法律法规，必须确保其许多数据的机密性。可用不同方式达到数据销毁的目的，但在数据销毁处置、存储介质销毁处置等过程中仍有可能导致数据泄露、隐私泄露等，从而也可能因销毁不彻底而导致数据被恢复。

结合上述分析，可将数据的主要安全威胁归纳为以下几个方面：

（1）数据泄露。数据因被偷取、窃听、窃取或泄露而造成数据泄露；通信流量分析也可能导致信息泄露；也可能从公开的数据推理出敏感数据，从而造成数据泄露等。

（2）数据破坏。数据因被篡改（如更改、插入、删除、重放）或假冒而造成数据破坏；系统或设备因感染病毒、蠕虫等恶意代码而导致数据破坏；电磁干扰也可能造成数据破坏等。

（3）隐私泄露。通过数据分析、处理或推理等手段都有可能导致个人隐私（如用户身份、社交关系、属性、轨迹）泄露。

（4）数据失控。因使用新的数据处理或应用模式（如云计算）而导致用户数据失控；攻击者利用攻击手段获得数据中心控制权，从而导致数据失控等。

（5）数据滥用。包括数据被非法使用、被非授权使用或越权使用，也包括数据不可溯源、不可追踪等。

（6）数据损坏或丢失。因存储设备或硬盘驱动器损坏而造成数据损坏或丢失；人为操作失误可能会误删除系统的重要文件或修改影响系统运行的参数，从而导致系统宕机，造成数据损坏或丢失；地震、火灾等自然灾害也可能造成数据损坏或丢失；电源供给系统故障也可能导致存储设备或硬盘上的数据损坏或丢失等。

24.2 密文检索

密文检索（Searchable Encryption，SE，也译为可搜索加密）是指基于密码学方法，利用特殊设计的密码算法或协议，实现对数据的查询、访问，同时保护数据的隐私内容。

24.2.1 密文检索概述

1．研究背景

云存储是在云计算概念上衍生出来的，继承了云计算的按需使用、高可扩展性、快速部署等特点，解决了当前政府和企业需要不断增加软件和硬件设备以及数据库管理人员来自主地存储、管理和维护海量数据的问题。然而，由于云存储使得数据的所有权和管理权相分离，因此用户数据可能面临多方面的安全威胁。首先，具有优先访问权的云存储服务提供商的恶意操作或失误操作都有可能导致数据的泄露；其次，云服务器还时刻面临着外部攻击者的威胁；最后，云数据还可能受到各国政府的审查。

为保证云数据的安全性，一种通用的方法是用户首先使用安全的加密机制（如 DES、AES、RSA）对数据进行加密，然后再将密文数据上传至云服务器。由于只有用户知道解密密钥，而云存储服务提供商得到的信息是完全随机化的，因此此时数据的安全性掌握在用户手中。数据加密导致的直接后果就是云服务器无法支持一些常见的功能，如当用户需要对数据进行检索时，只能把全部密文下载到本地，将其解密后再执行查询操作。上述这种存储和检索方式可以最大化地保证用户数据的安全性，但是要求客户端具有较大的存储空间以及较强的计算能力，且没有充分发挥云存储的优势。因此，需要对密文检索技术进行研究，使其支持云存储系统在密文场景下对用户数据进行检索，然后将满足检索条件的密文数据返回给用户，最后用户在本地将检索结果解密，从而获得自己想要的明文数据。在检索过程中，云服务器无法获得用户的敏感数据和查询条件，即密文检索可以同时保护数据机密性以及查询机密性。

目前，学术界在安全检索领域的研究热点主要集中于密文检索技术，但是早在密文检索技术出现之前，传统数据库以及外包数据库领域已存在一些其他的安全检索相关研究，如PIR（Private Information Retrieval）技术和ORAM（Oblivious Random Access Memory）技术。这些技术与密文检索的保护目标不同，且使用效率普遍不如密文检索。

2. 密文检索体系结构

Song等人[4]于2000年首次提出密文检索方案，这种方案允许云服务器直接在密文数据中进行检索操作，同时不泄露用户的明文数据和检索条件。然而，由于其检索时间与数据长度呈线性关系，因此不适用于大数据应用环境。目前主流的密文检索方案基本都是基于索引的，即敏感数据本身由传统的加密算法加密，同时为需要查询的内容构造支持检索功能的安全索引。

密文检索体系结构如图24.1所示，主要涉及数据所有者、数据检索者和服务器3个角色。其中，数据所有者是敏感数据的拥有者，数据检索者是查询请求的发起者，这二者通常仅具备有限的存储空间和计算能力；服务器为数据所有者和数据检索者提供数据存储和数据查询服务，由云存储服务提供商进行管理和维护，并具有强大的存储能力和计算能力。数据所有者首先为需要检索的数据构造支持检索功能的索引，同时使用传统的加密技术加密全部数据，然后将密文数据和索引共同上传至服务器。检索时，数据检索者为检索条件生成相应的陷门，并发送给服务器。随后，服务器使用索引和陷门进行协议预设的运算，并将满足检索条件的密文数据返回给数据检索者。最后，数据检索者使用密钥将检索结果解密，得到明文数据。有时，在服务器返回的密文数据中可能包含不满足检索条件的冗余数据，此时数据检索者还需要对解密后的明文数据进行二次检索，即在本地剔除冗余数据。通常情况下，密文检索方案允许检索结果中包含冗余数据，但是满足检索条件的数据必须被返回。

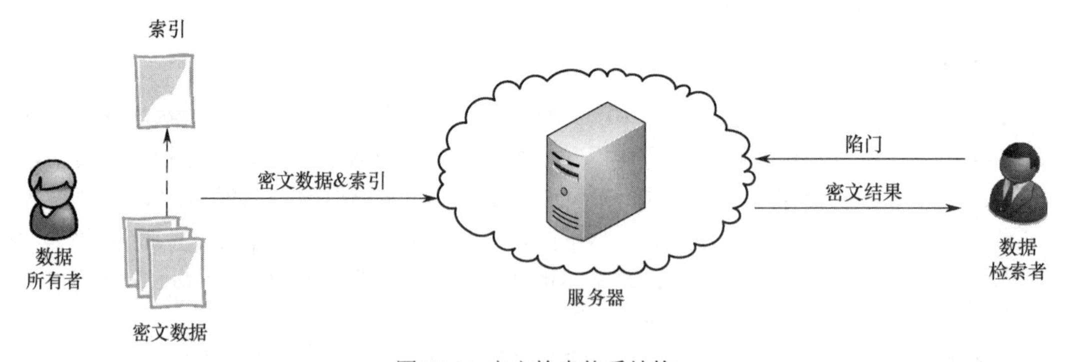

图24.1　密文检索体系结构

在上述3个角色中，通常认为数据所有者和数据检索者是完全可信的，而服务器属于攻击者，它对用户的敏感数据和检索条件比较好奇。此外，由于服务器掌握了最多的信息（包括全部密文数据、索引、陷门、检索结果等），因此，不再额外考虑其他外部攻击者。目前大部分密文检索方案均假设服务器是诚实而好奇的（Honest-But-Curious，HBC），即服务器会忠实地执行数据检索者提交的检索请求，并返回相应的检索结果，同时其可能会利用自己所掌握的一切背景知识来进行分析，期望获得真实的敏感数据和检索条件。如果服务器进行恶意攻击，如篡改用户数据或仅返回部分检索结果，那么可以借助完整性验证技术对数据进行检查。

密文检索方案的性能主要从以下 3 个方面进行考虑：①数据所有者的索引生成效率；②数据检索者的陷门生成效率；③服务器的检索效率。由于索引的生成过程是一次性的，而陷门则是数据检索者根据自己的检索条件构造的，消耗时间一般较少，因此，主要关注检索效率，即服务器使用陷门和索引完成查询操作的时间。

3. 密文检索分类

根据应用场景的不同，可将密文检索分为对称密文检索（Symmetric Searchable Encryption，SSE，也译为对称可搜索加密）和非对称密文检索（Asymmetric Searchable Encryption，ASE，也译为非对称可搜索加密）两大类，对它们的比较如表 24.1 所示。

表 24.1 对称密文检索和非对称密文检索的比较

项　　目	对称密文检索	非对称密文检索
密文和索引的构建	由密钥生成	由公开参数生成
密钥管理	单用户场景	多用户场景
性能	高效	低效
解决的问题	不可信服务器存储	不可信服务器路由

（1）对称密文检索。在对称密钥环境下，只有数据所有者拥有密钥，也只有数据所有者可以提交敏感数据、生成陷门，即数据所有者和数据检索者为同一人。对称密文检索主要适用于单用户场景，如 A 将自己的日志秘密保存在云服务器，且只有 A 对这些日志进行检索。

（2）非对称密文检索。在非对称密钥环境下，任何可以获得数据检索者公钥的用户都可以提交敏感数据，但只有拥有私钥的数据检索者才可以生成陷门。非对称密文检索主要适用于多用户场景，如在邮件系统中，发件人使用收件人的公钥加密邮件，而收件人可以对这些邮件进行查询。

上述应用场景并不是绝对的，如在对称密文检索方案中，拥有密钥的用户也可以通过广播加密技术和访问控制技术授权其他用户对自己的数据进行检索。

根据检索的数据类型的不同，还可将密文检索分为密文关键词检索和密文区间检索两大类，如图 24.2 所示。

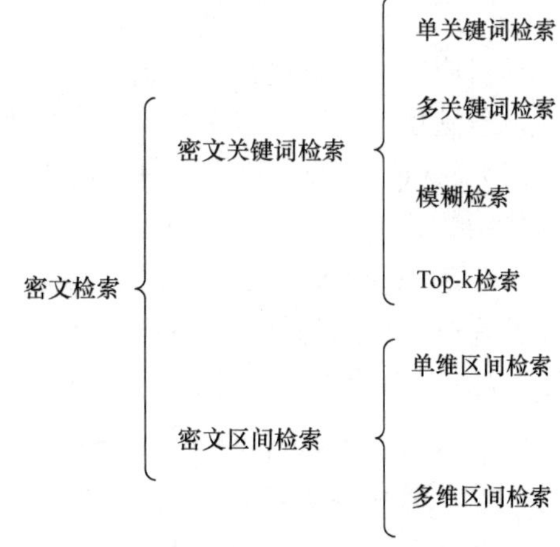

图 24.2 密文检索的功能分类

（1）密文关键词检索。主要用于检索字符型数据，如查询包含关键词“云存储”的文档。最初，密文关键词检索的研究以单关键词检索为主，后来根据实际的应用需求，密文关键词检索逐渐扩展到多关键词检索、模糊检索以及 Top-k 检索。

（2）密文区间检索。主要用于对数值型数据进行范围查询，如查询学生信息表中年龄属性小于 18 的学生。根据属性的数目，密文区间检索又可进一步分为单维区间检索和多维区间检索。早期的密文区间检索方案主要是基于桶式索引和传统加密技术的，由于这两种方案对客户端要求较高，因此，后续研究较少。目前，主流的密文区间检索方案主要包括基于谓词加密的、基于矩阵加密的、基于等值检索的以及基于保序加密的。

24.2.2 对称密文检索

在对称密文检索方案中，数据所有者和数据检索者为同一人。该场景适用于大部分第三方存储，也是近年来的一个研究热点。一个典型的对称密文检索方案包括以下 4 个算法：

（1）Setup 算法：该算法由数据所有者执行，生成用于加密数据和索引的密钥。

（2）BuildIndex 算法：该算法由数据所有者执行，根据数据内容建立索引，并将加密后的索引和数据本身上传到服务器。

（3）GenTrapdoor 算法：该算法由数据所有者执行，根据检索条件生成相应的陷门（也称为搜索凭证），然后将其发送给服务器。

（4）Search 算法：该算法由服务器执行，将接收到的陷门和本地存储的密文索引作为输入，并进行协议预设的计算，最后输出满足条件的密文结果。

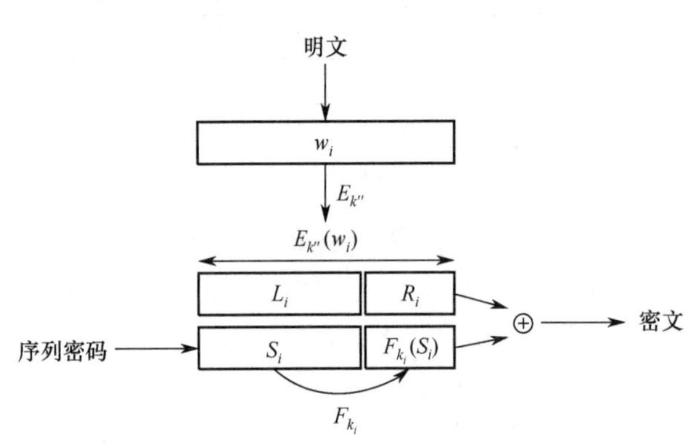

图 24.3 基于全文扫描的方案示意图

对称密文检索的核心与基础是单关键词检索。目前，对称密文检索可根据检索机制的不同大致分为 3 类：基于全文扫描的方案、基于文档–关键词索引的方案以及基于关键词–文档索引的方案。这里只简要介绍一个基于全文扫描的方案，即由 Song 等人[4]最早提出的对称密文检索方案，如图 24.3 所示。该方案的核心思想是：对文档进行分组加密，然后将分组加密结果与一个伪随机流进行异或，得到最终用于检索的密文。检索时，用户将检索关键词对应的陷门发送给服务器，服务器对所有密文依次使用陷门计算密文是否满足预设的条件，若满足，则返回该文档。具体步骤概述如下：

（1）Setup 算法：数据所有者生成密钥 k',k''，伪随机数 $S_1,S_2,\cdots,S_l$，伪随机置换 E 以及伪随机函数 F,f。

（2）BuildIndex 算法：假设文档的内容为关键词序列 $w_1,w_2,\cdots,w_l$。对于关键词 w_i，数据所有者首先将其加密得到 $E_{k''}(w_i)$，并将 $E_{k''}(w_i)$ 拆分为 L_i 和 R_i 两个部分；然后，使用伪随机数 S_i 计算 $F_{k_i}(S_i)$，其中 $k_i = f_{k'}(L_i)$；最后，将 $(S_i,F_{k_i}(S_i))$ 与 (L_i,R_i) 经过异或运算生成密文块 C_i。

（3）GenTrapdoor 算法：当需要搜索关键词 w 时，数据所有者将 $E_{k''}(w)=(L,R)$ 以及 $k = f_{k'}(L)$ 发送给服务器。

（4）Search 算法：服务器依次将密文 C_i 与 $E_{k''}(w)$ 进行异或运算，然后判断得到的结果是否满足 $(S,F_k(S))$ 的形式。如果满足，则说明匹配成功，并将该文档返回。

文献[4]并未明确定义密文检索的安全性，仅说明了上述方法构造的密文和陷门与伪随机数具有不可区分性。基于全文扫描的方案需要对每个密文块进行扫描并计算，在最坏的情况下，检索一篇文档的时间与该文档的长度呈线性关系，检索效率较低。

24.3 密文计算

本章 24.2 节介绍了如何对加密数据进行安全检索的技术，但在实际应用中这一点还远远不够，人们期望在加密数据上进行分析处理并返回处理结果，同时要确保数据和处理都是安全的。解决这一问题的技术称为密文计算技术，主要包括同态加密、可验证计算、安全多方计算和函数加密等。这些技术可用于数据安全处理的不同环境，同态加密可用于处理加密数据而维持数据的机密性；可验证计算可用于处理数据并可检测计算的完整性；安全多方计算可用于参与方共同完成一个分布式计算，参与方之间不会泄露各自的敏感输入并可确保计算的正确性；函数加密可使得一个数据拥有者只能让其他人获得他的敏感数据的一个具体函数值，而不能获得其他任何信息。这些技术也可以组合使用，如将同态加密和可验证计算组合使用，解决输入和输出的机密性以及计算的完整性。本节主要介绍同态加密这种密文计算技术。

24.3.1 同态加密研究进展概述

同态加密（Homomorphic Encryption，HE）的思想最早由 Rivest 等人[5]于 1978 年提出，也称为隐私同态（Privacy Homomorphism）。其基本思想是：在不使用私钥解密的前提下，对密文数据进行任意的计算，且计算结果的解密值等于对应的明文计算的结果。形式化地讲，非对称场景下的同态加密问题可以定义为：假定一组消息$(m_1, m_2, \cdots, m_t)$在某个公开加密密钥 pk 下的密文为$(c_1, c_2, \cdots, c_t)$，给定任意一个函数f，在不知道消息$(m_1, m_2, \cdots, m_t)$以及私钥解密密钥 sk 的前提下，可否计算出$f(m_1, m_2, \cdots, m_t)$在 pk 作用下的密文，而不泄露关于$(m_1, m_2, \cdots, m_t)$以及$f(m_1, m_2, \cdots, m_t)$的任何信息？同态加密的发展从单同态加密到类同态加密（Somewhat Homomorphic Encryption，SWHE），再到全同态加密（Fully Homomorphic Encryption，FHE），经历了 30 多年的时间，最终于 2009 年由时为 Stanford 大学计算机科学系的博士生 Gentry 基于理想格构造出第 1 个全同态加密方案，解决了这一重大问题。

自从同态加密诞生以来，众多密码学研究者致力于同态加密的研究，其研究进展可概括如下：

（1）涌现出大量支持一定同态能力的加密方案。这些方案主要有：支持任意次乘法同态操作的 RSA 加密方案[6]和 ElGamal 加密方案[7]等；支持任意次加法同态操作的 GM 加密方案[8]、Benaloh 加密方案[9-10]、OU 加密方案[11]、NS 加密方案[12]、Paillier 加密方案[13]和 DJ 加密方案[14]等；支持任意次加法同态操作和一次乘法同态操作的 BGN 方案[15]。此外，Fellows 等人[16-18]于 2006 年提出的 PC 加密方案可支持任意电路，但误差随密文规模呈指数级增长，Sander 等人[19-20]使用隐私电路（Circuit-Private）加法同态加密构造的隐私电路 SYY 加密方案可处理 NC_1 电路，Ishai 等人[21]使用分支程序（Branching Program）同态处理 NC_1 电路。

（2）第 1 个全同态加密方案问世。Gentry[22]于 2009 年基于理想格构造的首个全同态加密方案发表在 ACM STOC 2009 国际会议上，国际 ACM 协会在其旗舰刊物 Communications of ACM（2010 年第 3 期）上以“一睹密码学圣杯芳容”为题并以“重大研究进展”的形式对这一成果进行了专题报道。Gentry 构造全同态加密方案的基本思路是：首先，构造一个类同态加密方案。类同态加密方案不能做到全同态，只是一个“有点同态”的加密方案，只能对加密数据进行低次多项式计算，也就是说只能同态计算“浅的电路”。其次，给出一种将类同态加密方案修改为自举（Bootstrapping）同态加密方案的方法。最后，通过递归式自嵌入，任何一个自举同态加密方案都可以转化为一个全同态加密方案。Gentry 方案的安全性建立在理想格上的有界距离编码问题（BDDP）与稀疏子集和问题（SSSP）的困难性假设上，BDDP 假设用于保证类同态加密方案的选择明文攻击（CPA）的安全性，SSSP 假设则是由于压缩（Squashing）解密电路引入的额外假设。

（3）形成两大类全同态加密方案。一类是无限层全同态加密方案，也称为无界自举型全同态加密方案，这是真正意义上的全同态加密方案，其典型代表是 Gentry 方案[22]。由于这类方案采用基于同态解密的 Bootstrapping 技术，所以，无限层全同态加密方案理论上可以进行无限深度的同态操作，但付出的代价是同态操作的计算开销、密钥规模和密文尺寸都会比较大。另一类是层次型全同态加密方案，其典型代表是 BGV 方案[23]。这类方案需要预先给定所需同态计算的深度 d，以便可以执行深度为 d 的多项式同态操作，从而可以满足绝大多数应用需求。总体讲，已有的全同态加密方案的构造仍未脱离 Gentry 当初设计的框架和思想，很多方法都是使用基于基础模运算构建类同态加密方案，同时使用 Gentry 的技术（Squashing、Bootstrapping）将其转化成全同态加密方案。即使将层次型全同态加密嵌套成无限型全同态加密，目前的做法仍然是使用基于同态解密的 Bootstrapping 技术实现。

（4）同态加密的研究也受到了各国政府的高度关注。美国支持的“密文可编程计算（Programming Computing on Encrypted Data，PROCEED）”项目的主要目标是为密文未经解密即可进行计算而研发实用化的方法，以及为达到此目标所需要的新的编程计算语言，第 1 个方向就是关于全同态加密的新数学基础。欧盟启动了“同态加密应用与技术（Homomorphic Encryption Applications and Technology，HEAT）”项目。

24.3.2 同态加密的基本概念

同态加密方案包括同态对称加密方案和同态公钥（也称为非对称）加密方案两大类，大部分同态加密方案都是同态公钥加密方案。

这里只考虑关于布尔电路（等价于布尔函数）的同态加密方案，布尔电路由模 2 加法门和模 2 乘法门组成，只考虑比特操作也就意味着加密方案的明文空间为$\{0,1\}$。更一般的情况可参阅文献[21]。

一个同态加密方案ε通常由以下 4 个算法组成：

（1）KeyGen 算法：输入安全参数 λ（λ 通常用来刻画密钥的比特长度），生成公钥 pk 和私钥 sk，即(pk, sk) ← KeyGen(λ)。

（2）Encrypt 算法：输入明文 $m \in \{0,1\}$ 和公钥 pk，得到密文 c，即 $c \leftarrow \text{Encrypt}(\text{pk}, m)$。

（3）Decrypt 算法：输入私钥 sk 和密文 c，得到明文 m，即 $m \leftarrow \text{Decrypt}(\text{sk}, c)$。

（4）Evaluate 算法：输入公钥 pk、t 比特输入的布尔电路 C 和一组密文 $c_1, c_2, \cdots, c_t$，其中 $c_i \leftarrow \text{Encrypt}(\text{pk}, m_i)$，$i = 1, 2, \cdots, t$，得到另一个密文 c^*，即 $c^* \leftarrow \text{Evaluate}(\text{pk}, C, \vec{c})$，其中 $\vec{c} = (c_1, c_2, \cdots, c_t)$。

一般地，普通公钥加密方案是由上述前 3 个算法组成的，第 4 个算法是同态公钥加密方案所特有的，必要条件是其输出的密文能够被正确解密，即必须满足正确性（Correctness）。

定义 24.1（正确性） 一个方案ε=(KeyGen, Encrypt, Decrypt, Evaluate)对一个给定的 t 比

特输入的布尔电路 C 是正确的，如果对任何由 KeyGen(λ)输出的密钥对(pk, sk)，以及任何明文比特 $m_1, m_2, \cdots, m_t$ 和任何密文 $\vec{c} = (c_1, c_2, \cdots, c_t)$， $c_i \leftarrow \text{Encrypt}(\text{pk}, m_i)(i = 1, 2, \cdots, t)$， 都有 $\text{Decrypt}(\text{sk}, \text{Evaluate}(\text{pk}, C, \vec{c})) = C(m_1, m_2, \cdots, m_t)$。

定义 24.2（同态加密） 一个方案ε = (KeyGen, Encrypt, Decrypt, Evaluate)对一类布尔电路 是同态的，如果对所有的布尔电路$C \in$ ，ε都是正确的。

定义 24.3（全同态加密） 一个方案ε = (KeyGen, Encrypt, Decrypt, Evaluate)是全同态的，如果对所有的布尔电路，ε都是正确的。

显然，根据定义 24.3，有两种平凡的方法可将任何公钥加密方案转化为全同态加密方案。一种方法是简单地将 Evaluate 算法取为在 C 的后面级联密文组$\vec{c}$，即 $\text{Evaluate}(\text{pk}, C, \vec{c})$；另一种方法是将 Evaluate 算法取为首先用 Decrypt 解密所有的密文$\vec{c}$，然后将所对应的明文作为 C 的输入计算其值，即 $\text{Evaluate}(\text{pk}, C, \vec{c}) = C(\text{Decrypt}(\text{sk}, c_1), \text{Decrypt}(\text{sk}, c_2), \cdots, \text{Decrypt}(\text{sk}, c_t))$。隐私电路和紧凑性（Compactness）可排除全同态加密方案的这两种平凡解决方法。

粗略地讲，隐私电路是指，除电路的输出值之外，由 Evaluate 产生的密文没有泄露关于电路的任何信息，即使知道解密密钥的人也是如此。具有隐私电路的全同态加密方案可使用混淆电路（Garbled Circuits）和一个双流（Two-Flow）健忘传输协议来实现，其构造类似于上述的平凡解决方法 1，只是用一个混淆电路代替了明文电路。因此，构造全同态加密方案的真正挑战来自紧凑性特性。紧凑性是指由 $\text{Evaluate}(\text{pk}, C, \vec{c})$ 产生的密文的尺寸不依赖于电路 C 的尺寸（也称为规模），看起来像普通密文一样。

定义 24.4（紧凑性） 一个方案ε = (KeyGen, Encrypt, Decrypt, Evaluate)是紧凑的，如果存在一个固定的多项式界 $b(\lambda)$，使得对任何由 KeyGen(λ)输出的密钥对(pk,sk)，任何电路 C，以及任何用 pk 产生的密文序列 $\vec{c} = (c_1, c_2, \cdots, c_t)$，密文 $\text{Evaluate}(\text{pk}, C, \vec{c})$ 的尺寸不超过 $b(\lambda)$ 比特，即密文 $\text{Evaluate}(\text{pk}, C, \vec{c})$ 的尺寸独立于 C 的尺寸。

24.3.3　类同态加密方案

本节主要介绍两个类同态加密方案，一个是对称的，另一个是非对称的。

1．参数选择

在密码方案的构造中，参数的选择也是非常重要的一个环节，要综合考虑安全性和效率等各方面因素。

下面的 4 个参数的尺寸都是安全参数 λ 的多项式：

（1）γ 是公钥中整数的比特长度。

（2）η 是私钥的比特长度。

（3）ρ 是噪声的比特长度，噪声就是公钥和私钥的最近倍数之间的距离。

（4）τ 是公钥中整数的数目。

上述参数选择必须满足以下限制：

（1）$\rho = \omega(\log \lambda)$，为了保护对噪声的强力攻击（穷举攻击）。

（2）$\eta \geqslant \rho \cdot \Theta(\lambda \log^2 \lambda)$，为了支持足够深的电路的同态性以计算压缩解密电路。

（3）$\gamma = \omega(\eta^2 \log \lambda)$，为了对抗基础近似 GCD 问题的各种基于格的攻击。

（4）$\tau \geqslant \gamma + \omega(\log \lambda)$，为了在近似 GCD 归约中使用剩余 Hash 引理。

其中，$\omega(\cdot)$ 和 $\Theta(\cdot)$ 是专业领域的特定记号，均可理解为多项式。

通常也使用第 2 个噪声参数 $\rho' = \rho + \omega(\log\lambda)$。一个合适的参数集选择是：$\rho = \lambda$、$\rho' = 2\lambda$、$\eta = O(\lambda^2)$、$\gamma = O(\lambda^5)$ 和 $\tau = \gamma + \lambda$。这样的参数选择可导致一个方案具有复杂度 $O(\lambda^{10})$，其中 $O(\cdot)$ 表示量级，可理解为一个多项式。

对一个具体的 η 比特的奇正整数 p，可按照以下方式定义一个在 γ 比特的整数上的分布：$D_{\gamma,\rho}(p) = \{选择 q \leftarrow \mathbb{Z} \cap [0, 2^\gamma / p), r \leftarrow \mathbb{Z} \cap (-2^\rho, 2^\rho): 输出 x = pq + 2r\}$。

2．类同态对称加密方案

使用上述参数，基于整数上的平凡运算，可以构造一个同态对称加密方案 ε_1=(KeyGen, Encrypt, Decrypt, Evaluate)，其构造过程如下：

（1）KeyGen(λ)：输入安全参数 λ，随机生成一个 η 比特的奇正整数 p（$p \in (2\quad +1) \cap [2^{\eta-1}, 2^\eta)$）作为密钥 k。

（2）Encrypt(k, m)：输入密钥 $k = p$ 和明文 $m \in \{0,1\}$，随机选择一个 $\gamma - \eta$ 比特的正整数 q（$q \in 2\mathbb{Z} \cap [0.2^\gamma / p)$）和一个 ρ 比特的整数 r（$r \in \mathbb{Z} \cap (-2^\rho, 2^\rho)$），显然 $2r + m$ 远小于 p，生成密文 $c = kq + 2r + m$。

（3）Decrypt(k,c)：输入密钥 $k = p$ 和密文 c，恢复明文 $m = (c \bmod k) \bmod 2$，其中 $c \bmod k \in \quad \cap (-p/2, p/2)$。

（4）Evaluate($k, C, c_1, c_2, \cdots, c_t$)：给定 t 比特输入的布尔电路 C 和 t 个密文 c_i，将密文 c_i 作为 C 的输入，此时将 C 的加法门和乘法门视为整数加法和乘法进行运算并返回计算的整数。

由方案 ε_1 的构造过程可知，其输出的密文 c 为 $k = p$ 的近乎倍数。一般将 $c \bmod k$ 称为与密文 c 相关联的噪声。实际上，噪声刻画的是与 k 最接近倍数之间的距离。解密过程中的噪声为 $2r + m$，它与明文 m 具有相同的奇偶性，因此，可以正确解密。

现在说明方案 ε_1 满足正确性的要求。由平凡整数运算的定义易知，方案 ε_1 支持加法、减法和乘法等同态操作。这里仅以乘法同态操作为例进行验证。设 $c = c_1 \cdot c_2$，c_i 的噪声为 $r'_i = 2r_i + m_i$，$i = 1, 2$。则对于某个整数 q'，有 $c = r'_1 r'_2 + kq'$。只要噪声足够小，即满足条件 $|r'_1 r'_2| < k/2$，则有 $c \bmod k = r'_1 \cdot r'_2$。从而有 $(c \bmod k) \bmod 2 = r'_1 \cdot r'_2 \bmod 2 = m_1 \cdot m_2$。

3．类同态公钥加密方案

下面将上述构造的同态对称加密方案 ε_1 转化为一个同态公钥加密方案 ε_2= (KeyGen, Encrypt, Decrypt, Evaluate)，其构造过程如下：

（1）KeyGen(λ)：输入安全参数 λ，随机生成一个 η 比特的奇正整数 p（$p \in (2\quad + 1) \cap [2^{\eta-1}, 2^\eta)$）作为私钥 sk，将利用同态对称加密方案 ε_1 对密文 0 的系列加密结果作为公钥，即随机选择 $\gamma - \eta$ 比特的正整数 q_i（$q_i \in \mathbb{Z} \cap [0, 2^\gamma / p)$）和 ρ 比特的整数 r_i（$r_i \in \quad \cap (-2^\rho, 2^\rho)$），$i = 0, 1, \cdots, \tau$，生成 $x_i = pq_i + 2r_i$（实际上，可以直接从集合 $D_{\eta,\rho}(p)$ 中随机选择 x_i，这里也看到了集合 $D_{\gamma,\rho}(p)$ 的真正来源）。通过调序可使得 x_0 最大（这样选择的目的是将密文长度控制在一定范围内），公钥为 pk $= \langle x_0, x_1, \cdots, x_\tau \rangle$。

（2）Encrypt(pk,m)：输入公钥 pk 和明文 $m \in \{0,1\}$，随机选择一个子集 $S \subseteq \{1, 2, \cdots, \tau\}$ 和一个 ρ' 比特的整数 r（$r \in \mathbb{Z} \cap (-2^{\rho'}, 2^{\rho'})$），生成密文 $c = (m + 2r + \sum_{i \in S} x_i) \bmod x_0$。其中 $c \in \mathbb{Z} \cap ($

$-x_0/2, x_0/2)$。

（3）Decrypt(sk, c)：输入私钥 $sk = p$ 和密文 c，恢复明文 $m = (c \bmod sk) \bmod 2$。

（4）Evaluate($pk, C, c_1, c_2, \cdots, c_t$)：给定 t 比特输入的布尔电路 C 和 t 个密文 c_i，将密文 c_i 作为 C 的输入，此时将 C 的加法门和乘法门视为整数加法和乘法进行运算并返回计算的整数。

因为 $c \bmod p = c - p \cdot [c/p]$（$[c/p]$ 表示离 c/p 最近的整数），p 是奇数，所以，可使用以下公式解密

$$m = (c - p \cdot [c/p]) \bmod 2 = (c - [c/p]) \bmod 2 = (c \bmod 2) \oplus ([c/p] \bmod 2)$$

由于 $c = (c + 2r + \sum_{i \in S} x_i) \bmod x_0$，所以，存在 s，使得 $m + 2r + \sum_{i \in S} x_i = sx_0 + c$，结合加密公钥的构造，可由以下公式说明 ε_2 可以正确解密

$$\begin{aligned} c = m + 2r + \sum_{i \in S} x_i - sx_0 &= p\sum_{i \in S} q_i + 2(r + \sum_{i \in S} r_i) + m - sx_0 \\ &= p(\sum_{i \in S} q_i - sq_0) + 2(r + \sum_{i \in S} r_i) + m \end{aligned}$$

现在考虑方案 ε_2 的正确性。在构造方案 ε_2 的 Evaluate 算法时，采取的方法是，对给定的布尔电路 C，把它一般化到整数上，也就是将 C 的模 2 加法门和模 2 乘法门视为整数加法门和整数乘法门。类似于文献[22]，可以定义许可电路（Permitted Circuit）。许可电路是指，对任何 $\alpha \geqslant 1$ 和任何一个输入集，每个输入都是绝对值小于 $2^{\alpha(\rho'+2)}$ 的整数，一般化电路的输出的绝对值至多为 $2^{\alpha(\eta-4)}$。设 $C\varepsilon_2$ 表示许可电路的集合，易知，方案 ε_2 关于 $C\varepsilon_2$ 是正确的。因为由 Encrypt 输出的"新鲜"密文的噪声至多为 $2^{\rho'+2}$，所以，由 Evaluate 应用于一个许可电路输出的密文的噪声至多为 $2^{\eta-4} < p/8$。

4．类同态加密方案的安全性

上述构造的两个方案 ε_1 和 ε_2 的安全性都与近似最大公因子问题（简称为近似 GCD 问题）有关。近似 GCD 问题（Approximate GCD Problem，AGCDP）是指：给定任意一个整数集合 $\{x_0, x_1, \cdots, x_m\}$，其中每个 x_i 都是随机选择的并且都非常接近于一个未知大整数 p 的倍数，确定该公共近似因子 p。这个问题可形式化地定义为以下问题。

定义 24.5（近似 GCD 问题） (ρ, η, γ) 近似 GCD 问题是指，对一个随机选择的 η 比特奇正整数 p，给定 $D_{\gamma,\rho}(p)$ 中的多项式个样本，求出 p。

关于方案 ε_1，只要假设近似 GCD 问题是困难的，参数选择适当，那么该方案就是安全的。甚至有人认为选择 $r \approx 2^{\sqrt{\eta}}, q \approx 2^{\eta^3}$，方案 ε_1 都是安全的。

关于方案 ε_2，可将其安全性规约到近似 GCD 问题的困难性，已证明如下结论。

定理 24.1[26] 对固定参数 $(\rho, \rho', \eta, \gamma, \tau)$ 的方案 ε_2，这些参数都是安全参数 λ 的多项式。对方案 ε_2 的任何具有优势 ε 的攻击 A 都可以转化为一个成功率至少为 $\varepsilon/2$ 的解决 (ρ, η, γ)-近似 GCD 问题的算法 B。B 的运行时间是 A 的运行时间、λ 和 $1/\varepsilon$ 的多项式。

24.4 信息流控制

本书第 6 章介绍的访问控制能够约束用户的权限，但不能约束系统中的信息流。信息泄

露往往并非源于访问控制的缺陷，而是由于有关信息流策略的缺乏。信息流控制与信息的传播权有关，而不管信息是由什么客体持有的，这种控制规定信息可流动的有效途径。

信息流系统（Information Flow System）主要由信息流策略、状态和状态转换组成。信息流策略定义信息在系统中流动的方式，是描述信息流动的合法路径的安全策略。通常设计这些策略是为了保护数据的机密性或完整性，但二者的目标是不同的。对数据机密性而言，策略的目标是防止信息流向没有被授权接收该信息的用户；而对数据完整性而言，策略的目标是信息只能流向可信度不高于该数据可信度的进程。任何机密性和完整性策略都要体现某种信息流策略。本节首先介绍信息流控制的基本概念，接下来介绍两种信息流控制机制，即基于编译器的机制和基于执行的机制。

24.4.1 信息流控制的基本概念

一个系统的信息状态（Information State）由系统中的每个客体的值和安全类型来描述。客体可以是一个逻辑结构（如文件、记录、记录内的字段或程序变量），也可以是一个物理结构（如存储地址、存储器）或一个用户。对于客体 x，用“x”表示其名字和值，用“$\underline{x}$”表示其安全类型。给定客体 x 和 y，用表达式“$\underline{x} \leqslant \underline{y}$”表示信息能够从 x 流向 y，也表示安全类型为$\underline{x}$的信息能流向安全类型为$\underline{y}$的信息。

状态转换（State Transition）由生成和删除客体的操作，以及改变客体的值和安全类型的操作来建模。信息流总是与改变客体的值的操作有关。如果一系列命令 c 的作用使得原来在客体 x 中的信息影响了在客体 y 中的信息，则称信息从客体 x 流向客体 y。

设 c 是一个命令序列，它可使系统状态从 s 转移到 t。设 x 和 y 是系统中的客体，假定当系统状态是 s 时存在 x 且其值为 x_s，当系统状态是 t 时存在 y 且其值为 y_t。如果当系统状态是 s 时存在 y，则此时 y 的值为 y_s。

定义 24.6 如果 $H(x_s \mid y_t)<H(x_s \mid y_s)$，则称命令序列 c 使得信息从 x 流向 y。如果 y 在系统状态是 s 时不存在，则 $H(x_s \mid y_s)= H(x_s)$。

上述定义表明，如果根据命令发生后 y 的值可推导出命令发生前 x 的值的信息，则称信息从变量 x 向变量 y 流动。这个定义将信息流视为可根据 y 的值来推导 x 的值的信息。例如，语句“$y{:=}x$”暴露了初始状态时的 x 值，所以，$H(x_s \mid y_t)=0$，这是因为给定 y_t，x_s的值没有不确定性了。

定义 24.7 信息从 x 流向 y，但不存在形如 $y{:=}f(x)$的显式赋值，其中 $f(x)$是变量 x 的算术表达式，则将这种信息流称为隐式信息流。

隐式信息流的发生并不是因为使用 x 的值进行了赋值，而是因为基于 x 的值的控制流。这表明，通过对程序中赋值操作的分析来检测信息流是不充分的。例如，在一个程序中，假定 x 和 y 都均匀地取 0 或 1，则语句“if x=1 then y:=0;else y:=1”非显式地把 x 的值赋给了 y。这是因为 $H(x_s \mid y_s)=H(x_s)=1$，但 $H(x_s \mid y_t)=0$，因此，信息从 x 流向 y。

在讨论信息流控制模型时，经常用到一个数学结构“格”，一个格是满足下列条件的集合 S 和关系 R 的组合：

（1）R 是自反的、反对称的和传递的。

（2）对任意的 s、$t \in S$，存在最大下界。

（3）对任意的 s、$t \in S$，存在最小上界。

例如，集合 $S=\{0,1,2\}$关于关系“小于或等于（≤）”构成了一个格。根据算术法则，该关系是自反的，即对任意的 $a \in S$，$a \leqslant a$；该关系是反对称的，即对任意的 a、$b \in S$，若 $a \leqslant b$ 且 $b \leqslant a$，则 $a=b$；该关系也是传递的，即对任意的 a、b、$c \in S$，若 $a \leqslant b$，$b \leqslant c$，则 $a \leqslant c$。S 中的任意两个整数的最大下界是其较小者，任意两个整数的最小上界是其较大者。

已有结论表明，非格策略可嵌入格中，因此，不失一般性，信息流分析可在信息流控制模型是格的假设下进行。

24.4.2　信息流控制机制

本节主要介绍两种信息流控制机制，一种是基于编译器的，另一种是基于执行的。

1．基于编译器的机制

基于编译器的机制的基本工作原理是：检验程序中的信息流是否经过授权，也就是判定程序中的信息流是否"可能"违反给定的信息流策略。这种判定不是精确的，安全的信息流路径也可能会被标记为违反策略；但这种判定是安全的，也就是未经授权的信息流路径一定会被检测出来。

如果一个语句集合中的信息流不违反信息流策略 I，则称该语句集合关于信息流策略 I 是有安全保证的。

为了讨论方便，假定安全信息流通过某种外部方式提供给检验机制，如文件方式。安全信息流的规范涉及语言结构的安全类型（也简称为类型）。程序包含变量，所以，某些语言结构必须将变量与安全类型关联起来。主要有两种方法：一种是精确地为每个变量分配一种安全类型；另一种是使用语言结构来表示可流入变量的信息的安全类型集合。第 2 种方法的一个例子是，语句"x:int class$\{A,B\}$"表示 x 是一个整数变量且来自安全类型 A 和 B 的数据可流入 x。如果把安全类型集合视为格，这就表示 x 的类型必须至少是类型 A 和 B 的最小上界，即 $\text{lub}\{A,B\} \leqslant \underline{x}$。这里，$\text{lub}\{a, b\}$表示 a 与 b 的最小上界。

两种不同的类型 Low 和 High 分别代表格中的最大下界和最小上界。所有的常量都属于 Low 类型。Low 类型安全信息可以流向任何地方，High 类型安全信息不能流出。

信息可以通过参数输入或输出子程序，可将参数分为 3 种类型：①输入参数，数据可通过该参数输入子程序；②输出参数，数据可通过该参数输出子程序；③输入/输出参数，数据既可通过该参数输入子程序，也可通过该参数输出子程序。

设输入参数为 i_s，输出参数为 o_s，输入/输出参数为 io_s。考虑如下结构的过程：

```
proc procname(i1,…,ik; var o1,…,om,io1,…,ion);
  var z1,…,zj;                    (*局部变量*)
  begin
      S;                          (*程序体*)
  end
```

输入参数的类型就是实际参数的类型，即 i_s:type class $\{i_s\}$。记 $r_1,\cdots,r_p$ 为输入和输入/输出变量的集合，它们的信息流向输出变量 o_s，类型声明必须体现这一点，即 o_s:type class $\{r_1,\cdots,r_p\}$。除了初始值（作为输入）影响允许的安全类型，输入/输出参数与输出参数一样，即 io_s:type class $\{r_1,\cdots,r_p,\text{io}_s\}$。

例如，一个计算其输入最大值的过程的流的描述如下：

```
Proc max(x:int class{x};y:int class{y};var m:int class{x,y});
```

```
begin
    if x>y then m:=x else m:=y;
end
```

所描述的输出 m 的安全类型意味着 $\underline{x} \leqslant \underline{m}$ 且 $\underline{y} \leqslant \underline{m}$。

上述类型说明只表现了基本类型，如整型、字符型、浮点数型。非标量类型，如数组、记录（结构）和变体记录（联合）也包含信息，这些数据类型的信息流类型规则要建立在标量类型之上。考虑数组“a:array 1…100 of int”，首先考虑信息流出数组的一个元素 $a[i]$的情形。在这种情形下，信息从 $a[i]$中流出，也从 i 中流出，后者是因为下标 i 指示到底是使用了数组的哪一个元素。流入 $a[i]$的信息只影响 $a[i]$的值，因此，不影响 i 中的信息。这样，对于从 $a[i]$流出的信息，它涉及的类型是 $\mathrm{lub}\{\underline{a[i]},\underline{i}\}$；对于流入 $a[i]$的信息，涉及的类型就是 $\underline{a[i]}$。

一个程序包含若干类型的语句，典型的语句主要有赋值语句、复合语句、条件语句、迭代语句、goto 语句、过程调用语句、函数调用语句和输入/输出语句等。可以给出这些语句中信息流安全的必要条件。

例 24.1 一个赋值语句的形式为“$y{:=}f(x_1,\cdots,x_n)$”，其中 y 和 $x_1,\cdots,x_n$ 是变量，f 是变量 $x_1,\cdots,x_n$ 的函数。信息从每个变量 x_i 流向 y，因此，要使赋值语句中信息流是安全的，必须满足条件：$\mathrm{lub}(\underline{x}_1,\cdots,\underline{x}_n) \leqslant \underline{y}$。

例 24.2 一个条件语句的形式为“If $f(x_1,\cdots,x_n)$ then S_1 else S_2”，其中 $x_1,\cdots,x_n$ 是变量，f 是关于这些变量的函数。根据 f 的值，S_1 和 S_2 中有一个要被执行，所以，S_1 和 S_2 都必须是安全的。选择 S_1 或 S_2 都会泄露变量 $x_1,\cdots,x_n$ 的值，所以，信息必须能够从这些变量流向 S_1 和 S_2 中的任意赋值目标。当且仅当赋值目标的最低级类型支配变量 $x_1,\cdots,x_n$ 的最高级类型时这一条件满足。这样，要使条件语句中的信息流安全，必须满足条件：S_1 和 S_2 都是安全的，并且 $\mathrm{lub}\{\underline{x}_1,\cdots,\underline{x}_n\} \leqslant \mathrm{glb}\{\underline{y} \mid y$ 是 S_1 或 S_2 中的一个赋值对象$\}$。特别地，如果语句 S_2 是空语句，则它是平凡安全的而且没有任何赋值。这里，$\mathrm{glb}\{a, b\}$表示 a 与 b 的最大下界。

2. 基于执行的机制

基于执行的机制的目标是防止信息流违反安全策略。对于包含显式信息流的语句，通过检验显式信息流的安全条件可以达到这个目的。在赋值语句“$y{:=}f(x_1,\cdots,x_n)$”被执行之前，基于执行的机制验证：$\mathrm{lub}(\underline{x}_1,\cdots,\underline{x}_n) \leqslant \underline{y}$。如果结果为真，则执行赋值语句；否则，赋值失败。对于显式信息流，一种平凡的方法就是在其发生之前检验信息流条件。然而，对于隐式信息流，这就使得这种检验变得更为复杂。Fenton[27]开发了一种称为数据标记机的抽象机器来处理隐式信息流，定义了数据标记机的语义，并为程序计数器（PC）设计了一种标记。数据标记机中的每个变量都有一种关联的安全类型或标记。

PC 的引入可将隐式信息流作为显式信息流来处理，因为程序分支仅是对 PC 的赋值。

数据标记机主要有 5 种指令或语句：加 1 指令、条件语句、返回语句、分支语句和停机指令。可以给出这些指令或语句与变量类型之间的关系。

例 24.3 加 1 指令“$x{:=}x{+}1$”等价于“if $\underline{\mathrm{PC}} \leqslant \underline{x}$ then $x{:=}x{+}1$ else skip”。skip 表示不执行该语句。

例 24.4 分支语句“if $x{=}0$ then goto n else $x{:=}x{-}1$”等价于“if $x{=}0$ then {if $\underline{x} \leqslant \underline{\mathrm{PC}}$ then {PC:=n;} else skip} else {if $\underline{\mathrm{PC}} \leqslant \underline{x}$ then {$x{:=}x{-}1$;} else skip}”。

数据标记机通过忽略错误来处理错误，并将 PC 的类型改为与程序运行一样的类型。实际上这是一种动态类型的表达，其中变量能改变它自己的类型。对于显式赋值，这种改变是直接的。当赋值“$y{:=}f(x_1,\cdots,x_n)$”发生时，y 的类型变成 $\mathrm{lub}(\underline{x}_1,\cdots,\underline{x}_n)$。隐式信息流再次使这个问题复杂化。

从某种意义上讲，前面介绍或提到的防火墙、安全网关、安全交换系统等很多安全产品都具有信息流控制功能。文献[26]介绍了两个早期的信息流控制实例：第 1 个例子是一类专用计算机[28]，它用于检验主机与二级存储单元之间的 I/O 操作；第 2 个例子是一个邮件防护装置[29]，它用于检验秘密网络与公共网络之间的电子邮件。它们的目的都是防止系统之间的非法信息流，是在系统层面上提供信息流控制，而不是在程序和程序语句的层面上提供信息流控制。

24.5 容灾备份与数据恢复

为了防止存储的数据意外丢失，一般需要采用一些容灾备份与数据恢复技术进行保障。本节主要介绍常用的容灾备份与数据恢复技术。

24.5.1 容灾备份

容灾备份本质上是两个概念，容灾是为了保证信息系统在遭遇灾害时能够正常运行，实现业务连续性的目标；备份是为了应对灾难造成的数据丢失问题。市场上现有的一些产品通常将容灾和备份功能融为一体，因此，人们经常把这两个概念放在一起来讲。

1. 数据备份分类

数据备份是容灾的基础，是指为防止系统出现操作失误或系统故障导致数据丢失，而将全部或部分数据集合从应用主机的硬盘或阵列复制到其他存储介质的过程。数据备份主要分为冷备份和热备份两大类。

冷备份也称为离线备份，是指在关闭数据库并且数据库不能更新的状况下进行的数据库完整备份。并可对数据进行指定恢复。冷备份具有快速（只需复制文件）、易归档（简单复制即可）、易恢复到某个时间点上（只需将文件再复制回去）、维护成本低、安全性高等优点。但其缺点是：单独使用时，只能提供到某个时间点上的恢复；在实施备份的全过程中，数据库必须处于关闭状态；若磁盘空间有限，则只能复制到磁带等其他外部存储设备上，速度会很慢；不能按表或按用户恢复。

热备份是在数据库运行的情况下，采用归档模式（Archivelog Mode）进行数据备份的方法，即热备份是系统处于正常运转状态下的备份。所以，如果用户拥有冷备份和热备份文件，当发生问题时，就可以利用这些资料恢复更多的信息。热备份要求数据库在归档模式下操作，并需要大量的档案空间。一旦数据库运行在归档模式下就可进行备份。

从广义上讲，热备份就是服务器高可用的另一种说法，英文词为“high available”，而通常所说的热备份是根据意译而来的，同属于高可用范畴，而双机热备份只限定了高可用中的两台服务器。热备份软件是用来解决一种不可避免的计划和非计划系统宕机问题的软件解决方案，当然也有硬件的。热备份软件也是构筑高可用集群系统的基础软件，对于任何导致系统宕机或服务中断的故障，都会触发软件流程来进行错误判定、故障隔离及通地联机恢复来继续执行被中断的服务。在这个过程中，用户只需要经受一定程度、可接受的时延，就可在最短的时间内恢复服务。

从狭义上讲，双机热备份特指基于高可用系统中的两台服务器的热备份，双机热备份按工作中的切换方式可分为：主–备（Active-Standby）方式和双主机（Active-Active）方式。主–备方式是指一台服务器处于某种业务的激活状态，即 Active 状态，另一台服务器处于该业务的备用状态，即 Standby 状态；而双主机方式是指两种不同业务分别在两台服务器上互为主、备状态，即 Active-Standby 状态和 Standby-Active 状态。需要注意的是，Active-Standby 状态是指某种应用或业务的状态，不是指服务器的状态。

2. 主要备份技术

备份技术主要有 LAN 备份、LAN Free 备份和 SAN Server-Free 备份。LAN 备份对所有存储类型都适用，LAN Free 备份和 SAN Server-Free 备份只适用于 SAN（Storage Area Network，存储区域网络）架构的存储。

传统备份需要在每台主机上安装磁带机备份本机系统，采用 LAN 备份，在数据量不大时，可集中备份。一台中央备份服务器将安装在 LAN 中，然后将应用服务器和工作站配置为备份服务器的客户端。中央备份服务器接受运行在客户机上的备份代理程序的请求，将数据通过 LAN 传输到它所管理的、与其连接的本地磁带机资源上。这一方式提供了一种集中的、易于管理的备份方案，并通过在网络中共享磁带机资源提高效率。

由于数据通过 LAN 传输，因此当需要备份的数据量较大、备份时间窗口紧张时，网络容易发生堵塞。在 SAN 环境下，可采用 LAN Free 备份，需要备份的服务器通过 SAN 连接到磁带机上，在 LAN Free 备份客户端软件的触发下，读取需要备份的数据，通过 SAN 备份到共享的磁带机。这种独立网络不仅可以使 LAN 流量得以转移，而且它的运转所需的 CPU 资源低于 LAN 方式，这是因为光纤通道连接不需要经过服务器的 TCP/IP 栈，而且某些层的错误检查可以由光纤通道内部的硬件完成。在解决方案中需要一台主机来管理共享的存储设备，以及查找和恢复数据的备份数据库。

LAN Free 备份需要占用备份主机的 CPU 资源，如果备份过程能够在 SAN 内部完成，而大量数据流无须流过服务器，则可以极大地降低备份操作对生产系统的影响。SAN Server-Free 备份就是这样一种技术，它是 LAN Free 备份的延伸，进一步释放了服务器压力，备份数据不通过服务器内存，直接通过 SAN 进行数据传输。SAN Server-Free 备份可在短时间备份大量数据，对服务器资源占用少，但成本高。

3. 容灾系统

容灾系统是指在相隔较远的异地，建立两套或多套功能相同的 IT 系统，其相互之间可以进行健康状态监视和功能切换。当一处系统因意外（如火灾、地震）停止工作时，整个系统可以切换到另一处，使得该系统功能可以继续正常工作。容灾技术是系统的高可用性技术的一个组成部分，容灾系统更加强调处理外界环境对系统的影响，特别是灾难性事件对整个 IT 系统节点的影响，提供节点级别的系统恢复功能。

从对系统的保护程度来看，可将容灾系统分为数据级、应用级和业务级。

数据级容灾是指通过建立异地容灾中心，进行数据的远程备份，在灾难发生之后要确保原有的数据不会丢失或遭到破坏，但在数据级容灾这个级别，发生灾难时应用是会中断的。在数据级容灾方式下，建立的异地容灾中心可以简单地理解为一个远程的数据备份中心。数据级容灾的恢复时间较长，但是相比其他容灾级别来讲，成本较低，而且构建实施也相对简单。

应用级容灾是在数据级容灾的基础上，在备份站点同样构建一套相同的应用系统，通过同步或异步复制技术，保证关键应用在允许的时间范围内恢复运行，尽可能减少灾难带来的损失，让用户基本感受不到灾难的发生，这样就使系统提供的服务是完整的、可靠的和安全的。应用级容灾生产中心和异地灾备中心之间的数据传输采用异类的广域网传输方式；同时应用级容灾需要通过更多的软件来实现，可以使多种应用在灾难发生时进行快速切换，确保业务的连续性。

业务级容灾是全业务的灾备，除了必要的 IT 相关技术，还要求具备全部的基础设施。其大部分内容是非 IT 系统（如电话、办公场所）。当重大灾难发生后，原有的办公场所会受到破坏，除了数据和应用的恢复，更需要一个备份的工作场所，以便业务正常开展。

24.5.2 数据恢复

数据恢复是指通过各种方法和手段把丢失或遭到破坏的数据还原为正常数据。例如，当计算机存储介质损坏，导致部分或全部数据不能访问、读出时，需要通过一定的方法和手段将数据重新找回，使信息得以再生。数据恢复不仅可恢复已丢失的文件，还可恢复物理损伤的磁盘数据，以及不同操作系统的数据。数据恢复是存储介质出现问题之后的一种补救措施，它既不是预防措施，也不是备份。当然，在一些特殊情况下数据可能难以恢复，如数据被覆盖、低级格式化、磁盘盘片严重损伤。

1. 数据恢复分类

数据恢复主要包括软恢复、硬恢复、数据库系统或封闭系统恢复、覆盖恢复 4 类。

软恢复主要是恢复操作系统、文件系统层的数据。这种丢失主要是因软件逻辑故障、病毒木马、误操作等而造成的数据丢失，物理介质没有发生实质性的损坏，一般来说，在这种情况下是可以修复的，一些专用的数据恢复软件都具备这种能力。在所有的软损坏中，系统服务区出错属于比较复杂的，因为即使是同一厂家生产的同一型号硬盘，其系统服务区也不一定相同，而且厂家一般不会公布自己产品的系统服务区内容和读取的指令代码。

硬恢复主要针对硬件故障而丢失的数据，如因硬盘电路板、盘体、马达、磁道、盘片等损坏或硬盘固件系统问题等而导致的系统不认盘，恢复起来难度较大。这时需注意不要尝试对硬盘反复加电，避免因人为操作造成更大面积的划伤，这样还有可能能恢复大部分数据。

数据库系统或封闭系统恢复往往难度较大，因为这部分系统自身就是非常复杂的系统，有自己的一套完整的保护措施，一般的数据问题都可以靠自身冗余保证数据安全。例如，SQL、Oracle、Sybase 等大型数据库系统，以及 MAC、嵌入式系统、手持终端系统，仪器仪表等系统往往恢复都有较大的难度。

覆盖恢复的难度非常大，一般民用环境下往往因为需要投入大量资源，可能得不偿失。但是尖端的国防军事等国家级机构或个别掌握尖端科技的硬盘厂商能做到，具体技术一般都涉及核心机密，无法探知。

2. 数据恢复基本方法

这里简要介绍数据恢复的基本方法。

硬盘存放数据的基本单位是扇区，可将其理解为一本书的一页。当装机或买来一个移动硬盘时，第 1 步就是为了方便管理进行分区。无论用何种分区工具，都会在硬盘的第 1 个扇区标注上硬盘的分区数量、每个分区的大小、起始位置等信息，称为主引导记录（MBR），也称为分区信息表。当主引导记录因为各种原因（如硬盘坏道、病毒、误操作）被破坏后，一些或全部分区自然就会丢失不见，根据数据信息特征，可以重新推算分区大小及位置，并手工标注到分区信息表，这样就可以将“丢失”的分区找回来。

为了管理文件存储，硬盘分区完毕后，接下来的工作就是格式化分区。格式化程序根据分区大小，合理地将分区划分为目录文件分配区和数据区，如同一本书一样，前几页为章节目录，后面才是真正的内容。文件分配区记录着每个文件的属性、大小、在数据区的位置。对所有文件的操作，都是根据文件分配区记录来进行的。文件分配区遭到破坏后，系统将无法定位文件，虽然每个文件的真实内容还存放在数据区，但是系统仍然会认为文件已经不存在了。要想直接找到想要的章节已不可能，要想得到想要的内容（恢复数据），只能凭记忆找到具体内容的大约页数或逐页（扇区）寻找想要的内容。这样，数据仍可以恢复。

24.6 小结与注记

本章从数据全生命周期角度分析了数据安全威胁，主要介绍了密文检索、密文计算、信息流控制、容灾备份与数据恢复等基本原理和方法。数据与数据库有着天然的联系，因此，相关数据库安全技术可用于数据安全，不仅如此，从数据安全威胁分析可以看出，数据安全几乎涉及安全领域的方方面面，解决数据安全问题是一个系统工程。

数据安全不仅关系到国家主权、安全和发展利益，而且关系到公民、组织的合法权益，也是保障数据高效合理开发利用的基石。2021 年 6 月颁布的《中华人民共和国数据安全法》将数据定义为任何以电子或者其他方式对信息的记录；将数据安全定义为通过采取必要措施，保障数据处于有效保护和合法利用的状态，以及具备保障持续安全状态的能力。本章主要关注的是电子化、数字化的数据。

本章在写作过程中主要参考了文献[1]、[2]、[22]和[26]。值得一提的是，容灾备份与数据恢复是实用性很强的技术，关于这一节的内容主要是通过搜集网络上的一些素材整理而成。文献[1]对安全检索和密文计算等技术做了比较系统的介绍。

思 考 题

1. 数据安全威胁主要有哪些？
2. 简述密文检索基本原理。
3. 简述密文计算基本原理。
4. 简述同态加密研究进展。
5. 信息流控制机制有哪些？各有什么特点？
6. 简述容灾备份与数据恢复基本方法。

参 考 文 献

[1] 冯登国，等. 大数据安全与隐私保护[M]. 北京：清华大学出版社，2018.

[2] 冯登国. 数据安全：保障数据高效合理开发利用的基石[J]. 科技导报，2021，39(8)：1-1.

[3] DENNING D E R. Cryptography and data security [J]. Addison-Wesley，1982.

[4] SONG D X，WAGNER D，PERRIG A. Practical techniques for searches on encrypted data[C]// Proceedings of the 2000 IEEE Symposium on Security and Privacy. New York：IEEE，2000：44-55.

[5] RIVEST R L，ADLEMAN L，DERTOUZOS M L. On data banks and privacy homomorphisms[J]. Foundations of secure computation，1978，4(11)：169-180.

[6] RIVEST R L，SHAMIR A，ADLEMAN L. A method for obtaining digital signatures and public-key cryptosystems[J]. Communications of the ACM，1978，21(2)：120-126.

[7] ELGAMAL T. A public key cryptosystem and a signature scheme based on discrete logarithms[J]. IEEE transactions on information theory，1985，31(4)：469-472.

[8] GOLDWASSER S，MICALI S. Probabilistic encryption[J]. Journal of computer and system sciences，1984，28(2)：270-299.

[9] BENALOH J. Dense probabilistic encryption[C]//Proceedings of the 1994 workshop on selected areas of cryptography. Heidelberg：Springer，1994：120-128.

[10] FOUSSE L，LAFOURCADE P，ALNUAIMI M. Benaloh's dense probabilistic encryption revisited[C]// Progress in Cryptology-Proceeding of the 4th International Conference on Cryptology in Africa (AFRICACRYPT). Heidelberg：Springer，2011：348-362.

[11] OKAMOTO T，UCHIYAMA S. A new public-key cryptosystem as secure as factoring[C]// Advances in Cryptology：Proceeding of the 1998 International Conference on the Theory and Applications of Cryptographic Techniques (EUROCRYPT). Heidelberg：Springer，1998：308-318.

[12] NACCACHE D，STERN J. A new public key cryptosystem based on higher residues[C]//Proceedings of the 5th ACM conference on Computer and communications security. New York：ACM，1998：59-66.

[13] PAILLIER P. Public-key cryptosystems based on composite degree residuosity classes[C]// Advances in Cryptology：Proceeding of the 1999 Annual International Conference on the Theory and Applications of Cryptographic Techniques (EUROCRYPT). Heidelberg：Springer，1999：223-238.

[14] DAMGARD I，JURIK M. A generalisation，a simplification and some applications of Paillier's probabilistic public-key system[C]// Proceedings of the 2001 International Conference on Practice and Theory in Public Key Cryptography (PKC). Heidelberg：Springer，2001：119-136.

[15] BONEH D，GOH E J，NISSIM K. Evaluating 2-DNF formulas on ciphertexts[C]// Proceedings of the 2005 Theory of Cryptography Conference(TCC). Heidelberg：Springer，2005：325-341.

[16] FELLOWS M，KOBLITZ N. Combinatorial cryptosystems galore![J]. Contemporary Mathematics，1994，168：51-51.

[17] LEVY D V F，PERRET L. A polly cracker system based on satisfiability[J]. Coding，Cryptography and Combinatorics，2004：177-192.

[18] VAN L L. Polly two：a new algebraic polynomial based public-key scheme[J]. Applicable Algebra in Engineering，Communication and Computing，2006，17(3)：267-283.

[19] SANDER T，YOUNG A，YUNG M. Non-interactive crypto computing for NC/sup 1[C]//Proceeding of the 40th Annual Symposium on Foundations of Computer Science (FOCS). Piscataway：IEEE，1999：554-566.

[20] BEAVER D. Minimal-latency secure function evaluation[C]// Advances in Cryptology：Proceeding of the 2000 Annual International Conference on the Theory and Applications of Cryptographic Techniques (EUROCRYPT). Heidelberg：Springer，2000：335-350.

[21] ISHAI Y，PASKIN A. Evaluating branching programs on encrypted data[C]//Proceeding of the 2007 Theory of Cryptography Conference (TCC). Heidelberg：Springer，2007：575-594.

[22] GENTRY C. Fully homomorphic encryption using ideal lattices[C]//Proceeding of the 2009 ACM Symposium on Theory of Computing (STOC). New York：ACM，2009：169-178.

[23] BRAKERSKI Z，GENTRY C，VAIKUNTANATHAN V. (Leveled) fully homomorphic encryption without bootstrapping[J]. ACM Transactions on Computation Theory (TOCT)，2014，6(3)：13.

[24] VAN D M，GENTRY C，HALEVI S. Fully homomorphic encryption over the integers[C]// Advances in Cryptology：Proceeding of the 2010 Annual International Conference on the Theory and Applications of Cryptographic Techniques(EUROCRYPT). Heidelberg：Springer，2010：24-43.

[25] DENNING D E R. Cryptography and data security [J]. Addison-Wesley，1982.

[26] MATT B. Computer security art and science[M]. Boston：Addison-Wesley，2003.（MATT B. 计算机安全学：安全的艺术与科学[M]. 王立斌，黄征，译. 北京：电子工业出版社，2005.）

[27] FENTON J. Memoryless subsystems [J]. Computer Journal，1974，17(2)：143-147.

[28] HOFFMAN L，DAVIS R. Security pipeline interface(SPI)[C]//Proceedings of the 6th Annual Computer Security Applications Conference，1990：349-355.

[29] SMITH R. Constructing a high assurance mail guard[C]//Proceedings of the 17th National Computer Security Conference，1994：247-253.

[30]O'BRIEN R，RGERS C. Developing applications on LOCK[C]//Proceedings of the 14th National Computer Security Conference，1991：147-156.

比特币

天生我材必有用，千金散尽还复来。

——唐·李白《将进酒》

第25章　区块链安全

内容提要

区块链是一种去中心化的分布式新型计算范式，是一种由分布式数据存储、共识机制、密码算法、智能合约、点对点传输等多种技术形成的组合创新型技术。单从其定义就能看出，区块链涉及很多技术，本章重点关注与安全相关的技术。但一些安全技术，如密码算法、隐私保护等已在本书的前面介绍过，因此，本章在分析区块链安全威胁的基础上，主要介绍区块链本身及其独具特色的安全机制——共识机制。共识机制是区块链的基础和核心，它决定参与节点以何种方式对某些特定的数据达成一致。共识机制可分为经典分布式共识机制和区块链共识机制，区块链共识机制又可分为两类：一类是授权共识机制，授权网络中节点一般在通过公钥基础设施（PKI）完成身份认证后，才能参与后续的共识过程；另一类是以比特币为代表的非授权共识机制，非授权网络中的节点可随时加入和退出，节点数量动态变化且不可预知，非授权共识机制通过特定算法完成出块者选举、区块生成和节点验证更新区块链等过程。

本章重点

- 区块链的概念
- 区块链基础架构
- 区块链安全威胁
- 比特币的基本原理
- 共识机制

25.1 区块链基础架构

区块链起源于中本聪（有趣的是中本聪是一个假名）的论文[1]，论文中并没有直接提出“blockchain”这个词，而是提到了“a chain of block”。

区块链（Blockchain）有狭义和广义之分。狭义讲，区块链是一种按照时间顺序将数据区块以顺序相连的方式组合成的一种链式数据结构，并以密码学方式保证不可篡改和不可伪造的分布式账本。广义讲，区块链是利用块链式数据结构来验证和存储数据、利用分布式节点共识算法来生成和更新数据、利用密码学方式来保证数据传输和访问安全、利用由自动化脚本代码组成的智能合约来编程和操作数据的一种分布式基础架构与计算范式[2]。

区块链具有以下基本特征：

（1）去中心化。任何节点的地位都是均等的，任何节点都可以自由退出或加入区块链系统，所有节点参与数据的验证、存储、传输和更新，不存在中心化的节点或管理机构。

（2）不可篡改性。一旦数据被记录到区块链中，并经过多次确认之后，那么存储的数据就被永久存储起来，除非能够同时控制全网总算力的 51%以上，否则不可更改。此外，每个节点都独立保存完整的区块链，任何节点修改自己的区块链数据都是无效的。

（3）可追踪性。区块链记录了所有历史数据，每一笔交易都可以追溯其来源。

（4）开放透明性。系统和区块链数据对所有节点开放，任何人都可以通过公开的接口查询区块链数据和开发相关应用。

（5）匿名性。区块链系统通过地址（假名）进行交易，无法将地址和用户的真实身份一一对应起来，可实现一定程度的匿名性。

根据应用场景和参与者的不同，可将区块链分成 3 类：公有链、私有链和联盟链。

（1）公有链（Public Blockchain）。任何节点都可以自由加入和退出区块链系统，都可以发送和确认交易，也都可以参与共识过程，没有中心化的机构。常见系统有比特币、以太坊等。

（2）私有链（Private Blockchain）。只有单一组织拥有写入权限，可以制定和修改区块链规则，信息一般不公开。私有链可用于协调组织机构内部各部门之间的工作。

（3）联盟链（Consortium Blockchain）。介于公有链和私有链之间，若干组织构成利益相关的联盟，约定区块链规则。节点的加入与退出需要联盟授权，只允许有限的、经过授权的节点参与共识过程。常见系统有 Corda、Fabric 等。

区块链起源于比特币，比特币是最简单也是最典型的区块链架构。后期的区块链也基本上延续了比特币的基础架构，主要由数据层、网络层、共识层、激励层、合约层和应用层构成。但是随着区块链的发展，区块链的基础架构也发生了一些变化，目前主要由网络层、交易层、共识层和应用层构成，如图 25.1 所示[3]。

1．网络层

网络层负责区块链节点之间的通信，主要包括区块链网络的组网方式和区块链节点之间的通信机制。在组网方式上，区块链采用 P2P 网络（Peer-to-Peer Networking，对等网络）的组网技术，具有去中心化的特性。不同的区块链节点分布在不同的物理位置，并且所有节点的关系平等，不存在中心权威节点。

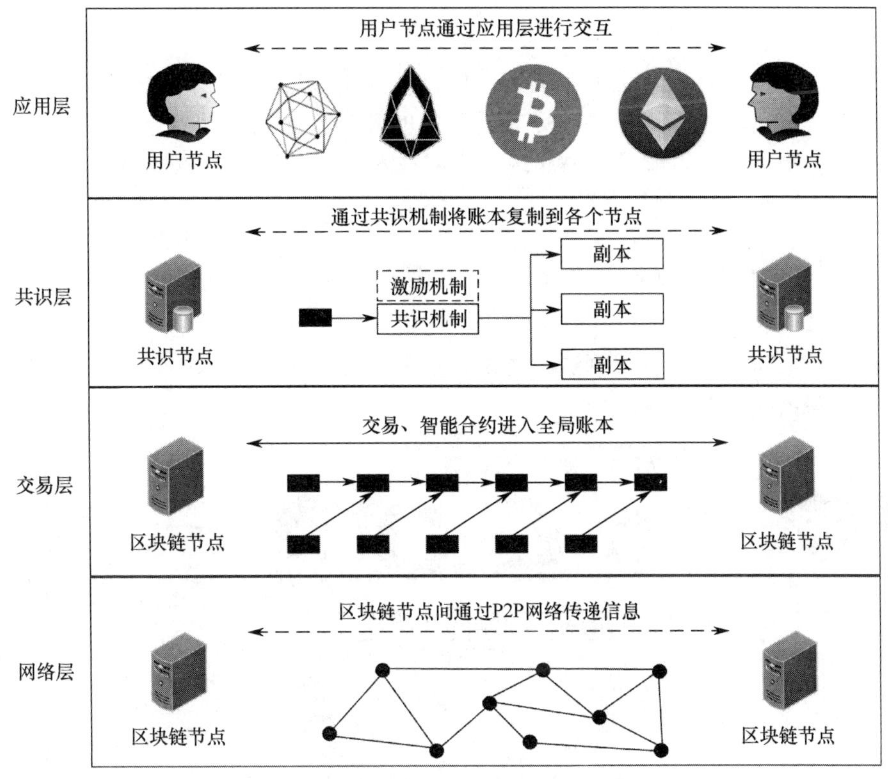

图 25.1　区块链基础架构

2. 交易层

交易层执行区块链系统任务，在满足共识条件后，两个地址之间可完成价值数据的传递。在基于账本和基于 UTXO（Unspent Transaction Output，未花费的交易输出）的交易模式中，交易层信息主要包含输入、输出和交易 3 个部分的信息。

交易信息不仅可以是代币数量，也可以是存储信息索引、证书 ID、智能合约代码等。

智能合约（Smart Contract）是一种旨在以信息化方式传播、验证或执行合同的计算机协议。智能合约允许在没有第三方的情况下进行可信交易，这些交易可追踪且不可逆转。智能合约概念是由 Nick Szabo 于 1995 年首次提出的，他指出：一个智能合约是一套以数字形式定义的承诺（Commitment），包括合约参与方可以在上面执行这些承诺的协议。

目前部署智能合约的实例主要有：以太坊（Ethereum）和 RSK（RootStock）。以太坊是一个开源的有智能合约功能的公共区块链平台，通过其专用加密货币以太币（Ether，简称为 ETH）提供去中心化的以太虚拟机（Ethereum Virtual Machine）来处理点对点合约，在其区块链上实施了一种近乎图灵完备的脚本语言。RSK 是一个智能合约平台，通过侧链技术连接到比特币区块链，RSK 兼容为以太坊创造的智能合约。

3. 共识层

共识层封装的是相应的共识（Consensus）机制（也称为共识算法或共识协议），共识机制是一种用在分布式过程或系统中实现单一数据值的协议。分布式过程中的各个节点表现不一致，所以，共识机制须有一定的容错能力。关于共识机制将在本章 25.5 节介绍。

4. 应用层

应用层包含了区块链的各种应用场景，如各类为加密货币开发的电子钱包、以太坊上搭建的各类区块链应用，以及基于 Fabric 架构开发的各类软件。应用层开放各类接口，以方便用户使用，并且用户不必了解具体的区块链底层技术。

25.2 区块链安全威胁

区块链安全威胁主要来源于算法、协议、实现、使用和系统等几个层面。这些层面与各层之间的对应关系如图 25.2 所示[3]。

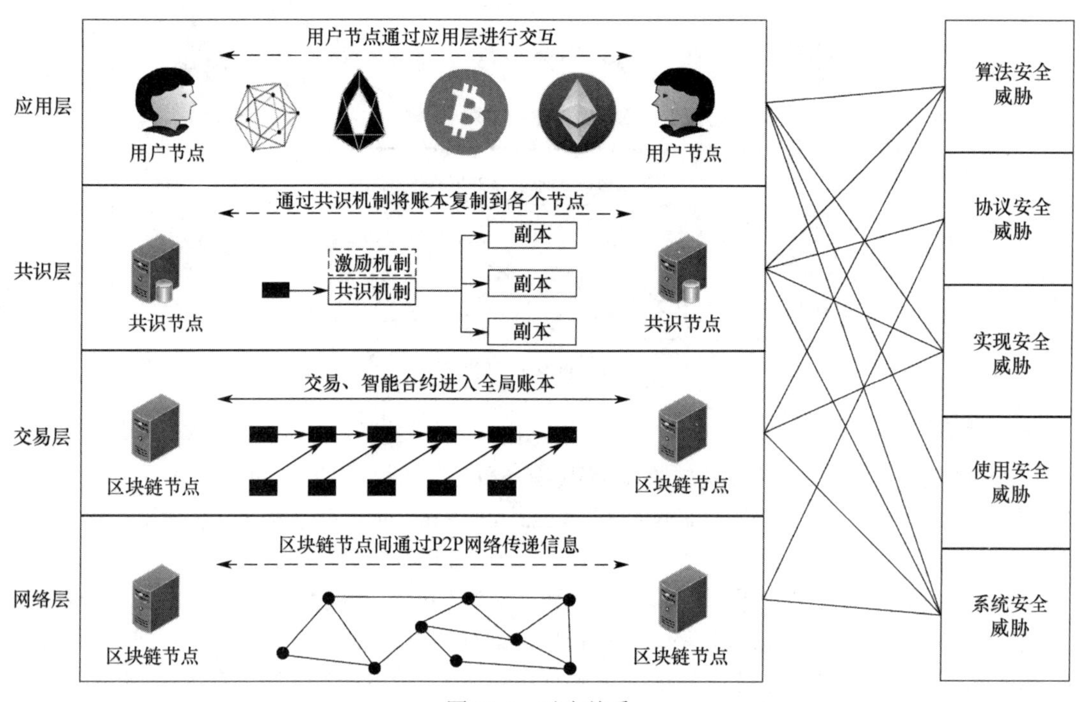

图 25.2 对应关系

1. 算法安全威胁

算法通常是指密码算法。一般来说，区块链中使用的通用标准密码算法在当时都是安全的，但这些算法随着环境假设的打破或技术的进步等也有可能存在安全隐患。

算法层面的主要安全威胁如下：

（1）源于环境假设被打破的安全威胁。SHA256 算法对应的 ASIC 矿机以及矿池的出现，打破了中本聪设想的“一 CPU 一票”的理念，使得全网节点减少，权力日趋集中，51%攻击难度变小，对应的区块链系统受到安全威胁。

（2）源于技术进步的安全威胁。量子计算等先进计算技术的进步和发展，使得现用的密码算法，尤其是公钥密码算法面临安全威胁。

（3）源于新算法的安全威胁。如果新设计的密码算法没有经过足够的时间检验和充分的攻防考验，那么它们在实际应用中更容易成为短板，如 Neha Narula 等人在麻省理工学院媒体实验室的数字货币计划中发现 IOTA 杂凑算法中的致命漏洞。

2．协议安全威胁

协议是通信双方为了实现通信而设计的约定或通话规则。在网络层，不同的区块链系统可以有不同的网络协议，如比特币 P2P 网络应用的是非结构化的 Gossip 协议[4]、以太坊使用的是结构化的 DHT 协议[5]。

区块链系统升级时可能会发生分叉（Fork），攻击者可利用分叉进行攻击。对于一次升级，升级过的节点称为新节点，未升级的节点称为旧节点。根据新、旧节点兼容性上的区别，可分为软分叉（Soft Fork）和硬分叉（Hard Fork）两种：

（1）软分叉。旧节点可能无法理解新节点产生的部分数据，但是仍然会接受，新节点也接受旧节点产生的交易和区块。

（2）硬分叉。由于旧节点不接受新节点产生的交易和区块，新节点接受旧节点产生的交易和区块，因此会因为新、旧节点认可的区块不同分成两条链。

协议层面的主要安全威胁如下：

（1）源于网络层的安全威胁。协议安全在网络层表现为 P2P 协议设计安全，利用网络协议漏洞可以进行日蚀攻击[6]和路由攻击。网络协议的好坏通常决定了信息流转的能力，由于 P2P 网络结构不同，因此以太坊远比比特币更容易受到日蚀攻击的影响[7]。还可能遭到 BGP（边际网关协议）攻击[8]，这是一种由攻击者控制路由基础设施，从而分块攻击区块链网络的攻击。另外，针对某些特定服务器、交易网站还可以发起 DDoS 攻击。

（2）源于共识层的安全威胁。协议安全在共识层表现为共识机制安全。这包括共识机制本身存在的安全问题和共识机制受到的外部攻击的影响。此外，还可能遭到远程攻击（Long Range Attack）等。远程攻击是指矿工在撤回被锁定的虚拟资产后，再发起之前生成的历史区块的分叉。

3．实现安全威胁

实现安全是区块链系统在实现上的安全，实现漏洞是攻击者最关心的问题，而通常在进行区块链系统设计时，常在交易层、共识层和应用层进行改造，因此，实现安全也主要体现在这 3 个层上。在区块链系统的实现过程中，由于程序员的主观原因或留有后门，因此会导致区块链的安全性受到威胁。交易层的实现安全主要受到智能合约漏洞的影响。

实现层面的主要安全威胁如下：

（1）源于交易层的安全威胁。区块链上的所有用户都可以看到智能合约，这会导致包括安全漏洞在内的所有漏洞都可见，并且可能无法迅速修复。以太坊智能合约中的问题包括合约编程语言 Solidity 问题、编译器错误、以太坊虚拟机错误、对区块链网络的攻击、程序错误的不变性等。

（2）源于共识层的安全威胁。代币的生成代码漏洞极容易摧毁系统的经济生态，这是出现在共识层的严重安全问题。代码在开发时可能会出现整数溢出漏洞、短地址漏洞和公开函数漏洞等。

（3）源于应用层的安全威胁。应用层的实现安全性问题更多，如开发者违规记录用户信息、应用软件口令未设置最低标准、交易所的实现安全问题等，都深刻影响着区块链系统的安全。此外，由于区块链目前还处于起步阶段，缺少适用于加密资产的平台软件标准，加密资产交易平台实现中除存在钱包防护问题外，还存在单点登录漏洞、OAuth 协议漏洞等各种问题。

4．使用安全威胁

使用安全是用户或服务器端在使用应用时因使用方式不当而出现的安全问题，加密资产交易平台是使用安全的短板，近年来交易平台遭受的攻击在所有安全问题中占据比例最大，用户、服务器、交易平台也是所有环节中最容易被利用的环节。

使用层面的主要安全威胁如下：

（1）源于用户私钥丢失的安全威胁。区块链的一大特点是不可逆、不可伪造，但前提条件是私钥是安全的。区块链系统中的私钥是每个用户自己生成并且自己负责保管的，理论上没有第三方参与，所以，私钥一旦丢失，便无法对账户的资产做任何操作。多重签名某种程度上能解决一部分问题，但实施起来非常复杂，而且要设计与之相配套的非常复杂的密钥管理和使用体系。

（2）源于用户个人行为的安全威胁。有些用户使用不小心，容易将私钥和助记词泄露在博客和视频中；也常将区块链系统中钱包的口令设置为用户的常用口令，因此攻击者可通过撞库攻击恢复钱包的私钥。

（3）源于交易平台的安全威胁。交易平台常见的隐患有热钱包防护问题、滥用权限问题和内部攻击问题等。许多交易平台使用单个私钥来保护热钱包，如果攻击者可以访问私钥或偷取私钥，那么其就可以破解热钱包，而且由于没有完善的风险隔离措施和人员监督机制，因此部分拥有权限的员工会利用监管的机会盗取信息或代币。

5．系统安全威胁

系统安全是一个整体性概念，区块链从整体上来看是一个同构冗余的系统。系统的安全性受到各级安全性的共同影响，也受到其组织形式的影响。利用算法、协议、实现、使用、系统等漏洞，结合使用其他攻击手段，容易使区块链受到致命的打击，所以，系统安全分布在区块链系统的各个层上。

系统层面的主要安全威胁如下：

（1）源于网络攻击手段的安全威胁。攻击者可以综合运用网络攻击手段，利用算法漏洞、协议漏洞、使用漏洞、实现漏洞、系统漏洞等，从而实现攻击目的。攻击者也可以利用网络钓鱼手段，在初次发起代币时，利用电子邮件散播虚假信息、设置近似域名与近似地址，使用户向攻击者账户转账。

（2）源于社会工程学的安全威胁。社会工程学与攻击手段的结合使区块链变得更加脆弱。例如，Mt.Gox 出现的盗币事件，就是攻击者利用早期比特币允许同区块出现交易链，而 Mt.Gox 存在为方便交易不经验证即可连续转账的漏洞，从而使攻击者转走大量比特币。

（3）源于终端漏洞的安全威胁。攻击者利用用户终端漏洞，操纵用户主机挖矿，消耗主机的资源和电力，从而获利。例如，2018 年年初，上百款《荒野行动》游戏被植入挖矿木马，攻击者利用游戏机的高性能来挖矿，从而获利。

25.3 Merkle 树

Merkle 提出一种扩展一次数字签名方案的方法，这种方法在没有增加所要扩展的一次数字签名方案的公钥长度的情况下，用于生成大量（固定数量）的签名。其基本思想是：通过杂凑一次数字签名方案公钥的组合，创建一个称为 Merkle 树的二叉树。Merkle 树仅被用于认证公钥，它不会用于生成在一次数字签名方案中的签名。设d是一个预先给定的正整数，任选一个一次数字签名方案，选定该方案的2^d个公钥，分别记为$K_1,\cdots,K_{2^d}$，则可签2^d个消息，第i（$1\leqslant i\leqslant 2^d$）个消息的签名用$K_i$验证。

Merkle 树是深度为d的完备二叉树，记为Υ。假设Υ的节点被标记，如图 25.3 所示[9]。则它们满足以下性质：

（1）对于$0\leqslant l\leqslant d$，在深度为l的2^l个节点被按顺序标记为$2^l,2^l+1,\cdots,2^{l+1}-1$。

（2）对于$j\neq 1$，节点j的父节点是$\left\lfloor \dfrac{j}{2} \right\rfloor$。

（3）若节点j不是叶子节点，则它的左儿子节点是$2j$，右儿子节点是$2j+1$。

（4）对于$j\neq 1$，如果j是偶数，那么节点j的兄弟节点是$j+1$；如果j是奇数，那么节点j的兄弟节点是$j-1$。

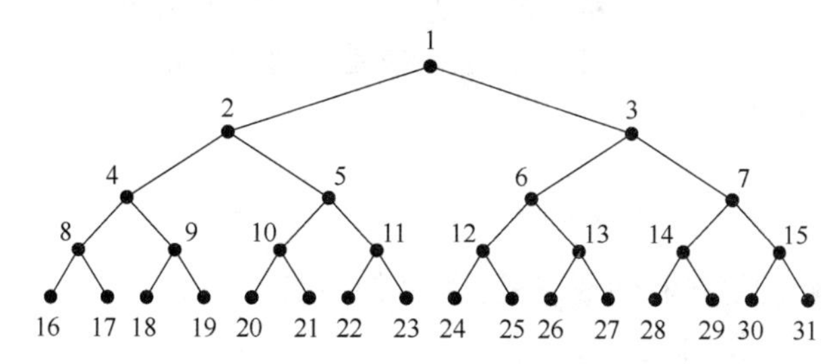

图 25.3　拥有 16 个叶子节点的二叉树

设h是一个安全的杂凑函数。在Υ中每个节点j根据以下规则被赋值为$V(j)$：

（1）对于$2^d\leqslant j\leqslant 2^{d+1}-1$，令$V(j)=h(K_{j-2^d+1})$。

（2）对于$1\leqslant j\leqslant 2^d-1$，令$V(j)=h(V(2j)\,\|\,V(2j+1))$。

所有$V(j)$都是固定长度的字符串（杂凑函数h的消息摘要的长度）。

存储在2^d个叶子节点中的值通过杂凑2^d个公钥获得。存储在非叶子节点中的值通过杂凑存储在两个儿子节点中的值的级联获得。存储在根节点的值$V(1)$是方案的公钥K。

现在讨论如何生成关于第i个消息m_i的签名。首先，第i个私钥被用于生成消息m_i的一次签名，记为s_i。该签名能用公钥K_i验证，其中K_i需要作为签名的组成部分提供。此外，公钥必须被认证，这可通过用 Merkle 树Υ来实现。通过提供给验证者足够的信息，使得他能够重新计算根$V(1)$的值，并将它与存储的值K比较，从而认证K_i的合法性。其中必要的信息由$V(i+2^d-1)$以及在Υ中从节点$i+2^d-1$到根节点（节点 1）路径上所有节点的兄弟节点的值组成。

例　设$d=4$，现在生成关于消息m_9的签名。相关路径包含节点 24、12、6、3 和 1。在该路径上节点的兄弟节点是节点 25、13、7 和 2，因此，V(25)、V(13)、V(7)和 V(2)被作为签名的一部分。

密钥K_9将通过执行以下计算被认证：

（1）计算$V(24)=h(K_9)$。

（2）计算$V(12)=h(V(24)\,\|\,V(25))$。

（3）计算$V(6)=h(V(12)\|V(13))$。

（4）计算$V(3)=h(V(6)\|V(7))$。

（5）计算$V(1)=h(V(2)\|V(3))$。

（6）验证$V(1)=K$。

因此，整个签名由$K_9,s_9,V(25),V(13),V(7),V(2)$组成。

25.4 比特币与区块链

比特币[1]等密码货币的主要目标是支持无须中央“银行”的金融交易。其基本观点是：由互联网上数百万用户来维护和验证的分布式且公开的交易账本。这个公开的账本被称为区块链。

一条交易（Transaction）就是固定数量电子货币（称为比特币）从一个账户到另外一个账户的转移。账户的角色由一个比特币的地址来代替。比特币的地址是杂凑一个数字签名方案的公钥得到的消息摘要。一条交易可以想象成是具有“从地址A_1转移X个比特币到地址A_2”形式的一条消息M。

A_1发送的消息包括：

（1）消息M。

（2）由地址A_1对应的签名私钥sk_1对消息M的签名y。

（3）地址A_1对应的公钥pk_1。

任何参与者（如地址A_2的所有者）都可以验证该资金的转移是否经过了地址A_1所有者的授权，验证过程如下：

（1）A_1是pk_1的杂凑值。

（2）y是M的合法签名。

对于一个合法的交易，地址A_1对应的账户应该至少拥有X个比特币。这一点可通过检查公开的区块链来验证。

由于比特币的地址是对应于签名验证密钥的消息摘要，因此，涉及同一个比特币地址的一系列交易可以提供假名性（Pseudonymity），从而实现一定程度的匿名性。

可以将区块链想象成包括自从该技术被实现后所有比特币交易信息的一系列区块（Block）。每一个区块都包含大量的交易，并且每一条交易都只会出现在一个唯一的区块中。每一个区块都是按时间先后顺序链接起来的，这种链接通过将前一个区块B_i的区块头（Header）的杂凑值加入后一个区块B_{i+1}的区块头中来实现。第 1 个区块被称为创世块（Genesis Block），该区块凭空创造了比特币。

一个区块的结构如图 25.4 所示。区块B_{i+1}中的内容按如下方式来排列。

区块头：	$h(\mathrm{header}(B_i))$, Nonce, $V(1)$
交易：	$T_1, T_2\cdots, T_m$
Merkle树：	$V(2), V(3),\cdots$

图 25.4　区块B_{i+1}的结构

（1）区块头，记为 header(B_{i+1})，包含前一个区块 B_i 的区块头的杂凑值 $h(\text{header}(B_i))$ 、随机的 Nonce，以及由交易 $T_1,T_2,\cdots,T_m$ 的杂凑值构成的 Merkle 树的根节点 $V(1)$ 。

（2）一个新交易的列表 $T_1,T_2,\cdots,T_m$ 和 Merkle 树中剩余的节点。

任何人都可以尝试产生新的区块，但这需要付出极大的努力才能完成。同时，产生一个新的区块可以获得一定的财务激励，但一个新的区块需要满足一定的条件，称为“工作量证明（Proof of Work，PoW）”。

首先，讨论生成新区块的过程，该过程被称为“挖矿（Mining）”。开采比特币中的新区块的步骤如下[9]：

（1）新的交易将被广播给所有用户，使得比特币网络中任意一个节点都可以收集到一个新交易的列表。

（2）一旦收集了足够多的交易，任何一个节点都可以尝试产生一个新的区块 B_{i+1}，使得该区块包含收集到的交易和一个有效的工作量证明。

（3）在区块 B_{i+1} 包含的所有交易中有一个交易是将一定数量的比特币（由公开的公式决定）以及区块 B_{i+1} 其他交易中的所有交易的小费支付到新区块产生者的地址。

（4）在新区块 B_{i+1} 产生后，将区块 B_{i+1} 广播给所有用户。

（5）当且仅当新的区块包含合法的交易和有效的工作量证明时，其他节点才会接受新的区块，这可以通过检查区块 B_{i+1} 和区块链中前面的区块来验证，“接受”区块 B_{i+1} 的意思是下一个区块 B_{i+2} 将会链接到区块 B_{i+1} 。

接下来，讨论区块链中的 3 个重要问题：工作量证明、分叉处理和阻止双重花费（Double Spending）。

（1）工作量证明。工作量证明的本质思想是需要消耗足够多的计算量才能产生一个新的区块。“工作”的目标是产生一个新的区块头使得其杂凑值具有一定的形式。假设考虑 header(B_{i+1}) 的杂凑值

$$h(\text{header}(B_{i+1}))=h(h(\text{header}(B_i))\,\|\,\text{Nonce}\,\|\,V(1))$$

并要求该杂凑值具有特定的形式。例如，假设约定 $h(\text{header}(B_{i+1}))$ 的前 S 个比特必须为 0。如果将杂凑函数的输出看成随机的比特串，那么杂凑值前 S 个比特是 0 的概率是 $1/2^S$ 。如果随机选择 Nonce 的值，那么平均需要尝试 2^S 个随机的 Nonce 才能够得到期待的输出，此时杂凑函数的其他输入并没有变化。通过选择合适的 S 值，可以要求每个挖矿的节点平均都需要消耗大量的计算。

（2）分叉处理。当两个新区块同时或几乎同时产生的时候被称为分叉。当分叉发生时，将会拥有两个可能包含许多相同交易的区块。如果分叉不被处理，那么其结果就是区块链中将会有两个独立成长的分支，这无疑将导致许多的困难和歧义。

先被产生出来的区块可以被认为是胜利的区块。但当不能区分两个区块中谁先被产生出来时将产生歧义。然而，在实际中，当分叉发生时通过将长的分支定义为胜利的分支可以很快地解决这个问题。当一个分支明显长于其他分支时，那么其他的短分支将被认为是无效的，它们所包含区块中的所有交易也被认为是无效的，除非这些交易已经被加入胜利分支的区块中。值得注意的是，在分叉发生后可能需要很长时间才能达成共识。

（3）阻止双重花费。双重花费是指某人尝试转移一定数量的比特币到两个不同的账户，并期望两个交易都被接受的情形。消除所有出现的分叉可以维护一个无歧义的区块链，从而

能够阻止双重花费。然而，一旦两条交易的其中一条被确认，另外一条将不会被确认。唯一使两条交易都被确认（至少从短时间来看）的情况是它们被包含在两个不同的分叉中。但是，两个分叉中的一个终将被删除，在删除分叉中的所有交易最终都不会被确认。

比特币的设计中采用了 Merkle 树，这种技术可使得对于已接受的交易的确认变得更加高效。验证 Merkle 树的根包含一个指定交易的思想就如同在数字签名方案中使用 Merkle 树来验证一个特定的公钥一样。

25.5 共识机制

共识机制是区块链的基础和核心。共识机制决定参与节点以何种方式对某些特定的数据达成一致。共识机制分为经典分布式共识机制和区块链共识机制[10]，其中区块链共识机制又可分为两类：一类是授权共识（Permissioned Consensus）机制，授权网络中的节点一般通过公钥基础设施完成身份认证后，才能参与后续的共识过程；另一类是以比特币为代表的非授权共识（Permissionless Consensus）机制，非授权网络中的节点随时加入和退出，节点数量动态变化且不可预知，非授权共识机制通过特定算法完成出块者（Block Proposer）选举、区块生成和节点验证更新区块链等过程。区块链非授权共识机制的基本流程如下[10]：

（1）出块者选举。“出块者”是指区块链中负责生成区块的节点，也称为记账者。目前主要有两种出块者：一种是单一节点作为出块者；另一种是多个节点构成委员会（Committee），整个委员会作为出块者。

（2）区块生成。区块生成的工作主要由出块者来完成。一般来说区块包括区块头（Block Header）和区块体（Block Body）两部分。区块头中一般包括上个区块的杂凑值、时间戳等内容，区块体中包括完整的交易数据。目前可以按照出块者与区块的对应关系将区块生成过程分为两类：一类是“一对一”关系，即一个出块者对应一个区块，下一个区块由新选举的出块者负责生成，如比特币；另一类是“一对多”关系，即一个出块者在其“任职”期间，能够生成多个区块，一般将一个出块者的任职时间称为一个时段（Epoch），每个时段由多个轮（Round）组成，每一轮生成一个区块。

（3）节点验证更新区块链。出块者生成区块后，将区块在网络中广播。收到区块的节点验证区块正确性并更新本地区块链。在某些共识机制中，节点可能还需验证区块中交易的合法性和出块者身份的合法性等。

评价共识机制的指标主要有安全性、交易吞吐率、可扩展性、交易确认时间、去中心化和资源占用等。

本节按照上述分类简要介绍各类共识机制的基本原理和典型实例。

25.5.1 经典分布式共识机制

经典分布式共识机制是指在授权网络中，一组节点实现状态机复制（State Machine Replication）。状态机复制是指存在一组节点且所有节点共同维持一个线性增长的日志，并且就日志内容达成一致。根据网络模型假设，又可将经典分布式共识机制分为3类：第1类是部分同步网络分布式一致算法，部分同步网络（Partially Synchronous Network）中的消息传输存在一定的上限Δ，时延上限不能作为协议的参数使用，但是能够确保诚实用户发出的消息在Δ时间之后到达其他所有诚实用户，这类算法有Paxos、PBFT、Hot-Stuff、SBFT等；第2类是异步网络分布式一致算法，异步网络（Asynchronous Network）中的敌手能够任意拖延诚实用户的消息或将其顺序打乱，只要保证最终诚实用户的消息能够到达即可，这类算法有ABBA、MinBFT、Honey Badger BFT等；第3类是同步网络分布式一致算法，同步网络（Synchronous Network）中的诚实节点之间的消息按照轮来传递，每一轮中诚实用户发出的消息能够在下一轮之前到达其他所有诚实用户，这类算法有XFT、ESBC、Ouroboros-BFT、Flexible BFT等。

这里以 PBFT（Practical Byzantine Fault Tolerance，实用拜占庭容错）共识机制为例，简要说明经典分布式共识机制的基本工作原理。

PBFT 可以容忍小于 1/3 的错误节点，已经被 Hyperledger Fabric 0.6 采用。PBFT 使用了较少的共识参与者，运行高效，但中心化程度过高，不适合作为公有链共识。

PBFT 的敌手模型为 $n = 3f + 1$，即敌手算力（或财产）占全网算力（或财产）的比例不超过 1/3，其中，f 代表敌手数量，n 代表网络中节点总数；网络模型为部分同步网络。在 PBFT 共识机制中，存在一个主节点（Primary）和其他备份节点（Replica）。PBFT 共识机制主要包含两部分：第 1 部分是分布式共识达成，在主节点正常工作时，PBFT 通过预准备（Pre-Prepare）、准备（Prepare）和承诺（Commit）3 个步骤完成共识；第 2 部分是视图转换（View-Change），当主节点出现问题不能及时处理数据请求时，其他备份节点发起视图转换，转换成功后新的主节点开始工作。主节点以轮转（Round Robin）的方式交替更换。

PBFT 的分布式共识达成过程如下：

（1）请求（Propose）。客户端（Client）上传请求消息 m 至网络中的节点，包括主节点和其他备份节点。

（2）预准备。主节点收到客户端上传的请求消息 m，赋予消息序列号 s，计算得到预准备消息(Pre-Prepare, $H(m)$, s, v)，其中，H 是杂凑函数，v 代表此时的视图（View），视图一般用于记录主节点的更替，当主节点发生更替时，视图随之增加 1。消息发送者节点在发送消息前需利用自身私钥对消息实施数字签名。主节点将预准备消息发送给其他备份节点。

（3）准备。备份节点收到主节点的预准备消息，验证 $H(m)$的合法性，即对于视图 v 和序列号 s 来说，备份节点先前并未收到其他消息。验证通过后，备份节点计算准备消息(Prepare, $H(m)$, s, v)并将其在全网广播。与此同时，所有节点收集准备消息，如果收集到的合法准备消息数量不少于 $2f +1$ 个（包含自身准备消息），则将其组成准备凭证（Prepared Certificate）。

（4）承诺。如果在准备阶段中，节点收集到足够的准备消息并生成了准备凭证，那么节点将计算承诺消息(Commit, s, v)并广播，将消息 m 放到本地日志中。与此同时，节点收集网络中的承诺消息，如果收集到的合法承诺消息数量不少于 $2f +1$ 个（包含自身承诺消息），则将其组成承诺凭证（Committed Certificate），证明消息 m 完成最终承诺。

（5）答复（Reply）。在备份节点和主节点中收集到足够多承诺消息并组成承诺凭证的节点，将承诺凭证作为对消息 m 的答复发送给客户端，客户端确认消息 m 完成最终承诺。

PBFT 的分布式共识过程如图 25.5 所示[10]。

在 PBFT 中，存在检查点（Checkpoint）机制，由于每个消息都被赋予了一定的序列号，如消息 m 对应的序列号为 110，当不少于 $2f +1$ 个节点组成消息 m 的承诺凭证时，在完成消息承诺之后，序列号 110 成为当前的稳定检查点（Stable Checkpoint）。检查点机制被用于实现存储删减，即当历史日志内容过多时，节点可以选择清除稳定检查点之前的数据，以减少存储成本。此外，稳定检查点在 PBFT 的视图转换中也起到了关键作用。

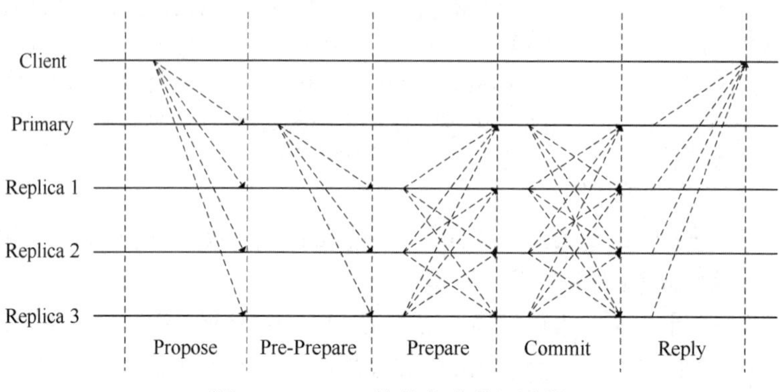

图 25.5　PBFT 的分布式共识过程

当主节点超时无响应或其他节点大多数认为其存在问题时，会进入视图转换过程。PBFT 的视图转换过程如下：

（1）视图转换信息广播。备份节点 i 的当前视图为 v，当前稳定检查点为 S^*，稳定检查点 S^*的凭证为 C（$2f+1$ 个节点的有效承诺凭证）。U 为节点 i 当前视图下序列号大于 S^*且已形成准备凭证的消息集合。节点 i 计算视图转换消息 vc_i，即(View-Change, $v+1$, S^*, C, U, i)，并将其在全网广播。

（2）视图转换确认。备份节点收集视图 $v+1$ 的转换消息并验证其合法性，验证通过后计算视图转换确认消息 vca_i，即(View-Change-Ack,v+1, i, j,$H(\mathrm{vc}_j)$)，其中，i 是当前备份节点，j 是发送视图转换消息 vc_j 的节点，$H(\mathrm{vc}_j)$是视图转换消息的摘要。备份节点将消息 vca_i 直接发送给视图 v+1 对应的新的主节点。视图 v+1 的主节点由轮转方式决定。

（3）新视图广播。对于每个视图转换消息，如节点 j 的消息 vc_j，如果 vc_j 合法，则其他节点将会向主节点发送对 vc_j 的视图转换确认消息，因此，当主节点收集到 $2f-1$ 个对 vc_j 的视图转换确认消息时，则可认为 vc_j 有效，并将 vc_j 和其对应的视图转换确认消息放入集合 S 中。主节点收集其他节点的有效视图转换消息，如果 S 中的消息不少于 $2f$ 个，则主节点计算新视图消息 nv，即(New-View, v+1, S, U^*)。其中，U^*包括当前的稳定检查点和稳定检查点之后序列号最小的预准备消息。

在 PBFT 中，节点之间采用消息认证码（MAC）实现身份认证。任意两个节点之间计算消息认证码的会话密钥可以通过密钥交换协议来产生并实现动态更换。

25.5.2　区块链授权共识机制

授权共识机制是指在授权网络中，节点首先须经过身份认证才能加入网络，然后在节点之间运行某种分布式一致性算法，实现状态机复制，对数据达成共识，进而生成和维护授权网络内部的区块链。典型机制包括 Hyperledger[13-14]、DFINITY[15]和 PaLa[16]等。

这里只简要介绍 PaLa 共识机制（简称为 PaLa）。

PaLa 的网络模型为部分同步网络，敌手模型是 $n=3f+1$，与 PBFT 的敌手模型一样。PaLa 主要从以下两方面对授权共识进行了改进：

（1）改进了拜占庭容错协议。在 PBFT 中，对每个区块需要进行 3 个阶段的投票和节点之间的信息交互，而 PaLa 利用并行流水线的方式处理对区块的投票。如果区块 B_r 首先被提出，经过一轮投票后得到超过 2/3 的票，则区块 B_r 提议被确认；在下一轮中，区块 B_{r+1} 被提出，此轮的投票包括区块 B_r 的最终确认票和区块 B_{r+1} 的公示票，如果此轮的得票数超过 2/3，则认为区块 B_r 被最终确认，区块 B_{r+1} 提议被确认。并行流水线的处理方式能够在一定程度上提升委员会共识的效率，从而提高区块处理的效率。

（2）改进了委员会重配置方式。在 PaLa 中，每个委员会包含两个子委员会(C_0,C_1)。在投票时，需要每个子委员会都有超过 2/3 的成员投票才代表投票通过。在委员会重配置时，委员会由(C_0,C_1)切换到(C_1,C_2)，只有其中一个子委员会发生变动。这种滑窗式的重配置方式既能保证充分的安全性，又能保证在委员会重配置期间，协议处理交易的可持续性。

25.5.3 区块链非授权共识机制

非授权共识机制是指在非授权网络中，节点随时加入和退出，节点数量动态变化且不可预知。非授权共识机制通过特定算法完成出块者选举、区块生成和节点验证更新区块链等过程。本节简要概述非授权共识机制，主要包括工作量证明共识机制、权益证明（Proof of Stack，PoS）共识机制和混合（Hybrid）共识机制。

1．工作量证明共识机制

工作量证明共识机制可容忍小于 1/2 的错误节点，是迄今为止使用最为广泛的共识机制，但这类共识机制要求计算大量的杂凑值，因此会出现资源浪费问题和中心化问题。

在工作量证明共识机制中，节点利用自身算力通过寻找杂凑函数原像完成出块者选举。这种机制最早被用来防止垃圾邮件，由 Dwork 和 Naor[17]在 1992 年提出。邮件在被发送之前，必须要求邮件发送方完成一定量的计算，如找到某个特定数学难题的解答。Back 在 1997 年提出并在 2002 年正式发表了 Hashcash[18]，对工作量证明做出了改进，利用单向杂凑函数实现工作量证明，即找到杂凑函数原像才能完成工作量证明的过程。比特币的出现，将工作量证明运用到非授权网络的共识中，主要用来防止敌手制造假身份，以发动女巫攻击。

典型机制包括比特币、以太坊[19]、Bitcoin-NG[20]、FruitChains[21]、GHOST[22]和 Spectre[23]等。可能面临的安全问题包括日蚀攻击、双花攻击和自私挖矿等。

2．权益证明共识机制

权益证明共识机制是针对工作量证明共识机制的缺陷产生的替代技术，用户必须具有系统中的一些权益，每次投票都会消耗掉用户的权益，这使得如果在使用权益证明共识机制的区块链系统中进行 51%攻击将更加困难。

在权益证明共识机制中，在所有合法持币者中随机选取节点作为出块者。这种机制可解决工作量证明共识机制带来的巨大能源消耗问题。权益是指节点或用户拥有的资产（如代币），根据用户拥有资产比例决定成为下一个区块生产者的概率，拥有资产比例越高，其成为生产者的概率就越大。在授权权益证明（Delegate Proof of Stack，DPoS）共识机制中，所有拥有 Token 的节点都是权益持有者，权益持有者按照权益投票选举见证者，再由见证者代表自己进行投票共识。通常见证节点采用轮询方式，一个节点只能产生一个区块，这样可以防止“双重支付攻击”，一旦见证节点做恶，权益持有者就会投票决定其退出并选择其他更好的见证者。

典型机制包括 PPCoin[24]、Casper FFG[25]、Ouroboros[26]、Snow White[27]和 DPoS[28]等。可能面临的安全问题包括无利害关系问题、打磨攻击、长程攻击和权益窃取攻击等。

3．混合共识机制

混合共识机制是将经典分布式共识机制与区块链共识机制相结合，即采用工作量证明或权益证明的方式选举特定的委员会，在委员会内部运行经典分布式共识机制生成区块。采用单一委员会的混合共识机制选举一个委员会负责全网所有交易的处理，而采用多委员会的混合共识机制选举多个并行运作的委员会，将全网划分为多个片区，分片处理网络中的交易。混合共识机制的一般过程如下：

（1）选举委员会成员。委员会成员通过工作量证明或权益证明的方式选举，用来防止女巫攻击。采用工作量证明的选举方式需要设定一定的挖矿难度，保证在每个时段找到工作量证明的节点数目，然后替换委员会内部分节点。采用权益证明的选举方式，需要在持币者中，根据持币者拥有的币数量，随机选取一定数量的节点作为委员会新成员。

（2）选举委员会领导者。委员会内部共识的运行需要领导者发起，并且采取一定的机制防止领导者不作为或发生恶意行为。委员会领导者可以通过随机数或投票的方式选举。

（3）运行委员会内分布式一致性算法。委员会领导者在委员会内部对区块发起共识请求，一般可以运行类似 PBFT 或其改进协议，实现委员会内部的拜占庭容错，达成分布式一致性共识，进而生成和维护区块链。

（4）广播区块。委员会成员将生成的区块广播至全网，使得网络中非委员会的节点和客户端收到新产生的区块，更新交易和区块链。

（5）重配置委员会。一个委员会工作的时间对应为一个时段，系统应当合理设置每个时段的时间长度，用来防止敌手腐化委员会成员。在一个时段过后，委员会开始重配置过程，按照一定的方式替换原来的委员会，然后新委员会接任下个时段的工作。委员会的更新方式一般有滑窗式、随机更新等，随机更新是指使新找到工作量证明或被权益证明选中的节点成为委员会新的成员，替换原委员会中的部分成员，进入新时段。

采用单一委员会的混合共识机制，主要利用工作量证明或权益证明选出部分节点作为共识委员会，在委员会内部运行类似于 PBFT 的分布式一致性算法完成区块的生成。典型机制包括 PeerCensus[29]、ByzCoin[30]、Solida[31]、Hybrid Consensus[32]、Thunderella[33]和 Algorand[34]等。可能面临的安全问题主要是恶意节点干扰委员会选举和重配置过程。

采用多委员会的混合共识机制可解决区块链处理交易的可扩展性，这种机制将网络划分为多个片区，每个片区运行并行的委员会对交易分别处理，也称为分片共识（Sharding Consensus）机制。典型机制包括 ELASTICO[35]、OmniLedger[36]、Chainspace[37]和 RapidChain[38]等。可能面临的安全问题主要是跨片交易的高效处理和敌手对重配置过程的偏置。

目前，分片主要包括通信分片（Communication Sharding）、计算分片（Computation Sharding）和存储分片（Storage Sharding）。

除上述介绍的非授权共识机制外，还有一些其他非授权共识机制，如能力证明（Proof of Capacity）共识机制[39-40]、消逝时间证明（Proof of Elapsed Time）共识机制[41]和融入知识证明的工作量证明（Entangled Proof of Work and Knowledge，EWoK）共识机制[42]等。

25.6　小结与注记

本章主要介绍了区块链的概念、基础架构、安全威胁，以及比特币和共识机制等。区块链有狭义和广义之分。狭义讲，区块链是一种按照时间顺序将数据区块以顺序相连的方式组合成的一种链式数据结构，并以密码学方式保证不可篡改和不可伪造的分布式账本。广义讲，区块链是利用块链式数据结构来验证和存储数据、利用分布式节点共识算法来生成和更新数据、利用密码学方式来保证数据传输和访问安全、利用由自动化脚本代码组成的智能合约来编程和操作数据的一种分布式基础架构与计算范式。

共识机制是区块链的核心，良好的共识机制有助于提高区块链系统的性能效率，支持功能复杂的应用场景。常见的共识机制包括工作量证明、权益证明、授权权益证明、实用拜占庭容错等。不同共识机制各有其优缺点，单一共识机制总会在安全性、能耗、可靠性、开放性等一个或多个方面做出牺牲。因此，区块链正呈现从单一的共识机制向多类混合的共识机制演进的趋势。

目前的生态系统中，智能合约的脚本语言、工具、框架和方法都处于早期阶段，易造成合约代码漏洞、业务逻辑漏洞、合约运行环境问题等诸多问题。未来，法律约束力与计算存储能力将成为智能合约的两条重要发展路线，可插拔性、易用性和安全性将成为发展重点。

本章在写作过程中主要参考了文献[2-3]和[9-10]。文献[3]对区块链安全研究进展做了比较全面的综述和分析；文献[10]对区块链关键技术——共识机制做了比较系统的总结和梳理。

思 考 题

1．什么是区块链？
2．简述区块链基础架构。
3．简述区块链安全威胁。
4．简述比特币的基本原理。
5．阐述共识机制的分类并对每类列举 1~2 个典型实例。

参 考 文 献

[1] NAKAMOTO S. Bitcoin：a peer-to-peer electronic cash system[J]. bitcoin org，2008.
[2] 单进勇，高胜. 区块链理论研究进展[J]. 密码学报，2018，5(5)：484-500.
[3] 斯雪明，徐蜜雪，苑超. 区块链安全研究综述[J]. 密码学报，2018，5(5)：458-469.
[4] KARP R，SCHINDELHAUER C，SHENKER S. Randomized rumor spreading[C]//In：Foundations of Computer Science，2000. Proceedings. Symposium on. IEEE，2002：565-574.
[5] MAYMOUNKOV P. Kademlia：a peer-to-peer information system based on the XOR metric[C]//In：Revised Papers from the First International Workshop on Peer-to-Peer Systems. Springer-Verlag，2002：53-65.
[6] HEILMAN E，KENDLER A，ZOHAR A. Eclipse attacks on Bitcoin's peer-to-peer network[C]//In：Usenix Conference on Security Symposium. USENIX Association，2015：129-144.
[7] WUST K，GERVAIS A. Ethereum eclipse attacks[EB/OL]. https://www.researchcollection.ethz.ch/bitstream/handle/20.500.11850/121310/eth-49728-01.pdf.unpublished.
[8] APOSTOLAKI M，ZOHAR A，VANBEVER L. Hijacking bitcoin：routing attacks on cryptocurrencies[C]//

In：Security and Privacy. IEEE，2017：375-392.
[9] STINSON D R，PATERSON M B. Cryptography theory and practice[M]. 4th ed. New York：CRC Press，2018.
[10] 刘懿中，刘建伟，张宗洋，等. 区块链共识机制研究综述[J]. 密码学报，2019，6(4)：395-432.
[11] OKI B M，LISKOV B H. Viewstamped replication：a new primary copy method to support highly-available distributed systems[C]//In：ACM Symposium on Principles of Distributed Computing. New York：ACM，1988：8-17.
[12] CASTRO M，LISKOV B. Practical byzantine fault tolerance and proactive recovery[J]. ACM Transactions on Computer Systems，2002，20(4)：398-461.
[13] CACHIN C. Architecture of the hyperledger blockchain fabric[EB/OL]，2016. https://pdfs.semanticscholar.org/f852/c5f3fe649f8a17ded391df0796677a59927f.pdf.
[14] ANDROULAKI E，BARGER A，BORTNIKOV V. Hyperledger fabric：a distributed operating system for permissioned Blockchains[C]//In：Proceedings of the Thirteenth EuroSys Conference (EuroSys 2018). New York：ACM，2018：1-15.
[15] HANKE T，MOVAHEDI M，WILLIAMS D. DFINITY technology overview series，consensus system [EB/OL]，2018. https://arxiv.org/pdf/1805.04548.pdf.
[16] CHAN T H，PASS R，SHI E. PaLa：a simple partially synchronous Blockchain [J/OL]，2018. https://eprint.iacr.org/2018/981.pdf.
[17] DWORK C，NAOR M. Pricing via processing or combatting junk mail[C]//In：Advances in Cryptology：CRYPTO'92. Heidelberg：Springer，1993：139-147.
[18] BACK A. Hashcash：a denial of service counter-measure [EB/OL]，2002. http://www.hashcash.org/papers/hashcash.pdf.
[19] BUTERIN V. A next-generation smart contract and decentralized application platform [EB/OL]，2014. https://whitepaperdatabase.com/wp-content/uploads/2017/09/Ethereum-ETH-whitepaper.pdf.
[20] EYAL I，GENCER A E，SIRER E G，et al. Bitcoin-NG：a scalable blockchain protocol[C]//In：Proceedings of 13th USENIX Symposium on Networked Systems Design and Implementation，NSDI 2016，Santa Clara，2016：45-59.
[21] PASS R，SHI E. FruitChains：a fair Blockchain[C]//In：Proceedings of the ACM Symposium on Principles of Distributed Computing (PODC 2017). New York：ACM，2017：315-324.
[22] SOMPOLINSKY Y，ZOHAR A. Secure high-rate transaction processing in Bitcoin[C]//In：Financial Cryptography and Data Security：FC 2015. Heidelberg：Springer，2015：507-527.
[23] SOMPOLINSKY Y，LEWENBERG Y，ZOHAR A. SPECTRE：a fast and scalable cryptocurrency protocol [J/OL]，2016. https://eprint.iacr.org/2016/1159.pdf.
[24] KING S，NADAL S M. PPCoin：peer-to-peer crypto-currency with proof-of-stake[EB/OL]. [2012-8-19]. https://www.semanticscholar.org/paper/PPCoin%3A-Peer-to-Peer-Crypto-Currency-with-King-Nadal/0db38d32069f3341d34c35085dc009a85ba13c13.
[25] BUTERIN V，GRIFFITH V. Casper the friendly finality gadget[EB/OL]，2017. http://arxiv.org/abs/1710.09437.pdf.
[26] KIAYIAS A，RUSSELL A，DAVID B. Ouroboros：a provably secure proof-of-stake blockchain protocol[C]//In：Advances in Cryptology：CRYPTO 2017，Part I. Heidelberg：Springer，2017：357-388.
[27] DAIAN P，PASS R，SHI E. Snow white：robustly reconfigurable consensus and applications to provably secure proofs of stake[J/OL]，2017. https://eprint.iacr.org/2016/919.pdf.
[28] GRIGG I. EOS：An introduction [EB/OL]，2017. https://eos.io/documents/EOS_An_Introduction.pdf.
[29] DECKER C，SEIDEL J，WATTENHOFER R. Bitcoin meets strong consistency[C]//In：Proceedings of the

17th International Conference on Distributed Computing and Networking. New York：ACM，2016：1-10.
[30] KOKORIS K E，JOVANOVIC P，GAILLY N. Enhancing bitcoin security and performance with strong consistency via collective signing[C]//In：Proceedings of 25th USENIX Security Symposium. USENIX，2016：279-296.
[31] ABRAHAM I，MALKHI D，NAYAK K. Solida：a blockchain protocol based on reconfigurable byzantine consensus[C]//In：Proceedings of 21st International Conference on Principles of Distributed Systems (OPODIS 2017). Lisbon，Portugal，2017：1-19.
[32] PASS R，SHI E. Hybrid consensus：efficient consensus in the permissionless model[C]//In：Proceedings of 31st International Symposium on Distributed Computing (DISC 2017). Vienna，2017：1-16.
[33] PASS R，SHI E. Thunderella：blockchains with optimistic instant confirmation[C]//In：Advances in Cryptology：EUROCRYPT 2018，Part II. Springer Cham，2018：3-33.
[34] GILAD Y，HEMO R，MICALI S. Algorand：scaling byzantine agreements for cryptocurrencies[C]//In：Proceedings of the 26th Symposium on Operating Systems Principles. Shanghai，2017：51-68.
[35] LUU L，NARAYANAN V，ZHENG C. A secure sharding protocol for open blockchains[C]//In：Proceedings of the 2016 ACM SIGSAC Conference on Computer and Communications Security. New York：ACM，2016：17-30.
[36] KOKORIS K E，JOVANOVIC P，GASSER L. OmniLedger：a secure，scale-out，decentralized ledger via sharding[C]//In：Proceedings of 2018 IEEE Symposium on Security and Privacy (SP 2018). IEEE，2018：583-598.
[37] AL B M，SONNINO A，BANO S，et al. Chainspace：a sharded smart contracts platform[C/OL]. In：Proceedingsof 25th Annual Network and Distributed System Security Symposium (NDSS 2018). San Diego，CA，USA，February 18-21，2018. http://wp.internetsociety.org/ndss/wp-content/uploads/sites/25/ 2018/02/ndss2018_09-2_Al-Bassam_paper.pdf.
[38] ZAMANI M，MOVAHEDI M，RAYKOVA M. RapidChain：scaling blockchain via full sharding[C]//In：Proceedings of the 2018 ACM SIGSAC Conference on Computer and Communications Security (CCS 2018). Toronto，2018：931-948.
[39] MILLER A，JUELS A，SHI. Permacoin：repurposing bitcoin work for data preservation[C]//In：proceedings of 2014 IEEE Symposium on Security and Privacy (SP 2014). IEEE，2014：475-490.
[40] PARK S，PIETRZAK K，ALWEN J，et al. Spacecoin：a cryptocurrency based on proofs of space[J/OL]. IACR Cryptology ePrint Archive，2015，528. https://eprint.iacr.org/2015/528.pdf.
[41] ZHANG F，EYAL I，ESCRIVA R. REM：resource-efficient mining for blockchains[C]//In：Proceedings of 26th USENIX Security Symposium (USENIX Security 2017). Vancouver，2017：1427-1444.
[42] ARMKNECHT F，BOHLI J，KARAME G O，et al. Sharding PoW based blockchains via proofs of knowledge[J/OL]. IACR Cryptology ePrint Archive，2017，1067. https://eprint.iacr.org/2017/1067.

第 6 篇　安全测评与管理

内容概要

安全测评与管理是实施安全保障的重要手段。安全测评是指对 IT 产品、系统、网络等的安全性进行验证、测试、评估和定级，规范它们的安全特性。安全测评对 IT 产品的研发、系统集成、网络建设、用户采购等都具有重要指导意义，是实现安全保障的一种有效措施。安全测评技术就是能够系统、客观地验证、测试和评估 IT 产品、系统、网络等的安全性质及其程度的技术，主要包括安全验证、测试、评估等技术。安全管理把分散的技术和人为因素通过政策或规则协调、整合为一体，是获得安全保障能力的重要手段，因此，也是构建网络空间安全保障体系不可忽视的重要因素。安全管理内容很多，主要包括安全规划、安全风险评估、物理安全保障、安全等级保护、安全管理标准、安全法规等。安全测评、安全管理以及互联、互通、互操作等都离不开标准的支持，因此，安全标准也是网络空间安全中十分重要的内容。本篇简要介绍安全标准、安全测评和安全管理等方面的一些主要内容。

本篇关键词

安全标准，ISO，ITU，IETF，IEEE，3GPP，NIST，安全测试，安全验证，安全评估，可信计算机系统评估准则（TCSEC），信息技术安全评估准则（ITSEC），信息技术安全通用评估准则（CC），安全管理，安全规划，风险评估，等级保护，安全法规，安全监控。

统一度量衡样图

悬衡而知平，设规而知圆。

——战国·韩非《韩非子·饰邪》

第26章 安全标准

内容提要

安全措施可以视为人们在生产生活中需要使用的一类事物，它可以是个人计算机中安装的杀毒软件，可以是互联网中部署的防火墙或入侵检测系统，也可以是组织机构实施的安全管理制度。为了保证这些安全措施能够发挥其应有的作用，为个人计算机、互联网和组织机构提供有效的安全保障，应该建立面向安全措施的基础参考和评价依据，从而对安全措施提出标准化的要求。安全标准是信息安全规范化和法制化的基础，是实现技术安全保障和管理安全保障的重要依据。现有安全标准和安全标准化组织很多，无法逐一介绍也没必要逐一介绍，因此本章主要从国际、国内制定和颁布安全标准的主要标准化组织开始，分析安全标准的分类，介绍主要的安全标准，帮助读者理解标准在安全保障工作中所起到的基础性作用。

本章重点

- 制定安全标准的目的和作用
- 有代表性的标准化组织
- 典型的安全标准
- 安全标准分类

26.1 制定安全标准的目的和作用

历史上的秦始皇，通过统一中国为我国的疆域形成、民族融合、文化发展等做出了开拓性的贡献，通过修筑长城和兵马俑为我们留下了丰厚的历史遗产。除此之外，秦始皇还推行了另外一项对社会发展具有深远意义的工作，那就是统一全国的度量衡。这种“社会标准”方面的统一，其意义完全不亚于地域形式上的统一，它使各个地区的联系更加紧密，真正起到了促进各民族、各地区的大融合。

我们通过一些例子来理解“标准”的巨大作用：如果没有 220V 的标准电压，我们的家用电器将无法使用统一的电源；如果没有标准的通信协议，我们将无法使用互联网查阅信息；如果没有统一的食品添加剂标准，我们的日常生活将没有安全保障。标准已经深入到人们生产生活中的方方面面，大到飞机、汽车、房屋，小到信封、纸张、计算机鼠标，都必须遵循相应的标准进行生产，才能够上市销售。

安全措施可以视为人们在生产生活中需要使用的一类事物，它可以是个人计算机中安装的杀毒软件，可以是互联网中部署的防火墙或入侵检测系统，也可以是组织机构实施的安全管理制度。为了保证这些安全措施能够发挥其应有的作用，为个人计算机、互联网和组织机构提供有效的安全保障，应该建立面向安全措施的基础参考和评价依据，从而对安全措施提出标准化的要求。安全标准是信息安全规范化和法制化的基础，是实现技术安全保障和管理安全保障的重要依据。

26.2 主要的国际标准化组织

为了提高安全措施的一致性和规范性，国际上有很多组织机构致力于制定和颁布与安全相关的标准规范，本节简要介绍其中具有代表性的一些国际标准化组织。

1．国际标准化组织

国际标准化组织（International Standardization Organization，ISO）[1]是知名度最高、影响范围最广的标准化组织。自 1946 年组建以来，已经发布了 12000 多个标准，范围涵盖机械、化学、建筑、金属、航空、燃料、能源、运输、信息技术、质量、测量、安全、环境、医疗以及日用消费品等。ISO 的主要任务是制定国际标准，协调世界范围内的标准化工作，与其他国际性组织合作研究有关标准化问题。ISO 与国际电工委员会（International Electrotechnical Commission，IEC）有着密切的联系。ISO 和 IEC 有约 3000 个工作组，ISO、IEC 每年制定或修订大约 1000 个国际标准。著名的 ISO 9000 质量管理体系、开放系统互连（Open Systems Interconnection，OSI）参考模型等，都是 ISO 提出的标准。ISO 的组织结构如图 26.1 所示。

在信息技术方面，ISO 与 IEC 共同成立了联合技术委员会（JTC1），负责制定信息技术领域中的国际标准。ISO 于 1990 年 4 月在瑞典斯德哥尔摩年会上正式成立了信息技术安全分委会（SC27），其名称为信息技术-安全技术，该分委会负责信息技术安全的一般方法和技术的标准化，包括确定信息技术系统安全的一般要求（含要求方法）、开发安全技术和机制（含注册程序和安全组成部分的关系）、开发安全指南（如解释性文件、风险分析）、开发管理支撑性文件和标准（如术语、安全评价准则）。

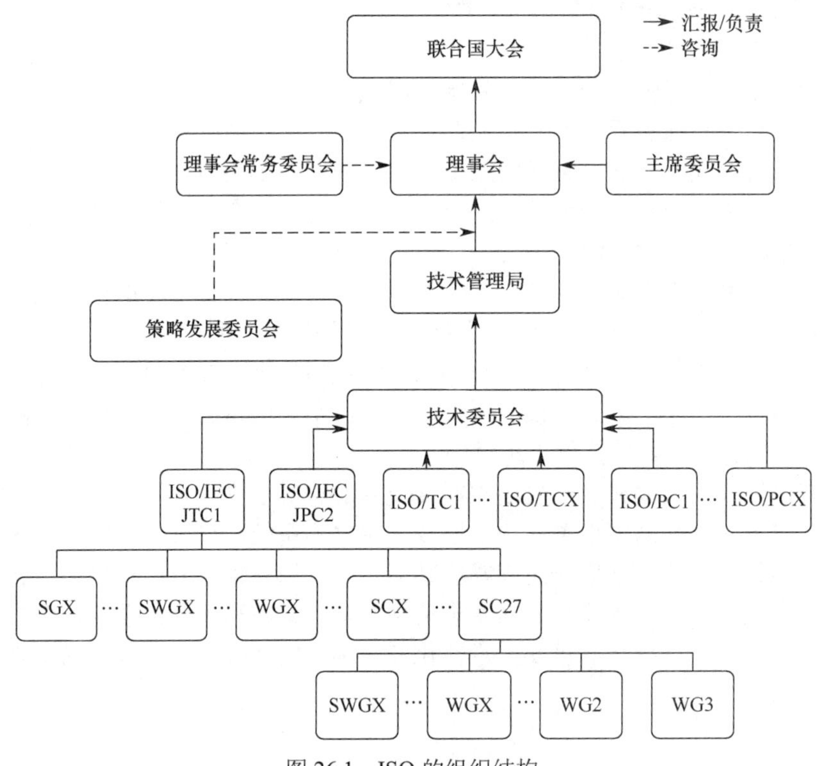

图 26.1　ISO 的组织结构

1997 年，ISO 对技术领域进行了合并和重大调整，信息技术安全分委会仍然保留，并作为 ISO/IEC JTC1 安全问题的主导组织。运行模式是既作为一个技术领域的分委会运行，又要履行特殊职能，负责通信安全的通用框架、方法、技术和机制的标准化。

由 ISO 制定的安全标准主要有 ISO/IEC 27001《信息安全管理体系要求》、ISO/IEC 15408《信息技术安全通用评估准则》等。这些标准在开展安全管理和安全评估方面得到了广泛的应用。

ISO/IEC JTC1/SC27 是 ISO 信息技术安全分委会的全称，下设 6 个工作组，各个工作组的主要工作范围如表 26.1 所示。

表 26.1　ISO/IEC JTC1/SC27 的工作组及其工作范围

工　作　组	工 作 范 围
ISO/IEC JTC1/SC27/SWG-T	横向项目
ISO/IEC JTC1/SC27/WG1	信息安全管理系统
ISO/IEC JTC1/SC27/WG2	密码学和安全机制
ISO/IEC JTC1/SC27/WG3	安全评估、测试和规范
ISO/IEC JTC1/SC27/WG4	安全控制和服务
ISO/IEC JTC1/SC27/WG5	身份管理和隐私技术

2．国际电信联盟

国际电信联盟（International Telecommunication Union，ITU，原称为CCITT）是标准化国际电信的一个国际性机构，1947 年成为联合国的一个办事机构[2]，其前身成立于 1865 年。ITU 的章程是“在促使世界范围电信标准化的观点下，负责研究技术、运行以及关税问题，并就这些问题发布建议书（Recommendation）”。其主要目标是尽可能地将电信领域的技术和操作标准化，以达到通过国际电信连接的端对端的兼容性。

ITU 于 2001 年将 SG7、SG10 合并形成新的 SG17 研究组。ITU SG17 研究组负责研究网络安全标准，包括通信安全项目、安全架构和框架、计算安全、安全管理、用于安全的生物测定、安全通信服务。此外，SG16 和下一代网络核心组也在通信安全、H.323 网络安全、下一代网络安全等标准方面进行研究。

由 ITU 制定的安全标准主要有 ITU-T.X.500《目录：概述——概念、模型和服务》（已成为 ISO 标准，即 ISO/IEC 9594-1）、ITU-T.X.509《目录：公钥和属性证书框架》（已成为 ISO 标准，即 ISO/IEC 9594-8）等。这些标准在构建公钥基础设施方面得到了广泛应用。

3．互联网协会

互联网协会成立于 1992 年，是一个国际性的、非营利性的专业人员组织。其下互联网工程任务组（Internet Engineering Task Force，IETF）成立于 1985 年年底，主要负责具体标准的制定工作，互联网工程指导组（Internet Engineering Steering Group，IESG）主要负责标准的审批。由互联网协会发布的标准通常要经历互联网草案（Internet Draft）、请求评论（Request for Comment，RFC）和互联网标准 3 个阶段。RFC 是否发展成为互联网标准由 IESG 根据 IETF 的建议做出决定，如果可以，将提交给互联网体系结构委员会（Internet Architecture Board，IAB），并形成具有顺序编号的 RFC 文档，成为互联网标准文件。

IETF 标准制定的具体工作由各个工作组承担。IETF 主要有 8 个工作组，分别负责互联网路由、传输、应用等 8 个领域。IETF 制定了大量有关信息安全的标准，著名的互联网密钥交换（IKE）、传输层安全（TLS）、互联网协议安全（IPSec）都在 RFC 系列之中，其中还有电子邮件、网络认证和密码及其他安全协议标准。

4．电气和电子工程师协会

电气和电子工程师协会（Institute of Electrical and Electronics Engineers，IEEE）是一个国际性的电子技术与信息科学工程师组成的协会，是世界上最大的专业技术组织之一。IEEE 出版多种杂志、学报、书籍，每年组织 300 多次专业会议，IEEE 的许多学术会议在世界上很有影响力，有的规模很大，可达到 4 万～5 万人。

IEEE 定位在“科学和教育，并直接面向电子电气工程通信、计算机工程、计算机科学理论和原理研究的组织，以及相关工程分支的艺术和科学”。IEEE 是一个广泛的工业标准开发者，主要涉及领域包括电力、能源、生物技术和保健、信息技术、信息安全、通信、消费电子、运输、航天技术和纳米技术。IEEE 定义的标准在工业界有极大的影响。

IEEE 制定的安全标准主要有 IEEE 802.10《局域网安全性规范》、IEEE P1363《公钥密码标准》、IEEE 802.11i《无线局域网安全标准》等。

5．其他国际标准化组织

1）第三代合作伙伴计划（3GPP）

3GPP 是 3G 技术规范机构，最初旨在研究制定并推广以 GSM 为核心网络、UTRA 为无线接口的 3G 标准。后来，3GPP 扩大范围，开发和维护了一系列通信技术标准，包括 GSM 和相关 2G、2.5G 标准，UMTS 和相关 3G 标准，LTE 和相关 4G 标准等。ZUC 算法是由我国学者设计的一个序列密码，已被国际组织 3GPP 推荐为 4G 无线通信的加密标准。

2）国际芯片卡标准化组织（EMVCo）

EMVCo 是由国际三大银行卡组织成立的，其主要任务是发展制定与主管维护 EMV 支付芯片卡的规格、标准与认证，监督并促进全球安全支付的互操作性。EMVCo 制定的 EMV 标准是基于 IC 卡的金融支付标准，目前已成为公认的全球性标准。例如，“Book2 安全与密钥管理部分”规定了相关的密码使用技术要求。

2013 年 5 月，中国银联宣布成为 EMVCo 成员，将共同推动全球芯片卡标准的开发和实施，并促进银联金融 IC 卡在全球发行和受理。中国人民银行在 EMV 框架基础上，根据我国国情制定了 PBOC 3.0《中国金融集成电路（IC）卡规范》（JR/T 0025—2005）。

3）可信计算组织（TCG）

TCG 的前身是成立于 1999 年的 TCPA（Trusted Computing Platform Alliance），其目的是在计算和通信系统中广泛使用基于硬件安全模块支持的可信计算平台，以提高整体的安全性。TCG 组织制定了 TPM（Trusted Platform Module）系列标准，2012 年发布了 TPM 2.0 草案，并于 2013 年向 ISO 提交国际标准提案。与 TPM 1.2 相比，TPM 2.0 充分考虑了可信计算技术和云计算技术的融合，重点关注其采纳的安全协议和密码算法的安全性、性能、灵活性。

26.3 主要的国外标准化组织

本节简要介绍一些国外致力于制定和颁布与安全相关的标准规范的主要标准化组织。

1．美国国家标准技术研究所

美国国家标准技术研究所（NIST）是直属于美国商务部的联邦政府部门，是美国重要的国家级研究机构之一。美国国家标准局（NBS）是 NIST 的前身，成立于 1902 年（也有的说 1901 年），1998 年更名为 NIST，主要从事物理、生物和工程方面的基础和应用研究，以及测量技术和测试方法方面的研究，提供标准、标准参考数据及有关服务，在国际上享有很高的声誉。

SP 800 系列特别出版物是 NIST 发布的在计算机安全等领域进行的研究、指导和成果，以及在此领域与业界、政府和学术组织协同工作的报告。SP 800 系列特别出版物涵盖了密码技术、入侵检测、电子邮件安全、安全管理、安全评估、安全工程、无线网安全等方面，已成为安全界普遍认同和参考的安全准则和最佳实践。

NIST 标准和指南主要有 3 种形式：联邦信息处理标准（FIPS）、特别出版物（SP）和机构间报告（IR）。

（1）FIPS 主要用于发布密码算法、密码模块评估准则等相关基础标准，如分组密码、数字签名、杂凑函数、密码模块安全要求。

（2）SP 800 系列主要关注计算机安全领域的一些研究热点，介绍信息技术实验室在计算机安全方面的指导方针、研究成果，以及与业界、政府、学术组织的协作情况等。

（3）IR 主要用于发布会议报告、密码面临的新挑战讨论等。

NIST 还是美国密码算法征集活动的责任单位。早在 1973 年，在总结了美国政府的计算机安全需求之后，NIST 发起了 DES 算法征集评估活动，于 1977 年形成了在世界上应用最为广泛的 DES 算法标准 FIPS 46；1997 年 NIST 发起了 AES 算法征集计划，于 2001 年形成了 AES 算法标准 FIPS 197；2007 年 NIST 发起了杂凑函数 SHA-3 征集活动，于 2014 年公布了 SHA-3 杂凑标准 FIPS 202 草案。

2. 美国国家标准协会

美国国家标准协会（American National Standard Institute，ANSI）成立于 1918 年，是非营利性民间标准化团体。ANSI 经美国联邦政府授权，其主要职能是：协调国内各机构、团体的标准化活动，审核批准美国国家标准，代表美国参加国际标准化活动，提供标准信息咨询服务，与政府机构进行合作。ANSI 下设电工、建筑、日用品、机械制造、安全技术等技术委员会。ANSI 作为 ISO/IEC JTC1 秘书处，负责组织 JTC1 的日常工作。

ANSI 下属金融服务委员会（X9）下属的 X9F 委员会负责数据和信息安全有关的标准制定，这个委员会包括了以下工作组：X9F1，负责密码工具；X9F3，负责协议；X9F5，负责数字签名和证书策略等。

3. 欧洲电信标准协会

欧洲电信标准协会（ETSI）建立于 1988 年，现拥有分布在 64 个国家的大约 800 名会员。ETSI 的安全算法专家组（SAGE）负责提供关于安全方面的 ETSI 技术报告和标准，特别是负责制定保护电信网络和用户数据隐私的密码算法及协议等。

2015 年，ETSI 启动了量子安全密码（ISG QSC）这一新的行业规范组。ISG QSC 的设立是为了帮助行业解决当量子计算机推向市场时对加密技术的威胁，并为量子安全标准化做好准备。

4. 英国标准协会

英国标准协会（BSI）是世界上第 1 个国家标准化机构，成立于 1901 年，由英国土木工程师学会（IEC）、机械工程师学会（IME）、造船工程师学会（INA）和钢铁协会（ISI）共同发起，总部设在伦敦。

BSI 倡导制定了世界上流行的 ISO 9000 系列管理标准。BSI 的一些安全标准也被推荐成为 ISO/IEC 标准，如 BSI 的 BS 7799 通过了国际标准化组织的认可，正式成为国际标准，即 ISO/IEC 17799。BSI 也采纳 BS ISO/IEC 24759—2014 等 ISO 标准作为其推荐使用的标准。

5. 俄罗斯联邦标准化和计量国家委员会

俄罗斯对外发布标准的机构是俄罗斯联邦标准化和计量国家委员会（GOST），其逐步形成了最具影响力的 GOST-R 标准体系。俄罗斯颁布《产品及认证服务法》，实行产品强制认证准入制度，而密码产品等正属于强制认证范围内。俄罗斯密码标准自成体系，保密性强，并且大部分密码算法为俄罗斯国内自主制定。

26.4 我国主要的标准化组织

本节简要介绍我国致力于制定和颁布与安全相关的标准规范的主要标准化组织。

1．国家标准化管理委员会

国家标准化管理委员会是中华人民共和国国务院授权履行行政管理职能、统一管理全国标准化工作的主管机构，于 2001 年 10 月正式成立。2018 年 3 月，根据第十三届全国人民代表大会第一次会议批准的国务院机构改革方案，将中华人民共和国国家标准化管理委员会职责划入国家市场监督管理总局，对外保留国家标准化管理委员会牌子。其主要职责如下：

（1）下达国家标准计划，批准发布国家标准，审议并发布标准化政策、管理制度、规划、公告等重要文件。

（2）开展强制性国家标准对外通报。

（3）协调、指导和监督行业、地方、团体、企业标准工作。

（4）代表国家参加国际标准化组织、国际电工委员会和其他国际或区域性标准化组织。

（5）承担有关国际合作协议签署工作。

（6）承担国务院标准化协调机制日常工作。

2．全国信息安全标准化技术委员会

为了加强信息安全标准的协调工作，2002 年 4 月国家标准化管理委员会决定成立全国信息安全标准化技术委员会（简称为信安标委，委员会编号为 TC260），由国家标准化管理委员会直接领导，对口国际标准化组织 ISO/IEC JTC1/SC27，秘书处设在中国电子技术标准化研究院。信安标委的主要工作范围包括：安全技术、安全机制、安全服务、安全管理、安全评估等领域的标准化技术工作。

信安标委主要设有以下 8 个工作组：

（1）信息安全标准体系与协调工作组（WG1）。

（2）涉密信息系统安全保密工作组（WG2）。

（3）密码技术工作组（WG3）。

（4）鉴别与授权工作组（WG4）。

（5）信息安全评估工作组（WG5）。

（6）通信安全标准工作组（WG6）。

（7）信息安全管理工作组（WG7）。

（8）大数据安全标准特别工作组（SWG-BDS）。

3．行业标准化机构

在我国信息化建设过程中，为实现规范有效的管理，工信部、公安部、国家保密局、国家密码管理局、中国人民银行等部门也设立了行业标准化机构并陆续制定了一系列行业安全标准。

例如，国家密码管理局于 2011 年设立了密码行业标准化技术委员会（Cryptography Standardization Technical Committee，CSTC，简称为密标委），主要职责包括提出标准化工作的政策、措施建议；提出密码标准体系、国家和行业标准制定、修订规划和年度计划的建议；组织国家和行业标准的制定、修订、定期复审；负责国家和行业标准的宣贯工作；组织开展国际标准化相关工作。

密标委目前设有总体、应用、基础和测评 4 个工作组，分别从密码标准体系规划、行业应用密码标准建立、通用基础密码标准建立和标准符合度检测方面开展工作。其中总体工作

组主要负责组织密码标准体系规划制定、标准审查、重要问题研讨等。基础、测评和应用 3 个工作组分别主要负责基础、测评、应用类密码标准的制定、修订工作。

按照急需、基础、成熟的原则，密标委组织开展了商用密码领域基础类、应用类和测评类标准的制定、修订工作。密标委已分批次发布了一批行业急需的通用性密码标准和指导性技术文件，包括算法类基础标准、密码设备类基础标准、基础技术和设施类标准、典型基础应用类标准，解决了短期内急需的密码标准使用问题，基本满足了商用密码产业单位的研发、生产和检测的需求。

26.5 主要信息安全标准分类

关于标准的分类，目前比较通用的分类方法主要有以下 3 种：

（1）按标准发生作用的范围和审批标准级别来分，可分为国家标准、行业标准、地方标准和企业标准 4 类。例如，由信安标委送审报批并由国家标准化管理委员会发布的是信息安全国家标准，由工信部等部门的标准化机构直接发布的是信息安全行业标准。

（2）按标准的约束性来分，可分为强制性标准和推荐性标准两类。强制性标准是保障人体健康，人身、财产安全的国家标准或行业标准和法律及行政法规规定强制执行的标准，其他标准则是推荐性标准。《中华人民共和国标准化法》规定：强制性标准，必须执行，不符合强制性标准的产品，禁止生产、销售和进口；推荐性标准，国家鼓励企业自行采用。例如，GB 17859—1999《计算机信息系统安全保护等级划分准则》就属于强制性标准，计算机信息系统必须按照该标准进行安全保护等级的划分，而 GB/T 22239—2008《信息系统安全等级保护基本要求》则属于推荐性标准。

（3）按标准在标准体系中的地位和作用来分，可分为基础标准和一般标准两类。基础标准是指一定范围内作为其他标准的基础并普遍使用的标准，具有广泛的指导意义。例如，GB 17859—1999《计算机信息系统安全保护等级划分准则》因在我国信息安全等级保护工作中的基础性作用，从而应视为基础标准[4]。

这里，介绍一种从用途出发进行标准分类的方法，如表 26.2 所示。

表 26.2　安全标准分类

类　别	说　明
安全基础类标准	安全标准体系的基础部分，为其他标准提供支持和服务
安全技术类标准	针对物理、网络、主机、应用、数据等各个逻辑层面的安全技术标准
安全管理类标准	针对架构、要求、制度和流程等各个方面的安全管理标准
安全工程类标准	针对安全工程和服务实施的标准

1. 安全基础类标准

安全基础类标准是安全标准体系的基础部分，为其他标准提供支持和服务。此类标准典型的有：

（1）安全术语，如 GB/T 5271.8—1993《数据处理词汇 08 部分：控制、完整性和安全性》。

（2）语法规则，如 GB/T 16263—1996《抽象语法记法——（ASN.1）基本编码规则规范》。

（3）安全体系架构，如 GB/T 9387.2—1995《基本参考模型 第 2 部分：安全体系结构》、RFC 1825《TCP/IP 安全体系结构》、ISO 7498-2《OSI 安全体系结构》。

（4）安全模型，如 GB/T 9387.1—1998《基本参考模型 第 1 部分：基本模型》、GB/T 17965—2000《高层安全模型》。

2．安全技术类标准

安全技术类标准是针对物理、网络、系统、应用、数据等各个逻辑层面技术以及专项安全技术的标准。此类标准典型的有：

（1）物理安全标准，如 GB 9361—1988《计算站场地安全要求》、GB 4943—2001《信息技术设备的安全》。

（2）网络安全标准，如 RFC 2401《因特网协议安全（IPSec）》、RFC 2246《传输层安全（TLS）协议》、IEEE 802.11i《无线局域网安全》、GB/T 17963—2000《网络层安全协议》。

（3）系统安全标准，如 GB/T 20271—2006《信息系统通用安全技术要求》、GB/T 20272—2006《操作系统安全技术要求》、GB/T 20273—2006《数据库管理系统安全技术要求》。

（4）应用安全标准，如 RFC 2660《安全超文本传输协议》、RFC 3851《安全多用途网际邮件扩充协议》、ISO 9564—2015《金融服务：个人标识号管理与安全》。

（5）数据安全标准，如 ISO/IEC 9797—2011《消息鉴别码》、ISO/IEC 18033—2011《加密算法》。

（6）专项安全标准，如针对数字签名技术的 ISO/IEC 9796—2010《带消息恢复的数字签名方案》、针对身份鉴别机制的 ITU-T.X.509《目录：公钥和属性证书框架》、针对抗抵赖机制的 ISO/IEC 13888—2012《抗抵赖》。

3．安全管理类标准

正如在安全领域经常提到的一项原则“三分技术，七分管理”所阐述的那样，安全管理类标准在安全标准体系中占据着重要地位。安全管理类标准是围绕安全管理过程中所涉及的架构、要求、制度和流程等各方面的标准。此类标准典型的有：

（1）管理框架类标准，如 ISO/IEC 13335《IT 安全管理指南》、ISO/IEC 27001《信息安全管理体系要求》、ISO/IEC 20000《IT 服务管理体系》、GB/T 20269—2006《信息系统安全管理要求》。

（2）实施指导类标准，如 ISO/IEC 27002《信息安全管理实践准则》、ISO/IEC 27003《信息安全管理实施指南》、GB/T 22240—2008《信息系统安全等级保护定级指南》。

（3）监督管理类标准，如 GB 17859—1999《计算机信息系统安全保护等级划分准则》、GB/T 22239—2008《信息系统安全等级保护基本要求》。

（4）测试评估类标准，如 ISO/IEC 15408《信息技术安全通用评估准则》、DoD TCSEC《可信计算机系统评估准则》、GB/T 20984—2007《信息安全风险评估规范》、GB/T 20280—2006《网络脆弱性扫描产品测试评价方法》。

4．安全工程类标准

安全工程类标准主要用于规范安全工程实施、安全产品制售等，此类标准典型的有：

（1）安全产品类标准，如 GB/T 18018—2019《路由器安全技术要求》、GB/T 18020—1999《应用级防火墙安全技术要求》、GB/T 17900—1999《网络代理服务器的安全技术要求》。

（2）工程实施类标准，如 SSE-CMM《系统安全工程能力成熟度模型》、GB/T 20282—2006《信息系统安全工程管理要求》。

安全标准可以理解为安全领域中的度量衡。当我们了解了安全标准的目的、作用、典型的安全标准化组织以及主要的安全标准后，也许能够更好地理解以下针对“标准”的标准化定义：

（1）国际标准化组织于 1983 年 7 月发布的 ISO 第 2 号指南（第 4 版）对标准的定义为：“由有关各方根据科学技术成就与先进经验，共同合作起草，一致或基本上同意的技术规范或其他公开文件，其目的在于促进最佳的公共利益，并由标准化团体批准。”

（2）我国国家标准 GB 3935.1.83《标准化基本术语》中对标准的定义为：“标准是对重复性事物和概念所做的统一规定。它以科学、技术和实践经验的综合成果为基础，经有关方面协调一致，由主管机构批准，以特定形式发布，作为共同遵守的准则和依据。”

（3）标准可以理解为衡量事物的准则或作为准则的事物，包含技术规范或其他被一致地用作规则、指南或角色定义的精确的准则，用以保证材料、产品、过程和服务合乎一定的目的[5]。

26.6 小结与注记

本章主要介绍了有代表性的制定和颁布与安全相关的标准规范的标准化组织、典型的安全标准以及安全标准的分类。制定安全标准的标准化组织有很多，各种各样的组织也都发布了大量的安全标准，而且安全标准的动态性也很强，因此在此无法逐一介绍也没必要逐一介绍。学习本章的目的就是让读者了解安全标准的目的和作用，以及一些有代表性的制定和颁布与安全相关的标准规范的标准化组织和典型的安全标准。安全标准可以理解为安全领域中的度量衡，是实现技术安全保障和管理安全保障的重要依据。

本章在写作过程中主要参考了文献[3]。

思 考 题

1．简述制定安全标准的目的和作用。
2．制定安全标准的标准化组织有哪些？
3．列出一些典型的安全标准。
4．简述安全标准分类。

参 考 文 献

[1] International Organization for Standardization [EB/OL]. [2015-06-18]. https://en.wikipedia.org/wiki/ International_Organization_for_Standardization.

[2] International Telecommunication Union [EB/OL]. [2015-06-17]. https://en.wikipedia.org/wiki/International_

Telecommunication_Union.

[3] 冯登国，等. 信息社会的守护神：信息安全[M]. 北京：电子工业出版社，2009.

[4] 陈忠文. 信息安全标准与法律法规[M]. 武汉：武汉大学出版社，2009.

[5] 戴宗坤. 信息安全法律法规与管理[M]. 重庆：重庆大学出版社，2005.

[6] 冯登国，孙锐，张阳. 信息安全体系结构[M]. 北京：清华大学出版社，2008.

[7] 赵战生，冯登国，戴英侠，等. 信息安全技术浅谈[M]. 北京：科学出版社，1999.

[8] 中国科学技术协会，中国密码学会. 密码学学科发展报告：2014—2015[M]. 北京：中国科学技术出版社，2016.

网络测试仪

八观六验，此贤主之所以论人也。

——战国·吕不韦《吕氏春秋》

第27章　安全测评

内容提要

安全测评是指对 IT 产品（包括安全产品）、系统、网络等的安全性进行验证、测试、评价和定级，以规范它们的安全特性。安全测评对 IT 产品的研发、系统集成、网络建设、用户采购等都具有重要指导意义，是实现安全保障的一种有效措施。安全测评技术就是能够系统、客观地验证、测试并评价 IT 产品、系统、网络等的安全性质及其程度的技术，主要包括安全验证、安全测试和安全评估等技术。一些发达国家和地区的政府和安全行业高度重视安全测评工作，先后研发了大量的安全测试技术，制定了一系列评估准则，包括可信计算机系统评估准则、信息技术安全评估准则、信息技术安全通用评估准则等。我国也制定了相应的评估标准，并建立了安全评估制度。本章通过概述有代表性的安全验证、安全测试和安全评估等技术以及国内外安全评估准则，简要介绍安全测评的主要原理、过程和方法。

本章重点

- 安全验证的基本知识
- 安全测试的基本知识
- 安全评估的基本知识
- 可信计算机系统评估准则
- 信息技术安全通用评估准则

27.1 安全测评的发展历程

安全测评是指对 IT 产品、系统、网络等的安全性进行验证、测试、评价和定级，以规范它们的安全特性。在概念上，安全测评与对具体安全特性的分析和测试既有联系，又有区别，前者一般是指在方案、规程或标准指导下实施的一系列措施；后者一般是指一个具体的分析与测评工作，可能构成前者的一个环节，因此，相比之下，安全测评面向获得更具有系统性和权威性的结论，也一般面向实用的产品和系统，它对 IT 产品的研发、系统集成、网络建设、用户采购等都具有重要指导意义。可以认为，安全测评技术就是能够系统、客观地验证、测试并评价 IT 产品、系统、网络等的安全性质及其程度的技术，主要包括安全验证、安全测试和安全评估等技术。安全验证技术主要用来证实安全的性质，安全测试技术主要用来获得安全的度量数据，安全评估技术包括一系列流程和方法，用于客观、公正地进行评价和定级由验证测试结果反映的安全性等性能。目前，安全验证技术与安全测试技术正在迅速发展，出现了大量的方法、工具和手段，而安全评估流程、方法与相关的安全功能要求一般由评估标准、规范、准则等给出。

安全测评与产品或系统认证的概念联系紧密，但这里的“认证”与本书第 4 章提到的认证概念完全不同（本书第 4 章提到的认证是鉴别的意思），而与本书第 11 章提到的认证概念相同，它一般是指由权威机构证明测评机构提供的服务符合相关技术规范或标准的要求，认可的形式一般是颁发证书。以上认证的执行机构一般由国家设立，其目的是更加权威、公正地进行安全评估。图 27.1 反映了安全测评、认证、测试技术、技术标准、评估准则和评估体制等的关系，其中，测评和认证首先都需要参照评估准则、评估方法与本国的评估体制，并且评估结果必须由认证机构检查并认可。

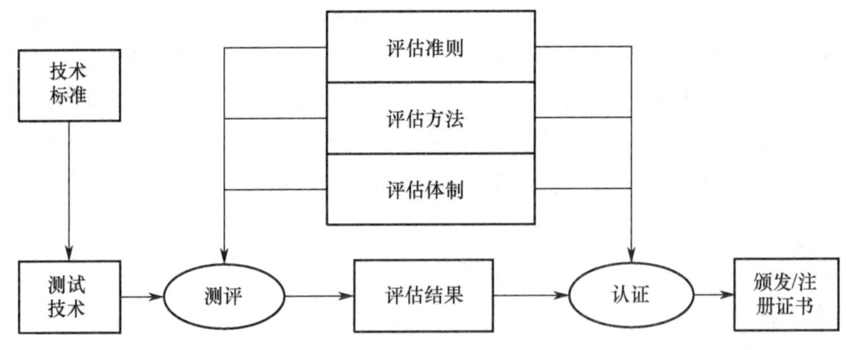

图 27.1　安全测评认证体系框架

安全测评是实现安全保障的有效措施，对各类安全技术的发展都有重要影响，很多国家和地区的政府和安全行业均已认识到它的重要性。美国国防部于 1979 年颁布了编号为 5200.28-M 的军标，它为计算机安全定义了 4 种模式，规定了在每种模式下计算机安全的保护要求和控制手段。当前普遍认为，5200.28-M 是世界上第 1 个计算机安全标准。1977 年，美国国家标准局（NBS）也参与到计算机安全标准的制定工作中来，并协助美国国防部于 1981 年成立了国防部计算机安全中心，该中心于 1985 年更名为国家计算机安全中心（NCSC），当前，它归美国国家安全局管辖。NCSC 及其前身为测评计算机安全颁布了一系列文件和规定，其中，于 1983 年颁布的《可信计算机系统评估准则》（Trusted Computer System Evaluation Criteria，TCSEC）将安全程度由高至低划分为 A~D 4 类，每类中又分为 2 级或 3 级。例如，Windows NT 和 Windows 2000 系列产品被测评为 C2 级，美国军方普遍采用了更高级别的军用安全操作系统。在美国的带动下，于 1990 年前后，英国、德国、法国、荷兰、加拿大等国也陆续建立了计算机安全的测评制度并制定了相关的标准规范。例如，加拿大颁布了《可信计算机产品评估准则》（Canada Trusted Computer Product Evaluation Criteria，CTCPEC），美国颁布了《信息技术安全联邦准则》，通常简称为 FC（Federal Criteria）。由于安全产品国际市场的形成，多国共同制定、彼此协调安全评估准则成为发展的必然趋势。1991 年，英国、德国、法国、荷兰 4 国率先联合制定了《信息技术安全评估准则》（Information Technology Security Evaluation Criteria，ITSEC），该准则事实上也已成为欧盟其他国家共同使用的评估准则；美国在 ITSEC 出台后，立即倡议欧美 6 国 7 方（英国、德国、法国、荷兰、加拿大和美国的 NSA 与 NIST）共同制定一个各国通用的评估准则。从 1993 年至 1996 年，以上 6 国制定了《信息技术安全通用评估准则》，一般简称为 CC（Common Criteria）。CC 已于 1999 年被国际标准化组织采纳为国际标准，其编号为 ISO/IEC 15408—1999。另外，为指导对密码模块安全性的评估，NIST 自 20 世纪 80 年代起至 21 世纪初一直在编制《密码模块安全要求》，于 2002 年发布了当前被普遍采用的 FIPS PUB 140-2。当前，很多国家和地区均建立了安全评估机构，除政府机构外，还存在一些由权威企业建立的测评机构，它们为安全厂商和用户提供测评服务。

我国于 1999 年前后也开启了安全测评工作。1999 年，我国颁布了国家标准 GB 17859—1999《计算机信息系统安全保护等级划分准则》，同年 2 月，原国家质量技术监督局正式批准了国家信息安全测评认证管理委员会章程以及测评认证管理办法，2001 年 5 月成立了中国信息安全产品测评认证中心（2007 年更名为中国信息安全测评中心）[2]。这期间，公安部也成立了公安部计算机信息系统安全产品质量监督检验中心。2001 年，我国根据 CC 颁布了国家标准 GB/T 18336—2001《信息技术安全性评估准则》。当前，已有大量安全产品通过了以上机构的检验认证，安全评估已逐渐成为一个专门的技术领域。为了更加客观、权威地进行测评，2007 年，我国成立了“中国信息安全认证中心”，将测评机构与认证机构进行分离，认证机构由国家设立，而对提供测评服务的企事业单位实施资格认可制度。

近年来，随着信息技术的日益发展和应用模式的不断创新，安全测评的对象也在不断发生变化和更新。

云计算是一种基于互联网向用户提供虚拟的、丰富的、按需即取的，包括数据存储池、软件下载和维护池、计算能力池、信息资源池、客户服务池在内的广泛数据和运算处理服务。云计算已对社会公众的生活及工作方式带来了巨大的冲击。云计算技术的发展衍生出许多新的安全问题，如动态边界安全、数据安全与隐私保护、依托云计算的攻击及防护。随着云平台逐渐成为经济运行和社会服务的基础平台，人们开始普遍关注云平台的安全性，云平台也发展成为新的安全测评对象。在云计算环境中，安全测评不仅关注云平台基础设施等软件和硬件设备的脆弱性和面临的安全威胁，并且更多地强调云平台在为海量用户提供计算和数据存储处理服务时对于平台自身健康度的保障能力，即云平台在复杂运行环境中的自主监测、主动隔离、自我修复的能力，避免由于各类不可知因素而导致的服务中断，从而引发严重的安全事故。

物联网是指通过射频识别（RFID）、红外感应器、全球定位系统、激光扫描器等传感设备，按约定的协议把物品与互联网连接起来进行信息交换和通信，以实现智能化识别、定位、跟踪、监控和管理的一种网络。物联网的核心仍然是互联网，是互联网在真实物理世界中的扩展。物联网技术的广泛应用，引发了诸如隐私泄露、假冒攻击、恶意代码攻击、感知节点自身安全等一系列新的安全问题。更为严重的是，组成物联网的器件普遍由电池供电，出于节省能源的目的，无法在器件上使用计算复杂度较高的成熟的安全技术，而只能部署轻量级安全技术。这就要求我们能够通过有效的安全测评手段，准确掌控物联网在实际运行环境中的安全保障能力。

近年来，工业控制系统逐渐成为网络攻击的核心目标，具有敌对政府和组织背景的攻击行为要值得关注。从 2007 年针对加拿大水利 SCADA 系统的攻击到 2010 年针对伊朗核电站的震网病毒攻击，网络攻击目标已经从传统的信息系统逐步扩展到关系到国计民生的关键基础设施，如电力、水利、交通运输等设施。这些关键基础设施大多由工业控制系统进行管理，一旦遭受严重的攻击，影响的远不止虚拟世界中的信息系统，而是和人们生活工作密切相关的物理世界中的系统，极端情况下甚至会对人身安全、公众安全和国家安全带来严重威胁。因此，安全保障对象也随之扩展到了这些关键基础设施。这就需要我们建立针对工业控制系统的安全测评标准和技术体系，充分掌控国家关键基础设施的安全性和可靠性。

27.2 安全验证

为了表述方便，有时将进行测试的安全模块、IT 产品、系统、网络等统称为被测对象。为了测评被测对象的安全性，通常需要验证其安全性质以及安全保障措施的效能。分析验证是指基于一定的分析手段或经验，验证被测对象中不存在相应的安全隐患。被测对象中的控制流、信息流和边界值等是需要重点分析的对象。普通的安全隐患凭经验不难发现，但更为复杂的分析验证需要形式化的手段。

使用形式化方法，是指用语义符号、数学或模型描述所研究或设计的方法或系统，使得便于推理并得到严谨的结论。当前，设计者或分析者已经可以采用安全模型[3-4]、协议形式化分析[5]和可证明安全性方法[6-8]等手段对安全策略、安全协议或密码算法进行验证。

1. 安全模型

安全策略是在系统安全较高的层次上对安全措施的描述，它的表达模型常被称为安全模型，是一种安全方法的高层抽象，它独立于软件和硬件的具体实现方法。本书第 6 章介绍了一些访问控制模型，它们是最典型的一类安全模型，从中不难看出，安全模型有助于建立形式化的描述和推理方法，可以基于它们验证安全策略的性质和性能。

2. 协议形式化分析

当前对安全协议进行形式化分析的方法主要有 3 类：基于逻辑推理的分析方法、基于攻击结构性的分析方法以及基于证明结构性的分析方法。基于逻辑推理的分析方法运用了逻辑系统，它从协议各方的交互出发，通过一系列推理验证安全协议是否满足安全目的或安全说明。这类方法的代表是由 Burrows、Abadi 和 Needham 提出的 BAN 逻辑。基于攻击结构性的分析方法一般从协议的初态开始，对合法主体和攻击者的可能执行路径进行搜索或分析，以期找到协议可能的错误或漏洞。为了进行这类分析，分析者一般要借助自动化工具，针对攻击者采用形式化语言或数学方法描述和验证协议，常用的分析工具有 FDR、Murφ 等。基于证明结构性的分析方法主要在形式化语言或数学描述的基础上对安全性质进行证明，如 Paulson 归纳法、秩函数法、重写逼近法。

3. 可证明安全性方法

当前越来越多的密码算法和安全协议在设计和论证中使用可证明安全性方法。这种设计和论证方法与以前“设计—攻击—改进—再攻击—再改进”的方式不同，它在一定的安全模型下将设计算法和协议的安全性归结于伪随机函数、分组密码等已被人们认可的算法或函数的安全性，在一定程度上增强了设计者对安全性的把握和控制，提高了密码算法与安全协议的设计水平。

27.3 安全测试

在 IT 产品、信息系统等的开发或评估中，开发者或评估者需要借助测试技术获得反映它们性能的数据值。一般将能够反映产品、系统等相关性能的度量检测对象称为指标（Metrics），将它们的值称为指标值。测试技术需要准确、经济地为开发者或评估者提供指标值或计算它们的相关数据，这反映了产品、系统等在安全性、运行性能、协议符合性和一致性、环境适应性、兼容性等方面的状况，为提高产品、系统等的质量或准确评估它们的等级提供了依据。安全测试主要包括以下内容。

1. 测试环境的构造与仿真

传统的测试方法主要依靠构建实际运行环境进行测试，在构造的实际环境中，测试者使用专用于获得测试数据的软件和硬件工具得到结果。但随着网络应用的普及以及运行环境的复杂化，一方面的问题是，构造实际运行环境的代价越来越高，如测试服务器时可能需要大量的终端计算机，另一方面的问题是，在实际系统中采集、控制和分析数据不方便。

在此背景下出现了各种测试环境仿真技术，它们主要由各类测试仪实现。其中，流量仿真技术可以模拟不同带宽、连接数和种类的网络流量，这些网络流量适合用作测试对象的背景流量或所需要处理的流量；攻击仿真技术模拟攻击者的主机向被测试系统发起攻击；通信仿真技术一方面使测试者通过简单的开发获得需要的通信流量，另一方面可以通过设置加入人为的线路噪声或损伤，如丢弃一定比例的流量；设备仿真技术使仿真的设备可以与被测试设备通信，便于直接了解后者的特性。当前，Spirent、IXIA 等企业的测试仪可支持上述仿真。

例 27.1 利用 IPSec 测试仪对 IPSec 环境的仿真。

当前，一些网络安全设备测试仪提供了对 IPSec 网关的测试功能。在测试中，可以用测试设备仿真整个环境。在图 27.2 中，中间的设备是被测试的 IPSec 网关，两侧虚线框中的设备都是由同一测试仪器在不同端口上仿真的虚拟设备，它们之间除了通过被测试的 IPSec 网关交互，内部还通过专门的通道传递测试数据。

安全测试过程可能会对被测对象产生一定的影响，干扰被测对象的正常业务数据流和控制流，因此，对于大多数需要保障实时性和可靠性的业务系统而言无法对其进行直接的安全测试，并且在很多情况下也缺乏测试仪器来构建专业的测试环境。为了应对这类测评需求，通常采用软件和硬件相结合的方式，利用通用设备来构建具备高仿真度的模拟网络环境，以此作为实施测评的对象，这种思路逐渐在安全测评领域引起重视。模拟网络环境的构建工作包括部署主机、建立主机间的连接和信任关系、创建主机上运行的服务、生成应用程序和生成系统用户等。在这种思路的指导下，人们提出了“克隆”技术，通过构造在系统配置和应用配置方面完全吻合被测对象要求的模板主机，利用主机克隆技术实现模板主机在模拟网络环境中的快速复制，从而达到快速主机部署和应用服务部署的目标。

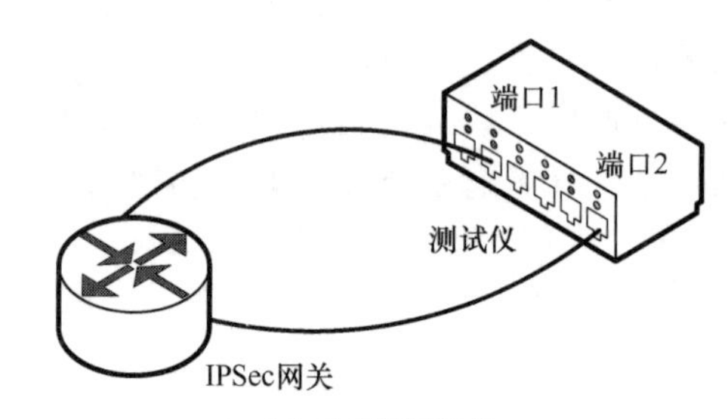

（a）实际测试连接

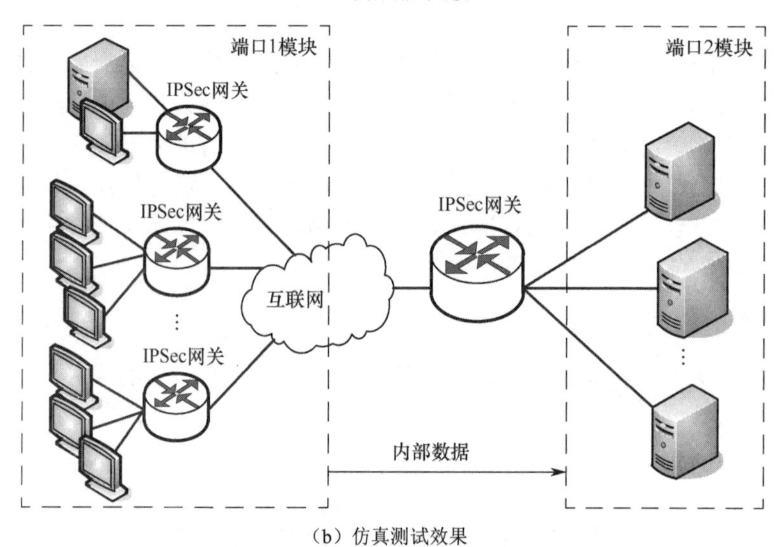

（b）仿真测试效果

图 27.2　对 IPSec 网关的仿真测试环境

2. 有效性测试

有效性测试是指用测试的方法检查 IT 产品、系统、网络或它们的模块、子系统等是否完成了所设计的功能，也包括通过测试相应的指标量衡量完成的程度和效果。为了使测试结果更全面、准确地反映实际安全情况，测试方法需要包括典型的应用实例或输入数据，对输入数据往往还要考察边界值等极端情况。包含典型输入数据和边界值等的测试用数据被称为测试序列。当前，出现了一些根据设计方案描述语言或源代码自动生成测试实例和输入的技术，极大地提高了有效性测试的效率。在测试网络产品或系统时，往往需要搭建并开发测试环境。例如，用通信仿真模拟客户端或服务器，分别测试对方的有效性，另外，用流量仿真提供背景流量，使测试环境更加真实。

3. 负荷与性能测试

负荷测试主要是指通过输入、下载不同带宽、速率的数据或建立不同数量的通信连接，得到被测对象的数据处理能力指标值以及它们之间可能的相互影响情况，如得到最大带宽、吞吐量（Throughput）、处理速率、连接数，以及得到在某个连接数上的最大处理速率。与负荷测试相关的是对其他运行性能的测试，主要包括测试在特定负荷下的连接建立速度、通信时延（Latency）、响应速度、错误率或丢包率等。

4．攻击测试

攻击测试（也称为渗透性测试）是指利用网络攻击或密码分析等手段，检测相应的模块、设备、应用、系统等被测对象的安全性质，判断被测对象是否存在可被攻击者利用的安全缺陷，验证可能的攻击途径。例如，针对密码模块的分析测试主要基于特定的密码分析和安全性能评价方法，包括对密文随机性指标的测试、对密码代数方程求解时间和可行性的测试等。

攻击测试所采用的技术手段主要有主机探测、漏洞扫描、针对网站的 SQL 注入和跨站攻击测试、针对口令的字典攻击和暴力破解测试、缓冲区溢出攻击测试、会话劫持攻击测试、拒绝服务攻击测试等。攻击测试对测试者的技术能力和经验要求较高，通常由专业测试者借助一些专用测试仪器，根据目标系统的状况和反应来选择最具效果的技术手段，从而实施测试。部分测试仪器允许测试者进行二次开发，因此，测试者可以根据被测对象的特性，对测试仪器进行定制开发，以实施更有针对性的攻击测试。下面介绍利用测试仪对入侵检测系统（IDS）进行攻击测试的方法。

例 27.2 利用测试仪对入侵检测系统进行攻击测试。

由于 IDS 一般使用监听或旁路的方法获得网络数据，因此，测试设备通常连接在其所监听或旁路的交换机上（如图 27.3 所示）。这里，测试设备除了产生必要的背景流量，还大量使用攻击测试，并由测试者在控制台统计测试结果。

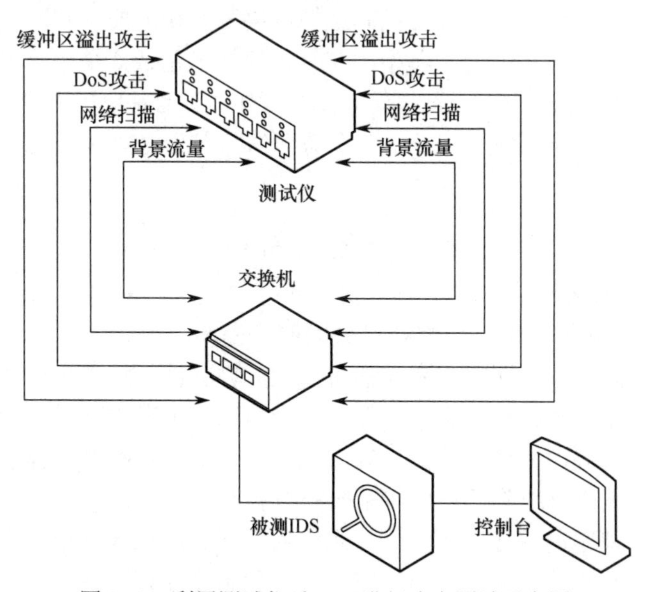

图 27.3　利用测试仪对 IDS 进行攻击测试示意图

5．故障测试

故障测试是指通过测试了解被测对象出现故障的可能性、故障环境以及故障类型等情况，故障测试的结果可以反映被测对象的运行稳健性。故障测试可以与有效性、负荷和性能的测试同步进行，但它本身也包含一些特殊的方法。错误数据输入是常用的故障测试方法之一，它是指故意输入错误的数据，考察被测对象的稳健性；在与通信相关的测试中，测试者可以利用特殊的设备人为引入线路噪声、损伤或丢弃一定数量的通信包，借此测试通信双方抵御通信故障的能力；对于一些安全设备，如军用密码机，它们的运行环境可能比较恶劣，因此，故障测试还可能采用非常规变化电压或电流强度等措施，以测试这些设备抵抗物理环境变化的能力。

6. 一致性与兼容性测试

一致性测试是指针对产品、系统或其模块、子系统，检测它们在接口、协议等方面与其他配套产品、系统或其模块、子系统的互操作情况，确定它们是否符合相关的接口、协议设计和规范。兼容性测试是指针对以上被测对象，检测它们与其他系列产品、系统或其模块、子系统的互操作情况，确定它们是否可以结合在一起运行。在这类测试中，一般需要确定一个权威的参照系统，并基于它进行相关检测。

27.4 安全评估

随着网络与系统规模的不断发展、应用服务的日益普及，以及用户数目的逐年增加，网络与系统已经渗透到人们生活的各个方面。由于使用人员普遍存在着资源管理分散、安全意识薄弱和防护手段缺乏等问题，因此网络与系统正面临着严峻的安全形势。安全评估能够利用安全测试和安全验证的分析结果，使用预先建立的评估模型，对被评估的网络与系统的安全性做出定性或定量的评估，帮助人们准确把控网络与系统的安全状况及发展趋势，从而指导安全保障工作的开展方向和力度。典型的安全评估技术包括安全风险评估方法，以及脆弱性评估、安全态势评估、安全绩效评估等技术，其中，安全风险评估方法将在本书 28.2 节予以介绍，本节简要介绍脆弱性评估、安全态势评估和安全绩效评估技术。

1. 脆弱性评估

安全问题的日益严重，一方面是由于互联网的应用范围越来越广泛，另一方面也是由于简单易用的攻击工具越来越普及。然而，安全问题的根源在于安全脆弱性（或称为安全漏洞）。脆弱性的发现、利用、防范和修补已成为网络空间中攻、防双方的焦点，也是保障网络空间安全的核心问题之一。网络与系统的可靠性、健壮性、抗攻击性在很大程度上取决于所使用的 IT 产品的脆弱性状况。由于现有的安全防御技术在主动掌控脆弱性方面存在诸多缺陷，迫切需要开展脆弱性评估技术的研究，建立完备、有效的安全评估机制，以充分指导安全措施的规划和部署，有效降低网络与系统的脆弱性程度。

脆弱性评估是一种通过综合评判网络与系统的脆弱性，来分析系统遭受入侵的脆弱性利用路径及其可能性，并在此基础上指导人们对安全漏洞进行有选择的修补，以便以最小代价获取最大安全回报。安全体系需要各个环节安全技术的不断改进和创新才能得到有效的保障。脆弱性评估作为构筑安全保障体系中的关键环节，有着不可替代的重要作用。

在安全领域的典型防御技术中，入侵检测、防火墙、病毒检测都是在攻击中或攻击进行后的被动检测，而脆弱性评估则是在攻击进行前的主动测评，对相关技术的研究具有重要意义。首先，进行脆弱性评估不仅能够分析来自外部的攻击可能，也能够分析来自内部的攻击可能。其次，脆弱性评估建立在网络与系统的各种信息之上，评估结果显示系统可能遭受的入侵途径，因此，脆弱性评估能够对入侵检测系统出现的漏报进行弥补，对误报进行修正，对入侵关联的结果进行验证，是入侵检测技术的重要补充。最后，计算机病毒的蔓延往往依赖于系统的后门或脆弱性。在感染病毒之前对可能的蔓延路径进行分析是另一种层次的病毒防御。从这 3 点来看，脆弱性评估可以作为这 3 种典型安全防御技术的有效补充，评估结果还可用于针对攻击行为的关联分析及预测、安全策略制定等方面。

2. 安全态势评估

安全态势评估（Security Situational Awareness）能够从整体上动态反映网络与系统的安全状况，并对安全状况的发展趋势进行预测和预警，为增强系统安全性提供可靠的参照依据。

安全态势评估是指通过技术手段从时间和空间维度来感知并获取安全的相关元素，通过数据信息的整合分析来判断安全状况并预测其未来的发展趋势。安全态势评估最初出现在航空领域和军事领域，后来逐渐推广到其他领域，包括交通管理、生产控制、物流管理、医学研究和人类工程学等。近年来，安全态势评估开始在计算机网络领域得到应用，对于保障网络与系统的安全具有重要意义。首先，安全态势评估能够综合分析各个方面的安全元素，既包括黑客攻击等安全事件，又包括系统自身的脆弱性和服务等信息；其次，安全态势评估可以从整体上动态反映网络与系统的安全状况，评估结果具有综合性、多角度性、多粒度性等特点，并且实时性较好，可以看出一段时间内安全状况的动态变化情况；最后，安全态势评估可以根据一段时间内的评估结果，利用时间序列分析等方法对未来的安全状况及发展趋势进行预测，从而对可能发生的安全威胁进行提前防护。另外，安全态势评估可以对不同层次和规模的网络或系统进行分析，适应性强、应用范围广。

因此，安全态势评估已经逐渐成为构筑安全体系的关键环节，有着不可替代的重要作用和意义，研究者们已纷纷致力于研究针对网络与系统的安全态势评估模型、技术和方法。

3. 安全绩效评估

网络与系统承载着组织的重要业务功能，为保障网络与系统的安全性，往往会在系统中应用各种安全措施。但如何验证所实施的安全措施是否依据要求正确地执行了其保护功能，如何评估所实施的安全措施抵御各种攻击的效果，这些都是评估系统安全性时需要解决的重要问题，也是影响安全绩效和决策的重要因素。因此，如何评估安全措施的效用（安全绩效）已引起研究者们的关注，成为安全领域的研究热点。

安全绩效评估的重点是评估系统安全措施抵御攻击的安全功能强度，需要在已知或发现的脆弱性条件下，分析系统是否能被诱发产生或利用安全脆弱性的行为，以评估系统安全措施在攻击状态下有效保障系统安全的能力。

建模是开展安全绩效评估的重要途径，但网络与系统本身的复杂性和动态性难以全面抽象描述，而且模型层次与实际应用的矛盾使安全绩效评估建模的难度加剧。抽象层次越高，建模越简单，但模型分析结果与实际应用差距越大；反之，则建模越复杂。目前，可以根据模型的不同抽象层次和粒度，通过分析系统安全策略、设计部署机制和管理应用措施等方面的信息来评估安全绩效。现有的安全绩效评估技术大多还处于研究阶段，由于在数据分析、参数设置、规则分析和结果应用等方面对评估者主动经验的依赖性较高，影响了评估过程的规范性和结果的一致性，因此，该项技术尚未进入完全实用阶段。

27.5 安全评估准则及其主要模型与方法

TCSEC、ITSEC 与 CC 是西方发达国家陆续颁布的安全评估准则，它们在发展上具有延续性和继承性。当前，CC 已逐渐代替 TCSEC 与 ITSEC 并被国内外安全评估机构广泛采用，因此，本节重点介绍 CC 及其评估模型与方法，对其他准则仅做简要描述。

1. 可信计算机系统评估准则

为了更好地规范政府和军队保护计算机系统，20 世纪 70 至 80 年代期间，美国国防部和美国国家标准局（现在的 NIST）实施了一系列计划，旨在能够评估计算机系统的安全。这项工作的主要成果是 1983 年颁布的 TCSEC。后来在美国国家计算机安全中心（NCSC）的主持下，TCSEC 不断得到扩充，出现了面向可信计算机网络、可信数据库的评估准则，由于它们采用不同颜色的封面，因此整个系列文档也被称为“彩虹系列”。

TCSEC 重点在于评估计算机系统对敏感信息的保护。它为计算机系统安全定义了 A、B、C、D 从高到低 4 个级别，每个级别中还可以进一步划分，从低到高排列总共包括 D1、C1、C2、B1、B2、B3、A1 共 7 个安全等级。D1 级系统不具备安全特性，从 C1 级系统开始安全性要求逐级递增：C1 级系统主要使用了基于分离的操作系统安全技术以及自主型的访问控制，针对更高安全级别的系统，访问控制从自主型方式逐渐趋向于结合更多的强制型方式，安全功能及其保障能力逐步扩大或增长，获得安全性的方法逐渐从经验性防护过渡到在 B2 级开始使用的可信计算基（Trusted Computing Base，TCB）和在 A1 级使用的基于形式化的安全验证。一般认为，C2 级系统是处理敏感信息的最低安全级别。当前，得到广泛应用的 Windows 系列产品被测评为 C2 级，军用系统的安全性普遍高于 C2 级，而一些小型设备上的简易操作系统的安全等级低于 C2 级。

2. 信息技术安全评估准则

在 TCSEC 颁布后，一些欧洲国家也出台了各自的评估准则。随着欧共体的形成与发展，这些国家认为有必要对各国的评估准则进行协调。从信息技术发展上看，网络通信安全和计算机安全日益结合，民用安全产品开始普及。在这种背景下，英国、法国、德国、荷兰 4 国制定了 ITSEC，它于 1991 年由欧共体标准化委员会发布。

ITSEC 适用于更多的产品、应用和环境，扩展了 TCSEC，在评估方法上也更有特色。ITSEC 将安全性分为功能和保证两部分。功能是指为满足安全需求而采取的技术安全措施，如访问控制、审计、认证（鉴别）；保证是指能够确保功能正确实现和有效执行的安全措施。这样，ITSEC 考虑的安全性更全面。相应地，ITSEC 将安全要求分为功能要求和保证要求两类。功能要求分为 10 级：F1 至 F5 分别对应 TCSEC 的 C1、C2、B1、B2 与 B3，F6 至 F10 逐步增加了数据和程序完整性、系统可用性、通信完整性、通信保密性和网络安全等要求。保证要求分为 7 级：E0 表示没有任何保证；E1 表示必须有明确的安全目标和对结构设计的描述，也要有功能的测试结果；E2 表示还需要对详细设计进行描述，也要有安全配置的功能；E3 表示需要考察实现安全机制的源代码或硬件设计图；E4 表示必须有安全策略的基本形式化模型，并要用半形式化的方式说明安全功能、系统结构和详细设计；E5 表示还要求在详细设计和源代码或硬件设计图之间有紧密的对应关系；E6 表示要求形式化地说明安全加强功能和系统结构设计。

3．信息技术安全通用评估准则

为了形成统一的安全评估准则，1993 年，由加拿大、美国的 NIST 和 NSA 联合 ITSEC 的起草国英国、法国、德国和荷兰成立了安全评估标准工作组，将各方的安全评估准则合成为《信息技术安全通用评估准则》，简称为 CC。1998 年，CC 工作组完成了 CC 正式版，即 2.0 版的起草，1999 年 12 月，国际标准化组织正式将 CC 作为国际标准颁布，其编号为 ISO/IEC 15408—1999。

CC 采用 ITSEC 将安全要求分为功能要求和保证要求的做法，但 CC 还使用了一些新的概念，用结构化、可扩展的方法描述不同层次的安全要求。评估对象（Target of Evaluation，TOE）是指被评估的 IT 产品、系统、网络或其模块、子系统，如防火墙、计算机网络系统、密码模块，以及相关的用户指南和设计方案等。安全目标（Security Target，ST）的概念源于 ITSEC，它是指一个 TOE 的安全目的和能够满足的安全需求，以及为了实现相应的安全功能而提供的特定安全技术和保证措施。保护轮廓（Protection Portrait，PP）为一类 TOE 基于其应用环境定义了一组安全要求，它包括需要保护的对象、功能要求、保证要求、环境要求等，是具体测评的依据，可以按照需求进行扩展，因此，CC 实际上是开放的。保护轮廓内容的结构化表示如图 27.4 所示。当前，测评机构已经基于防火墙、智能卡、数据库、访问控制系统、PKI 等 TOE 制定了相应的 PP。组件是最小的安全要求单位，包是组件按照一定关系的组合，它们都是为结构化描述安全要求服务的。

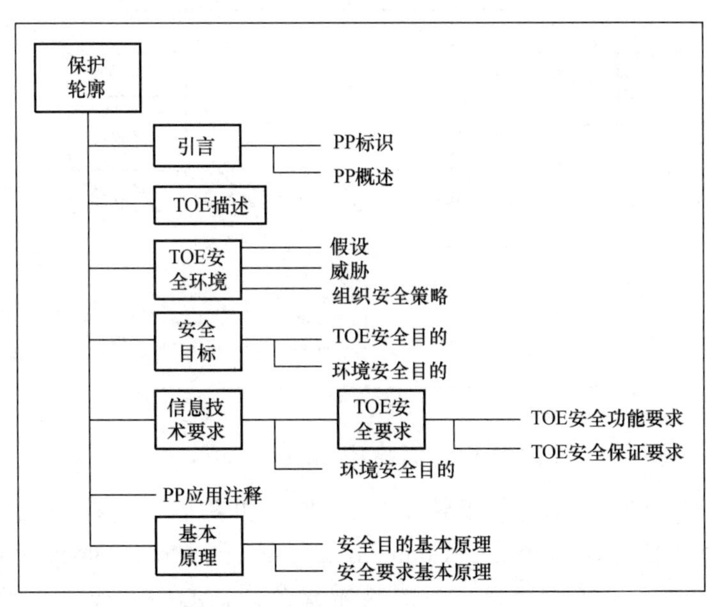

图 27.4　保护轮廓内容的结构化表示

CC 定义了 11 类安全功能，每类中都有数量不同的族，并下设组件。CC 安全功能类包括安全审计功能（FAU）、通信功能（FCO）、密码支持功能（FCS）、用户数据保护功能（FDP）、标识和认证功能（FIA）、安全管理功能（FMT）、隐私功能（FPR）、TOE 保护功能

（FPT）、资源利用功能（FRU）、TOE 访问功能（FTA）和可信路径功能（FTP）。可以用编号定位到一个组件，如 FDP-DAU.1 代表“用户数据保护”功能类、“数据认证”族中第 1 个组件。

CC 的安全保证不但包括对开发、设计过程的保证，还涉及对维护和评估正确性的保证。CC 定义了 10 类安全保证，每类都有数量不同的族，包括配置管理保证（ACM）、交付和运行保证（ADO）、开发保证（ADV）、指导性文件保证（AGD）、生命周期支持保证（ALC）、测试保证（ATE）、脆弱性评定保证（AVA）、保证维护保证（AMA）、保护轮廓评估保证（APE）和安全目标评估保证（ASE），它们下设组件。CC 用评估保证级（Evaluation of Assurance Level，EAL）度量 TOE 所获得的保证级别与达到这一保证程度所需的代价和可行性。CC 定义了 EAL1 至 EAL7 由低到高 7 个 EAL，高级别满足的保证组件更多。

CC 给出了应用 CC 的一般模型，并基于该模型说明了使用 CC 的基本场景、原理和过程，其中的核心是 TOE 评估过程（如图 27.5 所示）。在该过程中，首先安全要求（PP 和 ST）部分地由评估准则导出，但是，安全要求的制定还需参照 TOE 在运行、开发和评估中的具体情况，以上制定安全要求的过程也被 CC 称为建立规范的过程，因此，CC 作为标准具有很强的可扩展性；其次，开发 TOE 是指产品或系统的开发过程，其中参照了安全要求与 TOE 在运行中的反馈，这是 CC 影响开发者的体现；在开发完成后，评估 TOE 需要得到 TOE 与相关的评估证据，后者主要包括安全说明及证明达到安全目标的测试数据等，在评估中还需参照或遵循评估准则、评估方法和评估方案等，也需要考虑运行 TOE 的实际要求；在评估结束后，以上模型过程进入运行 TOE 的阶段，在这一阶段中，运行情况将作为以后制定安全要求和规范 TOE 开发的依据。

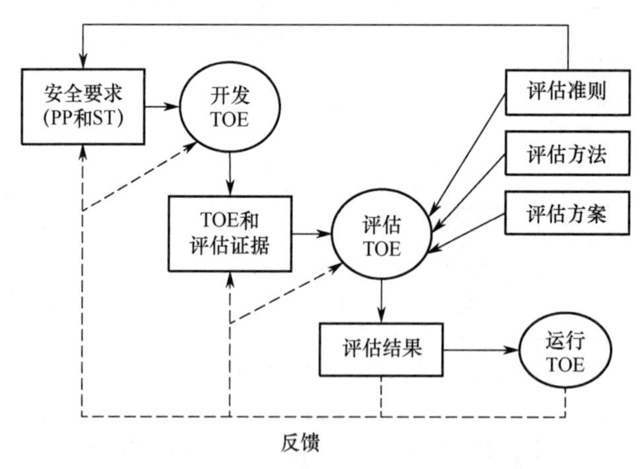

图 27.5　CC 一般模型中的 TOE 评估过程

为了对使用 CC 给出更具体的指导方法，美国、加拿大、英国、德国等国的标准化机构组成了“通用评估方法编委会（Common Evaluation Methodology Editorial Board，CEMEB）”，负责制定在 CC 下的“信息技术安全评估通用方法（Common Evaluation Methodology for Information Technology Security Evaluation，CEM）”。该组织于 1997 年与 1999 年分别颁布了“CEM Part 1: Introduction and General Model”和“CEM Part 2: Evaluation Methodology”，进一步具体化了 CC 的模型与方法，并且描述了为执行 CC，评估员所需做的工作。

4．密码设备评估准则

随着 DES 的出现，美国 NIST 于 1987 年颁布了标准《采用 DES 设备的一般安全要求》，编号为 FIPS PUB 140。随着各类密码算法的普及，NIST 于 1993 年颁布了 FIPS PUB 140 的替代标准《密码模块安全要求》，编号为 FIPS PUB 140-1，它于 2001 年被更新为 FIPS PUB 140-2。《密码模块安全要求》不局限于采用 DES 的设备，而是适用于一般的密码模块，已成为评估密码模块的准则之一。

FIPS PUB 140-2 定义了 4 个安全级别。级别 1 的密码模块满足最低的安全要求，它仅要求采用的算法是经过认可的，并允许密码模块运行在未经过认证的操作系统中。安全级别 2 要求密码模块提高物理安全性，需要增加防止模块被改动的措施，包括使用外罩、封条或锁，它还要求至少需要确认操作者的角色。FIPS PUB 140-2 对级别 2 的密码模块运行环境的要求是，所采用的操作系统需要在 CC 的相应 PP 下得到评估，评估结果不低于 EAL2。安全级别 3 要求基本避免攻击者获得关键安全参数（CSP），密码模块需要有更完善的物理安全保护措施，并在技术上提供检测和响应攻击的措施，在发现攻击后将 CSP 清零。该级别还要求密码设备验证密码操作员的具体身份，在运行环境方面，它要求 CSP 在导入和导出的过程中，始终使用物理上与其他端口隔离的端口（Port），或者在逻辑上与其他界面隔离的接口（Interface）。CSP 可以采用密文形式导入和导出。安全级别 3 要求所采用的操作系统在 CC 下的评估结果不低于 EAL3。安全级别 4 要求对密码模块实行完全可靠的物理安全保护，在发现侵入时，设备需要立即将 CSP 清零，因此，密码设备可以在没有物理保护的地点使用。在运行环境方面，级别 4 要求密码设备能抵御外界电压和温度等带来的影响。该级别还要求所采用的操作系统在 CC 下的评估结果不低于 EAL4。

5．我国安全评估准则

从 20 世纪末开始，我国一系列相关标准、法规的出台使安全评估步入正常轨道。在这些标准和法规中，国家标准《计算机信息系统安全保护等级划分准则》和《信息技术安全性评估准则》最为重要，它们是很多后继标准、规程、执行办法等的基础。以上两个标准的编号分别是 GB 17859—1999 和 GB/T 18336—2001，以下主要用标准编号简称它们。

GB 17859—1999 的制定反映了我国加强信息系统安全规范化建设和管理、提高国家信息系统安全保护水平的需求，为我国计算机系统安全管理与产品研制提供了指导，也给出了我国安全评估的基本原则。该标准也采用了 TCB 的概念，它将计算机信息系统的安全划分为由低到高的 5 级，具体内容如下：

（1）第 1 级为用户自主保护级，处于该等级的系统采用自主型的访问控制，系统应通过隔离用户和数据使用户可以自主管理和保护他们的资源，系统也应提供相应手段，在 TCB 的控制下避免其他用户对被保护资源的破坏，并采用口令等保护措施对用户进行身份认证。

（2）第 2 级为系统审计保护级，它的 TCB 实行控制粒度更细的访问控制，系统应通过使用登录过程记录、安全事件审计和数据隔离等措施，使用户对自己的行为负责。在访问控制和认证方面，系统必须控制访问权限的扩散，并为用户提供唯一标识。

（3）第 3 级为安全标记保护级，要求系统提供有关安全策略的模型、数据标记和主体对客体访问的非形式化描述，并且系统必须具有识别输出的能力。该级的最大特点是系统要通过 TCB 引入强制型的访问控制。

（4）第 4 级为结构化保护级，在前一级安全功能的基础上，该级要求采用的 TCB 必须有明确定义的形式化安全策略模型，TCB 的接口也要明确定义。系统需要提供增强的认证机制，支持系统管理员和操作员的职能划分，提供对可信安全设施及其配置的管理功能，以及提供一定的防渗透能力。

（5）第 5 级为访问验证保护级，在前一级安全功能的基础上，该级要求 TCB 提供访问监控器的功能，它是控制主体和个体访问控制关系的部件，它对主体和客体的全部访问进行仲裁。访问监控器本身必须是防篡改的可信部件。该级别还要设置安全管理员职能、扩充审计功能、支持系统恢复并提供高强度的防渗透能力。

GB/T 18336—2001 参照 CC 制定，它的制定实际上是我国接受 CC 的体现，这符合我国市场日益开放和参与国际竞争的大趋势。GB/T 18336—2001 的颁布表明，我国的安全评估主要参照 CC 执行，但这并不说明我国的其他相关标准就不再执行，后者可以结合 GB/T 18336—2001 获得实施。其他国家在执行 CC 时也遵循了结合自身特殊要求的原则，如前面介绍的 FIPS PUB 140-2《密码模块安全要求》就借助 CC 的框架描述了相关的特殊安全要求和评估方法。我国的 GB/T 17859—1999 等基础性标准也可以类似地在 GB/T 18336—2001 框架下得到贯彻执行。为了更好地针对某一个具体产品实施评估，我国安全评估部门也常常参照 GB/T 18336—2001 制定专门的检验或评估规范，这些规范更细致地指导了相关产品的研发和评估。

例 27.3 中国信息安全测评中心评估流程[9]。

中国信息安全测评中心采用 GB/T 18336—2001 对政府和企业提供评估服务，可提供 EAL1 至 EAL5 共 5 个级别的评估服务。整个评估过程分为受理、预评估、评估、注册 4 个阶段。

（1）受理阶段。评估申请方提出评估申请，并根据预期的 EAL 级别提供相应的技术文档，它们的主要内容如表 27.1 所示。

表 27.1 不同 EAL 级别需提供的主要技术文档内容

级别文档内容	EAL1	EAL2	EAL3	EAL4	EAL5
安全目标	√	√	√	√	√
功能规范	√	√	√	√	√
高层设计		√	√	√	√
低层设计				√	√
实现表示				√	√
对应性分析	√	√	√	√	√
安全策略模型				√	√
管理员指南	√	√	√	√	√
用户指南	√	√	√	√	√
测试与分析		√	√	√	√
开发安全			√	√	√
工具和技术				√	√
交付和运行	√	√	√	√	√
配置管理	√	√	√	√	√
脆弱性分析		√	√	√	√

（2）预评估阶段。评估部门审核以上技术文档内容是否符合要求。若符合要求，则制定针对相应申请级别的评估方案；否则，要求申请方重新提交文档。

（3）评估阶段。评估内容主要包括文档评估、安全测试、现场核查 3 个方面，在这一阶段中，评估申请方应按照要求提供 TOE。文档评估需要确认相关文档是否正确定义、描述或测试了相应的安全功能、安全保证措施、安全性质等，文档评估的依据是 GB/T 18336—2001 第 3 部分对文档要求的规定；安全测试主要包括独立性测试和渗透性测试，前者检验 TOE 所提供的安全功能是否正确实现，后者采用非常规的测试手段（如模拟网络与系统攻击）验证 TOE 是否存在真实攻击者可以利用的脆弱性；现场核查主要检查 TOE 的配置管理、交付运行和开发环境等的安全情况，对 EAL3 及其以上级别的评估必须进行现场核查。在评估阶段结束后，评估部门出具评估报告。

（4）注册阶段。对通过评估的 TOE，进行注册并颁发证书。

27.6 小结与注记

本章主要概述了安全测评的发展历程，介绍了安全验证、安全测试、安全评估等技术以及安全评估准则等。安全验证技术主要包括普通的分析手段和形式化的分析手段，它们能够验证一些安全策略、协议和算法的安全性质；安全测试技术需要准确、经济地为开发者或评估者提供指标值或计算它们的相关数据，主要包括测试环境的构造与仿真、有效性测试、负荷与性能测试、攻击测试、故障测试、一致性与兼容性测试等；安全评估技术包括脆弱性评估、安全态势评估、安全绩效评估等技术，主要用于在安全测试和安全验证的数据基础上，对网络与系统的安全状况和安全趋势进行定性或定量评估。目前，国内外的安全评估准则主要包括 TCSEC、ITSEC、CC、FIPS PUB 系列等，其中，CC 提供了系统且结构化的评测方法，影响逐渐增大，已成为主要的评估标准。我国 GB/T 18336—2001 参照 CC 制定，它与先前制定的《计算机信息系统安全保护等级划分准则》等标准规范共同构成了我国安全评估的标准体系，我国安全评估机构已经基于它们开展了大量评估服务工作。

安全测评是技术含量极高的工作，当前的标准大多仅给出了指导性的检测与评估原则或框架。为了保证评估结果的公正、合理，需要不断建立新的检测和评估手段，保证基准测试的一致性和评估过程的客观性，加强对高安全等级产品或系统形式化分析的能力。当前，各发达国家和我国的安全评估制度都已基本形成，但在建立先进的检测和评估手段方面均面临着严峻挑战。

本书在写作过程中主要参考了文献[1]。关于安全测评更详细的内容可参阅文献[10]。

思　考　题

1．阐述国内外安全测评的基本发展历程。

2．简述产品或系统的主要测试内容。

3．主要的安全评估技术有哪些？

4．TCSEC 提出的安全等级在安全性要求上逐级递增，请查阅相关文献，研究其递增规律。

5．ITSEC 和 CC 中的“安全保证”是什么？它大概包括哪些措施？为什么 ITSEC 和

CC 将其置于重要地位？

6．在 CC 下对一个具体产品实施测评的步骤有哪些？请查阅 FIPS PUB 140-2 文献，研究它是如何结合 CC 的？

参 考 文 献

[1] 冯登国，赵险峰. 信息安全技术概论[M]. 2 版. 北京：电子工业出版社，2014.

[2] 吴世忠，陈晓桦，李鹤田. 信息安全测评认证理论与实践[M]. 合肥：中国科学技术大学出版社，2006.

[3] 刘克龙，冯登国，石文昌. 安全操作系统原理与技术[M]. 北京：科学出版社，2004.

[4] 张敏，徐震，冯登国. 数据库安全[M]. 北京：科学出版社，2005.

[5] 范红，冯登国. 安全协议理论与方法[M]. 北京：科学出版社，2003.

[6] BELLARE M. Practice-oriented provable-security[C]//Proc. of ISW’97. Heidelberg：Springer-Verlag，1998：221-231.

[7] 冯登国. 安全协议：理论与实践[M]. 北京：清华大学出版社，2011.

[8] 冯登国. 可证明安全性理论与方法研究[J]. 软件学报，2005，16(10)：1743-1756.

[9] 中国信息安全测评中心. 国家信息安全测评信息安全产品分级评估业务白皮书[R]，2008.

[10] 向宏，傅鹂，詹榜华. 信息安全测评与风险评估[M]. 北京：电子工业出版社，2009.

ISO 质量管理体系

不以规矩，不能成方圆。

——战国 · 孟子《孟子 · 离娄章句上》

第 28 章　安全管理

内容提要

安全管理把分散的技术和人为因素通过政策或规则协调、整合为一体，是获得安全保障能力的重要手段，因此，也是构建网络空间安全保障体系不可忽视的重要因素。安全管理的相关内容很多，本章简要介绍安全规划、安全风险评估、物理安全保障、安全等级保护、ISO 安全管理标准、安全法规、安全监控等方面的内容。

本章重点

- 安全管理概念
- 安全规划的内容
- 安全风险评估过程
- 安全等级保护的必要性
- ISO 安全管理标准

28.1 安全规划

安全规划也称为安全计划，用于在较高的层次上确定一个组织涉及安全的活动，主要内容包括安全策略、安全需求、计划采用的安全措施、安全责任和规划执行时间表等内容。制定并不断完善、更新安全规划是一个组织获得安全保障的重要工作之一。

安全策略是安全规划中的核心组成部分，它表达了组织的安全目的和意图。安全策略主要应明确以下几个问题：

（1）安全目标，即保护对象和保护效果，前者主要包括业务、数据等，后者主要包括各种基本安全属性。

（2）访问主体，即允许访问组织内部网络与系统的实体，实体主要包括人、进程、设备和系统等。

（3）访问客体，即组织内部允许被访问的系统、资源等。

（4）访问方式，即规定哪些主体可以以特定的方式访问某个系统、资源等。

为了实施安全策略，组织需要进一步确定当前的安全状况，据此确定安全需求、将采用的安全措施、安全责任和规划执行时间表。其中，安全措施包括技术措施和组织管理措施两个方面，前者已由前面的章节描述，后者包括确立实施安全措施的机构、人员及其工作制度，由这些机构和人员分别担负相应的安全责任。

28.2 安全风险评估

安全风险来自人为或自然的威胁，是威胁利用网络与系统的脆弱性（Vulnerability）造成安全事件的可能性，以及这类安全事件可能对资产等造成的负面影响。

图 28.1 给出了通用的安全风险管理框架，也称为信息安全管理体系（Information Security Management System，ISMS）框架。核心思想是通过 ISMS 的规划（Plan）、实施（Do）、检查（Check）、处置（Act），形成 Plan-Do-Check-Act（简称为 PDCA）的闭环，保证组织机构可以围绕安全风险开展各项安全工作，有效管理和控制好安全风险。有关 ISMS 的国际标准将在本章 28.5 节介绍，本节重点介绍安全管理的基础和核心环节——安全风险评估。

安全风险评估（Risk Management）也称为安全风险分析[2]，它是指对安全威胁进行分析和预测，评估这些威胁对资产造成的影响。安全风险评估使网络与系统的管理者可以在考虑风险的情况下估算资产的价值，为管理决策提供支持，也可为进一步实施系统安全防护提供依据。一般威胁有基于网络与系统的攻击、内部泄露、人员物理侵入、系统问题等几类，它们有一定的可能性利用网络与系统存在的脆弱性，可能性不但与脆弱性和威胁本身相关，也与攻击者、攻击方法、攻击时间、系统状况等相关联。因此，在进行风险评估前，一般需要先分析网络与系统的威胁、脆弱性和可能的攻击。

安全风险评估的形式可以是组织内部自我评估或委托专业机构评估，也可以是由上级机关执行的检查性评估。安全风险评估的方法主要分为定性方法、定量方法和定性与定量相结合的方法 3 类。在定性方法中，由评估者根据知识、经验、指导性文件等对网络与系统存在的风险进行分析、判断和推断，采用描述性语言给出风险评估结果。在定量方法中，由评估者根据资产的相关数据利用公式进行分析和推导，评估结果通常以数量形式表达。当前一般认为，定性评估结果比较粗糙、主观性较强，而定量评估较为烦琐、缺乏描述性，因此，二者有结合的必要。自 20 世纪末以来，安全风险评估逐渐得到了重视，国际标准化组织先后颁布了 ISO/IEC 27002《信息安全管理实施细则》、ISO/IEC TR 13335《信息产业安全管理指导方针》和 ISO/IEC 27005《信息安全风险管理》，促进了安全风险评估的发展，我国的 GB/T 18336—2001《信息技术安全性评估准则》等标准也对风险评估具有指导作用。同时也出现了一系列安全风险评估工具和评估辅助工具，如 COBRA、CRAMM。一般地，安全风险评估可以被概括为以下 5 个步骤[2]。

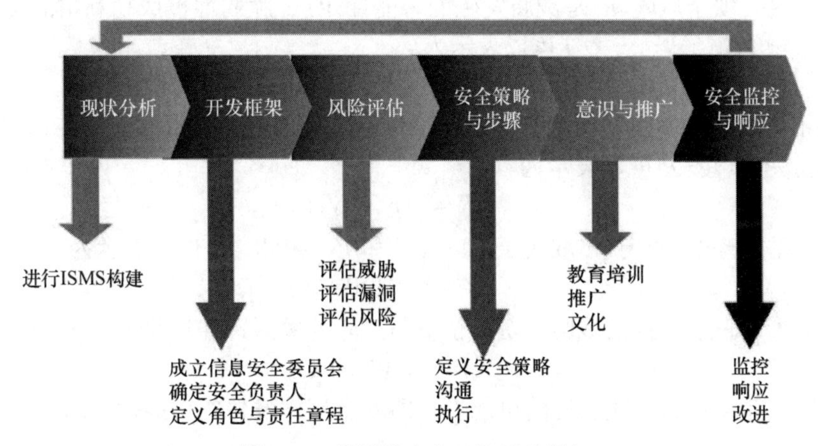

图 28.1　通用的安全风险管理框架

1. 资产识别与估价

安全风险评估人员应首先明确被评估组织拥有的资产，以及其中哪些与安全相关，并在不考虑安全风险的情况下估算所识别资产的价值 V。在以上过程中，应主要考虑以下几个方面。①信息资产：数据与文档、数据库与数据文件、电子文件等各类文档等；②软件资产：应用软件与系统、系统软件、开发工具、信息和通信服务等；③硬件资产：计算机和通信设备、移动介质等；④人员资产：具有特殊技能的员工；⑤系统资产：处理和存储信息的系统。

2. 威胁与脆弱性识别

安全风险评估需要对组织要保护的每一项资产进行安全分析，识别出可能的威胁。分析人员一般根据资产所处的环境、以前遭受的威胁、自身经验、特定的规程或统计数据等推断或发现可能的威胁，并估计威胁发生的可能性 PT。PT 主要受资产的吸引力、资产转化为报酬的难易程度、产生威胁的技术含量与利用脆弱点的难易程度等因素影响。需要指出的是，PT 仅表示威胁存在的可能性，但威胁不一定造成安全事件，造成安全事件一般仅当攻击者成功利用脆弱性后才发生，因此，识别脆弱性也是评估的必要环节。组织内部的脆弱性与采用的具体信息系统、组织结构、管理体系、基础平台等相关。评估人员需要根据这些具体情况，结合所识别的威胁，分析每个威胁可能利用的脆弱性，并根据脆弱性的特点，估计它们能够被威胁利用的可能性 PV。本书第 12 章介绍的网络扫描等网络调查工具可以作为识别脆弱性的技术手段之一。

3. 安全防护措施确认

实际上这一步可与前一步同步进行。由于在安全风险评估之后，被评估的组织可能根据评估结果调整安全防护措施，为了避免重复施加安全措施，需要确认安全防护系统在评估前的状况。这里，安全防护系统一般分为防御性系统和保护性系统，前者可以减少威胁并降低它们发生的可能性，如防火墙、IDS；后者在安全事件发生后能减少损失，如数据备份和恢复系统。

4. 风险大小与等级确认

在以上各步骤的基础上，安全风险评估人员需要利用适当的评估方法或工具确定风险的大小与等级。由于安全风险是存在的威胁、脆弱性与威胁利用脆弱性所造成的影响这 3 方面共同作用的结果，安全风险 R 是威胁发生的可能性 PT、脆弱性被成功利用的可能性 PV 和威胁的潜在影响 I 的函数。一般 I 可以表示为

$$I = V \times C \tag{28.1}$$

其中，V 为不考虑风险情况下所估算的资产价值，C 为价值损失程度，$0 \leqslant C \leqslant 1$，$C=1$ 表明价值完全丧失。一般 R 可以表示为

$$R = E(\mathrm{PT}, \mathrm{PV}, I) \tag{28.2}$$

其中，E 表示评估函数。由于 C 取决于 PT、PV 和 V，因此，R 也常表示为

$$R = E'(\mathrm{PT}, \mathrm{PV}, V) \tag{28.3}$$

为了更清晰地表示与描绘威胁、资产价值与风险的关系，往往将 PT 与 PV 合并为

$$\mathrm{PVT} = \mathrm{PT} \times \mathrm{PV} \tag{28.4}$$

它表示威胁发生并成功利用脆弱性的可能性，即安全事件发生的可能性，这样，可以将 R 表示为

$$R = E''(\mathrm{PVT}, V) \tag{28.5}$$

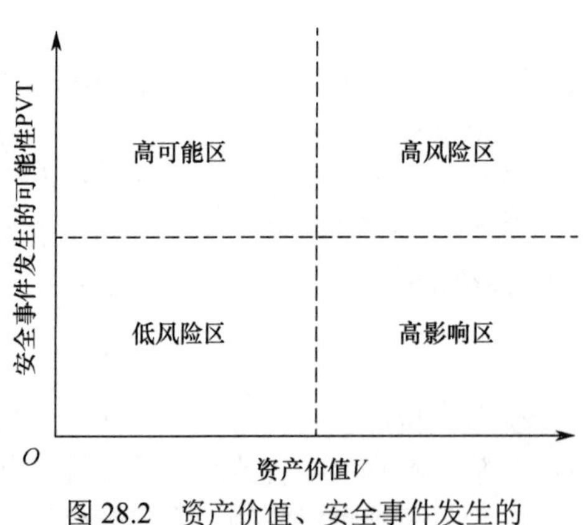

图 28.2 资产价值、安全事件发生的可能性与风险的关系

显然，R 随着 PVT 与 V 的增长而增长。一般根据公式（28.5）可以将风险发生的条件划分为 4 个区域（如图 28.2 所示）：高风险区、低风险区、高可能区与高影响区。其中，在高可能区，安全事件时常发生，但由于资产损失较小，因此引发的风险不大；在高影响区，不常发生的安全事件可能突然发生，并引发了较大的资产损失。

5. 安全措施建议

安全风险评估人员通过以上评估得到不同资产的风险等级，他们在这一步中根据风险等级和其他评估结论，结合被评估组织当前安全防护措施的状况，为被评估组织提供加强安全防护的建议。

28.3 物理安全保障

本书 2.2 节已指出，安全威胁也可能来自自然灾害、系统故障或人为破坏。事实证明，

提供相应的物理安全保障，不但可以直接抵御这类威胁，也有利于防止非授权访问和信息泄露等威胁。

生活中典型的物理安全保障是由门卫、围墙和门锁等提供的安全措施，而在网络空间安全领域，物理安全保障一般是指在所保护网络与系统或资源的外围提供的安全保障，主要包括为重要信息系统或资源等提供门卫、监控报警、温湿度控制、选择安全的运行或存放地点、备份数据或设备、提供备用电源和稳压装置、防止电磁辐射、采用碎纸机或消磁器等信息销毁设备等措施。

物理安全的获得需要建立在相应的安全管理制度基础之上，这也是安全管理把分散的技术和人为因素通过政策或规则协调、整合为一体，以提供网络空间安全保障能力的典型例证。与物理安全保障相关的安全管理制度主要包括机房管理制度、备份管理制度、设备管理和维护制度、保密管理制度、介质管理制度等。

28.4 安全等级保护

本书第 27 章提到了一些安全评估准则，包括《可信计算机系统评估准则》《信息技术安全评估准则》《信息技术安全通用评估准则》《计算机信息系统安全保护等级划分准则》《信息技术安全性评估准则》等，它们既是安全评估的依据，也是政府、军队和企业实施安全管理的指导原则。在这些准则中，不同安全等级的信息系统或安全设备满足安全性的要求和程度不同，在应用中所适用的场合也不同，组织按照这些原则对信息系统和安全设备进行管理的措施被称为信息安全等级保护，简称为安全等级保护或等级保护。

发达国家和地区高度重视安全等级保护，由政府机构主导的部门不但制定了以上准则，还相继出台了一系列相关标准规范，用于更加具体地指导政府、军队实施安全等级保护。其中，NIST 与 NSA 推出的一些标准和规范最具影响力。NIST 颁布的技术文件主要包括特别出版物（Special Publication，SP）和联邦信息处理标准出版物（Federal Information Processing Standards Publication，FIPS PUB）两个系列。2003 年颁布的 FIPS PUB 199《联邦信息和信息系统安全分类标准》将信息和信息系统按照机密性、完整性和可用性 3 个安全目标被破坏造成的后果分为低、中、高 3 个级别；同年颁布的 NIST SP 800-53《联邦信息系统建议安全控制》将安全措施分为基本级、增强级和强健级，并针对 FIPS PUB 199 中 3 个级别的信息和信息系统分别给出了需要采取的最少保护措施；另外，NIST SP 800-37 和 NIST SP 800-53A 向政府机构提供了如何对 NIST SP 800-53 所采取的安全措施进行有效性验证的指南。1999 年，NSA 制定了《信息保障技术框架》（Information Assurance Technical Framework，IATF），它将信息资产价值分为 V1~V5 共 5 个级别，将威胁按照其危害程度分为 T1~T7 共 7 个级别，将安全机制的强度分为 SML1~SML3 共 3 个级别，它还建议采用 CC 的评估保证级 EAL1~EAL7 衡量对安全功能的保障能力，并建议采用表 28.1 中的安全等级保护方法。

我国政府高度重视安全等级保护工作。1994 年，国务院发布了《中华人民共和国计算机信息系统安全保护条例》（以下简称《条例》），它是我国计算机信息系统安全保护的法律基础，其中规定我国计算机信息系统实行安全等级保护，安全等级的划分标准和安全等级保护的具体办法由公安部会同有关部门制定。公安部在《条例》发布实施后便着手开始了计算机信息系统安全等级保护的研究和准备工作，组织制定了 GB 17859—1999《计算机信息系统安全保护等级划分准则》（以下简称《准则》）国家标准。该准则的发布为计算机信息系统安全法规和配套标准的制定及执法部门的监督检查提供了依据，为安全产品的研制提供了技术支持，为安全系统的建设和管理提供了技术指导，是我国计算机信息系统安全保护等级划分工作的基础。

表 28.1　IATF 建议的安全等级保护方法

信息资产价值	威胁级别						
	T1	T2	T3	T4	T5	T6	T7
V1	SML1 EAL1	SML1 EAL1	SML1 EAL1	SML1 EAL2	SML1 EAL2	SML1 EAL2	SML1 EAL2
V2	SML1 EAL1	SML1 EAL1	SML1 EAL1	SML2 EAL2	SML2 EAL2	SML2 EAL3	SML2 EAL3
V3	SML1 EAL1	SML1 EAL2	SML1 EAL2	SML2 EAL3	SML2 EAL3	SML2 EAL4	SML2 EAL4
V4	SML2 EAL1	SML2 EAL2	SML2 EAL3	SML3 EAL4	SML3 EAL5	SML3 EAL5	SML3 EAL6
V5	SML2 EAL2	SML2 EAL3	SML3 EAL4	SML3 EAL5	SML3 EAL6	SML3 EAL6	SML3 EAL7

2003 年，我国发布的重要政策性指导文件《国家信息化领导小组关于加强信息安全保障工作的意见》（中办发〔2003〕27 号），明确规定我国信息安全的战略目标是建设国家信息安全保障体系，总体战略方针是积极防御和综合防范。文件规定了包括等级保护在内的基础性、支撑性工作，将等级保护总结为信息安全保障工作的原则。

为了更具体地指导我国安全等级保护工作，公安部、国家保密局、国家密码管理局、国务院信息化工作办公室于 2007 年联合发布了“关于印发《信息安全等级保护管理办法》的通知”（公通字〔2007〕43 号），明确了等级保护各相关单位和机构的工作职责及实施要求，要求信息系统主管部门负责督促、检查、指导本行业、本部门或者本地区信息系统运营、使用单位的信息安全等级保护工作。信息系统的运营、使用单位负责履行信息安全等级保护的义务和责任。

近年来，我国还陆续发布了一系列等级保护相关的技术标准，对各单位落实安全等级保护制度的工作过程予以规范。其中，GB/T 22240—2008《信息系统安全等级保护定级指南》国家标准规定了信息系统安全等级保护的定级方法，适用于信息系统安全等级保护的定级工作；GB/T 22239—2008《信息系统安全等级保护基本要求》国家标准规定了不同安全保护等级信息系统的基本保护要求，包括基本技术要求和基本管理要求，适用于指导分等级的信息系统的安全建设和监督管理；GB/T 25070—2010《信息系统等级保护安全设计技术要求》国家标准规范了信息系统等级保护安全设计技术要求，适用于指导信息系统运营使用单位、安全企业、安全服务机构开展信息系统等级保护安全技术方案的设计和实施，也可作为信息安全职能部门进行监督、检查和指导的依据。

目前，我国已基本建立起等级保护体系和制度，在 2016 年颁布的《中华人民共和国网络安全法》中进一步确立了其法律地位。

28.5 ISO 安全管理标准

国际安全管理标准起源于英国标准协会（British Standards Institute，BSI）制定的 BS 7799 系列标准。1995 年 BSI 颁布了 BS 7799-1:1995《信息安全管理实施细则》，1998 年又公布了 BS 7799-2:1998《信息安全管理体系规范》。1999 年这两个标准分别被更新为 BS 7799-1:1999 和 BS 7799-2:1999，前者于 2000 年被 ISO 采纳为 ISO/IEC 17799-1 号标准，2007 年被更新为 ISO/IEC 27002《信息安全管理实践规则》，后者于 2005 年被 ISO 采纳为 ISO/IEC 27001《信息安全管理体系规范要求》。ISO/IEC 27002 与 ISO/IEC 27001 是 ISO/IEC 27000 系列中最主要的两个标准，该系列标准为组织实施安全管理提供了指导，使组织可以建立比较完整的信息安全管理体系，实现制度化及以预防为主的信息安全管理方式，增加信息安全技术措施的效能。

1.《信息安全管理实践规则》

ISO/IEC 27002《信息安全管理实践规则》及其前身实质上起源于信息安全管理思想的发展。该标准制定者的一个基本观点是，纯粹以技术手段实现信息安全的效果十分有限，因此，一个组织为了达到所需的安全级别，必须依赖合理的管理控制手段、管理程序和风险评估措施，从危害源头抓起，主动避免安全事件的发生。在以上思想的指导下，该标准给出了各类组织实施信息安全管理的一系列方法，它将需要实施管理控制的对象（称为控制项）分为 11 类：安全策略、组织信息安全、资产管理、人力资源安全、物理和环境安全、通信和操作管理、访问控制、信息系统的获取或开发与维护、信息安全事故管理、业务连续性管理和兼容性。针对这 11 类控制项，ISO/IEC 27002 还给出了 39 个控制目标和 133 个控制措施。

当前，ISO/IEC 27002 及其前身在国际上被普遍采用。

2.《信息安全管理体系规范要求》

ISO/IEC 27001《信息安全管理体系规范要求》的基本内容来源于 BSI 的 BS 7799-2:1998《信息安全管理体系规范》。这类标准借鉴 ISO/IEC 9000《质量管理体系》的基本思想，采用“规划、实施、检查、处置”的质量管理理念建立、执行和维护 ISMS，给出了 ISMS 的规划和建立、实施和运行、监控和评审、保持和改进 4 个阶段的基本要求，并指出这是一个循环迭代的提高过程。ISO 组织制定的 ISO/IEC 27003《信息安全管理体系实施指南》为以上 4 个阶段的实施提供了更具体的指导。

28.6 安全法规

信息安全法律法规（简称为安全法规）以法律形式保障信息安全，它们不但对组织的信息安全管理具有促进和指导作用，其本身也是更高层次的信息安全管理。从后者意义来说，安全法规借助司法制度加强了信息安全，这类似于用具体的管理制度提高信息系统的安全。

西方发达国家在安全法规的建设方面起步较早。美国是迄今为止安全法规最多的国家，其安全法规已经构成了比较完善的法规体系，涉及行政法、刑法、诉讼法等领域，比较有影响的包括 20 世纪 80 年代颁布的《计算机犯罪法》和《计算机诈骗和滥用法》，已成为美国计算机犯罪法规体系的基础，各州也结合该法设立了计算机服务盗窃罪、侵犯知识产权罪、破坏计算机设备或配置罪、计算机欺骗罪、计算机滥用罪、计算机错误访问罪、非授权计算机使用罪等多种罪名，为调查和诉讼以上犯罪，《联邦证据法》为计算机证据做出了规定。此外，欧共体和俄罗斯等也颁布了类似的法律。

我国各级政府部门历来重视网络与信息安全管理工作。近年来，我国在网络与信息安全方面制定了一系列法规，其中有国家制定的和职能部门制定的，也有一些行业制定的相关规定。这些法规主要包括：《中华人民共和国国家安全法》、《中华人民共和国网络安全法》、《中华人民共和国保守国家秘密法》、《中华人民共和国电子签名法》、《中华人民共和国密码法》、《中华人民共和国数据安全法》、《中华人民共和国个人信息保护法》、《中华人民共和国计算机信息系统安全保护条例》、《中华人民共和国计算机信息网络国际联网管理暂行规定》、《商用密码管理条例》、《信息网络传播权保护条例》、《关键信息基础设施安全保护条例》、《计算机病毒防治管理办法》（公安部）、《电子认证服务密码管理办法》（国家密码管理局）、《网络出版服务管理规定》（国家新闻出版广电总局、工业和信息化部）、《金融机构计算机信息系统安全保护工作暂行规定》（公安部、中国人民银行）等。

近年来，网络与信息技术的迅猛发展和广泛应用，对促进经济社会发展发挥了重要作用，同时也带来了众多新的安全问题。社会各方面强烈呼吁加强网络社会治理、严厉打击网络违法犯罪。目前，虽然我国政府已出台了一系列针对性的安全法规，但仍需不断发展和完善同网络与信息技术发展相匹配的安全法规体系。

28.7 安全监控

安全监控通过实时监控网络或主机活动、监视分析用户和系统的行为、审计系统配置和漏洞、评估敏感系统和数据的完整性、识别攻击行为、对异常行为进行统计和跟踪、识别违反安全法规的行为、使用诱骗服务器记录黑客行为等功能，使管理员有效地监视、控制和评估网络或主机系统。

安全监控所用到的技术前面都已介绍，它只不过是一个针对具体应用的集成问题。

28.8 小结与注记

本章主要介绍了安全管理的几个主要方面，包括安全风险评估、安全等级保护、ISO 安全管理标准与安全法规等。安全风险评估是指通过规划（Plan）、实施（Do）、检查（Check）、处置（Act）的闭环，有效掌握、应对和控制安全风险，为管理决策提供支持，也为进一步实施系统安全防护提供依据。安全等级保护是指由于不同安全等级的信息系统或安全设备满足安全性的要求和程度不同，在应用中所适用的场合也不同，因此应按照相应原则管理信息系统和安全设备。自 20 世纪 80 年代以来，安全等级保护一直受到西方发达国家和地区的高度重视，相继出台了一系列相关的标准规范，用于指导政府、军队等重要部门的等级保护工作。我国也已将等级保护确立为开展网络与信息安全工作的原则和基本制度。在安全管理标准化方面，ISO/IEC 27000 系列标准已成为主导，其中的 ISO/IEC 27002 与 ISO/IEC 27001 是最主要的两个标准，它们为组织实施安全管理提供了指导，使组织可以建立比较完整的安全管理体系，实现制度化以及以预防为主的安全管理方式，增加安全技术措施的效能。另外，国内外的安全立法工作也随着信息技术的发展而获得了重视和发展。

安全管理涉及管理、经济和法律等领域，如何将管理学、经济学和法学等方面的专业知识更好地运用到这个领域仍然是令人感兴趣的问题。

本章在写作过程中主要参考了文献[1]和[2]。

思考题

1．简述安全管理和安全技术的关系。

2．简述安全规划的主要内容。

3．简述安全风险评估的基本过程。风险一般与哪些因素相关？

4．举例说明安全等级保护对重要部门的必要性。

5．查找与 ISO/IEC 27000 系列标准相关的文献，了解其框架和每个标准的主要内容。

参考文献

[1] 冯登国，赵险峰. 信息安全技术概论[M]. 2 版. 北京：电子工业出版社，2014.

[2] 冯登国，张阳，张玉清. 信息安全风险评估综述[J]. 通信学报，2004，25(7)：10-18.

[3] 范红，冯登国，吴亚非. 信息安全风险评估方法与应用[M]. 北京：清华大学出版社，2006.

[4] 冯登国，等. 信息社会的守护神：信息安全[M]. 北京：电子工业出版社，2009.

[5] 冯登国，孙锐，张阳. 信息安全体系结构[M]. 北京：清华大学出版社，2008.

[6] 赵战生，冯登国，戴英侠，等. 信息安全技术浅谈[M]. 北京：科学出版社，1999.

[7] 陈忠文. 信息安全标准与法律法规[M]. 武汉：武汉大学出版社，2009.

[8] 戴宗坤. 信息安全法律法规与管理[M]. 重庆：重庆大学出版社，2005.

附录　基础知识

内容概要

密码学、信息隐藏和隐私保护等涉及数学和信号处理方面的知识。为了便于理解相关内容，我们需要了解一些数论、近世代数、信号处理和熵的基础知识。本附录仅列出以上知识中包含的基本概念、定理和算法，若需了解更深入的内容和证明过程，读者可参阅文献[1]，文献[1]全面介绍了研究信息安全所需要的主要数学技巧和方法，尤其是在每章的参考文献中列出了比较经典的参考资料。此外，在网络空间安全中，网络体系结构、网络参考模型等概念非常重要，这里作为附录也做一些简单介绍以便读者参考。

本篇关键词

辗转相除法，剩余系，Euler 函数，素性检测，群，环，域，最小多项式，本原多项式，离散 Fourier 变换，离散余弦变换，离散小波变换，拉普拉斯变换，熵，Jensen 不等式，网络体系结构，OSI 参考模型，TCP/IP 参考模型。

附录 A　数论初步

初等数论是研究整数基本性质的一个数学分支，因此，以下如无特殊说明，变量和数值都属于整数集合 $\boldsymbol{Z}$。

1．整除、素数与合数

定义 A.1　对于 a,b，$a \neq 0$，若存在 q 使 $b = aq$，则称 b 可被 a 整除，记为 $a|b$，且称 b 是 a 的倍数，a 是 b 的约数（也常称为除数或因数）。b 不能被 a 整除，记为 $a \nmid b$。

定义 A.2　设 $p \neq 0, \pm 1$，若它除 ± 1 和 $\pm p$ 外没有其他约数，则 p 被称为素数（也常称为质数）；若 $a \neq 0, \pm 1$ 且 a 不是素数，则 a 被称为合数。

由于 $p \neq 0, \pm 1$ 和 $-p$ 必同为素数或合数，所以，一般若无说明，则素数是指正的，如 2, 3, 5, 7, 11, 13, 17,⋯以下定理反映了素数在构成整数中的重要性。

定理 A.1（算术基本定理）　设 $a > 1$，则有

$$a = p_1 p_2 \cdots p_s \tag{A.1}$$

其中，p_j 为素数，$1 \leqslant j \leqslant s$，且在不计前、后次序的意义下，以上表示唯一。

当前，将大整数分解为素数的乘积形式仍然是困难的，RSA 密码算法就利用了这一点。

2．带余数除法与辗转相除法

定理 A.2　对于 a,b，$a \neq 0$，那么一定存在唯一的一对整数 q 与 r，满足

$$b = qa + r, \qquad 0 \leqslant r < |a| \tag{A.2}$$

并且 $a|b$ 当且仅当 $r = 0$。

例 A.1　若 $b = 4550$，$a = 237$，则有 $4550 = 237 \times 19 + 47$，$0 \leqslant 47 < 237$；若 $b = 3558$，$a = -213$，则有 $3558 = (-213) \times (-16) + 150$，$0 \leqslant 150 < |-213|$。

将 b 展开为式（A.2）的过程就是带余数除法，其中 a 为除数，b 为被除数，q 为商，r 为余数。由带余数除法可以得到辗转相除法，也称为欧几里得（Euclid）算法。

算法 A.1　（辗转相除法）　若 $a,b \in \boldsymbol{Z}$，$b \neq 0$，$b \nmid a$，则我们可以按照以下方式重复用带余数除法得到

$$\begin{aligned}
a &= bq_1 + r_1, && 0 < r_1 < |b| \\
b &= r_1 q_2 + r_2, && 0 < r_2 < r_1 \\
r_1 &= r_2 q_3 + r_3, && 0 < r_3 < r_2 \\
&\cdots\cdots && \cdots\cdots \\
r_{n-2} &= r_{n-1} q_n + r_n, && 0 < r_n < r_{n-1} \\
r_{n-1} &= r_n q_{n+1}, && r_{n+1} = 0
\end{aligned} \tag{A.3}$$

例 A.2　若 $a = 57$，$b = 17$，则有

$$57 = 17 \times 3 + 6, \qquad 0<6<17$$
$$17 = 6 \times 2 + 5, \qquad 0<5<6$$
$$6 = 5 \times 1 + 1, \qquad 0<1<5$$
$$5 = 1 \times 5$$

由于$|b|>r_1>r_2>\cdots$，因此经过有限次数的带余数除法后，有式（A.3）中的$r_{n+1}=0$。辗转相除法是初等数论中的基本算法，以下将介绍利用它求两个整数的最大公约数与最小公倍数。

3．最大公约数与最小公倍数

定义 A.3 设$a_1,a_2,\cdots,a_n$不全为零，若d是它们每一个的约数，那么d被称为它们的一个公约数。$a_1,a_2,\cdots,a_n$的公约数中最大的一个被称为最大公约数，记作$(a_1,a_2,\cdots,a_n)$或$\gcd(a_1,a_2,\cdots,a_n)$。

定义 A.4 若对以上$a_1,a_2,\cdots,a_n$有$(a_1,a_2,\cdots,a_n)=1$，则称$a_1,a_2,\cdots,a_n$是互素的（也称互质的或既约的）。

由于$(a_1,a_2,\cdots,a_n)=(((a_1,a_2),a_3),\cdots,a_n)$，因此只需获得计算两个整数最大公约数的方法即可计算$(a_1,a_2,\cdots,a_n)$，而且不妨设$a_i \geqslant 0$（$i=1, 2,\cdots,n$）。

对于 a,b,c，因为有$(a,b)|a$与$(a,b)|b$，所以，若$a=bq+c$，则有$(a,b)|c$，而且有$(a,b)\leqslant(b,c)$；类似地可证$(b,c)\leqslant(a,b)$，因此，$(a,b)=(b,c)$。这说明对任意a,b，对它们做以上辗转相除，最后一个非零余数r_n就是(a,b)。

例 A.3 若$a=2357$，$b=76$，由于$2357=76\times30+77$，$77=76\times1+1$，$76=1\times76$，因此有$(2357,76)=1$。

定义 A.5 设$a_1,a_2,\cdots,a_n$均不为零，若m是它们每一个的倍数，那么m被称为它们的一个公倍数。$a_1,a_2,\cdots,a_n$的公倍数中最小的一个正整数被称为最小公倍数，记作$[a_1,a_2,\cdots,a_n]$或$\operatorname{lcm}(a_1,a_2,\cdots,a_n)$。

与最大公约数类似，由于$[a_1,a_2,\cdots,a_n]=[[[a_1,a_2],a_3],\cdots,a_n]$，因此只需获得计算两个整数最小公倍数的方法即可计算$[a_1,a_2,\cdots,a_n]$。通过以下定理，可以借助求最大公约数的方法计算最小公倍数。

定理 A.3 设a,b均不为零，则有

$$[a,b](a,b)=|ab| \tag{A.4}$$

4．同余、同余类与剩余系

定义 A.6（同余） 设$m\neq0$，若$m|(a-b)$，即$a-b=km$，则称a同余于b模m，b是a对模m的剩余，记作

$$a\equiv b(\bmod\ m) \tag{A.5}$$

否则称a不同余于b模m，b不是a对模m的剩余，记作

$$a\not\equiv b(\bmod\ m) \tag{A.6}$$

式（A.5）称为模m的同余式。由于$m|(a-b)$等价于$-m|(a-b)$，所以$a\equiv b(\bmod(-m))$等价于式（A.5）。因此，以下假设$m\geqslant1$。

在形如式（A.5）的同余式中，若$0\leqslant b<m$，则称b是a对模m的最小非负剩余。容易推知：a同余于b模m的充要条件是a和b被m除后所得的最小非负剩余相等。所谓“同余”一词，就在于说明“余数相等”，以上最小非负剩余相等正好说明了这一点。同余式有

以下重要性质。

性质 A.1 同余是一种等价关系，即有

（1）自反性：$a \equiv a(\bmod\ m)$。

（2）对称性：$a \equiv b(\bmod\ m) \Leftrightarrow b \equiv a(\bmod\ m)$。

（3）传递性：$a \equiv b(\bmod\ m),\ b \equiv c(\bmod\ m) \Rightarrow a \equiv c(\bmod\ m)$。

性质 A.2 同余式可以相加和相乘，即若 $a \equiv b(\bmod\ m)$，$c \equiv d(\bmod\ m)$，则

$$a + c \equiv b + d(\bmod\ m) \tag{A.7}$$

并且

$$ac \equiv bd(\bmod\ m) \tag{A.8}$$

性质 A.3 设 $f(x) = a_n x^n + \cdots + a_0$，$g(x) = b_n x^n + \cdots + b_0$ 是两个整系数多项式，满足

$$a_j \equiv b_j(\bmod\ m), \qquad 0 \leqslant j \leqslant n \tag{A.9}$$

那么，若 $a \equiv b(\bmod\ m)$，则

$$f(a) \equiv g(b)(\bmod m) \tag{A.10}$$

通常将满足式（A.9）的多项式 $f(x)$ 和 $g(x)$ 称为多项式 $f(x)$ 同余于多项式 $g(x)$ 模 m，记作

$$f(x) \hat{\equiv} g(x)(\bmod\ m) \tag{A.11}$$

性质 A.4 设 $d \geqslant 1$，$d \mid m$，那么，若 $a \equiv b(\bmod\ m)$，则 $a \equiv b(\bmod\ d)$。

性质 A.5 设 $d \neq 0$，那么 $a \equiv b(\bmod\ m)$ 等价于 $da \equiv db(\bmod\ |dm)$。

性质 A.6 同余式

$$ca \equiv cb(\bmod\ m) \tag{A.12}$$

等价于

$$a \equiv b(\bmod\ m/\ (c,m)) \tag{A.13}$$

特别地，当 $(c,m) = 1$ 时，式（A.12）等价于 $a \equiv b(\bmod\ m)$。

性质 A.7 若 $m \geqslant 1$，$(a,m) = 1$，则存在 c 使得

$$ca \equiv 1(\bmod\ m) \tag{A.14}$$

其中，c 称为是 a 对模 m 的逆，记为 $a^{-1}(\bmod m)$ 或 a^{-1}。

性质 A.1 表明，对给定的 m，整数的同余关系是一个等价关系，因此，全体整数可以按照模 m 是否同余分为若干个两两不相交的集合，每一个集合中的元素相互模 m 同余，而不同集合之间的元素相互模 m 不同余。

定义 A.7（同余类） 全体整数可以按照模 m 是否同余分为若干个两两不相交的集合，每一个这样的集合称为模 m 的同余类（也称为剩余类）。一般用 $r \bmod m$ 表示 r 所属的模 m 同余类。

定理 A.4 对给定的模 m，有

（1）$r \bmod m = \{ r + km : k \in \boldsymbol{Z} \}$。

（2）$r \bmod m = s \bmod m$ 的充要条件是 $r \equiv s\ (\bmod m)$。

（3）对任意的 r, s，要么 $r \bmod m = s \bmod m$，要么 $r \bmod m$ 与 $s \bmod m$ 的交集为空。

（4）对给定的模 m，有且仅有 m 个不同的模 m 同余类

$$C_0 = 0 \bmod m,\ C_1 = 1 \bmod m, \cdots,\ C_{m-1} = (m-1) \bmod m \tag{A.15}$$

定义 A.8（剩余系） 一组数 $y_1, \cdots, y_m$ 称为模 m 的完全剩余系，如果对任意的 a 有且仅

有一个 y_i 是 a 对模 m 的剩余，即 a 同余于 y_i 模 m。特别地，$0, 1,\cdots,m-1$称为模数 m 的非负最小完全剩余系。若同余类 C_i 中的数与 m 互素，则称 C_i 是与 m 互素的同余类，在全部这样的同余类中各取一个数组成的集合称为模数 m 的一组既约剩余系。

5. Euler 函数与 Euler 定理

定义 A.9 与模数 m 互素的同余类的个数记为 $\varphi(m)$，称为 Euler 函数。

由于模 m 的所有不同既约同余类是

$$r \bmod m, \quad (r,m)=1, \quad 1 \leqslant r \leqslant m \tag{A.16}$$

因此，$\varphi(m)$ 实际也是$1, 2,\cdots,m$ 中和 m 互素的数的个数。

定理 A.5 Euler 函数有以下性质：

（1）$\varphi(m)$ 是一个积性函数，即若 $(m_1,m_2)=1$，则 $\varphi(m_1,m_2)=\varphi(m_1)\varphi(m_2)$。

（2）若 p 是素数，$k \geqslant 1$，则 $\varphi(p^k)=p^{k-1}(p-1)$。

（3）$\varphi(1)=1$ 并且

$$\varphi(m)=m\prod_{p|m}\left(1-\frac{1}{p}\right), \quad m>1 \tag{A.17}$$

（4）若 m 是正整数，则有

$$\sum_{d|m}\varphi(d)=m \tag{A.18}$$

例 A.4 设 $m=120736=2^5\times 7^3\times 11$，则

$$\varphi(m)=2^{5-1}\times(2-1)\times 7^{3-1}\times(7-1)\times(11-1)=2^4\times 7^2\times 6\times 10=47040$$

定理 A.6（Euler 定理） 若 $(a,m)=1$，则 $a^{\varphi(m)}\equiv 1 \pmod m$。

根据以上定理，有 $a^{\varphi(m)+1}\equiv a \pmod m$，若 $m=p$ 为素数，则有 $\varphi(m)=p-1$，因此，可以得到以下定理。

定理 A.7（Fermat 小定理） 若 p 为素数，则 $a^p \equiv a \pmod m$。

6. 同余方程

对给定正整数 m 与 n 次正系数多项式

$$f(x)=a_n x^n + a_{n-1}x^{n-1}+\cdots+a_1 x+a_0 \tag{A.19}$$

存在以下模 m 的 n 次同余方程

$$f(x)\equiv 0 \pmod m \tag{A.20}$$

若 c 是以上同余方程的解，则$c \bmod m$ 中任意一个整数也是解，一般把它们视为相同的解，并说同余类$c \bmod m$ 是一个解，记为 $x\equiv c \pmod m$。仅当两个解不在一个模 m 的同余类中时，被认为是不同的解，在此意义下，用 $T(f,m)$ 表示解的个数。

对最简单的模 m 的一次同余方程

$$ax\equiv b \pmod m, \quad m \nmid a \tag{A.21}$$

有以下定理。

定理 A.8 式（A.21）中的同余方程有解的充要条件是 $(a,m)\mid b$，在有解时，它的解的个数为 (a,m)，并且若 x_0 是一个解，则这 (a,m) 个解是

$$x \equiv x_0 + \frac{m}{(a,m)} t (\bmod m), \quad t = 0, \cdots, (a,m) - 1 \tag{A.22}$$

定理 A.9 若 $f(x) \triangleq g(x) (\bmod\ m)$，则 $f(x) \equiv 0 (\bmod\ m)$ 与 $g(x) \equiv 0 (\bmod\ m)$ 的解及其数量均相同。

在以上定理下，一般可以利用逐步减小模数的方法求解一次同余方程。

算法 A.2 求解式（A.21）中的一次同余方程。

（1）取 $a_1 \equiv a (\bmod\ m)$，$b_1 \equiv b (\bmod\ m)$，其中 $-m/2 < a_1$，$b_1 \leqslant m/2$，根据定理 A.9，以下同余方程与式（A.21）中的同余方程同解

$$a_1 x \equiv b_1 \ (\bmod m) \tag{A.23}$$

（2）由于不定方程（指整数方程）$my \equiv -b_1 + a_1 x$ 与式（A.23）同时有解或无解，因此

$$my \equiv -b_1 \ (\bmod |a_1|) \tag{A.24}$$

也与式（A.23）中的同余方程同时有解或无解。

（3）经过多轮次的上述步骤，得到的模数 $|a_1|$ 已经很小，可以通过验算得到式（A.24）中同余方程的解 $y_i \bmod |a_1|$，通过逐轮反推得到 $x_i \equiv (my_i + b_1)/a_1$，它在最后一轮等于解。

根据性质 A.7，当 $(a,m) = 1$ 时，$a^{-1} (\bmod m)$ 存在，因此，以上求得 x 的过程在概念上是用 a 除 b，即 $x \equiv a^{-1} b (\bmod m)$。在掌握了以上求解方法后，也已经能求得 $a^{-1} (\bmod m)$。

涉及同余方程的初等数论知识还包括求解一次同余方程组、二次和高次同余方程，以及判断二次剩余等的方法，但阅读本书并不需要这些知识，因此，这里不再赘述。

7. 整数的阶与原根

定义 A.10（阶） 设 $m \geqslant 1$，$(a,m) = 1$，使 $a^d \equiv 1 \ (\bmod m)$ 成立的最小 d 称为 a 对模 m 的阶（也称为指数），记为 $\mathrm{ord}_m(a)$。

定义 A.11（原根） 当 $\mathrm{ord}_m(a) = \varphi(m)$ 时，称 a 是模 m 的原根。

性质 A.8 若 $b \equiv a \ (\bmod m)$，$(a,m) = 1$，则 $\mathrm{ord}_m(b) = \mathrm{ord}_m(a)$。

性质 A.9 若 $a^d \equiv 1 \ (\bmod m)$，则 $\mathrm{ord}_m(a) \mid d$。

性质 A.10 若 $(a,m) = 1$，$a^k \equiv a^h \ (\bmod m)$，则 $k \equiv h \ (\bmod\ \mathrm{ord}_m(a))$。

性质 A.11 若 $(a,m) = 1$，则 $a^0, a^1, \cdots, a^{\mathrm{ord}_m(a)-1}$ 对模 m 两两不同余。特别地，当 a 是模 m 的原根，即 $\mathrm{ord}_m(a) = \varphi(m)$ 时，这 $\varphi(m)$ 个数是模 m 的一组既约剩余系。

性质 A.12 $\mathrm{ord}_m(a^{-1}) = \mathrm{ord}_m(a)$。

8. 素性检测

素性检测算法用于检测生成的整数是否是素数，主要分为确定判断法和概率判别法两类，后者以一定的概率做出判别结论。

定理 A.10 设正整数 $p>1$，若对于所有正整数 q，$1 < q \leqslant \sqrt{p}$，都有 $q \nmid p$，则 p 为素数。

定理 A.11（Lehmer 判别法） 设正奇数 $p>1$，$p - 1 = \prod_{i=1}^{s} p_i^{a_i}$，$p_1 = 2 < p_2 < \cdots < p_s$，$p_i$ 为素数，$i = 2, \cdots, s$。若对每个 p_i 都有 a_i 使 $a_i^{\frac{p-1}{p_i}} \not\equiv 1 \ (\bmod p)$ 和 $a_i^{p-1} \equiv 1 \ (\bmod p)$，则 p 为素数。

定理 A.12（Proth 判别法） 设正奇数 $p>1$，$p-1=mq$，其中 q 是一个奇素数并且满足 $2q+1>\sqrt{p}$，若有 a 满足 $a^{p-1}\equiv 1 \pmod{p}$ 和 $a^m \not\equiv 1 \pmod{p}$，则 p 为素数。

算法 A.3 对正奇数 $n\geqslant 5$ 的 Fermat 概率素性检测：

（1）随机选取整数 b，$2\leqslant b\leqslant n-2$。

（2）计算 $g=(b,n)$，若 $g\neq 1$，则 n 为合数。

（3）计算 $r=b^{n-1}(\bmod n)$，若 $r\neq 1$，则 n 为合数。

（4）若不出现以上 n 为合数的情况，则 n 可能为素数。

（5）重复以上过程 t 次，若每次得到 n 可能为素数的结论，则 n 以概率 $(1-1/2^t)$ 为素数。

附录 B　代数系统与多项式

近世代数也称为抽象代数，它主要研究一般集合及其上的运算。这些集合及其上的运算被统称为代数系统，主要包括群、环、域等。

1．群

定义 B.1（群）　设在三元组$(G, \bullet, e)$中，G表示集合，$\bullet$为G上的二元运算，e为G中一个元素。若$(G, \bullet, e)$满足：

G1（结合律），即$a \bullet (b \bullet c) = (a \bullet b) \bullet c$，$a,b,c \in G$。

G2（单位元），即$e \bullet a = a \bullet e = a$，$a \in G$。

G3（逆元），即对$a \in G$，有$a' \in G$使得$a \bullet a' = a' \bullet a = e$。

则称$(G, \bullet, e)$为群，简称群G，e被称为单位元，a'是a的逆元。

若群G还满足：

G4（交换律），即$a \bullet b = b \bullet a$，$a,b \in G$。

则称G为交换群。若$(G, \bullet, e)$仅满足 G1 和 G2，则是半群。若仅满足 G1、G2 和 G4，则是有单位元的交换半群。

定义 B.2　若群G包含的元素个数有限，则称G为有限群，否则称为无限群。有限群G所包含元素的个数称为G的阶，记为$|G|$。

例 B.1　设$(\boldsymbol{Z}, +, 0)$中$\boldsymbol{Z}$为整数集，+为整数加法，可以验证$a + (b + c) = (a + b) + c$，$a + 0 = 0 + a$，$a + (-a) = (-a) + a = 0$，$a + b = b + a$，因此，G1、G2、G3 和 G4 成立，$(\boldsymbol{Z}, +, 0)$是交换群。

例 B.2　设$(Z_n, \oplus, 0)$中$Z_n = \{0, 1, \cdots, n-1\}$，$\oplus$为模$n$加法，即$\oplus$的和是用$n$除普通加法和后取余数的结果，可验证$a \oplus (b \oplus c) = (a \oplus b) \oplus c$，$a \oplus 0 = 0 \oplus a$，$a \oplus (n - a) = (n - a) \oplus a = 0$，$a \oplus b = b \oplus a$，因此，G1、G2、G3 和 G4 成立，$(Z_n, \oplus, 0)$是交换群。

例 B.3　设$(Z_n^*, \otimes, 1)$中$Z_n^* = \{1, \cdots, n-1\}$，$\otimes$为模$n$乘法，即$\otimes$的积是用$n$除普通乘法积后取余数的结果，则容易验证 G1、G2 和 G4 成立，$(Z_n^*, \otimes, 1)$是有单位元的交换半群。当n为素数时，对于任意的$a \in Z_n^*$，$(a,n) = 1$，根据性质 A.7，它的逆元a^{-1}存在，因此，$(Z_n^*, \otimes, 1)$可以满足 G3，是交换群，但是，若n不是素数，由于不能保证$(a,n) = 1$，所以$(Z_n^*, \otimes, 1)$不是群。

在例 B.1 和 B.2 中，群上定义的操作是加法，这类群也称为加法群；在例 B.3 中，群上定义的操作是乘法，这类群也称为乘法群。由于群仅包含一种二元运算，因此在不强调运算类别的情况下通常在书写中可以省略运算符。例如，用ab表示以上$a \oplus b$或$a \otimes b$，用a^2表示以上$a \oplus a$或$a \otimes a$。

定义 B.3　若a是群G中一个元素，若有正整数n使得$a^n = 1$，则称a为有限阶元素，

满足 $a^n=1$ 的最小 n 为 a 的阶，记为 $|a|$。若不存在这样的 n，则称 a 为无限阶元素。

定义 B.4 若群 G 中每一个元素 b 都能表示成一个元素 a 的幂，即 $b=a^n$，则 G 称为由生成元 a 生成的循环群，记为 $<a>$。当 a 的阶 $|a|=n$ 时，$G=\{1,a,a^2,\cdots,a^{n-1}\}$ 称为由生成元 a 生成的 n 阶循环群，其中元素两两不同。

定义 B.5 设 $(G, \bullet, e)$ 为群，H 为 G 的子集，若 $e\in H$ 且 $(H, \bullet, e)$ 为群，则称 H 为 G 的子群。

定理 B.1 设 H 为 G 的非空子集，若它满足以下两个条件之一，则是 G 的子群：

（1）对于任意 $a,b\in H$，$ab\in H$ 且 $a^{-1}\in H$。

（2）对于任意 $a,b\in H$，$ab^{-1}\in H$。

定义 B.6 设 H 为 G 的子群，则称

$$Ha=\{ha\,|\,h\in H\},\quad a\in G \tag{B.1}$$

是 G 的一个右傍集（或称陪集）。类似地，$aH=\{ah\,|\,h\in H\}$ 是 G 的一个左傍集。

密码操作往往基于交换群，此时 Ha 与 aH 相等。当 Ha 与 aH 相等时，H 被称为正规子群。

定理 B.2 右（左）傍集满足以下性质：

（1）$Ha=Hb$（$aH=bH$）的充要条件是 $ab^{-1}\in H$（$a^{-1}b\in H$）。

（2）$|Ha|=|Hb|$（$|aH|=|bH|$）。

（3）若 $Ha\neq Hb$（$aH\neq bH$），则 $Ha\cap Hb=\varnothing$（$aH\cap bH=\varnothing$）。

从以上性质可以看出，G 中关于 H 的全体右（左）傍集构成了 G 的一个划分，并且每个右（左）傍集包含相同数量的元素。以下定理进一步揭示了相关的性质。

定理 B.3（Lagrange 定理） 设 H 为有限群 G 的子群，则

$$|G|=|H|\bullet[G:H] \tag{B.2}$$

式中，$[G:H]$ 是 G 中关于 H 的全体右（左）傍集的数量。

2. 环

定义 B.7（环） 设在五元组 $(R, +, \bullet, 0, 1)$ 中，R 为集合，$+$与$\bullet$为 R 上的二元运算，0 与 1 为 R 中元素。若 $(R, +, \bullet, 0, 1)$ 满足：

R1（加法交换群），即 $(R, +, 0)$ 是交换群。

R2（乘法半群），即 $(R, \bullet, 1)$ 是有单位元的半群。

R3（乘法对加法的分配律），即 $a\bullet(b+c)=a\bullet b+a\bullet c$，$(b+c)\bullet a=b\bullet a+c\bullet a$，$a,b,c\in R$。

则称 $(R, +, \bullet, 0, 1)$ 为环，$+$与$\bullet$称为环 R 的加法与乘法，1 称为单位元，0 称为零元。若 $a'\in R$ 使 $a+a'=0$，则称 a' 为 a 的负元（加法逆元），记为 $-a$；若 $a''\in R$ 使 $a\bullet a''=1$，则称 a'' 为 a 的逆元，记为 a^{-1}。

定义 B.8（交换环） 若环 $(R, +, \bullet, 0, 1)$ 满足：

R4（乘法半交换群），即 $(R, \bullet, 1)$ 是交换半群。

则称 R 为交换环。

定义 B.9（体、域） 若环 $(R, +, \bullet, 0, 1)$ 满足：

R5（非零元乘法群），即 $(R^*, \bullet, 1)$ 为群，其中 $R^*=R-\{0\}$。

则称 R 为体（Skew-Field）。

若环$(R, +, \bullet, 0, 1)$满足：

R6（非零元交换乘法群），即$(R^*, \bullet, 1)$为交换群。

则称R为域（Field）。

例 B.4 整数集合 $\boldsymbol{Z}$ 在整数加法“+”和整数乘法“•”下构成交换环$(\boldsymbol{Z}, +, \bullet, 0, 1)$，简称为环$\boldsymbol{Z}$。

例 B.5 设Z_n、$\oplus$与$\otimes$的定义同例 B.2 与例 B.3，则$(Z_n, \oplus, \otimes, 0, 1)$为剩余类环，一般简称为环$Z_n$。当$n$为素数$p$时，$(Z_p, \oplus, \otimes, 0, 1)$为域。

定义 B.10 若环$(R, +, \bullet, 0, 1)$中元素a与b满足$a \bullet b = 0$，则称a与b为环R中的零因子；无零因子的环称为无零因子环，交换的无零因子环称为整环。

例 B.6 由于$(13 \bullet 2) \bmod 26 = 0$，因此，在环$Z_{26}$中 13 与 2 是零因子。但在有限域$Z_p$中不存在零因子。

定义 B.11（子环） 若S为环R的子集，且S在环R的加法与乘法下仍是一个环，则称S是环R的子环。

定义 B.12（理想） 若I为环R的加法群$(R, +, 0)$的子群，且对任何$r \in R$与$a \in I$，总有$a \bullet r \in I$与$r \bullet a \in I$，则称I为环R的理想。

由于多项式也存在加法和乘法，因此，多项式也可以构成环。设x为未定元，定义交换环R上多项式集如下

$$R[x] = \left\{ f(x) = \sum_{i=0}^{n} a_i x^i \mid n \in \boldsymbol{Z}, a_i \in R \right\} \tag{B.3}$$

式中，$f(x)$称为交换环R上关于未定元x的多项式，它的次数为n，一般记为$\deg(f(x)) = n$。对$f(x), g(x) \in R[x]$，可按照通常的方法定义它们之间的加法和乘法。在此基础上，可验证五元组$(R[x], +, \bullet, 0, 1)$构成多项式环。

3．域

前面在介绍环时已经介绍了域，以下给出一个更清楚的等价定义。

定义 B.13（域） 设在五元组$(F, +, \bullet, 0, 1)$中，F为集合，+与•为F上的二元运算，0 与 1 为F中元素。若$(F, +, \bullet, 0, 1)$满足：

F1（加法交换群），即$(F, +, 0)$是交换群。

F2（乘法交换群），即$(F^*, \bullet, 1)$是交换群，其中$F^* = F - \{0\}$。

F3（乘法对加法的分配律），即$a \bullet (b + c) = a \bullet b + a \bullet c$，$a, b, c \in F$。

则称$(F, +, \bullet, 0, 1)$为域，简称域F。+与•称为域F的加法与乘法，1 称为单位元，0 称为零元。若$a' \in F$使$a + a' = 0$，则称a'为a的负元（加法逆元），记为$-a$；若$a'' \in F$使$a \bullet a'' = 1$，则称a''为a的逆元，记为a^{-1}。$(F, +, 0)$为域F的加法群，$(F^*, \bullet, 1)$为域F的乘法群。

定义 B.14 若域F包含的元素个数有限，则称F为有限域，记为$\mathrm{GF}(q)$，其中q为F中元素的个数；若域F包含无限个元素，则称为无限域。

定义 B.15 称有限域$\mathrm{GF}(q)$的乘法群生成元（阶为$q-1$的元素）为$\mathrm{GF}(q)$的本原元。

定义 B.16 设$(F, +, \bullet, 0, 1)$是一个域，若对任何正整数m都有$m \bullet 1 \neq 0$，则称域F的特征为 0。若存在正整数m使$m \bullet 1 = 0$，设适合此条件的最小正整数为p，则域F的特

征是 p。

定理 B.4 对一个域 F，它的特征要么是 0，要么是一个素数 p。

由于域中元素总有负元和逆元，因此可以以此引入减法和除法。例如，可以认为 $a-b=a+(-b)$，并且 $a/b=ab^{-1}$。因此，域上的操作有算术上的四则运算，这往往方便了对应用的设计，如密码操作往往定义在有限域上。已经证明，任何元素个数相同的有限域性质都是类似的。

例 B.7 有限域典型的例子是 Z_p，它是包括 p 个元素的有限域，p 为素数，域中加法和乘法分别是模 p 的加法和乘法；无限域的典型例子是实数域 $\boldsymbol{R}$，其中的加法和乘法就是普通实数的加法和乘法，并且 $a^{-1}=1/a$。

离散对数问题可以陈述为：给定 a 和 b，其中 a 是 Z_p 的本原元，$b\in Z_p^*$，找到唯一的指数 c，$0\leqslant c\leqslant p-2$，使得在 Z_p^* 上有 $a^c=b$，即 $a^c\equiv b\ (\mathrm{mod}\ p)$。当 p 较大时，以上计算在当前仍然是困难的，ElGamal 等公钥密码算法利用了这一点。

在域的构造方面，还可以通过多项式操作由 $\mathrm{GF}(q)$ 得到 $\mathrm{GF}(q^n)$，后者被称为 $\mathrm{GF}(q)$ 的扩域。以下记 $F[x]$ 为定义在 F 上的多项式的集合。

定义 B.17（可约与既约多项式） 若 $f(x)$ 为 $F[x]$ 中的多项式，$\deg(f(x))\geqslant 1$，则 $f(x)$ 是一个可约多项式，当且仅当它可以因式分解为两个次数小于 $\deg(f(x))$ 因式的乘积时。若 $f(x)$ 的因式只有常数 c 或 $cf(x)$，$c\neq 0$，则 $f(x)$ 为域 F 上的既约多项式（不可约多项式）。

定义 B.18（多项式带余式除法） 若 $f(x)$ 和 $g(x)$ 为 $F[x]$ 中的多项式，且 $g(x)\neq 0$，则存在唯一的两个多项式 $q(x)$ 和 $r(x)$，使得

$$f(x)=q(x)g(x)+r(x),\quad \deg(r(x))<\deg(g(x))\text{ 或 }r(x)=0 \tag{B.4}$$

称 $f(x)$ 为被除式，$g(x)$ 为除式，$q(x)$ 为商式，$r(x)$ 为余式。

定义 B.19（模多项式） 若域 F 上的多项式 $f(x)$ 和 $g(x)$ 被 $m(x)$ 除有相同的余式，则称 $f(x)$ 和 $g(x)$ 关于模 $m(x)$ 同余，简记为

$$f(x)\equiv g(x)\bmod m(x) \tag{B.5}$$

并且用 $f(x)\bmod m(x)$ 或 $(f(x))_{m(x)}$ 表示 $f(x)$ 被 $m(x)$ 除得的余式。

定理 B.5 域 F 上次数大于或等于 1 的多项式都可以分解为一些域 F 上的既约多项式，如果不计这些既约多项式在乘积中的顺序，这种分解是唯一的。

从以上可以看出，多项式有类似整数的构成，相关的操作也基本对应。

定理 B.6 设 $p(x)$ 是域 F 上的一个 n 次既约多项式，记 $F[x]_{p(x)}$ 为模 $p(x)$ 的全体余式

$$F[x]_{p(x)}=\{a_{n-1}x^{n-1}+a_{n-2}x^{n-2}+\cdots+a_1x+a_0\} \tag{B.6}$$

对任意的 $f(x),g(x)\in F[x]_{p(x)}$，按如下方式定义模加法和模乘法

$$f(x)+g(x)=(f(x)+g(x))_{p(x)}$$

$$f(x)\bullet g(x)=(f(x)\bullet g(x))_{p(x)}$$

则 $F[x]_{p(x)}$ 关于上述定义的加法和乘法构成域。若 F 包含 q 个元素，则 $F[x]_{p(x)}$ 是一个 $\mathrm{GF}(q^n)$。

例 B.8 对 $\mathrm{GF}(2)$ 上的既约多项式 $p(x)=x^3+x+1$，用它可以按照以上定理构造 $\mathrm{GF}(2^3)$。记 $\mathrm{GF}(2)[x]_{p(x)}$ 为 $\mathrm{GF}(2)$ 上的模 $p(x)$ 的全体余式，它们构成了 $\mathrm{GF}(2^3)$ 的元素

$$0,\ 1,\ x,\ 1+x,\ x^2,\ 1+x^2,\ x+x^2,\ 1+x+x^2$$

一般也用对应的系数向量表示以上元素

$$000,\ 001,\ 010,\ 011,\ 100,\ 101,\ 110,\ 111$$

以下定理反映了有限域的加法和乘法特性。

定理 B.7 设有限域 F 的特征为 p，则以下性质成立：

（1）对域中任意一个非零元素 a，有 $pa=0$，而且 p 是满足 $pa=0$ 的最小正整数。

（2）$0, a, 2a, 3a, \cdots, (p-1)a$ 是域中 p 个互不相同的元素，a 的任意整数倍均在其中。

（3）$ma=0$，当且仅当 $p\,|\,m$。

（4）对任意 $a,b\in F$，有 $(a+b)^p=a^p+b^p$。

定理 B.8 有限域满足以下性质：

（1）有限域的乘法群都是循环群。

（2）对 $a\in \mathrm{GF}(p^n)$，有 $a^{p^n}=a$。

4．最小多项式与本原多项式

最小多项式与本原多项式在构造线性反馈移位寄存器（LFSR）中得到了重要应用，这里介绍它们的基本概念和性质。

定理 B.8 指出，对任意的 $a\in \mathrm{GF}(p^n)$，有 $a^{p^n}=a$，这说明 $\mathrm{GF}(p^n)$ 上的每一个元素都满足方程

$$x^{p^n}-x=0 \tag{B.7}$$

$x^{p^n}-x$ 是 $\mathrm{GF}(p)$ 上的首 1 多项式（首系数为 1 的多项式），当 a 满足式（B.7）时，也说多项式 $x^{p^n}-x$ 以 a 为根。但一般情况是，一个 $\mathrm{GF}(p^n)$ 上的元素除满足以上方程外，还可能满足其他方程，由此产生了最小多项式与本原多项式的概念。

定义 B.20 设 a 是 $\mathrm{GF}(p^n)$ 的任意一个元素，a 的最小多项式是以 a 为根的次数最低的 $\mathrm{GF}(p)$ 上首 1 多项式，记为 $M(x)$。若 a 是本原元，则 $M(x)$ 就是本原多项式。

定理 B.9 最小多项式与本原多项式满足以下性质：

（1）对 a 是唯一的。

（2）$M(x)$ 在 $\mathrm{GF}(p)$ 上是既约的。

（3）若 $f(x)$ 也是一个以 a 为根的多项式，则 $M(x)\,|\,f(x)$。

（4）$M(x)\,|\,(x^{p^n}-x)$。

（5）$\deg(M(x))\leqslant n$，其中当 $M(x)$ 是本原多项式时等号成立。

附录 C　信号变换

信号变换是研究信息隐藏、隐私保护等技术的一种基本方法。例如，在信息隐藏中，它们的变换结果常被作为信息隐藏的嵌入域，而逆变换又使信号回到原来的编码域。

1．离散 Fourier 变换

定义 C.1（DFT） 设 $x(n)$ 为长度为 M 的有限长时域离散信号序列，则它的 N 点离散 Fourier 变换（DFT）为

$$X(k)=\mathrm{DFT}[x(n)]=\sum_{n=0}^{N-1}x(n)\,e^{-j\frac{2\pi}{N}kn}，\ 0\leqslant k\leqslant N-1 \tag{C.1}$$

式中，$N\geqslant M$，k 为整数，$e^{jx}=\cos x+y\sin x,\ j=\sqrt{-1}$。

将式（C.1）代入

$$x(n)\ =\mathrm{IDFT}\left[X(k)\right]=\frac{1}{N}\sum_{k=0}^{N-1}X(k)\,e^{j\frac{2\pi}{N}kn}，\ 0\leqslant n\leqslant N-1 \tag{C.2}$$

可验证上式是逆 DFT 变换（IDFT）。

DFT 是典型的正交变换，若将式（C.1）与式（C.2）分别写为 $\boldsymbol{X}=\boldsymbol{F}\boldsymbol{x}$ 与 $\boldsymbol{x}=\boldsymbol{F}^{-1}\boldsymbol{X}$ 的矩阵形式，则变换矩阵 $\boldsymbol{F}$ 满足 $\boldsymbol{F}^{\mathrm{T}}=\boldsymbol{F}^{-1}$，其中 $\boldsymbol{F}^{\mathrm{T}}$ 是 $\boldsymbol{F}$ 的转置。

设 $x(n_1,n_2)$ 为包含 $N_1\times N_2$ 个样点的二维信号，则二维 DFT 和 IDFT 可以分别表示为

$$X(k_1,k_2)=\mathrm{DFT\,2}\left[x(n_1,n_1)\right]=\sum_{n_1=0}^{N_1-1}\sum_{n_2=0}^{N_2-1}x(n_1,n_1)\,e^{-j\frac{2\pi}{N_1}k_1n_1}\,e^{-j\frac{2\pi}{N_2}k_2n_2} \tag{C.3}$$

$$x(n_1,n_2)\ =\mathrm{IDFT\,2}\left[X(k_1,k_2)\right]=\frac{1}{N_1N_2}\sum_{k_1=0}^{N_1-1}\sum_{k_2=0}^{N_2-1}X(k_1,k_2)\,e^{j\frac{2\pi}{N_1}k_1n_1}\,e^{j\frac{2\pi}{N_2}k_2n_2} \tag{C.4}$$

式中，k_1 与 k_2 为整数，并且 $0\leqslant k_1\leqslant N_1-1$，$0\leqslant k_2\leqslant N_2-1$。式（C.3）与式（C.4）也可以分别写为矩阵形式

$$\boldsymbol{X}_{N_1\times N_2}=\boldsymbol{F}_{N_1\times N_1}\boldsymbol{x}_{N_1\times N_2}\boldsymbol{F}^{\mathrm{T}}_{N_2\times N_2} \tag{C.5}$$

$$\boldsymbol{x}_{N_1\times N_2}=\boldsymbol{F}^{\mathrm{T}}_{N_1\times N_1}\boldsymbol{X}_{N_1\times N_2}\boldsymbol{F}^{\mathrm{T}}_{N2\times N2} \tag{C.6}$$

2．离散余弦变换

与以上 DFT 不同，离散余弦变换（DCT）及其逆变换（IDCT）均是实数域之间的映射。

定义 C.2（DCT） 设 $x(n)$ 为长度为 N 的有限长时域离散信号序列，则它的 DCT 为

$$X(k)=\mathrm{DCT}\left[x(n)\right]=\sqrt{\frac{2}{N}}\sum_{n=0}^{N-1}c(k)x(n)\cos\frac{2n+1}{2N}\pi k，\ 0\leqslant k\leqslant N-1 \tag{C.7}$$

式中，$c(0)=1/\sqrt{2}$，当$k=1,\cdots,N-1$时，有$c(k)=1$。

对式（C.7），可验证 IDCT 为

$$x(n)=\mathrm{IDCT}\left[X(k)\right]=\sqrt{\frac{2}{N}}\sum_{k=0}^{N-1}c(k)X(k)\cos\frac{2n+1}{2N}\pi k\text{，}\ 0\leqslant n\leqslant N-1 \tag{C.8}$$

DCT 和 DFT 都是正交变换，均常用于对信号进行频域分析和编码。以下定理反映了它们的内在联系。

定理 C.1 若将$x(n)$延拓为

$$x_e(n)=\begin{cases} x(n), & n=0,1,\cdots,N-1 \\ 0, & n=N,N+1,\cdots,2N-1 \end{cases} \tag{C.9}$$

则对$x(n)$的N点 DCT 可以表示为

$$X(k)=\mathrm{DCT}[x(n)]=\sqrt{\frac{2}{N}}\mathrm{Re}\{e^{-j\frac{k\pi}{2N}}\mathrm{DFT}[x_e(n)]\}\text{，}\ k=0,\cdots,N-1 \tag{C.10}$$

式中，$\mathrm{DFT}[x_e(n)]$为对$x_e(n)$的$2N$点 DFT，$\mathrm{Re}\{\cdot\}$表示取实部。

设$x(n_1,n_2)$为包含$N_1\times N_2$个样点的二维信号，二维 DCT 和 IDCT 可以分别表示为

$$\begin{aligned} X(k_1,k_2)&=\mathrm{DCT2}\left[x(n_1,n_1)\right] \\ &=\frac{2}{\sqrt{N_1N_2}}\sum_{n_1=0}^{N_1-1}\sum_{n_2=0}^{N_2-1}c_1(k_1)c_2(k_2)x(n_1,n_1)\cos\left(\frac{2n_1+1}{2N_1}k_1\pi\right)\cos\left(\frac{2n_2+1}{2N_2}k_2\pi\right) \end{aligned} \tag{C.11}$$

$$\begin{aligned} x(n_1,n_2)&=\mathrm{IDCT2}\left[X(k_1,k_2)\right] \\ &=\frac{2}{\sqrt{N_1N_2}}\sum_{k_1=0}^{N_1-1}\sum_{k_2=0}^{N_2-1}c_1(k_1)c_2(k_2)X(k_1,k_1)\cos\left(\frac{2n_1+1}{2N_1}k_1\pi\right)\cos\left(\frac{2n_2+1}{2N_2}k_2\pi\right) \end{aligned} \tag{C.12}$$

式中，$c_1(0)=c_2(0)=1/\sqrt{2}$，当k_1或$k_2=1,\cdots,N-1$时，有$c_1(k)=c_2(k)=1$。另外，一维和二维 DCT 也存在与 DFT 类似的矩阵表示。

3．小波多分辨率分解变换

与前述的信号变换不同，离散小波变换同时反映了信号的时域和频域特性，因此，其输出被称为时频域。

定义 C.3 设$x(t)$为连续时间信号，小波函数$\psi_{j,k}(t)$定义在有限区域内，其中，j与k是两个整数参数，它们可将$x(t)$展开为

$$x(t)=\sum_j\sum_k a_j(k)\ \psi_{j,k}(t)\text{，}\ j,k\in\boldsymbol{Z} \tag{C.13}$$

则计算$a_j(k)=<x(t),\psi_{j,k}(t)>$就是对$x(t)$进行离散小波变换（DWT），其中$<\cdot,\ \cdot>$表示计算内积；若$t$为离散的，则变换为离散时间小波变换（DTWT）。

值得注意的是，DWT 仅仅参数是离散的，而时间仍然是连续的。常用的小波函数有以下形式

$$\psi_{j,k}(t)=2^{j/2}\psi(2^j t-k) \tag{C.14}$$

具有以上式（C.14）所示形式的小波函数常被称为二进小波，通过参数的变化，它们构成了小波变换的基函数集合。其中，$\psi(t)$被称为母小波函数。

DTWT 一般不直接使用，而是在离散时间小波多分辨率分解（WMRA）中发挥作用。后者是最常用的时频处理和分析方法之一，它的输出不但包含小波系数，也包含所谓的尺度系数，前者主要包含输入信号的细节信息，后者主要包含输入信号的概貌信息。小波系数由小波滤波器产生，尺度系数由尺度滤波器产生，系数综合（WMRA 的逆变换）由小波重构滤波器和尺度重构滤波器完成。设 $h_0(n)$ 和 $h_1(n)$ 分别表示小波重构滤波器和尺度重构滤波器的滤波系数，则 $h_0(-n)$ 和 $h_1(-n)$ 可作为小波滤波器和尺度滤波器的滤波系数，而 $h_0(n)$ 和 $h_1(n)$ 由选定的小波确定。

在应用中，工程技术人员一般仅需要选择不同的滤波系数就可以进行 WMRA 操作。在分解中（如图 C.1 所示），令 $c_j(n) \leftarrow x(n)$，其中 $x(n)$ 为输入信号序列，随后逐级分解，图 C.1 给出了一个两级分解的流程，其中↓2 表示下采样（或称二抽取），即每隔一个样点取样一次，而舍弃跳过的样点，L_i 与 H_i（$i=1, 2$）是相应分解系数组成的子带名称。综合流程（如图 C.2 所示）是以上分解的逆过程，但采用了小波重构滤波器和尺度重构滤波器，其中↑2 表示上采样（或称二插值），即每隔一个样点插入一个样点。

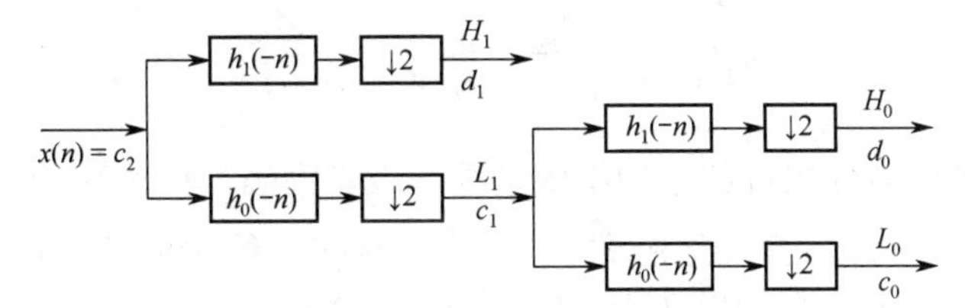

图 C.1　两级 WMRA 分解流程

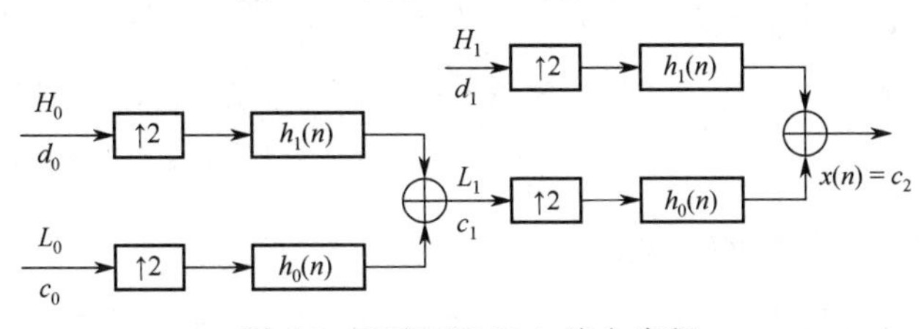

图 C.2　两级 WMRA 综合流程

在对二维信号进行的 WMRA 中，分解和综合中采用的滤波器都是二维的，每一级分解将产生 4 个子带，一般标记为 LL、LH、HL 和 HH，其中 HH 主要包含输入信号的细节信息，LL 主要包含输入信号的概貌信息，LH 和 HL 的信息介于它们之间。

4．拉普拉斯变换

拉普拉斯变换（Laplace Transform）又称为拉氏变换。它是一个线性变换，可将一个参数为实数 $t(t \geqslant 0)$ 的函数转换为一个参数为复数 s 的函数。

设 $f(t)$ 是一个关于 t 的函数，当 $t<0$ 时，$f(t)=0$，s 是一个复变量，则 $f(t)$ 的拉普拉斯变换定义为

$$F(s)=\int_0^{\infty} f(t)\mathrm{e}^{-st}\mathrm{d}t$$

式中，$-st$ 为自然对数底 e 的指数。$F(s)$ 是一个复变量 s 的函数，它也是函数 $f(t)$ 的“复频域”表示方式。

拉普拉斯逆变换是已知 $F(s)$ 求解 $f(t)$ 的过程，其公式为

$$f(t)=\frac{1}{2\pi j}\int_{\beta-j\infty}^{\beta+j\infty} F(s)\mathrm{e}^{st}\mathrm{d}t$$

附录 D　熵及其基本性质

熵可被视为信息不确定性的一个数学度量，它是消息集合上所有可能的概率分布的函数，其精确定义如下。

定义 D.1　设 $X=\{x_i|i=1,2,\cdots,n\}$, x_i 出现的概率为 $p(x_i)\geqslant 0$, 且 $\sum_{i=1}^{n}p(x_i)=1$。集 X 的熵定义为

$$H(X)=-\sum_{i=1}^{n}p(x_i)\log_2 p(x_i) \tag{D.1}$$

$H(X)$ 表示集 X 中事件出现的平均不确定性，或者为确定集 X 中出现一个事件平均所需的信息量（观测之前），或者集 X 中每出现一个事件平均给出的信息量（观测之后）。在式（D.1）中定义 $0\cdot\log_2 0=0$。采用以 2 为底的对数时，相应的信息单位称为比特。

例　设 $X=\{x_1,x_2\}$，$p(x_1)=p$，$p(x_2)=1-p=q$，则 X 的熵为 $H(X)=-p\log_2 p-(1-p)\log_2(1-p)=H(p)$。当 $p=0$ 或 1 时，$H(X)=0$，即集 X 是完全确定的。当 $p=\frac{1}{2}$ 时，$H(X)=1$ 比特。

下面给出联合熵和条件熵的定义。

定义 D.2　设 $X=\left\{x_i\middle|i=1,2,\cdots,n\right\}$，$x_i$ 出现的概率为 $p(x_i)\geqslant 0$，且 $\sum_{i=1}^{n}p\left(x_i\right)=1$。$Y=\{y_j|j=1,2,\cdots,m\}$，$y_j$ 出现的概率为 $p(y_j)\geqslant 0$，且 $\sum_{j=1}^{m}p(y_j)=1$。则联合事件集 $XY=\{x_iy_j|i=1,2,\cdots,n;j=1,2,\cdots,m\}$，令 $x_i\ y_j$ 的概率为 $p(x_iy_j)\geqslant 0$，此时 $\sum_{i=1}^{n}\sum_{j=1}^{m}p(x_iy_j)=1$。集 X 和 Y 的联合熵定义为

$$H(XY)=H(X,Y)=-\sum_{i=1}^{n}\sum_{j=1}^{m}p(x_iy_j)\log_2 p(x_iy_j) \tag{D.2}$$

集 X 相对于事件 $y_j\in Y$ 的条件熵定义为

$$H(X|y_j)=-\sum_{i=1}^{n}p(x_i|y_j)\log_2 p(x_i|y_j) \tag{D.3}$$

$H(X|y_j)$ 表示 y_j 发生后 X 还保留的平均不确定性。

集 X 相对于集 Y 的条件熵定义为

$$H(X|Y)=\sum_{j=1}^{m}p(y_j)H(X|y_j)=-\sum_{j=1}^{m}\sum_{i=1}^{n}p(y_j)p(x_i|y_j)\log_2 p(x_i|y_j) \tag{D.4}$$

条件熵 $H(X|Y)$表示观察到集 Y 后集 X 还保留的平均不确定性。

将 X 视为一个系统的输入空间，Y 视为系统的输出空间。在通信中，通常将条件熵 $H(X|Y)$ 称为含糊度，将条件熵 $H(Y|X)$ 称为散布度。

熵的基本性质如下：

（1）$0\leqslant H(X)\leqslant \log_2 n$；$H(X)=0$，当且仅当对某一 i 有 $p(x_i)=1$，对其他 $j\neq i$，有 $p(x_j)=0$；$H(X)=\log_2 n$，当且仅当对一切$1\leqslant i\leqslant n$，有 $p(x_i)=1/n$。

（2）$H(X,Y)\leqslant H(X)+H(Y)$，当且仅当 X 和 Y 统计独立时等号成立。

（3）$H(X,Y)=H(Y)+H(X|Y)=H(X)+H(Y|X)$。

（4）$H(X|Y)\leqslant H(X)$，当且仅当 X 和 Y 统计独立时等号成立。

在推导熵的基本性质及其应用中，经常使用一个重要的不等式——Jensen 不等式。下面是 Jensen 不等式的一个常用例子。

引理（Jensen 不等式） 设函数 $f(x)=\log_2 x$，$x\in(0,\infty)$，$\sum_{i=1}^{n}a_i=1$, $a_i>0$，$1\leqslant i\leqslant n$，那么

$$\sum_{i=1}^{n}a_i f(x_i)\leqslant f(\sum_{i=1}^{n}a_i x_i)$$

$x_i\in(0,\infty)$, $1\leqslant i\leqslant n$。当且仅当 $x_1=x_2=\cdots=x_n$ 时等号成立。

附录 E　网络体系结构相关概念

1. 网络的层次结构

计算机网络就是将多台计算机互相连接起来，使得用户程序能够交换信息和共享资源。不同系统中的实体进行通信，其过程很复杂，为了简化网络的设计，人们采用工程设计中常用的结构化设计方法，即将复杂问题分解成若干个容易处理的子问题，然后逐个加以解决。

网络设计中采用的结构化设计方法，就是将网络按照功能分成一系列的层次，每层完成特定的功能，相邻层中的较高层直接使用较低层提供的服务来实现本层的功能，同时又向它的上一层提供服务，服务的提供和使用都是通过相邻层的接口来进行的。这就是人们通常所说的网络的层次结构，如图 E.1 所示。

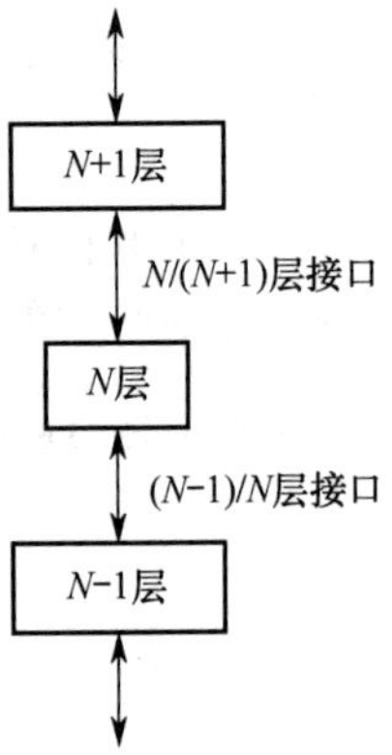

图 E.1　网络的层次结构

2. 网络体系结构

每层中的活动元素称为实体，实体可以是软件实体（如进程），也可以是硬件实体（如智能 I/O 芯片）。位于不同系统上同一层中的实体称为对等实体，不同系统间进行通信实际上是各对等实体间在通信。在某层上进行通信所使用的规则的集合称为该层的协议，各层协议按层次顺序排列而成的协议序列称为协议栈。

除在底层物理媒体上进行的是实通信之外，其余各对等实体间进行的都是虚通信，即并没有数据流从一个系统的第 N 层直接流到另一个系统的第 N 层。每个实体只能和同一系统中上、下相邻的实体进行直接的通信，不同系统中的对等实体没有直接通信的能力，它们之间的通信必须通过其下各层的通信间接完成。第 N 层实体向第 N+1 层实体提供的在第 N 层上的通信能力称为第 N 层的服务。由此可见，第 N+1 层实体通过请求第 N 层的服务完成第 N+1 层上的通信，而第 N 层实体通过请求第 N−1 层的服务完成第 N 层上的通信，以此类推直到底层，底层上的对等实体通过连接它们的物理媒体直接通信。在第 N 层协议中所传送的每一条信息被称为第 N 层协议数据单元（Protocol Data Unit，PDU）。

相邻实体间的通信是通过它们的边界进行的，该边界称为相邻层间的接口。在接口处规定了下层向上层提供的服务，以及上、下层实体请求（提供）服务所使用的形式规范语句，这些形式规范语句称为服务原语。因此，可以说相邻实体通过发送或接收服务原语进行交互作用。而下层向上层提供的服务分为两大类：面向连接的服务和无连接的服务。面向连接的服务是电话系统服务模式的抽象，每一次完整的数据传输都必须经过建立连接、使用连接和终止连接 3 个过程。在数据传输过程中，各数据分组不携带信宿地址，而使用连接号。本质上，服务类型中的连接是一个管道，发送者在一端放入数据，接收者从另一端取出数据，收、发数据不但顺序一致而且内容相同。无连接服务是邮政系统服务模式的抽象，其中每个数据分组都携带完整的信宿地址，各数据分组在系统中独立传送。无连接的服务不能保证数据分组的先后顺序，由于先后发送的数据分组可能经不同路径去往信宿，所以先发的未必先到。

图 E.2 是计算机网络的层次模型，其中用实线表示实通信，用虚线表示虚通信。

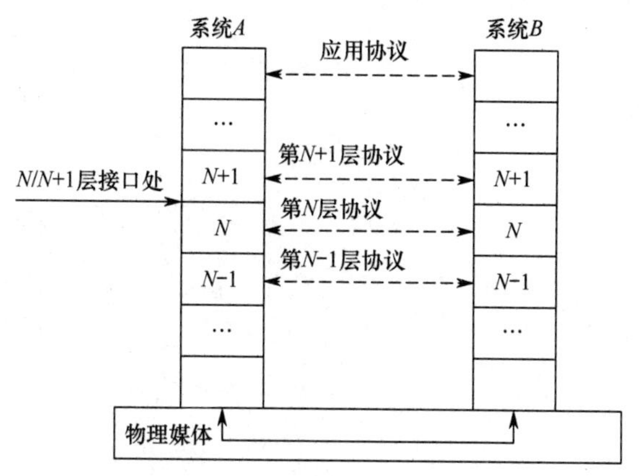

图 E.2　网络的层次模型

通常人们将网络的层次结构、协议栈和相邻层间的接口及服务统称为网络体系结构。

3. 网络参考模型

目前最有代表性的网络参考模型是 OSI 参考模型和 TCP/IP 参考模型，TCP/IP 参考模型更流行。

1）OSI 参考模型

OSI（开放系统互连）参考模型是 ISO 为解决异种机互联而制定的开放式计算机网络层次结构模型，它的最大优点是将服务、接口和协议这 3 个概念明确地区别开来。服务说明某一层提供什么功能，接口说明上一层如何使用下一层的服务，而协议涉及如何实现该层的服务。各层采用什么样的协议没有限制，只要向上提供相同的服务并且不改变相邻层的接口即可。OSI 参考模型分为 7 层，由低到高依次为物理层、数据链路层、网络层、传输层、会话层、表示层和应用层，如图 E.3 所示。

各层的主要功能如下：

（1）应用层是 OSI 参考模型的最高层，它的作用是为应用进程提供访问 OSI 环境的方法。应用层协议标准描述了应用于某一特定应用或一类应用的通信功能。对于一些特定的网络应用，如域名服务、文件传输、电子邮件、远程终端，已经制定了一系列标准，新的标准随着网络应用的发展不断产生。

（2）表示层为上层用户提供数据或信息语法的表示转换。大多数用户间交换的信息是有一定数据结构的，如人名、日期、货币数量，不同的系统内部表示数据的方法可能不同。为了便于信息的相互理解，需定义一种抽象的数据语法形式来表示各种数据类型和数据结构，并定义相关的编码形式作为传输数据时的传送语法，表示层负责系统内部数据表示与抽象数据表示之间的转换工作。除此之外，在表示层上还可以进行数据加密/解密和压缩/解压缩等转换功能。表示层上实现的功能都与数据表示有关。

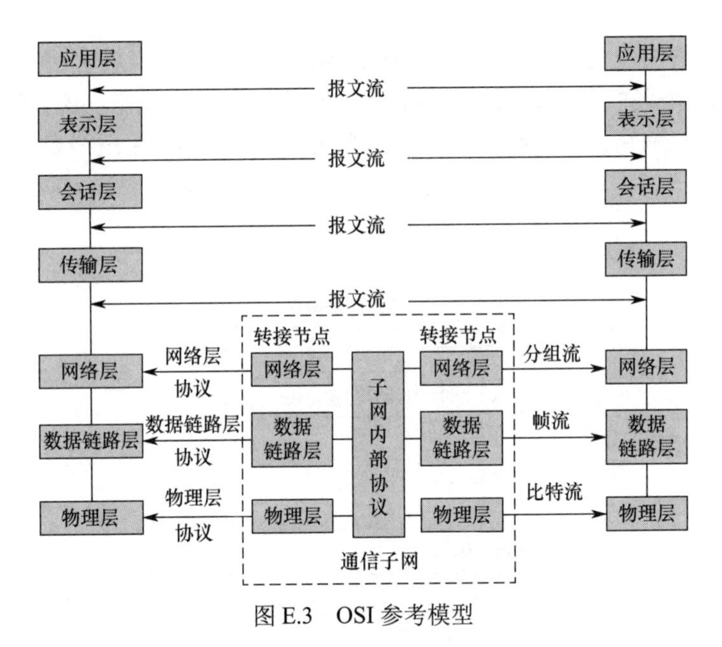

图 E.3　OSI 参考模型

（3）会话层是进程-进程层，进程间的通信也称为会话，会话层组织和管理不同主机上各进程间的对话。具体地说，会话层负责在两个会话层用户（如表示层协议实体）之间建立和清除对话；如果与对话相关的数据交换是半双工的，那么会话层就可以提供一种数据权标来控制哪一方有权发送数据；当进程间要进行长时间数据传输，而通信子网故障率又比较高时，会话层可以在数据流中插入若干同步点，在每次网络出现故障时，仅需从最近的一个同步点开始重传，不必每次都从头开始。会话层的功能很少，在有些网络中可以省略这一层。

（4）传输层是第 1 个端-端层，也称为主机-主机层，它为上层用户提供不依赖于具体网络的高效、经济、透明的端-端数据传输服务（所谓端-端是描述网络传输中对等实体之间关系的一个概念。在端-端系统中，初始信源机上某实体与最终信宿机的对等实体直接通信，彼此之间就像有一条直接线路，而不管传输过程中要经过多少接口报文处理机（IMP）。与端-端对应的另一个概念是点-点。在点-点系统中，对等实体间的通信由一段一段的直接相连的机器间的通信组成）。由于传输层将具体的通信子网同上层用户隔离开来，上层用户觉察不到通信子网的存在，因而利用统一的传输原语书写的高层软件可以运行于任何通信子网之上，具有很好的通用性。除处理端-端的差错控制和流量控制外，传输层还可以通过上层用户提出的传输连接请求，或者为其建立一条独立的网络连接；或者为其建立多条网络连接来分流大量的数据，减少传输时间；或者将多条传输连接复用到同一条网络连接上，从而降低每一条传输连接的费用；分流和复用对上层用户都是透明的。

（5）网络层的作用是将数据分成一定长度的分组，将分组穿过通信子网，从信源传送到信宿。在点-点子网中，从信源到信宿通常存在多条路径，网络层要负责进行路由选择。过多的分组同时涌入通信子网，会引起网络局部或全网性能下降，造成拥塞，网络层必须采用一定的手段控制分组的过量流入。当分组需要跨越多个网络才能到达目的地时，网络层还需要解决网络互联的问题。

（6）数据链路层的作用是通过一定的手段，将有差错的物理链路转化成对网络层来说没有传输错误的数据链路。它采用的手段就是将数据分成一个一个的数据帧，以数据帧为单位进行传输。接收者对收到的帧进行校验，发回应答帧，发送者对错误帧进行重发。通过应答，数据链路层上还可以进行流量控制，即协调发送双方的数据传输速率，以免接收者来不及处理对方发来的高速数据，从而引起缓存器溢出和线路阻塞。

（7）物理层的作用是在物理媒介上传输原始的数据比特流，这一层的设计与具体的物理媒介有关，如用什么信号表示“1”和“0”、信号电平是多少、收发双方如何同步、接插件的规格多大。

由以上的讨论可知，只有低 3 层涉及通过通信子网的数据传输，高 3 层是端到端的层次，因而通信子网只包括低 3 层的功能。

2）TCP/IP 参考模型

TCP/IP 参考模型没有明确区分开服务、接口和协议这 3 个概念，并且它是专门用来描述 TCP/IP 协议栈的，无法用来描述其他非 TCP/IP 网络。因此，尽管 TCP/IP 参考模型在工业界得到了广泛应用，但人们在讨论网络时，常常使用 OSI 参考模型，因为它更具有一般性。TCP/IP 参考模型分为 4 层，它们是应用层、传输层、网络层和链路层，如图 E.4 所示。

应用层
传输层
网络层
链路层

图 E.4　TCP/IP 参考模型

各层的主要功能如下：

（1）应用层直接为网络应用提供服务。这一层常见的协议有文件传输协议（FTP）、远程终端协议（Telnet）、简单邮件传输协议（SMTP）、域名解析协议（DNS）、简单网络管理协议（SNMP）、访问 WWW 站点的 HTTP 协议等。

（2）传输层为上层用户提供不依赖于具体网络的端到端的数据传输服务。在这一层上主要定义了两个传输协议：一个是可靠的面向连接的协议，称为传输控制协议（TCP）；另一个是不可靠的无连接协议，称为用户数据报协议（UDP）。

（3）网络层负责对数据包进行路由选择，即决定一个数据包的具体传输路径，以最高的效率抵达目的地。网络层是 TCP/IP 参考模型的核心，这一层上的协议称为 IP。TCP 和 IP 是非常重要的两个协议，以至于 TCP/IP 参考模型和 TCP/IP 协议族就是以这两个协议的名称来命名的。

（4）链路层负责将 IP 分组封装成适合在物理网络上传输的帧格式并传输，或者将从物理网络接收到的帧解封，取出 IP 分组交给网络层。

参 考 文 献

[1] 冯登国，等. 信息安全中的数学方法与技术[M]. 北京：清华大学出版社，2009.

[2] 冯登国，赵险峰. 信息安全技术概论[M]. 2 版. 北京：电子工业出版社，2014.

[3] MALLAT S. 信号处理的小波导论[M]. 杨力华，等译. 北京：机械工业出版社，2002.

[4] CHIRLIAN P M. 信号系统与计算机[M]. 北京邮电学院通信教研室，译. 北京：人民邮电出版社，1981.

[5] ANDREW S T，DAVID J W. Computer Networks[M]. 5th ed. Boston：Addison Wesley，2011.（ANDREW S T，DAVID J W. 计算机网络[M]. 5 版. 严伟，潘爱民，译. 北京：清华大学出版社，2012.）

[6] 华蓓，钱翔，刘永. 计算机网络原理与技术[M]. 北京：科学出版社，1998.

举报电话：（010）88254396；（010）88258888
传　　真：（010）88254397
E-mail：　dbqq@phei.com.cn
通信地址：北京市万寿路 173 信箱
　　　　　电子工业出版社总编办公室
邮　　编：100036